CAMBRIDGE LIBRARY COLLECTION

Books of enduring scholarly value

Earth Sciences

In the nineteenth century, geology emerged as a distinct academic discipline. It pointed the way towards the theory of evolution, as scientists including Gideon Mantell, Adam Sedgwick, Charles Lyell and Roderick Murchison began to use the evidence of minerals, rock formations and fossils to demonstrate that the earth was older by millions of years than the conventional, Bible-based wisdom had supposed. They argued convincingly that the climate, flora and fauna of the distant past could be deduced from geological evidence. Volcanic activity, the formation of mountains, and the action of glaciers and rivers, tides and ocean currents also became better understood. This series includes landmark publications by pioneers of the modern earth sciences, who advanced the scientific understanding of our planet and the processes by which it is constantly re-shaped.

Naturgeschichte der Vulcane und der Damit in Verbindung Stehenden Erscheinungen

This two-volume natural history of volcanoes and volcanic phenomena was first published in Germany in 1855 by the chemist and mineralogist Georg Landgrebe (1802–1872) and was intended for scientifically literate enthusiasts rather than for specialists. The book begins with a review of contemporary work on volcanoes, explaining the theories of Leopold von Buch and the lively international debates they had generated among scholars including Charles Lyell, George Poulett Scrope and Charles Daubeny (also reissued in this series). Volume 1 lists the world's volcanoes by region, giving details of their altitude, mineralogy, and recent eruptions (including Etna in 1832 and Mount St Helens in September 1842). Landgrebe makes frequent reference to published work, summarising eyewitness accounts of vegetation, terrain and volcanic activity. He gives particular attention to Vesuvius and to the volcanoes of Iceland and Java, but there is also thorough coverage of the Americas, the Caribbean and the Pacific.

Cambridge University Press has long been a pioneer in the reissuing of out-of-print titles from its own backlist, producing digital reprints of books that are still sought after by scholars and students but could not be reprinted economically using traditional technology. The Cambridge Library Collection extends this activity to a wider range of books which are still of importance to researchers and professionals, either for the source material they contain, or as landmarks in the history of their academic discipline.

Drawing from the world-renowned collections in the Cambridge University Library, and guided by the advice of experts in each subject area, Cambridge University Press is using state-of-the-art scanning machines in its own Printing House to capture the content of each book selected for inclusion. The files are processed to give a consistently clear, crisp image, and the books finished to the high quality standard for which the Press is recognised around the world. The latest print-on-demand technology ensures that the books will remain available indefinitely, and that orders for single or multiple copies can quickly be supplied.

The Cambridge Library Collection will bring back to life books of enduring scholarly value (including out-of-copyright works originally issued by other publishers) across a wide range of disciplines in the humanities and social sciences and in science and technology.

Naturgeschichte der Vulcane und der Damit in Verbindung Stehenden Erscheinungen

VOLUME 1

GEORG LANDGREBE

CAMBRIDGE
UNIVERSITY PRESS

CAMBRIDGE UNIVERSITY PRESS

Cambridge, New York, Melbourne, Madrid, Cape Town,
Singapore, São Paolo, Delhi, Tokyo, Mexico City

Published in the United States of America by Cambridge University Press, New York

www.cambridge.org
Information on this title: www.cambridge.org/9781108028608

© in this compilation Cambridge University Press 2011

This edition first published 1855
This digitally printed version 2011

ISBN 978-1-108-02860-8 Paperback

Naturgeschichte

DER VULCANE

und der damit

in Verbindung stehenden Erscheinungen

von

Dr. Georg Landgrebe,

Mitgliede mehrerer gelehrten Gesellschaften.

Erster Band.

Gotha: Justus Perthes. 1855.

Vorrede.

Nicht ohne einen gewissen Grad von Schüchternheit, nicht ohne manchen innern Kampf bestanden zu haben, wage ich es, mit dem vorliegenden Werke an's Licht zu treten, hinsichtlich dessen mir nur zu gut bekannt ist, dass unter den jetzt lebenden deutschen Geologen es mehrere giebt, welche jedenfalls etwas Besseres, etwas Gediegeneres in dieser Beziehung zu liefern im Stande seyn würden. Wenn ich indessen die Länge der Zeit berücksichtigte, seit welcher ich — und ich kann es wohl sagen, mit grosser Vorliebe — mich mit dem Erdvulcanismus beschäftige; wenn ich die grosse Zahl der von mir gesammelten hierauf bezüglichen Notizen durchging: so wuchsen mir gleichsam wieder die Schwingen und ich glaubte zuletzt, dass durch eine kritische Benutzung derselben dennoch vielleicht ein Werk hervorgehen könne, welches den fraglichen Gegenstand umfassender behandeln werde, als bisher geschehen. Auf diese Weise ist das Buch entstanden. Schon bei der Durchlesung des einen oder des andern Paragraphen wird man finden, dass es nicht so sehr für den eigentlichen Fachgelehrten, als vielmehr für das grössere wissenschaftlich gebildete Publicum bestimmt ist, um auch diesen Kreis von Lesern Naturerscheinungen näher kennen zu lehren, die hinsichtlich ihrer Grossartigkeit von keinen anderen übertroffen werden und welche, wie man denken sollte, Jedermann interessiren dürften. Diesem Theile des Publicums zu Gefallen habe ich auch in zwei be-

sondern Abschnitten die Grundzüge der vulcanischen Mineralogie und Geognosie mitgetheilt, um wo möglich ohne weitere
literarische Hülfsmittel mein Werk verstehen zu können.

Um Missdeutungen oder voreiligen Kritiken vorzubeugen,
möge bemerkt seyn, dass ich einige der neuesten in das Fach
einschlagenden Werke nicht mehr habe benutzen können, weil
sie erst in meine Hände gelangten, als das vollständige Ma-
nuscript bereits an den Herrn Verleger abgesendet war. Dahin gehört — um nur die wichtigern anzuführen — die neueste
von *Hasskarl* besorgte, aber noch nicht vollendete Ausgabe
des Junghuhn'schen Reisewerkes nach Java; sodann die Schrift
von *Sartorius von Waltershausen* über die vulcanischen Gesteine Islands und Siciliens; ferner die erst kürzlich publicirten Arbeiten *Th. Scheerer's* über die Feldspath-Familie und
mehrere andere Mineral-Gattungen, welche in die Zusammensetzung vulcanischer Gebirgsarten eingehen, so wie über den
Paramorphismus und dergl. Vielleicht ist mir die Benutzung
dieser Schriften in der Zukunft vergönnt.

Cassel, im December 1854.

Der Verfasser.

Inhalt des ersten Bandes.

Erstes Hauptstück.

Charakteristik der Vulcane und Verbreitung derselben über die Oberfläche der Erde.

§. 1.

Ehe wir auseinandersetzen, auf welche Art und Weise die Vulcane über die Oberfläche der Erde verbreitet sind, müssen wir vorher bemerken, dass der eigentliche Schöpfer und Gründer der Lehre vom Erdvulcanismus, nämlich *L. von Buch*, unter einem Vulcane einen Berg von kegelförmiger Gestalt versteht, welcher durch eine aus seinem Innern bis zu seinem Gipfel emporsteigende, bleibende, schlotähnliche offene Röhre den im Erdinnern entwickelten gasartigen, flüssigen und festen Auswurfsstoffen einen Ausgang gestattet, und deren letzte, oberste, meist aus Trachyt bestehende Oeffnung man wegen ihrer becherförmigen Gestalt den Namen „Krater" giebt. Nach der wahrscheinlichen Entstehungsweise dieser Kratere unterscheidet *L. von Buch* zwei Arten derselben, nämlich:

A. *Erhebungs - Kratere,*
B. *Eruptions - Kratere.*

Unter dem Worte „Eruptions-Krater" versteht er eine solche kraterähnliche Form des Bodens, welche dadurch entstanden ist, dass eine grosse, oft bedeutend dicke Erdstrecke durch die vulcanische Kraft kegelförmig emporgehoben wurde, so dass sie in der Mitte einen höchsten Punct erhalten haben müsste, wenn das Emporheben vollendet worden wäre. Dies ist aber nicht geschehen, sondern der mittlere höchste Theil des Kegels ist von den übrigen ringsum abgerissen und entweder in der Tiefe liegen geblieben oder noch während der Erhebung wieder eingesunken. Die Folge hiervon war, dass eine mehr oder weniger runde, ringsum von steilen, zackigen Wänden umgebene Vertiefung in der Mitte des emporgehobenen Bodens entstand, von welcher die Gebirgsschichten, aus

1

denen letzterer besteht, nach allen Aussenseiten hin wie der
Kegel ziemlich sanft abfallen.

    L. von Buch wurde zu dieser Ansicht besonders durch seine
auf den Canarischen Inseln gemachten Beobachtungen geführt.
Er bemerkte, dass sie sowohl als auch so viele andere auf vulcanischem Wege entstandenen Eilande — deren Zahl namentlich in der Südsee so ansehnlich ist — in ihrem vollendeten
Zustande ringsum über die Meeresfläche gleichförmig emporsteigen und stets in ihrer Mitte da, wo man den Gipfel erwarten
sollte, eine mehr oder weniger grosse, kesselförmige Vertiefung
besitzen, welche man als die hohle Axe des Kegels betrachten
kann, in welchen die Bergabhänge zusammenlaufen würden.
Besonders deutlich sind diese Erscheinungen auf der Insel
Palma. Die Nachkommen der spanischen Eroberer und Ein-
wanderer nennen eine solche kesselförmige Vertiefung eine
„Caldera", und auf Palma hat eine derartige einen besonders
ansehnlichen Umfang erreicht. Man gelangt zu derselben, wenn
man durch eine grosse Gebirgsspalte aufwärts steigt, welche
den Namen „Baranco de las Angustias" führt. Diese Spalte
zertheilte die Felsschichten, aus denen ihre Seiten bestanden,
und man sah sie, ihrer ganzen Länge nach, sich regelmässig
gegen das Innere erheben. An andern solcher Berge nimmt
man bisweilen eine grosse Anzahl derartiger schmaler und tief
niedersetzenden Schluchten wahr, welche ringsum strahlenförmig von dem Mittelpuncte ausgehen. Indess nicht immer stehen sie mit dem Innern der Caldera in Verbindung und in
den meisten Fällen erstreckt sich nur ein einziger Baranco
bis in die kesselförmige Vertiefung. Steigt man in solchen
Spalten aufwärts, so findet man den innern Bau des Berges
meist deutlich aufgeschlossen und man sieht, dass die ihn zusammensetzenden Gebirgsarten, welche meist aus basaltischen
Gebilden, Conglomeraten, Mandelsteinen und Tuffen verschiedener Art bestehen, wohl unterscheidbare und deutliche Schichten bilden, welche eine der Erdoberfläche parallele Lage haben, jedoch stets von dem Centrum des Berges gleichförmig
gegen dessen Rand geneigt sind. Auf den geneigten Schichten, welche die Caldera auf Palma bilden halfen, lagen überall aus sogenanntem Urgebirgs-Gestein bestehende lose Blöcke
und zwar solche, welche auf der ganzen Inselgruppe anste-

hend nicht gefunden werden und aus dem Innern der Caldera
hervorgerissen zu seyn scheinen. Die in ihrer Nähe befindlichen Berge, z. B. der Pico del Cedro wurde 6756 Fuss und
der Pico de los Muchachos, der höchste auf der ganzen Insel,
7160 Fuss hoch gefunden. Von ihrer Höhe fallen sogleich
die Felsen in der Caldera herunter, so dass die Tiefe dieses
gewaltigen Kessels nahe an 5000 Fuss beträgt. Auf den Höhen dieser Berge sieht man nichts von verschlackten Gesteinen, von Auswürflingen oder vulcanischer Asche; die Gebirgsart sieht vielmehr dem Basalt sehr ähnlich, ist grauschwarz
von Farbe, wenig schimmernd, schwer und umschliesst viele
kleine Augit-Krystalle, so wie undeutliche Olivin-Körner.
L. von Buch hat nun den Hergang einer derartigen Bildung auf folgende Weise zu erklären versucht. Nach ihm
muss ein senkrechter, von unten nach oben auf eine horizontal abgelagerte Erdschicht erfolgender Stoss solche Erscheinungen hervorrufen. Diese Schicht oder der Meeresgrund,
dessen Schoosse vulcanische Inseln entsteigen, muss an derjenigen Stelle bersten und sich spalten, wo die unterirdische
Kraft am heftigsten auftritt und das ihr entgegenstehende Hinderniss aus dem Wege zu räumen sucht. In Folge dieses
Strebens werden die wagerecht abgelagerten Erdschichten aus
ihrer Lage gerückt und emporgetrieben, sie werden rings um
das Centrum der gemeinsamen Erhebung aufgerichtet, strahlenförmig vom Mittelpuncte aufgerissen, wodurch die vorhin
erwähnten Barancos entstehen und im Mittelpuncte selbst wird
eine mehr oder weniger ansehnliche Weitung sich bilden, welche
wir als die Caldera bereits kennen gelernt haben. Hierdurch
unterscheidet sich das Phänomen von der Entstehungsweise
eines brennenden Vulcans, welcher einer Anhäufung der von
ihm ausgeworfenen Massen theils seine Bildung, theils sein
successiv erfolgendes Wachsthum verdankt. Wenn Berge, deren Umfang und Höhe sehr verschieden ausfallen kann, auf
diese Art entstehen, so nennt *L. von Buch* die in ihrer Mitte
sich bildende kesselförmige Vertiefung einen „Erhebungskrater“.
Werden Inseln auf gleiche Weise erzeugt, so erhalten sie den
Namen „Erhebungsinseln“. Auf diese Weise wird eine solche
kraterähnliche Bildung von dem Krater eines thätigen Vulcans
unterschieden, welcher ein „Ausbruchskrater“ genannt wird,

4

und diese letztern entstehen bei brennenden Feuerbergen wohl deshalb so oft auf dem Boden ihrer Caldera, weil daselbst die aufwärts strebenden unterirdischen Kräfte den geringsten Widerstand zu besiegen haben. Aus eben diesem Grunde erhebt sich auch bei manchen Erhebungsinseln, wenn sie mit einem thätigen Vulcan versehen sind, der letztere so sehr gern aus den ringförmigen Umgebungen der Caldera, und wenn er, theils durch seine ursprüngliche Masse, theils durch die von ihm ausgeworfenen Stoffe, den innern Raum derselben ausgefüllt hat, so ragt er zuletzt über dieselben hinaus. Hiervon sind mehrere Beispiele bekannt. Der Pic auf Teneriffa giebt eins der schönsten derselben ab. Aus der Erzählung aller Reisenden, die ihn mit Aufmerksamkeit betrachteten, ergiebt sich, dass man auf der Südseite an seinen Abhängen die Ränder der alten Caldera in der Gestalt prachtvoller und imposanter hemisphärischer Felswände erblickt, und ein Amphitheater bilden, von welchem aus man den später aufgestiegenen grossen, zuckerhutförmigen, in strahlendes Weiss eingehüllten Kegel des Pico in seiner ganzen Grösse und Herrlichkeit mit einem Blicke überschaut. Unter den europäischen vulcanischen Inseln dürfte Vulcano unter den Liparen wohl am meisten in dieser Hinsicht excelliren.

L. von Buch's Theorie der Erhebungskratere ist jedoch in neuerer Zeit in Folge wiederholter Untersuchungen, die man in sehr verschiedenen und weit von einander entfernten Ländergebieten angestellt hat, vielfach angefochten und Gegenstand eines sehr lebhaft geführten wissenschaftlichen Krieges geworden; in England, Frankreich und Deutschland sind Gegner derselben aufgetreten; bis auf den heutigen Tag ist der Kampf nicht ausgefochten und noch hat der Sieg sich nicht entschieden dieser oder jener Parthei zugewendet.

Unter den britischen Geologen, welche als Gegner dieser Lehre aufgetreten sind, nimmt *Charles Lyell* unstreitig eine der ersten Stellen ein. Er bemerkt (in seinen *Principles of Geology, T. I. pag.* 387), dass es höchst sonderbar sey, wenn immer nur vulcanische Gesteine von solchen Erhebungen betroffen worden wären, wobei eben so oder noch mehr räthselhaft bleiben würde, auf welche Art und Weise diese Gesteine, z. B. Basalt, Trachyt und deren Conglomerate, so wie Tuffe in die horizontale, flötzartige Lage gekommen wären, in welcher sie sich doch, der Hypothese zu Folge, vor ihrer Erhebung: befunden haben müssten. Ferner meint er, — und wie es scheint, mit vielem Grunde, — ein vulcanischer Ausbruch, welcher unter horizontal abgelagerten Felsmassen hervorbreche, würde die letztern nur chaotisch zerreissen und zertrümmern, aber nie den regelmässigen, kegelartigen Bau mit gleichförmigem Abfall der Schichten von der Spitze des abgestumpften Kegels nach allen Theilen des Umkreises seiner Grundfläche hervorzubringen im Stande seyn. Aber diese Structur beobachte man nicht an den sogenannten Erhebungskrateren, wohl aber bei allen solchen Krateren, über deren Ränder Lavaströme in glühendem Flusse hervorgetreten und an ihren Abhängen hernieder geflossen wären. Zudem habe man noch nie einen wirklichen Erhebungskrater sich bilden sehen, auch habe man noch nie bemerkt, dass Erhebungen umliegender Schichten einem vulcanischen Ausbruche vorangegangen wären. Wenn überhaupt Vulcane aus dem Grunde des Meeres hervorbrächen, so müssten sie daselbst eben solche Wirkungen, wie auf dem festen Lande hervorbringen. Aber die Kraft der Meereswogen zerstöre die um den Ausbruchs-Schlund kegelförmig aufgeworfenen Schichten von porösen und locker zusammenhängenden Massen, stumpfe den entstandenen Kegel ab, so dass nur sein und-des Kraters unterer Rand stehen bleibe, welcher letztere aus festen, nach allen Richtungen über den Rand geflossenen Laven bestehe und in dessen Mitte ein neuer Ausbruchskegel entstehen könne. Wenn nun dieser untere Ueberrest des ersten Auswurfskegels durch Zurückziehen des Meeres oder durch Erhebung des Grundes über die Meeresfläche hervorrage, so entstehe ein sogenannter Erhebungskrater, oder vielmehr, er erhalte die Gestalt eines solchen.

Einen andern Einwurf gegen *L. von Buch's* Theorie nimmt *Lyell* davon her, dass man auf oder in den auf die erwähnte Weise kegelförmig emporgehobenen Schichten secundärer Gesteine nie Versteinerungen von marinen organischen Gebilden wahrnehme, was doch der Fall seyn müsste, wenn Erhebungen dieser Art durch vulcanische Kräfte am Meeresboden thätig gewesen wären. Dieser Einwurf würde allerdings von grosser Bedeutung seyn, wenn man nie auf Gebirgsschichten, welche

unterhalb der Meeresfläche gebildet und dann durch vulcanische Gewalt über letztere emporgetrieben worden sind, vegetabilische oder animalische Reste gefunden hätte; allein dies
scheint doch nicht der Fall zu seyn, denn *Edwards Forbes*,
welcher neuerdings die im ägäischen Meere gelegenen vulcanischen Inseln und deren Entstehungsweise genau zu ermitteln
sich bemüht hat, erzählt (s. *Daubeny's* Werk über die Vulcane, deutsch von *Gust. Leonhard*, S. 194), dass er, eben so
wie auf der Insel Santorin, so auch auf der nahe gelegenen
Insel Mikrokaimeni ansehnliche Mengen von Muscheln, wie sie
noch jetzt das dortige Meer bevölkern, auf den daselbst vorkommenden und wahrscheinlich einst der Meerestiefe entstie-
genen Gebirgsschichten, welche aus Bimsstein und vulcanischer Asche zusammengesetzt sind, aufgefunden habe.

Ebenfalls als Gegner von *L. von Buch* tritt auch *Poulet-
Scrope* (in seinen *Considerations of Volcanos, pag.* 95) auf;
auch er bestreitet die Vorstellung, dass bei vulcanischen Ausbrüchen, wenn sie nicht aus schon vorhandenen Kratern erfolgen, eine Erhebung des noch undurchbohrten Bodens der
erste Act der Erscheinung sey und dem Aufbrechen einer Gebirgsspalte oder eines Kraters vorausgehe; zugleich ist er der
Theorie von blasenförmiger Erhebung des Bodens abhold und
bemüht sich, die Form solcher Berge, welche man sich als
grosse Blasen aufgetrieben denkt, durch Ausguss einer zähen,
meist nicht sehr flüssigen trachytischen Masse um einen Krater herum und bis auf nur geringe Entfernung zu erklären.

Unter den französischen Geologen hat *L. von Buch* ebenfalls mehrere Gegner gefunden, zu denen besonders *Virlet,
Boubée, Boblaye, Constant-Prévost* u. m. A. gehören. Der
erstgenannte derselben nimmt einen, wie es scheint, gewichti-
gen Gegengrund von der Beschaffenheit der schon mehrfach
erwähnten Barancos her. Ihre strahlenförmige Vertheilung und
Anordnung keineswegs verkennend, betrachtet er sie doch nicht
als Spalten, welche durch Erhebung der Gebirgsschichten entstanden wären, denn um einem solchen Bilde zu entsprechen,
mussten sie vom Mittelpuncte aus aufreissen, gegen die Caldera hin weit aufklaffen und nach dem Umkreise, allmählig
schmäler werdend, auslaufen. Bei den bis jetzt bekannt gewordenen Erscheinungen dieser Art verhalte es sich aber ge-

rade umgekehrt und nur der eine Baranco, welcher in's Innere
des Kessels führe, scheine ein Rest jener Hauptspalte zu seyn,
auf welcher der ganze Vulcan sich gebildet habe.
In Deutschland hat die Lehre von den Erhebungskrateren wohl am meisten Anklang gefunden, doch bemerkt *Fr.*
Hoffmann (s. dessen hinterlassene Werke, Thl. I, S. 114), in
Folge seiner an mehreren Vulcanen gemachten Studien sey er
zu der Ansicht gelangt, dass die sogenannten Erhebungskratere sich in ihrer Structur auf keinerlei Weise von der Zusammensetzung der noch unter unsern Augen gebildeten Kratere thätiger Vulcane unterscheiden liessen. Der einzige Unterschied derselben bestehe nur in den Dimensions-Verhältnis-
sen, deren Grenzen man jedoch nicht zu bestimmen vermöge.
Und auch diese könnten nach seiner Ansicht durch heftige
Explosionen sich erklären lassen, welche bei der letzten Eruption diese Kratere ganz ausgeleert und sie alsdann — vielleicht für Jahrtausende — zur Ruhe gebracht hätten. Auch
seyen innere Kegel in grossen, äussern Umwallungen bei noch
jetzt thätigen Vulcanen eine keineswegs seltene Erscheinung;
man brauche nur den Vesuv und den Monte Somma mit flüch-
tigem Blicke zu betrachten, so erhalte man ein Bild in kleinem Maassstabe von dem, was der Pic auf Teneriffa durch
die Grösse seiner Umrisse gewähre.
Gereizt und verletzt durch diese Widersprüche und eif-
rigst bemüht, seiner Lehre dennoch den gewünschten Eingang
zu verschaffen, unternahm *L. von Buch* 17 Jahre nachher, als
er sie zuerst in den Abhandlungen der Akademie der Wissenschaften zu Berlin aus den Jahren 1818—1819, S. 51 publi-
cirt hatte, eine neue Reise zu dem classischen vulcanischen
Boden Unter-Italiens und Siciliens, und glaubte in Folge erneuerter Untersuchungen den vollständigsten Beweis für seine
zuerst aufgestellte Ansicht gefunden zu haben, dass niemals
ein vulcanischer Kegel durch aufbauende Lavaströme hervorgebracht werden kann, dass vielmehr seine Höhe sich nur
allein durch das plötzliche Erheben fester Massen vermehrt
und dass beim Aetna sowohl als beim Vesuv, nicht minder
bei Volcano und Stromboli der ganze Kegel dieser Feuerberge
seine erste Erhebung durch plötzliches Hervortreten über die
Erdoberfläche erhalten hat. Nicht lange vorher hatte *Elie de*

8

Beaumont den Aetna zum Gegenstande einer sehr genauen und sorgfältigen Untersuchung gemacht und in Folge der hierbei erhaltenen und (in den *Ann. des Mines. T.* 9.' *pag.* 175 und 535 veröffentlichten) Resultate glaubt *L.' von Buch* (s. *Poggendorff's* Ann. der Physik, Bd. 37. S. 169) den schlagendsten Beweis zu Gunsten seiner Ansicht gefunden zu haben.

Elie de Beaumont hatte nämlich durch sorgfältiges Messen der mittlern Neigung von etwa dreissig rund um den Aetna, so wie vieler anderer aus dem Vesuv ergossener Lavaströme gefunden, dass ein solcher Strom, dessen Neigung 6° beträgt oder sie wohl gar übersteigt, gar keine zusammenhängende Masse bildet, denn er fällt durchgängig so schnell, dass er nur zu unbedeutender, kaum einige Fuss betragender Mächtigkeit anzuwachsen pflegt. Nur dann erst, wenn die Neigung 3° oder weniger als 3° beträgt, vermag die Masse sich zu einer merklichen Höhe anzuhäufen. Da nun das letzte Drittel des Aetna's sich mit 29—32° Neigung erhebt, so ist einleuchtend, dass, wenn auch ein Lavastrom sich über den grossen Kraterrand dieses Berges ergiesst, — was übrigens nur selten geschieht, — er sonach auf die Vermehrung der Masse, ja sogar auf seine äussere Form nur einen äusserst geringen Einfluss auszuüben im Stande ist. Selbst im Grunde des Val di Bove — welches wir späterhin genauer werden kennen lernen — beträgt die Neigung der Ströme noch 8—9° und dabei ist ihre Mächtigkeit so gering, dass man ihren Lauf nur durch die schwarze Farbe derselben erkennt. Einige der bekanntern Lavaströme am Aetna und Vesuv mögen zur Stütze jener Ansicht angeführt werden.

Der grosse und allbekannte Lavastrom, welcher bei der schrecklichen Eruption im J. 1669 so zerstörend einwirkte und an Catania's Mauern vorbei sich in das Meer ergoss, bricht am Fusse der Monte rossi, welche jener Katastrophe ihren Ursprung verdanken, mit einer Neigung von 2° 58' hervor und mit dieser geht er ostwärts vom Monte Pilieri vorüber. Da, wo der Weg von Nicolosi nach Torre di Grifo über diesen Strom hinweggeht, beträgt seine mittlere Neigung nach der Quelle hinauf 3° 45', nach dem Meere herunter 2° 34' Nahe bei Catania, woselbst der Strom schmäler wird, ist seine Neigung 5—6°, welche aber bald, nach dem Meere zu, sich

wieder vermindert. Die mittlere Neigung dieses so schnell
geflossenen Stromes schwankt daher zwischen 2° und 3°. Die
wenig mächtigen Lavaströme, welche aus der sogenannten
Waldregion bei Zaffarana sehr steil sich herabstürzen, besitzen
eine mittlere Neigung von 6° 23'. Vom Fusse gegen Aci
Reale, woselbst sie hohe Dämme bilden, ist ihre Neigung 2°
13'. Ein Strom, welcher von Piano arenoso unter dem Gipfel
des Aetna's sich in das Val di Bove herabstürzt, hat 24° Neigung; sein Weg ist aber auch nur durch einen schmalen Zug
von locker zusammenhängenden Schlacken bezeichnet, gleich
allen übrigen Strömen, welche mit solcher Neigung von dieser Höhe sich herabsenken. — Fast ganz dieselben Erscheinungen gewährt der Vesuv.

Der breite Lavastrom, welchen man von unten her überschreitet, ehe man an den Hügel des Eremiten gelangt, kommt
mit einer Neigung von 3° von oben herab. Eben so besitzen
die in den Jahren 1804 und 1822 hervorgetretenen Ströme,
welche bei dem Kloster von Camaldoli vorbeilaufen, eine Neigung von 3°. Dagegen erhebt sich der letzte Kegel des Vesuv's unter einem Winkel von 28—30°. Gar oft und viel
häufiger, als bei andern Vulcanen, fliessen Ströme an diesem
steilen Abhange herunter, aber nie beträgt ihre Mächtigkeit
mehr als 4 Fuss; sie bohren sich schnell einen tiefen und engen Schlund in die lockern Massen und erscheinen daher nur
in der Gestalt schmaler Streifen.

Hieraus geht also hervor, dass mantelförmige oder auch
nur über einen sehr breiten Raum sich ausdehnende Massen
an steilen Berggehängen keine Lavaströme bilden können,
und *Elie de Beaumont's* Beobachtung erhebt solchen Schluss
zur Gewissheit.

Giebt man auch zu, dass die Schichten, aus denen der
Vesuv, der Aetna, so wie die meisten andern feuerspeienden
Berge bestehen, in feurigem Flusse dem Innern der Erde entstiegen sind, so können sie doch so, wie sie sich jetzt unsern
Blicken darbieten, nämlich als Umgebungen eines schnell und
steil aufsteigenden Kegels, ursprünglich sich nicht gebildet haben, sondern sie müssen ihre jetzige Gestalt einer neuen, auf sie
einwirkenden Ursache, nämlich einer Erhebung um ihre Axe
verdanken, welche nach der Erhebung als Krater sich öffnet.

Der Vesuv giebt hierzu ein sehr belehrendes Beispiel.
Unterwirft man nämlich den Bau seiner Gebirgsmassen einer
nähern Untersuchung und fasst man die Verhältnisse näher
in's Auge, unter denen der erste seiner Ausbrüche erfolgte,
so wird es sehr wahrscheinlich, dass dieser Ausbruch, welcher
bekanntlich im J. 79 n. Chr. Geb. erfolgte und unter seinem
Aschenregen die Städte Herculanum, Pompeji und Stabiae begrub, zugleich mit der Erhebung seines jetzigen Kegels aus
dem Innern des Somma-Kraters verbunden war, dass er dadurch erst zum wahren Vulcan wurde und seit jener Zeit bis
auf den heutigen Tag sich eine dauernde Verbindung mit dem
Luftkreise gebildet hat.

Am Monte Somma nimmt man nämlich alle Kennzeichen
eines wahren Erhebungskraters wahr; besonders sind die Leuzitophyr-Schichten, aus denen er besteht, nach Aussen hin
deutlich unter einem Winkel von $20-30^0$ geneigt; überall
behalten sie gleiche Mächtigkeit bei, und somit wäre es ab-
surd, anzunehmen, dass sie aus herabgeflossenen Laváströmen
entstanden seyen, denn sonst müssten ihre Schichten oben
dünn und schwach, nach der Basis hin aber stärker und mächtiger erscheinen.

Deutlicher aber wird die Erhebung dieses Berges durch
die Lagerungs-Verhältnisse des Tuffes, wie er sich rund umher den Abhängen der Somma anschmiegt.

Diese Gebirgsart besteht, wie schon ein flüchtiger Anblick
beweist, aus lockern, zusammengeschwemmten, weisslich gefärbten Bimsstein-Fragmenten und ist über die ganze Fläche
zwischen dem Apennin und dem Meere in söhligen Schichten
zu einer fast wassergleichen Ebene abgelagert. Sie erstrecken
sich auch zur Somma, so wie aber sie den Fuss der letztern
erreicht haben, so steigen sie auch sogleich daran in die Höhe
und gehen mit starker Neigung an dem Bergabhange hinauf.
Allein in einem bestimmten, rund um den Berg sich gleich-
bleibenden Niveau hören sie auf und nun erheben sich daraus
mit stärkerer Neigung bis zum Gipfel hinauf die schwarzen
Leuzitophyr-Schichten der Somma-Wände. Der Tuff steigt
etwa 1900 Fuss, von der Meeresfläche an gerechnet, an dem
Berge hinauf und seine schon aus der Ferne leicht erkennbare Grenze ist der lang gedehnte Hügel, auf welchem das

allbekannte Haus des Eremiten errichtet ist. Dann erhebt
sich der Gipfel der Somma noch 1500 Fuss höher.

Die horizontalen Tuff-Schichten steigen in der ganzen
Ebene von Neapel nur einmal und zwar bei den Camaldulen-
sern, in der Nähe von Puzzuoli, zu einer Höhe von 1419 Fuss
an, indess nur auf einer sehr beschränkten Umgebung, und
ihre gewöhnliche Meereshöhe in der Ebene nach Capua hin
beträgt nirgends mehr als 800 Fuss und das ist nicht die
Hälfte der Höhe, bis zu welcher sie an der Somma hinaufsteigen. An dem Vulcane befinden sie sich also nicht mehr
in ihrer ursprünglichen Lage, vielmehr sind sie, rund um eine
Axe her, welche die des Kraters selbst ist, erhoben worden.

Dieser Bimsstein-Tuff ist nicht ein unmittelbares Product
vulcanischer Ausbrüche, vielmehr ist er im Meere gebildet und
durch die Meereswogen über die vorhin erwähnte Fläche gleichmässig verbreitet worden.

Ein redender Beweis hiervon sind die Meeresgeschöpfe,
denen man beim Schürfen in den Schichten dieses Tuffes fast
überall begegnet und zwar in der Regel so schön und vollständig erhalten, dass man unmöglich annehmen kann, sie wären in irgend einer Zeitperiode den wilden Bewegungen vulcanischer Ausbrüche ausgesetzt gewesen. In mehreren Samm-
lungen von Neapel findet man Belegstücke dazu; sie haben
auch schon vor geraumer Zeit die Aufmerksamkeit der Naturforscher auf sich gezogen. Bereits *Hamilton* hat in seinem
Werke über die phlegräischen Felder Abbildungen solcher
ehemaliger Meeresbewohner geliefert. So gedenkt er einer
Auster, welche mitten im Tuffe bei Bajae gefunden wurde, und
ein ihr ähnliches Exemplar erhielt *Pilla* aus dem Pausilip-Tuff.
Aus einem Bruche an der Spitze des Pausilip hat *Hamilton*
eine ganze Sammlung von Cerithien, wahrscheinlich von *Cerithium vulgatum*, abbilden lassen, welches Thier noch jetzt bei
Ischia und am Faro di Messina in Menge angetroffen wird.
Auch im Tuffe der Fossa grande, gerade unterhalb der Wohnung des Eremiten, hat man Cerithien aufgefunden. Wohl
erhaltene Pectunculus-Schalen entdeckte man einst in einem
Tuff-Bruche unter Capo di Monte; auch an der Somma kommen sie vor und über dem Orte Somma arbeitete *Pilla* aus
dem dortigen Tuffe mehrere Exemplare von einem Echinoneus

heraus, welche viel Aehnlichkeit mit dem von *Goldfuss* abgebildeten *Echinoneus subglobosus* hat. Auch besass *Pilla* ein sehr instructives Exemplar von *Cardium edule*, welches von der Somma herstammte, so wie er späterhin aus einem Gebirgseinschnitte neben der Fossa grande in einer Art von Trass *Turritella terebra*, *Cardium ciliare* und *Corbula gibba* auffand, die wie jene im Thone von Ischia zu der Subapenninen-Formation gehören. Alles dies liefert, wie es scheint, den deutlichen Beweis, dass jene Tuffschichten nicht von dem Vulcan unmittelbar ausgeworfen wurden, wie *Constant-Prévost* meint, sondern dass sie eine dem tertiären Kalk analoge Meeresbildung sind und sich deshalb gleichmässig über die ganze Fläche ausgebreitet haben.

Da nun die Somma die Tuffschichten durchbricht und sie erhebt, so kann sie natürlich als Berg vor der Bildung des Tuffes nicht vorhanden gewesen seyn, doch muss die vulcanische Thätigkeit in dieser Gegend vorher sich schon wirksam gezeigt haben, denn der Tuff des Eremiten-Hügels, so wie die Schichten in den Thälern der Fossa grande und Fossa della Vetrana enthalten zahlreiche Fragmente von Leuzitophyr, der aber in dem Tuffe bei Neapel gar nicht vorkommt. Diese Gesteine mögen daher wohl denjenigen Schichten angehören, welche anfangs im Meere von den vulcanischen Kräften über die Fläche verbreitet und späterhin als Wände des Erhebungskraters aufwärts getrieben wurden. Mit ihnen finden sich, und zwar ebenfalls von Tuff eingeschlossen, die Dolomite und andere Gesteine von früherer Entstehung, welche so reich an den verschiedensten Mineral-Gattungen sind und den Vesuv in dieser Hinsicht so berühmt gemacht haben. Bei Weitem die meisten derselben finden sich in den vom Tuff umschlossenen und eingehüllten Stücken. Gewöhnlich, aber wie es scheint, ganz irrig, nennt man sie Auswürflinge des Vesuv's, und obgleich man noch nie beobachtet hat, dass der Berg solche Gebilde ausgeschleudert habe, so hilft man sich durch die Annahme, es könne solches in frühern Zeiten geschehen seyn. Sie können aber nicht als Auswürflinge betrachtet werden, wenn man erwägt, dass der fragliche Tuff hinsichtlich seiner Entstehungsweise mit dem von Capua und Neapel gänzlich übereinstimmt und dass er vor der Erhebung der Somma sich

über jene Fläche ausgebreitet hat. Die umwickelten Stücke
mussten also lange vorher in dieser Gegend vorhanden gewesen seyn, ehe vom Monte Somma und noch weniger vom Vesuv die Rede seyn konnte. Deshalb sind sie auch keine Auswürflinge weder dieses Berges, noch der Somma, sondern
wahrscheinlich das Product einer untermeerischen, tief im Erdinnern verborgenen vulcanischen Kraft, worauf auch die grosse
Aehnlichkeit mit solchen krystallisirten Mineralien hindeutet,
welche durch die Einwirkung emporgetriebener plutonischer
Gebirgsarten auf Kalksteine verschiedenen Alters an den Be-
rührungsflächen beider sich gebildet haben, wozu im Fassa-
Thale die Monzoni-Alp, in Piemont das Ala-Thal und vielleicht
auch Arendal in Norwegen die lehrreichsten Beispiele liefern.
An diesen Orten finden sich die meisten Fossilien des Vesuv's
wieder, z. B. Vesuvian, Granat, Epidot, Augit u. m. a.; die
schönen Mineralien aus der Zeolith-Familie scheinen jedoch
dem Vesuv eigenthümlich zu seyn und sich unter Einwirkung
verschiedener Umstände erst späterhin gebildet zu haben, denn
häufig bedeckt z. B. Mejonit, Nephelin und Sodalit Krystalle
von Hornblende, Vesuvian und Granat, aber niemals werden
erstere von letztern umhüllt.

Wenn nun das bisher Angeführte nicht schon genügen
sollte, um das Erheben der Somma durch die Tuffschichten,
so wie das Emporsteigen des Vesuv's aus der Mitte des Somma-
Kraters höchst wahrscheinlich zu machen, so liefert nach *L. von
Buch's* Ansicht die Umgegend von Neapel noch näher liegende
Beweise, welche jeden Zweifel daran zu beseitigen im Stande
seyn dürften. Er beruft sich hierbei an die Entstehung des
Monte nuovo bei Puzzuoli am 19. Sept. im J. 1538, welcher
unter den Augen der Zeitgenossen mitten aus den daselbst abgelagerten Tuffschichten zu einem nicht unansehnlichen Berge
sich erhob und auf seinem Gipfel mit einem Krater versehen
war. *L. von Buch* betrachtet den Monte nuovo als einen wahren Erhebungskrater und nicht als einen Berg, welcher, wie
andere Geologen annehmen, sich erst durch die von ihm ausgeworfenen Stoffe gebildet und durch deren Masse seine jetzige
Höhe und Gestalt erhalten habe. Sollten auch die zerstörten
Tuffschichten in der Mitte, die vielen durch die ausbrechenden
Dämpfe des Innern emporgeschleuderten Blöcke, Rapilli und

Asche, durch welche selbst Puzzuoli während der Katastrophe
in Finsterniss gehüllt und beinahe gänzlich vergraben wurde und
womit auch die Oberfläche des Berges bedeckt erschien, für den
ersten Augenblick glauben lassen, der Berg habe sich durch
diese ausgeworfenen Massen aufgebauet, so bemerkt man doch
bei genauerer Beobachtung an seinen Abhängen die Köpfe
der Schichten, deren Masse sich von dem gewöhnlichen Pausilip-Tuff gar nicht unterscheidet. Rund umher sind sie nach
Aussen hin geneigt, während im Innern des Kraters und auf
seinem Boden schwarze Schlacken in ansehnlichen Massen und
grosse Blöcke von verändertem Trachyt umherliegen und auch
auf der Oberfläche des Berges als äussere Decke wahrgenommen werden. Hätte nun der Berg seine innern Wände aus
den von ihm ausgeworfenen Stoffen gebildet, so würden sie
nicht weiss, feinerdig und zusammenhängend erscheinen, sondern sie würden nur einem Conglomerat gleichen, welches aus
grossen und unförmlichen Bruchstücken zusammengesetzt ist;
allein mit einem solchen besitzen sie gar keine Aehnlichkeit.

Aber auch die Art und Weise, wie *L. von Buch* den
Monte nuovo sich entstanden denkt, ist mehrfach angefochten
worden und namentlich hat neuerdings *R. A. Philippi* (in
Leonhard's neuem Jahrb. für Min., Jahrg. 1841, S. 68) dagegen bemerkt, dass, da bei dem Ausbruche des Berges höchst
wahrscheinlich auch ansehnliche Mengen von Wasserdämpfen
sich entwickelt hätten, so könnten diese, vielleicht in Verbindung mit corrodirenden und auflösenden Gasarten, wohl mehr
oder weniger fein zertheilte Bimssteinstücke zusammengeleimt,
eine Art von Schichtung erzeugt und dies *L. von Buch* veranlasst haben, solche zusammengeleimte Massen für anstehende
Tuffschichten zu halten.

Allein auch dieser Einwurf scheint gründlich widerlegt
zu seyn; denn als *L. von Buch* (s. die Zeitschrift der deutschen
geolog. Gesellschaft, I, S. 107) im J. 1848 den Monte nuovo
einer neuen Untersuchung unterwarf, so fand er an dem Berge
gar keinen Bimsstein, sondern nur einen mehr oder weniger
fein zerriebenen Trachyt. Glücklicherweise hatten zu jener
Zeit weit klaffende Wasserrisse das Innere des Berges blos gelegt und aufgeschlossen, und von seinem Rande aus konnte
man deutlich bemerken, dass die von ihm abfallenden weissen

Schichten so regelrecht übereinander lagen, wie man dies
kaum besser im Flötzgebirge wahrzunehmen vermag. Alle
diese aus Pausilip-Tuff zusammengesetzten und wirklich anstehenden Schichten neigten sich in den Berg herein und an
dessen Abhang herunter. Ueberall waren die ausgeworfenen
schwarzen Schlacken von diesen festen Tuffschichten deutlich
gesondert und bildeten eine obere Schicht, welche scharf von
der weissen Unterlage abschnitt, ja man glaubte sogar die
Richtung des Windes bestimmen zu können, welcher die Auswürflinge entführt und sie über die ganze Gegend zerstreut
zu haben schien; denn gegen Westen und Südwesten erschien
die Schlackenschicht auf dem Tuff viel höher als nach Osten
hin. In dieser Richtung sind auch die Schlacken besonders
gross und zum Theil zusammengesintert, weshalb man sie auch
oft für einen Lavastrom gehalten und als solchen beschrieben hat.

Als man nun die anstehenden Schichten weiter untersuchte, fanden sich darin zu grosser und freudiger Ueberraschung auch fossile Meeresmuscheln, z. B. mehrere Arten
von Turritellen, sodann *Pecten opercularis*, *Cardium edule*,
Buccinum mutabile u. m. a., und zwar nicht blos in den obern,
sondern auch in den untern Schichten, welche gleichsam den
Kern des Berges bilden. Es liesse sich vielleicht noch ein-
wenden, dass der Ausbruch des Monte nuovo die erwähnten
Muscheln aus dem Meere mit emporgehoben habe, allein dies
widerlegt sich schon dadurch, dass dieselbe Schicht, in welcher man jene Thiere entdeckte, zur entgegengesetzten Seite
des Kraters ununterbrochen fortsetzt und auch dort dieselben
organischen Gebilde in ihren Tuffmassen umschliesst.

Wirklich scheint nun der von *L. von Buch* aufgestellten
Ansicht über die Entstehungsart des Monte nuovo nichts mehr
hindernd im Wege zu stehen.

Auch den Krater von Astruni, dessen Durchmesser beinahe eine Meile beträgt und der bekanntlich einer der schönsten und grössten der phlegräischen Felder ist, führt *L. von
Buch* zur Stütze seiner Theorie an. An seinen innern Abhängen ist nämlich das anstehende Gestein keineswegs von
schlackiger Beschaffenheit, wie man wohl vermuthen sollte,
vielmehr fällt es ausserordentlich durch seine weisse Farbe auf,

und wie am Hügel des Pausiſip, so liegen auch hier im Innern
des Kraters zahlreiche Schlackentrümmer umher. Auch hier
bemerkt man wieder die Tuffschichten, welche sich um eine
gemeinschaftliche Axe nach Aussen hin neigen. Dieser Krater besitzt keinen ebenen Boden, sondern es erheben sich,
gleich wie an der Rocca Monfina, in seiner Mitte einige trachytische Hügel zu einem nahe an 200 Fuss sich über den
Rand des Kessels erhebenden Dom. Nirgends bemerkt man
etwas von einem Lavastrom, vielmehr ist die Masse überall
zusammenhängend und fest; es sind grosse Felsmassen, welche
sich durch Klüfte und Sprünge in mächtige Blöcke zertheilt
haben.

Durch das eben Mitgetheilte erhalten wir eine wahre Ent-
wickelungsgeschichte der vulcanischen Thätigkeit in jenen
Gegenden, indem am Monte nuovo ein Berg aufsteigt· mit
einem Erhebungskrater darin, aber ohne festen Kern, während im Krater von Astruni sich zwar auch die festen Massen
in domartiger Gestalt erheben, jedoch nicht aufbrechen und
keine dauernde Verbindung des Innern mit der Atmosphäre
bilden, wodurch also kein Vulcan entsteht. Der Vesuv dagegen steigt nicht allein kegelförmig empor, sondern durch
seinen Gipfel eröffnet sich auch die gesuchte dauernde Verbindung und es bildet sich ein wahrer Vulcan. *L. von Buch*
ist sogar anzunehmen geneigt, dass uns vielleicht der Anblick
eines so merkwürdigen Verlaufs des Vulcanismus auf der Insel
Santorin bevorstehe, indem der Boden aus der Mitte des auf
ihr befindlichen Erhebungskraters seit einer Reihe von Jahren,
bisher freilich nur in einzelnen, nicht zusammenhängenden
trachytischen Klippen allmählig in die Höhe steige, die Meerestiefe in seiner Nähe sich stets vermindere und jetzt schon
der gehobene Boden dem Niveau des Wassers ganz nahe
wäre. *Virlet* gebührt das Verdienst, in neuerer Zeit zuerst
die Aufmerksamkeit der Geologen auf dies merkwürdige Phänomen (im *Bulletin de la Soc. geol. de France, T. III*, 109,
T. VII, 260, und *l'Institut*, 1836, *T. IV*, 169) gelenkt zu haben.

Den Bewohnern der Insel war die Erscheinung theilweise
schon längst bekannt; denn als *Olivier* gegen Ende des vorigen Jahrhunderts Santorin besuchte, sagten die Fischer aus,
dass sich der Meeresboden neuerdings zwischen dem bei den

Ausbrüchen in den Jahren 1807—1812 entstandenen Inselchen
Kaimeni und dem Hafen von Thera um ein Merkliches erhöhet habe und durch die Sonde habe sich eine Tiefe von
15—20 Ellen ermitteln lassen, da, wo sonst das Meer uner-
gründlich gewesen. Als *Virlet* und *Bory* im J. 1829 diese
Stelle untersuchten; fanden sie solche 4½ und im J. 1830 nur
noch 4 Ellen tief. Es zeigte sich eine Bank, welche von Ost
nach West 800 und von Nord nach Süd 500 Meter gross war,
nördlich und westlich auf 29, östlich und südlich auf 45 Ellen
sank und dann ringsum plötzlich zu einer grossen Tiefe abfiel.
Als *Lalande* im J. 1835 eben dahin gelangte, fand er nur
noch 2 Ellen Tiefe und er meint, dass gegen das Ende des
J. 1840 die neue Insel gänzlich dem Schoosse des Meeres
entstiegen seyn dürfte. Hinsichtlich des geognostischen Baues
der Insel Santorin bemerkt jedoch *Virlet*, dass sie keineswegs
die Eigenschaften besitze, welche zu einem Erhebungskrater
erforderlich seyen, denn der kreisrunde Golf, welcher von den
Inseln Santorin, Therasia und Aspronisi begrenzt werde, könne
nur aus einem Eruptionskrater hervorgehen, dessen Kegel entweder verschlungen worden sey — wie dies mit jenem des
Aetna's bei der im J. 1444 erfolgten Eruption der Fall gewesen — oder den ein sehr mächtiger Ausbruch mit grosser
Heftigkeit emporgetrieben habe. Ohne sich auf diese Ein-
reden weiter einzulassen, geht *L. von Buch* indess noch weiter
und es unterliegt bei ihm gar keinem Zweifel, dass noch fortwährend solche Inseln aus den Fluthen des Meeres auftauchen
können und auch wirklich noch auftauchen, und er führt in
dieser Hinsicht einen Fall an, dessen *Pöppig* in seiner Reise
nach Chili u. s. w. S. 164 gedenkt. Dieser erzählt, dass *Thayer*,
Commandeur eines americanischen Schiffes, im J. 1825 in der
Südsee unter 30° 14' südl. Br. und 178° 15' östl. L. eine
Insel aus dem Meere habe auftauchen sehen, aus deren Mitte
eine ansehnliche Rauchsäule sich erhob. Als man sich derselben näherte, erblickte man einen schwarzen, kaum einige
Fuss über die Meeresfläche hervorragenden Felsen, ohne alle
Spur von Vegetation. Er bestand aus einem breiten Ringe,
welcher in der Mitte einen kleinen Teich umschloss, jedoch
an einer Stelle durchbrochen war und dadurch dem Meere Zutritt
in das Innere zu geben schien. Die Matrosen sprangen in's

Wasser, um das Boot über die Untiefe zu ziehen, allein eben
so schnell sprangen sie, nicht wenig erschreckt, in das Fahr-
zeug zurück, weil das Wasser, fast bis zum Kochpuncte erhitzt, ihre Füsse empfindlich verbrannt hatte. Der Rauch
stieg aus mehreren Spalten empor, welche den umgebenden
Ring durchbrochen hatten. Nur an einer einzigen Stelle fand
sich Sand, während alles Uebrige aus festem Gestein zusammengesetzt war. Der Krater hatte ungefähr 800 Schritt im
Durchmesser und fiel so schnell nach Aussen hin ab, dass
schon bei 100 Faden Entfernung man keinen Grund mehr
finden konnte, und dennoch war die Meeres-Temperatur in
einer Entfernung von 4 engl. Meilen 10—15° F. höher, als
man sie bis dahin in diesen Breiten beobachtet hatte.

Die festen Massen, aus denen die Insel bestand, unterschieden sich sehr von denen der Insel Sabrina, welche in
der Nähe der Azoren im J. 1811, und der Insel Ferdinandea,
welche unweit der südlichen Küste von Sicilien im J. 1830
entstand, deren fester Kern die Oberfläche nicht erreichte, die
nur aus lockern Schlacken und grauschwarzen, leicht zerreib-
lichen, bimssteinartigen Rapilli bestanden und deshalb auch
wieder von den Meeresfluthen so schnell zerstört wurden.

L. von Buch ist nun anzunehmen geneigt, was freilich
auch schon andere Geologen, namentlich *Quoy* und *Gaymard*,
welche als die Schöpfer dieser Theorie zu betrachten sind,
vermuthet haben, dass alle Corallen-Inseln der Südsee, welche
in ihrer Mitte eine Lagune enthalten, als Erhebungs-Inseln zu
betrachten seyen. Wenn nun die Corallenthiere in ihrer kalkigen Wohnung sich auf einem solchen vulcanischen Kranze
oder Ringe niederlassen, so werden diese Eilande auch ein
Ruhepunct, zum Theil auch ein Lieblings-Aufenthalt für ver-
schlagene oder die Einsamkeit liebende Vögel und späterhin
auch der Keim für vegetabilische Gebilde. Schlanke und hoch
aufragende Palmen, die mit dichtbelaubtem Haupte in den Lüf-
ten sich wiegen, scheinen vor allen andern Bäumen solche
Standörter am meisten zu lieben. Auf diese Art üben die
Erhebungskratere, wie es scheint, auf die Veränderung und
besonders auf die Vergrösserung der Erdoberfläche einen viel
bedeutendern Einfluss aus, als die mächtigsten Vulcane. Es
ist übrigens ganz zufällig und gehört nicht zu den wesent-

lichen Bedingungen des Auftretens der Erhebungskratere, dass
sie den Tiefen des Meeres entsteigen, vielmehr ist ihr Erscheinen in einer grossen, hindernden Bedeckung zu suchen, welche
den in dem Schoosse der Erde eingesperrten Dämpfen den Ausgang verwehrt und die nur durch eine grosse Kraftäusserung
die auf ihnen ruhende Last zu überwinden vermögen. Daher
können sie sowohl auf dem festen Lande, als auch auf schon
gebildeten und gehobenen Inseln entstehen, und davon finden
sich in vielen Ländern die lehrreichsten Beispiele.

Vulcane sind also nach *L. von Buch* fortdauernde Essen
oder Verbindungs-Canäle des Erdinnern mit der Atmosphäre,
welche Eruptions-Erscheinungen aus kleinen, nur einmal wirkenden Krateren um sich verbreiten. Erhebungskratere dagegen sind die Reste einer grossen Kraftäusserung aus dem
Innern des Erdballes, welche Inseln von mitunter bedeuten-
dem Umfange ansehnlich hoch erheben kann und auch, wie
bereits gelegentlich bemerkt, wirklich erhoben hat. Sie bilden
kegelförmige Massen von ansehnlichem Umfange, deren im
Innern scheinbar horizontal abgelagerten Schichten von allen
Seiten nach Aussen hin mantelförmig abfallen. Von diesen
Umgebungen gehen gar keine Eruptions-Erscheinungen aus;
es ist durch sie kein Verbindungs-Canal mit dem Erdinnern
eröffnet und nur selten findet man noch in der Nachbarschaft
oder im Innern eines solchen Kraters Spuren von noch wirkender, vulcanischer Thätigkeit.

§. 2.

Hinsichtlich der Art und Weise der Verbreitung der Vulcane über die Erdoberfläche theilt *L. von Buch* (s. *Poggendorff's* Ann. der Physik, X, 1—543) sie in zwei wesentlich
von einander verschiedene Classen ein, nämlich:

a. in *Central-Vulcane*,
b. in *Reihen-Vulcane*.

Erstere bilden stets den Mittelpunct einer grossen Menge um
sie her fast gleichmässig nach allen Seiten hin wirkenden
Ausbrüche, die andern dagegen liegen in einer Reihe hinter
einander, oft nur wenig von einander entfernt, wie Feueressen
auf einer grossen Spalte. Sie erstrecken sich über bedeutende
Striche des Erdballs, in bisweilen nicht unbeträchtlicher An-

zahl, 20—30 und oft noch mehr. — Hinsichtlich ihrer Lage
sind sie wiederum zweierlei Art, denn entweder erheben sie
sich als kegelförmige Inseln aus dem Grunde des sie umflu-
thenden Meeres — und dann läuft ihnen in der Regel ein
primitives Gebirge völlig in derselben Richtung zur Seite,
dessen Fuss sie zu bezeichnen scheinen — oder diese Vulcane
nimmt man auf dem höchsten Rücken dieser Gebirgszüge
wahr und bilden die Gipfel selbst.

Was die Zusammensetzung und die Producte dieser beiden Arten von Feuerbergen anbelangt, so sind sie nicht von
einander verschieden; am meisten bestehen sie aus Trachyt,
so wie analogem Gestein, welches sich auf erstern zurückfüh-
ren lässt.

Betrachtet man diese Gebirgsreihen, selbst als Massen aus
grossen Spalten durch die Gewalt des schwarzen Porphyrs
(Augit-Porphyrs oder Melaphyrs) emporgetrieben, so lässt sich
diese Lage und Stellung der Vulcane leicht begreifen, denn
entweder hat die unbekannte Kraft, welche in der vulcanischen
Werkstelle wirkt, auf dieser Hauptspalte ein geringeres Hinderniss gefunden, um aus ihr hervorzutreten — und dann werden die Vulcane selbst auf der Gebirgsfläche emporsteigen —
oder die primitiven Gebirgsmassen oberhalb der Spalte traten
ihr hemmend in den Weg, und dann erscheinen sie, wie es
schon der Porphyr selbst gewöhnlich thut, am Rande jener
Spalte, da, wo die Gebirge anfangen, sich über die Erdoberfläche zu erheben, d. h. am Fusse der Gebirge hin. — Wenn
aber das, was unter der Oberfläche hervorbrechen will, keine
solche Spalte vorfindet, welche der wirkenden Kraft den Weg
vorzeichnet, oder wenn das Hinderniss auf der Spalte selbst
zu gross ist, dann wächst die Kraft unter der Oberfläche so
lange an, bis sie das Hinderniss zu überwältigen und die darüber liegenden Gebirgsmassen zu sprengen vermag. Dann
bildet sie sich selbst eine neue Spalte und auf dieser wird
sich eine stete Verbindung offen erhalten, wenn sie stark genug ist. — Auf diese Weise entstehen die Central-Vulcane;
doch werden diese nur selten emporsteigen, ehe sie sich nicht
vorher durch Erhebungsinseln mit Erhebungskrateren den Weg
gebahnt haben.

Nach diesen verschiedenen Arten von Vulcanen lassen

sich auf der Erdoberfläche verschiedene Systeme auffinden, deren nähere Bezeichnung und Entwickelung um so wichtiger erscheint, als die ganze Gestalt, vielleicht sogar die Bildung der Welttheile auf diese Systeme nicht ohne Einfluss zu seyn scheint. Gehen wir nunmehr zur Betrachtung der einzelnen Feuerberge selbst successive über.

A. Central-Vulcane.

§. 3.
Die Liparischen Inseln.

Die genaueste und umfassendste Beschreibung derselben verdanken wir unserm unvergesslichen *Fr. Hoffmann*, welcher diese so ausserordentlich interessanten Eilande neuerdings in *Poggendorff's* Ann. der Physik, Bd. 26, 1 etc. auf's gründlichste geschildert hat. Im classischen Alterthume hiessen sie, wie bekannt, die Aeolischen Inseln und schon von *Aristoteles* an findet man sie beobachtet und beschrieben. Ihre jetzige Anzahl beträgt 11, während *Strabo* ihrer nur 7 zählt. Hinsichtlich ihrer geognostischen Beschaffenheit zeichnen sie sich dadurch aus, dass sie keinen Basalt enthalten und eben so wenig Mandelsteine, denn alle Berge bestehen aus Trachyt oder solchen Felsgebilden, welche durch vulcanische Einwirkung auf Trachyt entstanden sind. Namentlich liefern sie eine ungeheure Quantität Bimsstein, so dass damit nicht nur der Bedarf von ganz Europa, sondern auch der der Hälfte der ganzen civilisirten Welt bestritten werden kann.

Diese Gruppe besteht aus folgenden Inseln.

a. Die Insel Stromboli.

Bei den Alten kommt sie unter dem Namen „Strongyle" vor, wegen ihrer abgerundeten Gestalt. Sie erscheint als ein stets dampfender, kegelförmiger, steil aufsteigender, 2775 Fuss über das Meer emporragender Berg, dessen Basis kaum 2 Stunden im Umfang hat. Nur an einer einzigen Stelle, nämlich unter den Kirchen von S. Vicenzo und S. Bartolo, sind die steilen Küsten dieses Eilandes zugänglich und zwar an einem sanft geneigten Vorsprunge, dessen Hauptmasse aus

Eruptions-Sand besteht, gebildet aus Körnern von Augit-, Olivin - und Rhyakolith - Fragmenten. Aus diesem Sande ragen
zwei schwarze Lavaströme hervor, reich an Augit, aber arm
an Olivin, fast ganz der Lava des Aetna gleichend, mehr aber
noch der des bekannten Stromes dell' Arso auf Ischia, und ihr
ganz gleich ist die Beschaffenheit jener Laven, welche noch
heutigen Tages dem Krater der Insel entquellen.

Von dem Landungsplatze aufsteigend sieht man indess
sehr bald einen ausgezeichnet verschiedenartigen Charakter in
der Zusammensetzung des Bodens hervortreten. Man findet
nämlich, dass parallel mit der Oberfläche des Abhangs band-
artige mächtige Lavabänke abwechselnd mit Conglomeraten
von aus ihren Schlacken gebildeten Bruchstücken und mit
hellfarbigen Tuffbänken wechselnd rings umher aufsetzen.
Diese Gesteine sind sehr verschieden von denen, welche der
gegenwärtig ihr Inneres durchbrechende Vulcan liefert. Sie
haben das Ansehn von Trachyt-Porphyr oder einer porphyrartigen Trachyt-Lava. Der Tuff, stets gleichförmig geschichtet und zwischen diesen Gebilden liegend, ist braungelb, voller Lavastücke und sehr häufig mit fussdicken Streifen fein-
zelliger Bimssteine durchzogen. Aus dieser Masse besteht
etwa $\frac{2}{3}$ der Oberfläche der ganzen Insel; auch bildet sie den
Kern und das Gerippe des Kegels, und mantelförmig-concen-
trisch übereinander gelagert, zeigen überall die Einschnitte
und Küsten-Profile diesen eben erwähnten Wechsel von Trachyt-Laven, ihren Conglomeraten und Tuffbänken, die mit
25 — 30° Neigung dem Umkreise zufallen.

Bis nahe zum Gipfel bleibt sich diese Erscheinung gleich;
allein bevor man seine Spitze erreicht hat, bemerkt man das
Ausgehende der Lava- und Tuffbänke, welche ringförmig fast
horizontal fortlaufen, und wir stehen so auf dem Rande einer
kraterförmigen Bildung, die leicht ein Erhebungskrater genannt werden könnte; doch ist der Ring dieses Kraters jetzt
nur noch halb erhalten, denn die übrige Hälfte ist wahrscheinlich in frühern Zeiten zerstört worden. Uebersteigt man nun
noch einen aus Asche, Sand und Schlacken gebildeten Rücken,
so erblickt man vor sich die stets thätige vulcanische Werkstätte, welcher die Insel wohl ihre Entstehung verdankt. In
diesem halbkreisförmigen Gipfel bemerkt man nun die Mün-

dungen sowohl des neuen, als auch des alten Kraters; beide
haben nur halb erhaltene Wände, die nach NW. hin steil
abfallen. Zwischen den vorhin erwähnten Schlacken sieht
man häufig grosse Stücke von glasglänzendem Bimsstein, welcher unter Stromboli's Producten die einzige wahrhafte glasartige Bildung ist.

An dieser Stelle geht nicht leicht ein Tag ohne merkliche
Erschütterung des Bodens vorüber, und an dem freistehenden
Theile der Wände der alten Caldera hängen vielfach, oft in
wunderlich verdrehten Gestalten fest angebackene, bei heftigen
Eruptionen hierher geschleuderte Schlacken. In dieser Region,
so nahe der Werkstelle der vulcanischen Thätigkeit, erschreckt
unterirdischer Donner beinahe stets das Ohr des-überraschten
Wanderers und die emporgeschleuderten Lavastücke fallen mit
klirrendem Geräusche am Abhange des Eruptionskegels nieder.
Der freistehende Theil seiner Wände wird hier durch die aus-
ragenden Schichtenköpfe von wenigstens zwanzig übereinander gelagerter, oft sehr dicker Lavabänke gebildet. Senkrechte Gangplatten derselben Trachyt-Laven durchschneiden
diese Bildungen oft in ansehnlicher Stärke, ohne jedoch weiter
eine auffallende Erscheinung darzubieten. Der Krater selbst
mag von SW. nach NO. einen Durchmesser von 2000 Fuss
haben. In etwa 600 Fuss mittlerer Tiefe unter dem Gipfel
seiner Einfassung, also fast in ⅓ der Höhe des ganzen Berges,
liegen auf einem hügelreichen, schwarzen Sandboden die stets
sich verändernden Mündungen seines immer thätigen Feuerschlundes. In einer derselben, welche 20 Fuss im Durchmesser haben mochte, bemerkte man eine auf- und absteigende
Lavasäule, welche 20—30 Fuss tief unter der Oeffnung des
Schachtes zurückblieb, und der Zusammenhang der Verhältnisse zeigte klar und deutlich, dass das Gewicht dieser Lavasäule nur durch die ungeheure Spannung erhitzter Wasserdämpfe getragen und bewegt werden könne. Das stets fortdauernde Spiel ihres Druckes und Gegendruckes, welche die
im Innern zusammengepresste elastische Flüssigkeit auf die
zähflüssige Lava ausübte, zeigte sich sehr schön durch ein
fast taktmässig und oft lange gleichförmig anhaltendes Geräusch, welches man füglich im Kleinen mit dem Puffen vergleichen kann, das die eintretenden Luftströme an der Oeff-

nung von der innern Thür eines Flammofens veranlassen.
Fast in regelmässigen, Secunden langen Abständen ertönte
dieses ruckweise Puffen. Jedem Stoss folgte das Austreten
eines lichtweissen Dampf-Ballons, wie von unsichtbaren Kräften in die Höhe getrieben. Er hatte die Bildung einer Blase
auf der kochenden Lava zur Folge, und durch ihr Platzen
wurden die abgesprengten Stücke ihrer Oberfläche mit der
schnell freigewordenen Dampfmenge bis zum Rande des Kraters hinaufgetrieben. So dauerte dies Schauspiel, äusserst sanft
und sehr gleichförmig, oft. mehr als ½ Stunde lang ununterbrochen fort und kein fremdartiger Laut unterbrach dies einförmige Aufbrodeln. Der Vulcan schien in die Werkstätte
einer heissen Mineralquelle umgewandelt zu seyn. Dann aber
sah man oft plötzlich in sehr unregelmässigen Abständen den
sich fortwährend entwickelnden Dampf-Ballon ruckend stehen
bleiben und gleichsam unschlüssig mit anfangender Bewegung
in die Mündung des Kraters zurückschlagen. Stets gleichmässig empfand man alsdann ein Erzittern des Bodens, begleitet von oft sehr sichtbaren Schwankungen der lockern Kraterwände. Unmittelbar darauf aber erscholl ein dumpf polterndes Getöse, und mit helltönendem Geprassel schoss ein
Dampf-Ballon aus der Krateröffnung hervor. Mit ihm fuhren
dann zugleich Tausende glühender Lavastücke, garbenförmig
sich ausbreitend, in die Höhe und im Bogen stürzten sie wieder auf die Mündung oder die umgebenden Schlackenwände
herab. Die hinausgeschleuderten Theile der in Blasenform
zerplatzten Lava flogen weit durch die Luft und im Niederfallen sich drehend oder zerreissend und zu Tropfen sich ballend, klangen die kleinern unter ihnen bereits hell und deutlich wie erkaltete Glasscherben, wenn sie hüpfend an den Abhängen herabrollten.

Etwa 100 Fuss tiefer lag eine andere der oben erwähnten
Mündungen und aus ihr quoll sanft und sehr gleichförmig ein
kleiner Lavastrom, langsam fortgleitend, am Abhange herunter,
theils in zahlreiche Aeste sich ausbreitend, theils oft nur einen
einfachen Gluthstreifen bildend, gerade wie Quellen, welche
durch den Gegendruck auf der Höhe eines Hügels entspringen, den sie selbst aus ihrem Absatze gebildet haben.

b. Die Inseln Panaria und Basiluzzo.

In südwestlicher Richtung erhebt sich, etwa 15 ital. Meilen von Stromboli entfernt, mitten aus den spiegelnden Meereswellen eine imposante Felsengruppe, deren Hauptinsel von dem hoch aufsteigenden Panaria und dem minder hohen Basiluzzo gebildet wird. Dieser letztere bildet keine kegelförmige Insel, vielmehr erscheint er als der Rest eines zerstörten Bergrückens. Er sowohl als der neben ihm auftauchende Felsen, bekannt unter dem Namen „Spinalozzo", gleicht in hohem Grade den Felsnadeln und Zacken des sogenannten Urgebirges auf den Gipfeln hoher Alpenketten. Indess bestehen solche nicht, wie *Dolomieu* und *Spallanzani* glaubten, aus Granit, sondern aus einem massigen Trachyt-Porphyr von blassrother oder röthlich-grauer Farbe, weicher, lockerer, erdiger Beschaffenheit als ein unreiner Feldspath oder Thonstein erscheinend, mit einzelnen Rhyakolith-Krystallen, kleinen, stark glänzenden Glimmer-Tafeln und zahlreichen Email- oder Glas-Körnern, oft lebhaft fettglänzend und spröde, doch wohl nicht ganz so hart als Quarz, sehr deutlich in gleichförmigen Parallelstreifen abgelagert, welche die Grundmasse in sanft gebogenen Windungen und in 1—3 Zoll grossen Abständen durchsetzen. Sie gleichen den im Bimsstein und blasenreichen Feldspath-Laven vorkommenden parallelen Obsidian-Streifen und theilen dadurch das Gestein in unzählige, sich leicht absondernde Tafeln.

Mit diesem Gestein innig verbunden und sehr oft in dasselbe übergehend, kommt noch ein anderes, weissgraues, körnigt-abgesondertes vor, welches beim ersten Anblick leicht für Granit gehalten werden kann. Seine Grundmasse ist ein weisser, glasglänzender Feldspath, der in eine fast schaumigte, aus seidenglänzenden Längsfasern bestehende, dem Bimsstein ähnliche Substanz umgewandelt ist. In dieser Masse sind schwarze Glimmer-Blättchen bemerkbar und die vorhin erwähnten Email-Körner findet man eben so wie den Quarz im Granit eingesprengt. Uebrigens bleibt es unentschieden, ob dieses Gestein blos aus umgewandeltem Feldspath entstanden ist oder in Verbindung einer mit ihm verschmolzenen Quarzmasse, welches letztere eher wahrscheinlich ist.

Die in Rede stehende Felsart erhebt sich 300 Fuss über die Meeresfläche; auf ihrer Oberfläche liegen zerstreut hin und

wieder kleine Bimssteine, im Innern bemerkt man jedoch nie
etwas von untergeordneten Conglomerat-Schichten, wohl aber
feinkörnigte Concretionen, fast ganz aus schwarzen Glimmer-
Körnchen bestehend, doch finden sich auch einzelne Horn-
blende-Nadeln und Rhyakolith-Körnchen. Basiluzzo gegenüber, etwa in 3 Miglien Entfernung, erhebt sich die Felseninsel Panaria, nahe an 1000 Fuss sich über
die Meeresfläche emporthürmend und fast eben so umfangreich
als Stromboli. Auch sie hat die Gestalt eines zerstörten Bergrückens, und sehr schroff, ja beinahe senkrecht bis zum Gipfel
sieht man die Felswände an der Nord- und Nordwest-Seite
aufsteigen, während sie nur gegen Süd oder Südost sanft abfallen. Doch bevor man diese Insel noch erreicht hat, erhebt
sich, gleich einer vielzackigten Pyramide, der etwa 150 Fuss
hohe Felsenkegel *Dattolo* und nahe zur Linken dicht nebeneinander drei niedrige flache Klippen, bekannt unter den Namen: *Lisca bianca*, *Bottaro* und *Lisca nera*.

Die beiden letztern sind durch die aus ihren Felsspalten
hervorbrechenden Dämpfe einer hier im Meere entspringenden
warmen Schwefelquelle ausgezeichnet, welche das Gestein dieses Inselchens auffallend gebleicht und zersetzt haben. Es ist
ganz den Trachyten von Basiluzzo ähnlich, und auch die Fel-
sennadel von Dattolo besteht nur aus einer hellfarbigen Masse
ohne zwischenliegende Conglomerat-Schichten. Lisca nera aber
ragt in schwarzen Felsmassen hervor und ist daher wahrscheinlich von neuerer Lava gebildet.

Gleiche Bewandniss hat es auch wohl mit der etwas entfernter liegenden Klippe *Tormicole*. *Panaria* selbst ist ein
einförmiger, massiger Fels ohne untergeordnete zwischenliegende Gebirgsarten, gerade als wäre er in eine ihm zuvor
bereitete Form gegossen worden. Das Hauptgestein scheint
auch hier ein Trachyt-Porphyr zu seyn. Seine Grundmasse
ist blass röthlich-grau, dicht, groberdig im Bruch und mit dem
Thon-Porphyr unserer älteren Flötzgebirge vergleichbar. Bisweilen geht er in einen wahren Pechstein-Porphyr über und
seine dichte, schwarze, schwach schimmernde, dem Glase bereits nahe stehende Grundmasse ist alsdann erfüllt mit scharf
begrenzten Rhyakolith-Krystallen, enthält jedoch keine Hornblende-Nadeln.

Nächst dieser Gebirgsart findet man alsdann noch und
zwar am Meeresstrande einen deutlichen Tuff, gebildet aus
dem umherliegenden, fein zerriebenen Gestein und sehr wahrscheinlich neuerer Entstehung, als der eben erwähnte Trachyt-
Porphyr.

Bekanntlich haben *Dolomieu* und *Spallanzani* die bis jetzt
beschriebenen Inseln als die Reste eines zerstörten alten Kraters angesehen, dessen vormalige Grösse und Gestalt man sehr
deutlich durch den Verlauf und die Formen der noch übrig
gebliebenen Theile desselben nachweisen könne. Dieser Krater soll nach *Dolomieu* einen wahrscheinlichen Durchmesser
von 6 Miglien gehabt haben, und er glaubt ihn in seiner ursprünglichen Unversehrtheit für die bei den Alten, namentlich
Strabo, erwähnte Insel Evonymos ansprechen zu dürfen. Allein
nach *Fr. Hoffmann* scheint diese Ansicht keineswegs gegrün-
det zu seyn, denn einmal sind die Gesteine, woraus hauptsächlich diese Inseln bestehen, zwar sicherlich das Product
einer frühern Schmelzung, doch dürfen sie keineswegs als
Lavamassen betrachtet werden, welche dem Rande eines hier
einst bestandenen Kraters entflossen wären. Die Gestalt und
Lage dieser Felsmassen beweist vielmehr gerade das Gegentheil; denn weit davon entfernt, ihre Abstürze gemeinsam dem
Mittelpuncte eines idealen Kreises und die sanft geneigten
Abhänge dem äussern Abhange desselben zuzukehren, findet
man vielmehr, dass fast alle auf derselben Seite, gegen N. und
NW., steil abfallen und meist sanft nach der entgegengesetzten Seite, also nach SO., sich neigen. Sind daher diese vormals vielleicht zusammenhängenden Felsen in der Folge wirklich getrennt worden, so muss die zersplitternde Ursache sie
von NW. nach SO. überfallen haben. Vielleicht sind sie vielmehr die nur veränderten und abgenagten Theile einer un-
gleichförmigen, zu ihrer gegenwärtigen Höhe emporgetriebenen Masse von der Oberfläche des vormaligen Meeresgrundes.

c. Die Insel Lipari.

Auch „Lipara“ und noch früher nach *Strabo* „Meligunis“
genannt. Die Oberfläche dieses Eilandes lässt sich sehr natürlich nach drei Abtheilungen beschreiben, welche sich durch
drei, gleichsam ihre Centralpuncte bildende Berggipfel aus-

zeichnen. Die mittlere dieser Abtheilungen nimmt nicht nur reichlich die Hälfte von ganz Lipari ein, sondern sie begreift auch die älteste unter den Bildungen, welche das Innere dieser Insel zusammensetzen. Sie besteht hauptsächlich aus einer sehr ausgezeichneten braungrauen, lockern Tuffmasse, aus sehr zerkleinerten Bruchstücken vulcanischer Erzeugnisse gebildet, sehr ähnlich dem bekannten Basalt-Conglomerat, welches man an den Abhängen des Habichtswaldes, namentlich auf Wilhelmshöhe bei Cassel abgelagert findet. Sie besteht hauptsächlich aus mehr oder weniger dunkeln Lavastückchen mit vielen eingeschlossenen Feldspath-, seltner Augit-Körnchen, ist vollkommen geschichtet und enthält nur ausnahmsweise auch Bimsstein-Fragmente. Ob durch die auswerfenden Kräfte des Vulcans, welcher diese Bestandtheile geliefert, oder erst durch die Wirkungen des nachher sie zusammenschwemmenden Wassers jene Tuffmasse zerrieben und schichtenförmig abgesetzt sey, mag unentschieden bleiben, doch ist es wahrscheinlich, dass beide Kräfte hierbei thätig gewesen seyen.

So bald man sich den Abhängen des auf dieser Basis ruhenden Kegels nähert, sieht man ringsum gleichförmig die wagerechten Tuffschichten sich aufrichten. Sie fallen mit sehr sanfter Neigung, laufen ganz den Abhängen des Berges, nämlich des Monte Angelo, parallel und umschliessen ihn mit tausendfach übereinander abgelagerten, mantelförmigen Schalen. Dieser Hauptberg der Insel ist also sehr deutlich ein alter Eruptionskegel. Es beweist solches zunächst seine Schichtenbildung, die von ihm ausgegangenen Lavaströme und nicht minder der noch vollkommene Krater, der von O. nach W. etwa 7—800 Schritt im Durchmesser haben mag.

In der Nähe des Monte Angelo befinden sich die Monti rossi, eben so wie ersterer gebaut. Die in der Mitte beider wahrnehmbare Vertiefung ist sehr wahrscheinlich der Rest ihres an-den Seitenwänden eingefallenen Kraters. Es gehören also dieser Tuffmasse sehr entschieden zwei Eruptionsberge an, deren Thätigkeit in die vorhistorische Zeit fällt. Ob diese Kratere einst unter dem Meere sich öffneten, oder ob sie hier den Vulcan eines vielleicht vormals viel ausgedehnteren Landes bildeten, welches vom Meere entweder theilweise verschlungen, oder durch Erhebungen und Senkungen einzelner

Theile seiner Masse später wieder verkleinert wurde, — wer
wird dies mit Sicherheit zu bestimmen wagen? Einen Beweis
für die eine oder die andere dieser Ansichten könnte vielleicht
die Untersuchung der in diesem Tuffe vorkommenden Pflan-
zenreste liefern, die früherhin schon von *Spallanzani*, *Dolomieu* und neuerdings auch von *Rüppell* bemerkt und von Erstern für die Blätter einer Meeres-Alge gehalten wurden. Es
sind vielmehr jedoch kleine, undeutliche Stengel und längsge-
faserte, unbestimmbare Rindenstückchen, oft schilfähnlich, doch
sicher keine Fucus-Reste, und nicht selten finden sich mit
ihnen, ganzrandige, mässig grosse, deutliche Dicotyledonen-
Blätter, welche viel Aehnlichkeit mit der im benachbarten
Sicilien wachsenden Fächer-Palme *(Chamaerops humilis L.)*
besitzen. Noch andere, welche sich in Verbindung mit den
dazu gehörigen Stielen fanden, schienen deutlich gefiedert zu
seyn und erinnerten an die Blätter der Dattelpalme. Gewiss
also befand sich hier einst ein mit Palmen und dicotyledoni-
schen Sträuchern und Bäumen geschmücktes Festland in der
Nähe, als die den Tuff erzeugenden Eruptionskegel in Thätigkeit waren. Ob aber dieser Tuff submarin sich gebildet
habe, kann schwerlich durch die erwähnte Beobachtung ganz
widerlegt werden, denn es finden sich z. B. auch im Tuffe
von Posilippo deutliche Landpflanzen (schöne Farnen) in Gemeinschaft mit wohlerhaltenen Seemuscheln aus den Gattungen
Ostrea, Pectunculus, Cardium, Buccinum etc.

Ein untergeordnetes Glied des bisher beschriebenen Tuffes, aber sicher wohl das bedeutendste, sind die mit ihm auftretenden Lavabänke. Ihre Masse ist sehr dicht, fast schwarz,
sehr reich an Feldspath-Krystallen und wird dadurch wahrhaft
porphyrartig. Die an den Monti rossi sich findende Lava
gleicht ganz den neuen Aetna-Laven. Die Mächtigkeit dieser
Bänke ist nicht bedeutend und beträgt höchstens wohl nur 10
Fuss. Uebrigens kommen sie nicht blos im Tuffe vor, sondern bisweilen liegen sie auch horizontal oder geneigt auf
demselben als mässig starke, schwarze Porphyrkappen. An
der steil abgerissenen Westküste des Monte S. Angelo brechen
nicht allein die heissen Quellen von der Grotta di S. Calogero,
sondern auch die vielleicht eben so reichhaltigen Wasser der
Bagni caldi hervor, deren Temperatur 48—49° R. beträgt.

Sehr nahe beim erstgenannten Orte entweichen immer noch
dem Boden die mit Schwefel geschwängerten Wasserdämpfe
der Fumarole und wandeln das umgebende Gestein auf merkwürdige Weise um, ein Process, der in frühern Zeiten wohl
noch energischer statt gefunden haben muss, denn man sieht
z. B. bei S. Calogero eine Feldspath-Lava ganz in ein dich-
tes, groberdig-körnigtes, fast tripelähnliches Gestein umgewandelt und man glaubt beinahe einen Kreidemergel vor sich zu
haben. Aus dem ebenfalls zersetzten Tuffe ragen hin und
wieder rauhe Knollen eines blauweissen, schwach schimmern-
den, an Opal oder Pechstein erinnernden Gesteins hervor, aus
dessen Zerklüftungen häufig Ueberzüge von traubigem Chalcedon oder hyalithähnlichem Kieselsinter· hervortreten. An
einer andern Stelle ist dies Gestein, wahrscheinlich durch Eisenoxyd, röthlich gefärbt und gewiss ist das Vorkommen von
schönen Eisenglimmer-Tafeln in den Höhlungen einer zersetzten Gebirgsart an den benachbarten Abhängen wohl nur eine
Wirkung desselben Ereignisses. In innigster Verbindung mit
diesen von der Stufe S. Calogero bewirkten Zersetzungen bemerkt man überall an den Wänden ihrer Abhänge ausserdem
wohl ausgebildete Gypsmassen, welche als schneeweisse Trümmer den Tuff durchsetzen und an den reinsten Alabaster erinnern. Besonders lehrreich ist das benachbarte Valle di Mur-
cia, woselbst feinerdige, blassrothe, mehrere Zoll dicke Tuffschichten sich fast ganz horizontal abgelagert haben, aber zwischen denen man gleichförmig, Schicht um Schicht wechselnd,
etwa halb so starke Gypstafeln abgesetzt findet, und die hun-
dertfachen Wechsel beider Bildungen werden ausserdem noch
durchzogen von unregelmässig verzweigten Trümmern eines
weissen, seidenglänzenden Fasergypses. Noch an vielen andern Orten der Insel findet sich diese Gypsbildung, doch beschränkt sie sich fast ausschliesslich auf das Tuffland und nur
bei der Stadt Lipari am Hügel alla Croci kommen mitten unter den Producten einer längst erloschenen Fumarole schalig
abgelöste Lavakugeln vor, welche concentrisch, Schale um
Schale, mit dünnen, weissen Gypskrusten abwechseln.

Die zwei andern, oben angeführten Bezirke, aus denen
Lipari besteht, sind im Wesentlichen von gleichartiger Beschaffenheit; doch an die Stelle der bisher beschriebenen Tuff-

massen treten in ihnen die so völlig verschiedenen Bimssteine,
so wie die Obsidian-Conglomerate, und der Charakter jener
alten, stets nur steinartigen, matter Feldspath Laven ist hier
in den einer mehr aufgeblähten oder dichten, glänzenden Glas-
masse verwandelt. So gehört denn also die eine Hälfte der
Insel durchaus ganz jenen seltenen und an den Vulcanen kaum
je vorkommenden Erzeugnissen einer neuen Periode an und
die Verschiedenheiten, welche in beiden von einander getrennten Abtheilungen vorkommen, sind mehr unwesentlich und be-
treffen nur die äusserlichen und zufälligen Erscheinungen ihres
Auftretens an der Oberfläche.

Die dritte jener Abtheilungen ist in hohem Grade ausgezeichnet durch die Häufigkeit der vorherrschend in ihnen auftretenden Bimsstein- und Obsidian-Conglomerate. Die Mächtigkeit und Reinheit des hier vorkommenden Bimssteins insbesondere hat diese Gegend bereits seit Jahrhunderten zur
Fundgrube dieses Products für die Versorgung von fast ganz
Europa gemacht, und wenn man hier mehr als 1000 Fuss
hohe, ganz aus schneeweissen Schlacken locker aufgeschüttete
Bergabhänge vor sich erblickt, so leuchtet ein, dass an Mate-
rial-schwerlich so bald Mangel eintreten werde.

Zwei Berge sind in dieser Beziehung besonders belehrend,
nämlich der dem Monte S. Angelo wenigstens gleich hohe
Monte tre pecore, wahrscheinlich der höchste auf Lipari, und
der östlich von ihm gelegene Monte Campo bianco. Auch der
Strand bei Caneto gewährt mannigfaltige Belehrung, und man
erblickt daselbst äusserst instructive Uebergänge und Verbindungen des Obsidians mit dem Bimsstein in allen Graden und
Verhältnissen. Bei weitem vorwaltend wechseln beide Fossilien hier in zahlreich wiederholter, oft vollkommen schiefriger
Streifung, wie sie ursprünglich die Platten eines schichtenartig
getheilten Stromes bildeten. — Eine andere sehr schöne Erscheinung sind ferner die zahlreichen Beispiele der Entgla-
sung, welche diese glänzenden, schwarzen Glasstücke darbieten. Sie beginnt mit den bekannten excentrisch-faserigen
Glaskugeln, welche sich gleichfalls sehr oft streifenweise ord-
nen und häufig zusammenhängende Bänder bilden. Sie endet
mit der successiven Entstehung einer rothgrauen, dichten, feinerdigen Thonsteinmasse, welche nicht selten auch in kleinen,

32

geschiebeartigen, abgerundeten Stücken von dem schwarzen,
dichten Obsidian umhüllt wird. Interessant ist es auch noch,
dass man in derben Obsidian dicht eingeschlossen hier zwei
grosse Stücke von ganz unverändertem Granit fand, welcher
feinkörnig war, aus blassrothem Feldspath, schwarzem Glimmer und lichtgrauem Quarz bestand.

Ausserdem findet sich in der Berggruppe von Monte Campo
bianco und Capo Castagno (letzteres in der Nähe von Caneto)
einer der prächtigsten Kratere, die man nur sehen kann. Er
bildet einen vollkommen, mit ringsum steil aufsteigenden
Bergwänden umschlossenen Halbkreis von reichlich 3000 Fuss
Durchmesser und mag etwa 500 Fuss Tiefe haben. Kaum
vermag der Gebirgsforscher sich satt zu sehen an der Pracht
seiner schneeweissen Einfassungen, welche angenehm gegen
das vereinzelt darauf haftende Buschwerk und die Weingärten
in der Tiefe dieses Kessels contrastiren.

Werfen wir noch einen Blick auf die ganze Insel, so erscheint sie als eine mehr zufällig zusammenhängende Reihe
von Eruptionsbergen und nicht als eine in sich abgeschlos-
sene, zugerundete Vulcaninsel, wie Stromboli und das nahe
Vulcano. Wahrscheinlich sind die Tuffe und Porphyr-Laven
von Lipari die ältesten ihrer successiv entwickelten Felsarten,
was besonders dadurch bewiesen wird, dass die Bimssteine und
Obsidiane des nördlichen und südlichen Bezirkes sich sehr
häufig auf der Oberfläche des Tufflandes zerstreut finden. Es
darf hier jedoch nicht ganz verschwiegen werden, dass auch
lockere Bimsstein- und Obsidian-Conglomerate in den Tuffbänken gleichförmig eingelagert vorkommen, doch befinden
sich solche stets nur in den obern Schichten des alten Tuffes
oder sie sind so wenig mächtig, dass sie füglich als ausser-
wesentlich betrachtet werden können.

Zuletzt verdient noch bemerkt zu werden, dass Lipari,
die grösste der nach ihr benannten Inseln — sie enthält 19½
ital. Meilen im Umfang — während der historischen Zeit keine
vulcanischen Phänomene dargeboten hat.

d. Die Insel Vulcano.

Kein anderes Eiland auf dem Erdenrund, die Insel Owaihi
etwa ausgenommen, dürfte vielleicht ein deutlicheres Bild einer

in sich abgeschlossenen Vulcaninsel gewähren, als eben Vulcano. An ihrer Ostseite erhebt sich majestätisch und steil ein oben breit und flach abgeschnittener Eruptionskegel von 1224 par. Fuss Höhe, dessen nördlicher Abhang aus feingeschlemmten, fast zu Thon gewordenen Tuffschichten besteht. Scharfer Wechsel von meist zolldicken, rothen, grauen, rostbraunen und selbst schwarzen Streifen möchte uns hier leichter an ein Schichten-Profil in den Keupermergeln, als an die Aufschüttungen eines noch rauchenden Eruptionskegels erinnern; doch kommen auch hin und wieder ausgezeichnete Schichten-Störungen und Verwerfungen vor.

Der obere Rand des Kegels ist etwa 800 Fuss hoch, und man betritt hier eine schwach nach Norden geneigte Ebene, welche in nie aufhörende Schwefeldämpfe gehüllt ist. Diese Dämpfe, meist mit Schwefelwasserstoff beladener Wasserdampf, zischen siedend heiss aus den mit Schwefelkrusten dicht überzogenen Spalten des Bodens hervor. Doch der Hauptkrater von 507 Fuss Meereshöhe liegt südlich, er bildet eine ringsgeschlossene, kreisförmige Vertiefung und ist von mehr als 600 Fuss hohen, senkrecht abstürzenden Felswänden umgeben. — Die Farbe dieser mit Schwefel- und Salzkrusten so wunderbar und mannigfaltig bedeckten Einfassungen, die dicke, graue Dampfmasse, welche überall hervordringt und den Boden dieser schauerlichen Tiefe mit den stets sich verändernden Formen ihrer emporwirbelnden Wolken verdunkelt, giebt dem Ganzen etwas unglaublich Majestätisches, eine furchtbare, Grauen erregende Schönheit. Durch die stets sich entbindenden corrodirenden Dämpfe ist das anstehende Gestein bis in's Innerste zersetzt, hat aber dennoch Festigkeit und Zusammenhang behalten. Harter, schwarzer Obsidian ist daselbst sehr deutlich in schneeweissen, dichten Thonstein verwandelt, in welchem hin und wieder einzelne, schwarze, unzersetzte Glaskörner zerstreut liegen und auf ihren Klüften hat Schwefel sich wunderschön in Trümmern, kleinen Nestern und Drusenräumen abgesetzt. Das Ganze ist bisweilen durch lebhaft rothgelben Selen-Schwefel (Volcanit, *Haidinger's* Handb. d. bestimm. Min. S. 573) verkittet, an dessen Oberfläche sich hin und wieder grosse Flächen jener oft seidenartig glänzenden Schüppchen ausbreiten, mit denen hier, gleich frisch gefallenem

3

Schnee, fortwährend sublimirte Borsäure sich ansetzt. Auf
dem Boden dieses Kraters erhebt sich ein etwa 80 Fuss hoher
Hügel von wild durcheinander geworfenen Steinblöcken, welchem Schwefeldämpfe mit besonderer Heftigkeit entströmen,
und sein Inneres soll bei Nachtzeit nach übereinstimmender
Aussage der Insulaner rothglühend erscheinen, höchst wahrscheinlich jedoch nicht in Folge einer noch im Innern glühenden Lava. Bemerkenswerth ist ferner noch, dass der eben
beschriebene Eruptionskegel von einem äussern, mächtigen
Ringe umgeben wird, der sich zu erstern eben so verhält,
wie die Somma zum Vesuv. Auch er ist zur Hälfte zerstört
und vielleicht nie an beiden Stellen völlig ausgebildet gewesen.
Ein tief eingeschnittener, zirkelrunder Thalgrund trennt den
innern von dem äussern Ringe, doch die Aehnlichkeit dieser
Verhältnisse ist nur eine ganz allgemeine und sie lässt sich
keineswegs bis in ein grösseres Detail verfolgen. Auf dem
obern scharfen Rande ist der Ring von Vulcano in zwei Gipfel
getheilt, einen südwestlichen, den Monte Saraceno, und einen
südöstlichen, den Colle chiano. — Die Lavaströme des erstern
unterscheiden sich auffallend von den neuern, denn statt der
Bimsstein - und Glaskrusten erblickt man hier eine fast krystallinisch - oder groberdig-körnigte, röthlichgraue, ziemlich feste
Grundmasse. Sie erscheint also als ein wahrer Trachyt-Porphyr, wie die alte Lava auf Stromboli. Es finden sich darin
kleine Höhlungen, welche theils einen Anflug von Eisenglimmer, theils erdige, lebhaft grüne Malachit-Krusten, theils Chal-
cedon-Ueberzüge enthalten. Bisweilen ist die Grundmasse krystallinisch - körnigt, bisweilen vollkommen erdigt, ein wahrer
Thonstein, eisenroth und voller Blasenräume. Mitunter scheidet sich auch Augitmasse in nussgrossen, körnigten Parthien
aus, die lebhaft an Coccolith erinnern. Zuweilen endlich erscheint die Farbe der festen Lava schwarzgrau, sie sieht dann
wie Melaphyr aus; ein andermal ist sie schwarzroth, dicht,
schwach schimmernd, hat muscheligen, scharfkantigen Bruch
und die ausgeschiedenen Feldspath - und Augit-Krystalle werden seltner. Das Ganze gleicht dann in hohem Grade dem
sogenannten Hornstein - Porphyr.

Der letzte unter den Eruptionskegeln von Vulcano ist
das fast inselförmig abgeschnittene, ringsum frei aufsteigende

Vulcanello, welches sich wahrscheinlich 200 Jahre vor Chr. Geb. zu bilden angefangen hat. Es ist mit der Hauptinsel Vulcano nur durch eine flache Landzunge verbunden. Sein kleiner, etwa 300 Fuss hoher Kegelberg besteht aus ringsum excentrisch abfallenden, rothbraunen, feinerdigen Tuffschichten, und sein Gipfel zeigt noch drei deutliche Kratermündungen, welche sich nach einander gebildet zu haben scheinen. Bekanntlich kommt Vulcano nebst Vulcanello bei den Alten unter dem Namen „Thermissa" vor. Unter allen Inseln dieser Gruppe liegen sie Sicilien am nächsten.

e. Die Insel Saline.

Sie ist nächst Lipari die bedeutendste der ganzen Gruppe und imponirt besonders durch zwei steil aufsteigende Kegel, welche, vereint an ihrer Basis, diesem Eilande im Alterthum den bezeichnenden Namen „Didyme" gaben. Die beiden Berge mögen wohl 3500 Fuss, also die höchsten auf den Liparischen Inseln seyn. Der gegen SO. gelegene Gipfel, der höhere, heisst Monte della fosse, auch Monte Salvatore, der gegen NW. gelegene aber Monte della Valle di Spina oder auch Monte Vergine. Der erstere besteht weit hinauf aus Tuff, welcher lebhaft an die Tuffmasse von Lipari erinnert, doch fällt er regelmässig den Abhängen parallel mit etwa 20—30° Neigung nach O. oder SO. ab. In $\frac{2}{3}$ seiner Höhe erscheinen zahlreiche Lavabänke zwischen den Tufflagen, welche erstere nach dem Gipfel hin zahlreicher werden und oben einen deutlichen Krater bilden, dessen Durchmesser 600 Schritt betragen mag. Uebrigens giebt die Geschichte keinen Zeitraum an, in welchem dieser Berg ein noch thätiger Vulcan war. Von dem zweiten dieser Berge, dem Monte della Valle di Spina, sagt schon *Dolomieu,* seine Kegelgestalt sey höchst ausgezeichnet, regelmässig und rein, und dies ist in so hohem Grade wahr, dass nach *Fr. Hoffmann* kein anderer ihm bekannt gewordener Berg in Vollendung seines vulcanischen Baues ihm an die Seite gesetzt werden kann. Tuff scheint an ihm nicht vorzukommen, statt seiner bemerkt man sehr frische Conglomerat-Massen, ganz aus grossen, eckigen, locker aufgeschütteten Schlackenstücken bestehend. Auf seinem Gipfel befindet sich der Krater, von etwa 300 Schritt Durch-

3*

messer und 50 Fuss Tiefe. — Die Insel hat 15 ital. Meilen im Umfang.

f. Die Insel Felicudi.

Sie kommt bei den Alten unter dem Namen „Phoenicusa" vor und mag 9 ital. Meilen im Umfang haben. Hauptsächlich wird sie durch einen einfachen Kegelberg gebildet, der ungefähr 2853 par. Fuss hoch ist. Auf seinem Gipfel bemerkt man zwei Kratere, von denen der eine den andern überragt. Hinsichtlich ihres Baues ähnelt die Insel sehr dem von Saline. Ihre Hauptmasse ist Tuff, welcher in Bänken vorkommt, und die ihm untergeordneten Lavaschichten tragen ganz den Character der Feldspath- und Porphyr-Laven von Saline oder dem alten Theile von Lipari. Einige andere dieser Laven sind sehr ausgezeichnet durch eine auffallende Neigung zu prismatischer Absonderung, was selbst auch noch in kleinen Bruchstücken bemerkbar ist. Von Spuren einer neuern Eruption findet sich auf Felicudi nichts vor.

g. Die Insel Alicudi.

Bei *Strabo* heisst sie „Ericusa", sie hat 6 ital. Meilen im Umfang. Ein Kegelberg von 1497 par. Fuss Höhe, dessen Gipfel noch die Spuren eines erkennbaren Kraters trägt, bildet ihren Hauptbestandtheil. Seine Tuffmasse scheint verhältnissmässig geringer im Vergleich mit den Laven, und daher auch die ganz unzugängliche Beschaffenheit seiner wild zerrissenen Felsenküste. Man zählt vier Abarten dieser feldspathreichen Porphyr-Laven, von denen drei den gleichnamigen von Saline und Lipari ähnlich sind. Die vierte aber ist graubraun, sehr hart, bricht in dünnschiefrigen Tafeln und erinnert lebhaft an Phonolith. Auch auf Saline an der Nordwestseite des Monte Valle di Spina kommt eine solche Felsart vor, und man bedient sich dieser Tafeln dort sehr häufig zum Zudecken der grossen Oelkrüge oder der kesselähnlichen Gefässe *(pignate)*, in welchen die zur Erzeugung der Rosinen bestimmte Lauge bereitet wird.

h. Die Insel Ustica.

Sie liegt 12 geogr. Meilen westlich von Alicudi, ist klein und wird mit der noch weit kleinern, von den Alten „Osteades",

jetzt l'Isoletta genannten Insel von manchen Geographen nicht
mehr zu den Aeolischen Inseln gezählt. Sie zeichnet sich dadurch von den bisher beschriebenen
aus, dass sie als ein sanft ansteigender, langgezogener Rücken
erscheint. Der höchste Punct derselben, la Guardia del mezzo
genannt, ist 964 par. Fuss hoch, während ein ihm in NO. an-
grenzender Berg 583 par. Fuss Höhe besitzt. Die Hauptmasse
der Insel besteht aus den innig verwachsenen Rändern zweier
sehr grosser, halb eingestürzter Kratere, zusammengesetzt aus
einem braunen, lockern Tuff und dichten Porphyr-Laven voll
Feldspath und Augit und selbst bisweilen mit kleinen Olivin-
Puncten, die in den dortigen alten Laven nur selten sich finden. In jenem Tuffe, welcher nahe bei der Stadt, bei der
Marina di Santa Maria, unter Laven hervorragt, trifft man deutliche Seemuschel-Reste, z. B. einen sehr deutlichen Pectunculus, doch auch Landschnecken, wahrscheinlich Helix-Arten.
Ausserdem finden sich auch noch am Kraterrande des Guardia
di mezzo sehr ausgezeichnete Bimssteine, — ob auch Glas-
Laven und Obsidian? bleibt unentschieden. Der Vulcan dieser Insel mag ebenfalls in vorhistorischer Zeit erloschen seyn.

Sehr interessant ist eine zuerst von *Gussone* beobachtete,
neu entstandene Kalkstein-Bildung an vielen Stellen der Küste,
welche nahe bei der Stadt Ustica zu 320 Fuss Meereshöhe
emporsteigt. Dieser Kalkstein besteht meist in Schalen einer
lockern Breccie von vulcanischen, durch Kalkmasse verkitteten
Geschieben, bisweilen aber auch bildet er ein gleichförmiges,
sehr festes und hartes Gestein, wie so häufig der Tertiärkalk
Siciliens bei Messina und Melazzo. Ueberall liegt diese Bildung
der Lava auf, oder sie füllt in ihr gangartige Spalten aus. Das
Merkwürdigste aber unstreitig ist, dass in diesem Kalke sich
häufig die Reste von wohl erhaltenen Seemuscheln finden, z. B.
Trochus-Arten, dem *Trochus miliaris* und *Tr. crenulatus* von
Brocchi ähnlich, ferner *Cerithium lima*, *Lima squamosa*, Reste
von Mytilus, Pectunculus etc. Bei den Gorghi dell' Ogliastello
kommt ein ähnlich gebildeter Kalkstein vor, der besonders
reich an Serpulen ist, und man kann wohl mit Sicherheit annehmen, dass ein grosser Theil von der Oberfläche dieser Insel
erst in sehr neuen Zeiten und nachdem ihre vulcanischen Gebilde vollständig sich erzeugt hatten, dem Meeresboden entstieg.

In Betreff der Stellung dieser Inselgruppe zum Vulcanen-
Systeme überhaupt herrschen nun abweichende Ansichten.
L. von Buch rechnet sie zu den Central-Vulcanen, allein nach
Fr. Hoffmann sind die beiden auf den beschriebenen Eilanden
in Wirksamkeit befindlichen Vulcane zu unbedeutend, um sie
auf einen so einflussreichen Standpunct zu erheben. Man
möchte sie wohl eher als Reihen-Vulcane betrachten, allein
auch dieser Ansicht steht Manches entgegen, denn sie bilden
weder eine einfache Kette, noch erheben sie sich in mehr-
fachen parallelen Reihen, welche der Richtung einer Hauptspalte folgen. Doch lässt sich wohl ein Ausweg finden, wenn
man die Entstehungsweise dieser Inseln näher in's Auge fasst,
worüber im Vorhergehenden bereits einige Andeutungen gegeben sind. Fasst man Alles zusammen, so wird es mehr als
wahrscheinlich, dass Stromboli, Vulcano, Lipari, Saline, Felicudi und Alicudi nur als einfache Eruptionsinseln zu betrachten sind, welche durch successives Aufschütten ihrer ausgebrochenen Masse und durch späteres Verwachsen und Inein-
anderfliessen einer gewissen Anzahl von Eruptionskegeln ihre
dermalige Gestalt und Beschaffenheit erlangt haben. Nicht
aber so verhält es sich mit Panaria, Basiluzzo und den sie
umgebenden Klippen; denn die auf ihnen vorkommenden ansehnlichen und grotesken Felstrümmer, ihre steilen, stark zerklüfteten Gestalten, welche nichts desto weniger von wirklich
geschmolzenen oder im Schoosse der Erde erhitzten Massen
gebildet werden, führen zu der Vermuthung, dass einst hier
ein beträchtlicher Theil des Meeresbodens gesprengt, in die
Höhe getrieben worden sey und das Erscheinen dieser scharf
abgeschnittenen Felseninseln veranlasst habe. Dies Ereigniss
mag in einer sehr frühen Zeit der Erdbildung statt gefunden
haben, denn man bemerkt keine Tuffschicht und noch weniger
einen Lavastrom, welcher etwa diese auftauchenden Felsen
bedeckt, und doch waren letztere wahrscheinlich schon fest
und erhärtet, als sie den Meeresfluthen entstiegen. Ihre mine-
ralogische Zusammensetzung ist den hier so nahe liegenden
Graniten und Gneisen an den benachbarten Küsten Siciliens
und Calabriens in hohem Grade ähnlich, und so darf man
beiden wohl einen gleichen Ursprung zuschreiben und sie
als die Reste von den Grundpfeilern eines Central-Vulcans

betrachten, der einst in diesem Theile des sicilischen Meeres
vorhanden war.

Der Aetna.

§. 4.

Dieser unter dem 37° 44' nördl. Br. und 12° 40' östl. L.
von Paris gelegene, durch die Regelmässigkeit seiner Gestalt,
so wie durch seine majestätische Grösse höchst ausgezeichnete
Feuerberg ist eben so ein recht ausgezeichneter Central-Vulcan
und bildet ein eignes, mit keinem andern zusammenhängendes
System. Auf seinen Schultern mit zum Theil ewigem Eise bedeckt, erhebt er sich, gleich einem mächtigen Riesen, am Ende
des grossen, granitischen Gebirgszuges von Calabrien und setzt
auf das nahe gelegene Eiland von Sicilien über, indem der
Granit des Monte Peloro und der Berge des Capo Milazzo
das Verbindungsglied abgiebt. Nach *L. von Buch*, welchem
auch *Elie de Beaumont* beistimmt, hat der Aetna wahrscheinlich sich aus einem Erhebungskrater am Fusse dieser Granit-
kette erhoben; seine Lage in der Mitte eines grossen Circus,
aus welchem er ganz isolirt und ohne mit andern Bergen in
Verbindung zu stehen, sich emporthürmt, scheint auch wirklich sehr für diese Ansicht zu sprechen. Was die Geschichte
seiner vulcanischen Thätigkeit anbelangt, so war zu erwarten,
dass der Berg in einem Lande, woselbst die Menschheit so
früh und mit so vielem Erfolge sich zum geistigen Aufschwunge
erhob, in hohem Grade die Aufmerksamkeit auf sich ziehen
würde; doch ist es auffallend, dass in *Homer's* Gesängen sich
keine Anspielungen auf etwaige Ausbrüche des Aetna's vorfinden, wie es überhaupt zweifelhaft seyn soll, ob er unter dem
„Lande der Cyclopen" das jetzige Sicilien gemeint habe. Dagegen erwähnt *Diodorus Siculus* mehrere Ausbrüche des Berges, von denen einer, und zwar lange vor dem trojanischen
Kriege, die Sicaner, die ersten Bewohner der Insel, veranlasst
habe, die Nähe des Feuerberges zu verlassen und weiter zu
ziehen. Darauf sollen, wie *Dionysius Halicarnassus* erzählt,
die Siculer, welche aus Griechenland herüberkamen, die Insel
in Besitz genommen und sich auf ihr, und zwar für lange
Zeit von dem Vulcan nicht beunruhigt, niedergelassen haben.
Um das J. 431 v. Chr. Geb., zu welcher Zeit der peloponne-

sische Krieg begann, soll nach dem Berichte von *Thucydides* der Aetna eine Eruption gehabt haben, und überhaupt drei, seitdem die Insel von Griechen bewohnt wurde. Auf eine derselben scheint *Pindar* in seinen pythischen Oden (I. V. 38. 52) anzuspielen, wie er denn auch emporgedrungener Lavaströme gedenkt. Späterhin wurde der Schlund des Aetna's durch die Sage von dem Tode des *Empedocles* berühmt. *Strabo (Geogr. L. VI. T. II. pag.* 273) beschreibt den Berg fast unter denselben Verhältnissen, wie er sich noch jetzt unsern Blicken darstellt, und bemerkt, dass die vulcanischen Ausbrüche die Gestalt seines Gipfels, so wie die seiner Abhänge öfters veränderten; dass hin und wieder neue Oeffnungen an denselben entständen; dass er geschmolzene Materie auswerfe u. dgl. m. Von der christlichen Zeitrechnung an hat es wohl keine nur einigermassen bedeutende Aetna-Eruptionen gegeben, von denen nicht die besondern Umstände, unter denen sie sich ereigneten, aufgezeichnet worden wären. Nach *von Hoff* (Geschichte der durch Ueberlieferung nachgewiesenen natürlichen Veränderungen der Erdoberfläche, Thl. 2, S. 225) kennt man aus der Zeit vor Chr. Geb. eilf und nach Chr. Geb. bis zum J. 1832 sechzig Ausbrüche dieses Berges. Diejenigen, welche von der ersten fabelhaften, mythischen Zeit bis zur Herrschaft der Römer sich ereigneten, hat *G. Alessi* kritisch beleuchtet; s. dessen *Atti dell' Academia Gioenia di scienze naturali, Vol. III. Catania* 1829. Ueber diejenigen der Ausbrüche, welche von besonders denkwürdigen Erscheinungen begleitet waren, werden wir späterhin das Nähere erzählen.

Unter den europäischen Vulcanen ist er der grösste und höchste. Seine Höhe ist, wie bei den meisten Feuerbergen, eine wandelbare, denn die Ausbruchskegel derselben nehmen bald an Höhe zu, bald auch wiederum ab, je nach dem verschiedenen Spiel der vulcanischen Gewalt bei dieser oder jener Eruption. In neuern Zeiten ist der Aetna vielfach von zuverlässigen Naturforschern barometrisch und trigonometrisch gemessen worden; als Mittel dieser Untersuchungen hat sich für den Berg eine Höhe von 10,260 par. Fuss ergeben.

Eben so beträchtlich, als seine Höhe, erscheint auch sein Umfang. Man schätzt ihn auf 20 geogr. Meilen und auf dieser Bergfläche, in ihrer weitesten Ausdehnung, sollen nach

Ferrara (Storia generale dell' Etna. Catania 1793*)* 300,000
Menschen in 65 Städten, Flecken und Dörfern wohnen.
Von der Natur ist der Aetna in drei scharf von einander
getrennte Zonen oder Regionen geschieden, die hinsichtlich
ihrer Erzeugnisse und der Beschaffenheit ihres Clima's bedeutend von einander abweichen und namentlich in Betreff pflan-
zengeographischer Studien das höchste Interesse darbieten.
Die unterste dieser Regionen stellt sich als eine leicht gewölbte, erhabene Ebene dar, berühmt durch ihre ausnehmende
Fruchtbarkeit. Im Munde des sicilianischen Volkes führt sie
den Namen der „Regione culta oder piedemontana". Sie steigt
2500 Fuss hoch sanft aufwärts, so dass ihre Neigung selten
mehr als 3 und oft nur 2 Grad beträgt. Wie überall, unter
nicht zu hohen Breitegraden, so ernährt auch hier der vulcanische Boden die kräftigsten Pflanzen. Nicht allein die gewöhnlichen Getreidearten, sondern auch Mandeln, Feigen,
Weintrauben und Oelbäume gedeihen in dieser Region in üppiger Fülle; es soll sogar der Pisang *(Musa paradisiaca L.)*
in der Nähe von Catania nicht allein kräftig vegetiren, sondern auch reife Früchte tragen. Zudem erfreut sich dieser
Theil des Aetna eines fast stets ungetrübten Himmels und mit
Ausnahme der heissesten Sommermonate, wo bisweilen die
Pflanzenwelt unter Alles versengender Sonnengluth bei man-
gelndem Regen leidet, herrscht hier fast stets ein ewiger
Frühling. Deshalb ist auch der Boden fast überall der Cultur
unterworfen und nur an wenigen Stellen setzen schroff empor-
ragende Felsen und mächtige Lavaströme, welche wegen ihres
soliden Baues der Verwitterung bisher kräftig widerstanden
haben, dem Fleisse des Menschen entgegentretende Schranken.
Auf dieser sanft gewölbten Fläche und unmittelbar derselben sich anschliessend, erhebt sich nun, etwa unter einem
Winkel von 7—8°, rund um den Berg herum und an demselben bis zu mehr denn 6000 Fuss aufsteigend, ein abge
stumpfter, umfangreicher Kegel, ausgezeichnet durch viele, aus
vulcanischen Massen bestehende Hügel und kleinere Berge.
Diese mittlere Region führt den Namen der „Waldregion"
(regione nemorosa oder *il bosco).* Dem grössten Theile nach
wird sie bedeckt von einladenden Waldungen, in denen die
Kastanienbäume die erste Stelle einnehmen und bis zu 3800

Fuss Meereshöhe an dem Berge hinaufsteigen. Manche derselben bemerkt man in den Stadien ihrer grössten Entwickelung, und unter diesen ist der Ruf des *Castagno di cento cavalli* wohl am weitesten verbreitet. Neuerdings hat er durch Sturmwinde, denen selbst seine stärksten Aeste nicht zu widerstehen vermochten, bedeutend gelitten; früherhin aber war seine Krone so stark und entwickelt, dass hundert Pferde bequem Schutz und Schirm gegen Regen, Sonnenbrand und Sturmwind in ihrem Schatten finden konnten. Noch jetzt hat dieser Baum, der aber eher aus einer Gruppe von fünf mit einander verbundenen Individuen besteht, an seiner Basis einen Umfang von 180 Fuss, während die Höhe in keinem entsprechenden Verhältniss zu dieser Dicke steht.

Die Zahl der in der Waldregion vorkommenden vulcanischen Hügel, welche durch seitliche Ausbrüche des Aetna's entstanden sind, ist gross; während man in frühern Zeiten nach *Ferrara* annahm, dass ungefähr 80 und zwar 52 im Westen und Norden und 27 im Osten vorhanden seyn sollten, schätzt *Sartorius von Waltershausen* (s. dessen Skizze von Island, S. 106) die Zahl derselben sogar auf 700. Sie bilden einen der Haupt-Charaktere dieses Feuerberges; viele derselben sind mit kleinen Krateren versehen und mit Pflanzenwuchs bedeckt, während andere nackt und kahl und kaum mit einigen kümmerlichen Flechten bedeckt erscheinen. Alle diese Hügel oder kleinern Berge sind unter dem Namen der „parasitischen Kegel" bekannt.

Unmittelbar auf die Waldregion folgt nun die dritte und letzte Zonc, welche den Namen der „wüsten oder der Schneeregion" *(regione deserta* oder auch *discoperta)* führt und den höchsten Theil des Berges bildet. Hier liegt zum Theil ewiger Schnee und aus der Mitte weithin sichtbarer Schneefelder erhebt sich majestätisch und Gefahr drohend der Ausbruchskegel. Alles ist hier rauh und unwirthlich, und wohin man auch das Auge wendet, so bemerkt man doch weiter nichts, als eine unheimliche, abschreckende Wüstenei, deren Boden mit Laven, Schlacken, Asche und vulcanischem Sand bedeckt ist. Diese Region nimmt nach Oben hin eine ziemlich ebene oder wellenförmige Gestalt an; inmitten der Ebene, welche „Piano del Lago" genannt wird, erhebt sich, in unendlicher

Grösse und Pracht, plötzlich der höchste Kegel, die eigentliche Central-Hervorragung, deren Umkreis ein excentrischer ist; denn statt einen Kegel mit runder Basis zu bilden, scheint sie vielmehr nach *Elie de Beaumont* einem Kegelrumpf mit elliptischer Grundfläche angehört zu haben. Der grösste Theil desselben soll aber, entweder gleich bei seiner Entstehung oder in späterer Zeit, eingesunken und verschwunden seyn und so das berühmte Val del Bove gebildet haben, welches hinsichtlich seiner Grossartigkeit wohl von wenigen andern Gebirgs-Scenerien in unserm Welttheile übertroffen werden dürfte. Bei einem Umfange von 4—5 Meilen scheint sein Grund sich einer elliptischen Form zu nähern, deren grösste Axe 9000, die kleinste aber blos 5000 Meter betragen dürfte. Ringsum wird es von ungeheuren, 1000—3000 Fuss hohen und senkrecht abfallenden Felswänden umgeben, die nach dem obern Theile hin am höchsten erscheinen, während sie nach den Seiten hin an Höhe abnehmen. Ueberall werden diese Wände von Gängen durchsetzt, die meist eine senkrechte Richtung haben. Wenn man jedoch alle die Höhen überschauet, welche das Val del Bove umschliessen, so scheint das Thal vielmehr einem geräumigen Circus zu gleichen, denn von der Central-Hervorragung gehen die Gehänge der Valle del Leone und der Serre del Solfizio aus, welche beide sich in das Val del Bove hinabsenken und dasselbe gegen Westen hin schliessen; sodann setzt auch die Masse der Piano del Lago selbst, indem sie sich verlängert und gegen das Meer hin hinabzieht, zwei seitliche Massen zusammen, rechts den Monte Zoccolaro, welcher das Val del Bove nach Süden schliesst, links den Monte Concazze, welcher das Thal nach Norden hin begrenzt. Demnach hängt es mit dem Rumpf des abgestumpften Kegels nur durch einige gegen Osten gelegene Oeffnungen zusammen; von hier aus bis zur westlichen Grenze erhebt sich der aus neuern Laven bestehende Boden sanft bis zur Serre del Solfizio, wo er den Laven begegnet, welche auf dem Abhange der Central-Hervorragung erstarrt sind.

Von den auf dem Piano del Lago durch Menschenhände aufgeführten Werken verdienen besonders zwei genannt zu werden, nämlich die Torre del Filosofo und die Casa inglese. Wann und zu welchem Zwecke der Thurm des Philosophen erbaut ist, weiss man nicht; dass *Empedocles* sich in demselben aufgehalten habe, um die natürlichen Verhältnisse des Feuerberges zu ergründen, ist eine blosse Sage; wahrscheinlicher ist die Meinung, dass dies Gebäude aus der Römerzeit herstammt und zu dem Zwecke erbaut wurde, den Kaiser *Hadrian* aufzunehmen, als dieser auf seiner siebenzehnjährigen Fussreise durch alle Provinzen des römischen Reichs auch nach Sicilien gelangte und einige Zeit auf dem Aetna verweilte. Die Casa inglese dagegen stammt erst aus neuerer Zeit; sie wurde im J. 1811 erbaut, zur Zeit der Occupation der Insel durch die Engländer. Die Gelder dazu kamen grösstentheils durch Subscription zusammen, bei welcher sich besonders die Officiere des britischen Heeres betheiligten, daher der Name „Casa inglese". Uebrigens wurde das Haus unter den Augen von *Gemmelaro* erbaut, welcher nicht nur den Bau leitete, sondern auch noch jetzt für die Erhaltung desselben auf's Rühmlichste besorgt ist. Aus diesem Grunde führt es auch den Namen „Casa di Gemmellaro"; es ist aus Lava am Rande einer schwachen Hervorragung des Abhanges vom Piano del Lago erbaut. Seine Höhe über der Fläche des Meeres beträgt 2924 und die des Torre del Filosofo 2885 Meter.

Auf dem Piano del Lago ruhet nun zuoberst der Ausbruchskegel, dessen Abhänge in ihrer Neigung zwischen 25—35° wechseln. Die Oberfläche findet man mit Lapilli bedeckt; auf ihnen liegen zahlreiche Lavablöcke, deren Höhe aber selten mehr als 3 Fuss beträgt. Auf der innern Böschung bemerkt man viele Klüfte und Spalten, aus denen Dämpfe von Wasser, Schwefelwasserstoffgas und Salzsäure hervorbrechen. Der erhabenste Aetna-Gipfel erscheint als ein ausgezackter, fast kreisförmiger Einschnitt, welcher den Krater des Vulcans umziehet, den man heutigen Tages als grossen bezeichnet, zur Unterscheidung von dem beinahe kreisrunden Schlunde von 80—100 Meter im Durchmesser, welcher der kleine Krater genannt wird und dessen Tiefe etwa 400 Meter beträgt. Beide liegen nahe aneinander und berühren sich an einer Stelle.

Der grosse Krater hat theils eine cylindrische, theils eine trichterförmige Gestalt mit steil abfallenden Wänden. Sein Durchmesser mag etwa 500 Meter und die mittlere Höhe der

Kraterränder über der Kegel-Basis 320 Meter betragen. In der Regel entsteigen demselben die vorhin erwähnten Dämpfe und Gase, welche an den Wänden der Spalten, aus denen sie hervordringen, schwefligsaure Salze, Eisenchlorür und weissen Fasergyps absetzen. Die Kraterwände fallen sehr steil ab und bestehen aus Lagen, welche durch horizontale Linien geschieden sind. Als *Elie de Beaumont* den Krater besuchte, bemerkte er 80—100 Meter unter dem Gipfel desselben Lavenblöcke, Schlacken und Lapilli, welche regellos durcheinander lagen und kleine Hügel von 15—30 Meter Höhe bildeten. Besonders interessant erschien ein Lavastrom, welcher 18 Monate vorher im J. 1833 dem Innern des Berges entquollen war. Die Lava hatte zuerst den Boden des Kraters angefüllt, war darauf bis zum niedrigsten Rande des Kegelrandes emporgestiegen und hatte sich hier in zwei Theile geschieden, welche jedoch in Verbindung geblieben waren. Den einen Theil bemerkte man an den innern Wänden des Kessels, er war mit verschlackten Massen bedeckt und neigte sich der Mitte des Kraters zu; der andere Theil aber hatte sich über die Aussenränder unter einem Winkel von ungefähr 26° ergossen. Auf der Oberfläche des Stromes sah man keine Schlacken, wohl aber war sie durchsetzt von der Länge nach ziehenden, unter einander parallelen Furchen und von Querrissen, zum Beweise, dass die Lava in teigartigem Zustande geflossen war, und dass die Schwere ihrer Theile, welche durch die Böschung nicht im Gleichgewicht erhalten wurden, sie in derselben Zeit der Länge nach ausdehnte, während die Krümmung des Bodens, über welchen dieselbe floss, die Risse bewirkt hatte.

Uebrigens ist der Ausbruchskegel des Aetna's, wie fast bei allen Vulcanen, kein stets in derselben Form sich erhaltender Theil des Berges; denn da er nur aus lockerm Material zusammengesetzt ist, so besitzt er keine grosse Beständigkeit, und deshalb erscheint es nicht als befremdend, dass der jetzige Aetna-Kegel nicht über 100 Jahr alt und theilweise schon eingestürzt ist. Vor der im November des J. 1832 erfolgten Eruption nahm man auf dem in die Länge ausgedehnten Kegel zwei Gipfel wahr, von denen der eine 3314, der andere aber blos 3300 Meter sich über die Meeresfläche erhob. In

Folge des eben erwähnten Ausbruchs brach der höchste Gipfel
zusammen, sank in das Innere des Berges hinab und so wurde
der zweite Gipfel der höchste Theil des Berges. Vielleicht
steht auch diesem dasselbe Schicksal, wie dem erstern, bevor,
und dann kann es sich leicht ereignen, dass der Eruptionskegel dieselbe Gestalt erhält, wie er sie vor hundert Jahren
besass, d. h., dass er sich als eine einfache, mit keiner Brust-
wehr versehenen Oeffnung darstellt, gerade so, wie jetzt Piano
del Lago erscheint.

Was nun die vulcanischen Producte oder vielmehr die
den Aetna zusammensetzenden Gebirgsarten betrifft, so sollen
sie keine grosse Mannigfaltigkeit zeigen und dennoch sind sie
bis auf die neueste Zeit verkannt worden. Nach *Elie de Beaumont* kommen folgende vor:

a. Fragmente granitischer Gesteine, welche zu den häufigen
   Auswürflingen des Vulcans gehören und zweifelsohne des-
   halb so häufig sich finden, weil der Sitz der vulcanischen
   Thätigkeit unterhalb der schon erwähnten granitischen
   Bergkette sich befindet, welche von Calabrien nach Sici-
   lien übersetzt.

b. kalkige oder sandige Felsarten, an der Basis des Aetna's
   die Hügel zusammensetzend, welche von den vulcanischen
   Producten noch nicht überdeckt sind. Diese kalkigen Massen gehören wahrscheinlich den untern Kreidegebilden an
   und bilden den hauptsächlichsten Bestandtheil der jenseits
   der Flüsse Simeto und Onobola gelegenen Berge.

c. basaltische Gesteine mit vielem Augit. Sie scheinen einen
   überwiegenden Antheil an dem Baue des Aetna's genommen zu haben, auch sollen alle Lavaströme, so wie alle
   Schichten im Innern des Berges aus einem Gemenge von
   Augit und Labrador-Feldspath bestehen und also in dieser
   Hinsicht dem Dolerite der Basalt-Formation gleich zu stellen
   seyn, worauf auch schon vor geraumer Zeit *Ferrara* hingedeutet hat, denn nach ihm ist der Vulcan auf allen Seiten von Mandelstein und Basalt umgeben, weshalb er sich
   auch wohl daraus emporgehoben hat, indess soll er während der historischen Zeit keinen wahren Basalt gebildet
   haben. Diese basaltischen Gesteine setzen vorzüglich la
   Motta di Catania zusammen, auch sind die in prächtigen

Säulen auftretenden Bergabhänge von Paterno, Licadia, Aderno u. s. w. allgemein bekannt.

d. Ablagerungen von Kalksteinen, durch welche die Hügel-reihe am Ende der Ebene von Catania entstand, von wel-cher die ersten Abfälle des Aetna's berührt werden.

e. alte Laven, welche die Grenzabhänge des Val del Bove bezeichnen.

f. moderne Laven, Erzeugnisse der noch jetzt fortdauernden vulcanischen Thätigkeit des Berges.

Die überaus grosse Menge von Feldspath-Krystallen, welche die Laven des Aetna's enthalten, hatten früherhin sogar *L. von Buch* zu der Ansicht verleitet, dass der ganze Vulcan aus Trachyt bestehe. Indess der gänzliche Mangel von Obsidian und Bimsstein am Aetna hätte doch schon darauf hindeuten sollen, dass dieser Vulcan kein Trachytberg sey, da wohl jetzt alle Geognosten die Ansicht theilen, dass Trachyte und Bims-steine in naher, wechselseitiger Beziehung stehen und Trachyt eben so gut auf Bimsstein hindeutet, als wiederum Bimsstein auf Obsidian und Trachyt. Nach vielen sorgfältigen Unter-suchungen, bei denen sich besonders *Elie de Beaumont* und *Dufrénoy* mit dem lohnendsten Erfolg betheiligten, hat sich endlich ergeben, dass die Aetna-Laven im Allgemeinen aus Labrador, aus wenigen Körnern von Olivin und Titaneisen oder titanhaltigem Magneteisen bestehen; sie treten entweder in lockerm oder in zusammenhängendem Zustande auf. Die erstern werden Asche, Lapilli oder Schlacken genannt, die an-dern bilden die eigentlichen Laven, welche, über Abhänge von 1—10° Neigung verbreitet, die unter dem Namen „Schiarra" bekannten Streifen zusammensetzen. Die aus dem Innern des Berges hervortretenden Lavaströme zeichnen sich durch zwei besondere Eigenschaften aus. Die eine derselben, obgleich schon seit längerer Zeit bekannt, besteht darin, dass sie aus-serordentlich lange, in einzelnen Fällen sogar 10—11 Jahre hindurch, ihre ursprüngliche Wärme beibehalten können und dass solche so bedeutend erscheint, um der Lavamasse Bewe-gung zu gestatten, welche, wenn gleich langsam, nichts desto weniger während jenes Zeitverlaufs sich bemerkbar macht.

Die andere Eigenschaft, ebenfalls schon längst beobach-tet, manifestirt sich dadurch, dass manchen Laven, selbst mehrere Jahre nach ihrem Ergusse, eine Art von Rauch entsteigt. Dies Phänomen genügend zu erklären, dürfte mancher Schwierigkeit unterliegen und scheint selbst *Elie de Beaumont* nicht vollständig geglückt zu seyn. Was nun die Art und Weise der Ablagerung der aus dem Heerde des Vulcans hervortretenden festen Substanzen anbelangt, so erscheint es sehr bemerkenswerth, dass sie sich nicht so sehr auf dem Piano del Lago, also auf dem Centrum des Berges, anhäufen, als vielmehr auf den am meisten davon entfernten Theilen und namentlich an der Basis des Berges. Sie haben mitunter und zwar in der Nähe des Meeres ganzen Vorgebirgen das Daseyn gegeben, z. B. jenem von Schisso, welches im J. 396 v. Chr. Geb. entstand. Noch mehr bekannt ist jenes, welches für die Schiffe, welche gegenwärtig im Hafen von Catania die Anker werfen, eine so treffliche Schutzwehr abgiebt. Die Lava, welche bei dieser Gelegenheit dem Berginnern entquoll, war so mächtig, dass sie mehrere in der Regione culta gelegene Dörfer hin und wieder 60 Fuss hoch bedeckte, ja dass sie zuletzt sogar Catania mit dem Untergange bedrohte. Doch von dieser Eruption wird späterhin noch mehr die Rede seyn.

Bezüglich der elastischen Flüssigkeiten, welche bei jedem vulcanischen Ausbruch entweichen, verdient bemerkt zu werden, dass sie nicht allein die Asche, sondern selbst Lavablöcke, Schlacken und Lapilli weithin fortschleudern; es sind Fälle bekannt, dass die vulcanische Asche nicht blos bis nach Calabrien, sondern selbst bis nach Malta gelangte; doch fällt das Meiste um den Schlund herum nieder und bildet nach und nach einen mit abgestumpfter Spitze versehenen Kegel. Auf diese Weise mögen die meisten der parasitischen Kegel entstanden seyn, denen man auf den Abhängen des Aetna's so häufig begegnet.

Sehr überraschend war es für *Elie de Beaumont*, die Beobachtung zu machen, dass sowohl der Ausbruchskegel, als auch die parasitischen Kegel geradlinige und ununterbrochene Böschungen in der ganzen Masse zeigen, welche einen jeden derselben zusammensetzt, und dass jene Kegel sich durchaus selbstständig und unabhängig von der Ebene darstellen, welche sie trägt. Zudem ist die Central-Hervorragung unabhängig

von den Seiten-Böschungen, welche daran stossen und auf
denen sich die neuern Erzeugnisse anhäufen, und weit entfernt, durch solche Producte anzuwachsen, stellt sich die genannte Hervorragung nur als ein aus alten Laven gebildeter
Berg dar; deshalb sieht *Elie de Beaumont* ihn auch als einen
Erhebungskrater an. Zur Begründung dieser Ansicht wird
angeführt, dass, da die Central-Hervorragung zusammengesetzt sey aus wechselnden Lagen alter Formationen und vulcanischer Tuffe, welche sämmtlich parallel und fast überall
von gleicher Mächtigkeit sind, obgleich dieselben ursprünglich
in flüssigem Zustande aus dem Erdinnern ergossen oder als
nicht zusammenhängende Massen ausgeworfen seyen, so müsse
man annehmen, dass die Laven auf ebenem Boden geflossen
wären und dass nach mehreren successiven Eruptionen auf
einer und derselben Stelle eine Emporhebung der Lagen statt
gefunden habe, welche heutigen Tages die Central-Hervorragung zusammensetzen. Höchst wahrscheinlich dürfte diese
Masse ursprünglich beträchtlicher, als die Central-Hervorragung es ist, gewesen seyn; denn *Elie de Beaumont* nimmt,
wie wir bereits geschen, an, dass das Val del Bove Ergebniss
einer grossen Einstürzung sey, welche in der innern Höhlung
des Aetna's das Material verschlang, womit der gegenwärtig
leere Raum einst erfüllt war; er ist ferner der Meinung, dass
die Erhebung der Central-Hervorragung mit Inbegriff der
Masse, welche den Raum des Val del Bove erfüllte, und das
Verschwinden dieser nämlichen Masse als zwei successive Erscheinungen zu betrachten seyen und dass jedes derselben
plötzlich statt gefunden, weil eine beträchtliche Gewalt dasselbe hervorgebracht habe.

Wenn heutigen Tages Eruptionen am Aetna statt finden,
so gehen denselben stcts Erderschütterungen voran und in
Folge derselben entstehen Spalten und Klüfte in dem Berge,
welche bisweilen einige Fuss breit werden; wenn nun mehrere
dieser Spalten gleichzeitig und nach verschiedenen Richtungen
hin entstehen, so erlangt die Bergmasse dadurch ein sternförmig aufgesprungenes Ansehn. Die im Schlunde des Vulcans
aufwallende Lava dringt nun in dieselben ein und alsdann erfolgt ein seitlicher Ausbruch, von denselben Phänomenen begleitet, wie bei einem Ausbruche des grossen Kraters. Mit-

4

unter ereignet es sich auch wohl, dass ein Theil der Spalte an der Stelle, woselbst die Lava sich ergoss, leer blieb und dann entstehen Grotten, an denen der Aetna sehr reich ist und deren Wände oft mit den wunderlichsten stalactitischen Gebilden versehen sind. Unter diesen Grotten ist die Grotta del Palombe an der Nordseite der Monte rossi wohl die bekannteste.

Diese sternförmigen Spaltungen und diese Einstürzungen finden nach *Elie de Beaumont* bei allen Aetna-Eruptionen statt; daraus erklärt sich auch die Bildung der Cisterna und das Verschwinden des erhabensten Aetna-Gipfels bei der Eruption im J. 1832; die Segmente, in welche der Berg sich trennt, entfernen sich von einander, statt einzusinken, und nun muss Erhöhung oder vielmehr Emporhebung statt finden. Sollte sich diese Ansicht in der Zukunft bestätigen, so würde eine Aetna-Eruption ein Erhebungs-Phänomen seyn, vor welchem und während dessen Erdbeben sich ereignen, denen zunächst schnelle Ausströmungen expansibler Stoffe folgen, welche lockere Auswurfsstoffe mit sich hinwegführen und auf welche späterhin Lavenergüsse folgen.

Uebrigens erfolgen aus dem Aetna bei weitem nicht so häufige Ausbrüche, als aus dem Vesuv; wenn sie sich aber ereignen, so sind sie auch um so furchtbarer und richten grössere Zerstörung an; auch erstrecken sich die Lavenergüsse über ansehnlichere Räume und übertreffen an Mächtigkeit die des neapolitanischen Feuerberges.

Pseudovulcanische Erscheinungen, schon seit frühester Zeit gekannt und auf welche bereits *Plato* (in seinem Phaëton) anzuspielen scheint, finden sich ebenfalls auf Sicilien. Die bekannteste Stelle, wo dergleichen vorkommen, ist der Hügel Macaluba bei Girgenti; andern begegnet man bei Terrapilata unfern Caltanisetta, so wie bei Misterbianco in der Nähe von Catania; doch von diesen Phänomenen wird späterhin in einem besondern Abschnitt die Rede seyn. Dagegen verdient

die Insel Ferdinandea,

§. 5.

welche in südlicher Richtung von Sicilien in der Mitte des J. 1831 aus den Meeresfluthen sich erhob und gegen Ende desselben auch wieder verschwand, eine besondere Erwähnung.

Sie führt auch die Namen: Corrao, Nerita, Graham-Island, Hotham-Island, Isola Julia und Isola di Ferdinando II. Glücklicherweise ist sie von dem Momente ihrer Entstehung an bis zu ihrem Verschwinden von sehr unterrichteten Geologen beobachtet und nachher auch beschrieben worden; unter ihnen verdienen besonders *Carlo Gemmellaro*, *Fr. Hoffmann* und *Constant Prévost* genannt zu werden. Das Wesentlichste ihrer Mittheilungen bestehet in Folgendem. Fast mitten zwischen der Insel Pantellaria, auf die wir später noch zurückkommen werden, und dem Städtchen Sciacca an der sicilianischen Küste erhob sich nach *C. Gemmellaro* (s. *Leonhard's* neues Jahrb. für Min. u. s. w., Jahrg. 1832, S. 64) am 28. Juni im J. 1831, nach *Fr. Hoffmann* (in *Poggendorff's* Ann. der Physik, Bd. 24, S. 65) am 2. Juli 1831 die genannte Insel. Ihrem Auftreten gingen an der sicilianischen Küste, besonders bei Sciacca, Erschütterungen des Bodens voran, welche einige Tage hindurch anhielten; auch bemerkten einige Fischer unfern der Secca del Corallo unruhige Bewegungen im Meereswasser, was sie jedoch dem Zusammendrängen vieler Fische zuzuschreiben geneigt waren. Indess war nach Verlauf zweier Tage das Meer trübe und schlammig geworden, während man zu gleicher Zeit an dieser Stelle einen höchst unangenehmen Schwefelgeruch verspürte. Erst am 12. Juli bemerkte *Trefiletti*, Capitain einer sicilianischen Brigantine, auf seiner Fahrt von Malta nach Palermo eine grosse, sich wölbende Wassermasse, und als er sich ihr auf ¾ Meilen näherte, vernahm er auch ein donnerähnliches Getöse. Die Wassermasse besass etwa eine Höhe von 82 preuss. Fuss, ihre Breite schien ansehnlicher als ein Linienschiff zu seyn. Das Wasser sprudelte etwa 10 Minuten lang aufwärts und sank dann wieder, während sich aus ihm eine dicke Rauchwolke entwickelte, welche den ganzen Horizont verdeckte. Dies Phänomen wiederholte sich auf derselben Stelle in Zeitabständen von 15—30 Minuten. Auf der Oberfläche des Meeres schwammen viele, theils todte, theils noch halb lebende Fische, sogar noch ¼ Meilen vom Ausbruchspuncte entfernt. Bis in die Nacht hinein bemerkte man dieselbe Erscheinung in gleichen Abwechselungen, doch zeigte sich keine Spur eines Feuerscheins. In Sciacca sah man erst am 12. Juli zahlreiche kleine Schlacken auf dem Meere schwim-

4 *

men, welche von einem Südwest-Winde an die Küste getrieben
und daselbst in zollhohen Schichten abgesetzt wurden. Endlich gewahrte man am 13. Juli mit Tagesanbruch eine hoch
aufsteigende Rauchsäule am Horizonte des Meeres, und am
Abend sah man auch Feuererscheinungen darin, so dass Niemand mehr daran zweifelte, es habe sich ein neuer Vulcan
gebildet. Ein ungewöhnliches Glück, wie es nur wenigen
Naturforschern zu Theil geworden, gestattete es *Fr. Hoffmann*,
der sich damals gerade an jener Stelle der sicilianischen Küste
aufhielt, auf die erste Kunde von jenem Ereigniss und zwar
schon am 23. Juli in die See zu gehen, um das interessante
Phänomen so viel als möglich in der Nähe zu beobachten.
Das dem Meeresboden entstiegene Eiland erschien als der
Rand eines Kraters, dessen Wände durch die aus ihm aufsteigenden Auswurfsstoffe allmählig über die Meeresfläche sich
aufgebaut hatten. Auf der östlichen Seite war der Krater am
höchsten, etwa 60 Fuss hoch, im Durchmesser konnte er etwa
800 Fuss haben. Sein Rand schien blos aufgeschüttet zu seyn
und aus schwarzen Schlacken und Rapilli zu bestehen. Er
hatte viel Aehnlichkeit mit dem Saume des hohen Aschen-
kegels des Aetna's oder mit der Spitze der Monte rossi bei
Nicolosi. Aus diesem Krater stiegen ohne Unterbrechung mit
grosser Heftigkeit, jedoch geräuschlos, in grosse Kugeln geballte Dämpfe hervor, welche sich beim Emporsteigen entfal-
teten und blendend weiss im Sonnenschein wie grosse Schneemassen oder Ballen frischer Baumwolle übereinander gehäuft
die ungeheure, nahe an 2000 Fuss hohe Rauchsäule bildeten.
In Zeitabständen von 2—3 Minuten fuhren durch die glänzend
weisse Hauptmasse schwarze, emporgeschleuderte Schlacken-
stücke. Nach einiger Zeit folgte diesen dicken Dampfwolken
ein so dichter und anhaltender Auswurf von Schlacken, Sand
und Asche, dass die aus dem Krater mit grosser Schnelligkeit
aufwärts strömende Masse volle 8 Minuten lang eine etwa 600
Fuss hohe Säule zu bilden schien, deren Gipfel sich garbenförmig ausbreitete. Kein Theil der ausgeworfenen Massen
schien glühend zu seyn; die emporgeschleuderten Steine besassen eine schwärzliche Farbe und waren von breiten Sand-
streifen begleitet, welche sie mit in die Höhe gerissen zu haben schienen. Eben so wenig schlugen Flammen aus dem

Krater empor, auch war kein Leuchten in demselben bemerkbar. Den Auswurf selbst begleitete kein Donner, und es war
davon nur das Rasseln und Platzen der aneinanderschlagen-
den Steine und dasjenige Geräusch hörbar, welches die nie-
derfallenden Aschen- und Sandmassen verursachten, ähnlich
dem Rauschen eines Hagelschauers oder heftigen Regens.
Gleichwohl schienen die ausgeworfenen Massen stark erhitzt
zu seyn; denn überall, wo sie in's Meer fielen, entstand ein
dicker, weisser Rauch. Ausserdem durchzuckten die dicke
Auswurfssäule bisweilen hell leuchtende Blitze, denen, wie bei
nahen Gewittern, ein starker und anhaltender Donner folgte.
Die Blitze kamen, wie man deutlich beobachten konnte und
wie auch bei andern vulcanischen Eruptionen beobachtet worden ist, nicht aus dem Krater, sondern sie zuckten frei schwebend in allen Richtungen durch die Auswurfssäule, besonders
an deren obern und seitlichen Theilen.

Bei einem spätern, am 28. September gemachten Versuche, das Eiland genauer zu untersuchen, erkannte man bald,
dass es sich seit dem ersten Besuche bedeutend verändert
hatte. Besonders war die Westseite des Kraterrandes, welche
im Juli kaum über den Meeresspiegel ragte, gegenwärtig zu
einer Höhe von 40—50 Fuss aufgestiegen; die Ostseite dagegen schien sich erniedrigt zu haben, während in südöstlicher
Richtung sich ein etwa 40 Fuss hoher Gipfel gebildet hatte.
Einige vor den Augen der Beobachter erfolgende Abstürze
an der jähen Küste bewiesen klar und deutlich, dass die Hauptmasse der Insel fast nur aus locker übereinander geschüttetem,
grobem, schwarzem Sande bestand, in welchem hier und da
mässig grosse Schlackenfragmente eingebettet lagen. Die Sand-
masse war durch die successive Aufschüttung ungemein schön
in scharf abgeschnittene, 2—3 Zoll starke Schichten abgesondert, und die weissen Salzkrusten, welche gewöhnlich zwischen
zwei Schichten bemerkbar waren, erhöhten durch ihren Contrast gegen die Farbe des Sandes sehr nett die Leichtigkeit,
den schwachen, wellenförmigen Fortsetzungen der Schichten
an dem Abhange mit den Augen zu folgen. Besonders an
der Südwest-Seite war dies deutlich zu beobachten; überall
sah man nichts Anderes, als jene ausgezeichneten Sandschichten und nirgends bemerkte man Lava. In der nach Innen

gehenden Vertiefung befand sich auch der Krater, wahrscheinlich nur durch eine schwache Wand vom Meere getrennt.
Dem Krater entstieg eine unbedeutende Rauchwolke. Besonders deutlich war aber ein Geruch nach Schwefelwasserstoffgas, den, wie wir bereits bemerkt haben, auch die sicilianischen Schiffer wahrgenommen hatten; noch merkwürdiger aber
ein hinlänglich starker Geruch nach Naphtha oder Bitumen.
Der mehrfach erwähnte Sand war dunkelschwarz und von
stumpfeckigen, kleinen Körnern (von der Grösse der Mohn-
körner) gebildet, welche sehr wahrscheinlich aus Augit bestanden; doch fanden sich unter ihnen auch Fragmente von glasigem Feldspath.

Die hin und wieder bemerkbaren Schlacken waren schwarz
und blasig, von steiniger und nicht von glasiger Beschaffenheit; sie umschlossen viele kleine Augit-Säulen. In der Lava
konnte man kein Magneteisen mit unbewaffnetem Auge entdecken, obgleich sich seine Anwesenheit mittelst der Magnet-
nadel kund gab. Diese Lava hatte also einen vorwaltenden
basaltischen Charakter; von Trachyt, Obsidian oder Bimsstein
fand sich keine Spur. Umgekehrt behauptet aber *Gemmellaro*
(a. a. O. S. 67), dass die Auswurfsstoffe des Kraters vorzugsweise von trachytischer Beschaffenheit gewesen wären. Hinsichtlich der Sandschichten verdient noch bemerkt zu werden,
dass sie wellenförmig nicht nur den äussern Abhängen des
schwarzen Sandberges genau zu folgen pflegten, sondern auch,
dass sie am Kraterrande umwendeten und in das Innere der
Krateröffnung hineinsetzten. Uebrigens stieg die Insel· jäh aus
dem Meere empor und in ihrer Nähe schon betrug die Tiefe
der See 5—700 Fuss. Glücklicher in Betreff der Landung
war *Constant Prévost*, welcher die Insel drei Tage später, als
Fr. Hoffmann besuchte. Nach Ersterm betrug ihr Umfang
etwa 700 Meter, ihre grösste Höhe 70 Meter. Vor Allem
suchte er zu erforschen, ob nicht Substanzen, die dem Meeresgrunde angehörten, durch das Auftauchen mit emporgehoben oder ausgeworfen wären; allein nachdem er den höchsten
Gipfel inmitten der brennend heissen Schlacken erklettert und
zweimal die Runde um die ganze Insel gemacht hatte, gelangte er zur Ueberzeugung, dass der vulcanische Hügel nur
aus lockern Substanzen bestehe, und dass die Blöcke mit har-

tem Kern und vom Ansehn der Lava, welche hier und da sich
fanden, nichts weiter als Auswürflinge waren. Das ganze Eiland erschien, wie alle Eruptionskratere, als ein kegelförmiges
Haufwerk mit einer trichterförmigen Vertiefung in der Mitte.
Die Wände des Kraters hatten nach Innen zu eine Neigung
von 45°, und an den Abstürzen, wo die Wand sich im Profile
sehen liess, sah man deutlich eine dieser Neigung parallele
Schichtung. Nach der Küstenseite hin hatten dieselben Substanzen eine Schichtung in entgegengesetzter Neigung, also
gerade so, wie *Poulet-Scrope* und nach ihm auch andere neuere
Geologen die Structur der Eruptionskegel schildern.

Das im Krater befindliche Wasser war orangegelb, mit
einem dicken Schaum bedeckt und anscheinend mit dem Meere
im Niveau. Wiewohl es nur eine Temperatur von 95—98° C.
besass, so schien es doch im Sieden begriffen, da aus ihm,
wie überall auf der Insel, aus unzählig vielen Rissen unaufhörlich weisse Dämpfe emporstiegen. Auf einer etwa 50—60
Schritt langen Strecke war der schwarze Sand eines Vorlan-
des der Insel wahrhaft brennend heiss. Jede der aus dem
Boden aufsteigenden Gasblasen warf mit einer schwachen Ver-
puffung vulcanischen Sand in die Höhe, wodurch ein kleiner
Eruptionskegel entstand. Unter den Tausenden solcher Minia-
tur-Vulcane erschien besonders einer sehr interessant, der ein
getreues Abbild von der Entstehung der ganzen Insel gab.
Er war gestaltet wie ein Maulwurfs-Hügel, von etwa einem
Fuss im Durchmesser und 5—6 Zoll Höhe, der fortwährend
Sand und Schlacken zu einer Höhe von 2 Fuss emporwarf.
Das aus dem Hauptkrater empordringende Gas war unent-
zündlich und geruchlos, allein einige Schritt vom Krater drangen Schwefeldämpfe hervor, welche Schwefel und Kochsalz
absetzten.

Ob übrigens Feuer dem Krater entstiegen sey, darin wi-
dersprechen sich die Berichte; denn obwohl Einige von denen,
darunter *Prinz Pignatelli*, welche das Eiland zur Zeit seiner
höchsten vulcanischen Thätigkeit besuchten, wirkliche, dem
Bouquet der Feuerwerker ähnliche Feuerstrahlen, die demselben entstiegen, gesehen haben wollen, so ist doch wiederum
bei Andern nur von Blitzen die Rede. Da nun nirgends gesagt ist, dass den Beobachtern die wesentliche Verschiedenheit

beider Classen von Feuererscheinungen klar gewesen wäre, so
darf man wohl annehmen, der Vulcan habe kein Feuer gespieen und es seyen. vielmehr nur die glühenden Ferilli in der
Rauchsäule für wirkliche Flammen gehalten worden.

Uebrigens ist es bekannt, dass diese Insel gegen Ende
desselben Jahres, in welchem sie entstanden war, auch wieder
verschwand und ein Raub der Meereswogen wurde, nachdem
sie kaum ein halbes Jahr bestanden hatte.
Ihre wahrscheinliche Lage war 37^0 $10'$ nördl. Br. und 12^0
$44'$ östl. L. von Greenwich. Als man zehn Jahre nach ihrem
Untergange den Meeresboden an derjenigen Stelle untersuchte,
wo sie sich einst erhoben hatte, fand man eine etwa 240 Fuss
lange Untiefe, die ungefähr nur 10 Fuss vom Wasser bedeckt war.

Die Insel Pantellaria.
§. 6.

Sie führt auch den Namen „Pantalaria" und liegt 5 Meilen südöstlich von der kürzesten geraden Linie zwischen der
Insel Sicilien, deren nächste Küste 15 Meilen entfernt ist, und
dem Cap Bon oder Ras Adair, einer der nördlichsten Spitzen
von Africa. Nach *Fr. Hoffmann* (in *Poggendorff's* Ann. der
Physik, Bd. 24, S. 68) ist das Eiland von NW. nach SO.
kaum drei deutsche Meilen lang, etwas mehr als halb so breit,
von elliptischer Gestalt und durchgängig aus vulcanischen Gebirgsarten zusammengesetzt, welche in drei verschiedenen Zeit-
perioden sich gebildet und der Insel ihre jetzige Gestalt ver-
liehen zu haben scheinen. Eruptionen und Lavenergüsse, die
während der historischen Zeit erfolgt wären, kennt man nicht;
doch giebt sich der unterirdische vulcanische Process durch
Fumarolen und Thermal-Quellen noch an vielen Stellen kund.
Der unter dem Namen „il Bosco" bekannte Berg erhebt sich
nach dem Herzog von *Buckingham (Report of the first and
sec. meetings. 1833, pag.* 584—587) in der Richtung von NO.
nach SW. in der Mitte der Insel und scheint die erste Lava
ergossen zu haben, welche oberflächlich verschlackt, in recht-
winkelige Prismen abgesondert und reichlich mit Feldspath-
Krystallen versehen ist. An den Seiten dieses Berges steigen
mehrere Fumarolen empor; der Wasserdampf einer derselben

besitzt eine Temperatur von 60° R. Am südöstlichen Ende
der Insel erhebt sich bis zu 500 Fuss Meereshöhe ein abgestumpfter, kegelförmiger Berg, Codia di Scaviri Supra genannt;
von ihm aus haben sich die Lavaströme alle nach dem Innern
der Insel zu ergossen. In dem Innern seines Kraters bemerkte
man in frühern Zeiten mehrere Fumarolen; jetzt aber findet
sich keine Spur mehr davon. Dagegen kommen unter seinen
vulcanischen Erzeugnissen mehrere interessante Mineralien vor,
als Steinmark, Hyalith, Cacholong und verschieden gefärbter
Chalcedon. An der Westseite der Insel bemerkt man einen
weiten elliptischen Krater, von N. nach S. ¼ engl. Meile lang,
300 Fuss tief und innen mit Lavablöcken erfüllt. Auch sind
ihm einige Lavaströme entquollen, welche Einschlüsse von
Bimsstein und braun gefärbtem Obsidian enthalten. In der
Nähe des Dorfes il Bagno finden sich warme Quellen, deren
Temperatur bis auf 70° R. steigt und aus denen sich sehr
viel kohlensaures Gas entbindet. Ihr Wasserreichthum ist so
gross, dass, wenn sie alle zusammengeflossen, sie einen ⅓ Meile
haltenden See bilden, dessen lauwarmes Wasser einen seifen-
artigen Geschmack besitzt. In der Nähe giebt es auch einen
„il Bagno" genannten Berg, welcher 300 Fuss hoch und mit
einem deutlichen Krater versehen ist. Aus ihm hat sich in
nordwestlicher Richtung ein Strom glasiger Lava herabgestürzt.
Nicht minder ist auch der Berg Arca della Zelia auf seinem
Gipfel mit einem 50 Fuss tiefen Krater versehen. Die an ihm
auftretende Lava ist von trachytischer Beschaffenheit. Unter
den übrigen vulcanischen Kegeln verdient noch der Monte Sa-
terno genannt zu werden, der, gleich seinen Nachbarn, sich
auf einer Lage von vulcanischen Stoffen aufgebaut zu haben
scheint, die der Monte del Bosco ausgeworfen hat. Die Küsten der Insel bestehen nach dem Herzog von *Buckingham*
aus abwechselnden Lagen von Lava, Breccie und zerkleinerten Theilen von Schlacken, Bimsstein und Puzzuolane, welche
mit Sand erhärtet sind; nach *Fr. Hoffmann* dagegen wird die
äussere Einfassung des Eilandes durch einen niedrigen Ring
gebildet, der fast ausschliesslich aus zahlreichen, übereinander
geflossenen Schichten einer eigenthümlichen Trachyt-Lava zusammengesetzt ist, deren helle, grünlichgraue Grundfarbe und
fast durchgängig gneisähnliches, faseriges Gefüge sie von allen

bis jetzt bekannten Laven sehr deutlich unterscheidet. Aus dem innern Raume dieser Einfassung, gleichsam wie aus dem Boden eines alten, ungeheuren Kraters erhebt sich die Hauptbergmasse der Insel 2000 Fuss über das Meer, fast ganz aus Bimsstein und zahlreichen Lavaströmen bestehend, die beinahe nur aus obsidianartigen Gebilden zusammengesetzt sind. Auf der steil nach SO. abfallenden Seite dieser Gebirgsmasse erblickt man einen conischen, 1600 Fuss hohen Berg mit einem deutlichen Krater. Die dritte, dem Anschein nach jüngste Bildung der Insel besteht aus sehr ausgedehnten Lavaströmen, welche auf dem alten, die Insel umgebenden Ringe sich ausgebreitet haben. Erstere besitzen ein ausserordentlich frisches Ansehen und bestehen vorzugsweise aus schwarzen, eisenreichen Schlacken. Diese gleichen den glasfreien Aetna-Laven in so hohem Grade, dass man fast glauben sollte, sie wären mit letztern fast gleichzeitig gebildet worden. Um so mehr wird man in dieser Ansicht auch noch dadurch bestärkt, dass sich in diesen Schlacken, wie am Aetna, granitische Einschlüsse vorgefunden haben.

Wegen der Nähe von Africa und der von dort herüberblasenden heissen und austrocknenden Winde ist Pantellaria sehr arm an trinkbarem Wasser, denn fast alle Quellen sind mehr oder weniger schwefelhaltig; man sucht sich daher auf künstlichem Wege dadurch zu helfen, dass man solche Stellen, wo erhitzte Wasserdämpfe aus dem zerklüfteten Boden hervorbrechen, mit dichtem Strauchwerk bedeckt, um erstere zu condensiren und nachher aufzufangen. Schon *Dolomieu* fand solche Vorkehrungen auf der Insel, und als sie von *Fr. Hoffmann* besucht wurde, fand ein solches Verfahren ebenfalls noch statt.

Der Vesuv und die Umgegend.
§. 7.

Bevor wir auf diese durch ihre fast ununterbrochene vulcanische Thätigkeit so höchst ausgezeichnete und deshalb von den ältesten Zeiten her so hochberühmte Gegend übergehen, dürfte es zweckmässig seyn, zuvor eine geognostische Uebersicht über diese classische, wegen ihrer Schönheit und Anmuth durch alle Welt bekannte Gegend zu geben.

Die weithin ausgedehnte Bucht von Neapel wird gegen
Süden durch eine aus Kalkstein bestehende Gebirgskette be-
grenzt, an deren Fuss auf einer Seite Castellamare, Vico und
Sorrent liegen und auf der andern Amalfi; in östlicher Richtung dagegen erblickt man die phlegräischen Felder, eine
Gruppe zahlreicher, kleiner vulcanischer Berge, welche die
Vorgebirge von Pausilippo und Misene in sich begreifen und
Puzzuoli, sowie die stolze, in überschwenglichem Reize strah-
lende Hauptstadt selbst beherrschen. Der mittlere Theil des
Festlandes, welchen das Meer im Osten bespült, bekannt unter dem Namen „Campagna di Napoli", hat als hochthronen-
den Coloss den fast stets rauchenden Vesuv selbst aufzuweisen, während an der sanft sich ihm anschmiegenden Küste
Portici, Herculanum, Torre del Greco, Torre dell' Anunziata
und ostwärts zwischen dem Vesuv und dem Sarno-Flüsschen
Pompeji in prachtvoller Lage das Auge erfreuen. Die Berge
um Sorrent bestehen nach den Untersuchungen neuerer Geologen, namentlich nach *Dufrénoy (Mémoires pour servir à une
description géologique de la France etc. T. IV. pag. 227)*, aus
Jura-Kalk und Kreide-Gebilden; sie wurden wahrscheinlich in
derselben Epoche emporgehoben, wie die Tertiär-Massen im
südlichen Frankreich und Spanien; denn alle diese Ablagerungen zeigen das nämliche Streichen.

In südlicher Richtung setzt die Bergmasse von Sorrent,
indem sie unterhalb der Meeresfläche sich hinzieht, die Insel
Capri zusammen, gerade so wie gegen Norden die Fortsetzung
der phlegräischen Felder in einer beinahe parallelen Richtung
mit jener Gebirgskette die paradiesischen Eilande Procida und
Ischia bildet.

Was die geognostische Beschaffenheit der phlegräischen
Felder nicht nur, sondern auch der beiden eben genannten
Inseln, so wie jene der Umgegend von Neapel betrifft, so ist
es vorzugsweise ein nur selten durch Trachyt unterbrochener
Bimsstein-Tuff, woraus die Oberfläche dieser Gegenden besteht. *Dufrénoy* sucht zu beweisen, dass dieser Tuff auf dem
Meeresboden über Trachyt-Streifen sich abgesetzt habe, welche
letztere im flüssigen Zustande aus dem Erdinnern hervorgetreten und auf einem entweder gar nicht oder nur äusserst
schwach geneigten Boden erhärtet wären. Sehr wahrschein-

lich ist es ferner, dass ein Theil des Tuffes, eben so wie der
darunter liegende Trachyt späterhin emporgehoben wurde, und
dass nicht nur die phlegräischen Felder, sondern auch Procida
und Ischia Resultate dieser Emporhebungen sind; dass auch der
uns schon bekannte Monte Somma den nämlichen Ursprung
hat, während das Uebrige des Berges, der eigentliche Eruptionskegel, jünger als die Somma, zugleich durch Emporhebung,
so wie durch Eruption entstand und sich weiter ausbildete.

Alle diese Folgerungen scheinen sich zu ergeben, wenn
man den Bimsstein-Tuff näher untersucht. Man wird alsdann
überrascht durch das Gleichartige seiner Lagerungs-Verhältnisse an weit von einander entfernten Gegenden, und wenn
man auch einigen Tuff-Abänderungen begegnet, so lassen sie
sich doch alle auf die Entstehung aus Trachyten zurückfüh-
ren und die Beschaffenheit der von ihnen eingeschlossenen
Gebilde lässt keinen Zweifel, dass das Material, woraus der
Bimsstein-Tuff besteht, sich auf dem Grunde des Meeres niedergeschlagen habe.

Aus dem schon früher Mitgetheilten ist es bekannt, dass
der Pausilip-Tuff fast nur aus zerkleinertem Trachyt besteht,
wodurch er zuletzt in Bimsstein übergeht, indem eine pulver-
förmige Substanz ihm als Bindemittel dient. Es ist auch schon
erwähnt worden, dass er organische Gebilde, vegetabilische
sowohl als auch animalische, umschliesst; unter letztern findet
man Individuen aus den Geschlechtern Ostrea, Cardium, Buccinum, Patella u. m. a., deren Analoga heutigen Tages noch
im Mittelmeere leben. Besonders merkwürdig aber wird der
Pausilip-Tuff durch die Regelmässigkeit seiner horizontalen
Lage gegen das Meer hin und durch eine Neigung von 12 —
14°, eine Erscheinung, welcher man in den phlegräischen Feldern öfters begegnet. Nicht wesentlich verschieden davon ist
der auf Ischia auftretende Tuff, woraus fast der ganze Epomeo besteht, von welchem letztern nachher das Nähere mitgetheilt werden wird. Seine Schichten neigen sich unter 14 —
15° und es kommen darin dieselben Versteinerungen wie im
Pausilip-Tuff vor. Es findet sich auf dieser Insel auch ein
alaunhaltiges Gestein, ähnlich der Breccie vom Mont-Dor;
sodann auch Subapenninen-Thon, sehr ausgezeichnet durch
die schönen, wohlerhaltenen, von ihm umschlossenen Muscheln.

Der Tuff von Sorrent ist ähnlich beschaffen, nur erscheint er durch Eisenocker dunkler gefärbt. Endlich kommt ein Tuff auch noch an der Somma vor, fast ganz mit dem aus der Gegend von Neapel übereinstimmend und dieselben organischen Einschlüsse enthaltend. Ausgezeichnet ist der Tuff von Neapel, so wie der von Sorrent noch dadurch, dass in ihm Gebeine grosser Säugethiere gefunden worden sind; sie waren denjenigen ähnlich, welche der Tuff der Campagna di Roma umschliesst.

Fragen wir nun nach der Zeitperiode, welche dem Bimsstein-Tuff das Daseyn gegeben, so ist letzterer jedenfalls nicht älter, sondern wahrscheinlich jünger, als die Subapenninen-Formation. Für die letztere Ansicht spricht besonders die Identität seiner fossilen Muscheln mit den noch im Mittelmeere lebenden Arten; auch ist er jedenfalls, wie schon mehrfach erwähnt, ursprünglich unterhalb der Meeresfläche in regelrechten, horizontalen Schichten abgesetzt und in spätern Zeiten an vielen Stellen durch unterirdische Kräfte emporgehoben worden. In den kleinen, nahe aneinander gelegenen, kegelförmigen, vulcanischen Hügeln der phlegräischen Felder erkennt man bald den Trachyt als unmittelbares Agens ihrer Emporhebung, denn der Kern der Solfatara, von Astruni, von der Pianura besteht aus Trachyt und die Tuffschichten erscheinen von allen Seiten gegen ihren jedesmaligen Krater aufgerichtet; dasselbe findet auch auf Ischia statt, so wie auf den hinsichtlich ihrer lehrreichen Profile so interessanten Ponza-Inseln, deren Berge wohl nur als eine Fortsetzung des Epomeo zu betrachten seyn dürften. Eine entschieden dafür sprechende Thatsache, dass der Trachyt dann erst dem Erdinnern entstieg, nachdem der Bimsstein-Tuff schon vorhanden war, ist, dass an der Punta negra am Fusse der Solfatara der Trachyt den Tuff überdeckt.

Was nun den Felsbau des Vesuv's und namentlich den der Somma betrifft, so stellt das Aeussere der letztern an ihrer nördlichen Seite einen gedrückten Kegel vor, dessen regelrechte Abhänge 26° Neigung besitzen. Er bildet eine hemisphärische Böschung, welche, einer Mauer gleich, die Hälfte des vulcanischen Kegels umziehet. Die zwischen beiden befindliche Vertiefung ist allbekannt unter dem Namen „Atrio

di Cavallo". Zöge sich diese Böschung auch nach Süden hin
ununterbrochen fort, so würde sie die dem Feuerberge ent-
strömenden Lavamassen zurückhalteu. Die an dem Abhange der Somma auftretenden Gesteine
zeichnen sich durch einen immensen Reichthum von mitunter
den schönsten, rundum ausgebildeten Leuzit-Krystallen aus,
welche bisweilen in so hohem Grade darin angehäuft vorkommen, dass sie den bindenden Teig fast ganz zurückdrängen;
sodann findet sich auch darin, obschon bei weitem seltner,
Augit, Labrador und einzelne Olivin-Körner. Hierdurch unterscheiden sich die Somma-Laven von denen des Vesuv's;
denn wenn diese auch manchmal Olivin und Augit enthalten,
so sind sie doch fast frei von Leuzit und bestehen der Hauptsache nach aus Feldspath-Gestein. Sodann fehlt der Bimsstein-Tuff, welcher die Somma an mehreren Stellen vom Fusse
bis zum Gipfel bedeckt, dem vulcanischen Kegel gänzlich.
Eine besonders gewichtige Thatsache ist übrigens die Continuität und Identität dieses Tuffes mit jenem der Campagna di
Napoli, so wie mit jenem der phlegräischen Felder und dem
auf Ischia vorkommenden. Es reicht ein Blick hin, um die
Continuität zu erkennen; die Identität ergiebt sich nicht nur
aus der chemischen Zusammensetzung, sondern auch daraus,
dass der Somma-Tuff die nämlichen tertiären Fossilreste umschliesst, wie der Tuff von Ischia. Ausserdem findet man in
ihm auch Bruchstücke primitiver Felsarten, Blöcke von dichtem Kalkstein, welcher ein marmorartiges Gefüge annimmt
und bisweilen auch Versteinerungen umschliesst, welche der
Subapenninen-Formation anzugehören scheinen, sodann auch
Fragmente von Somma-Gesteinen, lauter Körper, die dem
eigentlichen Tuffe fremd sind und nur durch zufällige Ursa-
chen in denselben geführt wurden. Da nun der Somma-Tuff ganz mit dem Tuffe der Campagna di Napoli übereinstimmt, so muss derselbe gleich die-
sem auf dem Meeresboden durch Absatz horizontaler Lagen
gebildet worden seyn, welche letztere späterhin durch vulcanische Thätigkeit emporgehoben wurden. Dafür sprechen mehrere Thatsachen, namentlich ein neuerdings an der Somma
aufgefundener und in *Pilla's* Sammlung aufbewahrter Kalk-
block, welchen man mit kleinen Serpulen bedeckt fand, ähn-

lich denen, welche an den Felsgestaden Siciliens noch heutigen Tages im Meere lebend sich vorfinden. Als der Tuff sich ablagerte, war die Somma wahrscheinlich schon vorhanden, denn es schliesst der erstere Fragmente von Felsarten des letztern ein; allein zu jener Zeit dürfte der Berg das Meeres-Niveau nur sehr wenig überragt haben, denn der Tuff bedeckt manche Theile der Somma bis zu ihrem Gipfel. Hiergegen bemerkt aber *Scacchi* (in der Zeitschr. d. deutschen geol. Ges., Bd. 5, S. 44), dass das kalkige Gehäuse der Serpule *(Vermetus triqueter)* auf diesem Kalkblocke noch ein so frisches Ansehen hätte, als ob sie vor nicht vielen Jahren dem Meere entnommen wäre und unmöglich ihre volle Frische fast zwei Jahrtausende hindurch hätte beibehalten können; möchte sie nun der Luft ausgesetzt oder von der Erde bedeckt gewesen seyn. Auch er habe im Krater des Monte Gauro einst ein Stück Leuzitophyr mit einigen Vermeten bedeckt aufgefunden, das offenbar dorthin verschleppt worden sey. Wenn überhaupt der alte Vesuv ein submariner Vulcan gewesen sey, so müssten sich Muscheln an seinen Gesteinen eben so häufig finden, als an den Klippen des nahen Meeresufers, was aber nicht der Fall sey. Derjenige Theil der Somma, den man jetzt über dem Meeresspiegel erblicke, habe sich nie unter demselben befunden. Für den Vesuv schienen die topographischen Verhältnisse darauf hinzudeuten, dass beim Anfang seiner Ausbrüche die Gegend seines jetzigen Fusses ein Meerbusen gewesen wäre.

Endlich stellt die Somma nach *Dufrénoy* zwei Arten von Spalten dar; die einen scheinen die Oeffnungen zu seyn, durch welche sich die Laven der Somma vor der Erhebung aus dem Erdinnern ergossen haben, die andern dagegen dürften in Folge der Erhebung entstanden seyn. Charakteristisch ist noch, dass die erstern mit Massen erfüllt sind, welche identisch mit der Somma-Lava zu seyn scheinen, während die zweiten solche Massen umschliessen, welche jenen des Vesuv's entsprechen dürften.

Bekanntlich ist der letztere überaus reich an den schönsten und mannigfaltigsten Mineralien, und dieser Reichthum geht so weit, dass fast die Hälfte aller bis jetzt bekannten Mineralien, ja vielleicht noch mehr, am Vesuv und in seinen

Umgebungen gefunden werden, und zwar nicht so sehr in seinen Tuffen und Laven, als vielmehr in seinen Auswürflingen, namentlich in den ausgeschleuderten Kalk-Blöcken, deren schon bei einer frühern Gelegenheit gedacht worden ist. Diese letztern mögen wohl in ursprünglichem Zustande von dichter Beschaffenheit gewesen seyn, haben aber in Folge der Einwirkung des unterirdischen Feuers ein mehr oder weniger körniges Gefüge angenommen, sind auch wohl von Sprüngen und Klüften durchsetzt, auf denen man bisweilen die zierlichsten Krystalle bemerkt. Diese Kalk-Massen mögen entweder zur Zeit des Ergusses der Somma-Laven, oder selbst während der Epoche der Tuff-Ablagerung die angedeutete Metamorphose erlitten haben; auch hat man angeblich die Beobachtung gemacht, dass die noch jetzt thätigen Feuer des Vesuv's solche Producte zu liefern nicht mehr im Stande seyen.

Aus dem bisher Mitgetheilten scheint hervorzugehen, dass die Trachyte der phlegräischen Felder, so wie die Laven der Somma aus dem Innern der Erde durch Spalten ergossen, in horizontalen Lagen verbreitet wurden und dies wahrscheinlich zu derselben Zeit, als die Leuzit-Gesteine der Campagna di Roma und die trachytischen Massen im mittlern Frankreich dem Boden entstiegen; dass der Bimsstein-Tuff, von zertrümmertem und zerkleinertem Trachyt herrührend, ebenfalls in wagerechten Schichten unterhalb der Meeresfläche sich absetzte, und dass die phlegräischen Felder, aus Tuff und Trachyt zusammengesetzt, in derselben Epoche wie die Somma und zwar vor der historischen Zeit emporgehoben wurden.

Der Monte Somma ist als der wahre Erhebungs-Circus zu betrachten; er mag ursprünglich einen kreisrunden Umfang gehabt haben und besitzt nichts Vulcanisches, als die Gesteine feurigen Ursprungs unterhalb des Tuffes, deren Bildung unabhängig vom Vesuv ist, wie wir nachher auseinandersetzen werden, wenn von der Entstehung des heutigen Vesuv's die Rede seyn wird. Sein Kegel, welcher fast überall einen unter 33° geneigten Abhang hat, steigt plötzlich mitten aus dem sogenannten Piano hervor und die höchste Spitze seines Kammes, die Punta del Palo, überragt den Piano um 535 Meter und die Meeresfläche um 1185 Meter. Aber die höchste Spitze des Vesuv's ist eben so wenig wie die des Aetna's beständig

und die angegebene Höhe kann nur für die Zeit gelten, wo
die Messung geschah. Von der westlichen Seite, der des Meeres her, trennt sich der Kegel gänzlich vom Piano, und dieser
erscheint als Ebene eines sehr stark abgestumpften Kegels,
dessen Fuss mit dem Küstenlande des Meeres zusammenfliesst.
Auf der entgegengesetzten Seite wird der vesuvische Kegel
theilweise durch die bereits erwähnte Umfangsmauer der Somma
verdeckt, deren höchste Stelle, Punta Nazone, 1177 Meter über
den Meeresspiegel emporsteigt, folglich der Punta del Palo
beinahe gleich kommt. Was nun den Gipfel oder den sogenannten Krater des Vesuv's anbelangt, so besitzt er die Gestalt eines von Ost nach West verlängerten Kreises, dessen
Durchmesser 700—750 Meter betragen mag; diesen Kreis
nach drei Viertheilen seines Umfanges durch einen Kamm begrenzt, dessen inneres Gehänge weit steiler ist, als das äussere, findet man mit Schlacken und Laven wie übersäet; zahllose Spalten, welche den unterirdisch hervorbrechenden Gasen,
zum Theil in der Gestalt weisser Dämpfe, zum Ausgangs-
puncte dienen, durchsetzen in mannigfacher Richtung die Erd-
kruste; sie gehen bisweilen auch in geräumige Höhlen und
Weitungen über und scheinen mehr durch Einstürzungen entstanden zu seyn. Sie als Oeffnungen neuerer Ausbrüche zu
betrachten, ist wohl weniger gerechtfertigt.

Hinsichtlich der Ablagerungs-Verhältnisse des Eruptions-
Materials ist die Bemerkung sehr interessant, dass *Dufrénoy*
bei seinen Beobachtungen zu dem Resultat gekommen, dass
sie sämmtlich mit denen von *Elie de Beaumont* übereinstimmen, besonders hinsichtlich der Folgerungen, welche aus der
Textur der Laven in Betreff der Umstände ihrer Erstarrung
sich ergeben, namentlich was den Grad ihrer einstigen Flüssigkeit anbelangt, so wie ihre Massen-Beschaffenheit und die
Oberfläche des Bodens, auf welchem diese Gebilde erstarrten.
Uebereinstimmend mit seinem Vorgänger ist *Dufrénoy* der Ansicht, dass die Laven nur auf wagerechtem oder höchstens
1—2° geneigtem Boden dicht werden und erstarren; dass sich
dieselben säulenförmig, den Basalten gleich, unter solchen
Umständen nur alsdann gestalten, wenn ihre Masse einen
grossen Umfang besitzt und sehr mächtig ist; dass sie eine
blasige und schlackige Beschaffenheit auf Abhängen anneh-

men, deren Neigung mehr als 2° beträgt; endlich, dass auf Gehängen von 4° die Laven nur Haufwerke unzusammenhängender Massen darstellen. Uebrigens meint auch noch *Dufré-noy*, dass die unterhalb des Bodens des Piano vorhandenen Gebirgsmassen zu verschiedenen Malen durch Eruptionen möchten emporgehoben und demnach der vesuvische Kegel zugleich als Emporhebungs- und als Eruptions-Erzeugniss zu betrachten sey.

Nachdem wir nun über den Gebirgsbau des Berges, so wie seiner nächsten Umgebungen das Wesentlichste bemerkt haben, bleibt uns noch übrig, auch der vorzüglichern und bemerkenswerthern, während der historischen Zeit erfolgten Ausbrüche zu gedenken.

Schon in den frühesten Zeiten galt bei den Alten der Vesuv für einen feuerspeienden Berg, obgleich man damals keine bestimmte Angaben über wirkliche Ausbrüche von ihm besass; es mag wohl die in seiner Nähe gelegene Solfatara, die, so lange man sie kennt, ununterbrochen thätig gewesen ist, so wie die mitunter erfolgten Erderschütterungen das Meiste zu dieser Ansicht beigetragen haben. Allein der Vesuv hatte damals höchst wahrscheinlich Jahrhunderte hindurch geruht und kein Zeichen von Lebensthätigkeit gegeben; denn wäre dies der Fall gewesen, so würden sicher die Geographen und Geschichtsschreiber jener Zeit uns Nachrichten davon mitgetheilt haben. *Plinius* (Hist. nat. L. 6, Epist. 16 et 20) und *Suetonius* (im Titus Cap. 8.) sind die ersten Schriftsteller, welche von dem im J. 79 nach Chr. G. erfolgten Ausbruche, der eine so grosse Berühmtheit erlangt hat, uns umständliche Nachrichten hinterlassen haben. Bei dieser grossartigen Katastrophe scheint der Vesuv eine wesentliche Modification seiner frühern Gestalt erlitten zu haben; darüber sind alle ältern Schriftsteller einig, und diese Meinung wird auch durch die, wenn gleich geringern Veränderungen unterstützt, welche man bis auf den heutigen Tag an diesem Vulcan fast nach jedem seiner Ausbrüche zu beobachten Gelegenheit hat.

Wir haben schon früher erwähnt, dass der Monte Somma (nach der an seinem nördlichen Fusse gelegenen kleinen Stadt so genannt) den Vesuv auf seiner Nord- und Ost-Seite in einem eigenthümlichen Halbkreise umgiebt, den man kaum an

einem andern Berge als an einem zur Hälfte eingestürzten
vulcanischen Krater wahrnehmen wird. In der Mitte dieses
Halbkreises befindet sich der vesuvische Eruptionskegel. Diese
Form und Zusammenstellung der beiden Berge, welche, in
ihrer Höhe wenig von einander verschieden, wenn man sie
von Westen her betrachtet, zwei einander ganz ähnliche Kegel
zu bilden scheinen, so wie der Umstand, dass die Alten in
ihren Beschreibungen davon nie zweier Berge, sondern nur
eines einzigen gedenken, ungeachtet die Zwillingsgestalt für
den Vesuv bezeichnend ist, hat es in hohem Grade wahrscheinlich gemacht, dass der Gipfel des den Alten bekannten, als
einzelner Kegel geformten Vesuv's bei irgend einem grossen
Ausbruche zerstört, eingestürzt oder abgesprengt worden seyn
müsse, so wie dass der jetzige Monte Somma der übrig gebliebene Theil, des alten Vesuv's sey, und dass der dermalige
Kegel des letztern sich aus der Mitte des alten durch nachherige Eruptionen neu erhoben habe, worauf wir in der Einleitung auch schon mehrfach hingedeutet haben. So viel bekannt, ist *Dio Cassius* (Hist. Rom. L. 66) unter den ältern
Schriftstellern der erste, welcher den Vesuv so ziemlich in denselben Umrissen beschreibt, wie er noch heutigen Tages erscheint; denn er gedenkt nicht Eines, sondern mehrerer Gipfel
des Berges, und bemerkt, dass der Rand eine amphitheatra-
lische Gestalt habe, wie sie noch jetzt die Somma zeigt. Auch
scheint die Meinung, dass bei dem grossen Ausbruche im J.
79 n. Chr. G. der Gipfel des Berges abgesprengt worden sey,
wirklich bei den Zeitgenossen bestanden und sich mehrere
Jahrhunderte hindurch erhalten zu haben.

Bei jener fürchterlichen Katastrophe mag die Erdoberfläche in den nächsten Umgebungen des Vesuv's Modificationen
mancherlei Art erlitten haben. Diese Veränderungen bestanden hauptsächlich in dem Ueberschütten eines grossen Theils
der Umgegend mit sogenannter vulcanischer Asche, d. h. mit
kleinen, mehr oder weniger zerstückelten Mineralien und Felsarten, so wie mit fein zerriebenem Sande, der aus zermalmten
vulcanischen Producten und festen Bestandtheilen der Seitenwände des Berges entstanden ist. Je nach der Localität hat
er eine verschiedene Zusammensetzung und bleibt sich daher
nicht immer gleich.

Ehe in jener Zeit der Vesuv seine vulcanische Thätigkeit
erneuerte, stellte die Ebene, welche er beherrscht, eine glück-
liche, fruchtbare und wohlangebaute Gegend dar. Viele schöne
und ansehnliche Städte, Dörfer und Villen prangten auf ihr
in üppiger Fülle, z.'B. nach *Strabo* Herculaneum Castellum,
Pompeja, Surrentum, Nuceria, Retina, Stabiae etc., die aber
auch schon damals von heftigen Erdbeben mitunter heimgesucht, zum Theil zerstört wurden, wie solches Pompeja unter
Nero's Regierung im J. 63 n. Chr. G. begegnete. Auch ein
Theil von Herculaneum wurde von diesem Erdbeben umgestürzt. Die Trümmer dieser beiden unglücklichen Städte sind
bekanntlich gegen Ende des 17ten Jahrhunderts, begraben
unter einer mächtigen Decke von vulcanischen Producten,
wieder aufgefunden worden; sie geben das denkwürdigste Beispiel von der Macht der vulcanischen Kräfte in Beziehung auf
menschliches Thun und Streben.

Ueber den Hergang bei dieser Verschüttung ist viel ge-
schrieben und gestritten. Höchst merkwürdig ist es, dass *Plinius* d. J. über dies grosse Ereigniss nichts berichtet, trotz
dem, dass sein Oheim doch dabei das Leben verlor. Manche
haben die Ansicht geäussert, dass die Zerstörung sehr plötzlich, gleichsam augenblicklich statt gefunden, allein *Dufrénoy*,
dem wir auch (a. a. O.) in dieser Beziehung die zuverlässigsten Beobachtungen verdanken, stellt dies in Abrede und er
huldigt nicht der früher herrschenden Meinung, gemäss welcher
Herculanum mit einer Lage von Lava bedeckt, während Pompeji blos unter einem Regen von Asche begraben worden sey.
Er fand in Herculanum so wenig Lava als in Pompeji, vielmehr erscheinen jetzt beide Städte von Tuffen überlagert,
welche ihrer chemischen Zusammensetzung nach einander durchaus ähnlich sind. Besonders bei der Untersuchung des Innern
der Häuser von Pompeji und bei Vergleichung derselben mit
solchen Wohnungen, welche durch Sand-Dünen weithin vom
Meeresufer entfernt durch Winde geführt verschüttet worden
sind, sieht sich *Dufrénoy* veranlasst, die allgemein verbreitete
Ansicht zu bestreiten, dass Pompeji ausschliesslich unter einem
Aschenregen begraben worden. Wenn man nämlich solche
Wohnungen untersucht, welche durch Dünensand verschüttet
worden sind, so findet man ihr Inneres fast vollkommen leer

von ausfüllender Substanz, während sowohl in Pompeji als
auch in Herculanum die inneren Räume der Häuser, der Kel-
ler u. s. w. mit einem Tuffe erfüllt angetroffen werden, welcher alle Eindrücke der Gegenstände bewahrt, an denen er
haftet. Die im Museo borbonico in Neapel aufgestellten Gegenstände liefern hierzu die lehrreichsten Beweise. Solche Wirkung kann nur von einer durch Wasser suspendirten, im
Wasser schwebenden pulverigen Materie hervorgerufen werden,
die überall eindringt, wo solches einer Flüssigkeit möglich ist;
das nach und nach absorbirte Wasser hinterliess die Theile,
welche es getragen, in den Höhlungen, wohin dasselbe eingedrungen, aber diese Wirkung, das letzte Phänomen der Katastrophe, würde nur allmählig statt gefunden haben. Es müssen
aber auch noch andere Kräfte bei diesem Hergange mit im
Spiel gewesen seyn. Bekanntlich fiel bei jenem Ausbruche
während einer Zeit von vier Tagen und vier Nächten ein Regen glühender Asche auf beide Städte nieder, und vertrieb
aus denselben alle Bewohner, welche entfliehen konnten. Dieser Aschenregen war indess nicht hinreichend, um die mächtige Tufflage zu bilden, von welcher man jetzt die Städte bedeckt sieht; man muss vielmehr annehmen, dass bedeutende
Einstürzungen höher gelagert gewesener Massen dazu beitru-
gen, und dass alsdann das Wasser nach und nach das nur
locker zusammenhängende Material jener Einstürzungen in die
innern hohlen Räume der Wohnungen führte. Eine in solcher
Beziehung besonders wichtige Thatsache ist es, dass der Tuff
von Pompeji und Herculanum, vollkommen identisch mit dem
Tuffe der Campagna di Napoli und mit jenem der Somma,
von den vesuvischen Erzeugnissen gänzlich abweicht. Bekannt ist es übrigens, dass die beiden Städte von Tuffschichten überlagert sind, die nicht überall gleiche Mächtigkeit besitzen; denn bei Pompeji ist ihre mittlere Stärke 5^m 33, während dieselbe bei Herculanum 10—37 Meter ausmacht. Dies
ist wohl der grösseren Nähe, in welcher die Stadt am Vesuv
lag, zuzuschreiben, während das 5 ital. Meilen von dem Berge
gelegene Pompeji seit seiner Verschüttung nie wieder von
einem Lavastrome oder den Auswurfs-Stoffen des Vesuv's
heimgesucht worden ist.

Auch Stabiae gehört mit zu den Ortschaften, welche der

Ausbruch vom J. 79 zerstört und verschüttet haben soll; und wenn diese Angabe auch von mehreren Schriftstellern bezweifelt wird, so scheint doch Manches dafür zu sprechen. Zur Zeit des ältern *Plinius* bestand Stabiae zwar nicht mehr als Stadt; denn es war von *Sylla* zerstört und zu einer Villa herabgesunken, allein *Plinius* d. J. bemerkt bei der Erzählung von dem Tode seines Oheims (Hist. Nat. L. 3, C. 5.), dass dieser 7—8 ital. Meilen vom Vesuv gelegene Ort von einem Aschenregen erreicht worden sey und dies wird auch durch die heutige Beschaffenheit des Bodens bei Castelamare, wo Stabiae einst prangte, bestätigt. Man findet nämlich daselbst eine Lage von denselben vulcanischen Massen, welche Pompeji bedecken, nur mit dem Unterschiede, dass die Lage bei Stabiae nicht so mächtig ist als die bei Pompeji und dass sie aus weit kleinern Stücken besteht, deren grösste nach *Hamilton* (a. a. O. S. 100) etwa das Gewicht eines Lothes erreichen mögen.

Von den in spätern Zeiten erfolgten Ausbrüchen des neapolitanischen Feuerberges erwähnt die Geschichte nur eines im J: 203 beobachteten aus der Regierungszeit des *Septimius Severus. — Dio-Cassius* (a. a. O. S. 76) erzählt davon. Aus den ersten Jahrhunderten des darauf folgenden Mittelalters hat man fast gar keine, oder nur sehr dürftige Nachrichten über die Thätigkeit des Vesuv's, was um so weniger befremden darf, da ja auch die politische Geschichte jenes Zeitraums in ein so tiefes Dunkel gehüllt ist. Dagegen zeigte sich im sechzehnten Jahrhundert in den phlegräischen Feldern zwischen dem See Averno, dem Monte Barbaro (Gaurus bei den Alten) und der Solfatara ein vulcanisches Phänomen von einer solchen Grossartigkeit, dass ihm kaum ein zweites an die Seite gesetzt werden dürfte, es müsste denn das plötzliche und unter ähnlichen Verhältnissen erfolgte Auftreten des Xorullo auf der Hochebene von Mexico seyn, von welchem wir später das Nähere berichten werden.

Es bildete sich nämlich um die angegebene Zeit nordwestlich von Pozzuoli an einer mit der Meeresfläche fast in gleicher Höhe liegenden Stelle der Küste vor den Augen der erstaunten Bewohner jener Gegend ein neuer Berg, der Monte nuovo, auch Monte di cenere genannt. Nachdem zwei Jahre vor seinem Erscheinen die ganze Umgegend von heftigen Erd-

beben heimgesucht worden war, zog am 28. September des J.
1538 Mittags das Meer an der Küste von Pozzuoli in einer
Strecke von 600 Braccie, etwa 1186 Meter, sich zurück, so dass
die auf dem Trocknen zurückgebliebenen Fische Wagen voll
von den Einwohnern Puzzuoli's weggeführt werden konnten.
Am 29. Septbr. um 8 Uhr Morgens senkte sich die Erde da,
wo später der Feuerschlund sich bildete, um 4,^{2} Meter (2
Canne) und es drang daraus empor ein kleiner Strom von
Wasser, welches anfänglich kalt, späterhin lau gewesen und
nach Schwefel gerochen haben soll. Um die Mittagszeit fing
die Erde an der erwähnten Stelle an aufzuschwellen, so dass
der Boden da, wo er 4,^{2} Meter gesunken, um 8 Uhr Abends
ungefähr eben so hoch wie der in der Nähe befindliche Monte
ruosi emporgehoben war. Um diese Zeit öffnete sich auch
der Boden in der Nähe des Averno-Sees; es zeigte sich ein
furchtbarer Schlund, woraus Rauch, Feuer (?), Steine, Asche
und Schlamm mit furchtbarer Heftigkeit und unter donnerähnlichem Krachen, welches selbst in Neapel gehört wurde, empordrangen. Der zugleich mit hervordringende Rauch war
theils schwarz, theils weiss; der schwarze Theil übertraf selbst
die Nacht an Finsterniss; der weisse glich der glänzendsten,
weissen Baumwolle. Indem dieser Rauch in die Lüfte emporstieg, schien er den Himmel selbst zu erreichen; viele der mit
ausgeworfenen Steine sollen die Grösse eines Ochsen erreicht,
ja manche derselben sie noch übertroffen haben. Die Höhe,
zu welcher sie emporstiegen, war nach einer ungefähren Schätzung 1½ Miglien. Diese Steine wurden, wie der Pfeil von
einer Armbrust emporgeschleudert, und indem sie wieder her-
absanken, fielen sie zuweilen wieder in den Schlund zurück,
oder auch auf seine Seiten und Abhänge. Wenn sie aus der Rauchsäule hervortraten, so erschienen sie mit grosser Klarheit. Während dieses Hergangs verbreitete sich ein erstickender Schwefelgeruch. Kleinere Steine, Rapilli und Asche erlangten eine
noch grössere Höhe beim Aufsteigen; letztere fiel alsdann in
Folge der Erkältung und Condensation der mit emporgestie-
genen Wasserdämpfe in der Gestalt von Schlamm herab.
Merkwürdigerweise war der Himmel während dieser Zeit vollkommen klar und heiter. Der Schlamm erschien von der
Farbe der Asche, war anfangs sehr flüssig, trocknete aber bald

aus und fiel in einer solchen Menge herab, dass er in Verbindung mit den oben genannten Steinen in weniger als zwölf
Stunden einen Berg von der Höhe einer Miglie bildete. Die
vom Feuerschlunde ausgeworfene Asche bedeckte nicht allein
die Stadt Puzzuoli und die nächste Umgegend; sie flog nicht
nur bis nach Neapel und Eboli, sondern sogar bis nach Calabrien, und bedeckte in einer Entfernung von 70 Miglien die
Wiesen, Gärten, Weinberge und Bäume, welche letztere unter
ihrer Last zusammenbrachen. Nahe bei Puzzuoli gab es auch
nicht einen Baum, dessen Aeste durch das Gewicht der Asche
nicht wären zerbrochen worden. Auch unter der Thierwelt
richtete sie Zerstörung an, denn eine grosse Menge Vögel,
Hasen und andere kleinere Thiere wurden entweder von dem
Schlamme bedeckt, so dass sie den Menschen in die Hände
fielen, oder sie wurden von der Asche begraben und erstickt.
Der Auswurf der genannten Stoffe erfolgte ununterbrochen zwei Tage und zwei Nächte hindurch, bald stärker, bald
schwächer, unter furchtbaren Detonationen, die noch in Neapel in einer Stärke vernommen wurden, dass man sie mit dem
Geschützes-Donner zweier mit einander kämpfenden Heere verglich. Die Eruptionen wurden jedoch nach und nach schwächer und schienen am 3. Octbr. gänzlich aufgehört zu haben.
An diesem Tage konnte man den neu entstandenen Berg schon
besteigen und näher untersuchen, wobei man auf seinem Gipfel
eine runde Vertiefung von der Breite ¼ ital. Meile wahrnahm. Indess am 6. Octbr. erfolgten durch eben diesen Krater wieder einige ziemlich starke Ausbrüche, und ungefähr 24
Personen, welche sich verwegener Weise dem Schlunde zu
sehr genähert hatten, verloren durch diese letzte Katastrophe
ihr Leben. Der Schlund erhielt sich jedoch nicht lange in
seiner ursprünglichen Gestalt; als *Hamilton* im J. 1770 den
Monte nuovo bestieg, fand er oben nur noch eine kleine Vertiefung, aus welcher jedoch noch immer ein warmer Dampf
hervordrang.

Nach einem Briefe *Francesco's del Nero* über das Erdbeben in Pozzolo, wodurch der neue Berg (la Montagna Nuova)
im J. 1538 gebildet wurde und welchen *Haagen von Mathiesen*
(in *Leonhard's* neuem Jahrb. für Min., Jahrg. 1846, S. 703)
mittheilt, müssen die Erderschütterungen, welche der Entste-

hung des Berges vorhergingen, sehr heftig gewesen seyn, namentlich in Puzzuoli, woselbst 10 Tage vorher in jeder Stunde an 10 Stösse empfunden wurden und den Ort beinahe ganz zerstörten. Auch Neapel schwebte in grosser Gefahr und der damalige Vice-König befahl, dass Processionen abgehalten und eine Menge sehr tiefer Brunnen zwischen Neapel und Puzzuoli gegraben werden sollten, um „dem Feuer zur Ader zu lassen". In Rücksicht auf die Vorbedeutung, bemerkt ferner *Franc. del Nero,* die man hieraus entnehmen kann, so bedeutet der Umstand, dass die Raketen (wahrscheinlich die glühenden Steine, welche dem Berge entstiegen) von Westen nach Osten gegangen sind, dass der Kaiser die Türken angreifen will! — Nachdem der Berg sich gebildet, wurden weitere Erdbeben in der Gegend nicht mehr verspürt.

In seiner jetzigen Gestalt hat der Monte nuovo — zufolge einer Messung von *Fr. Hoffmann* — noch immer eine Höhe von 428 preuss. Fuss. Die auf seinem obern Theile befindliche kreisförmige Vertiefung senkt sich nach einer Seite hin und ist an der Stelle, wo sie am meisten abwärts reicht, kaum einige Fuss höher, als die Oberfläche des nahen Meeres; am obern Theile des Circus bemerkt man das Ausgehende vieler Felsschichten, die von sehr lockerm Zusammenhange sind. An drei Viertheilen des Kreises sind die Wände senkrecht abgestürzt. Tiefer und zwar in der Nähe des Bodens bemerkt man einen Tuff von anderer Beschaffenheit, nämlich den schon in der Einleitung erwähnten Bimsstein-Tuff, übereinstimmend mit dem von Pausilip, welcher durch die neuerdings von *L. von Buch* darin aufgefundenen Muschel-Versteinerungen charakterisirt wird. Auf der äussern, dem Golf zugekehrten Seite des Berges, deren Neigung oben 22°, unten aber nur 15° beträgt, erblickt man eine Schlacken-Anhäufung, die von Andern für einen Lavastrom gehalten wird, welcher vom Gipfel über den Abhang des Berges herab sich bis zum Meere erstreckt. Nach *Abich* (s. dessen geolog. Beobacht. über die vulcanischen Erscheinungen in Mittel- und Unter-Italien, S. 39) gleicht diese Lava ganz dem Piperno der Pianura. Der Strom zeichnet sich auch noch dadurch aus, dass er gegen das Innere des Kraters unter einer Neigung von 26° sich senkt, dann aber wie abgeschnitten endet. Diese Erscheinung lässt sich wohl

durch die Annahme erklären, dass oberhalb der senkrechten
Wände die noch glühende Lava gegen das Ende der Eruption
emporgestiegen und sodann über den Rand geflossen sey, worauf sie späterhin sich senkte und die Wände mit herabriss, so
dass sie eine beinah senkrechte Neigung erhielten. *Dufrénoy*
(a. a. O.) ist übrigens nicht der Ansicht, dass der Monte nuovo
sein ganzes jetziges Relief der im J. 1538 erfolgten Erhebung
verdanke; er nimmt vielmehr zwei Emporhebungen an: die
eine, gleichzeitig mit der Erhebung der phlegräischen Felder
in Folge ergossener trachytischer Ströme und dadurch bewirk-
ter Hebung des Bodens, hätte blos einen Hügel hervorgebracht; die andere, nämlich die vom J. 1538, hätte nur den
mittlern Theil des Hügels durch die beschriebenen Auswurfsstoffe noch mehr erhöht. Sonst liesse sich schwer begreifen,
wie die Tempel des Apollo und des Pluto, von denen der eine
am Fusse des Monte nuovo, der andere aber an den Ufern
des Averno-Sees erbaut ist, bei dieser Katastrophe nicht wären
auseinandergesprengt oder gar zerstört worden.

Wir dürfen diese Gegend nicht verlassen, ohne noch eines
vulcanischen Berges zu gedenken, dessen Thätigkeit freilich
schon seit Jahrhunderten im Abnehmen begriffen zu seyn
scheint. Es ist dies die Solfatara von Puzzuoli, welche ihren
letzten Ausbruch im J. 1198 gehabt haben soll. In ihrer
Nähe befinden sich etwa noch ein Dutzend vulcanischer Kegel, welche früher ebenfalls thätig gewesen seyn mögen, jetzt
aber alle bis auf die Solfatara erloschen sind. Ihr Krater-
Plateau liegt 318 Fuss über dem Meere, der höchste Rand
ihres Kraters dagegen 622 Fuss; der tiefste Einschnitt misst
539 Fuss. Der Umfang des Berges mag 6850 Fuss betragen.
Noch zu *Breislak's* Zeiten, als derselbe Vorstand der in der
Solfatara errichteten Alaun-Fabrik war, stiegen viele Dampfsäulen aus demselben empor, im J. 1844 aber nur noch eine.
Der Krater gleicht weder dem des Vesuv's, noch dem des
Monte nuovo, weder einem thätigen, noch einem erloschenen
Feuerberge. Nach einer Seite hin wird die kesselförmige Vertiefung von einer steilen Tuffwand begrenzt, auf den beiden
andern dagegen — denn sie bildet ungefähr ein gleichseitiges
Dreieck — sind die hohen Wände aus trachytischen Massen
zusammengesetzt. Im Innern sieht man den völlig ebenen

Boden mit einer feinen, weissen Erde überdeckt, die aus zersetztem Trachyt in Folge der Fumarolen-Wirkung hervorgegangen seyn dürfte und daher wohl die Veranlassung war,
dass im Alterthum dieser Berg den Namen „Colles leucogaei"
erhielt. Ungefähr in der Mitte des Trachyts, am Rande der
Ebene, bricht die Hauptmasse der Dämpfe hervor, die vorzugsweise aus verflüchtigtem Wasser bestehen, aber auch re-
gulinischen Schwefel, Ammoniac-Salze, Gyps und mehrere
andere Zersetzungs-Producte liefern, die wir später genauer
werden kennen lernen. Kleinere Fumarolen kommen übrigens hier und da auch am Abhange der Trachytfelsen zum
Vorschein. Ueberhaupt mag die Erdoberfläche in der Umgegend von
Neapel, wo sich beinahe ein erloschener Krater an dem andern befindet, vor und nach dem Auftreten des Menschenge-
schlechts, mancherlei Veränderungen, die sich besonders in Hebungen und Senkungen der Erdoberfläche kund gaben, durch
das vulcanische Feuer erlitten haben. Neuere Untersuchungen
machen dies sehr wahrscheinlich, denn ausser dem schon von
Dufrénoy beschriebenen Bimsstein-Tuff, der als eine ältere
submarine Formation zu betrachten ist, unterscheiden neuere
Geognosten, z. B. *Häagen von Mathiesen* (in *Leonhard's* Jahrb.
d. Min., Jahrg. 1846, S. 590), so wie *Girard* (ebend. Jahrg.
1845, S. 778) auch noch einen Tuff von jüngerer Entstehung,
welcher in der Volkssprache *Tufo bianco*, der andere, ältere,
unter ihm abgelagerte, *Tufo giallo* genannt wird. Beide scheinen auf verschiedene Art und Weise sich gebildet zu haben.
Sie unterscheiden sich wesentlich dadurch, dass sie in abwei-
chender Richtung einander überlagern; auch scheint *Mathiesen*
zu der Annahme geneigt, dass der Tufo bianco, also die obere
Abtheilung, welche eine mehr lockere Beschaffenheit besitzt,
unter dem Zutritt der Atmosphäre abgesetzt sey, während der
Tufo giallo auf dem Meeresboden, unter dem Drucke des
Wassers, sich abgelagert habe und daher auch bisweilen See-
geschöpfe umschliesse. Nach *Girard* (a. a. O. S. 779) ist besonders der Pausilip-Hügel geeignet, in dieser Beziehung lehrreiche Aufschlüsse zu geben. Der Tufo giallo, welcher in der
Regel eine gelbbraune Farbe besitzt, bildet an dieser Stelle
die Grundlage des Gebirges und ist so fest, dass er zu Mauer-

steinen verwendet wird. Seine Schichten fallen unter einer
Neigung von 15—20° dem Vesuve zu; der obere, weisse Tuff,
obgleich abweichend auf dem untern gelagert, besitzt dennoch
ebenfalls eine schwache Neigung zum Berge. Der obere Tuff
theilt sich in viele einzelne Schichten, deren unterste die grössten Bimssteinstücke enthalten, die nach oben hin immer kleiner
werden und zuletzt in den eigentlichen feinen grauen Tuff
übergehen. Sehr wahrscheinlich ist es, dass eine jede dieser
Schichten das Product einer und derselben Eruption ist; denn
nach oben hin gehen sie in den hellen Tuff allmählig über,
während sie nach unten gegen den feinsten Tuffstaub scharf
abschneiden. An welcher Stelle aber diese trachytischen Massen emporgedrungen, dürfte schwer zu ermitteln seyn. *Mathiesen* denkt sich diese beiden Tuffgebilde aus zwei verschiedenen Reihen von Krateren entstanden, von denen er die dem
untern Gebilde verbundenen Schlünde primitive nennt, weil
dieselben dem Bimsstein-Tuff gleichzeitig sind, zu dessen Bildung sie beigetragen haben. Zu dieser Art von Krateren
rechnet er den Monte Barbaro, dessen Schichten sowohl dem
Kegel zu-, als auch abfallen. Die Kratere der obern Tuff-
Abtheilung nennt er secundäre. Sie treten erst nach der Zeit
auf, nachdem der Bimsstein-Tuff (vielleicht in Masse) emporgehoben war. Sie machten sich durch ihn hindurch Luft und
warfen eine Menge Bimsstein und Asche aus, welche letztere
diese Art von Tuff vorzugsweise zusammensetzt. Der Monte
nuovo soll zu dieser Art von Feuerschlünden gehören.

Unter denjenigen Gegenden in der Nähe von Neapel,
welche während der historischen Zeit, wahrscheinlich in Folge
vulcanischer Ereignisse, Aenderungen in ihrer Oberflächen-
Gestalt, namentlich Senkungen und Hebungen, erlitten haben,
hat wohl keine einen grössern Ruf erhalten und Veranlassung
zu wiederholten geologischen Discussionen, die bis auf den
heutigen Tag noch nicht erledigt sind, gegeben, als die von
Puzzuoli im Golfe von Bajae, woselbst man, etwa 100 Schritte
vom Gestade des Meeres, die Ruinen des Serapis-Tempels
antrifft.

Dies Gebäude, aus kostbarem Material erbaut und von
zum Theil noch wohlerhaltener Construction, bildet ein läng-
liches Viereck von etwa 60 Schritt im Durchmesser. In dem

hintern Theile desselben bemerkt man drei schöne, aus Marmor angefertigte und aus einem einzigen Blocke bestehende, 40 Fuss hohe Säulen an ihrer ursprünglichen Stelle auf ihren Fussgestellen in aufrechter Stellung, welche einer verticalen jedoch nicht ganz gleich kommt, denn nach *Basil Hall's* (im *Lond. and Edinb. philos. Magaz.* 1835, *T. VI, pag.* 313) Messungen sind sie alle drei etwas nach dem Meere hin und vom Innern des Tempels weg geneigt, während die Säulen an griechischen Tempeln absichtlich ein wenig nach Innen zu sich neigend aufgerichtet wurden. Diese Säulen waren es, welche früher mit ihren obern Enden allein über die Oberfläche hervorragten, während die übrigen Theile des Gebäudes mit einer mächtigen Decke von Schutt und Grus überzogen waren. Als man nun in der Mitte des vorigen Jahrhunderts den um den Tempel herum aufgehäuften Schutt entfernte und bei dieser Gelegenheit auch die Säulen von ihrer Hülle gänzlich befreite, bemerkte man mit grösstem Erstaunen, dass sie in einer Höhe von 15 Fuss über dem gegenwärtigen Niveau des Meeres mit einer 3 Fuss breiten Zone von Löchern umgeben waren, wie solche noch jetzt an den Küsten des Meeres, besonders, wenn sie aus Kalkmasse und anderm weichen Gestein bestehen, von den Bohrmuscheln *(Modiola lithophaga Lamk.)* auf freilich noch unbekannte Weise angefertigt werden. Da nun diese Muscheln, wie bekannt, nahe an der Oberfläche des Meeres leben und gewöhnlich an dem Felsgestade einen nur wenige Fuss breiten Streifen unterhalb der Meeresfläche zu bilden pflegen, so folgerte man daraus, dass das Meer einst an dieser Stelle, also mindestens 18 Fuss über seinem gegenwärtigen Niveau müsse gestanden und auch eine geraume Zeit müsse verweilt haben, um den Pholaden hinlänglich Zeit zu ihrer Ansiedelung zu gewähren, und es war in dieser Hinsicht überraschend, sogar noch die Gehäuse dieser Thiere in den Löchern aufzufinden.

So plausibel diese Ansicht für's Erste auch erscheint, so ergiebt sich doch bei näherer Ueberlegung, dass man den Tempel unmöglich in einer so bedeutenden Meerestiefe kann erbaut haben und man muss daher supponiren, dass das Meer an dieser Stelle nicht allein einst gestanden und hierauf sich auch wieder zurückgezogen habe, sondern es muss in einer

frühern Zeit zu der angegebenen Höhe gestiegen seyn und
dann in seinem Niveau sich wieder erniedrigt haben. Auf
welche Art und Weise sich dieses zugetragen, ist gewiss
schwer zu erklären und es hat sich der Scharfsinn der Phy-
siker und Geologen mehrfach daran geprüft, ohne jedoch das
Räthselhafte des Vorganges gänzlich gelöst zu haben.
In früherer Zeit, wo dieser letztere mehr das Interesse
der Archäologen, als der Geologen in Anspruch nahm, suchte
man unser Phänomen mehr aus einer Veränderung im Niveau
des Meeres, einem Wechsel im Steigen und Fallen desselben
zu erklären und setzte damit in Verbindung den angeblichen
Durchbruch des schwarzen Meeres in das mittelländische und
zwar vor der Eröffnung der Strasse von Gibraltar. Dieser
Durchbruch — so meint namentlich *Sickler* (Curiositäten, Bd. 5,
S. 120) — habe Ueberschwemmungen an den Küstenländern des
Mittelmeeres veranlasst, dabei auch den Serapis-Tempel unter
Wasser gesetzt und das letztere habe dabei in diesen Gegenden so lange verweilt, bis endlich der Durchbruch bei Gibraltar erfolgt sey und alsdann den aufgestauten Gewässern des
Mittelmeeres einen neuen Abfluss verschafft habe. Allein abgesehen davon, dass jener Durchbruch des schwarzen Meeres
nur auf Sagen beruht, so belehren uns auch die Archäologen,
die architektonischen Verhältnisse des Serapis-Tempels seyen
von der Art, dass die Errichtung desselben in die Blüthenzeit
der römischen Baukunst gesetzt werden müsse, und dass einzelne Theile daran zu beweisen scheinen, das Gebäude habe
noch im dritten oder vierten Jahrhundert nach Chr. Geb. gestanden. Dass aber um diese Zeit das schwarze Meer mit
dem mittelländischen und atlantischen sich bereits in Verbindung gesetzt hatte und die Gestade dieser Meere damals
fast genau dieselbe Configuration wie jetzt besassen, dafür
könnte man die zahlreichsten Beweise, falls man deren be-
dürfte, anführen.

Grössern Beifall haben die Erklärungsarten von *Brocchi*
(*Biblioteca italiana, T. 14, p. 193), Pini (ibid. T. 17, p. 136)*
und *Goethe* (zur Naturwissenschaft überhaupt, Bd. 2, S. 79)
bei den Geologen gefunden. Alle drei gehen von dem Prin-
cip aus, dass das Meer eigentlich niemals selbst im Niveau
der von den Pholaden durchbohrten Zone um die Säulen im

Tempel gestanden habe, dass es vielmehr wahrscheinlich sey, es habe sich durch den allmähligen Verfall der äussern Theile des Tempels eine beträchtliche Menge von Schutt um denselben angehäuft, und dadurch wäre um denselben eine Art von Wall entstanden. In die von ihm umschlossene Vertiefung sey, vielleicht bei einem heftigen Sturme, das aufgeregte Meer eingedrungen, wodurch sich eine Lagune gebildet habe, welche, statt späterhin auszutrocknen, geraume Zeit hindurch bestanden habe, indem eine noch jetzt an dieser Stelle vorkommende Mineralquelle sie speiste und unterhielt, während auch das von den benachbarten Bergen bei Regenwetter herabfliessende Wasser zur Erhaltung der Lagune das Seinige beigetragen habe. Hierdurch sey eine Art von Brakwasser entstanden; in dasselbe seyen auf eine jetzt nicht mehr genau zu ermittelnde Art einige Pholaden hineingerathen, diese hätten sich darin fortgepflanzt und dann die Säulenschäfte nach und nach angebohrt. Noch mehr schien diese Ansicht an Glaubwürdigkeit zu gewinnen, als *Brocchi* durch Versuche bewiesen hatte, dass die Pholaden auch im brakischen Wasser zu leben vermöchten und dass hierzu das stärker gesalzene Seewasser nicht unbedingt erforderlich sey.

Goethe's und *Brocchi's* Ansichten stehen sich einander ziemlich nahe; während aber der Letztere den beim Verfall des Tempels entstandenen Schutt, der auch durch Alluvionen könne vermehrt worden seyn, eine Hauptrolle spielen lässt, nimmt der Erstere einen Aschenregen zur Hülfe, der den Rand um die Lagune gebildet habe und muthmasslich bei der letzten Eruption der in der Nähe gelegenen Solfatara, welche bekanntlich im J. 1198 statt fand, entstanden sey.

Ganz eigenthümlich und abweichend ist die Ansicht von *von Hoff* (a. a. O. Bd. 1, S. 458), zufolge welcher das Meer mit seinen Pholaden die Säulen niemals berührt habe, die eigenthümliche Erscheinung der Anbohrung vielleicht aber dadurch könne erklärt werden, dass man die Säulen aus einem an einer Küste befindlichen Steinbruche entnommen habe, welcher an ursprünglicher Stelle schon den Angriffen der Bohrmuscheln ausgesetzt gewesen seyn könne; dass man die Säulen, um eine gewisse Symmetrie hervorzubringen, nun so aufgestellt habe, dass die angebohrten Theile sich alle in glei-

cher Höhe befanden, so dass die letztern den untern, die glatten aber den obern Theil der Säulenschäfte bildeten.

Fr. Hoffmann, welcher die Umgegend von Puzzuoli wiederholt einer genauen Untersuchung unterworfen hat, hält alle
diese Ansichten nicht für richtig; er meint (in *Karsten's* Archiv etc., Bd. 3, S. 374), darüber könne wohl kein Zweifel
obwalten, dass das Meer einst innerhalb der Tempel-Ruinen
in der angegebenen Höhe gewogt habe. Die Ansicht von
von Hoff sey deshalb nicht richtig, weil nicht ausschliesslich
die drei noch aufrecht stehenden Säulen von den Pholaden
durchbohrt seyen, sondern auch noch eine vierte, aus derselben Masse bestehende, in ihrer Nähe befindliche, welche aber
zerbrochen und umgestürzt, ihrer ganzen Länge nach auf ihrer
obern und untern Fläche ganz von Bohrmuscheln durchlöchert
ist. Viele andere, aber kleinere Säulen, welche den innern
Porticus des Tempels bildeten, sind auf ähnliche Weise von
jenen Thieren benagt. Diese aber können deshalb mit den
erstgenannten nicht aus einem und demselben Steinbruche herstammen, weil sie aus sehr verschiedenen Marmorarten bestehen, welche niemals zusammen vorzukommen pflegen. Auch
lehrt eine genauere Betrachtung, dass die aufrecht stehenden
grossen Säulen auf der dem Meere zugekehrten Seite weit
stärker angefressen sind, als auf der entgegengesetzten; zugleich geben sich an ihnen die Wirkungen des Anschlagens
der Meereswogen in kleinen Aushöhlungen recht deutlich kund.
Ausserdem bemerkt man auf allen diesen Säulen, selbst auf
den aus Granit bestehenden, — die aber wegen ihrer grössern
Härte von den Pholaden nicht angegriffen werden, — so wie
an den obern Theilen der Mauern des Tempels deutliche
Ueberzüge, wie solche die See auf allen mit ihr in Contact
kommenden Körpern absetzt, vermengt mit darauf fest ange-
hefteten Gehäusen von Serpeln, Corallen und solchen Muscheln,
die sich gern in der hohen See aufhalten. Aus Allem ergiebt
sich, dass das Meer einst hier geraume Zeit verweilte, auch
dass keine Beckenbildung und keine Strandlagune hier vorhanden war. Dies Letztere erhellt besonders daraus, dass die
Mauern des Tempels, je weiter sie vom Meere entfernt sind,
auch immer weniger tief durchlöchert erscheinen, so dass ihr
oberer Saum eine dem Meere zugekehrte, sanfte Böschungs-

linie bildet, welche mit der des übrigen benachbarten Ufers
auf überraschende Weise übereinstimmt.

Sieht man sich nun auch ausserhalb des Tempels in einiger Entfernung von demselben um, so bemerkt man einen
wohl ¼ Stunde weit längs der Küste unter einem steilen Uferrande sich fortziehenden Streifen niedrigen Landes, welcher,
sanft gegen das Meer geneigt, fast nur aus einem Haufwerk
von Trümmern besteht, letztere vorzugsweise zusammengesetzt
aus Ziegelstücken, Scherben zerbrochener Gefässe, Marmor-
stücken, Bausteinen u. dgl. Auf diesen locker aufgehäuften
Substanzen ist abgelagert eine Schicht feinen Meeressandes,
welcher eine grosse Zahl von See-Conchylien umschliesst, wie
sie noch jetzt in dem angrenzenden Meere lebend sich finden.
Obgleich die Oberfläche dieses Terrains wegen seiner Fruchtbarkeit ansehnliche Veränderungen erlitten hat, so erblickt
man doch die muschelführende Sandschicht dicht neben den
Ruinen des Serapis-Tempels genau in derselben Höhe, bis zu
welcher der obere Theil des von den Pholaden durchbohrten
Ringes sich erhebt.

Aus dem Mitgetheilten ergiebt sich, dass seit der Zeit der
Erbauung des Tempels in dem Niveau des Bodens, worauf er
stehet, und dem des angrenzenden Meeres bedeutende Veränderungen statt gefunden haben müssen. Ob es aber das Meer
gewesen sey, welches sich erhob und dann wieder niedersank,
oder ein Theil des festen Landes, welches sich in entgegengesetzter Richtung bewegte, darüber kann man wohl nicht
lange in Zweifel bleiben. Aus den Lehren der Hydrostatik
ergiebt sich, dass, wenn auch nur an einer Stelle der Stand
des Meereswassers sich ändert, dies nicht geschehen kann,
ohne dass die ganze übrige Wassermasse hieran Antheil nimmt
und Alles sich wieder in's Gleichgewicht zu setzen sucht.
Wäre daher in diesem Theile des Mittelmeeres eine Niveau-
Veränderung um die angegebene Grösse einst erfolgt, so würde
dies Ereigniss sicherlich auch Spuren an den übrigen Küstenländern dieses Meeres hinterlassen haben, allein von solchen
hat man nie etwas bemerkt. Man sieht sich daher genöthigt,
jene Differenz im Niveau aus einer Bewegung des festen Landes herzuleiten, welches letztere einst — die Zeit vermag man
freilich nicht näher zu bestimmen — gesunken und dann wie-

6

der eben so hoch emporgetrieben worden sey, als es sich früher gesenkt hatte. Dass hierbei die Form und der Zusammenhang des Mauerwerkes am Tempel, so wie der aufrechte Stand der Säulen keine wesentliche Veränderung erhielt, ist gleich anfangs bemerkt worden.

So wie man sich nun viel Mühe gegeben hat, die Veränderungen zu erforschen, welche der Boden erlitten hat, worauf der Serapis-Tempel stehet, eben so hat man es auch versucht, die Zeit zu ermitteln, wo solches geschehen.

Unter allen Alterthumsforschern hat *Andrea di Jorio* die hierher gehörigen Untersuchungen mit dem meisten Erfolg betrieben; er meint (Ricerche sul tempio di Serapide in Pozzuoli. Napoli, 1820), dass der Tempel nur sehr allmählig und auch erst in später Zeit gesunken sey. Noch im vierten Jahrhundert nach Chr. G. mag er gestanden haben, denn um diese Zeit ist ihm höchst wahrscheinlich an seinem hintern Theile ein Bauwerk zugefügt worden, welches nach dem Urtheile der Architekten den Character dieser Zeit an sich trägt. Bevor der Tempel versank und von den Meereswogen überfluthet wurde, muss er jedoch zerfallen seyn, indem man in dem Schutte und in dem Erdreich, welches den innern und untern Theil der Mauern zum Theil ausfüllte, keine Reste von Meeresgeschöpfen, wohl aber eine Grabstätte auffand, welche aus der spätern Römerzeit herzustammen schien. Zugleich war man sehr erstaunt, als man in diesem Erdreich eine quer durch den Tempel errichtete Mauer entdeckte, deren Bestimmung gewesen seyn dürfte, eine Art Damm gegen das Eindringen der Meereswellen abzugeben, was aber in späterer Zeit, nachdem der Boden noch mehr gesunken war, keine Abhülfe mehr gewährte.

Wahrscheinlich hat sich die mehrfach erwähnte Bodensenkung in jener dunklen Zeitperiode ereignet, in welcher die Saracenen diese Küstenstriche vorübergehend beherrschten und Tod und Verwüstung über dieselben verbreiteten. Die Zeit aber, wo das Wiederauftauchen der Küste erfolgte, sind *Andrea di Jorio, Hamilton, Capocci, Niccolini* u. a. mit dem Hervortreten des Monte nuovo im J. 1538 in Verbindung zu setzen geneigt, was auch in so fern gerechtfertigt seyn dürfte, als wir bereits aus dem früher Mitgetheilten wissen, dass bei jenem

bedeutungsvollen Ereigniss sich das Meer auf eine bleibende
Weise 200 Schritte weit von der Küste bei Pozzuoli zurück-
zog, während solches bei Neapel, Castellamare und an den
Gestaden von Ischia nicht statt fand. Die Hebung war also
mehr eine örtliche und betraf die alte Uferstrecke von den
alten Mineralbädern bei Nisida im Osten bis zu den Schwitz-
bädern des Nero zu Bajae im Westen. Auch ist durch alte
noch vorhandene Urkunden bekannt geworden, dass die damalige Regierung in Neapel diese neu gewonnenen Ländereien
an geistliche Corporationen verlieh, in deren Besitz sie lange
Zeit hindurch geblieben sind.

Dass überhaupt in der Bai von Pozzuoli noch mehrere
andere Veränderungen in Betreff der Niveau-Verhältnisse
zwischen Meer und Land stattgefunden haben, davon kann
man sich bei heiterem Wetter und bei ruhiger See leicht
überzeugen. Man erblickt nämlich die Fundamente vieler Ge-
bäulichkeiten in weiter Entfernung vom Lande und selbst
15—20 Fuss unterhalb der Meeresfläche. Unter ihnen fallen
besonders auf die Postamente ganzer Säulenreihen, Treppen,
welche in die Tiefe führen, künstliche und geschmackvolle
Thür- und Fenster-Bogen; sodann sieht man aber auch, und
zwar ganz in derselben Lage zwei wohl erhaltene Heerstras
sen, unter welchen die eine von Bajae nach Misene, und die
andere von Pozzuoli nach dem Lucriner-See führte.

Zum Schlusse der Discussion über den Serapis-Tempel
verdient noch angeführt zu werden, dass der Boden desselben
wahrscheinlich mehr als einmal eingesunken ist; denn als im
J. 1827 einige Arbeiten in demselben vorgenommen wurden,
um die Ruinen gegen den zu starken Andrang der Meeresfluthen zu schützen, so entdeckte man in 6½ Fuss Tiefe unter
dem gegenwärtigen, aus Marmorplatten zusammengefügten
Boden, noch einen andern, aus Mosaik bestehenden, der unter
dem ganzen Gebäude fortläuft und von welchem es wahrscheinlich ist, dass man ihn ursprünglich in 5⅓ Fuss Höhe
über dem damaligen mittlern Meeresstande anlegte, um ihn
immer rein erhalten und gegen Feuchtigkeit sichern zu können.
In den ältesten Zeiten lag also das Niveau des Meeres fast
12 Fuss unter dem Marmorpflaster des Serapis-Tempels; dies
letztere befindet sich heutzutage sur Zeit der Fluth etwa

1—1½ Fuss unter dem Meeresspiegel, und es ist bekannt, dass
das Seewasser täglich in das Innere des Tempels hineindringt.
Derselbe ist daher, als er durch die unterirdischen Gewalten
wieder in die Höhe getrieben wurde, nicht um die ganze
Grösse erhoben worden, um welche er früher gesunken war;
ja man will sogar neuerdings wahrgenommen haben, dass dieser Küstenstrich wieder zu sinken anfange; denn im J. 1808
soll der Tempel, selbst bei hoher Fluth, nie vom Meere überschwemmt worden seyn, während solches im J. 1819 allerdings
statt fand und später immer lästiger wurde. Nach *Niccolini*
(Rapporto sul acque, che invadono il pavomento dell' antico
edifizio detto il Tempio di Giove Serapide, 1829) sollen die
äussersten Grenzen der Schwankungen zwischen dem Meere
und dem Festlande sich hier innerhalb der Grösse von 27 Fuss
6 Zoll und 2 Linien gehalten haben.

Ausser an den erwähnten Stellen finden sich in den Umgebungen von Pozzuoli auch noch andere Beispiele von Senkungen und Hebungen des Bodens. Das Grundgemäuer des
Venus-Tempels z. B. soll jetzt von den Meereswogen bespült
werden. Nach *Babbage (s. Lond. and Edinb. phil. Mag. Vol. V,
pag. 213)* erblickt man dagegen am Monte nuovo die Reste
eines alten Meeresufers zwei Fuss über dem gegenwärtigen
Wasserspiegel, während die Pholaden am sechsten Pfeiler der
Brücke des *Caligula* vier Fuss hoch und am zwölften Pfeiler zehn
Fuss über dem gegenwärtigen Meeres-Niveau Durchbohrungen
des Gesteins verursacht haben. Einen Streifen solcher Durchbohrungen gewahrt man sogar in einer Höhe von 32 Fuss
über der Meeresfläche an einer jähen Felswand gegenüber der
Insel Nisida. Alle diese Erscheinungen sucht *Babbage* durch
Erhitzung und nachherige Erkaltung der anstehenden Gesteinsmassen zu erklären. Man weis nämlich, dass die meisten
Felsarten, mit Ausnahme des Thons und einiger analogen
Substanzen durch die Wärme ausgedehnt werden, und wenn
man denjenigen Gesteinen, worauf der Serapis-Tempel ruhet,
eine gleiche Ausdehnung mit gewöhnlichem Sandsteine zuschreibt und annimmt, dass die Kruste der erstern bis zum
vulcanischen Heerde eine Mächtigkeit oder Dicke von fünf
englischen Meilen besitzt, so müsste eine Steigerung ihrer
Temperatur um 44°,₄ R. eine Erhebung von 25 Fuss über

die ursprüngliche Oberfläche verursachen. Da es nun aus frühern Mittheilungen bekannt ist, dass die heftigsten vulcanischen Erscheinungen in diesen Gegenden wiederholt stattgefunden haben, so scheint es nicht der Theorie zu widerstreiten, anzunehmen, dass, während der Tempel ursprünglich auf einem erwärmten Boden errichtet wurde, so ziemlich in gleichem Niveau mit dem Meere, das Erdreich darauf durch Erkaltung und Zusammenziehung sich auch wieder gesenkt haben könne. Wäre nun eine solche Contraction bis zu einem gewissen Grade gelangt, so könnte, wenn ein erneuerter Zuwachs von Hitze aus irgend einem benachbarten Vulcan stattgefunden, wodurch die Temperatur des Bodens erhöhet wurde und so eine abermalige Ausdehnung statt fand, der Tempel wieder zu seinem frühern Niveau gelangt seyn.

Die wichtigern unter den vulcanischen Erscheinungen auf dem Festlande von Neapel hätten hiermit ihre Erörterung gefunden; wir könnten demnach weiter gehen, wenn wir nicht noch eines Phänomens zu gedenken hätten, welches eigentlich in einem der folgenden Abschnitte erwähnt und erläutert werden müsste, nämlich in demjenigen, welcher von den pseudovulcanischen Erscheinungen handelt, hier aber des Zusammenhanges wegen seine Stelle finden mag. Wir meinen die Gas- und Dampf-Exhalationen des Lago di Ansanto, schon den Alten bekannt, mit einem der Juno Mephitis geweihten Tempel versehen und bei *Virgil* unter dem Namen Lacus Amsanctus vorkommend. Dieser See liegt in östlicher Richtung von der Stadt Neapel fast genau in der Mitte zwischen dem Vesuv und dem Monte Vulture, welcher letztere aber während der historischen Zeit keine Ausbrüche gehabt hat und als ein ruhender Vulcan zu betrachten ist. Der nächst gelegene grössere Ort heisst Frigento; von einer in der Nähe befindlichen Höhe soll man die Gipfel dieser beiden Berge bequem überschauen können. *Daubeny* (die Vulcane etc., deutsch von *Gust. Leonhard,* S. 120) will an Ort und Stelle die Ueberzeugung gewonnen haben, dass, wenn der Vesuv gerade in Thätigkeit begriffen ist, sich auch reichliche Gasmengen aus dem Amsanctus-See entbinden. Er liegt in der Nähe von Frigento in dem weitern Theile einer Schlucht, welche sich nach abwärts immer mehr verengert. Seine Grösse ist übrigens unbedeutend und sein

kleinster Durchmesser beträgt nach *Daubeny* zwanzig, der
grösste etwa dreissig Schritt. Die ununterbrochen fortdauernde
Gasentwickelung in ihm ist so bedeutend, dass das Wasser
beinahe in einer beständigen Aufwallung begriffen zu seyn
scheint. Die sich entbindenden Gase dürften vorzugsweise aus
Kohlensäure, sodann auch aus geringern Quantitäten von Schwefelwasserstoff bestehen. Die tödtliche Wirkung derselben ist
in der Umgegend allgemein bekannt; wie am Averner See,
so findet man auch hier häufig die Knochenreste derjenigen
Thiere, welche den Erstickungstod erlitten. Man darf sich
daher dem See nur mit vieler Vorsicht nähern; wenn man
jedoch mit dem Winde gehet, so kann man ohne Gefahr bis
an seine Ufer gelangen. Die Farbe seines Wasser ist dunkel,
die fortwährend sich entbindenden Gase bewirken, dass es auch
fast stets getrübt erscheint. Der Geschmack desselben ist
styptisch und verräth die Gegenwart von Alaun. Auffallend
und deutlich ist die Einwirkung der Gasarten auf das um den
See herum anstehende Gestein, und die daraus hervorgehenden
Producte gleichen ganz demjenigen, welche man an Solfataren
und andern, der Einwirkung von schwefligsauren Dämpfen
ausgesetzten Orten antrifft. Das corrodirte Gestein hat sich,
wie an der Solfatara bei Neapel mit einer weissen, staubarti-
gen Rinde überzogen; ausser Kaolin hat sich auch Alaun gebildet und reiner Schwefel, aus der Zersetzung des Schwefelwasserstoffes entstanden, ist in ziemlich ansehnlicher Menge
durch das Gestein vertheilt. Hin und wieder trifft man auch
Spuren von Erdöl in demselben an.

Die Unsicherheit der Gegend, so wie die von der gewöhnlich eingeschlagenen Strasse entfernte Lage sind die Ursache, dass der Amsanctus-See bisher von den Naturforschern
nicht so sorgfältig untersucht worden ist, als er es verdient.
Uebrigens kommen in seiner Nähe noch mehrere andere kleine
Teiche oder Tümpel vor, in denen man ähnliche Gas-Exhalationen wahrnimmt.

Die Inseln Procida und Ischia.

§. 8.

In mässiger Entfernung von Capo di Miseno und in südwestlicher Richtung von den phlegräischen Feldern ragen, in

unvergleichlich schöner Lage diese beiden Inseln über den
Meeresspiegel empor, welche im classischen Alterthume unter
den Namen Prochyta und Pithecusa (auch Inarime) vorkom-
men. Wahrscheinlich waren sie in vorhistorischer Zeit mit dem
Festlande von Neapel verbunden, und wenn die Tiefe des
Meeres kein Hinderniss abgäbe, so würde sich dieser Zusammenhang vielleicht noch jetzt nachweisen lassen.
Schon *Plinius* (Hist. natur. Lib. II, Cap. 88.), *Cornelius
Severus,* bei welchem (s. dessen Aetna. V, 428) Ischia unter
dem Namen Aenaria vorkommt, *Strabo* (Geograph. Lib. V,
T. 2. pag. 202) berichten von vulcanischen Ausbrüchen, welche
auf diesen Eilanden statt gefunden haben sollen. Procida, die
erstgenannte dieser Inseln, ist bei weitem nicht so pittoresk
gestaltet und mit so vielem Reiz geschmückt, als Ischia; das
Eiland besitzt im Gegentheil ein mehr einförmiges und flaches
Ansehen. Es besteht fast gänzlich aus Tuffmassen, mit Zwi-
schenlagern von verschlackter Lava. Während die Tuffe an
den meisten Stellen sich wagerecht abgelagert haben, erscheinen sie an andern, besonders an der Küste aus ihrer ursprünglichen Lage gerückt und besitzen eine gewundene und verbogene
Gestalt. Mit dem ungefähr nur zwei Meilen vom nördlichen
Theile der Insel entfernten Cap von Miseno, so wie mit den
phlegräischen Feldern zeigt sich eine auffallende Aehnlichkeit,
ja fast Uebereinstimmung hinsichtlich der geognostischen Verhältnisse, wie solches schon *Spallanzani* beobachtete. *Breislak,*
der überhaupt gern Kratere da erblickte, wo solche wahrscheinlich nie vorhanden waren, will auch auf der kleinen, zwischen
Procida und Ischia gelegenen Insel Vivara einen Krater gesehen haben; allein nach *J. D. Forbes* (in *Brewster's* Edinb.
Journ. of Sc. N. S. No. IV, pag. 326 etc. ist von einem solchen nichts vorhanden, wohl aber zeigt sich deutlich eine Verbindung zwischen Vivara und Ischia.
Mannigfaltiger und verwickelter ist die geognostische Beschaffenheit von Ischia. In der Mitte der Insel und alle seine
Nachbarn weit überragend, erhebt sich der Epomeo, jetzt Ni-
colo genannt, bei den Alten unter dem Namen Epopon vorkommend, zu einer Meereshöhe von 2368 Fuss. Bis zu seiner
Spitze in ein lichtes, helles Gewand gehüllt, findet man ihn,
so wie den grössten Theil der Insel aus einem lockern, fein-

körnigten Bimsstein-Tuff zusammengesetzt, welcher reichliche
Einschlüsse von Bimsstein, bisweilen auch einzelne Körner von
Magneteisen enthält. Mitunter nimmt dieser Tuff eine thonige
Beschaffenheit an, bildet mächtige Massen, welche bisweilen
eine Höhe von 1000 Fuss erreichen und umschliesst, in wohl-
erhaltenem Zustande, die Gehäuse zahlreicher Muscheln, wie
solche noch heutigen Tages lebend im Mittelmeere angetroffen
werden. Von den Bimsstein-Tuffen gleichsam umwickelt, kommen mehrere Ströme wahrer Lava in verschiedenen Theilen
der Insel vor. Auch bestehen einige vulcanische Kegelberge
aus solchen Gesteinen. Diese Laven sind sehr reich an Feldspath, und haben nicht selten einen vollkommen trachytischen
Character, wie namentlich in der Umgegend von Foria, woselbst man mächtige Trachytmassen durch den Tuff sich hinziehen sieht. Am Monte Taborre zwischen Casamicciola und
Celso findet sich Trachyt in Verbindung mit Phonolith. An
manchen Stellen, namentlich bei Castiglione unfern des Städtchens Ischia trifft man Obsidian und Bimsstein an, auch will
Forbes (a. a. O.) edlen Serpentin gefunden haben, freilich nur
in Rollstücken, der aber in der Zukunft vielleicht auch noch
anstehend wird entdeckt werden.

Was die vulcanischen Ausbrüche auf Ischia anbelangt,
so scheinen sich dieselben öfters wiederholt und mannigfache
Veränderungen in der Gestalt der Insel hervorgerufen zu haben.
Einer der ältesten ist wohl der, welcher 900 Jahre vor unserer Zeitrechnung an oder aus dem Berge Rotaro erfolgte,
deutliche Spuren bis auf den heutigen Tag hinterlassen hat
und die Euboeer, welche Besitz von der Insel genommen, von
derselben vertrieben haben soll. Ein anderer Ausbruch scheint
im vierten Jahrhundert vor Chr. G. erfolgt zu seyn; er bewirkte, dass eine Colonie von Syracusanern, welche Ischia
nach dem Abzuge der Euboeer besetzt hatten, wieder von der
Insel entwich. Bei dieser Eruption soll das Vorgebirge Ca-
rusa entstanden seyn. Was von dem Feuerausbruche zu halten ist, welcher nach *Julius Obsequens* (Prodig. libell. Cap.
114.) auf dieser Insel im J. 91 vor Chr. G. (662 J. nach der
Erbauung Roms) bemerkt seyn soll, dürfte schwer zu ermitteln seyn. Bekannt, berühmt und mehrfach beschrieben ist
aber ein Ausbruch, welcher im J. 1302 aus einer der Seiten

und nicht aus dem Gipfel des Epomeo dicht an der Küste erfolgte, dabei einen mächtigen Lavastrom, den Corrento dell
Arso bildete, der aus einer Oeffnung am Berge, einer gewaltigen Spalte 432 Fuss über dem Meeres-Niveau hervorbrach,
bis in die See herabfloss, eine Höhe von 20—30 Fuss, eine
Breite von 9200 Fuss und eine Länge von 14400 Fuss erreichte und sich füglich mit den grössten Lavaströmen, welche
der Vesuv ergoss, vergleichen lässt. Die Lava, welche diesen
Strom gebildet hat, ist von deutlicher, trachytischer Beschaffenheit; sie ist besonders ausgezeichnet durch grosse, rissige
Krystalle glasigen Felsspaths, enthält aber auch einzelne
Glimmerblättchen und hin und wieder auch zerstreute Olivin-
Körner. Obgleich seit jener Eruption mehr als 5½ Jahrhunderte verflossen sind, so hat die Oberfläche des Stromes doch
noch ein höchst naktes, kahles, wildes und zerrissenes Ansehen
und die Lava hat sich noch so wenig zersetzt, dass sie kaum
einige kümmerliche Moose und Flechten ernährt. Schroff und
steil aus dem Meere herausragend, führt sie den Namen der
Punta dell' Arso. *Tolomeo Fiadoni von Lucca* (Ptolemäus Lu-
censis), welcher zur Zeit jenes Ereignisses lebte und damals
Prior in einem florentiner Kloster war, erzählt (s. *Muratori*,
Script. rer. ital. Vol. 11. pag. 1221), dass damals mächtige
Flammensäulen auf der Insel bemerkt worden seyen, dass das
Meer mit glühenden Steinen sich erfüllt habe, dass aber auch
viele erdige Stoffe seyen ausgeschleudert worden, dass die vul-
canische Asche sich zu Bergen angehäuft habe und an.200
Miglien weit über das Meer geflogen sey. Nach *Villani* (in
seiner florentiner Geschichte. Lib. VIII., Cap. '53.) sollen
ebenfalls Flammen aus dem Berge hervorgebrochen und auf
dem Eilande furchtbare Verwüstungen angerichtet seyn. Viele
Menschen und Thiere kamen dabei um's Leben. Eine grosse
Zahl der Insulaner flüchtete sich nach Procida und Capri, so
wie auf das Festland und verweilte daselbst länger als zwei
Monate, nach welcher Zeit die Wuth des vulcanischen Feuers
endlich gebrochen schien.

Von jener Zeit an bis auf den heutigen Tag hat der
Epomeo keine weitern Ausbrüche gehabt.

Dass die vulcanische Thätigkeit unter dem Boden von
Ischia übrigens noch keineswegs erloschen ist, ergiebt sich

noch durch zahlreiche Thermen und Mineralquellen kund, welche an vielen Stellen auf der Insel hervorbrechen und deren Heilkräfte schon seit den frühesten Zeiten zu grossem Ruhme gelangt sind. Die vorzüglichern derselben hat neuerdings *Daubeny* (a. a. O. S. 148) etwas genauer untersucht. Von den in der Nähe des Städtchens Ischia befindlichen Thermen besitzt die eine eine Temperatur von 122, die andere von 102° F. Beide haben einen salzigen Geschmack, doch findet aus ihnen keine Gas-Entwickelung statt. Bei Castiglione steigt aus dem zerklufteten Boden Rauch empor, ohne Efflorescenzen zu hinterlassen. Eine der bekanntesten Thermen ist die von Gurgitello bei Casamicciola; sie ist sehr reich an Kochsalz und salzsaurem Kalk, während sie von Gyps und schwefelsaurer Thonerde nur geringere Antheile enthält. Nach *Breislak* ist ihre Temperatur 139½, nach *Forbes* 149, nach *Daubeny* 142° F. Unfern der Stadt Foria, nahe an der Küste, finden sich die Thermen von Citara. Die eine derselben hat 81, die andere 120° F. Wärme. Der Erdboden an dieser Stelle ist ungewöhnlich heiss, einen Fuss unterhalb der Oberfläche besitzt er eine Temperatur von 130° F.; überall steigt dicker Rauch empor. Fumarolen erheben sich ebenfalls an mehreren Stellen aus den Spalten der Lava; die Wände einiger derselben sieht man mit einer weissen Kieselrinde überzogen, welcher *Thomson* den Namen „Fiorit" gegeben hat. Es ist weiter nichts als ein Kieselsinter, wie ein solcher gar häufig und höchst ausgezeichnet auf Island, Teneriffa, Lancerote, Santa Fiora u. s. w. angetroffen wird. An der Fumarole von Monticeto finden sich aber auch Absätze schwefelsaurer Verbindungen von Kalk, Thon und Bittererde.

Island.
§. 9.

Diese nahe an 1800 ☐Meilen grosse, seit dem neunten Jahrhundert unserer Zeitrechnung bekannte, fast nur aus vulcanischen Gebirgsarten bestehende Insel bildet ein flachgewölbtes, wellenförmig gestaltetes, aus dem Meere steil aufsteigendes Hochland. Mannigfaltig verzweigte Gebirgszüge, die zum Theil mit ewigem Schnee und fern leuchtenden Gletscher-Massen bedeckt sind, erheben ihre Gipfel auf diesem Plateau

und haben schon frühe zur Entdeckung und Benennung des
Eilandes wahrscheinlich das Meiste beigetragen. Indess erreichen diese Gebirge keine excessive Höhe, denn sie überschreiten nicht leicht eine solche von 2000 Meter und auf der
Südseite der Insel gehen sie sogar gegen das Meer hin in ein
flaches, ödes, meist nur aus vulcanischem Sande bestehendes
Vorland über.

Nach *W. Sartorius von Waltershausen* (physisch-geogra-
phische Skizze von Island. Göttingen 1847. 8. S. 48 etc.) bestehen die vulcanischen Gebirgsmassen Islands nur aus Tuffen
Trappen und Trachyten.

Die meisten der erstern sind submariner Entstehung; sie
haben sich in Folge säcularer und instantaner Erhebung über
den Spiegel des Meeres zu ihrer jetzigen Höhe emporgehoben,
wobei aber ihre ursprüngliche horizontale Schichtung mehr
oder weniger gestört wurde. Sie umschliessen mitunter reiche
Braunkohlen-Flötze, sogen. Surturbrand. Diese Tuffe sind fast
überall von vulcanischen Gängen senkrecht durchsetzt und
abwechselnd geschichtet mit schwarzen oder dunkelgrauen krystallinischen, vorzugsweise aus Feldspath und Augit bestehenden Gesteinen, denen man den Namen „Trapp" gegeben, um
ihre treppenförmige Lagerung anzudeuten. Nach Art der Basalte haben sie meist eine säulenförmige Gestalt; man kann
sie füglich mit einander identificiren, denn es besteht keine
scharfe Grenze zwischen ihnen und deshalb bilden sie auch
nicht zwei verschiedene Formationen.

Mit diesen Trapp-Gesteinen in Verbindung und ihrer Entstehung nach in einigen Fällen jünger, in den meisten aber
älter, tritt an einigen Stellen der Insel, jedoch nur in beschränk-
ter Ausdehnung auch die Formation des Trachyts in sehr interessanten Lagerungs-Verhältnissen auf. Nachdem die Hauptmasse des Eilandes sich über die Meeresfläche erhoben, ist sie
jedoch nicht in dieser Gestalt verblieben; sie hat vielmehr
mancherlei Modificationen durch äussere Einflüsse erlitten, besonders durch den Einfluss der Meeresströme auf die Tuff-
und Trappgebilde, in Folge welcher die Alluvial-Massen sich
bildeten; sodann aber auch durch die fürchterlichen Ausbrüche
der Vulcane, welche nicht leicht anderswo zerstörender durch
ihre Aschenauswürfe und Lavenergüsse aufgetreten seyn mögen.

Dadurch, und zwar in grössern Zeitabschnitten ist nicht nur
das Relief der Erdoberfläche, sondern auch die Gestalt der Küsten merklich geändert und es giebt sich diese Erscheinung auch
noch in unsern Tagen kund. Bei der speciellern Betrachtung der
isländischen Trapp- und Tuff-Formation, die als ein grosses,
zusammenhängendes Ganzes betrachtet werden muss, ist vor-
erst hinsichtlich der wechselnden Schichten des Trappes und
des Tuffes zu bemerken, dass sie in sehr verschiedener Mächtigkeit auftreten; denn der Trapp bildet bisweilen Lager, die
noch nicht einmal die Decke eines halben Meters erreichen,
mitunter aber auch die von 5—6 Meter übersteigen. Hinsichtlich der Tuffschichten bestehen keine so scharfe Grenzen, da
sie in manchen Fällen sogar ganze Gebirgsmassen zusammensetzen, ohne von Trapp-Gesteinen unterbrochen zu seyn.
Von ganz besonderm Interesse ist es, die Verhältnisse näher
in's Auge zu fassen, unter denen in Island die Gänge áuftre-
ten. Hinsichtlich ihrer Zusammensetzung treten davon so viele
Varietäten und Uebergänge auf, dass dies allein schon zu der
Ansicht führen dürfte, sie wären nicht alle zu gleicher Zeit
entstanden. Bald haben sie eine dunkelbraune, bald eine
schwarze Farbe; bald ist der Augit in ihnen vorwaltend und
der Feldspath zurückgedrängt; bald fehlt der Olivin entweder
gänzlich, oder er ist nur in einzelnen, sparsamen Körnern eingesprengt. In diesem Falle ist das Gestein hart, sehr dicht
und schwer. Die Trappe in der Umgegend von Reykjavik
haben ein ungleichartiges Ansehen, indem ihre Bestandtheile
einzeln mehr hervortreten; sie gleichen dann in hohem Grade
den hessischen Doleriten. Andere Trappe haben ein noch
gröberes Korn, indem der Augit mehr zurücktritt und Feldspath, so wie Olivin vorwalten. Zuletzt kommen aber auch
noch welche vor, die eine ganz homogene Beschaffenheit und
alsdann eine meist graue Farbe haben.
  Diese Gänge steigen nicht immer senkrecht in die Höhe;
sie besitzen sehr verschiedene Grade der Neigung und gehen
bisweilen in förmliche Lager über; denn die feurig-flüssige
Lava, welche bei vulcanischen Processen dem Erdinnern entquillt, steigt nicht immer in etwa schon vorhandenen senkrechten oder mehr und weniger geneigten Spalten empor, sondern sie verbreitet sich auch in Folge des Seitendruckes auf

die angrenzenden Wände, entweder aderförmig oder in wagerechten Schichten durch das Nebengestein, und es erfolgt dadurch in der nächsten Umgebung des Ganges eine instantane
Erhebung, welche der Summe der Dicke der injicirten Schichten gleichkommt. Bei den Absonderungen in den Gängen will man das Ge-
setz beobachtet haben, dass erstere überall normal auf der
grössten Abkühlungs- oder Berührungsfläche der angrenzenden
Felsschichten stehen, so dass der Trapp sich in horizontal
liegende Säulen absondert, die, gleich geklafterten Holzhaufen
übereinander gegliedert sind. So lange der Gang eine senkrechte Richtung hat, haben die Säulen stets eine wagerechte
Lage; wenn er sich aber in eine horizontale Schicht ausbreitete, so stehen die abgesonderten Säulen vertical. Bei solchen
Hergängen wird das durchsetzte Nebengestein bisweilen auf
mehrere Lachter in das Berginnere hinein mehr oder weniger
metamorphosirt, bisweilen wird es auch durch deutliche Saal-
bänder begrenzt, die sich durch ihr Gefüge und chemischen
Bestand von der Gebirgsmasse unterscheiden und eine glas-
oder obsidianartige Beschaffenheit annehmen. Wenn nun der
Zusammenhang der letztern dabei gelockert wird, so bewerk-
stelligen meteorische Einflüsse das Weitere, sie zerstören endlich die ganze Gebirgsmasse und die aus festem Gestein gebildeten Gänge treten wie freistehende Riesenmauern hervor
und lassen sich nicht selten auf weiten Strecken hin oberhalb
der Erdfläche verfolgen.

Sehr interessant und belehrend ist es ferner, die Richtung
dieser Gänge zu verfolgen und bei einer, nur einigermassen
sorgfältigen Beobachtung findet man bald, dass sie beinahe
alle nach Nord-Nord-Ost hin sich erstrecken; und wenn auch hier
und da eine Ausnahme statt haben sollte, so ist doch die angegebene Richtung die vorherrschende. Auch die heissen Quellen Islands, die eine grosse Berühmtheit erlangt, brechen aus
vulcanischen Spalten hervor, die zum Theil diese, theils eine
mehr nördliche Richtung besitzen. Endlich bemerkt man
ganze Gruppen von Krateren, die sich nach dieser Himmels-
gegend hin erstrecken, wie der Hekla, der jedoch eine mehr
östliche, und der Leirhnukur, der eine mehr nördliche Richtung nimmt.

Hinsichtlich des geologischen Alters, welches der isländische Trapp, sowie der Basalt — zwischen denen ja keine scharfe Grenze besteht — besitzen, ist *Sartorius* (a. a. O. S. 65) der Ansicht, dass solches in die Tertiär-Epoche fällen dürfte, und dass beide jünger als die Kreide-Ablagerungen seyen; sie sind daher sehr jugendliche Gebilde und erzeugen sich vielleicht noch vor unsern Augen, denn an manchen Stellen bemerkt man Uebergänge von ihnen in die modernsten Laven, die aus noch jetzt thätigen Vulcanen hervorbrechen, so dass bisweilen kein anderer Unterschied zwischen beiden obwaltet, als dass Trapp und Basalt unterhalb, die Laven dagegen oberhalb dem Niveau des Meeres sich erzeugt haben.

Das zweite wesentliche Glied der isländischen Gebirgsmassen ist das Tuff-Gebirge, welches von nicht geringerer Ausdehnung und Bedeutung als der Trapp mit letztern ein unzertrennbares Ganzes bildet.

Die Tuffe sind bekanntlich im Allgemeinen erdige, lockere, aus verschiedenen Bestandtheilen zusammengesetzte, regelmässig geschichtete, meist durch Hülfe des Wassers umgebildete Gebirgsmassen vulcanischen Ursprungs, und bestehen in der Regel aus denselben oder ähnlichen Stoffen, wie die benachbarten Gebirgsmassen, aus denen sie entstanden und unterscheiden sich von ihnen nur durch einen verschiedenen Aggregat-Zustand. Hinsichtlich ihrer Entstehung macht *Sartorius* darauf aufmerksam, dass die Ausbrüche von Aschenwolken einen durchaus nothwendigen Theil der vulcanischen Thätigkeit ausmachen. Die ausgeworfenen Aschen sind diejenigen Bestandtheile, welche entweder über oder unter dem Meere geschichtet, die Tuff-Lager bilden. Diese Aschen sind aus der Zerstörung derselben Massen hervorgegangen, welche in der Gestalt feurig-flüssiger Ströme in den Gängen, Klüften und Schlöten der Vulcane emporsteigen. Eben deshalb sind sie in mineralogischer Beziehung ebenso zusammengesetzt wie die Laven, und Feldspath, Augit, Olivin, so wie Magnet- und Titan-Eisen bilden ihre vorwaltenden Bestandtheile. Durch das Vorwalten des einen oder des andern dieser Körper wird das verschiedenartige Ansehen wesentlich bedingt.

Unter den isländischen Tuffschichten, welche sich unterhalb der Meeresfläche gebildet haben, spielt ein Mineral, das von grosser Wichtigkeit in geologischer Beziehung zu werden scheint, und welches *Sartorius* wegen seines Auftretens zu Palagonia im Val di Noto „Palagonit" genannt hat, eine Hauptrolle. Dies Mineral ist von firnissartigem Glanze, der in's Wachs- und Gasartige übergeht. Dabei ist es durchsichtig oder durchscheinend, von weingelber oder colophoniumbrauner Farbe, muscheligem, in das Unebene und Splittrige Bruche und von geringer Härte, welche die des Kalkspaths kaum übertreffen soll. Es findet sich auch in Deutschland, z. B. am Beselicher Kopf bei Limburg im Nassauischen, woselbst es *Stifft* schon vor dem Jahre 1820 aufgefunden, jedoch fälschlich für ein pechsteinartiges Fossil gehalten hat, was leicht zu entschuldigen ist, da manche Palagonit-Varietäten nach *Bunsen* eine grössere Härte, etwa wie Apatit besitzen sollen. Es soll auch in den Basalt-Conglomeraten des Habichtswaldes eingesprengt vorkommen und scheint in weit ausgezeichneterm Grade in eben dieser Gebirgsformation bei Dreihausen unweit Marburg sich zu finden.

Auf Island ist sein Auftreten in der Schlucht von Seljadalr zwischen Reikjavik und dem Thingvalla-See in grossartiger Weise wahrzunehmen. Es erscheint daselbst in ganzen Felswänden als ein Conglomerat, welches allmählig durch viele Zwischenstufen in reinen, oft schiefrig abgesonderten Palagonitfels übergeht und eine Mächtigkeit von mehr als 50′ erlangt.

Der Palagonit bildet wahrscheinlich die Grundmasse der meisten isländischen Tuff-Gebirge (Moberg der Isländer); durch sein körniges Gefüge und seine helle Farbe gewinnt er ein sandsteinartiges Ansehen, so dass er manchen Keuper-Sandsteinen ähnelt. So ausgezeichnet, wie an der genannten Stelle tritt er jedoch kaum an irgend einem andern Puncte Island's auf; fast immer ist er als ein Conglomerat mit Trapp und Mandelstein gemischt. Im südlichen Theile der Insel kommt er jedoch wieder zum Vorschein, denn der Hekla mit seinen Krateren und Lavaströmen bricht aus einem Rücken von steil aufgerichteten Schichten dieser Felsart hervor, so wie die demselben parallelen Bergketten von Vatnafjoll und Bjolfell. Sodann bestehen der Thrihyrningr, der Eyafjalla und Tindfjallojökull fast ganz aus dieser Gebirgsart, die auch den Ufern der Thiorsa entlang bis nach dem Arnarfellsjökull hin häufig an-

getroffen wird. Ferner setzt sie die Gebirge im Norden und
Nordosten, besonders in der Umgegend des Myvatan (Mücken-
Sees) mit Ausnahme der modernen Laven, zusammen. Die
Basis des Leirhnukur und der ganze Krabla ist vorzugsweise
geschichteter Palagonit.

Eine besonders interessante und lehrreiche Stelle ist die
Küste zwischen Husavik und Halljarnastadr-Kambur, denn
man findet daselbst — was aber nur selten auf der Insel vorkommt — Palagonit-Schichten, erfüllt von unzähligen tertiären
Muscheln. Man erblickt daselbst in einer Höhe von 200 in
einem Palagonit-Tuff ganze Lager der Venus islandica, zum
Theil noch mit den ursprünglichen Farben. Hinsichtlich der
Entstehungsweise des Palagonits nimmt *Sartorius* an, dass er
nur aus der Umbildung gewisser vulcanischer Producte habe
entstehen können, was aus der Beobachtung sich auch zu ergeben scheint, dass er nur mit submarinen vulcanischen Formationen und verschiedenen vulcanischen Mineralien in dem
engsten Zusammenhange sich findet, daher wahrscheinlich unter
dem Einflusse des Wassers aus zerkleinerten Laven, trappi-
schen Gesteinen, besonders aber aus vulcanischer Asche in
langen Zeiträumen und unter einem hohen Drucke sich abgesetzt hat. Dies geht auch aus dem Bau seiner Schichten hervor, denn sie liegen häufig noch horizontal, oder sie sind durch
später eingetretene vulcanische Wirkungen aus ihrer Lage gehoben und oft unter einem sehr steilen Winkel aufgerichtet.

Nachdem nun das Wesentlichste über die isländischen
Trappe und Tuffe mitgetheilt, bleibt nun noch die dritte der
dasigen vulcanischen Formation; nämlich die des Trachyts
übrig, welche mit jenen innig gemischt und zu einer Zeit entstanden ist, als Island entweder ganz oder doch grösstentheils
noch von den Wellen des Meeres bedeckt war.

Besonders lehrreich ist das Auftreten des Trachyts von
Baula im Borjarfjordssyssel, woselbst er in fünf- oder sechs-
seitige Säulen zerspalten ist, die häufig mit Runenschriften
bedeckt sind und in jener Gegend allgemein zu Grabsteinen
benutzt werden. Nach *Steenstrup* soll der Trachyt von Baula
sich ähnlich wie der am Esca verhalten, d. h. die Trapp-
schichten durchbrechen und daher jünger als diese seyn. Dagegen wird der Trachyt in der Gegend von Hruni und Ard-

narnipa, welcher auf beiden Seiten der Laxá in stockförmigen
Massen ansteht, entschieden von zahlreichen jüngern Gängen
dunkler Trappgesteine durchsetzt. Interessant ist es auch ferner, am linken Ufer des genannten Flusses den Trachyt durch
ein eigenthümliches gehobenes Conglomerat bedeckt zu sehen,
welches aus grössern oder kleinern Trapp-Geröllen besteht,
die zweifelsohne vom Wasser abgerundet und mit Palagonit
verbunden sind.

Der belehrendste Punkt jedoch auf Island in Betreff des
Verhältnisses zwischen Trapp und Trachyt, befindet sich im
Liosádalur zwischen Eskifiord und Berufiord, woselbst zuerst
der Trachyt das ältere Trappgebirge, wie am Esia durchbricht,
dann aber, nahe dieser Stelle, wo sich der Trachyt weiter zu
verbreiten anfängt, wieder von mehreren Trappgängen sehr
regelmässig durchsetzt und durch vielfache Seiten-Verzweigun-
gen, die sich gleich schwarzen Bändern durch das weisse, röthliche und grüne Gestein durchziehen, aufs Neue gehoben wird.

Obgleich, wie aus einzelnen erratischen Blöcken und trachytischen Flussgeschieben hervorzugehen scheint, der Trachyt
noch an andern Stellen, mehr im Innern der Insel vorzukommen scheint, so ist sein Auftreten im Ganzen doch nur ein
beschränktes und durchaus nicht von der Wichtigkeit, welche
ihm ein Geognost, der in neuerer Zeit über Island geschrie-
ben, beigelegt hat. Im Allgemeinen kann man wohl annehmen, dass mit dem Trachyt es sich eben so verhalte wie mit
dem Trapp; denn das verschiedene äussere Ansehen dieses
Gesteins an den verschiedenen Fundorten, so wie seine Uebergänge in Perlstein und Phonolith sprechen nicht für eine einzige, sondern für eine ganze Reihe ungleichzeitiger Trachyt-
Erhebungen. — *Krug von Nidda* (*s. Karstens* Archiv für Min.
etc. Bd. 7, S. 421) spricht bekanntlich von einem ununterbrochen
fortlaufenden Trachyt-Gürtel, welcher die ganze Insel in nordöstlicher Richtung durchziehen und das Trapp-Gebirge, welches sich zu beiden Seiten an denselben anlegt, durchbrechen
und der Hauptsitz der vulcanischen Thätigkeit seyn soll; allein
davon konnten weder *Sartorius* und *Bunsen*, noch die dänischen
und französischen Geognosten, welche mit Erstern zu gleicher
Zeit die Insel besuchten, eben so wenig etwas finden, als von
jenem weit ausgedehnten Längenthal, welches diesen Gürtel

begleiten soll. Im Gegentheil fanden unsere deutschen Reisenden, dass die ganze Insel nur eine Hochebene sey, bedeckt mit schwarzem vulcanischen Sande und fernleuchtenden Gletschern, die wohl an 200 ☐M. Landes mit ihrem eisigen Panzer bedecken mögen. In wellenförmig erhobener Gestalt erhebt sich das Eiland durchschnittlich zu einer Höhe von 2500 Fuss über den Spiegel der grauen, beinahe stets von empörten Winden bewegten See.

Was nun die isländischen Vulcane im Besondern und deren-Ausbrüche anbelangt, so sind Eruptions-Erscheinungen bei ihnen im Ganzen seltner, als bei den meisten andern Vulcanen, namentlich den südeuropäischen; allein sie kommen alsdann mit um so grösserer Heftigkeit zum Vorschein. Den Hekla z. B. hat man zu verschiedenen Zeiten für erloschen gehalten, doch täuschte man sich, und wenn man die Intervallen seiner einzelnen Ausbrüche berechnet, so findet sich, dass seine Eruptionen ziemlich regelmässig nach 70—80 Jahren sich erneuert haben. Von den andern Vulcanen auf Island, z. B. dem Scaptar, Oeräfa, Herdubreid, Trolla-Dyngiur, ist es erwiesen, dass sie noch weniger Ausbrüche gehabt haben und dass solche in ungleich grössern Zeiträumen wieder erfolgten. Freilich contrastirt damit die von vielen Geologen ausgesprochene Ansicht, dass die Anzahl der Eruptionen der Höhe der Vulcane umgekehrt proportional sey.

Bezeichnend für die isländischen Feuerberge ist es, dass ihre Thätigkeit nicht so sehr an gewisse bestimmte Mittelpuncte gebunden ist, sondern dass sie sich in vielen parallelen Längenspalten auflöst und unerwartet bald hier, bald dort zum Vorschein kommt, wo man sie vordem wohl vermuthet, aber noch nicht gekannt hatte.

Der Snaefiall und der Oeräfa scheinen die einzigen Vulcane auf Island zu seyn, welche den Central-Vulcanen beigezählt werden können. Sie bilden zugleich die höchsten Puncte der Insel, indem der erstere beinahe 5000, der andere über 6000 Fuss über die Meeresfläche sich emporhebt; beide besitzen, so weit dies aus der Ferne beurtheilt werden kann, einen flach domförmig gewölbten Central-Kegel. Vom höchsten Puncte der Wölbung erhebt sich, ähnlich wie beim Aetna, bei beiden ein verhältnissmässig kleiner Eruptionskegel. So

weit die Geschichte reicht, ist der Snaefiall nie in Thätigkeit
gewesen, deshalb ist auch sein Eruptionskegel abgeflacht und
der Krater verfallen. Dagegen hat der Oeräfa in den Jahren
1362 und 1727 furchtbare Ausbrüche gehabt, deren ungeheure
Zerstörungen sich noch jetzt sehr gut erkennen lassen. Besondern Ruf hat der Oeräfa durch seine sogenannten Wasser-
ausbrüche erhalten, die man jedoch auch vom Aetna (im J.
1755) und einigen südamericanischen Feuerbergen kennt. Jedenfalls sind sie nur eine secundäre Erscheinung und solche
Wasserausbrüche können wohl nur da zum Vorschein kommen, wo die feurigen Lavaströme aus von Eis und Schnee
bedeckten Vulcanen hervorbrechen und dann ein plötzliches
Schmelzen der Gletscher, deren Wasser sogar den Kochpunct
erreichen kann, bewirken können. Ueberdies sagen die auf
uns gekommenen Nachrichten über diese Erscheinung nicht,
dass die Wasserausbrüche aus dem Schlunde des Kraters selbst
erfolgt seyen.

Eine ganz abweichende Gestalt besitzt der Hekla. Man
bemerkt an ihm kein wallförmiges Ringgebirge, wie wir ein
solches am Vesuv und am Krater von Vulcano kennen gelernt haben; vielmehr tritt er entschieden als ein Längen-Vul-
can auf und erhebt sich über einem Spalt, dessen Richtung
etwa Nord 65° Ost beträgt; demselben entlang hat sich dieser Vulcan im Laufe der Jahrtausende allmählig erhoben und
aus einer Reihe von Kratern zusammengesetzt, deren einzelne
Ränder sich mit einander verbinden. Die letzten, im Jahre
1845 und 1846 erfolgten Eruptionen sind auf's Neue aus dem
79 Jahre lang verschlossen gewesenen Längenspalt hervorgetreten, über welchem gegenwärtig fünf Kratere wie tiefe Kessel in einer Reihe liegen. Erblickt man den Hekla in der
Richtung seines Eruptions-Spaltes von den Höhen der Sel-
sunds-Kette, so sieht er wie ein spitzer Kegel aus; betrachtet
man ihn dagegen senkrecht auf dieser Richtung, so tritt er in
der Gestalt eines langen, über dem Spalt weit ausgedehnten
Rückens auf, in dessen äussern Umrissen die Verbindungs-
Linien der verschiedenen Kratere deutlich zu erkennen sind.

Alle übrigen Vulcane auf Island folgen ohne Ausnahme
den in nordöstlicher Richtung sich erstreckenden Spalten, über
welchen sich nicht einzelne grosse Kratere, sondern viele klei-

nere, bisweilen hundert an Zahl, gruppenförmig erhoben haben. An Bau und Gestalt ähneln sie den parasitischen Kegeln des Aetna, sind wie diese aus rothbraunen Schlacken und schwarzem Sande zusammengesetzt und haben meist eine Böschung von 25—30⁰. In dieselben versenkt sich ein beckenförmiger, bisweilen verschütteter Krater, auf dessen Rändern sich nicht selten zwei diametral gegenüberliegende Hörner erheben, deren Verbindungslinie normal auf dem Eruptionsspalt steht. Unter dieser Gestalt erscheinen die gruppenförmigen Schlöte von Ellidavatan, südöstlich von Reykjavik, so wie die von Rauda-Camba, am rechten Ufer der Thiorsá, welche beide wahrscheinlich von neuerer Entstehung sind. Aehnlich gestaltete Feuerberge sollen sich auch im Skaptafellsyssel und namentlich in der Gegend, wo im J. 1755 ein Ausbruch erfolgte, vorfinden.

Das nämliche Phänomen wiederholt sich in der Nähe des Myvatan (Mücken-Sees). Der nordwestlich vom Krabla gelegene Vulcan Leirhnukúr zeigt einen ausgezeichneten Eruptionsspalt, über dem sich eine ganze Reihe von Feuerschlöten in der Richtung N4O allineirt. Aus diesem Spalte brach im J. 1725 ein mächtiger Lavastrom hervor, der in der Umgegend des Sees fürchterliche Verwüstungen anstellte.

Allgemein findet man den in der Nähe gelegenen Krabla (auch wohl Krafla genannt) als einen feuerspeienden Berg angegeben, allein nach *Sartorius* (a. a. O. S. 111) ist er nur ein aus Palagonit-Tuff gebildeter Rücken, an dessen nordwestlichem Fusse man über einem wahrscheinlich dem vulcanischen Systeme des Leirhnukúr parallelen Spalte mehrere Einstürze bemerkt, von denen der grössere „Viti" (Hölle) genannt wird, aber jetzt nur mit klarem, grünem Wasser erfüllt ist. In frühern Zeiten bemerkte man am Fusse des Krabla eine starke Fumarolen-Bildung, allein deren Thätigkeit scheint auch jetzt erloschen zu seyn.

Von einer ausserordentlichen, bisweilen staunenswerthen Grösse sind dagegen die isländischen Lavaströme. So z. B. erblickt man vom Berge Skjaldebreid an auf beiden Seiten des Sees von Thingvalla bis zum Cap von Reykjanes eine ununterbrochen fortlaufende Lavamasse, welche über 20 Meilen lang und mitunter 4—5 Meilen breit ist. Ja, es sollen noch mehrere Ströme existiren, welche die grössten Lava-Ergüsse des Aetna um ein Bedeutendes übertreffen. Die Isländer nennen diese wüsten, bisweilen Grauen erregenden Lavafelder „Odaada-Hraun", während von den Anwohnern des Aetna diese Massen „Sciarra viva" genannt werden. Wir gehen nunmehr zu einer andern Art von vulcanischen Erscheinungen auf Island über, nämlich zu den dortigen Thermal-Quellen, deren zuerst von *Saxo Grammaticus* in seiner Vorrede zur Geschichte Dänemark's und der *Edda* Erwähnung geschieht, und deren Ruf in Folge der Berichte späterer Reisenden sich über alle Welt verbreitet hat. Die schon erwähnten und in den Jahren 1845 und 1846 erfolgten Ausbrüche des Hekla bewogen zu jener Zeit auch *Bunsen*, in Gesellschaft mehrerer anderer Geologen, die Insel zu besuchen und die vulcanischen Phänomene an Ort und Stelle zu beobachten. Einen Theil der dabei gewonnenen Ansichten und Resultate hat er bereits in *Wöhler's* und *Liebig's* Ann. der Pharmacie, Bd. 61, S. 265—279, und Bd. 62, S. 1—59 bekannt gemacht. Ein umfassendes, grösseres Werk über Island ist bald von ihm zu erwarten. — Man nimmt bekanntlich heut zu Tage in der Lehre von den Mineralquellen an, dass der grosse atmosphärische Destillations-Process den Wasserzufluss der Quellen vermittelt, und dass sich die mineralischen Bestandtheile der letztern aus einer Wechselwirkung des ursprünglich reinen Wassers und der vulcanischen, mit diesem zu Tage kommenden Gase auf die das Terrain der Quellen bildenden Gebirgsarten erklären lasse. Wenige Stellen auf der Erde möchten wohl zu solchen Untersuchungen geeigneter seyn, als Island, indem seine zahllosen Geysir und Suffionen den Schauplatz deutlicher Zersetzungen bilden, deren Hergang durch *Bunsen's* Genie so glücklich gelöst ist. — Schon seit langer Zeit ist es bekannt, dass die isländischen Mineralquellen vor allen andern durch ihren grossen Gehalt an Kieselerde sich auszeichnen, welche letztere sie in der Gestalt von Kieselsinter, Opal, Chalcedon etc. oft in meilenweiter Erstreckung absetzen. Alle diese Quellen lassen sich nach *Bunsen*, wenn man die wenigen, von den Isländern „Oelkildar", d. h. Bierquellen, genannten, nur auf den westlichen Theil des Eilandes beschränkten Säuerlinge ausschliesst, nach

ihren allgemeinen chemischen Eigenschaften in zwei Haupt-
gruppen eintheilen, nämlich: a. in *saure*, b. in *alkalische Kieselerde - Quellen.*

Die erstern gehören den eigentlichen Solfataren, welche
die Isländer „Namar" nennen, an; sie verdanken ihre nur sehr
schwache saure Reaction gewöhnlich mehr einem geringen Gehalt an Alaun, als den unbedeutenden Spuren von freier Schwefelsäure oder Salzsäure, und enthalten ausserdem noch schwefelsaure und salzsaure Salze von Kalk, Magnesia, Natron, Kali
und Eisenoxydul, ferner Kieselerde und schweflige Säure, oder
an deren Stelle Schwefelwasserstoff. Nur sehr selten kommen
bei dieser Art von Quellen periodische Ausbrüche vor.

Die alkalischen Thermalquellen dagegen sind sehr verbreitet und bilden die periodischen Springquellen, die Geysir,
so wie den grössten Theil der gewöhnlichen warmen und kochenden Quellen. Die Isländer haben ihnen den Namen „Hver"
gegeben. Ihre äusserst schwache alkalische Reaction rührt
von Schwefel-Alkalien, so wie kohlensaurem Natron und Kali
her, welche der Kieselerde zum Auflösungs-Mittel dienen und
die für diese Quellen so bezeichnenden Kieseltuff-Bildungen
bedingen. Mit ihnen kommen zugleich in diesen Wassern
schwefelsaure und salzsaure Alkalien vor, in denen gewöhnlich auch Spuren von Magnesia sich finden.

Die Entstehung und Bildung aller dieser Mineralwasser
lässt sich nach *Bunsen* ganz einfach und natürlich aus der
Einwirkung der vulcanischen Gase auf den Palagonit erklären; kaum braucht man eine andere Gebirgsart hierbei zu
Hülfe zu nehmen; doch ist es möglich, dass auch Phonolith in
einzelnen Fällen bei diesem Zersetzungs-Processe eine Rolle
gespielt hat, indem er an manchen Stellen, wo Geysir in sehr
entwickelter Gestalt dem Boden entquellen, in Gängen und
Rücken das ältere Trappgebirge durchsetzt. Doch kommt er
alsdann auch stets in Begleitung von Palagonit vor.

Die physikalischen Eigenschaften des Palagonits haben
wir schon früher mitgetheilt; nur giebt ihm *Bunsen* eine grössere Härte, etwa wie Apatit, während sie nach *Sartorius* die
des Kalkspathes etwas übertreffen soll. Hinsichtlich seiner
chemischen Mischung besteht er in 100 Theilen aus:

Kieselerde	37,917
Eisenoxyd	14,751
Thonerde	11,619
Kalkerde	8,442
Magnesia	5,813
Kali	0,669
Natron	0,628
Wasser	16,621
Rückstand	4,108
	100,588.

Demnach kommt dem Palagonit folgende Formel zu:

$$\left.\begin{matrix}\ddot{Mg}^3\\\ddot{Ca}^3\\\dot{Ka}^3\\\dot{Na}^3\end{matrix}\right\}\ddot{Si}^2 + 2\left\{\begin{matrix}\ddot{Fe}\\\ddot{Al}\end{matrix}\right\}\ddot{Si} + 9\,\dot{H}.$$

Im chemischen Mineralsystem dürfte er daher neben Ottrelith und Skapolith einzureihen seyn, denn vom letztern weicht der Palagonit nur durch seinen Wassergehalt ab.

Die mit dem Palagonit in Wechselwirkung tretenden vulcanischen Gase bestehen in der Regel in schwefeliger Säure, Schwefelwasserstoff, Kohlensäure und Salzsäure. Die beiden letztgenannten Säuren spielen jedoch eine mehr untergeordnete Rolle.

Der Hergang der Zersetzung ist nun folgender: Behandelt man pulverisirten Palagonit mit einem Ueberschuss von wässeriger schwefeliger Säure, so lösen sich seine Bestandtheile schon in der Kälte zu einer von Eisenoxydsalz gelbbraun gefärbten Flüssigkeit auf. Bei dem Erwärmen tritt das Eisenoxyd seinen Sauerstoff an die schwefelige Säure ab; es entsteht demzufolge Schwefelsäure und Eisenoxydul und zwar für jedes Atom der erstern zwei Atome des letztern. Zu diesem Oxydations-Process der schwefeligen Säure gesellt sich in der Natur noch ein anderer, welcher unmittelbar an der Oberfläche des Fumarolen-Terrains durch die Atmosphäre oder in der Tiefe durch den im Quellwasser diffundirten Sauerstoff der Luft vermittelt wird. Die dabei erzeugte Schwefelsäure theilt sich in die Bestandtheile des Palagonits, welche dadurch neben einem Theile der Kieselsäure als schwefelsaure Salze aufgelöst werden. Dieser Vorgang bezeichnet das erste Stadium der Fumarolen-Wirkung und stellt sich in den Namar

oder Solfataren von Krisuvik und Reykjhalid, den wichtigsten
Erscheinungen dieser Art in Island, in wahrhaft grossartigem
Maassstabe dar. Exhalationen von schwefeliger Säure, Schwefelwasserstoff, Schwefel- und Wasserdampf durchbrechen hier
in wilder Unordnung den heissen, aus Palagonit-Tuff bestehenden Boden und breiten sich weithin über die dampfenden
Schwefelfelder aus, welche in Folge der Zersetzung des Palagonits und jener Gase untereinander in steter Fortbildung begriffen sind. An den Abhängen der Berge, wo festeres Gestein ihrer weitern Ausbreitung hemmend entgegentritt, dringen sie aus Klüften und Spalten in Gestalt mächtiger Dampfstrahlen brausend und zischend, oder wenn der Schall an den
Vorsprüngen unterirdischer Höhlungen sich bricht, mit wahrhaft brüllendem Getöse hervor. Wenn dagegen diese Quellen
mehr nach der Thalsohle hin sich ziehen, so bilden sie sie-
dende Schlammpfuhle, in denen ein unheimlicher blauschwar-
zer Thonbrei in ungeheuren Blasen aufsteigt, die bei ihrem
Zerplatzen den kochend heissen Schlamm oft bis zu 15 Fuss
Höhe emporschleudern und in kraterartigen Wällen um die
Quellen-Bassins aufhäufen.

Allein hiermit ist das wechselseitige Spiel der Zersetzungen noch keineswegs geschlossen; denn wäre dies der Fall, so
würde das Verhältniss, in welchem die in den sauren Kieselerde-Quellen auftretenden Basen zu einander stehen, kein anderes seyn können, als das der Palagonit-Bestandtheile. Allein
dies ist keineswegs der Fall, wie solches die Zusammensetzung
eines Wassers ergab, welches *Bunsen* aus einem der grössten
Schlammkessel der Reykjahlider Solfatare geschöpft hatte. Es
enthielt folgende Bestandtheile:

Schwefelsauren Kalk . . .	1,2712
Schwefelsaure Magnesia . .	1,0662
Schwefelsaures Ammoniumoxyd	0,7333
Schwefelsaure Thonerde . .	0,3261
Schwefelsaures Natron . . .	0,2674
Schwefelsaures Kali . . .	0,1363
Kieselerde	0,4171
Thonerde	0,0537
Schwefelwasserstoff	0,0820
Wasser	9995,6467
	10000,0000

Berechnet man die Basen der kaum vierhundert Procent

des Wassers betragenden Salze auf hundert, und vergleicht man diese Zahlen mit dem Verhältniss der Basen im Palagonit, so ergiebt sich eine grosse Verschiedenheit.

Verhältniss der Basen:

im Palagonit:		im Suffionenwasser:
Eisenoxyd	36,75	0,00
Thonerde	25,50	12,27
Kalkerde	20,25	42,82
Magnesia	11,39	29,42
Natron	3,44	9,51
Kali	2,67	5,98
	100,00	100,00.

Hieraus erhellt ganz deutlich, dass der durch Einwirkung der schwefeligen Säure auf den Palagonit gebildete Eisenvitriol sich nicht im Wasser wieder findet; dass die Thonerde des Wassers in einem weit geringern Verhältniss auftritt, als der Zusammensetzung des Palagonits entspricht; dass der Gyps zu den übrigen Basen des Wassers in einem geringern Verhältniss steht, als es die Zusammensetzung des Palagonits erfordert, und endlich, dass das Verhältniss der Magnesia, des Natrons und des Kali's innerhalb der Fehlergrenze der Versuche und der Schwankungen, welchen diese Basen als isomorphe Körper unterworfen sind, vollkommen das Verhältniss dieser Bestandtheile im Palagonit ausdrückt.

Diese Thatsachen beweisen ganz deutlich, dass die Thätigkeit der durch die schwefelige Säure bedingten chemischen Zersetzungen mit der Auflösung des Palagonits noch keineswegs ihr Ende erreicht haben. Es bleibt daher noch zu erörtern übrig, wie sich diese Thätigkeit in einer Reihe von Actionen fortsetzt, durch welche der gesammte Eisenoxydul-Gehalt, so wie ein Theil der Thonerde und Kalkerde wieder aus der Lösung entfernt wird.

Man könnte wohl zunächst die gänzliche Abwesenheit der Eisenoxyde in den natürlichen Lösungen des Palagonits einer Fällung derselben durch freie oder kohlensaure Alkalien zuschreiben, welche unter besondern Umständen, wie nachher auseinandergesetzt werden wird, aus der Zersetzung dieses Fossils hervorgehen; allein eine solche Erklärung scheint völlig unzulässig zu seyn, weil die Thonerde durch Alkalien vor dem Eisenoxydul, oder gleichzeitig mit dem Eisenoxyd, hätte gefällt werden müssen, was mit der Anwesenheit dieser Substanz in den meisten Suffionenwassern unvereinbar ist. Allein den wahren Grund dieser Erscheinung hat *Bunsen* in der Eigenschaft des Palagonits gefunden, dass er bei Digestion mit einer neutralen Lösung von Eisenvitriol, unter Bildung von schwefelsaurem Kalk, das Eisenoxydul entweder als Hydrat oder vielleicht als kieselsaures Salz zu fällen vermag. Die freie schwefelige Säure löst daher ursprünglich das Eisenoxyd der Tuffe als Oxydulsalz neben einem Theile der übrigen Bestandtheile derselben auf, setzt dasselbe aber, wenn die Auflösungen bei ihrem Durchgange durch die Gebirgsart neutral geworden sind, bei weiterer Berührung mit derselben als Oxydulhydrat oder, wenn Sauerstoff zugegen ist, als Oxydhydrat wieder ab. Der zersetzte Palagonit wird dadurch in abwechselnde, ordnungslos sich durchsetzende Lagen von weissem eisenfreien und gefärbten eisenhaltigen Fumarolen-Thon verwandelt, deren Grenzen mithin die Schichten bezeichnen, wo die erste Action der sauren in die zweite der neutralen Lösungen übergegangen ist. Ein besonders lehrreiches Profil in dieser Beziehung beobachtet man an der nordöstlichen Thalwand des Namarfjall bei Reykjahlid, woselbst man durch die grosse Aehnlichkeit überrascht wird, welche diese metamorphischen, noch in steter Fortbildung begriffenen Thonlager in ihrer äussern Erscheinung mit manchen Gliedern der Keuper-Formationen wahrnehmen lassen. Dieselbe Einwirkung, welche der Palagonit auf die neutralen Lösungen des schwefelsauren Eisenoxyduls ausübt, wiederholen sich auch bei den schwefelsauren Salzen der Thonerde und des Eisenoxyds. Beide werden dadurch aus ihren neutralen Lösungen unter Bildung von Gyps gefällt, so dass die Thonerde nicht nur aus den Suffionenwassern entfernt, sondern auch von einer Stelle zur andern im Bereiche dieser Zersetzungen geführt wird.

Der Gyps ist als Hauptproduct dieser Reactionen zu betrachten, obgleich der Palagonit auf denselben, eben so wie auf die übrigen löslichen Zersetzungs-Producte keine Einwirkung ausübt. Allein seine geringe Löslichkeit, verbunden mit seiner grossen Krystallisations-Fähigkeit, sind Ursache, dass seine Ausscheidung fortwährend und zwar unter sehr merkwürdigen Verhältnissen vor sich geht, weshalb man den Fumarolen-Thon häufig mit Gyps-Ausscheidungen erfüllt sieht. So z. B. erblickt man an der vorhin erwähnten Bergwand des Namarfjall und bei Krisuvik Gypsmassen in zusammenhängenden Schichten und stockförmigen Einlagerungen, welche nicht nur die Thonmassen durchsetzen, sondern sogar bisweilen in kleinen Felsen anstehen. Sie sind alsdann im Aeussern völlig übereinstimmend mit denjenigen Gypsschichten, welchen man in den Mergel- und Thon-Gebilden der Trias-Formation so häufig begegnet. Bei genauerer Betrachtung erscheint es ferner sehr wahrscheinlich, dass auch ein Theil derjenigen Gypsstöcke, welche besonders in den mergeligen Thonschichten der jüngern Flötzreihe auftreten und bei denen die gänzliche Abwesenheit kalkschaliger Conchylien auf die Einwirkung saurer Dämpfe hindeutet, einer chemisch identischen, geologisch aber vielleicht in sehr verschiedener Form auftretenden Einwirkung ihre Entstehung verdanken.

Ausser diesen Erzeugnissen der isländischen Solfataren-Thätigkeit findet sich auch noch Federalaun, Schwefelkupfer, schwefelsaures Kupferoxyd, Schwefelkies und der Schwefel selbst als das wichtigste dieser Producte. Nicht nur an der schon mehrfach erwähnten Namar von Krisuvik, sondern noch mehr in den Umgebungen des Krabla tritt er in grossem Maassstabe auf. Er scheint grösstentheils aus der wechselseitigen Einwirkung der schwefeligen Säure und des Schwefelwasserstoffes hervorzugehen. Bekanntlich zersetzen sich diese beiden Gase gegenseitig, bei welchem Processe Schwefel sich abscheidet. Auch bei den isländischen Vulcanen, eben so wie bei der Solfatara bei Neapel, hat man die sehr bezeichnende Erscheinung wahrgenommen, dass, wenn man den beiden genannten Gasen einen glimmenden Körper, etwa eine Cigarre, nähert, sich sogleich eine dichte Dampfwolke von der Stelle des glimmenden Körpers aus weithin über die Schlünde der Fumarolenfelder verbreitet. *Bunsen* konnte dies Phänomen am Hekla selbst da noch hervorrufen, wo weder schwefelige Säure durch den Geruch, noch Schwefelwasserstoff durch stundenlanges Verweilen eines den Dämpfen ausgesetzten Blei-Papiers mehr nachweisbar war. Wo diese Gase in Berührung mit Wasserdämpfen dem Boden entströmen, kann man die Bildung dicker, krystallinischer Schwefelkrusten beobachten, welche sich um die Mündungen der Fumarolen herum und auch oberhalb derselben absetzen. Augenscheinlich hängt ihre Ablagerung von einer durch die hervordringenden Dämpfe vermittelten mechanischen Fortführung der erzeugten Schwefelblumen ab, und lässt sich nicht unpassend mit den Russ- und Rauch-Abscheidungen vergleichen, die bei ihrer feinen Zertheilung von den Luftströmen bisweilen weithin mit fortgetrieben werden. Ein anderer, obgleich geringerer Theil des Schwefels setzt sich in Gestalt eines zarten, weissen, die Thonmassen oft verkittenden Pulvers ab. Dies scheint hauptsächlich aus der Zersetzung des Schwefelwasserstoffs auf Kosten des atmosphärischen Sauerstoffs zu entstehen, oder es rührt von Schwefel her, welcher in Gasgestalt die empordringenden Wasserdämpfe begleitet. Geschmolzen wurde der Schwefel von *Bunsen* nur in den beiden grössten neuen Krateren des Hekla angetroffen, deren obere Wände im Juli 1846, also einige Monate nach der letzten grossen Eruption, stellenweise eine weit über 100° C. betragende Boden-Temperatur besassen.

Ein anderes, nicht minder interessantes Product der Fumarolen-Thätigkeit ist der Schwefelkies, der in bisweilen sehr nett ausgebildeten Krystallen sich in den aus der Zersetzung des Palagonits entstandenen Thonmassen vorfindet.

Diese Bildung wird wiederum vermittelt durch die Einwirkung des Schwefelwasserstoffs auf den Palagonit. In Folge derselben entstehen einfach Schwefeleisen und alkalische Schwefelmetalle. Durch die Bildung des erstern wird der Palagonit in eine schwarze Masse verwandelt, welche dem Thone der kochenden Schlammpfuhle eine schwarze Farbe ertheilt. Die alkalischen Schwefelmetalle dagegen werden von dem kochenden Wasser gelöst und verwandeln sich da, wo sie mit dem Schwefel in Berührung kommen, in Polysulfüre, und man begreift nun leicht, wie das durch Schwefelwasserstoff unter Abscheidung von Schwefel zu einfach Schwefeleisen umgewandelte Eisenoxyd von den zugleich gebildeten alkalischen Polysulfüren gelöst, und denselben ein Atom Schwefel entziehend, als zweifach Schwefeleisen oder Schwefelkies (vielleicht auch als Vitriolkies) in Krystallen wieder abgesetzt werden kann. Die Art des Vorkommens dieser Schwefelkiese bestätigt ganz diese Ansicht; denn die Eisenoxydfärbung steht mit der Menge

der gebildeten Krystalle im umgekehrten Verhältniss. Wo
jene abnimmt, nehmen diese zu und die Kiese treten nur da
in ihrer grössten Entwickelung auf, wo die Oxyde des Eisens
ganz aus dem Thone verschwunden sind. In geologischer Beziehung ist diese Beobachtung wiederum
von grosser Wichtigkeit; sie wirft ein helles Licht auf die Schwe-
felkies-Bildungen, welche man in ältern thonigen Mergelmassen,
namentlich der Trias-Formation, antrifft und die, wenn auch vielleicht unter abweichenden geologischen Verhältnissen, doch gewiss durch denselben chemischen Process entstanden sind.

Es versteht sich übrigens von selbst, dass diese Kies-Bil-
dungen nichts mit jenen gemein haben, welche aus der Zersetzung schwefelsaurer Salze unter dem Einflusse eines organischen Verwesungs-Processes hervorgehen; denn sie treten
eben so wohl im höchsten Krater des Hekla, wo jeder Ge-
danke an die Mitwirkung organischer Substanzen wegfallen
muss, als auch bei den Geysirn von Reykir und in den Solfataren von Krisuvik auf.

Fassen wir das bisher Mitgetheilte näher zusammen, so
leuchtet ein, dass es der grosse Reichthum an vulcanischen
Gasen, namentlich aber an schwefeliger Säure ist, welche, in
Wechselwirkung mit dem Palagonit, den Charakter dieser Erscheinungen bedingt. Wir gerathen aber sogleich auf ein anderes Feld der pseudovulcanischen Thätigkeit, wo Schwefelwasserstoff und schwefelige Säure mehr zurücktreten oder letztere gänzlich verschwindet. Es eröffnet sich alsdann der Blick
auf das Gebiet der basischen Kieselerde-Quellen und die Phänomene, welche den Geysir, den Strokkr und die übrigen hierher gehörigen Thermen charakterisiren, treten in ihrer ganzen
Pracht und Grösse auf.

Gehen wir nunmehr zum grossen Geysir, als der bekanntesten und berühmtesten der isländischen periodischen Erup-
tions-Quelle über. Nebst einigen andern ihm angehörigen
Thermen liegt er in südwestlicher Richtung von der höchsten
Spitze des Hekla in einer Entfernung von etwa 5 geogr. Meilen. Seine Haupterstreckung läuft ungefähr N17O, ist also
der Hekla-Kette und der allgemeinen vulcanischen Spalten-
Richtung ziemlich conform. Auch hier tritt wieder ein Palagonit-Tuff als älteste Gebirgsformation auf, welche den Quel-

lenboden bildet; am nordwestlichen Rande der Quellen wird
sie von einem Phonolith-Rücken durchsetzt. Nur hier und da
dringen einzelne Thermen aus dem Phonolith selbst in einer
Höhe von ungefähr 55 Meter über dem grossen Geysir hervor. Doch ist der eigentliche Sitz seiner Thätigkeit ein lockerer Palagonit-Tuff am Fusse jener Klingstein-Durchbrechung.
Dieser Tuff ist nach oben zu von dem Kieselabsatz der Quelle
bedeckt, nach unten hin aber geht er in jenen bunten Fumarolen-Thon über, der, wie schon öfters bemerkt, aus der Zersetzung des Palagonits hervorgeht. Auch hier bemerkt man
an aufgeschlossenen Stellen des Bodens einen brodelnden Pfuhl,
dessen dunkler zäher Schlamm in grossen Blasen aufgetrieben wird, oder eine dampfende Bodenfläche, bedeckt mit Gyps-
und Alaun-Krystallen, oder endlich einen Anflug von Schwefel, welcher den Thon oder selbst die Kiesel-Incrustationen
überzieht. Allein diese durch das Auftreten geringer Mengen
vorwaltender schwefeliger Säure bedingten Erscheinungen verschwinden zuletzt vor der grossartigen Einwirkung der Kohlensäure, des Schwefelwasserstoffs und des erhitzten Wassers
auf die Palagonitsubstanz. Aus der wechselseitigen Einwirkung dieser vier Stoffe bilden sich jene berühmten Quellen,
deren krystallhelle, in Schaum und Dampf umgewandelte Strahlen aus der Spitze ihrer selbstgeschaffenen, aus Kiesel-Tuff
bestehenden Kratere bald ununterbrochen, bald in Perioden
von wenigen Minuten bis zu mehreren Tagen hervorbrechen.
Es tragen diese Geysir, gleich allen alkalischen Kieselerde-
Quellen auf Island, keineswegs den unheimlichen Charakter
jener wilden Verwüstung an sich, der sich in den Fumarolen
und Solfataren mit ihren kochenden Schlammpfuhlen und dampfenden Schwefelfeldern ausspricht. Einen lieblichen und wohl-
thuenden Eindruck gewähren vielmehr die meist hellfarbigen,
bisweilen sogar durchscheinenden und in phantastischen Formen
auftretenden Kieselerde-Niederschläge, die sich bald in der
Gestalt eines kleinen, kegelförmig gebauten Kraters, bald zu
rundlichen, beckenartigen Vertiefungen, bald zu runden Schach-
ten von bewunderungswürdiger Regelmässigkeit gestalten.

Auf experimentellem Wege ist es *Bunsen* geglückt, die
Art und Weise der Bildung dieser Incrustationen vollständig
zu enträthseln. Bei der Analyse eines Geysir-Wassers fand

er, dass die Kieselerde in kohlensauren Alkalien und als Hydrat in jenem Wasser aufgelöst vorkam. Beim Erkalten desselben schied sich indess keine Spur von Kieselerde ab; erst beim Abdampfen in einer Schale sonderte sie sich in Gestalt einer feinen Kruste, jedoch nur an den benetzten Rändern des Gefässes ab, weil hier eine völlige Verdunstung eintrat, während die Flüssigkeit selbst erst bei weit vorgeschrittener Concentration durch Kieselerde-Hydrat sich trübte. Dieser anscheinend geringfügige Umstand ist für die Geysir-Bildungen von ausnehmend grosser Wichtigkeit. Denkt man sich nämlich eine einfache, incrustirende Thermalquelle, welche das Wasser von ihrem Bassin aus über einen flach geneigten Boden ergiesst, so leuchtet ein, dass das Bassin, in welchem das stets erneuerte Wasser der Verdunstung nur eine sehr geringe Oberfläche darbietet, von Kieselbildungen frei bleiben muss, während seine, den Wasserspiegel überragenden Ränder, an denen die durch Capillarität eingesogene Feuchtigkeit leicht und schnell eintrocknet, sich mit einer Kieselerde-Kruste bekleiden. Weiterhin, wo das Wasser sich auf der die Quelle umgebenden Bodenfläche ausbreitet, nehmen die Incrustationen in dem Maasse zu, als seine Verdunstungsoberfläche wächst. Die dadurch bewirkte Bodenerhöhung setzt dem Abflusse des Wassers allmählig ein Hinderniss entgegen und leitet dasselbe gegen den tiefern Boden hin, wo das Spiel dieser Sinterbildungen sich von Neuem wiederholt, bis die veränderten Niveau-Verhältnisse einen Wechsel des Wasser-Abflusses bewirken. Da das Bassin der Quelle an dieser Incrustation-keinen Antheil nimmt, so baut es sich, indem es sich mit einem Hügel von Kiesel-Tuff umgiebt, zu einer tiefen Röhre auf, die, wenn sie eine gewisse Höhe erreicht hat, alle Bedingungen in sich vereint, um die Quelle in einen Geysir zu verwandeln. Ist eine solche Röhre, je nachdem es das ursprüngliche Verhalten der Quelle mit sich brachte, verhältnissmässig eng und wird sie von einer nicht zu langsam hervordringenden, durch vulcanische Bodenwärme von unten sehr stark erhitzten Wassersäule erfüllt, so muss eine continuirliche Springquelle entstehen, wie deren sehr viele auf Island beobachtet werden können. Man begreift leicht, dass eine Quelle, welche ursprünglich an ihrer Mündung keine höhere, als die dem Drucke

der Atmosphäre entsprechende Temperatur besitzen konnte,
sehr wohl, nachdem sie sich durch allmählige Incrustation mit
einem Röhrenaufsatz versehen, unter dem Drucke der in dieser Röhre befindlichen Flüssigkeit nun am Boden derselben
eine über 100° C. betragende Temperatur erreichen kann.
Die in der Tiefe des natürlichen Quellenschachtes über 100° C.
erhitzte aufsteigende, stets von unten her erneuerte Wassermasse einer solchen Quelle muss, so bald sie die Mündung
der Röhre durchströmt, eine dem verminderten Drucke entsprechende Temperatur-Erniedrigung bis auf 100° C. erleiden,
wobei der ganze Wärmeüberschuss über 100° zur Dampfbildung verwendet wird. Das Wasser dringt alsdann, durch die
Expansivkraft dieser entwickelten Dämpfe gehoben, mit ihnen
zu einem weissen Schaume vermischt, in einem continuirlichen
Strahle unter Brausen und Zischen aus der Mündung der
Quelle hervor. Dergleichen Quellen kommen sehr viele auf
Island, namentlich im Reykholter Thale vor. Ist dagegen die
durch den Incrustations-Process gebildete Geysir-Röhre hinlänglich weit, um von der Oberfläche aus eine erhebliche Abkühlung des Wassers zu gestatten, und tritt der weit über
100° erhitzte Quellenstrang nur langsam in den Boden der
weiten Röhre ein, so finden sich in diesen einfachen Umständen alle Erfordernisse vereinigt, um die Quelle zu einem wahr-
haften Geysir umzugestalten, d. h. zu einer Quelle, welche
periodisch durch plötzlich entwickelte Dampfkraft zum Ausbruch kommt und unmittelbar darauf wieder zu einer längern
Ruhe zurückkehrt. Der vielfach beschriebene, weltbekannte
grosse Geysir gehört hierher; er ist die berühmteste dieser
periodischen Eruptionsquellen. *Bunsen* und *Des-Cloizeaux* haben durch Versuche gefunden, dass die die Röhre erfüllende
Flüssigkeitssäule fortwährend von unten durch eindringendes
Wasser erhitzt wird, während es von oben an dem grossen
Wasserspiegel des Beckens eine stete Abkühlung erleidet.
Diese letztere vermittelt sich in der Röhre selbst durch einen
im obern Theile derselben auf- und absteigenden Strom, der
im Centrum der Röhre als erhitzte Wassersäule empordringt,
sich an der Oberfläche des Beckens gegen den Rand desselben hin verbreitet und nach der Abkühlung am Boden des
Bassins in die Röhre zurückfliesst.

Die Art und Weise, wie die Eruptionen nun vor sich gehen, lässt sich ohne bildliche Darstellung nicht wohl versinnlichen; nur so viel sey bemerkt, dass nur ein sehr geringer
Anstoss nöthig ist, um einen grossen Theil der Wassersäule
plötzlich zum Kochen zu bringen, beziehungsweise in Eruption zu versetzen. Jede Ursache nämlich, welche diese Was-
sercolonne nur um einige Meter emporhebt, muss diese Wirkung zur Folge haben; es erfolgt hierdurch eine Verminderung
des Druckes auf den übrigen Theil der Wassermasse; dadurch
wird auch der tieferliegende Theil der Wassersäule über den
Kochpunkt versetzt; es erfolgt eine neue Dampfbildung, die
abermals eine Verkürzung der drückenden Flüssigkeiten zur
Folge hat, und so in ähnlicher Weise fort, bis das Kochen
von der Mitte des Geysir-Rohres bis nahe an den Boden desselben fortgeschritten ist, wenn nicht schon andere Umstände
diesem Spiele ein Ende gemacht haben.

Die bei diesem plötzlich eintretenden Verdampfungs-Process sich entwickelnde mechanische Kraft scheint mehr als
hinreichend zu seyn, um die ungeheure Wassermasse des Geysirs bis zu der erstaunenswerthen, über 100—150 Fuss betragenden Höhe emporzuschleudern, welche diesen schönen Eruptions-Erscheinungen einen so imposanten und grossartigen Character verleiht.

Suchen wir nun näher zu ergründen, durch welche Ursache die Wassersäule jene Hebung erleidet, welche die erste
Veranlassung zu einer Eruption giebt, so erklärt sich dies
durch jene Eigenthümlichkeit der isländischen Thermalquellen,
periodisch an gewissen Stellen in dem Wasser des Quellenba-
sins eine Anzahl grosser Dampfblasen zu bilden, welche beim
Aufsteigen in eine obere kältere Schicht plötzlich wieder condensirt werden. Hierdurch wird eine kleine Detonation bewirkt, welche von einer halbkugelförmigen Hebung und gleich
darauf erfolgenden Senkung der Oberfläche des Wassers begleitet ist. Auch an dem grossen Geysir bemerkt man diese
periodische Folge der Dampfdetonationen, welche 4—5 Stunden
nach einer grossen Eruption beginnen und sich dann in Intervallen von 1—2 Stunden bis zum nächsten Ausbruch, dem
sie stets in rascher Folge und grosser Heftigkeit unmittelbar
vorangehen, wiederholen. Die Periodicität dieser Detonationen

8

ergiebt sich aus dem Umstande, dass, wenn in den Zuführungs-
Canälen des Geysir-Rohres eine Wasserschicht unter dem andauernden Einflusse der vulcanischen Bodenwärme in's Kochen
geräth, und der gebildete Dampf beim Aufsteigen in die höhern
kältern Wassermassen wieder condensirt wird, die Temperatur
dieser kochenden Schicht durch die in ihr stattgehabte Dampfbildung so weit erniedrigt wird, dass sie, nach der Condensation der im Wasser aufsteigenden Dämpfe wieder dem ursprünglichen höhern Druck ausgesetzt, eine längere Zeit nöthig hat,
um von Neuem bis zum Siedpunkt erhitzt zu werden. Die
durch diesen Umstand bewirkte periodische Hebung der Wassermasse im Geysir pflegt der durchschnittlichen Wassermasse
nach zu urtheilen, welche dabei aus der Mündung der Röhre
in Gestalt eines konischen Wasserberges hervordringt; selten
mehr als 1—2 Meter zu betragen. Alle übrigen dieser Periode
vorangehenden Hebungen dagegen werden nur im Stande seyn,
die unten erhitzten Wassermassen durch Stoss in den obern
Theil der Geysirröhre theilweise emporzutreiben, wo diese
Masse unter dem verminderten Drucke in's Kochen gerathen,
und die kleinen, mit geringen Eruptionen verbundenen Auf-
kochungen bewirken, welche man zwischen den grössern Ausbrüchen wahrnimmt. Diese Miniatur-Eruptionen sind daher
gleichsam nur misslungene der grossen Ausbrüche, die sich
vom Ausgangspunkte der Dampfbildung, wegen der noch zu
niedrigen Temperatur der Wassersäule, nur auf kurze Erstre-
ckungen hin fortpflanzen können. Der Hauptsitz der mechanischen Kraft, durch welche die in kochenden Schaum verwandelte Wassermasse emporgeschleudert wird, befindet sich
demnach im Geysirrohre selbst; denn wenn man, um hierüber
nähere Aufklärung zu erhalten, Steine an dünnen Fäden in
verschiedenen Tiefen der mit Wasser gefüllten Geysirröhre
aufhängt, andere aber auf den Boden derselben versenkt, so
werden stets nur die an der Oberfläche befindlichen aus der
Quelle oft über 100 Fuss emporgeschleudert, während die in
grössern Tiefen, namentlich am Boden befindlichen, niemals
wieder zum Vorschein kommen. Steine, von mehreren Pfun-
den an Gewicht dagegen, welche man in das Geysirbecken
legt, werden in den Intervallen der einzeln hervorbrechenden
Strahlen mit der von Geysirrohr abwechselnd eingesogenen

Wassermasse des Beckens dem Rohre zugeführt und aus diesem wieder emporgeworfen. Diese Erscheinung steht mit der Erzeugung der Eruptionsstrahlen innerhalb des Rohres in völligem Einklange, denn das Gemenge von Dampf und Wasser, aus denen diese Strahlen bestehen, muss in dem Maasse als die Ausdehnung und Entwickelung des Dampfes nach der Geysirmündung hin zunimmt, mit stets beschleunigter Geschwindigkeit sich bewegen, so dass die bewegte Flüssigkeit an der Mündung schwere Gegenstände mit sich fortführen kann, die sie in grössern Tiefen noch nicht aufwärts zu bewegen vermag. Aus allen diesen Versuchen resultirt, dass das Quellenrohr als der eigentliche Sitz der mechanischen Kraft zu betrachten ist, welche das bisher so räthselhafte Spiel der periodischen Eruptionen unterhält; doch lässt sich anderseits nicht wohl verkennen, dass, wo auch immer dieser Quellenschacht durch seitliche Canäle mit erhitzten Wassermassen des Bodens communiciren mag, dieses Wasser während des bei der Eruption verminderten Druckes bedeutende Dampfmassen zu entwickeln und dem Eruptions-Apparate zuführen mag, wodurch nothwendiger Weise die Ausbrüche eben so sehr an Kraft gewinnen, als an Regelmässigkeit, was ihre Intermittenz und Dauer an belangt, verlieren müssen. Solche Dampfentwickelungen scheinen in der That bei den Eruptionen mit thätig zu seyn, was daraus hervorgehen dürfte, dass die empordringenden Wasserstrahlen bei heftigen Ausbrüchen in einer rotirenden Bewegung begriffen sind, die sich nicht wohl anders als durch seitliche Dampf-Einströmungen erklären lässt. Mit diesem Umstande scheint auch die äussere Erscheinung der Ausbrüche in sehr naher Beziehung zu stehen, und es liegt darin unstreitig auch der Grund jener tangentialen Ausbreitung der emporschiessenden Strahlen, die sich nicht selten bis über den Rand des Tuffbeckens seitlich ausbreiten.

Nächst dem Geysir ist der Strokkr (in der isländischen Sprache das „Butterfass" bedeutend) die grösste unter den isländischen Eruptionsquellen und nur einige hundert Schritte von erstern entfernt. Sein innerer Bau ist aber verschieden von dem des grossen Geysirs, deshalb sind auch seine Eruptionserscheinungen, von denen des Letztern verschieden. Sein ebenfalls durch Kiesel-Incrustationen entstandenes Rohr ist nämlich nur 13^m,$_{55}$ tief, und was die Hauptsache ist, nicht wie bei dem Geysir cylindrisch, sondern in der Art trichterförmig gestaltet, dass sein Durchmesser an der Mündung 2^m,$_4$, dagegen in einer Tiefe von 8^m,$_3$ nur noch 0^m,$_{26}$ beträgt. Das Wasser, dessen Niveau 3^m bis 4^m,$_5$ unterhalb der Mündung steht, hat keinen Abfluss und wird nur durch die Eruptionen entleert. Da die gesammte, einer Sondirung zugängliche Wassersäule fortwährend in heftigem Sieden begriffen ist, so müssen die verschiedenen Temperaturen derselben constant bleiben und dem in den einzelnen Schichten stattfindenden Drucke entsprechen. In Folge mehrerer hierüber angestellten Versuche nimmt *Bunsen* an, dass der untere, engere Theil des Strokkr - Trichters von einem empordringenden Dampfstrahl erfüllt ist, welcher die in verschiedenen Höhen sich gleichbleibende Temperatur an dieser Stelle bedingt, während das im obern Trichter von diesem Dampfstrahle getragene Wasser durch denselben fortwährend im Kochen erhalten wird. Wahrscheinlich hat aber die Kraft, welche die periodischen Ausbrüche bewirkt, in sehr grossen Tiefen statt, was auch aus dem, schon seit langer Zeit bekannten, bereits in *Olafsens* Reise, Bd. 2. §. 843. erwähnten Versuche hervorzugehen scheint, dass, wenn man den Dampfcanal durch Erde, Steine und Rasen verstopft, nach 20—30 Minuten eine grosse Eruption erfolgt, welche die genannten Körper mit grosser Heftigkeit fortschleudert, und nachdem sie zuerst das schlammige Wasser des Trichters ausgeworfen, krystallhelle Wasserstrahlen oft 150 Fuss hoch emportreibt. Dass diese demnach unterhalb des allein nach den Messungen zugänglichen Dampfcanals hervorströmenden Eruptionen durch eine dem Geysir-Apparat ganz ähnliche Vorrichtung periodisch in Thätigkeit gesetzt werden können, ergiebt sich von selbst daraus, dass die Bedingungen der an dem obern Theile dieses unterirdischen Apparates nöthigen Abkühlung des Wassers durch den dort statt findenden Verdampfungs-Process selbst gegeben sind.

In der schon mehrfach erwähnten Gegend von Reykir giebt es noch eine andere Art intermittirender Thermen, welche dadurch characterisirt sind, dass ihre Ausbrüche nicht durch plötzlich eintretende Dampf-Detonationen sich ankündigen und nicht durch stossweises, auf kurze Zeit beschränktes Hervorbrechen der siedenden Wassermassen bezeichnet sind. Der Litli-Geysir (der kleine

Geysir), welcher ebenfalls im Palagonitgebirge an der genannten Stelle entspringt, ist die ausgezeichnetste Quelle dieser Art.
Sein Quellenkrater wird gebildet durch eine theilweise mit
Steinen zugeworfene, kegelförmige Tuff-Erhöhung. Zwischen
diesen Steinen, welche zeitweise nicht mit Wasser bedeckt
sind und aus deren Zwischenräumen nur mässig starke
Wasserdämpfe hervortreten, presst sich der kochende Wasserstrahl periodisch hervor. Die Eruptionen erfolgen mit grosser
Regelmässigkeit in Zwischenzeiten von 3 Uhr 45 Minuten, und
geben sich durch eine allmählig zunehmende Entwickelung
von Wasserdampf und durch ein unterirdisches, plätscherndes
Geräusch zu erkennen. Dann dringt ein kochender Wasser-
schaum mit den Dämpfen hervor, der in langsamen Perioden
steigend und fallend sich immer höher und höher erhebt, bis
er nach etwa 10 Minuten, wo das Phänomen die grösste Entwickelung erreicht hat, in vertical und seitlich aufspritzenden
Garben gegen 30—40 Fuss hoch emporsteigt. Dann nehmen
die Strahlen an Umfang in ähnlicher Weise ab, wie sie sich
erhoben, bis die Quelle nach etwa 10 Minuten zu ihrer frühern
Ruhe zurückkehrt. Obgleich diese Erscheinung gegen die gewaltigen Ausbrüche des grossen Geysir, der eine Garbe kochenden Wassers von mehr als 28 Fuss im Umfang bis zu
der colossalen Höhe von 100—150 Fuss in die Lüfte emportreibt, zurückzutreten scheint, so soll sie, nach *Bunsen*, diesem
an Schönheit doch keineswegs nachstehen. Das betäubende
Zischen und Brausen, mit welchem die kochenden Wasserstrahlen aus dem Mundloch der Quelle hervordringen und durch
das man sehr vernehmbar das Rauschen der durch die Gewalt
der Dämpfe zerstäubten, in Regenschauern herabfallenden Wassermasse unterscheidet — die Pracht der unbeschreiblich schönen Regenbogen, welche durch den Reflex der Sonnenstrahlen
mit stets wechselnder Intensität in den herabrauschenden Tropfen auf Augenblicke entstehen, um eben so schnell wieder
unter den rollenden Dampfmassen zu verschwinden, — die
dicht geballten Dampfwolken selbst, welche vom Wasserstrahl
emporwirbeln und dem Spiele der launigten Winde preiss gegeben, sich scharf gegen den Hintergrund der dunkeln, unheimlichen Bergwände abgrenzen — der mattfarbige Hof endlich, welchen der Beobachter zu Häupten seines schwankenden

riesigen Schattens auf diesen Wolken gewahrt, und der nur ihm selbst, nicht aber zugleich seinem Nachbar sichtbar ist — Alles dies gewährt einen überraschenden, grossartigen und schwer zu beschreibenden Eindruck.

Wenn man die Dauer der Ausbrüche dieser Art von Quellen, das langsame aber stetige Wachsen und Abnehmen derselben und die grosse Regelmässigkeit ihrer periodischen Ausbrüche einer genauern Betrachtung unterwirft, so sieht man bald ein, dass ihnen eine andere Ursache zum Grunde liegen mag, als die, welche die Eruptionen des grossen Geysirs bewirkt, und man muss wohl hier zu der Theorie von *Mackenzie*, welcher bekanntlich das Vorhandenseyn unterirdischer, mit einander in Verbindung stehender Dampfkessel annahm, zurückkehren. Die am Litli-Geysir wahrnehmbaren Erscheinungen scheinen in völligem Einklange mit dieser Hypothese zu stehen. Der genannte Schriftsteller (s. dessen Reise durch die Insel Island, in *Bertuch's* neuer Bibliothek der Reisebeschreibungen, 1r Bd. S. 286, Tab. 3) nimmt nämlich an, eine Wassersäule werde durch die Expansivkraft des in Höhlungen unter der Erdoberfläche eingeschlossenen Wasserdampfes in einer Röhre schwebend erhalten. Schon dadurch, dass sich mehr Hitze entwickelt, kann eine Quantität Wasserdampf hinzu kommen. Entwickelt sich nun die supponirte Hitze plötzlich und wird dadurch eben so schnell eine bedeutende Quantität elastischen Dampfes entwickelt, so entsteht durch diese Anhäufung eine Bewegung in der Wassersäule und dadurch eine neue Erzeugung von Dampf innerhalb der unterirdischen Räume. Der Druck der Wassersäule wird endlich überwunden und der mit ungestümer Heftigkeit hervorbrechende Dampf reisst gewaltsam das Wasser mit sich hoch in die Luft empor. So lange der Wasserdampf in dieser ausserordentlichen Menge anhält, müssen auch die Ausbrüche erfolgen. Da aber bei jedem derselben zugleich Wasser über das Bassin hinausgeschleudert wird, auch eine beträchtliche Quantität dabei überfliesst, so wird der Druck vermindert, der Dampf setzt sein Spiel mit grösserer Wirkung fort, bis endlich eine gewaltsame Eruption erfolgt, eine ausserordentliche Menge Wasserschwaden hervorbricht und das Wasser in die Röhre zurücksinkt. Allein diese Erklärung reicht, wie es scheint, doch

nicht ganz aus; denn abgesehen davon, dass die Ursache der so
plötzlich gesteigerten Hitze nicht angegeben wird, müsste auch
die Erzeugung derselben, augenblicklich nach dem letzten Ausbruche, welcher in der Regel der heftigste ist, aufhören. Denn
wenn man auch annimmt, dass es durch denselben aus den unterirdischen Räumen hervorgetrieben werde, was jedoch nicht
der Fall ist, so müsste, wenn anders gerade im Augenblicke des
letzten und stärksten Ausbruchs die Anhäufung der Hitze nicht
plötzlich aufhörte, doch Dampf aus dem Rohre emporsteigen.
Dies ist aber nicht der Fall, vielmehr sinkt nach der letzten
Eruption Alles in die frühere Ruhe zurück. Vielleicht lässt
sich die Verminderung der Temperatur dadurch erklären, dass
durch den mit der letzten Kraftäusserung verbundenen Ausbruch zugleich eine so grosse Menge Wasserdampf entweicht,
dass hierdurch eine Erniedrigung der Temperatur entsteht.

Es bleibt uns jetzt nur noch übrig, das Nothwendigste
über das letzte Stadium der Kieselbildungen bei den isländischen Thermalquellen zu bemerken.

Diese Kieseltuff-Bildungen schreiten nämlich im Laufe der
Zeit so lange fort, bis die Geysir-Apparate, so wie das umliegende Terrain eine Höhe erreicht, welche der Eruptionsthätig-
keit der Quelle dadurch ein Ziel setzt, dass das Verhältniss
der drückenden Wassersäule zu der vom Boden ausgehenden
Erhitzung ein anderes wird. Sobald nämlich der Wärmezu-
fluss von Unten und die Abkühlung an der Oberfläche sich
so weit das Gleichgewicht halten, dass die Wassermasse nicht
mehr den Kochpunkt zu erreichen vermag, so hört das Spiel
der Quelle von selbst auf. Es entstehen alsdann grosse, aus
Kieseltuff bestehende Becken, erfüllt mit heissem, stagnirendem
oder auch abfliessendem Wasser, deren Tiefe und Form von
Zufälligkeiten beim Incrustations-Process, oder von Einsenkungen abhängt, welche dadurch besonders begünstigt werden,
dass die Palagonit-Substanz in Form löslicher Salze und Kieselerde mit dem Wasser unaufhörlich zu Tage gefördert wird.

Wenn nun solche Quellen wegen ihres stets wachsenden
hydrostatischen Druckes an tieferen Stellen der Erdoberfläche
hervorbrechen, so verschwinden sie an ihrem Ursprunge entweder gänzlich oder man gewahrt die Spuren ihrer frühern
Thätigkeit in ihren oft mächtigen Kieseltuff-Ablagerungen, auf

denen die Quellen-Thätigkeit erloschen oder dem Erlöschen nahe ist. Abwärts am Bjarnarrfell erblickt man z. B. mehrere solcher mit heissem Wasser erfüllter Behälter, in deren Tiefe man noch die alten Geysir-Mündungen hindurchschimmern sieht, über welche sie sich durch den stets anwachsenden Kieselab- satz im Laufe der Jahrhunderte aufgebaut haben. Dieses Quel- len-Terrain soll von einer unbeschreiblichen Schönheit seyn. In der Tiefe der klaren, aquamarinblauen, spiegelglatten Was- sermasse, aus der nur ein schwacher Dampf sich erhebt, er- blickt man, tief am Boden, inmitten der phantastischen For- men weisser, hellstrahlender Stalacliten-Wände, die dunkeln Umrisse der einst den Mund eines Geysir's bildenden Oeffnung, die sich in einer dem Auge unerreichbaren Tiefe verliert. Nirgends tritt die schöne, grünlichblaue Färbung des Wassers in grösserer Reinheit auf, als gerade in diesen Quellen.

Die Insel Jan Mayen.

§. 10.

Sie liegt zwischen Island und Grönland in 71° 49′ n. Br. und 8° w. L. von Greenw. Was wir von ihrer geogno- stischen Beschaffenheit und den sonstigen natürlichen Verhält- nissen der Insel wissen, verdanken wir grösstentheils den mühe- vollen Untersuchungen *W. Scoresby's*, s. dessen: *An account of the arctic regions etc.* Edinbourgh 1820. 2 Voll. I. pag. 161 bis 168.

Dieser Reisende fand daselbst nicht nur Lava und andere vulcanische Producte, sondern auch einen Vulcan mit einem offenen Krater, welchen er „Esk" nannte, nach dem Namen des unter seinem Befehle stehenden Schiffes.

Im April des J. 1818 soll dieser Vulcan eine Eruption gehabt haben; bei demselben erfolgten auch in Intervallen von 5 zu 5 Minuten Aschenauswürfe, welche 1500 Meter hoch in die Luft emporgetrieben wurden. Die Insel ist ausserdem noch durch den imposanten Beerenberg ausgezeichnet, welcher sich 6448 par. Fuss hoch über die Meeresfläche erhebt und also eine ansehnlichere Höhe erreicht, als irgend einer der isländi- schen Vulcane.

Dicht an der Küste von Jan Mayen, in südsüdwestlicher Richtung vom Esk und etwa ³/₄ deutsche Meilen von demselben entfernt, liegt die kleine Insel Fgg-Island, auch Bird's Island genannt, welche ebenfalls einen thätigen Vulcan enthalten soll. Nach *Scoresby* ist es nicht unwahrscheinlich, dass ein ungewöhnliches Getöse,' welches holländische Seefahrer vernahmen, die in dem Winter von den Jahren 1633 bis 1634 daselbst zubrachten, eine Folge von vulcanischen Eruptionen gewesen sey, welche in diesen Gegenden statt fanden.

Die Azoren.
§. 11.

Sie bestehen aus drei, ziemlich weit von einander entfernt liegenden Gruppen. Die westliche derselben wird gebildet durch die Insel S. Maria nebst der in der Nähe befindlichen Klippenreihe der Formigas, so wie durch das Eiland Santo Miguel. In der mittlern Gruppe bemerkt man Fayal, Pico, Terceira, S. Jorge und Graciosa; im fernen Westen liegt die dritte Gruppe und wird zusammengesetzt durch die beiden Inseln Flores und Corvo. Im Allgemeinen ist ihre Richtung aus Südost nach Nordwest; sie mögen in verschiedenen Zeiten dem Meeresgrunde entstiegen seyn und bestehen fast nur aus vulcanischen Gebirgsarten, als Basalten, Trachyten, Obsidianen und Bimssteinen in den verschiedensten Abänderungen. Einige dieser Inseln scheinen früher entstanden zu seyn, als die übrigen; zu den erstern scheinen Flores, Corvo, Graciosa und S. Maria zu gehören; ihre Felsmassen sollen ein mehr verwittertes Ansehen haben, ihre Kratere mehr zerfallen und hin und wieder mit einer dichten Pflanzendecke überzogen, ja sogar mit einem kräftigen Baumschlage geschmückt seyn. Besonders malerisch nehmen sich die Küsten dieser Inseln aus; fast durchgängig, gleich Festungswerken schroff und steil abfallend, sind sie fast überall unzugänglich und nur hin und wieder mit Einschnitten und Buchten versehen, in denen der geängstigte Schiffer eine Zufluchtsstätte gegen den Andrang der tobenden Meereswogen findet.

a. Die Insel Santo Miguel.

Die grösste unter den Azoren und in lang gezogener Gestalt von Osten nach Westen sich erstreckend. Ihre genauere Lage ist im 37° 50' n. Br. und 27° 50' w. L. von Paris.

Ihrer ganzen Länge nach wird sie von einem Gebirgsrücken durchzogen, an dessen südwestlichem Ende man einen durch seine ausserordentliche Grösse ausgezeichneten Krater bemerkt. Die interessantesten vulcanischen Gesteine finden sich über die ganze Insel verbreitet; die basaltischen sind nach *C. C. Leonhard* (s. dessen Jahrb. für Min., Jahrg. 1850, S. 1) besonders dadurch ausgezeichnet, dass sie die Kennzeichen des einstigen Geflossenseyns schon beim ersten Blicke wahrnehmen lassen. So z. B. findet sich in der Nähe des Hafens von Villafranca eine Lava, welche das Ansehen eines feinkörnigten Dolerites besitzt und deren Blasenräume alle nach einer und derselben Richtung gezogen sind. Unweit der Cidade de Ponta Delgada erblickt man eine mehr basaltische, doch tropfsteinartig gestaltete und verschlackte Lava mit kleinen Olivin-Einschlüssen, welche täuschend ähnlich den bekannten analogen Gebilden auf der Insel Bourbon und den Lava-Tropfsteinen in den Grotten des Aetna's ist, welche durch den im J. 1669 erfolgten und schon früher erwähnten Ausbruch dieses Berges gebildet wurden. Doch zeichnen sich die Stufen von S. Miguel wieder dadurch von denen des Aetna's aus, dass sie gleichsam wieder mit Laven-Gewinden umrankt sind und dadurch ein ganz eigenthümliches Ansehen erlangen. Nach *Webster* (*Description of the Island, of St. Michael*. Boston 1822.) findet sich auch eine ausgezeichnet poröse Lava, wie *Mackenzie* eine solche an mehreren Stellen auf Island entdeckte und beschrieb. Diese enthält einige höchst merkwürdige Grotten und Höhlen, von deren Wänden die geflossene Lava in fast baumförmiger Gestalt herabhängt.

Ausser diesen Gesteinen kommt auch noch, und zwar aus der Nähe des Thales das Furnas Obsidian und Trachyt vor. Ein an glasigen Feldspath-Krystallen sehr reicher Trachyt soll an der Cabeça das Freiras sich finden. Bituminöses Holz will man im Furnas-Thale aufgefunden haben. In der Algoa das Furnas sind die basaltischen und lavenartigen Massen durch die dem Boden entströmenden Gase und Dämpfe eben so zersetzt, wie in der Solfatara bei Neapel und erlangen dadurch ein beinahe vollkommen kreideähnliches Ansehen.

Was die Insel Santo Miguel besonders interessant macht, ist der Umstand, dass seit sehr früher Zeit, wie es scheint,

fast vom funfzehnten Jahrhundert an bis auf unsere Tage in
der Nähe ihrer Küsten, in Folge unterirdischer vulcanischer
Thätigkeit zu wiederholtenmalen mehrere kleine Inseln unter
den heftigsten Aufwallungen des Meeres, unter Erderschütterungen, welche nicht allein diese Insel, sondern auch die in
ihrer Nähe gelegenen Eilande heimsuchte, unter Donner und
Blitz dem Schoosse des Meeres entstiegen, alle jedoch von
keinem langen Bestand waren, indem sie bald darauf wieder
ein Raub der Wellen wurden und so allmählig wieder verschwanden, ohne eine Spur ihres frühern Daseyns zu hinterlassen.

Die älteste derartige Erscheinung soll sich im funfzehnten Jahrhundert zugetragen haben. Als nämlich *Gonzalo Velho
Cabral* die Azoren aufgefunden hatte und im Mai des J. 1444
auf St. Michael gelandet war, suchte er eine flache und fruchtbare Stelle aus, um auf derselben eine Ansiedelung zu gründen. Nachdem dies geschehen und er im Herbste des folgenden Jahres die Insel wieder besuchte, fand er zu seinem
grössten Erstaunen jene Stelle gänzlich verändert; denn da,
wo früher die Ebene befindlich gewesen, war jetzt ein hoher
Berg erschienen, weithin bedeckt mit Schlacken und ähnlichen
vulcanischen Producten. Ein ungeheurer Krater hatte sich
gebildet und durch seine Auswürfe bergartige Massen erzeugt.
Zugleich mit der Lava sollen auch ansehnliche Wasserströme
aus dem Schlunde hervorgetreten seyn, und, nachdem sie im
Thale zusammengeflossen, einem See das Daseyn gegeben haben.

Dieser Vorgang lässt sich jedoch nicht verbürgen; genauer
bekannt sind erst diejenigen submarinen Ausbrüche, welche
sich in der Nähe von S. Miguel im siebzehnten Jahrhundert
ereigneten.

Als einer der ersten und zuverlässigern ist wohl derjenige
zu betrachten, welcher, in westlicher Richtung von der Insel
in den ersten Tagen des Juli's, wahrscheinlich im Jahre 1638,
nach andern Angaben im Jahre 1628 erfolgte und wobei mehrere kleinere Inseln (andern Nachrichten zufolge nur eine, die
aber von ziemlich ansehnlicher Grösse war) zum Vorschein
gekommen seyn sollen, hernach aber wieder verschwanden und
nicht einmal eine Untiefe hinterliessen. Im folgenden Jahrhundert und zwar am 20. November des J. 1720 entstieg dem

Meere zwischen S. Miguel und Terceira, aber mehr nach der letztgenannten Insel hin, eine ungeheure Quantität von Rauch, Asche und Bimsstein Fragmenten, von denen die See auf weite Strecken hin bedeckt wurde, während zahllose todte Fische überall auf der Oberfläche des Meeres herumschwammen. Ob bei diesem Ereigniss sich eine neue Insel gebildet habe, ist zweifelhaft; denn während *John Robinson*, Capitain eines englischen Fahrzeuges das neu entstandene Eiland umschifft haben will, erwähnen andere Nachrichten nichts davon. Darin stimmen sie aber alle überein, dass diese Eruption keine bleibenden Spuren hinterlassen hat. Kurz darauf, und zwar gegen das Ende des Monats December wurde auf Terceira sowohl, als auf S. Miguel ein heftiges Erdbeben verspürt, während dessen die Feuerausbrüche, welche bis zu derselben Zeit dem Vulcane auf der Insel Pico entstiegen, plötzlich aufhörten, bei welchem Vorgange der Feuerberg selbst etwas von seiner frühern Höhe verloren haben soll. Etliche Tage nach diesem Erdbeben erhob sich zwischen den beiden genannten Inseln ein neues Eiland über die Oberfläche des Meeres unter stetem Ausbrechen hoher und dunkeler Rauchsäulen. Capt. *de Montagnac* fand in der Nähe desselben in einer Tiefe von 60 Brasses (1 Brasse = 2 Fuss) noch keinen Grund. An der Westseite der Insel besass das Seewasser eine bläulich- und grünlichweisse Farbe, wie über Untiefen und schien kochen zu wollen. In nordwestlicher Richtung davon fand man den Grund des Meeres mit grobem Sande bedeckt. Ein in das Wasser geworfener Stein brachte ein siedendes Aufbrausen und starkes Aufspritzen hervor. Der Boden des Meeres war so warm, dass das Talg an dem hinabgelassenen Senkblei geschmolzen war. Der Steuermann bemerkte, dass der Rauch aus einem kleinen Teiche emporstieg, der mit einer Sanddüne umgeben zu seyn schien. Die neu entstandene Insel war beinahe kreisrund und so hoch, dass sie 7—8 Lieues weit gesehen werden konnte, woraus sich eine Höhe von etwa 350 Fuss ergeben dürfte. Allein schon nach Verlauf zweier Jahre war sie dermassen zusammen gesunken, dass sie sich nur noch wenig über den Meeresspiegel erhob. Im J. 1723 war sie gänzlich verschwunden und man erreichte an der Stelle, welche sie einst eingenommen, mit dem Senkblei den Grund des Meeres erst in einer Tiefe von 80 Brasses. In den ersten Tagen des Februars im J. 1811 und im Juni desselben Jahres erfolgten an den Küsten von Santo Miguel abermalige submarine Ausbrüche. Nachdem im Januar die Insel durch Erdbeben erschüttert worden war, bei welchem die Stösse so schnell aufeinander folgten, dass man in Zeit von 24 Stunden nahe an 30 derselben zählen konnte, und ein penetranter, sehr belästigender Schwefelgeruch, welcher dem Boden zu entsteigen schien, sich über den grössten Theil des Eilandes verbreitet hatte, erfolgte der erste untermeerische Ausbruch am westlichen Inselende, dem Dorfe Ginetes gegenüber, zwei Meilen vom Ufer entfernt, fast genau an derselben Stelle, woselbst im J. 1638 die vorhin erwähnte Eruption statt gefunden hatte. Da, wo früher das Meer eine Tiefe von 50—80 Klafter besessen hatte, schwebte jetzt eine unermessliche Menge weissen Dampfes über den heftig bewegten Wogen und dann brach plötzlich, gleich einem hoch emporragenden Thurme eine aus schwarzer Asche und dunkelm Trümmergestein bestehende Säule hervor, welche 800 Fuss über die Oberfläche des Meeres sich erhob. Von hell leuchtenden Blitzen durchzuckt, breitete sie sich nach Oben hin garbenförmig aus und erhielt dadurch die grösste Aehnlichkeit mit der weithin ausgebreiteten Krone einer mächtigen Pinie. Die leichtern Bestandtheile der Säule, woran auch Wasserdämpfe einen ganz besondern Antheil nahmen, wurden zu einer Höhe von zweihundert Fuss emporgetrieben, die Laven- und Schlacken-Trümmer jedoch erreichten eine solche von mehr denn 2000 Fuss. Wenn sie eben erst dem Meere entstiegen, waren sie ganz schwarz; sobald sie aber aus der Rauchsäule heraustraten, wurden sie plötzlich glühend und roth. Nachdem der Ausbruch acht Tage lang angehalten hatte, liess er allmählig an Heftigkeit nach und endlich blieb an der Eruptionsstelle nur eine Bank zurück, an welcher die Wogen sich brachen, während früher das Meer daselbst doch eine so ausnehmende Tiefe besessen hatte. Der zweite submarine Ausbruch erfolgte am 13. Juni desselben Jahres. Auch diesem gingen starke Bodenerschütterungen voran, während zu gleicher Zeit der vorhin erwähnte Schwefelgeruch auch wieder verspürt wurde. Diese Eruption fand jedoch 2½ engl. Meilen westwärts von der vorigen statt, und eine engl. Meile vom

Lande entfernt. Von der Küste aus konnte sie deutlich beobachtet werden. Auch hier erhob sich wieder über der Meeresfläche eine
mächtige Rauch- und Aschen-Säule, nach allen Richtungen
hin von Blitzen durchkreuzt und von heftigen Detonationen
begleitet, welche dem Donner aus schwerem Geschütze glichen.
Die übrigen Erscheinungen stimmten mit denen beim ersten
Ausbruch überein. Die Explosionen hielten vier Tage lang
an, und nachdem sie ihre höchste Intensität erreicht hatten,
zeigte sich, dem Pico das Camarinhas gegenüber, eine neue
Insel, welche aus vulcanischem Trümmergestein zu bestehen
schien, einen Umfang von einer englischen Meile und eine
Höhe von 300 Fuss besitzen mochte. Sie vergrösserte sich
nach und nach, und während ihr nordöstliches Ende eine kegelförmige Gestalt annahm, nahm man am entgegengesetzten
Ende auf dem Gipfel eines Berges einen schön geformten Krater wahr, der nach Südwest hin eine etwa 30 Fuss breite
Oeffnung besass, aus welcher heisses Wasser in das Meer herabfloss und aus der mehrere Tage hintereinander auch Flammen emporgestiegen seyn sollen. Capt. *Tillard*, Befehlshaber
eines britischen Kriegsschiffes, der damals in jenen Gewässern
kreuzte und Augenzeuge der seltsamen Erscheinung war, nahm
die Insel für den König von England in Besitz und nannte
sie nach der von ihm commandirten Fregatte „Sabrina".
Allein schon im October desselben Jahres fing das Eiland an,
kleiner zu werden; sie verschwand endlich gänzlich und im
Februar des folgenden Jahres entstiegen dem Meere an der
Stelle, wo im vorhergehenden Jahre Sabrina aufgetaucht war,
nur noch vereinzelte Dämpfe. Dieser verschwundenen Insel
völlig ähnlich und wohl auch auf gleiche Art entstanden, jedoch in sehr entfernter Zeit, vielleicht sogar vor dem Auftreten des Menschengeschlechtes, erscheint das kleine an der Südseite von S. Miguel, im Angesichte der Stadt Villafranca gelegene vulcanische Eiland, bekannt unter dem Namen Porto
do Ilheo. Diese kleine unbewohnte Insel hat fast ganz die
Gestalt eines kreisförmigen Beckens und letzteres würde ganz
vollständig erscheinen, wenn sich nicht an einer Seite desselben ein Einschnitt vorfände, durch welchen das Meerwasser
mit dem Innern des Kessels communicirt und tief genug ist,

um kleinern Schiffen das Einlaufen in diesen sichern Port zu
gestatten. Das Eiland besteht aus einem Haufwerk von Schlacken, Laven, Bimssteintrümmern und vulcanischer Asche, zusammengehalten durch einen thonigen, gelbgrauen Teig. Der
Durchmesser des Kraters beträgt 900 Fuss, seine höchste Stelle
über dem Spiegel des Meeres 400 Fuss. Nach Aussen hin fallen seine Wände steil ab, nach Innen senken sie sich allmählig.
Webster will beobachtet haben, dass die Schichten alle ein-
wärts sich neigen, dass demnach ihre Structur eine umgekehrte
ist, wie wir sie an den Erhebungskratern kennen gelernt haben.
Die kreisförmige Vertiefung kann demnach nicht durch ein
Emporrichten oder Aufheben der Schichten, sondern entweder
durch eine Senkung oder durch eine Ablagerung in eine schon
vorhandene Vertiefung entstanden seyn. Dieser letztern Ansicht ist *Darwin* zugethan. In der Mitte des Bassins erhebt
sich ein 40—50 Fuss hoher pyramidaler Tuff-Felsen, welcher
wahrscheinlich in früherer Zeit grösser war und durch die
Meereswogen theilweise zertrümmert wurde.

Obgleich, wie wir sahen, vulcanische Ausbrüche in der
Nähe von Santo Miguel öfters statt gefunden haben, so besitzt diese Insel doch keinen eigentlichen Vulcan, wohl aber
drei ausgezeichnete Erhebungskratere. Nach Nordwesten hin
liegt der äusserste und grösste; an seinem obern Rande hat
er sechs Stunden im Umfange. Seine Höhe beträgt mehr als
2000 Fuss. Er soll eine grosse Aehnlichkeit mit dem Laacher-
See besitzen, auch liegen darin zwei miteinander verbundene
Seen, nämlich die Lagoa grande und die Lagoa Azul, deren
Ränder aus einer bimssteinartigen Masse bestehen, und unter
welcher sich der Tuff der Küsten verbirgt. Nur in der Tiefe
erscheint trachytisches Gestein, welches reich an Krystallen
von Hornblende und glasigem Feldspath ist.

Der zweite dieser Erhebungskratere ist die Lagoa de Pao,
mitten in der Insel gelegen und tief in mächtige Bimsstein-
Massen eingesenkt. Da, wo an der Küste der Ort Agoa de
Pao liegt, steht ein Gestein an, worin Augit vorwaltet. Doch
bald erscheint trachytisches Gerölle in den Schluchten am Berge
herauf; zwischen demselben bemerkt man nicht selten Blöcke,
fast zweimal so gross als ein Kopf, aus grossen Feldspath-
Krystallen, Hornblende und etwas Magneteisen bestehend; doch

ist es bis jetzt noch nicht gelungen, diese Blöcke anstehend zu finden. Der grössere Theil der Berge um die Caldera — eine durch ihre viele warme Quellen ausgezeichnete Gegend — bestehet gänzlich aus Bimsstein mit Feldspath-Krystallen. Nur auf dem höchsten Gipfel erhebt sich, 3463 Par. Fuss hoch, ein rauchgrauer Trachytfels mit kleinen schwarzen Hornblende-Krystallen, den Trachyten des Siebengebirges täuschend ähnlich.

Der dritte ausgezeichnete Erhebungskrater, Algoa das Furnas genannt, soll 12 englische Meilen im Umkreise haben und auf seinem Boden mit mehreren aufstrebenden Hügeln, so wie mit vielen heissen Quellen versehen seyn, welche aus dem lockern Bimssteinboden hervorbrechen. In diesem letztern entdeckte man einst, jedoch schon vor geraumer Zeit und zwar funfzig Fuss unter der Oberfläche, mehrere starke Baumstämme, welche sich noch in ihrer natürlichen, aufrechten Stellung fanden. Hinsichtlich ihres chemischen Bestandes dürften sie wohl eine Veränderung erlitten haben und höchst wahrscheinlich in eine holzopalartige Masse umgewandelt worden seyn; doch findet man in dieser Beziehung keine nähern Angaben.

Gebirgsarten, die vorzugsweise aus Bimsstein zusammengesetzt sind, prädominiren überhaupt auf der Insel, während basaltische Gesteine mehr zurückzutreten scheinen. Nur an der Nordküste des Eilandes bemerkt man bei niedrigem Wasserstande einige, nicht besonders regelmässige fünfseitige Basaltsäulen. Die ganze Insel ist wahrscheinlich aus einer Spalte im Trachytgebirge hervorgetreten, wobei letzteres theilweise in Obsidian und Bimsstein umgewandelt worden seyn mag. Die unterhalb der Meeresfläche vorkommenden basaltischen Massen dürften als die Ränder dieser Spalte zu betrachten seyn. Die Bimssteinberge erreichen von der Algoa das Furnas an eine immer grössere Höhe und gestalten sich endlich zu einer zusammenhängenden Fläche bis zum Pico de Vara, welcher nahe an 5000 Fuss hoch und bisweilen mit Schnee bedeckt ist.

Gleich den meisten vulcanischen Gegenden ist auch Santo Miguel besonders reich an warmen Quellen und Mineralwassern, die häufig von Leidenden gebraucht werden. Ihr hauptsächlichster Sitz ist die vorhin erwähnte Algoa das Furnas. Drei Thermen, in der Nähe des Dorfes Furnas gelegen, sind besonders ausgezeichnet; sie brechen daselbst unter lautem Ge-

polter aus einem Boden hervor, welcher aus Bimsstein-Tuff besteht, untermengt mit Kieselsinter und gebunden durch eine
thonartige Masse. In der Nähe der Quellen ist das Erdreich
stark erwärmt und zerklüftet, aus jeder Spalte dringen Schwefeldämpfe hervor, welche das Gestein auf ähnliche Weise, wie
bei den meisten Solfataren zersetzen. Ueberall, wohin die
Thermen ihre Wasser aussenden, bilden sich Absätze eines
kieseligen Sinters, welcher, indem er Pflanzentheile und andere vorragende Gegenstände überziehet, bisweilen Fuss hoch
über die Oberfläche des Wassers sich erhebt. Auch verbindet sich derselbe, bald hier, bald dort, mit Bruchstücken von
Obsidian, Bimsstein und Schlacken so innig, dass dadurch eine
feste Breccie entsteht, welche, geschliffen, von lieblichem Ansehen ist.

b. Die Insel Santa Maria.

In südlicher Richtung von der vorigen gelegen und diejenige unter den Azoren, welche zuerst und zwar am 15. August
im J. 1432 entdeckt wurde. Wahrscheinlich ist auch sie, durch
unterirdische vulcanische Gewalt hervorgetrieben, dem Schoosse
des Meeres entstiegen, doch scheinen während der historischen
Zeit keine Ausbrüche auf ihr erfolgt zu seyn, wenigstens besitzt man keine Nachrichten davon. Sie soll eine ansehnliche
Höhe besitzen; in geognostischer Beziehung ist sie nur sehr
ungenügend bekannt.

Die an den Gestaden auftretenden Felsmassen sollen sich
schroff und kühn aus dem Meere erheben und nach der Angabe einiger Geologen von phonolithischer Beschaffenheit seyn.
Nach *C. C. Leonhard* (a. a. O.) scheinen basaltische Gesteine
auf der Insel vorzuherrschen, weniger ist dies mit trachytischen der Fall. Von letztern kennt man nur ein Vorkommen
aus der Umgegend von Villa do Porto. Daselbst findet sich
aber auch eine mehr oder weniger zersetzte Lava, welche
ansehnliche Augit-Krystalle enthält, wie man sie an andern
Orten in neuern Laven und basaltischen Gesteinen zu finden
pflegt. Eine andere, jedoch mehr kleinblasige Lava, die ebenfalls reich an Augiten ist, kommt am Gipfel des Pico alto vor,
welcher nördlich vom Pico do Facho emporragt. Die tuffarti-
gen Massen, welche zahllose Bröckchen zersetzter Lava um-

9

schliessen, setzen den ganzen östlichen Abhang des genannten
Pic's zusammen; doch kommen auch andere Tuffmassen bei
Santa Barbara in der Nähe der Nordküste der Insel vor. Be-
merkenswerth ist zuletzt ein eigenthümliches Muschel-Trümmer-
Gestein, meistens aus Bivalven bestehend, unter denen sich
besonders Ostrea, Pecten und dgl. kenntlich machen. Doch
hat sich auch der Kern eines Conus gefunden und in dessen
Umgängen kleinere Exemplare von Murex, Volvaria nebst Ci-
daris-Stacheln. Ein lichtgefärbter Kalk, welcher auch das
Innere der Conchylien erfüllt, giebt das Bindemittel ab und
enthält hin und wieder Lava-Bröckchen, so wie kleine Augit-
Körner. In den Steinbrüchen am westlichen Ende des Eilandes kann man diese Bildung besonders deutlich beobachten.

c. Die Insel Terceira.

Nächst Santo Miguel die grösste unter den Azoren von
ziemlich runder Gestalt, mit hohen, steilen, fast senkrecht
aufstrebenden, dabei aber stark und vielfach ausgebuchteten
Küsten versehen. Den Mittelpunkt der Insel bildet der Pico de
Bagacino, um welchen herum die übrigen Berge sich erheben.
Die älteste Eruption, welche man von demselben kennt, ist
die vom J. 1761, wobei derselbe mehrere Abänderungen von
Lava ergoss, indem dieselben theils von obsidianartiger, theils
von ausserordentlicher poröser. und zelliger Beschaffenheit
waren, theils aber auch überaus reich an Augit und Olivin
gefunden wurden.

Von Angra — in früherer Zeit die Hauptstadt des ganzen
Archipels der Azoren — steigt man in tiefen, auf beiden Sei-
ten durch hohe Mauern begrenzten Barancos aufwärts zum
Krater des Pic's, welcher als eine seichte Vertiefung oder viel-
mehr als ein kurzes Thal erscheint, welches nach dem höhern
Gebirgsrücken hin endigt und ohne Ausgang ist. Auf dem
Boden desselben fand *Darwin* (s. dessen naturwissenschaftliche
Reisen, übersetzt von *Dieffenbach*. Bd. 2, S. 287) mehrere
grosse Spalten, denen an vielen Orten kleine Dampfsäulen
entstiegen. Der austretende Dampf war so heiss, dass die
Hand ihn nicht ertragen konnte, dabei fast ganz geruchlos,
schien jedoch etwas Salzsäure zu enthalten und schwärzte das
Eisen sehr schnell. In der Nähe dieser Spalten war der an-

stehende Trachyt in einen Thon umgewandelt, indem das Eisen
daraus abgeschieden und in grösserer Entfernung wieder abgesetzt war, so dass der Thon daselbst eine ziegelrothe Farbe
angenommen hatte, während jener am unmittelbaren Rande
so weiss wie Kreide erschien. Er bestand lediglich aus einem
Thonerde-Silicat, wie der Feldspath des Trachyts, aus welchem er entstanden war. In einigen nur halb umgewandelten
Trachytstücken bemerkte *Darwin* auch kleine, kugelige Concretionen von gelbem Hyalith, was zu beweisen scheint, dass
die Kieselerde auch durch Dampf abgesetzt werden kann. Die
Bewohner jener Gegend sagten aus, dass man einst daselbst
einen Flammen-Ausbruch gesehen habe, worauf die Dampf-
Ausströmungen erfolgt seyen. Letztere bilden das einzige vulcanische Phänomen, welches man auf der Insel bemerkt.

Die Küsten von Terceira sind, wie bereits bemerkt, ausserordentlich steil, und dies in einem solchen Maasstabe, dass
es nur zwei Landungsstellen auf ihr giebt, nämlich Angra im
Süden und Praya in Südost des Eilandes.

Darwin führt an, auf der Mitte der Insel fände sich ein
Trachyt, welcher dem auf Ascension sehr ähnlich sey; über
ihm träten Ströme einer basaltischen Lava hervor, welche man
bis zu ihrer Austrittsstelle verfolgen könne. Nach *C. C. Leonhard* (a. a. O. S. 7) scheinen basaltische und trachytische Gesteine in gleichem Grade der Entwickelung aufzutreten. Trachyt findet sich nämlich an den beiden vorhin genannten Orten;
in zersetztem Zustande besonders deutlich unterhalb des Pico
dos Louros. Ein sehr schöner Obsidian findet sich am Ca-
stello dos Moinhos, so wie bei Outeiro do Vento, eine ausgezeichnete obsidianartige Lava zwischen Villanova und Lages.
Sie ist beinahe rein schwarz und besitzt auf dem klein-musche-
ligen Bruche lebhaften Glasglanz. In ihrem Innern bemerkt
man zahlreiche Blasenräume und in diesen seltsam gedrehte
und gewundene Fäden, welche aus der nämlichen Substanz
wie die Grundmasse bestehen. Bimsstein, schwarz, glasig,
mit verworren faseriger Textur und zahllose Feldspath-Krystalle
umhüllend, findet sich an der Nordküste bei Lages. Die Laven sind selten ganz dicht, wie bei Altares, und dann von pho-
nolithischem Ansehen, meist aber sehr porös und verschlackt
und gehen auch manchmal in feinkörnigten Dolerit über.

9*

d. Die Insel Pico.

Sie ist die einzige unter den Azoren, auf welcher sich ein
noch jetzt thätiger Vulcan findet, der mit der Insel gleichen
Namen trägt. Er liegt unter 38° 26′ n. Br. und 30° 48′ w.
L. von Paris, ist von einer äusserst regelmässigen, zuckerhutförmigen Gestalt und einer sehr ansehnlichen Höhe; allein obgleich man viele Messungen von ihm besitzt, so haben sie
doch alle keine grosse Zuverlässigkeit. Die von *Ferrer* (in
v. Zach's monatl. Correspondenz etc. 1798, S. 395) angegebene
Höhe von 7328 Fuss hat noch die meiste Wahrscheinlichkeit
für sich. Andere Angaben schwanken zwischen 6588 und
8586 Fuss.

Der ältere Krater des Pic's, dessen Wände nur nach Westen und Südwesten hin erhalten sind, dürfte wohl eine englische Meile im Umfang haben. Aus seiner Mitte erhebt sich
ein sehr schroffer etwa 300 Fuss hoher Kegel; aus seinen seitlichen Spalten brechen häufig Dämpfe hervor. Die von, ihm
ergossenen Laven sind feinzelligt, sehr fest, röthlichschwarz und
besitzen eine überraschende Aehnlichkeit mit manchen, auf
dem Gipfel des Habichtswaldes bei Cassel vorkommenden verschlackten Basalten.

Der Gipfel des Pic's ist ausgezeichnet spitz, nur sieben
Schritte lang und fünf breit. Der etwas unter dem Gipfel
an der Nordseite befindliche Krater stösst unaufhörlich Dampf
aus, ist fast ganz mit verschlacktem Gestein erfüllt und hat
im Durchmesser etwa 20 Schritt. In östlicher Richtung setzt
der Pico als ein schmaler Kamm fort, auf welchem sich viele,
jetzt nicht mehr dampfende Kratere befinden.

Uebrigens hat die Insel eine von Südost nach Nordwest ge-
zogene Gestalt und soll ihrer ganzen Länge nach von einem trachytischen Gebirgsrücken durchsetzt werden. Sehr bekannt ist
ein am 1. Mai im J. 1800 im nordwestlichen Theile der Insel
erfolgter Ausbruch, wobei der Erdboden, dem Pico gegenüber,
unter fürchterlichem Donner, welcher mit dem einer heftigen
Kanonade verglichen wurde, aufbrach und sich ein neuer, sehr
ansehnlicher Krater bildete, welcher im Verlaufe zweier Tage
so viel Schlacken und Bimsstein-Fragmente auswarf, dass der
Boden damit auf drei Leagues in die Länge und eine League
in die Breite 1—4 Fuss hoch damit bedeckt wurde. Am fol-

genden Tage brach eine andere, 150 Fuss im Umfang
habende Oeffnung auf, welche eine League nördlich von der
vorigen entfernt war. In ihrer Mitte bemerkte man viele, oft
sechs Fuss breite Spalten, welche den Boden nach allen Richtungen hin durchzogen. Am 5. Mai aber und in den folgenden Tagen entstanden auf diesem zerklüfteten Terrain 12 bis
15 kleinere Kratere, denen nach Vellas hin eine grosse Masse
von Lava entquoll. Wahrscheinlich war sie von obsidianartiger Beschaffenheit, da ihr ein Ausbruch von Bimsstein vorangegangen war. Am 11. Mai hörte diese Lava zu fliessen auf;·
sogleich begannen wieder neue fürchterliche Ausbrüche aus
dem ersten grössern Krater und von der Insel Fayal her erblickte man bis zum 5. Juni einen Feuerstrom, welcher ununterbrochen an seinem Abhange herunter bis in das Meer
sich stürzte, worauf Alles wieder ruhig wurde. Dieser grosse
vier engl. Meilen vom Ufer entfernte Krater besitzt eine
approximative Höhe von 3500 Fuss.

e. Die Insel Fayal.

Diese unter dem 38° 34′ n. Br. und 30° 45′ w. L. von
Paris gelegene, ziemlich runde und an den Küsten tief eingeschnittene, mit zahlreichen Buchten und Bayen versehene Insel scheint nur eine Fortsetzung der Insel Pico zu seyn; denn
die Richtung der Küsten beider sind völlig mit einander übereinstimmend. Fayal scheint in der Mitte einen grossen Erhebungskrater zu enthalten; denn nach *Webster* (a. a. O. S.239)
ist daselbst die Insel an 3000 Fuss hoch, welche Höhe indess
von Andern auf das Doppelte angegeben wird. Die Wände
dieses Berges fallen sanft gegen eine Caldera ab, welche
5 engl. Meilen im Umfang haben und 4—5 Fuss hoch mit
Wasser angefüllt seyn soll. Auch nach andern Reisenden,
z. B. Lieutenant *Hebbe* (s. *Eyrie's* Anhang zu *Hawes Voyages,
T. II*, 351) hat diese Caldera einen Umfang von zwei Lieues,
weshalb dies schwerlich dieselbe Caldera ist, welche nach
Adanson bei dem letzten, im J. 1672 erfolgten Ausbruche
sich gebildet haben soll. Diese Caldera scheint vorzugsweise
aus trachytischem Gestein zu bestehen, dessen Grundmasse
eine lichtgraue Farbe besitzt und mit lebhaft glänzenden Feld-
spath- und Augit-Krystallen erfüllt ist.

Basaltische und trachytische Laven finden sich an andern
Stellen der Insel, und in der Gegend von La Horta trifft man
ein in hohem Grade zersetztes weisses, lockeres Gestein an,
welches aus Trachyt entstanden zu seyn scheint und kleine
Stücke eines milchweissen Halbopals umschliesst. Vom Berge
Guia, welcher in östlicher Richtung von St. Catalina liegt, ist
ein vulcanischer Tuff bekannt, welcher hin und wieder Lava-
Bröckchen umschliesst.

Die Insel Fayal sowohl, als auch St. George sollen häufig von Erdbeben zu leiden haben und letztere sich auf Fayal
vorzugsweise in den Herbstmonaten einzustellen pflegen, während sie auf St. George mehr gegen das Ende des Sommers
sich ereignen.

f. Die Insel St. George.

Wird auch St. Jorge genannt. Zwischen Pico und Terceira gelegen, lang, schmal und aus SO. nach NW. sich erstreckend. In ihrer Mitte ist sie mit einem hohen, aber nicht
mehr thätigen Krater versehen. Die Insel ist häufig von heftigen Erdbeben heimgesucht worden, besonders im J. 1757,
um welche Zeit nach *Malte-Brun* (s. dessen *Geograph. univers.*,
T. 5, pag. 177) 18 kleine Inseln, 100 Toisen von der Küste
entfernt, aus dem Meere emporgestiegen seyn sollen, welche
jedoch hernach wieder verschwanden. Eine sehr heftige Eruption — vielleicht die furchtbarste unter allen, die man auf der
Insel kennt — erfolgte am 1. Mai des J. 1808. Die Erdoberfläche brach an mehreren Stellen auf und es entstand bald
hernach ein ansehnlicher Krater, welcher eine ungeheure Quantität von Schlacken und Bimssteinen auswarf, so dass innerhalb weniger Tage die Umgegend mehrere Fuss hoch damit
überschüttet wurde. Bald darauf bildeten sich noch einige
andere Kratere und spieen gewaltige Lavaströme aus, die,
nachdem sie die Stadt Orzalina theilweise zerstört hatten, die
Küste erreichten und sich alsdann in's Meer stürzten.

Die vulcanische Thätigkeit hat besonders im südlichen
Theile der Insel ihren Sitz. Trachytisches Gestein scheint
selten aufzutreten, während unabsehbare Lavafelder beinahe
den grössten Theil der Insel bedecken. Sehr deutlich sind
noch die Lavaströme zu erkennen, welche im J. 1580 aus

dem Pico de Valdeiro hervorbrachen. Die Lava ist ganz verschlackt, mehr porös als blasig, von dunkelschwarzer Farbe, enthält Feldspath-Einschlüsse, hin und wieder auch Bruchstücke von Augit und Olivin.

g. Die Insel Graziosa.

Diese kleine, genau unter 39° n. Br. und zwischen 30° und 31° w. L. von Paris gelegene, länglich-runde Insel ist durch den Reiz und die Anmuth ihres landschaftlichen Charakters vor allen andern Eilanden dieser Gruppe, Fayal vielleicht ausgenommen, ausgezeichnet. Auch hier findet sich eine Caldera, doch kennt man von ihr keine Eruptionen. Die Lavaströme, welche sie ergossen, bestehen theils aus Trachyt, theils aus einem schiefrig abgesonderten Phonolith, welcher bald sehr blasig ist und in seinen Höhlungen glasigen Feldspath enthält, meist aber in einem sehr zersetzten Zustande sich befindet. Dieser Phonolith kommt besonders in der Gegend von Puntal zum Vorschein. Alle übrigen Felsmassen scheinen wieder aus Lava zu bestehen.

h. Die Inseln Corvo und Flores.

Sie liegen in nordwestlicher Richtung von den vorigen und sind durch einen weiten Zwischenraum von ihnen getrennt.

Auch auf Flores, besonders in der Nähe von Santa Cruz, finden sich phonolithartige Gesteine, von denen eine Varietät bei Villa Lauriano unweit Santa Cruz sich findet, welche ziemlich deutliche Feldspath-Krystalle enthält. An eben dieser Stelle beobachtete man auch eine Art Trass, welche Bruchstücke zersetzter Felsarten umschliesst und mit dem niederrheinischen Trass manche Aehnlichkeit besitzt. Als Gegenstück dazu soll die Caldera funda de Lageno einen verschlackten Basalt enthalten, der sich mit dem rheinischen Mühlstein vergleichen lässt. Säulenförmig abgesonderte Basalte treten besonders an dem in der Mitte der Insel gelegenen Pico auf; auch basaltartige Laven sind nicht selten. Ein eisenreiches, tuffartiges Gestein steht in der Nähe des Hafens von Santa Cruz an, zwischen dessen Lagen sich eine verschlackte Lava hindurchzieht. Alle diese Felsarten, selbst wenn sie von einer glasartigen Beschaffenheit sind, findet man bisweilen durch und durch in eine kaolinartige Masse umgewandelt. Besonders deutlich ist diese Erscheinung bei Pubeiro de Mayo.

Die Insel Corvo, die kleinste der Azoren und in nördlicher Richtung von der vorigen gelegen, ist auffallend bergigt und enthält einen Krater, dessen Wände aus einer doleritartigen Masse zu bestehen scheinen. An beiden Enden der Insel thürmen sich ansehnliche Bergmassen auf, zwischen ihnen findet sich eine bedeutende Vertiefung, so dass die Insel hierdurch eine sattelförmige Gestalt erhält. Von neuern vulcanischen Ausbrüchen ist nichts bekannt; nach *Raspe (de novis e mari natis insulis, pag.* 113) existirt eine Sage, zufolge welcher die Insel nach vorausgegangenen vulcanischen Ausbrüchen aus dem Meere emporgestiegen seyn soll; aber nähere Angaben darüber, so wie über die Zeit, wo dieses Ereigniss statt gefunden, scheinen nicht vorhanden zu seyn.

Die Canarischen Inseln.

§. 12.

Ein Blick auf die Charte zeigt, dass die zu dieser Gruppe gehörigen Inseln in der Richtung von Osten nach Westen folgende Lage haben. Die östlichste ist a. Lanzarota, auch Lancerote, hierauf folgt b. Fuerteventura, c. Gran Canaria, d. Teneriffa, e. Gomera, f. Ferro, auch Hierro genannt, g. Palma.

In Betreff ihrer geologischen Beschaffenheit im Allgemeinen verdient zunächst bemerkt zu werden, dass sie fast nur aus vulcanischen Gebirgsarten bestehen; denn von neptunischen Felsmassen finden sich blos auf einigen dieser Inseln Spuren, und was das Vorkommen von sogen. Urgebirgsarten betrifft, so ist dasselbe entweder nur sehr beschränkt oder problematisch, oder diese Gebilde finden sich nur auf secundärer Lagerstätte.

Unter den vulcanischen Felsmassen spielt der Trachyt eine besonders wichtige Rolle und ist über einen grossen Theil der Inselgruppe verbreitet. Auf Teneriffa scheint er mit zu den ältesten Gesteinen zu gehören, besitzt daselbst, namentlich in der Mitte der Insel, ein granitähnliches Ansehen, enthält als Feldspath-Bestandtheil Oligoklas und kommt in regelrecht geneigten Lagen vor, welche mit mannigfach gefärbten

Conglomerat-Bänken wechsellagern, sodann auch mit mehr oder weniger zersetzten, blau und grün gefärbten Tuffen, mit körnigen Felsarten, welche von einem höhern Alter zu seyn scheinen, aber nicht näher charakterisirt sind, zuletzt endlich mit schieferähnlichen (vielleicht phonolithischen) Gesteinen, in denen krystallisirter Oligoklas häufig auftritt. Alle diese Gebilde werden an vielen Stellen von Gängen eines dichten Trachytes durchsetzt. Nach *Deville (Bullet. géol., T. III, pag.* 465 etc.) finden sich die genannten Felsarten besonders deutlich am Sombrerito, einem der höchsten Berge der Insel, entwickelt; auch scheinen der Krater von Chahorra, so wie die Masse des Pic's de Teyde selbst aus emporgehobenen Massen dieser Gebilde zu bestehen; ausserdem treten sie auch im nordöstlichen Theile von Teneriffa in malerisch gestalteten, mauerartig aufgerichteten Felsparthien auf. Doch walten auf dieser Insel basaltische Gesteine gegen die übrigen bei weitem vor. Auf Gran Canaria dagegen besteht der mittlere Theil des Eilandes gänzlich aus Trachyten; letztere finden sich auch an einer Stelle des Kraters auf Palma, so wie auf der Insel Fuerteventura. Die Lagerungs-Verhältnisse sollen nach *Deville* deutlich aufgeschlossen seyn, überall soll Basalt auf Trachyt ruhen und beide nicht mit einander im Wechsel begriffen angetroffen werden, eine Stelle auf Gran Canaria ausgenommen, deren schon von *L. von Buch* gedacht wird. Die Basalte der Canarischen Inseln umfassen viele Varietäten, und zwischen ihnen und den Trachyten hat man noch ein Mittelglied entdeckt, — namentlich am Portillo und auf dem Gipfel des Sombrerito, — welches von *Berthelot* den Namen „Leucostine" erhalten hat und dessen Feldspath nach *Deville* aus Oligoklas bestehen soll. Auch scheint hierher das Gestein zu gehören, welches den Pozo de las Nieves auf Gran Canaria zusammensetzt. — In hohem Grade die Aufmerksamkeit des Geologen auf sich ziehende Gebilde sind gewisse Kalkstein-Schichten, deren Alter aber noch nicht genau ermittelt ist, die aber doch wohl dem Tertiär-Gebirge angehören dürften, auch Versteinerungen umschliessen, z. B. wohlerhaltene Reste aus den Gattungen Cardium, Pecten, Conus, Ampullaria, Turritella etc., und sich besonders dadurch auszeichnen, dass man sie an manchen Stellen mit basaltischen Lagen und trachytischen Conglomeraten in

Wechsellagerung begriffen sieht. Bisweilen schliesst auch dieser Kalk Bruchstücke der genannten Felsarten ein, während in andern Fällen letztere die Kalkmasse fast ganz verdrängen. Diese Schichten erreichen bisweilen eine Mächtigkeit von einigen hundert Fuss und finden sich nicht allein auf Teneriffa, sondern auch auf Lanzarota und Fuerteventura, und nach *Bowdich* auch auf der Insel Madeira in ihrem nördlichen Theile bei S. Vincento, woselbst der Kalkstein dem, Lissabon gegenüber an der Südseite des Tajo vorkommenden, sehr ähnlich sieht, jedoch von einer mehr körnigen Beschaffenheit seyn soll.

Diese Wechsellagerung neptunischer Gebirgsmassen mit vulcanischen erinnert offenbar an ähnliche Erscheinungen, wie man sie zuerst und am lehrreichsten in den Euganeen des Vicentinischen Hügellandes, sodann auch im Val di Noto auf Sicilien, ferner im südlichen Tirol am östlichen Abhange des Molignon, — woselbst man mehr als zwölfmal die obersten St. Cassianer Schichten mit einem aus zersetztem Augit-Porphyr hervorgegangenen schwarzen Tuffe abwechseln sieht, — so wie zuletzt an mehreren Orten in Mittel-Deutschland beobachtet hat.

Eine Gebirgsart von besonderm Interesse, welche namentlich auf Teneriffa weit verbreitet ist, ist diejenige, welche in der Landessprache den Namen „Tosca" führt. Sie ist sehr leicht, fast zerreiblich, von lichter Farbe, weisslich oder gelbgrau, besteht der Hauptsache nach aus fein zerriebenem Bimsstein und besitzt viel Aehnlichkeit mit dem niederrheinischen Trass; doch kommen auch Abänderungen vor, welche viel kohlensauren Kalk enthalten, mit weissen Lapilli gemengt sind und eine Art Peperin bilden. Andere Varietäten sehen dem Pausilip-Tuff sehr ähnlich. In ihrer gewöhnlichen Beschaffenheit bemerkt man als Einschlüsse in ihr feine Hornblende-Nadeln, Magneteisen-Stückchen und mitunter auch Feldspath-Theilchen. Da, wo die Felsart in grösserer Mächtigkeit auftritt, kommen darin auch ansehnliche Blöcke von Basalt und Trachyt vor. Ueber ihre Lagerungs-Verhältnisse hat uns *L. von Buch* die meiste Aufklärung gegeben (s. die Abhandl. d. Acad. d. Wiss. zu Berlin, Jahrg. 1820 u. 1821, S. 93). Dies Gebilde zieht sich gleich einem Mantel um den grössten Theil

vor Teneriffa herum, bisweilen besitzt es Härte genug, um
als Baustein verwendet werden zu können. Wo es an den
Gestaden des Meeres erscheint, bildet es meist eine Schicht
von 5—6 Fuss Mächtigkeit; es geht nicht hoch an den Abhängen der Berge hinauf und wird dann nicht weiter angetroffen, aber in der Nähe des Pic's kommt es in einer ansehnlichern Höhe wieder zum Vorschein; so z. B. steigt die Tosca
bei la Guancha, unmittelbar unter dem Berge, 800 Fuss hoch
hinan, während sie bei Rio Lejo 600 und bei der Stadt Orotava 500 Fuss über dem Meere angetroffen wird. Bei Santa
Cruz beträgt diese Höhe nur 100 Fuss und weiter nach Osten
hin, mehr vom Pico entfernt, wird sie gänzlich vermisst. Diese
Tosca nun bedeckt alle basaltischen Ströme bei Santa Cruz, bei
Vittoria oder bei Santa Ursula, allein niemals die von Orotava
und keinen von denjenigen, welche vom Pic herab sich ergossen haben. Hieraus erklärt sich auch, weshalb die feldspath
führenden Lavaströme oder überhaupt alle Laven des Pic's
von denjenigen Massen verschieden sind, welchen man auf
dem längern, östlichen Theile der Insel begegnet. Die Tosca
muss sich nämlich später gebildet haben, als dieser längere,
meist aus Basalt bestehende Inseltheil, sodann aber auch früher, als aus dem Pic sich Lavaströme ergossen. Wahrscheinlich hat sie sich in jener Zeit erzeugt, als der Pic selbst
sich aus dem Innern des Erhebungskraters erhob, ehe sich
Feuer-Erscheinungen aus ihm kund gaben. Diese Ansicht
wird sehr durch die Beschaffenheit der Blöcke unterstützt,
welche man bisweilen in der Tosca antrifft. Bei La Guancha
sind diese Blöcke von trachytischer Beschaffenheit, zahlreiche
Feldspath- und Hornblende-Krystalle umschliessend; zwischen
Orotava und Rio Lejo sind sie kleiner und bestehen aus feinkörnigtem Basalt, wie in den Schichten der Nähe, und bei
Santa Cruz hält es schwer, in der Tosca fremdartige Stücke
zu entdecken. In diese Tosca-Ablagerungen gruben sich die
Guanchen, die Ureinwohner der Canarien, ihre Vorrathskam-
mern, die Wohnungen für die Lebenden und die Ruhestätten
für die Todten, letztere an steilen, schwer zugänglichen Berg-
abhängen; die Cuevas de los Reyes, in der Chinisay-Schlucht
im Districte von Guimar, haben sich nach Verlauf von mehr
denn vier Jahrhunderten bis auf den heutigen Tag erhalten

und werden von allen Fremden besucht, denen das Glück zu
Theil wird, auf diesen Eilanden einige Zeit verweilen zu können. Unterwerfen wir nun in der früher angegebenen Folge
die einzelnen Inseln einer nähern Betrachtung.

a. Die Insel Lanzarotta.

Auf ihr findet man keine so deutliche Erhebungskratere,
wie auf den übrigen Inseln; allein in frühern Zeiten mag es
einen solchen daselbst wohl gegeben haben, denn im nördlichen Theile des Eilandes sind die Felsschichten aufgerichtet
und fallen dann plötzlich nach der Meerenge von Rio hin in
eine Tiefe von 1200 Fuss in das Meer hinab. Nach dieser
Seite hin würde also der Erhebungskrater von Lanzarotta noch
wahrzunehmen seyn, allein wahrscheinlich ist er in vorhistorischer Zeit bei Katastrophen, wie sie auf dieser Inselgruppe
häufig vorgekommen seyn mögen, wieder in die Tiefe des
Meeres hinabgesunken. Der übrig gebliebene Rest zeigt einen
ähnlichen Felsbau, wie auf den andern Inseln.

Die Insel hat nicht die riesenmässig aufsteigende Gestalt
wie Teneriffa, Palma und Gran Canaria, und von manchen
Seiten her erscheint sie sogar etwas abgeflacht. Sie ist dadurch besonders merkwürdig geworden, dass sie im vorigen
Jahrhundert von den fürchterlichsten vulcanischen Ausbrüchen
heimgesucht wurde, welche am 1. Septbr. des J. 1730 zu wüthen anfingen, bis in's J. 1736 fortsetzten und in verschiedenen Zwischenräumen der Zeit, aber auf einer Linie in der
Richtung von Ost nach West, eine Reihe von Kegelbergen
mit Krateren bildeten, mehrere Dörfer unter einer Decke von
Lava begruben und fast zwei Drittel der Insel verwüsteten,
so dass der grösste Theil der Bewohner sich zur Auswande-
rung genöthigt sah. Als *L. von Buch* (s. die Abhandl. der
Acad. der Wiss. zu Berlin aus den Jahren 1818 und 1819,
S. 69 etc.) im J. 1818 Lanzarotta besuchte, hörte er in Porto
di Naos, dass der Berg, von welchem aus die Zerstörung erfolgt sey, noch brenne und Montanna di Fuego genannt werde.
Er liegt in der Nähe des Ortes Tinguaton und besteht fast
nur aus Auswurfsstoffen in ungeheurer Menge, welche schichtenförmig übereinander abgesetzt zu seyn scheinen. Senkrechte Abstürze umgeben seine Caldera, aus deren Innern die

Lavaströme hervorbrachen. Da, wo sie herabgeflossen sind, ist der Rand des Kessels bis zum Boden hinab weggerissen worden und liegt mit dem Anfange der Lavaströme in einer und derselben Ebene. Er hatte aber weder eine Oeffnung, noch konnte man etwas von Lavaströmen an ihm bemerken. Statt dessen durchzogen offene Spalten die Ränder, setzten durch die Tiefe hin und stiegen am jenseitigen Rande wieder hinauf. Diesen Spalten entströmte ein heisser Dampf, in welchem das Fahrenheit'sche Thermometer schnell auf 145° stieg, wenn man es in denselben hineinsenkte. In grösserer Tiefe würde es wahrscheinlich den Siedepunct des Wassers angezeigt haben. Dieser Dunst schien vorzugsweise aus Wasserdampf zu bestehen; doch waren die Spalten, aus denen er hervordrang, auf beiden Seiten mit einer Rinde von Kieselsinter besetzt, welcher viel Aehnlichkeit mit demjenigen besass, welcher im Pic von Teneriffa, in der Solfatara bei Neapel und in dem grossen Geysir auf Island vorkommt. Aus einigen Klüften drangen auch Schwefeldämpfe hervor, doch bei weitem nicht in der Menge, wie am Pic von Teneriffa. Ein anderer, aber kleinerer Krater schloss sich dem grossen an und war von dem höchsten Rande des Berges umgeben. Er mochte wohl eine Höhe von 600 Fuss über Tinguaton, eine von 1378 Fuss über der Meeresfläche haben und bildet wahrscheinlich die ansehnlichste Höhe der ganzen Insel. Nur der grosse Ausbruchskegel der Corona am nördlichsten Ufer des Eilandes ragte noch etwas darüber hervor.

Von dieser Höhe kann man mit einem Blicke die grauenvolle Zerstörung übersehen, welche durch die zu der genannten Zeit hervorgebrochenen Lavaströme verursacht worden ist. Mehr als drei Quadratmeilen sind gleichförmig bis zum Meere gegen Westen herunter mit dunkelfarbiger Lava bedeckt. Keine Spur von Vegetation findet sich auf dieser öden, unwirthlichen Fläche; überall, so weit das Auge reicht, ist Tod und Erschrecken über sie verbreitet. Offenbar können diese ungeheuren Lavaströme nicht aus einer Oeffnung allein hervorgebrochen seyn; auch die Montanna di Fuego hat wahrscheinlich nur wenig dazu beigetragen, da der aus ihr hervortretende Lavastrom in östlicher Richtung herabgeflossen. Die Montanna di Fuego ist übrigens nicht der einzige

Ausbruchskegel an dieser Stelle, es liegt vielmehr hinter demselben noch eine ganze Reihe anderer, fast alle in ziemlich
gleicher Höhe mit ihm, wie bereits bemerkt, in gleicher Richtung und zwar in einer Länge von mehr als zwei geogr. Meilen und dabei so genau, dass von vielen, weil sie sich decken,
nur die Gipfel hintereinander hervorragen. Man zählt vom
westlichen Ufer an 12 grössere Kegel, von welchen die Montanna di Fuego etwa der sechste ist, bis nach Florida, ½ Meile
über Porto di Naos, ausser einer grossen Zahl anderer Kegel,
theils zwischen den grössern, theils auch seitwärts daneben.
Sie alle haben ungefähr eine Höhe von 3—400 Fuss und sind
meist mit einer ungeheuren Menge Rapilli bedeckt. Ihre Kratere öffnen sich grösstentheils in das Innere der Insel; dahin
sind auch die Lavaströme geflossen und mögen daselbst das
schon früher erwähnte Lavafeld gebildet haben, welches hinsichtlich seiner Grossartigkeit vielleicht von keinem andern,
wo es auch sey, übertroffen wird. Dieser ganze Ausbruch ist
also auch hier wieder aus einer grossen Spalte erfolgt, welche
um so grösser und furchtbarer erscheint, je weniger ihr von
einem schon vorhandenen Vulcan Schranken gesetzt wurden.

Fast war das Andenken an diese furchtbare Katastrophe
erloschen, als nach achtundachtzigjähriger Ruhe und zwar im
August des J. 1824 die Bewohner der Insel durch heftige Erdbeben und zerstörende Eruptionen auf's Neue in Furcht und
Schrecken gesetzt wurden. Die Erderschütterungen stellten
sich schon in den letzten Tagen des vorhergehenden Monats
ein; sie wurden besonders stark in der Nähe von Teguisa, der
Hauptstadt der Insel, sodann auch bei Tao und Tiagua verspürt, nordwestwärts von der Montanna di Fuego. Der heftigste unterirdische Donner begleitete sie, auch entstanden
Risse im Boden, z. B. in der Nähe des Berges la Famia, wo
auf einer kleinen Ebene das Erdreich an zwölf verschiedenen
Stellen barst. Aus allen diesen Klüften erfolgten weithin
sichtbare Feuerausbrüche; darauf gestalteten sich erstere zu
drei Hauptschlünden um, welche glühende Steinmassen in so
ausserordentlicher Menge auswarfen, dass hierdurch ein ansehnlicher Berg von beinahe 600 Fuss Höhe entstand. Aus
einem der Schlünde des neuen Vulcans entstieg am 1. Septbr.
eine die ganze Umgegend verhüllende Rauchsäule, welche sich

am folgenden Tage in drei einzelne, verschieden gefärbte Säulen und zwar in eine weisse, schwarze und rothe theilte. Lavaergüsse sollen hierbei nicht erfolgt seyn. Am 22. Septbr. fand wieder eine Eruption statt, wobei dem Krater eine so gewaltige Wassermasse entquoll, dass dadurch ein ansehnlicher Bach entstand. Das Wasser war sehr getrübt, etwas bituminös riechend und reichlich mit Kochsalz und salzsaurem Kali versehen. Bei diesem Ausbruch kam jedoch ein mächtiger Lavastrom zum Vorschein; Alles, was ihm in den Weg kam, riss er mit sich fort, selbst grosse Felsblöcke, die bald darauf in seiner Gluthmasse verschwanden. Hernach spaltete sich der Strom in zwei Arme; ehe sie jedoch die drei Stunden weit entfernte Küste erreichten, vereinigten sie sich wieder und bildeten ein kleines Vorgebirge, welches 600 Fuss weit in das Meer vordrang und eine Höhe erreichte, dass selbst die höchsten Fluthen es nicht bedecken. Zahllose Meerthiere wurden dabei getödtet und an vielen Stellen an das Gestade getrieben. Endlich erlosch der Vulcan am 5. October unter dem heftigsten Donner, aber schon am 16. desselben Monats brach in halbstündiger Entfernung ein neuer Krater auf, dessen Thätigkeit jedoch schon nach 24 Stunden erlosch. Während dieser Ereignisse soll der Pic auf Teneriffa vollkommen ruhig geblieben seyn. Auch noch im J. 1834 erfolgten Eruptionen auf der Insel und zwar eine in der Mitte derselben, zwei andere durchbrachen das grosse Lavenfeld vom J. 1730. Die hierbei hervortretenden Lavaströme waren so ansehnlich, dass sie bis an die Küste gelangten.

b. Die Insel Fuerteventura.

Auch Fortaventura genannt. Nächst Teneriffa und Canaria die grösste Insel des Archipels, weniger gebirgigt als die andern, ja sogar an der Südspitze, mit Ausnahme der Punta Jandia, flach und eben. Die Küsten erheben sich nur sanft und allmählig, mehrere Hügelketten erstrecken sich in das Innere des in der Mitte erhöhten, dabei aber doch ziemlich ebenen Eilandes. Die ansehnlichsten Berge scheinen die Höhe von 2500 par. Fuss nicht zu übersteigen. Im östlichen Theile der Insel finden sich mehrere nackte, kahle und traurige Ebenen, in welcher Beziehung die Llanos von Triquebijate besonders genannt zu werden verdienen, die man nur mit vieler Mühe und Anstrengung zu überschreiten vermag und an die nahe gelegenen africanischen Wüsten erinnern. Die Insel ist überhaupt nur sehr spärlich mit Wasser versehen und im Vergleich zu Teneriffa und Canaria äusserst schwach bevölkert. Hinsichtlich der auf ihr auftretenden Gebirgsarten scheint ziemliche Mannigfaltigkeit zu herrschen; nach *L. von Buch* soll in der Nähe von Santa Maria de Betancuria sogen. Urgebirgsgestein gefunden worden seyn, bestehend aus Hornblende und Feldspath, welches mit dem Gneise des St. Gotthardt's viel Aehnlichkeit besitzt. Am östlichen Theile der Küste, an einem Gebirgsstock, welcher den Namen „Riscos de la Penna" führt, will man auch schöne Diorite beobachtet haben, die auch auf einigen andern dieser Inseln vorkommen und manchen schottischen Dioriten sehr ähnlich sehen. Tertiäre Kalksteine, deren schon früher gedacht, trifft man ebenfalls hier an und zwar in grösserer Verbreitung als anderswo. Trachytischen und basaltischen Gesteinen begegnet man an mehreren Stellen. Die Insel besitzt auch einen Erhebungskrater und in der Mitte desselben eine deutliche Caldera. Sie ist zwar nicht so gross, als manche dieser Kessel auf den übrigen Eilanden, jedoch eben so gebaut und durch die Natur ihrer basaltischen Gesteine, durch die senkrechten Abstürze gegen ihr Inneres und durch ihre Neigung nach Aussen hin sehr ausgezeichnet. In der Mitte der Vertiefung prangt die Stadt Santa Maria de Betancuria in malerischer Lage.

Seit vier Jahrhunderten scheinen sich keine vulcanische Ausbrüche auf Fuerteventura ereignet zu haben, aber aus frühern Zeiten finden sich manche Lavaströme, z. B. diejenigen, welche den Hafen von Toneles bilden; auch in der Nähe von Aguabulyes trifft man welche an, die bis an die Küste von Pozonegro sich erstreckt haben.

c. Die Insel Gran Canaria.

An Areal etwas grösser als Palma, doch von einem ähnlichen geognostischen Bau. Sie hat eine fast kreisrunde Gestalt und steigt eben so regelmässig und majestätisch aus dem Meere empor, indem sie in ihrer Mitte die grösste Höhe erreicht. Fast in allen ihren Theilen ungemein fruchtbar, mit

Ausnahme des südwestlichen Theiles; durch mächtige Bergströme reichlich mit Wasser versehen, mit anmuthigen Hainen
und Wäldern geschmückt, welche die Luft mit ihren Wohlge-
rüchen erfüllen, die Berge zum Theil in wahrer Alpennatur
prangend, besitzt diese Insel eine Fülle von Reizen, wie keine
ihrer Schwestern, und wenn irgend eine derselben den Namen
der „glückseligen Inseln" verdient, so ist dieser unstreitig vor
allen andern der Insel Canaria zu ertheilen.

Wenn man, zufolge der Beobachtungen von *L. von Buch*,
von las Palmas aus — der am nordöstlichen Ufer der Insel
gelegenen Hauptstadt — das Dorf Tiraxana besucht, so steigt
man einen halben Tag lang sanft aufwärts, bis man auf eine
Höhe gelangt, welche sich 2874 Fuss über das Meer erhebt.
Von hier aus aber geht es wieder 800 Fuss tief abwärts, an
senkrecht emporgerichteten Basaltsäulen vorbei. Man erblickt
alsdann das Dorf inmitten einer ungeheuren Caldera, welche
auf der andern Seite von noch viel höhern und senkrecht abfallenden Felswänden umgeben ist. Es sind volle vier Stunden erforderlich, um quer durch die Caldera bis an ihren jenseitigen Rand zu gelangen, und von da aus muss man alsdann
wieder 3611 Fuss aufwärts steigen, um auf den Pico del Pozo
de Nieve, den höchsten Berg der Insel, zu gelangen. Mit unersteiglichen Abhängen über der Caldera ragt er, ein wahrer
Coloss, nahe an 5930 Fuss hoch über die Meeresfläche empor.
Sein äusserer Abhang ist von vielen Barancos durchschnitten,
doch treten sie hier nicht so zahlreich auf und verlaufen sich
auch nicht ganz so strahlenförmig von der Mitte aus, wie der
Erhebungskrater auf der Insel Palma. Die Aehnlichkeit zwischen dem tiefen Baranco von Texeda und dem Baranco de
las Angustias auf letztgenannter Insel ist unverkennbar, und
obgleich der erstere die Caldera selbst nicht erreicht, so findet
sich doch bei ihm die gleiche Zerspaltung des Bodens bis tief
in das Innere des Berges, und die Felsmassen werden durch
eine unglaubliche Anzahl sich durchsetzender Gänge auf eben
die Art und Weise verworfen und durchsetzt, wie dies auch
auf Palma statt findet. Wahrscheinlich werden bei genauerer
Untersuchung sich auch Trümmer emporgerissener Urgebirgsarten auffinden lassen; denn der in den anstehenden Trachyt-
massen befindliche Feldspath tritt häufiger als gewöhnlich darin

auf und seine glasige Beschaffenheit verschwindet allmählig so
sehr, dass man einen Feldspath aus dem Granitgebirge vor
sich zu haben glaubt. Die obern Höhen dieser Berge, welche
an 4000 Fuss hoch emporragen, bestehen jedoch alle aus einem dichten, schwarzen Basalt, der Augit und Olivin enthält,
und überlagern hohe Mandelstein-Massen, welche bisweilen
eine Mächtigkeit von mehreren hundert Fuss erlangen.

d. Die Insel Teneriffa.

Die grösste in der ganzen Gruppe und die einzige Insel,
welche mit einem noch jetzt thätigen Feuerberge versehen ist.
Von den Spaniern wurde sie kurz nach der Eroberung „Infierna"
genannt, wegen der Häufigkeit der auf ihr vorkommenden vulcanischen Erscheinungen, und in Uebereinstimmung hiermit
sollen schon vor noch längerer Zeit die Guanchen, wie *A. von
Humboldt* erzählt (s. dessen *Voyage aux terres équinox. Rel.
histor., T.* 1, *pag.* 174), dem riesigen und furchtbar drohenden
Pic deshalb den Namen „Echeyde" gegeben haben, weil sie
damit eine Hölle bezeichnen wollten. Hinsichtlich ihrer geognostischen Beschaffenheit ist diese Insel weit besser gekannt,
als die andern des Archipels; die Zahl der auf ihr auftretenden Felsarten ist mannigfaltig und man hat unter ihnen die
ältern sorgfältig von denjenigen zu unterscheiden, welche
neuern Ursprungs sind.

Nach ältern Untersuchungen, mit denen jedoch die neuern
von *Deville* nicht stets harmoniren, gehören zu den erstern
vorzugsweise die basaltischen Gesteine, welche besonders in
den niedrigern Theilen der Insel auftreten und im Nordosten
derselben fast den ganzen Gebirgszug zusammensetzen, welcher sich bis zur Punta Anaga erstreckt, so wie im südwestlichen Theile diejenigen Bergmassen bilden, welche sich bis
zur Punta de Teno hinziehen. Die Basalte ziehen sich auch
hoch an den Gebirgen hinauf; doch eine grössere Höhe, als
die von 4—5000 Fuss scheinen sie nicht zu erlangen. In einer ansehnlichern Höhe treten sie jedoch auf, wenn sie in Gängen vorkommen, namentlich, wenn sie basaltisches Trümmergestein durchsetzen. Ausgezeichnet schöne Basalt-Gänge finden sich im Orotava-Thale, namentlich im südwestlichen Theile
desselben. Daselbst bemerkt man an einer Stelle, welche den

Namen „los Organos" führt, den Krater eines kleinen erloschenen Vulcans, welcher, wie es scheint, zusammengebrochen ist.
Die eine Seite desselben ist noch vorhanden und besteht aus
einer senkrechten, aus Conglomeraten zusammengesetzten Wand
von etwa 150 Fuss Höhe. Diese Wand wird von Basaltgän-
gen durchsetzt, welche so dicht aneinander gedrängt sind, dass
sie dadurch das Ansehen von Orgelpfeifen erhalten, daher auch
der Name „los Organos". Von weiter Verbreitung und sehr
mannigfaltigem Ansehen sind die auf Teneriffa vorkommenden
Trachyte; einige derselben zeigen Uebergänge in Phonolith,
andere in Diorit. Sie treten oft in den abentheuerlichsten Gestalten auf, besonders in dem Baranco von Taganana. Ihre
Grundmasse hat in der Regel eine dunkelgraue Farbe, ist fein-
splitterig im Bruche und umschliesst zahlreiche, kleine, glänzende Feldspath-Krystalle, während Hornblende und Magneteisen nur vereinzelt darin vorkommen. Noch seltner sind Einschlüsse von Titanit-Krystallen. Uebrigens verwittert der Trachyt sehr leicht, sowohl durch Einwirkung der Atmosphärilien,
als auch durch die von Dämpfen und Säuren, welche Krateren und Fumarolen entsteigen. Besonders deutlich ist dies
auf dem Gipfel des Pic's zu beobachten, woselbst die Trachyt-
Wände fast ganz zersetzt und gebleicht erscheinen. Säulen-
artig abgesonderte Trachyte finden sich ebenfalls, so wie Trachyte auch in Gängen auftreten, die fast alle Gebirgsarten
durchsetzen. Gleich weithin sich ausdehnenden Kämmen ragen sie oft über die Felsmassen hervor, besonders wenn letztere von einer mehr lockern Beschaffenheit sind.

Wohl in wenigen vulcanischen Gegenden finden sich Obsidiane in so grosser Verbreitung, ansehnlicher Mächtigkeit
und in so vielen Abänderungen, als auf Teneriffa. Unter letztern ist eine besonders ausgezeichnet, welche eine schillernde
Oberfläche und eine grünlich-schwarze Farbe besitzt. Sie
kommt in so ungeheuren Blöcken vor, dass einige derselben
ein Gewicht von 50—100 Tonnen besitzen. Sie liegen in den
sogenannten Cannadas del Pico, am Fusse des Feuerberges,
mehr als 8000 Fuss über der Oberfläche des Meeres, und
scheinen bei den letzten Eruptionen des Vulcans ausgeschleudert worden zu seyn. Meist besitzen sie eine abgerundete Gestalt; viele derselben sind beim Herabfallen aus der Luft in

Tausende von Trümmern zersprungen. Aeusserlich besitzen
sie nicht selten ein faseriges Gefüge und zeigen auf diese Art
den Uebergang in Bimsstein. Als Einschlüsse enthalten sie
zahlreiche, halb verglaste Feldspath-Krystalle. Diejenigen
Stücke, welche Olivin umschliessen, sind bei weitem seltner.
Eine andere Varietät ist rein schwarz gefärbt; diese ist zugleich mit einem lebhaften Glasglanze versehen. Die Ureinwohner der Insel verfertigten sich aus ihr alle ihre Waffen,
ihre Hau- und Schneide-Werkzeuge. Dies Gestein führt den
Namen „Tobona"; es kommt bisweilen in Strömen vor, welche
sich, indem sie allmählig erkalteten, in grosse Blöcke zertheilt
haben. Andere Ströme jedoch haben ihren Zusammenhang
behalten und sich in ferne Gegenden der Insel erstreckt. So
z. B. bemerkt man auf der nördlichen Seite des Pic's einen
solchen Strom, welcher sich bis in den District von la Guancha,
in das reizende Icod-Thal ausgedehnt und eine Länge von
9—10 engl. Meilen erreicht hat. Nicht minder zahlreich und
schön sind auch die Abänderungen des Bimssteins, welche in
verschiedenen Theilen der Insel vorkommen. Meist besitzen
sie eine helle, grauweisse Farbe und sind bisweilen mit rothen
Flecken geziert; andere umschliessen Augit- und Feldspath-
Krystalle, öfters von ansehnlicher Grösse. Diese beiden Varietäten erscheinen am häufigsten in den Cannadas del Pico
und ihre Ablagerungen erreichen an manchen Stellen eine
Dicke von 70—80 Fuss. Es finden sich auch Bimssteine,
welche mit kleinen Poren versehen sind und eine olivengrüne
Farbe besitzen; andere sind grau gefärbt und werden von
Adern kohlensauren Kalkes durchzogen. Endlich giebt es
auch Bimssteine von einer mehr dichten Beschaffenheit, welche
dem Obsidian sehr nahe stehen. Dies Letztere findet besonders in der Nähe des Pic's statt. Der Bimsstein ist überhaupt
von einer so weiten Verbreitung auf der Insel, dass er beinahe alle Plateau's bedeckt. Seine Mächtigkeit ist besonders
an solchen Stellen deutlich zu beobachten, wo von den Höhen
sich herabstürzende Bergströme die Lava-Bänke durchbrochen
und Schluchten gebildet haben, die öfters eine ungeheure Tiefe
erlangen. Manche Bimssteine besitzen eine überraschende
Aehnlichkeit mit denen auf Lipari, was besonders von denjenigen gilt, denen man in der Nähe der Stadt Guimar begegnet.

Nicht minder interessant und lehrreich sind auch die auf
Teneriffa auftretenden Laven. Zu den ältesten scheinen die basaltischen zu gehören; sie
sind meist von einer dichten Beschaffenheit und finden sich
vorzugsweise in der Nähe des Meeres, doch kommen auch
welche in der Mitte der Insel, so wie am Pic vor, welche in
sehr früher Zeit den alten Vulcanen entstiegen zu seyn scheinen. Da, wo sie in ansehnlichern Massen auftreten, bemerkt
man an ihnen eine prismatische Absonderung. Eine andere
Varietät besitzt einen mehr grünsteinartigen Character; sie bildet bisweilen ungeheuer grosse Blöcke in den Cannadas und
ruhet auf Bimsstein-Ablagerungen, deren Mächtigkeit stellenweise 80 Fuss beträgt. Es finden sich auch Laven von trachytischem Character, welche sehr dicht sind, während die
minder dichten entweder ein steinartiges oder ein glasähnliches
Ansehen haben und fast durchgängig von den jüngsten Auswurfsmassen bedeckt sind.

Die modernen Laven bildet in ihren untersten Lagen meist
ein Trachyt von mattem Aeussern und porphyrartiger Structur,
welcher theils von Lapilli überlagert, theils von einem erdigen
Conglomerat bedeckt ist. Beide Gebilde findet man auch in
Wechsel-Lagerung mit einander begriffen. Ueber ihnen trifft
man eine blasige, augitische Lava an, mit mehr oder weniger
zersetzten Feldspath-Krystallen; endlich zu oberst findet sich
eine Art basaltischen Trappes, welcher mit dem schottischen
„Whinstone" viel Aehnlichkeit besitzen soll.

Uebrigens ist es bekannt — und auf diesen Umstand hat
besonders *L. von Buch* bald nach seiner Rückkehr von den
kanarischen Inseln die Aufmerksamkeit der Geologen gelenkt
— dass die Laven eines und desselben Vulcans nicht blos sehr
mannigfaltig erscheinen können, sondern dass auch die Massen,
welche einem und demselben Strome angehören, mitunter sehr
auffallend von einander abweichen. In der Nähe des Kraters,
da, wo auf die emporquellende Lava nur ein mässiger Druck
ausgeübt wird, pflegt sie dicht und frei von Krystallen zu seyn;
verfolgt man sie jedoch weiter abwärts, so nimmt sie nicht nur
eine poröse blasige Beschaffenheit an, sondern sie umschliesst
auch zahlreiche Krystalle vulcanischer Mineralien.

Im Allgemeinen bilden die Laven auf Teneriffa Ströme

nicht nur von ansehnlicher Breite, sondern auch von bedeutender Mächtigkeit, welche letztere bisweilen mehr denn 20 Fuss beträgt; häufig finden sich auch grosse, massige Blöcke, reichlich versehen mit Krystallen von Augit, Hornblende und Feldspath, hin und wieder auch mit Olivin-Körnern. Nach *Alison* (im Philos. Magaz. N. S., Vol. VIII, S. 23 etc.) kommen auch auf einigen kleinen Vulcanen, welche in der Landessprache den Namen Montannetas führen, hohle, hemisphärische Massen vor, welche als vulcanische Bomben zu betrachten seyn dürften, die ursprünglich wohl rund waren und beim Niederfallen auf den Boden an ihrer untern Fläche sich abplatteten. Einige derselben haben 12 Zoll im Durchmesser und sind in ihrem Innern weniger dicht als auf der Oberfläche. Letztere erscheint in der Regel angegriffen, gebleicht und weiss von Farbe, welche Umänderung wahrscheinlich durch Einwirkung schwefeligsaurer Dämpfe bewirkt worden ist. Einige dieser Bomben, welche ein geringeres Volumen haben, bestehen äusserlich aus Obsidian, während die Masse in ihrem Innern in Bimsstein überzugehen scheint.

Die ganze Oberfläche dieser Montannetas ist mit Schlacken-Trümmern wie übersäet, die alle corrodirenden Dämpfen ausgesetzt gewesen seyn mögen; denn sie werden so leicht wie Bimsstein gefunden.

Den anziehendsten Gegenstand auf der ganzen Insel bildet unstreitig der durch die grosse Regelmässigkeit seiner Gestalt ausgezeichnete Pic selbst, welcher nach den zuverlässigsten Angaben zu einer Höhe von 11424 bis 11430 Fuss sich erhebt und unter den 28 ⁰ 17 ′ n. Br. und 19 ⁰ w. L. von Paris gelegen ist. Dass er aus der Mitte eines Erhebungs-Kraters sich erhebt, hat *L. von Buch* sehr wahrscheinlich gemacht. Dies stellt sich besonders klar und deutlich heraus, wenn man den Kegel selbst erstiegen hat und auf die sogen. Circus-Felsen gelangt ist, welche von dem Gipfel los Adulejos und dem Tiro delle Guanche gebildet werden. Von ihnen aus fällt der regelmässige Bogen auf, mit welchem diese Felsen den Pic und Chahorra umgeben. Wie bei andern Erhebungskrateren bestehen auch diese Felsen aus unregelmässig übereinander gelagerten und aus verschiedenartigen Massen zusammengesetzten Schichten, welche von zahlreichen Gängen durchsetzt werden. Auf der nordöstlichen Seite und mehr in der Höhe trifft man Basalte an; mehr in der Tiefe finden sich lockere, weiche Tuffschichten, wohl aus zerriebenem Trachyt entstanden, dann folgt ein schöner und deutlich ausgeprägter Trachyt, hauptsächlich aus einer graublauen Feldspath-Masse bestehend. Diese untern Schichten steigen nach Westen hin sanft auf, so dass sie zuletzt den Basalt in der Höhe verdrängen und das Grundgestein der höhern Gipfel der Circus-Felsen bilden. Der Trachyt ist daher wahrscheinlich schon in der Tiefe des Erhebungskraters vorhanden und desshalb kann es auch nicht weiter auffallen, dass der Pic und Chahorra bei ihrem Emporsteigen aus der Mitte des Kraters nichts anderes als Trachyt au die Oberfläche gebracht haben. Ueberall begegnet man dieser Felsart; in den Krateren von Pic und Chahorra steht er an und umschliesst glasigen Feldspath in grosser Menge, aber dass er, einem Strome gleich, geflossen sey, davon findet sich keine Spur. Wegen dieses Vorherrschens von trachytischem Gestein ist auch die Menge des Bimssteins so ungeheuer gross, welcher überall erscheint, so dass es das Ansehen hat, als wäre der Berg und der Circus mit Schnee bedeckt. Man darf wohl, ohne zu übertreiben, annehmen, dass man von der Ebene an, welche Llanos de las Retamas genannt wird, fast zwei deutsche Meilen lang ununterbrochen unterhalb der Circus-Felsen auf Bimsstein wandeln kann. Kleine und unansehnliche Stücke davon bemerkt man zuerst über den ältern basaltischen Massen, halbwegs zwischen der allbekannten und in so vielen Reisebeschreibungen erwähnten Fichte von Dornajito und dem Portillo. Nach und nach werden sie grösser und häufiger. Bei dem Portillo, ehe man auf die Ebene des Circus gelangt, bedecken sie nicht allein in ansehnlicher Stärke den ganzen Boden, sondern sie setzten sogar kleine Hügel zusammen. Je weiter man auf dem Llano de las Retamas an dem Kegel des Pic's hinaufschreitet, um so grösser werden auch die Bimsstein-Stücke, und wenn man endlich an die Estancia ariba gelangt, welche eine Meereshöhe von 9312 Fuss besitzt, so erreichen sie Kopf-Grösse. Von hieraus kann man noch 600 Fuss weiter vorgehen, bis man den schwarzen Obsidian-Strömen begegnet, welche sich vom Pic herab ergossen haben. Diese Stelle führt den Namen des „Malpays", eine Benennung, die auch bei den americanischen Vulcanen vorkommt und solche Gegenden bezeichnet, die durch das unterirdische Feuer entweder schon gelitten haben oder noch leiden, ein rauhes, unwirthliches, ödes Ansehen besitzen, der Cultur unfähig und für die Menschen nicht bewohnbar sind.

Hat man dies Terrain verlassen und sucht nun, jenseits des Piton, den letzten, zuckerhutartig gestalteten Kegel des Pic's zu ersteigen, so werden die Bimssteine wieder kleiner, dagegen ausnehmend reich an Feldspath. Sucht man nun da, wo die Bimssteine das Aeusserste ihrer Grösse erreichen, also unfern der Estancia ariba, ihre Ausbruchs-Oeffnung zu erspähen, so findet man letztern auch ohne sonderliche Anstrengung unfern der beiden Estancien, allein sie liegt nicht offen zu Tage, sondern sie ist durch Obsidianströme, welche von oben herab kamen, verdeckt. Man erblickt sogar einen neuen Obsidian-Strom unter den Bimssteinen, welcher in den Tiefen des Circus sich unter andern verbirgt. Längs dieser Obsidian-Ströme kann man eine halbe Stunde lang hinauf gehen. Ihre Oberfläche besitzt ein mannigfach in einander verschlungenes, gedrehtes, tauförmig gewundenes Ansehen; grosse Glasthränen hängen an ihren Seiten herunter, und grüne und schwarze Bimssteine, faserig, wie die weissen, sind noch auf der Masse angeheftet, mit welcher sie einst herabgeflossen. Tiefer im Strome ist der Obsidian weniger deutlich muschelig im Bruche, auch weniger glänzend, so dass er beinahe das Ansehen von Pechstein erhält. Vom Rande des Kraters aus erblickt man deutlich die Stelle, wo diese Ströme hervorgebrochen sind; sie findet sich etwa 6—700 Fuss unterhalb des Gipfels. Strahlenförmig verbreitet sich von hier aus der Obsidian an dem steilen Abhang herunter. Viele dieser Ströme blieben jedoch auf den Bimssteinen hängen und nur die äussersten Enden haben sich davon als Blöcke losgetrennt, und liegen Häuser hoch auf der Bimsstein-Fläche im Circus, wo sie durch ihre schwarze Farbe gegen das blendende Weiss des Bimssteins sonderbar contrastiren. Ein sehr bemerkenswerther Umstand ist es hierbei, dass kein Bimsstein diese Ströme bedeckt, wesshalb man wohl annehmen darf, dass die Bimsstein-Ausbrüche älter sind als die Obsidian Ergüsse; denn da der Bimsstein wahrscheinlich nichts anderes ist, als ein durch Gase und Dämpfe aufgeblähter Obsidian, so wird er auch wohl im Innern der Kratere den letztern bedecken und daher früher als dieser hervorbrechen müssen. Uebrigens sind vom Gipfel des Pic's ausgegangene Obsidian-Ströme nicht zu beobachten, eben so wenig erblickt man im Krater selbst weder Obsidian, noch Bimsstein, so dass wohl nie Ausbrüche von diesen beiden Gesteinen aus ihm erfolgt seyn werden.

Auf der westlichen Seite des Berges begegnet man dagegen den grössten, ja selbst ungeheuren Obsidian-Strömen, welche an dem steilen Abhange herunterfallen und sich bis an die Gestade des Meeres erstrecken. Nicht ohne Ueberraschung erblickt man hier, etwa 3000 Fuss unter dem Kegel des Pic's eine ganz mit Bimsstein bedeckte und nur sanft geneigte Ebene und an ihrem Ende den furchtbaren Krater des Chahorra, einen Berg, der sich zum Pic von Teneriffa eben so verhält, wie der Monte rosso zum Aetna und dessen Krater fünfmal grösser und dabei auch tiefer als der des Pic's ist; denn von der Ostseite steigt man mehr als 200 Fuss hinein, und ein kleinerer, mit dem grössern verbundenen Krater ist sogar 600 Fuss tief und von der Westseite her ganz unzugänglich. Diese Bimsstein-Ebene, welche beide grosse Kratere verbindet, enthält einige Oeffnungen, aus denen Obsidian hervorgetreten; eine derselben liegt 8900 Fuss über dem Meere, und das ist nach *L. von Buch* der tiefste Punkt, aus welchem man noch einen Laven-Strom von vulcanischem Glase ausbrechen siehet; denn alle an tiefern Stellen zum Vorschein kommenden Laven sind nicht von glasartiger Beschaffenheit.

Die Bimssteine gehen übrigens an dem Abhange des Berges nicht tiefer herab, als bis zur untern Grenze der Retama blanca, etwa 6400 Fuss über dem Meere, woselbst noch das Spartium nubigenum gedeihet, welches das Auge durch seine Blüthe erfreut und die Luft mit Wohlgeruch erfüllt. Hier, von dieser Höhe an, verlieren sie sich allmählig auf dieselbe Weise, wie sie nach und nach beim Aufsteigen zum Pic erschienen waren.

In dem bisher Mitgetheilten ist wiederholt auf das gegenseitige Verhältniss des Bimssteins und des Obsidians aufmerksam gemacht worden; man wird daraus haben entnehmen können, wie beide fast stets miteinander vorkommen und aus denselben

Oeffnungen hervorbrechen. Der Obsidian ist in der That
nichts anderes, als Trachyt, welcher durch das vulcanische
Feuer zu Glas umgeschmolzen ist. Schon längst hatte man
auf den Liparischen Inseln Trachytstücke aufgefunden, welche
äusserlich von Obsidian umhüllt waren und sich allmählig in
denselben verliefen. Am Pic von Teneriffa stellt es sich deutlich heraus, dass vor Bildung der Obsidian-Ströme die Abwesenheit des Druckes erforderlich ist; denn sie brechen nur
am Gipfel hervor. Druck wirkt ähnlich, wie allmählige
Erkältung; er unterstützt die anziehende Kraft der Molecule
gegen die entgegenwirkende der Wärme und die homogen
scheinende Masse des Glases sondert sich nun in verschiedenartige Substanzen ab.

Aus ältern Reisebeschreibungen schon ist es bekannt, dass
die Spitze des Pic's, woselbst sich der Krater befindet, mit
einer aus Lava bestehenden, mauerartigen Einfassung versehen
ist, welche eine Ellipse bildet, deren Grösse sehr verschieden
angegeben wird. Ihr grösster Durchmesser soll bald 300, ihr
kleinster 200 und ihre Tiefe 100 Fuss betragen, während nach
andern Angaben der in ihrem Innern befindliche Krater 150
Fuss lang, 100 Fuss breit und blos 50 Fuss tief seyn soll. Die
Axe der Ellipse ist aus NW. nach SO. gerichtet. Vergleicht
man den Krater des Pic's mit dem des Vesuv's und des Aetna's, so erscheint er von nur geringer Grösse und man hat
aus diesem Umstande, besonders wenn man auch noch andere
hohe Vulcane mit in den Bereich der Untersuchung zog, die
allgemeine Regel aufgestellt, dass bei einem Vulcane der Umfang seines Kraters im umgekehrten Verhältniss zu seiner Höhe
stehe, und hat dies so erklärt, dass im Verhältniss zu der Höhe,
welche die ausgeworfenen Massen erreichen müssen, ehe sie
aus dem Schlunde hervortreten, auch der Widerstand stehe,
den sie bei ihrem Wege durch diesen Canal zu überwinden
haben, so dass bei hohen Vulcanen die angewendete Kraft
häufig dazu dient, lieber Oeffnungen an den Seiten des Berges zu brechen, als die Auswurfsstoffe über den Rand des
Kraters hervorzutreiben. Indess erleidet diese Regel doch auch
ihre Ausnahmen und passt nicht auf alle Fälle. Die vorhin
erwähnte mauerartige Einfassung um den Krater bildet jedoch
kein vollständiges Ganzes, sie ist vielmehr nach Osten hin

durchbrochen und dies wahrscheinlich durch einen alten Lava-Ausbruch, welcher noch jetzt sichtbare Spuren hinterlassen hat. Auch nach Süden hin ist diese Laven-Mauer etwas gewichen, während sie in nördlicher Richtung sich vollkommen erhalten hat. Alle um den Krater herum angehäuften Lavamassen sind in hohem Grade zersetzt, gebleicht und weiss wie Kreide, ohne Zweifel durch die dem Krater entsteigenden schwefeligsauren Dämpfe. Mehr in seinem Innern, so wie an seinen seitlichen Abhängen bemerkte man zu der Zeit, als *Alison* (a. a. O.) den Pic bestieg, in der Richtung aus WNW. nach ONO. zahlreiche Weitungen von 1″ Durchmesser und 1—2′ Tiefe, aus denen hier heisse Dämpfe, dort Schwefel-Dünste hervorbrachen, was also auf verschiedenartige Quellen hindeutet, obgleich die Spalten nicht weit von einander entfernt waren. Einzig und allein auf diese Fumarolen-Bildung scheint sich die jetzige vulcanische Thätigkeit des Pic's zu beschränken. Die Temperatur in diesen Klüften schien eine hohe zu seyn; denn als man ein auf 133⁰ graduirtes Thermometer in dieselben hinabsenkte, so barst es, eben so wurde die Rinde eines in sie gebrachten Stabes gänzlich verkohlt. Der verdichtete Dampf soll keinen Geschmack besessen haben; da aber, wo die Schwefel-Dünste hervorbrachen, fand man die Wände der Spalten mit den zartesten Schwefel-Krystallen bedeckt.

Von allen Reisenden, welche den Pic erstiegen, wird die ausserordentliche Klarheit der Luft gerühmt, die man daselbst verspürt; selbst noch in den tiefern Thälern soll sie die vielgerühmte Himmelsbläue im südlichen Italien und auf Sicilien übertreffen. Diese seltene Klarheit der Atmosphäre ist wahrscheinlich eine Folge der Trockenheit der Luft, welche über die unermesslichen Sandwüsten Africa's hinstreicht und von da nach Teneriffa und die übrigen Canarischen Inseln getrieben wird. Vor allen andern ausgezeichnet ist an einem hellen Tage die Aussicht vom Gipfelpunkte des Pic's, denn man übersieht von da die ungeheure Fläche von 5—6000 Quadratmeilen. Zu den Füssen des Beschauers liegt zunächst Teneriffa, geschmückt mit allen erdenklichen Reizen, sodann erblickt man auch die übrigen zu dieser Gruppe gehörigen Inseln; es schweift der Blick in ungeheurer Ferne über den weithin ausgebreiteten, glänzenden Spiegel des Meeres; man wird sogar die stark be-

waldeten Küsten Africa's gewahr, und über diese hinaus erscheinen zuletzt am fernsten Horizonte, gleich gelben Streifen,
die Anfänge der lybischen Sandwüsten. — Was die Ausbrüche
anbelangt, welche der Pico während der historischen Zeit gehabt hat, so kennt man deren schon aus dem funfzehnten Jahrhundert. Nach *A. von Humboldt* (a. a. O., S. 116) spricht die
älteste Nachricht von einer im J. 1430 an der Seite des Pic's
erfolgten Eruption, durch welche ein noch jetzt existirender
Hügel aufgeworfen wurde, der den Namen: „la Montannita de
la Villa" — führt. Dies ist wahrscheinlich zugleich die älteste
Kunde von vulcanischen Erscheinungen auf der ganzen Inselgruppe.

Aloysio Cadamusto, welcher im J. 1505 auf Teneriffa landete, ist der erste Europäer, welcher von einem daselbst von
ihm beobachteten Ausbruche spricht. Dieser Reisende mag
vorher auch wohl Sicilien besucht haben; denn er vergleicht
die von ihm wahrgenommenen Erscheinungen mit denen des
Aetna's, wenn dieser Feuerberg sich gerade in Thätigkeit befindet, und versichert, dass der Berg beständig rauche, so wie,
dass das aus ihm hervorbrechende Feuer von den Christen-
Sclaven, welche von den Guanchen in Gefangenschaft gehalten wurden, gesehen worden sey.

Der nächste Ausbruch erfolgte am 31. December des J. 1704
auf dem Plateau de los Infantes über Icone an der Seite des
Pic's, nachdem sehr heftige Erdbeben ihm vorausgegangen
waren. Es entstanden zwei Spalten in einem engen Thale
und warfen eine solche Menge Steine aus, dass ansehnliche
Hügel dadurch gebildet wurden. Einem derselben entquoll
auch ein Lavastrom, der nach Guimar hin seine Richtung nahm
und nach einem Jahrhundert sich noch so wenig verändert
hatte, dass *L. von Buch* ihn bis an das Ende verfolgen konnte.

Am 5. Januar des folgenden Jahres bildete sich zwischen
Guimar und Orotava ein neuer Vulcan, der nahe an 30 Oeffnungen besass. Auch dieser Eruption gingen so heftige Erderschütterungen voran, dass Häuser dadurch umgestürzt wurden und der unterirdische Donner auf Schiffen gehört wurde,
welche 20 Meilen von der Küste entfernt waren. Am 2. Februar fand ein neuer Lavenerguss statt, welcher bis nach
Guimar gelangte und die dasige Kirche zerstörte.

Im J. 1706 erfolgte am 5. Mai abermals ein Ausbruch aus der Seite des Pic's und zwar in südlicher Richtung vom Hafen von Garachico. Dieser war damals einer der schönsten Häfen auf der ganzen Insel, allein die an ihm gelegene volkreiche und ansehnliche Handelsstadt gleichen Namens wurde durch zwei bei dieser Eruption zum Vorschein kommende Lavaströme innerhalb weniger Stunden nicht nur gänzlich zerstört, sondern auch der Hafen dergestalt mit Lava erfüllt, dass letztere, nebst den von ihr mit fortgerissenen Felsen, ein kleines Vorgebirge bildete. Es beschränkte sich aber die Zerstörung nicht etwa auf diesen einzigen Ort, sondern sie dehnte sich auf die ganze Umgegend aus, welche dadurch beinahe eine ganz andere Gestalt erhielt, indem auf ihrer frühern ebenen Fläche sich theils ansehnliche Hügel erhoben, theils reichlich fliessende Quellen versiegten und der fruchtbare Boden an andern Stellen seiner pflanzlichen Decke beraubt wurde.

Es folgte nun eine lange Zeit von Ruhe, bis endlich im Juni des J. 1798 ein neuer Ausbruch, und zwar nicht aus dem Gipfel des Pic's, sondern aus dem an seiner westlichen Seite gelegenen Chahorra erfolgte, der alle frühern an Heftigkeit übertroffen zu haben scheint. Als *A. von Humboldt* auf seiner Reise nach dem spanischen America Teneriffa besuchte, traf er daselbst noch Leute an, welche Zeugen jener Eruption gewesen waren. Nach ihrer Aussage gingen derselben auch diesmal wieder Erderschütterungen voran, welche von dem Chahorra aus über die Insel sich zu verbreiten schienen. Wirklich bemerkte man auch am Fusse desselben vier neue Ausbruchsstellen, welche sich alle in einer Linie hintereinander und in paralleler Richtung mit dem Pic geöffnet hatten. Der obersten derselben entstiegen dichte Rauchwolken, der zweiten eine ungeheure Menge glühender Steine nebst Feuerballen, aus der dritten brachen blos Flammen hervor. Die vierte war in östlicher Richtung aufgebrochen. Während durch die dicken Rauchwolken alles in tiefe Nacht gehüllt wurde, erfolgten die Explosionen unter dem heftigsten Donner, welcher den Boden erzittern machte, in Intervallen von 10 zu 10 Secunden. Nachdem dies eine Zeitlang gedauert hatte, schlossen sich die zuerst entstandenen Oeffnungen am Fusse des Berges wieder und andere brachen mehr aufwärts auf und es erfolgten aus ihnen

nun die Eruptionen unter denselben Erscheinungen wie aus
den erstern. Die Lava floss so reichlich aus, dass sie sich in
drei Arme theilte, vereinigte sich aber hernach wieder zu einem
Strome und riss Alles mit sich fort, was sich ihr entgegen-
stellte. Endlich erfolgte am 14. Juni die heftigste Explosion;
Rauch und Asche verdunkelten die Sonne; die ausgeschleuderten Stoffe bedeckten mehr als eine halbe Meile weit den
Berg; selbst die grössten Felsblöcke wurden zu einer so ausserordentlichen Höhe emporgetrieben, dass ihre Fallzeit 12 bis
15 Secunden betrug, woraus *A. von Humboldt* berechnet, dass
die Höhe, zu welcher sie emporgestiegen, mehr denn 3000 Fuss
betragen haben müsse. Am 16. Juni gerieth eine andere Stelle
des Feuerberges in Ausbruch, welche bisher in Ruhe verblieben war und es brach Lava aus ihr hervor, die sich mit grosser Schnelligkeit verbreitete und eine so enorme Hitze um sich
her verbreitete, dass durch sie ein Gebüsch entzündet wurde,
welches fünf Ellen von dem vorbeifliessenden Lavastrome
entfernt war. Der Schlund, aus welchem derselbe hervorbrach,
soll 500 Fuss im Durchmesser gehabt haben. Merkwürdig erschien bei dieser Eruption der Umstand, dass der Hauptkrater
auf dem Gipfel des Pic's nicht die geringste Spur von Thätigkeit zeigte, während der ihm so nahe gelegene Chahorra in
so fürchterlichem Aufruhr begriffen war.

e. Die Insel Gomera.

Ausser Ferro die kleinste unter den Canarien und nur
einen Flächenraum von acht geogr. Meilen einnehmend.

Ihre Ufer erheben sich hoch und steil aus dem Meere;
die Berge in ihrem Innern sollen eine ansehnliche Höhe besitzen und bisweilen mit Schnee bedeckt seyn. In geognostischer Beziehung ist das Eiland nur sehr ungenügend gekannt.
Granit und Glimmerschiefer sollen auf demselben vorkommen,
wie es scheint jedoch nur im untergeordneten Verhältniss zu
den vulcanischen Gebirgsarten. Unter diesen letztern zeichnet sich besonders ein schöner Basalt aus, welcher in dem
Baranco von St. Sebastian auftritt und ausser vielem Olivin
auch deutliche Krystalle von Kalkspath in seinen Blasenräumen enthält.

f. Die Insel Hierro.

Auch Ferro genannt, am weitesten nach Westen hin gelegen und nicht einmal 4 geogr. Meilen gross. Wegen ihrer hohen und beinahe senkrecht sich erhebenden Küsten ist sie nur schwer zugänglich und deshalb auch von Naturforschern wenig besucht. Man weiss nur so viel, dass in dem Baranco de los Tarales sich Basalt findet, welcher grosse und deutliche Augit-Krystalle, so wie ausgezeichnet schöne Olivin-Einschlüsse enthält.

g. Die Insel Palma.

Führt auch den Namen: San Miguel de la Palma, ist ein höchst gebirgigtes Eiland, enthält nächst Teneriffa die höchsten Berge und ist fast nur als ein isolirter Gebirgsstock anzusehen. Wie bei den übrigen dieser Inseln, so sind auch auf Palma die Küsten von ansehnlicher Höhe und ragen steil empor. Sie sollen fast durchgängig aus Basalt bestehen, welcher an mehreren Stellen mit Tuffschichten wechsellagert.

Auf diesem Eilande hat *L. von Buch* seine Lehre von den Erhebungskratern geschöpft, wie schon früher bemerkt wurde, als der Unterschied zwischen diesen und den Eruptions-Krateren auseinander gesetzt wurde. Die höchst interessanten und lehrreichen Erscheinungen an der berühmten Caldera und dem Baranco de los Angustias, die ebenfalls schon mehrfach erwähnt wurden, gaben ihm den ersten Anlass dazu.

Nachträglich verdient hier noch angeführt zu werden, dass dieser Baranco, durch welchen hinauf man in die Caldera gelangt, ein tiefes, schmales, von senkrecht abfallenden Gebirgsmassen eingeschlossenes Thal ist, und mehr einer ungeheuren Spalte, als einem Thale ähnlich siehet. Es muss eine unbeschreiblich schöne und mächtig ergreifende Scenerie seyn, wenn man in der Ferne, tief im Hintergrunde, Felswände erblickt, welche himmelhoch und fast senkrecht aufgerichtet, vielfältig zerklüftet und von überhängenden Cedern beschattet sind. Diese Stelle soll ganz den Character der Alpennatur besitzen. Die auf dem Boden des Baranco liegenden zahlreichen Blöcke von Urgebirgsarten, welche weder auf Palma, noch auf den übrigen Canarischen Inseln gefunden werden, sind schon früher erwähnt, auch wurde damals schon bemerkt, dass sie durch den vulcanischen Ausbruch, durch welchen der Baranco und die Caldera entstand, aus dem Innern der Insel möchten emporgerissen seyn.

Schreitet man weiter in diesem engen Thale aufwärts, so sieht man, dass mächtige Gänge von feinkörnigtem Basalt nicht allein diese Blöcke, sondern auch das darüberliegende vulcanische Trümmergestein, welches an manchen Stellen eine Mächtigkeit von 10—15 Fuss erreicht, in mannigfaltigen Richtungen durchsetzen, und dass sie um so häufiger auftreten, je weiter man in dieser Schlucht vordringt. Zuletzt werden sie so häufig, dass die Felswände von ihnen wie mit einem Netze bedeckt erscheinen.

Das Gestein zwischen diesen Gängen ist von einer feinkörnigten Beschaffenheit, besitzt eine dunkel rauchgraue Farbe, umschliesst zahlreiche, gelblichweiss gefärbte Krystalle von glasigem Feldspath und erweist sich überhaupt als ein deutlich ausgeprägter Trachyt.

Die Spalte hebt sich nun schnell gegen den Rand der Caldera, und wenn man endlich den ungeheuren kesselförmig vertieften Boden derselben betritt — in einer Höhe von 2164 Fuss über dem Spiegel des Meeres — so befindet man sich wieder auf vulcanischem Trümmergestein, zusammengesetzt aus fein zertheilten basaltischen und doleritischen, nur locker verbundenen Massen.

Das Innere der Caldera besteht aus Schichten, welche söhlig auf einander zu liegen scheinen und als die Köpfe derjenigen Straten zu betrachten seyn mögen, welche vom Meere aus mit der Neigung der äussern Fläche heraufsteigen, so dass man den Krater selbst als die Axe des Kegels ansehen kann, welchen die Insel selbst bildet. Auch hier noch kommen Gänge vor, welche bis zum Gipfel des Berges hinaufreichen, die Felsmassen durchsetzen, und nicht selten gleich mächtigen, hoch anstrebenden Coulissen über sie emporragen. Auf dem Boden zieht sich ein flaches Thal hin, mehr als zwei Stunden lang, von malerischen Hügeln umgeben, welche mit dichten Wäldern von Lorbeeren, canarischen Fichten und Cedern bedeckt sind. Versucht man von der an der östlichen Küste zum Theil in dem Krater eines erloschenen Vulcans gelegenen Stadt Santa Cruz aus den Berg zu ersteigen, so schreitet man immer auf geneigten Lagen eines feinkörnigten Dolerites aufwärts und man gelangt auf diese Weise zuerst an den Rand des Pico del Cedro, welchem *L. von Buch* (a. a. O., S. 57) eine Höhe von 6756 Fuss zuschreibt, und hierauf an den Pico de los Muchachos, den höchsten Berg der ganzen Insel, welcher 7160 Fuss über die Oberfläche des Meeres sich erhebt. Die Tiefe der Caldera beträgt mehr denn 5000 Fuss; fügt man dazu ihren Durchmesser, der an den meisten Stellen fast zwei Meilen misst, so erhält man die Idee von einem erloschenen Vulcan, der vielleicht seines Gleichen auf der ganzen Erde nicht weiter haben dürfte. Auf den Höhen, welche ihn umgeben, findet sich keine Spur von Schlacken, Rapilli oder Asche, man bemerkt vielmehr nur daselbst ein grauschwarzes, basaltisches Gestein.

Die Caldera spielt übrigens auch in der Geschichte des Landes eine wichtige, wenngleich den Philanthropen nicht erfreuende Rolle; denn als die Spanier gegen das Jahr 1492 unter ihrem kühnen und kriegserfahrenen Obersten *Don Alonzo de Lugo* auf Palma landeten und die Guanchen dem Andrange nicht zu widerstehen vermochten, so zogen sie sich unter ihrem Fürsten *Tanausu* in die Caldera zurück, vertheidigten sich daselbst mehrere Monate hindurch mit der grössten Hartnäckigkeit, unterlagen aber endlich dem Hunger und den Feuerwaffen der Spanier, worauf diese Sieg und Gemetzel auf Palma und in allen denjenigen Gegenden verbreiteten, wohin ihr blutiger Weg sie führte.

Obgleich die Insel keinen activen Vulcan mehr besitzt, so hat man doch Nachrichten von einigen daselbst erfolgten Ausbrüchen.

Nachdem *Alonzo de Lugo* die Insel erobert hatte, wurde ihm von einem der eingeborenen Fürsten erzählt, dass zu Lebzeiten von dessen Vater der Berg Tocande in Folge einer Eruption eingesunken und verschwunden sey.

Ein mehr constatirtes Ereigniss ist das folgende. In einer Gegend, welche die Lavanda genannt wird, öffnete sich am 15. April im J. 1585, nicht fern von Pino Santo, ein Vulcan und aus seinem Krater floss ein Lavastrom herab, der 600 Fuss breit, 15000 Fuss lang war, und nachdem er zwei Stunden Weges zurückgelegt hatte, sich in's Meer ergoss. Das Wasser wurde dabei so stark erhitzt, dass alle Fische weit umher da-

11

durch den Tod erlitten. Eine andere Eruption ereignete sich
am 13. Novbr., nach andern Angaben am 17. Novbr. des
J. 1646. Sie fand bei Tigalate im südlichsten Theile der Insel
statt; es bildeten sich drei neue Schlünde, aus denen sich
Lava ergoss, welche die Quellen der warmen Bäder von Fuencaliente — auch Fuente Santa genannt — verstopfte und dadurch eine Heilquelle zum Versiegen brachte, deren Ruf bis
nach Europa gedrungen war und häufig von Kranken aus diesem Welttheile besucht wurde.

Im J. 1677 fand wiederum ein Ausbruch statt, vielleicht
der heftigste und grossartigste, der je auf der Insel sich ereignet. Auch hier gingen wieder Erdbeben voran, welche am
13. Novbr. begannen und am 17. d. M. endeten. Hierauf entstanden, in halbstündiger Entfernung vom Meere auf dem Berge
de los Corrales mehrere Oeffnungen, aus denen, unter Entwickelung eines sehr durchdringenden Schwefelgeruchs, heisse
Dämpfe hervorbrachen. An demselben Tage barst, unter fürchterlichem Krachen, die Erde in der Ebene auf der Cuesta
canrada, oberhalb der Stelle, woselbst sich früher die berühmte
Heilquelle von Fuencaliente befand. Kurz darauf, und zwar
innerhalb einer Stunde, entsanden am Abhange eines Berges
auf einmal siebenzehn Oeffnungen im Boden, die einen glühenden Lavastrom ergossen, der sich bis zum Meere erstreckte.
Zugleich wurde man, höher am Berge, drei andere Ausbruchsstellen gewahr, aus denen ebenfalls Lava hervortrat, die sich
mit der unterhalb fliessenden vereinigte und bis an den Puerto
viejo gelangte. Am 21. Novbr. stieg aus der Oeffnung auf
dem Berge los Corrales eine hohe Rauchsäule empor, worauf
erstere, unter fürchterlichem Krachen, sich schnell und bedeutend erweiterte und unter Flammen-Ausbrüchen eine so ungeheure Quantität glühender Steine auswarf, dass dadurch ein
ansehnlicher Berg entstand. Zwischen dem Meere und dem
eben genannten Berge spaltete sich, in der Nähe von Fe-
nianya, späterhin die Erde ebenfalls, entsandte einen Lavastrom,
der die Richtung nach dem Puerto viejo nahm, sich mit dem
aus den frühern Oeffnungen hervorgetretenen verband, hernach
in's Meer sich stürzte und dasselbe über 200 Klafter weit von der
Küste zurücktrieb. Wenn aus der grossen Oeffnung keine Flammen hervorbrachen, so kam sogleich eine dicke und dunkele

Rauchwolke daraus zum Vorschein, und vulcanischer Sand wurde in so enormer Menge dabei ausgeschleudert, dass er die ganze Umgegend acht Palmen hoch bedeckte. Zahlreiche Blitze, welche in Santa Cruz de la Palma deutlich gesehen werden konnten, durchzuckten die dunkele Rauchsäule, während man zu gleicher Zeit das Rollen des Donners vernahm. Die Erderschütterungen hielten in Zwischenräumen bis zum 5. Januar des folgenden Jahres an. Dann stieg wieder Lava aus einigen tiefer gelegenen Mündungen hervor und verbreitete sich weit umher. Noch am 18. Januar war der Berg in Thätigkeit und es entstanden dabei zahlreiche Mofetten, welche viele Menschen und Thiere um's Leben brachten. Von spätern vulcanischen Ausbrüchen, die auf der Insel erfolgt wären, scheinen keine Nachrichten vorhanden zu seyn.

Die Capverdischen Inseln.

§. 13.

Auch diese Gruppe, welche aus vierzehn, ziemlich weit von einander entfernt liegenden Inseln besteht, besitzt doch nur einen einzigen, noch jetzt thätigen Vulcan, welcher sich auf der Insel Fuego findet, unter $14^0 57'$ n. Br. und $26^0 4$ w. L. von Paris liegt und dessen Höhe sehr verschieden angegeben wird, indem sie nach *Sabine* 1230, nach *King* 1378 und nach *Masters* 1484 Toisen betragen soll. Er ragt weit über die übrigen Berge des Eilandes empor, und soll in frühern Zeiten, gleich dem Vulcan auf Stromboli beinahe stets activ gewesen seyn. Nach *Duvalle* (im *Bullet. de la Soc. géol. de·France*. T. 3, 1846) besitzen die äussern Umrisse des Berges viel Aehnlichkeit mit dem Vesuv, indem sein Eruptions-Kegel aus der Mitte eines hemisphärischen Felsenkammes sich erhebt, der auf der einen Seite vollkommen erhalten, auf der andern dagegen zerstört ist. Diese Umwallung soll aus Basalt bestehen und derselbe mit Schichten wechsellagern, die aus vulcanischem Trümmergestein bestehen. Zahlreiche Gänge sollen diese Gebilde in allen Richtungen durchsetzen. Dem Eruptions-Kegel wird eine Höhe von 300 Fuss zugeschrieben und die Kämme des Erhebungskraters sollen nicht viel niedriger seyn. Der erstere dürfte in den Jahren 1785 und 1799 die letzten Ausbrüche gehabt haben; die dabei zum Vorschein gekommenen Schlackenmassen sind noch jetzt an den Abhängen des Berges deutlich zu erkennen. Ausser der Insel Fuego ist nur noch Sant Jago in geognostischer Hinsicht nothdürftig gekannt. Der Pic Antonio auf letzterer ist ein prachtvoller und imponirender Berg, der nach *Smith* 5000, nach *Horsbourgh* 6950 Par. Fuss sich über die Meeresfläche erhebt. Er ist der höchste Berg eines Gebirges, welches die Insel von Südost nach Nordwest durchziehet. In westlicher Richtung fällt er ungemein stark ab, in nordöstlicher dagegen dehnt er sich in abgerundeten, aber· niedrigen Bergen aus. Doch bemerkt man an ihm keine Lavaströme, sondern nur Basalt und Tuffschichten, welche mit denen ganz übereinstimmen, die sich auf Madeira finden.

Neuerdings hat *Darwin* (s. dessen naturwissenschaftliche Reisen, übersetzt von *C. Dieffenbach.* Thl. 1, S. 4—5) auf dieser Insel eine ganz lehrreiche Beobachtung über die Einwirkung der Lava auf kalkige Gesteine gemacht, welche durch *Bunsen's* genauere Untersuchung ein noch grösseres Interesse gewonnen hat.

Darwin sah nämlich, bei der Einfahrt in den Hafen, dass sich über die anstehenden ältern vulcanischen Felsarten eine weisse und vollkommen horizontale Felsschicht, mehrere Meilen der Küste entlang, in einer Höhe von etwa 45 Fuss über dem Wasser abgelagert hatte. Sie bestand aus Kalk, in welchem sich viele Muscheln von solchen Arten eingebettet fanden, wie sie noch jetzt an den dortigen Küsten leben. Diese Kalkschicht war von einem Basaltstrome bedeckt, der zu einer Zeit in das Meer geflossen seyn muss, als das Muschelbett noch auf seinem Grunde lag. Die Veränderung nun, welche die Gluth des feurig-flüssigen Basaltes auf das Muschellager hervorgebracht hatte, liess sich daran erkennen, dass letzteres an einigen Stellen in einen festen, mehrere Zoll dicken Stein umgewandelt war, welcher die Härte des Sandsteines besass, und dass die Erdmasse, welche ursprünglich mit der Kalkschicht vermischt war, sich in kleine Stücke abgesondert hatte. An andern Stellen war ein höchst krystallinischer Marmor entstanden. Die Veränderung erschien besonders da sehr deutlich, wo der Kalk von den schlackenartigen Bruchstücken der untern Fläche des Stromes mit fortgerissen war; hier hatte er

sich in Gruppen schöner, faseriger Strahlen verwandelt, welche
das Ansehen der Aragonits besassen. *Bunsen (s. Leonhard's*
Jahrb. für Min., Jahrg. 1851, S. 856) hat bei einer nähern
Untersuchung dieses metamorphischen Gesteins gefunden, dass
es im Aeussern ganz das Ansehen einer im breiigen Zustande
zusammengekneteten Masse besitzt und jeden Gedanken an
eine spätere Infiltration der die Lavabrocken begleitenden
Kalkmasse ausschliesst. Die chemische Veränderung, welche
die erwähnte Kalkschicht in Berührung mit dem Basalt erlitten hat, besteht offenbar darin, dass sich Palagonit, dies schon
bei der Beschreibung von Sicilien und Island mehrfach erwähnte Gestein, dessen Bedeutung bei der Erklärung vulcanischer Erscheinungen immer mehr hervortritt, bei diesem Processe gebildet hat. Der lavenartige Basalt ist nämlich da, wo
er an die Kalk-Brocken grenzt, in eine Masse umgewandelt,
welche alle Kennzeichen des Palagonits besitzt, und diese durch
allmählige Uebergänge in das feste, unzersetzte Gestein cha-
racterisirte Metamorphose zeigt sich in dem Maasse entwickelter, als die Kalksubstanz gegen den andern Gemengtheil der
Masse nach überwiegt.

Die in einer gegen Nordwest gerichteten Reihe, nördlich
von Fuego liegenden Inseln Buenavista, St. Nicolao, St. Vi-
cente und St. Antonio haben fast alle eine niedrige Gestalt,
und bestehen als Rand des vulcanischen Systems wahrscheinlich aus noch andern Gesteinen, als aus Basalt, wie denn auch
auf St. Jago trachytische Gebilde vorkommen sollen.

Die Galapagos.
§. 14.

Obgleich diese Inseln seit längerer Zeit schon als vulcanische bekannt sind, so verdankt man doch erst *Darwin* (a. a.
O., Thl. 2, S. 147) die neuesten und besten Nachrichten über
dieselben.

Die ganze Naturgeschichte dieses Archipels ist besonders
dadurch so merkwürdig, dass letzterer gleichsam eine kleine
Welt für sich zu bilden scheint; denn der grössere Theil der
auf dieser Inselgruppe lebenden Thiere und Pflanzen findet
sich an keinem andern Orte der Erde wieder. Es sind zehn
Inseln, welche diesen Archipelagus bilden, von denen fünf viel

umfangreicher erscheinen, als die andern. Sie liegen unter der Linie und zwischen 5—600 engl. Meilen westlich von der Küste America's.

Die Beschaffenheit des Ganzen ist vulcanisch, und mit Ausnahme einiger durch die vulcanischen Eruptionen mit emporgerissener Granitstücke, die auf's merkwürdigste durch die Hitze verändert, beziehungsweise verglast sind, besteht Alles aus Lava oder aus einem durch die Zermalmung eines solchen Materials hervorgebrachten Sandstein. Wahrscheinlich aber ist diese von *Darwin* für Sandstein gehaltene Felsart wohl nur ein Palagonit-Tuff; denn wir haben schon auf Island gewisse Palagonit-Varietäten kennen gelernt, welche die täuschendste Aehnlichkeit mit manchen Keuper-Sandsteinen haben. Zudem ist kürzlich durch *Bunsen* (in *Leonhard's* n. Jahrb. f. Min. etc., 1851, S. 856) bewiesen, dass auf Chatham-Island, einer der genauer gekannten Inseln dieser Gruppe, sich ein deutlich ausgeprägter Palagonit-Tuff vorfindet. Die höhern dieser Inseln, welche sich 3—4000 Fuss über den Spiegel des Meeres erheben, haben gewöhnlich einen oder mehrere Hauptkratere nach ihrem Mittelpuncte zu und an ihren Seiten kleinere Oeffnungen. *Darwin* glaubt, dass auf allen Inseln dieser Gruppe sich wenigstens 2000 Kratere finden mögen. Sie sind von zweierlei Art; die einen bestehen, wie gewöhnlich, aus Schlacken und Lava, und die andern aus dünn geschichtetem Sandstein (wahrscheinlich Palagonit-Tuff). Die letzteren haben meist eine schön symmetrische Gestalt.

Die schon vorhin erwähnte Chatham-Insel erhebt sich in wenig auffallenden und abgerundeten Umrissen, nur hier und da durch zerstreute Hügel unterbrochen, die Ueberbleibsel ehemaliger Kratere. Die schwarzen Lavafelder sind überall bedeckt von einem zwerghaften Gesträuch, welches wenig Zeichen von Leben trägt. Auch die lichten Wälder auf den tiefern Stellen dieser Inseln erscheinen aus einer geringen Entfernung ganz blätterlos, etwa wie die Bäume mit abfallenden Blättern auf der nördlichen Hemisphäre im Winter, und dennoch ergab sich zu jener Zeit bei genauerer Untersuchung, dass nicht nur fast jede Pflanze in vollem Laube war, sondern, dass die meisten von ihnen auch in Blüthe standen.

Von einer kleinen Anhöhe auf der Insel konnte man mehr

als 60 abgestumpfte Kegelberge überblicken, alle auf ihrer
Spitze einen mehr oder weniger vollkommen erhaltenen Krater tragend. Die Mehrzahl derselben bestand nur aus einem
Ringe von rother, zusammengebackener Lava oder Schlacken,
und ihre Höhe über der Lava-Ebene betrug 60—100 Fuss.
Wegen ihrer regelmässigen Gestalt gaben sie der Gegend das
Ansehen eines mit Hohöfen übersäeten Landes. Die ältern
Laven waren mit etwas Vegetation bedeckt, aber die jüngern
entbehrten durchaus dieses Schmuckes und gewährten einen
rauhen, ja sogar hin und wieder einen erschreckenden Anblick. Man könnte dieses Terrain mit einem Meere vergleichen, welches vom heftigsten Sturme bewegt und plötzlich zu
Stein geworden wäre; aber kein Meer hat solche unregelmäs-
sige Wellen oder wird von so tiefen Spalten durchsetzt. Alle
Kratere sind erloschen und haben wahrscheinlich schon seit
vielen Jahrhunderten geruht; doch lässt sich das Alter der
verschiedenen Lavaströme aus der vorhin angegebenen Erscheinung leicht ermitteln.

Die in der Nähe liegende Charles-Insel hat ebenfalls ein
hügelförmiges Ansehen. Einer der höchsten Hügel besitzt eine
Höhe von 1800 Fuss. Der Gipfel besteht aus einem zusam-
mengestürzten Krater, welcher mit dichtem Gebüsche bedeckt
erscheint. Selbst auf dieser kleinen Insel zählte *Darwin* 39
vulcanische Hügel, die alle auf ihrem Gipfel einen mehr oder
weniger deutlichen Krater enthielten.

Die Inseln Narborough und Albemarle liegen ziemlich
nahe bei einander und gehören zu den grössern dieser Gruppe;
erstere ist die westlichste und zugleich die höchste. Sie scheint
zugleich den Hauptvulcan, der noch jetzt bisweilen in Thätigkeit
ist, und noch einen andern zu enthalten. Beide sind von ungeheuren Strömen schwarzer, nackter Lava bedeckt, welche entweder über die Ränder der Kratere geflossen oder aus seitlichen
Oeffnungen hervorgetreten sind und sich meilenweit über die Küsten ausgebreitet haben. Auf Albemarle sah *Darwin* eine Rauchsäule aus der Spitze eines der höhern Kegelberge aufsteigen. Der
auf der Insel befindliche Hafen war durch einen zusammenge-
brochenen Krater gebildet; wahrscheinlich bestehen seine Ränder aus Palagonit-Tuff. In südlicher Richtung von diesem ersten Krater nimmt man einen andern wahr, von elliptischer

Gestalt, dessen längere Axe etwas weniger als eine englische
Meile lang war und dessen Tiefe ungefähr 500 Fuss betrug.
Sein Boden wird von einem kleinen See erfüllt, und in seiner
Mitte bildete ein diminutiver Krater ein Inselchen. Das Was-
ser war übrigens so salzig wie Seewasser. Die Insel Narborough liegt unter 0° 25' n. Br. und 83°
35' w. L., sie enthält zwei so eben genannte Vulcane, welche
Lieutenant *Shillibeer* (s. *the Brittons Voyage*, 1817, pag. 32)
am 4. August 1814 in vollem Ausbruch begriffen sah.
Die im Norden von Albemarle liegende Insel Abington
schildert *B. Hall (Journal, written on the coast of Chili etc.*,
1822, II, 137) als eine basaltische, mit zahlreichen Eruptionskegeln versehen. An ihrer Westseite bemerkte er einige mehr-
als 1000 Fuss hohe Abstürze und eine undeutliche Schichtung
von Basalt, Tuff und Schlacken übereinander. Ueber ihnen
erhebt sich ein Berg von 2000 Fuss Höhe, dessen Abhang
überall mit Eruptionskrateren und wilden Lavaströmen bedeckt
ist, die sich von hier aus über die ganze Insel bis zum nördlichsten Ende verbreiten.

Die nördlichsten Inseln dieser Gruppe, als: Norfolk, Bind-
loes, Lord Wenmans- und Lord Culpepers-Islands, liegen in
der bekannten nordwestlichen Richtung hintereinander, sind
jedoch hinsichtlich ihrer geognostischen Beschaffenheit nicht
näher bekannt.

Die Sandwich-Inseln.
§. 15.

Nur auf Hawaii (Owihee, Owhyhee, Owaihi), der grössten dieser Inseln, sind Vulcane mit Zuverlässigkeit bekannt,
deren Zahl auf 3—4 angegeben wird. Sie erreichen eine so
bedeutende Höhe, dass man diese Berge zu den höchsten
rechnen muss, welche man überhaupt zwischen Asien und
America kennt. Die vulcanischen Erscheinungen, welche man
an ihnen beobachtet, treten in einer solchen staunenswerthen
Grossartigkeit auf, dass nichts auf dem ganzen Erdenrund ihnen an die Seite gesetzt werden kann. Der nördlichste dieser
Vulcane ist der Mauner-Keah, auch Mowna-Kea, d. h. der
kleine Berg, genannt; er besitzt nach *Douglas (Journ. of the
royal Geogr. Soc. IV*, auch in *Berghaus* Annal. 1835, XI, 404)

einen sanften Abhang, welcher bis auf 1500 engl. Fuss über dem Meere angebaut ist. Die darauf folgende Waldregion ist dicht bedeckt mit Acazien und prächtigen Baum-Farnen, deren Höhe von 5—40 Fuss wechselt. Sie gehen 8700 Fuss hinauf und werden daselbst von der Grasregion begrenzt, welche eine Höhe von 11,700 Fuss erreicht. Zuletzt gelangt man in die vulcanische Region, nur mit einzelnen Pflanzen bedeckt, indem nur noch ein Vaccinium, eine Juncus-Art und ein Syngenesist in 12,000 Fuss Höhe die oberste Grenze aller Vegetation bilden. Steigt man noch 700 Fuss höher hinauf, so gelangt man auf ein ausgedehntes, mehrere Fuss hoch mit vulcanischem Sand, Schlacken und Asche bedecktes Plateau, auf welchem 11 spitze Kegelberge hervorragen, die man bisweilen in Thätigkeit gesehen hat. Sehr interessant ist die Beobachtung, — auf welche bei frühern Gelegenheiten schon mehrfach aufmerksam gemacht worden ist, — dass man in den Laven dieses Berges eingebackene Granitstücke wahrgenommen hat, welche die unverkennbarsten Zeichen erlittener Feuereinwirkung an sich trugen. Die letzten Spuren von vulcanischer Thätigkeit dieses Berges, von denen wir Kenntniss erlangt, sind die aus dem J. 1832, um welche Zeit — und zwar im Januar — ihm gewaltige Rauchmassen entstiegen. Nach Verlauf einiger Tage verspürte man in seiner Nähe täglich 6—8 Schwankungen des Bodens.

Die beiden im südlichen Theile der Insel gelegenen Vulcane sind der Mauna-Loa (auch Mowna-Roa oder Mauna-Roa) und der Kilaueah (meist Kirauea genannt). Jener liegt im Südwesten, dieser im Südosten der Insel. Obgleich ein breites Thal sich zwischen ihnen befindet, so scheinen sie doch beide mit einander in Verbindung zu stehen. Ihre Höhe wird sehr verschieden angegeben. Nach *L. von Buch* (in *Poggendorff's* Ann. d. Phys. etc., XI, 38) soll der Mowna-Roa 12,693 Par. Fuss hoch seyn. Er ist vielleicht der höchste Inselberg in der ganzen Welt und liegt 35 engl. Meilen landeinwärts. Mauna-Roa heisst in der Sprache der Eingeborenen „grosser Berg". Oben soll er ganz flach seyn und der Durchmesser seiner Plattform ⅛ der Höhe oder 1900 Toisen betragen. *Douglas* (a. a. O.) giebt ihm eine Höhe von 14,000 Fuss, und *Goodrich* (in *Silliman's Americ. Journ., XXV*, 199 *etc.)* gar

eine Höhe von 18,000 (engl.?) Fuss. Nach letztgenanntem
Schriftsteller hatte der Mowna-Roa am 28. Juni 1832 aus dem
Gipfel seines Kraters einen Ausbruch, welcher ungefähr drei
Wochen hindurch anhielt. Die Lava durchbrach an mehreren
Stellen die Seiten des Berges und entströmte denselben in
solcher Menge, dass die feuerigen Erscheinungen bis auf eine
Weite von 100 engl. Meilen sichtbar waren.

Durch die genannten englischen Reisenden, denen auch
noch *Byron, Stewart, Ellis* und *Shepperd* beizufügen sind, ist
in neuerer Zeit besonders der Kirauea näher bekannt und in
seiner ganzen überschwenglichen Grösse dargestellt worden.
Aus ihrer Beschreibung geht hervor, dass schon in einer
Entfernung von 1½ Meilen, ehe man an den Fuss des Kraters gelangt, aus den Spalten des Bodens mächtige Dampf-
und Rauchsäulen entsteigen. Den Krater selbst umschliessen
drei ziemlich kreisrunde, senkrecht abstürzende Lava-Wände.
Die Höhe der äussern Wand beträgt etwa 150 Fuss, die der
zweiten etwa eben so viel, allein die dritte, welche in den
thätigen Krater hinabreicht, ist etwa 1000 Fuss hoch. Der
Fuss der äussern und der Gipfel der zweiten oder mittlern
Wand sind durch einen etwa ½ Meile breiten horizontalen
Gürtel oder eine Terrasse mit einander verbunden. Die Oberfläche der letztern ist mannigfach zerrissen. Zwischen der
zweiten und innern Wand befindet sich ein ähnlicher, ungefähr eben so breiter Gürtel, dessen innerer Umkreis den von
dem eigentlichen Krater eingenommenen Raum umschliesst,
dessen Durchmesser drei Meilen beträgt. Diese steilen Wände
sind an mehreren Stellen eingestürzt und durch das unterirdische Feuer zerstört, so dass geböschte Flächen entstanden
sind, auf denen man in den Krater hinabsteigen kann. Im
November des J. 1839 bemerkte man in ihm viele kleine, an
20—30 Fuss hohe Kegel, die unter weit hörbaren Explosionen nicht allein Wolken von Schwefel-Dämpfen, sondern auch
kleinere Lavaströme ausspieen; heftig wogende Seen von geschmolzenen Stoffen spritzten, indem sich die Gase und Dämpfe
von unten herauf einen Ausweg bahnten, ihre glühenden Strahlen hoch in die Lüfte; allein den interessantesten Theil der
Scene nahm man nach dem östlichen Rande des Kraters zu
wahr, woselbst ein grosser elliptischer See von glühender Lava

sich befand, der 1 Meile lang und ½ Meile breit war. Von
den ihn umgürtenden Felswänden aus konnte man bemerken,
wie die flüssige Lava von Süden nach Norden strömte, während ihr Lauf durch ein vom östlichen Ufer bis in die Mitte
des Sees quer durchsetzendes Vorgebirge eingeengt wurde.
Der Schaum spritzte in Folge sehr heftiger Gasentbindungen
an vielen Stellen 30—40 Fuss hoch, während an andern die
flüssige Masse sich beständig sowohl hinsichtlich ihrer Farbe,
als auch ihrer Bewegung änderte, indem dieselbe je nach der
Stärke, mit welcher die unterirdischen Kräfte wirkten, bald
heller, bald dunkler glühte, bald heftiger, bald gelinder wogte.
Hier und da strömte die Feuergluth so gleichförmig und eben,
als ob die hohen Uferwände ihr Schutz vor dem Winde gewährten, und am nördlichen Ufer setzte sie Streifen von
Schlacken ab, wie die See an manchen Stellen Tange und
ähnliche Meerespflanzen auswirft. Fürchterlich schön war der
Anblick dieses Schauspiels zur Nachtzeit, und besonders dadurch ausgezeichnet, dass vor den Augen unserer Reisenden
und zwar südlich vom grossen See ein neuer Lava-Ausbruch
erfolgte. Unter dem fürchterlichsten Donner und Krachen
kam ein Feuerstrom zum Vorschein, der sich nach allen Seiten hin ergoss und binnen sehr kurzer Zeit einen Flächenraum von mehr als 300,000 engl. Quadrat-Ellen bedeckte, und
da, wo noch vor wenigen Minuten eine schwarze schlackige
Oberfläche wahrnehmbar gewesen, wogte jetzt ein ununterbrochenes, blendend glänzendes Feuermeer.

Bei in so ungeheurem Maassstabe wirkenden unterirdischen Kräften ist es leicht begreiflich, dass das Terrain häufigen Veränderungen unterliegt, und so nahm *Douglas*, als er
den Kirauea-Krater (bei *Byron* unter dem Namen „Peli" vorkommend) im J. 1835 besuchte, nicht einen, sondern zwei
Lava-Seen wahr, von welchen der im Südwesten gelegene
36,000 Fuss Länge und eine eirunde Gestalt besass, während
der nördliche kreisrund war und einen Durchmesser von 1200
Fuss hatte. Beide befanden sich in fast ununterbrochenem
Zustande des Siedens und strömten — fünf engl. Meilen in
einer Stunde zurücklegend — von Nord nach Süd. Ihr Abfluss scheint an der Ostküste der Insel bei dem Orte Panabala
statt gefunden zu haben. Der am Südende des kleinern Sees

befindliche Abfluss der erstarrenden Lava bildete in elliptischem
Bogen einen Fall von 456 Fuss Spannung und entsprechender
Höhe. Eine ähnliche Erscheinung ist bisher noch nirgends in
der ganzen Welt auf vulcanischem Boden wahrgenommen worden. — Die während des Falles nach Oben entweichenden
Gase und Dämpfe brechen dessen Kraft, reissen Lavatheile
mit sich fort und ziehen sie zur Form haarförmiger Fäden
aus, welche der Wind zerstreut und rund um den Vulcan verbreitet. Man hat sogar einst eine Kokosnuss gefunden, welche
fast ringsum von diesen Gebilden bedeckt und gleichsam in-
crustirt war. Nach *Douglas'* Worten würde das Geräusch aller
Dampfmaschinen in der Welt gegen das dieses Lavafalles nur
ein Geflüster seyn! Dabei war die Hitze so gewaltig und die
Trockenheit der Luft so stark, dass man sogar an den Augen-
liedern die Empfindung hatte, als wären sie versengt und ver-
trocknet.

Eine andere merkwürdige Eigenschaft dieses Vulcans, von
welcher *Shepperd* berichtet, ist das Zusammensinken des den
Krater umgebenden Bodens. Zuerst war nur eine unebene
Oberfläche von 15—16 Meilen Umfang an dem Abhange des
vorhin geschilderten Mauna-Roa vorhanden. Diese wurde aber
späterhin durch das unterirdische Feuer unterminirt und sank
in verticaler Richtung gegen 100 Fuss tief ein, so dass eine
kreisförmige jähe Wand stehen blieb. Zunächst entstand ein
ähnlicher Erdfall in der Mitte der bereits eingesunkenen, runden Ebene, von welcher nur ein ½ Meile breiter Ring stehen
blieb, und endlich bildete sich in der Mitte dieser zum zwei-
tenmale eingesunkenen Fläche ein dritter Erdfall von 1000
Fuss Tiefe, der drei Meilen im Durchmesser hatte und, indem
er den jetzigen grossen Krater bildete, ebenfalls einen ringförmigen Rand stehen liess, welcher den Gipfel der innern Wand
mit dem Fusse der mittlern verbindet, und von welchem aus
man auf die im Grunde des Kraters befindlichen Kegel und
Lava-Seen hinabblickt. Auf solche Weise möchte die Entstehung dieses gewaltigen Kraters zu erklären seyn.

Was endlich noch beachtet zu werden verdient, ist der
Umstand, dass die Oberfläche des Kraters bisweilen auch eine
Neigung hat, sich zu erhöhen, was oft sehr schnell geschieht.
Im J. 1824 lag sie 8—900 Fuss tiefer als jetzt, und damals

war eine ringförmige Terrasse mehr vorhanden, welche gegenwärtig verschüttet ist. Dies geschah offenbar durch den Abfluss von Lava, und wenn man bedenkt, dass sich eine Oberfläche von 7 ☐Meilen binnen 16 Jahren um 800 Fuss erhöht hat, wozu etwas mehr als eine Kubikmeile Stoff gehört, so erhält man einen Begriff von dem Umfange der unterirdischen Thätigkeit. Würde diese Erhebung noch 18—20 Jahre in demselben Maassstabe fortgehen, so dürfte sich der Krater leicht bis an den Gipfel der innern Wand ausfüllen; allein wahrscheinlich wird, bevor dies geschieht, die Lava sich einen tiefern Ausweg brechen, oder die unterirdischen Gewölbe werden wieder zusammenbrechen, so dass ein neuer Erdfall statt findet.

Zwischen dem nördlichen und den beiden südlichen Vulcanen dieser Insel befindet sich noch ein vierter, am Westende des Eilandes gelegen, dessen Name Mauna-Worarai (auch Mauna-Hualai) ist. Schon *Vancouver* hat ihn gesehen und abgebildet. Auf seinen Abhängen nimmt man mehrere Laваströme wahr. Einer derselben hat sich im J. 1801 nach dem Meere zu ergossen. Das dicht an der Küste gelegene Dorf Kairua (auch Powarua) ist auf diesem Lavastrome erbaut. Die Höhe dieses Vulcans soll 10,000 Fuss betragen.

Ein höchst merkwürdiges Phänomen beobachtete man im J. 1837 auf den Sandwich-Inseln, welches mit dem Erdbeben in Verbindung gestanden zu haben scheint, welches am 7. Nov. 1837 die Stadt Valdivia im südlichen Chili zerstörte. Diese Erscheinung erregte um so mehr Verwunderung, als damit kein Erdbeben verbunden war. Bei der Stadt und dem Hafen Honolulu auf der Insel Owahu (Oahu) begann das Phänomen am Nachmittage des 7. Novbr. mit einem Zurücktreten des Meeres in der Weise, dass der Hafen ganz trocken gelegt wurde, weshalb auch die zurückbleibenden Fische bald starben; indess schon nach 28 Minuten kehrten die Wogen wieder zurück, stiegen bis zur gewöhnlichen Fluthhöhe und sanken dann schnell wieder um 6 Fuss, um nach 28 Minuten abermals zu steigen. In solchen ungewöhnlichen Oscillationen beharrte das Meer die ganze Nacht und den Vormittag des folgenden Tages. Die höchsten Wasserstände gingen dabei nicht viel über die gewöhnlichen Fluthhöhen hinaus, allein

die tiefsten Stände lagen 6 Fuss unter denen der Ebbe. Das
Fallen dauerte durchschnittlich 26 Minuten, das Steigen 10 Minuten. Dieselbe Erscheinung zeigte sich auch im J. 1819.
Die Atmosphäre, so wie der Stand der meteorologischen Instrumente bot nichts Ungewöhnliches dar; der Wind blies aus
Nordost. Aehnliches trug sich zu derselben Zeit auf den andern Inseln dieser Gruppe zu, namentlich auf Maui (Mowee)
und auf Owaihi. Auf letzterer, und zwar in der Byrons-Bay,
fiel das Wasser schnell um 1½ Fathoms, so dass ein Theil
des Hafens trocken gelegt wurde. Darauf erschien plötzlich
eine grosse Welle, 20 Fuss höher als die Hochwasser-Marke,
rückte rasch heran und ergoss sich unter einem donnerartigen
Krachen weit über das Gestade, so dass dadurch eine fürchterliche Zerstörung angerichtet wurde. — Nord- und ostwärts
von dieser Inselgruppe zeigte das Meer keine ungewöhnlichen
Erscheinungen; dagegen war der Kirauea auf Owaihi sehr unruhig und seine Feuerflammen erloschen plötzlich, während
sich anderswo neue Schlünde bildeten. (*Silliman's Journ. of
Sc. Vol.* 37, 358; *Poggendorff's* Ann. d. Phys., Ergänzungsbd.
1528.)
Den neuesten Nachrichten zufolge soll der Berg Mauno-
Loa auf Kadulawe (Kahulane), einer der Sandwich-Inseln, auf
welcher man bisher keine vulcanischen Erscheinungen wahrgenommen, eine äusserst heftige Eruption gehabt haben. Aus
dem angeblich 12,000 Fuss hohen Berge floss im März 1852
ein Lavastrom von der Breite einer engl. Meile und 50 Meilen lang herab. Auch im September 1851 erfolgte ein Lavastrom, welcher innerhalb 24 Stunden eine Länge von 3 Meilen erreichte. Die ganze Insel schien in Flammen zu stehen;
glücklicherweise ist sie unbewohnt. Der Schein des vulcanischen Feuers verbreitete sich 50 Meilen weit.

Mendanna's Archipelagus.
§. 16.

Nach *Krusenstern* zerfallen die hierher gehörigen Inseln in
zwei Gruppen, nämlich in eine nördliche und in eine südliche.
Zu der nördlichen Gruppe, welche auch unter dem Namen
der „Washington-Inseln" bekannt ist, gehören die Eilande
Fattuhu, Hia-u und die Sandinsel.

Die südliche Gruppe bilden die Marquesas (de Mendoza-Inseln). Sie wird aus folgenden Inseln zusammengesetzt: a. Nukahiwa, die grösste unter allen, b. Uahuga, c. Uapoa, d. Tibuai (Fetugu), e. O-Hiwao, f. Taowate, g. Motana, h. Whatarri-toah. Wahrscheinlich befindet sich nur auf O-Hiwao, welche Insel auch unter dem Namen „la Domenica" bekannt ist, ein Vulcan, welcher nahe an 3000 Fuss hoch seyn und aus trachytischem Gestein bestehen soll. Doch soll auch Basalt und Mandelstein mit zeolithischen Einschlüssen auf ihr vorkommen. In neuern Zeiten scheint die Insel nicht besucht worden zu seyn.

Die Societäts-Inseln.

§. 17.

O-Tahiti (Otaheiti) ist die grösste und die am meisten gebirgigte, wahrscheinlich auch die höchste dieser Inseln. Der auf ihr befindliche und unter 17⁰ s. Br. und 147⁰ östl. L. gelegene Vulcan Tobreonu scheint der einzige auf dieser ganzen Gruppe zu seyn. Die Grösse der Insel beträgt $20\frac{1}{2}$ ☐Meilen; sie ist also, nach *L. von Buch* (a. a. O.), nur halb so gross als Teneriffa und bedeutend kleiner als Gran Canaria. Sie würde fast ganz, auch in ihrer Gestalt, mit Teneriffa übereinkommen, wenn man von letzterer nur die Umgebung des Pic's und nicht die Verlängerung gegen Santa Cruz in Betracht zöge. Der Vulcan Tobreonu ist wenigstens eben so hoch oder etwas höher als der Aetna und wahrscheinlich 11,502 Par. Fuss hoch, wie *Forster* angiebt. Basaltische Inseln erreichen selten eine solche Höhe; auch lässt die schnell aufsteigende Form und die geringe Ausdehnung des Gipfels vermuthen, dass dieser Berg ein Trachytberg sey. In neuerer Zeit hat man auch wirklich gefunden, dass Basalt nur an seinem äussern Umfang und in den Vertiefungen der Thäler vorkommt. Auf dem Gipfel des Berges soll sich in einer bedeutenden Tiefe ein See vorfinden, wahrscheinlich ein Krater, vielleicht der Hauptkrater des Berges selbst.

Die von Otaheiti abhängigen, gegen NW. hinter einander liegenden, rauhen und felsigten Inseln Huaheine, Otaha, O-Rajatea-Ulietea, Borabora, Maurua und Eimeo sollen mit den Marquesas gleiches Ansehen haben und basaltischer Natur seyn.

Die Freundschafts-Inseln.
§. 18.

Alle zu dieser Gruppe gehörige Inseln erreichen nicht mehr die Höhe der bereits früher geschilderten; viele von ihnen sind meist nur von niedriger Beschaffenheit und Corallen-Bildungen mögen mehreren derselben zum Grunde liegen. Nur auf der Insel Tofua kommt ein Vulcan vor, welcher eine Höhe von 450—500 Toisen besitzen soll. Er scheint in immerwährender Thätigkeit sich zu befinden, und ein grosser Lavastrom hat sich vom Fusse des Berges bis zum Meere erstreckt. Schon *Forster, Edwards* und andere Reisende sahen aus dem dunkeln Grün der Casuarinen, welche seinen Gipfel krönen, vulcanisches Feuer hervorbrechen. Seine Lage ist 19° 56' südl. Br. und 185° östl. L. von Greenw. — Wahrscheinlich ist er ebenfalls ein Trachytberg. Hierauf deuten nämlich die Bimssteine, welche die Küsten der benachbarten Inseln O-Ghao, Hapai, Kotu, Namocka und sogar von Tongatabu und E-ua, der südlichsten unter ihnen, bedecken. Auf der nördlichsten dieser Inseln, Gardner's-Island, unter 17° 57' s. Br. und 182° 23' östl. L. von Paris, sah Capitain *Edwards* im J. 1791 die Spuren eines sehr neuen Ausbruchs und Rauch erhob sich überall vom Rande des Tafellandes. *Maurelle*, welcher die Insel zuerst im J. 1781 gesehen zu haben scheint, gab ihr den Namen „Amargura". Ueberhaupt ist der District, welcher sich von Tofua (auch Tufoa) linienartig in nordöstlicher Richtung über die Inseln O-Ghao und Late bis Amargura erstreckt, vulcanischer Natur; denn ebendaselbst erschienen zwischen O-Ghao und Late im J. 1781 die sogen. Maurelle's-Inseln, welche aber späterhin wieder verschwunden seyn sollen.

Waihu oder die Ostern-Insel.
§. 19.

Die Spanier nennen sie „Isla de Pascua" oder „de San Carlos". Ihre Lage ist Long. 111° 32' 33'' W., Lat. 27° 6' 28'' S. Sie erhebt sich nach *Chamisso* (in *O. von Kotzebue's* Entdeckungsreise. Weimar 1821. 4. III, 140) mit breitgewölbtem Rücken, dreieckiger Basis, die Winkel an pyramidenförmige Berge anlehnend, majestätisch aus den Wellen empor.

Ihren Felsbau betreffend, so scheint er mit dem der Insel Owaihi übereinzustimmen, hier freilich nur in kleinerm Maassstabe. Die Berge scheinen steil von den Küsten an aufzusteigen. Einer der höchsten ist der Cooks-Berg im Süden der Insel; er dürfte sich jedoch etwa nur 188 Toisen über die Meeresfläche erheben. Nach *Beechey* kommen mehrere Kratere auf der Insel vor; im J. 1825 warf aber keiner derselben Feuer aus. Die Küsten der Insel fand *Chamisso* an mehreren Stellen mit Lava bedeckt.

In der Nähe liegt die kleine Insel Sala y Gomez, eine blosse Klippe, nackt und niedrig aus den Wellen emportauchend, doch in ihrer Mitte sattelförmig vertieft. Wahrscheinlich hängt sie unter dem Meere mit der Oster-Insel zusammen und mag, wie diese, ebenfalls von vulcanischer Beschaffenheit seyn.

Die Insel Bourbon.

§. 20.

Sie hat eine völlig isolirte Lage von andern Vulcanen; denn ob auf Madagascar oder in der Nähe dieser Insel wahrhafte Feuerberge sich finden, ist bis jetzt noch ungewiss. Auf Bourbon bemerkt man jetzt nur noch einen thätigen Vulcan, im Südosten der Insel gelegen, der, wie es scheint, keinen besondern Namen trägt; denn *Bory de St. Vincent* (in seiner *Voyage dans les quatres principales îles des mers d'Afrique. Paris* 1804. 3 *Voll.* 8. nebst Atlas in Fol.) nennt ihn immer nur „le Volcan de Bourbon".

Die Insel scheint fast nur aus vulcanischen Gebirgsarten zu bestehen, doch findet sich an ihren nordöstlichen Gestaden auch Gold führender Sand, wie es scheint, in grossen Ablagerungen, und nach *Lepervanche Mezière* Lignit in verschiedenen Abänderungen am Cap Arzule. Die Hauptmasse bildet jedoch Basalt, älterer sowohl als jüngerer, der letztere das ältere Basaltgebirge sehr häufig in Gängen durchsetzend. Doch scheint auch Trachyt in der Tiefe anzustehen, denn manche Lavaströme enthalten viel glasigen Feldspath, während solcher in den Basalten des grössern Theils der Insel nicht vorkommt. Desto reicher ist er dagegen an Olivin-Einschlüssen.

Die Berge erheben sich von allen Seiten gegen den mittlern und höchsten Theil der Insel, woselbst man die alten, aber jetzt erloschenen Kratere wahrnimmt. Ueber sie alle ragt, gleich einem gewaltigen Riesen, der mächtigste unter ihnen, Gros Morne oder Morne Salaze genannt, hoch empor. Er erhebt sich in 9—10,000 Fuss Höhe über die Meeresfläche. Von seinen Schultern herab laufen nach dem Umkreise der Insel zu, sternförmig sich ausbreitend, zahlreiche und tief eingeschnittene Gebirgsschluchten, analog den Barancos auf den Canarischen Inseln, welche ansehnlichen Giessbächen zum Rinnsal dienen, die an manchen Stellen durch herabgestürztes Gestein in ihrem Laufe gehindert, sich zu kleinen Seen aufstauen, später aber wieder in der Gestalt der lieblichsten Wasserfälle sich über das vorliegende Hinderniss hinabstürzen und nun in desto schnellerm Laufe dem nahen Meere zueilen.

Der jetzige Sitz der vulcanischen Thätigkeit befindet sich im südöstlichen Theile der Insel in einer Gegend, welche unter dem Namen „le grand Pay-brulé" bekannt ist. Dies Terrain hat eine ganz eigenthümliche Gestalt; etwas tiefer eingesenkt, als der übrige Theil der Insel, wird es von dieser durch einen ihn auf der Landseite ringsum einschliessenden, wie Mauern senkrecht abfallenden Abhang geschieden, welcher die Durchschnitte von ältern vulcanischen Gebilden und Lavaströmen wahrnehmen lässt. Diese Schluchten zeigen die ganz eigenthümliche Erscheinung, dass nicht nur reichliche Quellen, sondern auch kleinere Bäche unter dem vulcanischen Gestein hervorbrechen und sich in zahlreichen Wasserfällen in die tiefer liegenden Gegenden hinabstürzen. *Bory* glaubt annehmen zu dürfen, dass diese die alten Bäche der ehemaligen Oberfläche der Insel seyen, welche, von Lavaströmen überwölbt oder schwach bedeckt, die atmosphärischen, durch die poröse Decke hindurchsickernden Zuflüsse immerfort empfangen und in ihren alten Betten weiter führen.

In dem Umkreise dieser Einfassung thront der Vulcan in einer Höhe von 7507 Par. Fuss, einer der mächtigsten und thätigsten der ganzen Welt und den fünften Theil der Bodenfläche auf der Insel einnehmend. Seit dem J. 1785, wo seine Ausbrüche begonnen zu haben scheinen, hat er wenigstens zweimal jährlich aus seinen Seiten Lavaströme hervorgetrieben, von denen einige bis in's Meer geflossen sind. Der Gipfel des Vulcans heisst „le Mamelon Central". Er hat die schönste und regelmässigste Glocken-Form und ist eine in dieser Gestalt aufgetriebene, blasenförmige Erhöhung des Bodens. Zahlreiche Lavaströme bedecken seine Abhänge. Ihm zur Seite stehen die Kratere Dolomieu und Bory, nebst vielen kleinern, nach berühmten französischen Mineralogen und Geognosten benannten, deren Umrisse sich so ausserordentlich schön erhalten haben, dass man glauben sollte, sie wären erst gestern entstanden. Wirklich kennt man auch von einigen unter denselben die Zeit ihrer Bildung. Manche dieser Kratere stehen auch ausserhalb der Einfassung, aber doch nahe bei derselben. Der älteste Ausbruch von Bedeutung und grössern Folgen, von welchem man Nachricht hat, erfolgte ausserhalb der Einfassung des Pays brulé im J. 1708 in nordöstlicher Richtung, wobei ein grosser Lavastrom diejenige Gegend überfluthete, welche jetzt „Le petit Brulé de St. Rose" genannt wird. Auch in neuerer Zeit sind dem Vulcane mächtige Lavaströme entquollen, besonders im J. 1812, bei welcher Katastrophe der Krater Dolomieu sich furchtbar vergrösserte und der in seiner Mitte befindliche kleine Kegelberg verschwand.

Im März 1832 spie der Vulcan Flammen aus und entsandte von derselben Stelle zwei Lavaströme in verschiedener Richtung nach dem Meere zu. Ausser den genannten Bergen ist noch der Cimandef sehr bekannt. Er steigt, der Stadt St. Denis gegenüber, in der Gestalt einer fast regelmässigen vierseitigen Pyramide zu einer Höhe von 7200 Par. Fuss auf und soll ganz unersteiglich seyn. Mehrere andere Berge der Insel zeigen die Anlage zu einer solchen Structur, aber keiner übertrifft den Cimandef hinsichtlich der grossen und auffallenden Regelmässigkeit seiner Form.

Im J. 1821 zog ein bei einem vulcanischen Ausbruch auf Bourbon herabfallender Aschenregen dadurch die Aufmerksamkeit sehr auf sich, dass er, wie eine genauere Untersuchung ergab, aus äusserst feinen, weithin fortgeschleuderten Glasfäden zu bestehen schien. Allein es war nichts Neues, denn schon *von Born (Catalogue des fossiles de la collection de Mademoiselle Eléonore de Raab. Vienne* 1790. I, 454) gedenkt solcher grünen, biegsamen Glasfäden, welche bei einer

12 *

Eruption am 14. Mai 1766 von dem Vulcan auf Bourbon ausgeworfen seyn sollen. Auch *Bory St. Vincent* bemerkte längst in seiner Reise nach Bourbon, dass der dortige Vulcan fast bei allen seinen Eruptionen dergleichen obsidianartige Glasfäden in so reichlicher Quantität auswerfe, dass man ihnen fast überall begegne. Einer ähnlichen Erscheinung auf Owaihi haben wir bereits nach *Douglas'* Bericht gedacht, und nach *Hamilton* sollen ähnliche glasartige Fäden auch der Asche beigemengt gewesen seyn, welche im J. 1799 vom Vesuv ausgeworfen wurde.

Der Demavend.

§. 21.

Er liegt am südlichsten Ende des caspischen Meeres, unter 35° 50' n. Br. und 52° 10' östl. L. von Greenw., 40 engl. Meilen ONO. von Teheran nach *Taylor Thomson*. Diesem Reisenden zufolge beträgt die Höhe des Berges über dem Meere 14,700 engl. Fuss und 10,500 Fuss über Teheran, eine Höhe, welche 13,790 Par. Fuss gleich kommt. Diese Messung ist jedoch nur als erste Annäherung zu betrachten, da sie nur auf einmaligen Barometer-Ablesungen ohne correspondirende Beobachtungen beruht. S. *Journ. of the geograph. Soc.* Vol. 8, 112. *Poggendorff's* Ann. der Physik, 49, 416. — *Berghaus* (physikal. Atlas, 2. Aufl., Tab. 2) giebt dem Demavend eine Höhe von 2298 Toisen. Er ist wahrscheinlich der höchste Berg in der Kette des Al-Burs zwischen dem Caspi-See und den persischen Ebenen. Nach *Olivier (Voyage dans l'Empire Othoman, l'Egypte et la Persie. T. 5, 87)* soll sein Gipfel stets mit Schnee bedeckt seyn und bisweilen viel Rauch aus demselben emporsteigen. Von Teheran bis zum Berge fand dieser Reisende viele Lavastücke zerstreut und auf einem Drittel der Höhe sahe er ungeheure Basaltfelsen in ziemlich regelmässigen fünfseitigen Säulen; sodann granitische Gesteine. *Chardin (Voyage, T. 3, 29)* erwähnt, dass man Schwefel und Salpeter vom Demavend hole, und *Morier (Journey trough Persia, Armenia and Asia minor to Constantinople between the years 1810 and 1816. London 1818. 4. p. 355)* fügt noch hinzu, dass der Schwefel in kleinen Krateren und zwar an dem höchsten Puncte des Berges gefunden werde. Frühern

Reisenden, namentlich *Olivier*, ist es nicht gelungen, den Gipfel des Berges zu ersteigen; doch will *Taylor Thomson* (a. a. O.) neuerdings bis auf die Spitze des Demavend gelangt seyn. Die vulcanische Thätigkeit des Berges scheint jetzt zu schlummern; vielleicht ist er als ein erloschener Vulcan zu betrachten, wofür ihn auch *Berghaus* (a. a. O.) hält. Bei manchen Geographen kommt er auch unter dem Namen „Domawent" vor. An den Abhängen und an dem Fusse des Berges entspringen viele warme Quellen.

Der Ararat.

§. 22.

Seine Lage ist 39⁰ 42′ n. Br. und 41⁰ 57′ östl. L. von Paris. Schon seit den ältesten Zeiten wird er für ein von unterirdischen Erschütterungen heimgesuchtes Gebirge und von manchen Geologen, z. B. *Buffon (Epoques de la Nature. 7 Ep. note justific.*, 33) für einen Vulcan gehalten. Nach *Morier (a second Journey trough Persia etc.* pag. 345) soll sich an der Seite des Berges eine ungeheure Spalte finden, welche sogar von Eriwan aus — also in einer Entfernung von 6—8 geogr. Meilen — soll gesehen werden können. Erdbeben, wobei der Boden sich spaltete, sind schon vor einem Jahrtausend in dieser Gegend beobachtet worden. Eins der ersten ist das aus dem J. 801, wobei ein Berg zusammenstürzte, in einen nahen Fluss fiel und dessen Lauf eine Zeitlang hemmte. Aehnliche Katastrophen erfolgten in den Jahren 863, 893 und 995, wobei ansehnliche Berge sich spalteten und mehrere Städte verwüstet wurden. Auch in den Jahren 1006, 1045, 1104, 1139 und 1219 wurden äusserst verheerende Erdbeben verspürt. Am 23. August des J. 1151 soll mit vulcanischer Asche vermengter Schnee herabgefallen seyn, und der Nimrodsberg im Kurdischen Gebirge Rauch und Feuer im J. 1441 ausgespieen haben. Der unzuverlässige *Reineggs* erzählt (in seinem Werke über den Caucasus, Thl. 1, S. 28), dass der Ararat am 13. Januar, so wie am 22. Februar im J. 1783 rauchend und sogar Feuer auswerfend erblickt worden sey. Von dieser Zeit an bis zum J. 1840 scheint er sich ruhig verhalten zu haben. Aber am 20. Juni d. J. wurden die Bewohner des armenischen Hochlandes aus ihrer Ruhe kurz

vor Sonnen-Untergang und bei ungetrübter Atmosphäre durch
ein donnerndes Getöse aufgeschreckt, welches am furchtbarsten und heftigsten in der Nähe des grossen Ararat's ertönte.
Ihm folgte eine fast zwei Stunden anhaltende, wellenförmige
Bewegung des Bodens, welche von diesem Berge aus ihre
Richtung nach O. und SO. nahm und die schrecklichsten Verwüstungen anrichtete. Während dieser Zeit hatte sich oberhalb des sechs Werst entfernt liegenden Dorfes Arguré eine
Erdspalte gebildet, aus welcher Gase und Dämpfe hervorbrachen, die mit ungeheurer Gewalt Erde und Gestein nach der
Ebene hin fortschleuderten. Diese Dampfwolken stiegen schnell
in die Luft empor und übertrafen den Gipfel des Ararat's bei
weitem an Höhe. Wie bei den meisten Vulcanen mögen sie
wohl aus Wasserdämpfen bestanden haben und veranlassten,
in Folge ihrer Condensation während der folgenden Nacht,
einen heftigen Regen, eine sonst in dieser Gegend während
des Sommers äusserst seltene Erscheinung. Als der Dampf
aus der Spalte hervorbrach, war er verschiedentlich gefärbt,
blau und roth herrschte jedoch vor; doch ging diese Färbung
bald darauf in ein dunkles Schwarz über, während sich in der
Luft ein unerträglicher Schwefelgeruch verbreitete. Ob Flammen-Ausbrüche zugleich erfolgten, weiss man nicht; so viel ist
aber bekannt, dass man von einer pinienartigen Rauch- und
Feuersäule und ähnlichen leuchtenden Erscheinungen, wie sie
bei gewöhnlichen vulcanischen Eruptionen vorkommen, nichts
bemerkte. Der unterirdische Donner rollte jedoch ununterbrochen und in der Luft vernahm man ein eigenthümliches, Furcht
erregendes Sausen, welches von dem Aneinanderschlagen der
emporgeschleuderten Steine herrührte. Diese Auswürflinge
hatten mitunter eine staunenswerthe Grösse, nach *Moriz Wagner* (Beilage zur Augsburger allgem. Zeitung Nr. 212, 1843)
mögen einige derselben ein Gewicht von 500 Centnern besses-
sen haben. Wegen der sanften Neigung des Bodens am Fusse
des Berges blieben sie an denjenigen Stellen liegen, wohin sie
waren geschleudert worden. Die Eruption hielt keine volle
Stunde an. Als sie geendet, war fast gar nichts mehr zu sehen von dem Dorfe Arguré, so wie von dem berühmten, am
Abhange des Ararat's gelegenen Kloster St. Jacob. An der
Stelle, wo die Klostergebäude standen, hatte sich eine kleine

Ebene gebildet, und über dem Klostergarten und dem Kirch-
hofe war durch die ausgeworfenen und herbei geschwemmten
Massen ein ansehnlicher Hügel entstanden. Die mannigfaltigsten Veränderungen und Zerstörungen hatte das Erdbeben in
der Ebene rund um den Ararat und weiterhin hervorgebracht.
Unfern der Ufer des Araxes und des Karasu waren zahlreiche
Klüfte im Boden, ja selbst im Bette der Flüsse entstanden,
aus denen die hervorbrechenden Luftarten nicht blos Wasser,
sondern auch Erdklumpen einige Ellen hoch emporwarfen.
Im Flussbette des Araxes bemerkte man viele kleine Schlünde,
aus welchen durch Gase das Flusswasser unter dem heftigsten
Sprudeln emporgetrieben wurde, so dass man im Strombette
eine lange Reihe von Springbrunnen erblickte, während an
vielen Stellen das Wasser sich über die Ufer ergoss.

Die meisten Risse, welche sich im Boden gebildet hatten,
waren selten mehr als 12 Fuss breit; diese schlossen sich auch
wieder nach dem Erdbeben, indess andere wochenlang geöffnet blieben. Im Araxes-Bette sah man deren noch im Monat
August, aus denen das Wasser hier in ziemlich dicken Strahlen sich erhob, dort aber in die kleinen Schlünde in wirbelnder Bewegung sich hinabstürzte.

Oestlich und südlich vom Ararat wurden durch das Erdbeben noch grössere Zerstörungen angerichtet, als ·in nördlicher Richtung. In Nachitschewan, Maku und Bajazed, also
auf russischem, persischem und türkischem Gebiete, wurde
eine sehr beträchtliche Zahl von Häusern fast von Grund aus
zerstört, ja im Nachitschewan'schen, Scharur'schen und Ordu-
bad'schen Bezirke sollen mehr als 6000 Häuser eingestürzt
seyn. Eine höchst merkwürdige Einwirkung übte das Erdbeben auf mehrere Quellen aus. Jene so berühmte des heil.
Jacob auf dem Ararat nahm seitdem einen neuen Lauf, und
floss nun an einer andern Stelle aus Trümmern der letzten
Eruption hervor. Die Quelle bei Arguré, früherhin so klar
wie Krystall und von lieblichem Geschmack, wurde getrübt
und erhielt einen Beigeschmack nach Schwefelwasserstoffgas.
Beinahe 30 Quellen, alle im Nachitschewan'schen Bezirke befindlich, verloren auf längere Zeit ihr Wasser fast gänzlich,
während bei andern, entfernter liegenden, die Wassermenge
bedeutend sich mehrte.

Vier Tage nach der Eruption, also am 24. Juni, erfolgte eine neue Katastrophe, welche wiederum die grössten Verwüstungen anrichtete, aber nicht so sehr durch die von ihr ausgeworfenen Massen, als vielmehr durch Schlammströme, welche von dem Berge sich herabwälzten und Alles mit sich fortrissen, was ihnen im Wege stand. Als nämlich der früher erwähnte Schlund, aus welchem die Dämpfe hervorgebrochen und die Steine und Felsmassen in die Höhe geschleudert worden waren, nach dem Ausbruche sich geschlossen hatte, blieb an derselben Stelle eine ansehnliche Vertiefung zurück, welche theils durch geschmolzenen Schnee, theils durch Regen, theils durch einen aus der Höhe herabkommenden Bach sich mit Wasser anfüllte, so dass nach einiger Zeit ein kleiner See sich bildete. Zwar wurde dieses Becken, gleich einem Kratersee, von einem aus Steinen und Thon zusammengesetzten Walle umgeben, allein als die Wassermasse sich zu sehr anhäufte, wurde der letztere durchbrochen, und mit furchtbarer, unwiderstehlicher Gewalt stürzten sich Wasser- und Schlammströme den Berg hinunter, breiteten sich über den Fuss des Berges und die angrenzende Ebene aus, und ergossen sich darauf in das Bett des Karasu, wodurch derselbe theilweise zugeschlämmt wurde und eine andere Richtung nahm. Diese Schlammströme wiederholten sich später noch dreimal; man sagt, sie wären von einem unterirdischen, weithin vernehmbaren Krachen begleitet gewesen. Mehr als das Angeführte weiss man über diese zweite Katastrophe nicht, weil die Bewohner der Gegend schon nach der ersten Eruption sich geflüchtet hatten. Alles Land, was von den Schlammströmen erreicht worden war, blieb geraume Zeit hindurch unzugänglich, weil es sich in einen ungeheuren Morast umgewandelt hatte. Nachdem dieser endlich zu trocknen begann, ging aus ihm eine lichtbraun gefärbte erdige Masse hervor. Dieser Schlamm scheint viel Aehnlichkeit mit demjenigen besessen zu haben, welcher sich auch aus südamericanischen Vulcanen bisweilen ergossen hat, dessen späterhin noch gedacht werden wird.

Dieser Ausbruch des Ararat, wenn man ihn so nennen darf, ist dadurch sehr ausgezeichnet, dass er von feurigen Erscheinungen, wie wir sahen, nicht begleitet war; eben so denkwürdig ist der Berg auch durch die Beschaffenheit der Gesteine, aus denen er vorzugsweise zusammengesetzt ist. Es ist dieses nämlich eine eigenthümliche Felsart, welche man zuerst an einigen, auf den americanischen Andes thronenden Feuerbergen, ruhenden sowohl als thätigen, aufgefunden und den Namen „Andesit" erhalten hat. Ihre wesentlichen Bestandtheile sind Andesin, eine an Natron reiche Feldspath-Art, sodann Hornblende. Hin und wieder ist ihr auch Augit und fein eingesprengtes Magneteisen beigemengt. Das Gestein hat eine dunkelgraue Farbe, ist meist dicht, hat aber auch bisweilen ein grobkörniges Gefüge. Es scheint nur sparsam über die Erdoberfläche verbreitet zu seyn; denn ausser an den americanischen Vulcanen hat man es bis jetzt nur am Ararat, sodann auch am Demavend und Allaghôs, so wie auf den höchsten Gipfeln und Kämmen der Caucasischen Berge entdeckt. Der Elborus und Kasbek, die riesigen Häupter dieser mächtigen Gebirgskette, sollen ebenfalls aus der genannten Gebirgsart bestehen. Zuletzt war *Adolph Erman* auch so glücklich, sie an mehreren der im Norden der Kamtschatka'schen Halbinsel gelegenen Vulcanen zu entdecken, worüber später das Nöthige mitgetheilt werden wird.

Eine andere Eigenthümlichkeit des Ararat, die ebenfalls eine besondere Erwähnung verdient, besteht darin, dass er, so viel man weiss, keinen eigentlichen Feuerschlot besitzt, den man doch bei allen andern thätigen Vulcanen bemerkt, und durch welchen die in ihrem Heerde erzeugten Stoffe an die Oberfläche der Erde gelangen. Bringt man diese Eigenschaft mit der vorhin erwähnten in Verbindung, dass bei der letzten Katastrophe gar keine feurige Erscheinungen wahrgenommen wurden, so gelangt man fast zu der Ansicht, dass die im J. 1840 erfolgten Zerstörungen vielleicht nur durch das heftige Erdbeben und in Folge desselben durch Bergeinstürze bewirkt worden seyen, in welcher Beziehung man nur an die Verschüttung von Lowerz durch den herabrutschenden Rossberg am östlichen Fusse des Rigi zu erinnern braucht. Dieser Meinung steht jedoch auf der andern Seite der Umstand entgegen, dass zuverlässige Beobachter stets von ausgeworfenen Stoffen reden, welche bei der letzten Katastrophe aus der erwähnten Schlucht sollen emporgeschleudert worden seyn. Nach *M. Wag-*

ner gehören dieselben verschiedenen Trachyt-Abänderungen an; sie mögen in unermesslicher Zahl emporgetrieben worden seyn; denn sie bedecken nicht allein jene Schlucht, sondern man findet sie auch 8—10 Werst weit über den Abhang des Berges und über die Ebene verbreitet. Poröse und verschlackte Trachyte, welche in frühern Zeiten als mächtige Lavaströme dem Ararat entquollen seyn müssen, finden sich nicht unter den Producten der jüngsten Eruption. Der grösste Theil des Berges besteht nach *Wagner* aus Trachyt (richtiger wohl aus Andesit); zu beiden Seiten der Schlucht, in einer Höhe von 4—5000 Fuss stehen mächtige Wände jener Felsart an, aber auch diese unterscheiden sich von den zuletzt ausgeworfenen Trachyten; denn diese sind sehr reich an eingesprengten Schwefelkiesen; auch bemerkt man auf ihnen Ausblühungen von Salmiac, Schwefel und Chloreisen. Das Wasser, welches zwischen diesen Auswürflingen hindurch rieselt und sich bisweilen in Tümpeln ansammelt, schmeckt nach schwefeliger Säure, entwickelt auch wohl Schwefelwasserstoffgas und setzt an manchen Stellen gediegenen Schwefel auf dem Boden ab.

Ganz merkwürdig und sehr bezeichnend ist es, die Aussenfläche mancher Trachytfelsen wie polirt zu finden, ähnlich den Erscheinungen, wie solche durch das Vorrücken der Gletscher an hartem, anstehendem Gestein in der Alpenwelt hervorgerufen werden. Diese geglätteten Trachyte finden sich nicht nur auf Höhen von 7000 Fuss, sondern auch an tiefern Stellen, fast auf gleicher Höhe mit dem ehemaligen Dorfe Arguré. Ausser der glänzenden Politur sind auch noch auf diesen Felsen geradlinige Streifen und Ritze wahrzunehmen, eben so wie auf den Rocs polis der Alpen. Die Menge der theils ausgeschleuderten Stoffe, theils der von den Wasserströmen weiter fortgeführten Stein- und Thonmassen ist ungeheuer. Erstere mögen den Boden hier 20, dort aber 200 Fuss hoch bedecken; hinsichtlich der letztern darf man wohl annehmen, dass sie über einen Raum ausgestreut sind, der mehr als 25 Werst im Umfang hat. Bedenkt man, dass überdies eine bedeutende Quantität von Trümmergestein und Schlamm dem Bette des Karasu zugeführt und von diesem Flüsschen weiter fort gewälzt wurde, so kann man annehmen, dass die bei der Eruption zum Vorschein gekommenen Stoffe dem zwanzigsten

Theile des Berges, vom obersten Ende der Schlucht an, gleich kommen. Diese Felstrümmer sind nicht, wie manche Geologen anzunehmen geneigt sind, von den höchsten Regionen des Ararat herabgestürzt; es ergiebt sich dies daraus, dass die Gestalt des Berges noch wie vor dem Ereigniss ganz dieselbe geblieben ist. *Wagner* sieht sie daher als wahre Auswürflinge an. Hätten sie von dem Gipfel des Ararat sich in die untersten Theile der Schlucht herabgestürzt, so würden sie bei einem Falle von etwa 10000 Fuss daselbst liegen geblieben seyn und sicher einen ansehnlichen Berg gebildet haben. Auch ist in dieser Beziehung noch zu erinnern, dass manche dieser Trachytblöcke am obern Ende der Schlucht, andere eben so grosse Massen aber 15 Werst weiter nördlich in der Ebene liegen. Zudem wurde von Augenzeugen versichert, dass diese Felsmassen die Ebene schon nach dem ersten Ereignisse theilweise bedeckten, und nicht durch die, mehrere Tage später sich herabwälzenden Schlammströme dahin transportirt wurden. Ausserdem ist noch zu bemerken, dass sie ganz scharfkantig erscheinen, was nicht der Fall seyn würde, wenn sie durch Fluthen über einen Boden, der an vielen Stellen fast gar keine Neigung besitzt, wären fortgewälzt worden. Die kleinen Trachytblöcke dagegen, welche von den Schlammströmen in die Ebene hinabgeführt wurden, sind von den grössern ausgeschleuderten dadurch leicht zu unterscheiden, dass eine erdige Rinde sie überzieht, welche von dem Schlamme herrührt, in welchem sie bei ihrem Transporte sich bewegten. Die grössern unter den ausgeschleuderten Steinen dagegen sind nur auf ihrer untern Seite mit dieser Rinde versehen, also da, wo sie mit den Schlammströmen in Berührung kamen, ohne jedoch von ihnen in Bewegung gesetzt worden zu seyn. Sowohl durch die Gewalt des Sturzes, als auch durch ihre eigne Schwere sind diese Blöcke oft tief in die Erde eingesunken. Die ursächlichen Verhältnisse der letzten Katastrophe glaubt *Wagner* in dem eigenthümlichen Bau des Ararat zu finden. Es sey nämlich, so meint er, eine höchst auffallende Erscheinung, an einem eben so hohen als massenhaften, mit den mächtigsten Schneemassen bedeckten Berge, so wenige Quellen, ja selbst so wenige Bäche zu finden, welche doch durch den schmelzenden Schnee entstehen müssten. Sowohl an den Seiten, als auch an dem

weit ausgedehnten Fusse des grossen Ararat, scheinen nur
zwei, und an dem ihr zur Seite gelegenen kleinen Ararat gar
keine vorzukommen, während auf dem in der Nachbarschaft
gelegenen, schon vorhin erwähnten Allaghôs, der in Betreff
seines geognostischen Baues mit dem Ararat viel Aehnlichkeit
zu haben scheint, mehr denn vierzig, reichlich fliessende Quellen entspringen. Und doch ruhen auf ersterm bei weitem nicht
so gewaltige Schneelasten, als auf dem Ararat. Es ist daher
sehr wahrscheinlich, dass unter demselben ansehnliche Wasser-
behälter vorhanden seyn mögen, in welche sich der grösste
Theil des Schnee- und Regenwassers hinabsenkt. Findet nun
von diesen ein Durchbruch zu dem noch tiefern Feuerheerd
statt, so erklären sich alle Erscheinungen der Katastrophe im
J. 1840, besonders auch die Wasser-Ausbrüche in den Ararat-
Ebenen sehr leicht und ungezwungen. Die durch den Ein-
bruch des Wassers entstandenen Dämpfe und Gase erzeugten
eine ungeheure Spannung, erschütterten die Erde und suchten
sich auf demselben Wege einen Ausgang zu erzwingen, durch
welchen sie in frühern Zeiten an die Erdoberfläche gelangten.
Der Gipfel des Berges, woselbst der obere Theil des Kraters
einst vorhanden gewesen seyn dürfte, ist aber längst von den
gewaltigsten Steinmassen, so wie von ewigen Schneefeldern
bedeckt und verschlossen, und desshalb erfolgte auch wohl die
Eruption auf einer Seite des Berges, da wo die in Spannung
begriffenen Dämpfe den geringsten Widerstand fanden. Die
bedeutende Tiefe des jetzigen Feuerheerdes, die grossen Wasser-
Ansammlungen und die gewaltigen Schneefelder, durch welche
die vulcanischen Kräfte sich einen Ausweg verschafften, modi-
ficirten die Energie des unterirdischen Feuers, ohne die Macht
der aufwärts drängenden Dämpfe zu schwächen; es kamen
daher weder Feuersäulen, noch geschmolzene Materien zum
Vorschein, wohl aber eine unermessliche Menge von Wasserdämpfen, welche, indem sie die Felsendecke sprengten, eine
Eruption hervorriefen, die an zerstörender Gewalt vielleicht
keinem der frühern Feuer-Ausbrüche nachstand. Der grosse
Ararat, nebst dem ihm zur Seite gelegenen kleinen Ararat erheben sich auf der armenischen Hochebene zu einer höchst
imposanten Gebirgsmasse, deren Höhe beim erstgenannten
Berge nach *Parrot's* Messungen 16070 Par. Fuss beträgt. Beide

bilden eine ziemlich isolirte, selbstständige Gruppe, stehen jedoch mit der aus dem nordwestlichen Theile des Paschalik's Erzerum auslaufenden und ebenfalls aus vulcanischen Felsarten bestehenden Gebirgskette durch eine fortgesetzte Erhöhung in einem unverkennbaren Zusammenhang.

Wir dürfen diese Gegenden nicht verlassen, ohne nicht noch eines angeblichen Vulcanes zu gedenken, welcher an der nordöstlichen Küste des caspischen Meeres in der Bucht von Mangischlack liegt und den Namen „Abischtscha" führt. Eigentliche Eruptionen scheinen von ihm nicht bekannt zu seyn. Er soll jedoch mit einem Krater versehen seyn, aus welchem sich fortwährend Schwefeldämpfe erheben. Ebenfalls an der östlichen Seite des Caspi-See's will man noch einen andern Vulcan, den „Sawalan" bemerkt haben, den man aber für einen erloschenen hält. Mehr als diese dürftigen Notizen sind bis jetzt nicht zu uns gelangt.

Vulcane in Inner-Asien.

§. 23.

Die Vulcane und die Gebirgsketten, welche im Innern von Asien sich finden, sind erst seit dem Jahre 1829 in Folge der glorreichen Expedition näher bekannt geworden, welche *A. von Humboldt* in Begleitung von *G. Rose* und *Ehrenberg* auf Veranlassung der russischen Regierung in jene Gegenden unternahm.

Der mittlere und innere Theil von Asien ist nach *A. von Humboldt (Poggendorff's* Ann. der Physik, T. 18, S. 1—319) weder als ein ungeheurer Gebirgsknoten, noch als ein ununterbrochenes Tafelland zu betrachten, wird vielmehr von Ost nach West durch vier grosse Gebirgssysteme durchschnitten. Diese sind:

1) Das Bergsystem des Altai, welcher westlich in die Kirgisen-Gebirge abfällt.

2) Das System des Himmelsgebirges, auf den neuern Karten mehr unter dem (chinesischen) Namen Thian Schan vorkommend. Sein alt-türkischer Name ist Tengri-Tag.

3) Das System des Küen-lüen oder Kulkun, oder Tartasch-Taban.

4) Das System des Himalaya, die hohen Tafelländer

Kaschmir (Sirinagur), Nepal und Butan von Tübet trennend,
sich westlich im Djawahir zu 4026 und östlich im Dhawala-
Giri zu 4390 Toisen Höhe erhebend, grösstentheils von NW.
nach SO. gerichtet.

Diese vier Parallel-Ketten werden nun von eben so vielen
Meridianketten durchschnitten, nämlich dem Ural, dem Bolor
(Imaus der Alten), dem Khingan und den chinesischen Ketten,
welche bei der grossen Krümmung des tübetanischen und
assam-birmanischen Dzangbo - tschu (Brahmaputra) von Norden
und Süden streichen.

Zwischen dem Altai und dem Thianschan liegen die
Dzungarei und das Bassin des Ili-Flusses; zwischen dem Thianschan und Küenlün die sogen. kleine, eigentlich hohe Bukharei
(Kaschgar), sodann Jarkend und Khoten oder Yuthian; ferner
die grossen Wüsten (Gobi, Schamo) Thurfan, Khamil (Hami)
und Tangut, nämlich das eigentlich nördliche Tangeu der
Chinesen, welches nicht mongolisch mit Tübet oder Sifan zu
verwechseln ist.

Zwischen dem Küenlün und den Himalaya - Ketten liegen
das östliche und westliche Tübet (Lassa und Ladak).

Will man die drei Hochebenen zwischen dem Altai, Himmelsgebirge, Küenlün und Himalaya durch die Lage von drei
Alpen-Seen bezeichnen, so können die grossen Seen Balkhasch,
Lop und Tengri (Terkirinoor nach *d'Anville*) dazu dienen,
welche den Hochebenen der Dzungarei, denen von Tangut
und Tübet entsprechen.

Das System des Himmelsgebirges ist es nun, in welchem
Vulcane oder vulcanische Erscheinungen vorkommen. Diese
Feuerberge sind der Aral-Tübe im See Alakul (Alak-tugul
nach *Berghaus)*, sodann der Peschan und Hotscheu am nördlichen und südlichen Abhange des Himmelsgebirges, wozu
auch die Solfatara von Urumtzi, und die heissen Salmiac ausstossenden Klüfte unfern des Sees Darlai gezählt zu werden
verdienen.

Von dem Vulcane Aral-Tübe erhielt *A. von Humboldt* zuerst Kenntniss durch einige ihm vom Ingenieur - Obersten
von Gens mitgetheilte Itinerarien, in deren einem sich folgende
Stelle fand: „Als wir auf dem Wege von Semipalatinsk nach
Jerkand an den See Alakul (auf Aládingis) etwas nordöstlich

an den grossen See Balkhasch, in welchen der Ilä (Ili) mündet, gelangten, sahen wir einen sehr hohen Berg, der ehemals Feuer ausgeworfen hat. Noch gegenwärtig erregt dieser Berg, der sich als eine Insel in dem See erhebt, heftige Stürme, welche den vorüberziehenden Carawanen beschwerlich fallen und sie sehr belästigen; deshalb opfert man diesem ehemaligen Feuerberge im Vorbeireisen einige Schaafe etc."

In einer andern Nachricht heisst es: „Der See Alakul werde von den Tataren 455 Werste (104³/₄ Werst = 1⁰ von 15 geogr. Meilen) von Semipalatinsk gerechnet. Er liege rechts vom Wege, sey 50 Werst breit und erstrecke sich 100 Werst von Osten nach Westen (wohl übertrieben). Mitten im See befinde sich eine sehr hohe Bergspitze, welche Aral-tübe genannt werde u. s. w."

Was die anderen vorhin erwähnten Vulcane anbelangt, so liegt der eine derselben (im 42⁰ 25' oder 42⁰ 35' n. Br.) zwischen Korgos nahe am Ili-Fluss und Kutsch. Er gehört der Kette des Himmelsgebirges an und ist wahrscheinlich am nördlichen Abhange dieser Kette 3⁰ östlich vom See Issikul oder Temurti ausgebrochen. Er wird von chinesischen Schrift-stellern „Peschan", d. h. der weisse Berg, auch „Hoschan" und „Agie", d. h. der Feuerberg, genannt. Ob der Name Peschan etwa so viel bedeutet, dass sein Gipfel in die ewige Schnee-grenze reicht, oder ob er nur die fernleuchtende Farbe eines mit auswitternden Salzen, Bimsstein und vulcanischer Asche bedeckten Berges bezeichnet, ist ungewiss.

Ein chinesischer Bericht aus dem siebenten Jahrhundert sagt: „200 Li (d. h. 15 geogr. Meilen) gegen Norden von der Stadt Khueitschu (dem jetzigen Kutsche) im 41⁰ 37' n. Br. und 80⁰ 35' L. nach den astronomischen Bestimmungen der Missionäre im Eleuten-Lande erhebt sich der Peschan, welcher ununterbrochen Feuer und Rauch ausstösst. Von daher kommt der nao-scha (Salmiac); auf einer Seite des Feuerberges (Hoschan) brennen alle Steine, schmelzen und fliessen einige Zehner von Li weit. Die geschmolzene Masse erhärtet beim Erkalten. Die Anwohner gebrauchen sie als Heilmittel bei Krankheiten. Man findet daselbst auch Schwefel."

In einer neuen, in Peking im J. 1777 erschienenen Be-schreibung von Central-Asien wird gesagt: „Die Provinz Kutsche bringt Kupfer, Salpeter, Schwefel und Salmiac hervor. Der letzte kommt von einem Berge, nördlich von der Stadt Kutsche, der voller Höhlen und Klüfte ist. Im Frühjahr, Sommer und Herbst sind diese Oeffnungen voll Feuer, so dass bei Nacht der ganze Berg wie durch Tausende von Lampen erleuchtet scheint. Niemand kann sich dann demselben nähern. Nur im Winter, wenn der viele Schnee das Feuer gedämpft hat, gehen die Eingeborenen an die Arbeit, und zwar ganz nackt, um den Salmiac zu sammeln etc."

Auch *Cordier* hat sich schon vor längerer Zeit über diese Vulcane geäussert (s. dessen *Mémoire sur l'existence de deux Volcans brûlans dans la Tartarie centrale*, im Journ. asiatique T. V, 1824, pag. 44—50).

Er meint, der Peschan sey nur eine Solfatare, ähnlich der von Puzzuoli. In seinem jetzigen Zustande mag er dies vielleicht auch seyn, meint *A. von Humboldt*, allein ältere chinesische Berichte (aus dem ersten Jahrhundert unserer Zeitrechnung) sprechen von geschmolzenen Steinmassen, die Meilen weit fliessen, worin Ausbrüche von Lavaströmen wohl nicht zu verkennen sind.

Der Salmiac-Berg zwischen Kutsche und Korgos war also einst ein thätiger Vulcan, welcher Ströme von Lava ergoss und dessen merkwürdigste Eigenschaft in seiner weiten Entfernung vom Meere besteht; denn er ist gegen Westen hin vom caspischen Meere 300, in nördlicher Richtung vom Eismeer 375, in östlicher vom stillen Meere 405 und gegen Süden vom indischen Meere 330 geogr. Meilen entfernt. Und doch erregte es nach *A. von Humboldt's* Rückkehr aus America unter den Geologen schon Erstaunen, als man erfuhr, dass der Xorullo 22 und der Popocateptl 32 geogr. Meilen vom Meere entfernt sey. Der rauchende Kegelberg Jebel Koldagi (Koldadschi) in Kordofân, von welchem *Rüppell* in Dongola hörte, soll 112 geogr. Meilen vom rothen Meere entfernt seyn, und dies ist doch nur der dritte Theil der Entfernung des Peschan (der seit 1700 Jahren Lavaströme ausstiess) von den Gestaden des Oceans. Das merkwürdige Verhältniss annoch thätiger Vulcane zur Meeresnähe, welches im Allgemeinen nicht geläugnet werden kann, scheint sich also nicht sowohl auf die chemische Einwirkung des Wassers zu gründen, als vielmehr

auf die Configuration der Erdrunde, auf den Mangel von
Widerstand, welchen in der Nähe der Meeresbecken die gehobenen Gebirgsmassen den elastischen Flüssigkeiten und dem
Hervordringen der feurig-flüssigen Bestandtheile im Innern
des Erdkörpers hemmend entgegenstellen. Wenn durch frühere
Katastrophen eine Zerklüftung der Festrinde der Erde, fern
vom Meere, statt gefunden hat, so können leicht ächt vulcanische Phänomene zum Vorschein kommen, wie in dem alten
Lande der Eleuten und südlich vom Himmelsgebirge bei Turfan.
Wahrscheinlich kommen noch jetzt thätige Vulcane deshalb
so selten in grosser Entfernung vom Meere vor, weil da, wo
der Abfall der continentalen Gebirgsmassen in ein tiefes Meeresbecken fehlt, ein besonders günstiger Zusammenfluss von
Umständen dazu gehört, um eine permanente Verbindung
zwischen dem Erdinnern und der Atmosphäre zu bewirken,
um Oeffnungen zu bilden, wie, gleich intermittirenden Thermalquellen, (statt Wasser) Gase, Dünste und flüssige Erd- und
Metall-Oxyde (Laven) zu ergiessen.

Auch in östlicher Richtung vom Peschan ist der ganze
nördliche Abhang des Himmelsgebirges reich an vulcanischen
Erscheinungen. Es finden sich daselbst Laven und Bimssteine,
ja man kennt sogar grosse Solfataren, die man „brennende
Orte" nennt. Von grossem Interesse ist die Solfatara von
Orumtzi (auch Urumtusi), welche fünf geogr. Meilen im Umfang hat. Sie bedeckt sich während des Winters nie mit
Schnee und ist mit feiner vulcanischer Asche erfüllt. Wirft
man in ihre Vertiefungen einen Stein, so erheben sich Flammen und schwarze Rauchsäulen entsteigen den unterirdischen
Räumen. Die gefiederten Bewohner der Lüfte wagen nicht
über solche brennende Orte hinweg zu fliegen.

Westlich vom Vulcan Peschan in einer Entfernung von
45 geogr. M. liegt ein See von ziemlich beträchtlichem Umfang,
welchen die Kalmücken „Temurtu" d. h. den eisenhaltigen,
die Kigirsen „Tuzkul" (den salzigen), die Chinesen „Jehai"
und die Türken „Issikul" (den warmen) nennen; doch soll nach
Abel-Rémusat (im *Journ. asiatique*, T. V, 45. note 2) der
„Balkasch" der warme See der Chinesen seyn.

Uebersteigt man die vulcanische Kette des Himmelsgebirges in südlicher Richtung, so findet man vom See Issikul

und vom Feuerberge Peschan gegen OSO. den Vulcan Turfan, welcher auch der Vulcan von Ho-tscheu d. h. der Vulcan der Feuerstadt genannt wird; denn er liegt nur 1½ geogr. M. von dieser zerstörten Stadt entfernt. Es wird bei ihm keiner geschmolzenen Steinmassen (Lavaströme) wie beim Peschan erwähnt, wohl aber eines ununterbrochen ausströmenden Rauchs, welcher bei Nacht gleich einer Fackel leuchten soll. Wenn man den Salmiac von diesem Berge holt, so zieht man vorher Schuhe an, welche mit dicken, hölzernen Sohlen versehen sind, um sich nicht zu verbrennen. Der auf dem Ho-tscheu vorkommende Salmiac wird nicht blos als Beschlag und Kruste, wie er sich aus den aufsteigenden Dämpfen niederschlägt, gesammelt, sondern die chinesischen Documente sprechen auch von einer grünlichen Flüssigkeit, welche man in Höhlungen ansammelt und aus welcher durch Sieden und Verdampfen das Salz (nao-scha) in der Form kleiner Zuckerhüte von grosser Reinheit in weisser Farbe abgeschieden wird.

Die eben genannten beiden Vulcane, der Peschan und der Vulcan von Ho-tscheu oder Turfan, liegen in fast ostwestlicher Richtung 105 geogr. Meilen von einander entfernt.

Kaum 30 Meilen westlich vom Meridiane des Ho-tscheu trifft man auf die grosse Solfatara Urumtzi. Von da noch 45 Meilen weiter nach Nordwesten hin, in einer Ebene nahe am Flusse Khobok, der sich in den kleinen See Darlui ergiesst, erhebt sich ein Hügel, dessen zerklüftetes Gestein sehr heiss ist, ohne jedoch Rauch oder sichtbare Dämpfe auszustossen. In seinen Klüften sublimirt sich der Salmiac und setzt sich in einer so festen Kruste ab, dass man, um ihn zu sammeln, das Gestein selbst abschlagen muss.

Dies sind die bisher bekannten vier Orte, Peschan, Ho-tscheu, Urumtzi und Khobok, welche die unzweideutigsten vulcanischen Phänomene im Innern von Asien darbieten. So lernen wir also in einer Gegend, welche 3—400 geogr. Meilen vom Meere entfernt ist, ein vulcanisches Gebiet von mehr als 2500 ☐Meilen kennen. Es füllt die halbe Breite des Längenthales zwischen dem ersten und zweiten Bergsysteme aus. Der Hauptsitz der vulcanischen Wirkung scheint das Himmelsgebirge selbst zu seyn. Vielleicht ist der dreigipfelige Coloss Bogdo-Oola von trachytischer Beschaffenheit, gleich dem Chim-

borazo. Nach Norden, gegen den Tarbagatai und den See
Darlui hin, werden die vulcanischen Kräfte schwächer, doch
fanden *A. von Humboldt* und *G. Rose* auch schon am südwestlichen Abhange des Altai, an einem glockenförmigen Hügel
bei Riddersk und nahe am Dorfe Butatschicha Spuren von
weissem Trachyt. Auch das Gebirgssystem des Kuen-lün — wenn man den
Hindu-kho, Elburz und Demavend hinzurechnet, mit der americanischen Cordillere der Andes die längste Erhebungslinie
auf unserm Planeten bildend — scheint einen Heerd vulcanischen Feuers zu enthalten; denn man hat in grosser Entfernung, mehrere hundert Meilen von der Meeresküste, Feuerausbrüche wahrgenommen, und zwar sah man aus einer Höhle
des Berges Schienkhien Flammen emporsteigen, welche weithin bis in einer Entfernung von 1000 Lis (mehr als 125 Lieues)
noch gesehen werden konnten. Diese Nachricht verdankt man
Julien, welcher sie in einem Buche aufgezeichnet fand, welches
den Titel: „*Youen-tschongki*" führt; s. *A. von Humboldt, Asie
centrale*, T. II, 427 und 483. Dessen Ansichten der Natur,
3te Auflage I, 116.

Vulcane in Africa.
§. 24.

Athanasius Kircher scheint der erste Schriftsteller gewesen
zu seyn, welcher in seinem unter dem Titel: *Mundus sub-
terraneus. Edit. Amstelod.* 1678, pag. 196, bekannten Werke
die Behauptung aufstellte, dass sich auf dem Festlande von
Africa acht Vulcane vorfänden, von denen vier an der Westküste von Süd-Africa, nämlich den Ländern Angola, Congo
und Guinea, zwei an der Ostküste Süd-Africa's, in Monomo-
tapa, einer aber im nördlichen Africa *(Kircher's* Lybien) und
der achte in Abyssinien (Abassia bei *Kircher)* gelegen seyen.
Ausserdem treffe man aber auf dem africanischen Continente
noch viele Kratere, die sich in Ruhe befänden, so wie eine
beträchtliche Anzahl thätiger Fumarolen an. Die Lage aller
dieser Oertlichkeiten aber genauer anzugeben, unterlässt *Kircher*, was um so mehr zu bedauern ist, da seinen Angaben
etwas Wahres zum Grunde gelegen haben mag und er aus
Quellen Belehrung zu schöpfen vermochte, deren Zutritt An-

dern verschlossen war. In diesem Zustande blieb unsere Kenntniss von den vulcanischen Erscheinungen bis zum Anfang dieses Jahrhunderts; mit Recht aber hat *Gumprecht* in einer sehr
gediegenen Abhandlung über die vulcanische Thätigkeit auf
dem Festlande Africa's, in Arabien und auf den Inseln des
rothen Meeres (in *Karstens* und *Dechen's* Archiv für Mineralogie etc. Bd. 23. S. 215) darauf aufmerksam gemacht, dass
schon in sehr früher Zeit, und zwar im Anfange des sieben-
zehnten Jahrhunderts, in der Charte zu dem Auszuge aus dem
Werke von *Lopez* über die Zaïre-Länder *(Relatione del Reame
di Congo et delle circonvicine contrade per F. Pigafetta.* Roma
1591) in *de Brys* bekanntem Werke: *India orientalis* (Frank-
furt 1624) zweimal brennende Berge (Montes Quemados) an
zwei ziemlich tief im Binnenlande und nördlich von dem grossen Coanza-Flusse gelegenen Stellen aufgezeichnet sind. Die
Lage des einen derselben ist zwischen dem Dande und dem
Bengo, zweien Flüssen, welche in ostnordöstlicher Richtung
von Loanda, der Hauptstadt Angola's, sich in das Atlantische
Meer ergiessen, die des andern aber etwas nördlicher am Logé-
Flusse. Diese Angabe scheint jedoch gänzlich unberücksichti-
get geblieben zu seyn, was um so mehr zu verwundern ist,
als die Portugiesen Jahrhunderte lang im ungestörten Besitz
dieser Gegenden geblieben sind und sich ansehnliche Handelsposten in der Nähe der beiden angegebenen Oertlichkeiten stets
befunden haben.

Erst seit dem Jahre 1832 sind uns wieder Nachrichten
über diesen Theil von Africa und die Vulcane, welche sich
daselbst finden sollen, zugekommen, und zwar durch *Douville,*
welcher das Reich von Congo kurz vor jener Zeit bereist-
hatte, s. dessen *Voyage à Congo.* 3 Voll. Paris 1832. Dieser
versichert, aus eigener Anschauung in südwestlicher Richtung
von Punto Andongo (einem der vorhin erwähnten portugiesischen Handelsposten) und gegenüber dem Fort Cambambe,
auf der Südseite und nahe dem Coanza-Flusse, ein beständiges
Aufsteigen von Rauch und Flammen aus dem Gipfel eines
mächtigen Berges wahrgenommen zu haben, der sich in der
riesigen Höhe von 1780 Toisen über den Spiegel des Meeres
erheben soll. Zugleich führt derselbe Reisende an, dass, wenn
man die Hand in die Spalten dieses Berges, welcher im Lande

Mouloundou oder Mouloundou Zambi d. h. Berg Zambi genannt
wird, stecke, man eine auffallende Wärme verspüre, gerade so,
als wenn ein unterirdisches Feuer sich nahe unter der Oberfläche befände. Auch hörte *Douville* aus dem Munde eines
in der Nähe wohnenden Mannes, dass dieser letztere sowohl als
auch dessen Aeltern stets Flammen aus dem Berge hätten aufsteigen sehen, dass zuweilen ein Getöse in der Tiefe des
Zambi die Bewohner der Umgegend erschrecke und sie ver-
anlasse, in diesem den Wohnsitz böser Geister und wiederum
in dem auf der Spitze befindlichen Krater den Eingang der
Geister in die andere Welt zu vermuthen, Sagen, welche auch
bei andern Feuerbergen, z. B. dem im rothen Meere gelegenen Dsebbel Teir, vielen Vulcanen auf Java und selbst beim
Tongariro auf Neu-Seeland vorkommen. Aus diesem Grunde
nennen auch die portugiesisch redenden Eingeborenen diesen
Berg Monte das Almas, was eine Uebersetzung von Mouloundou Zambi seyn soll. Diese Nachrichten über den Zambi
wurden in späterer Zeit durch *Omboni* im Wesentlichen bestätigt; s. dessen *Viaggi nell' Africa occidentate.* Milano 1844.
pag. 389. Obgleich er seine Angaben nur durch die dritte
Hand empfing, so ging doch aus denselben hervor, dass der
Krater dieses Berges von Zeit zu Zeit Rauch und Asche ausstosse, eigentliche Ausbrüche von ihm jedoch seit undenklicher
Zeit nicht bekannt wären. Vergleicht man hiermit die Angabe
Douville's, dass die dem Gipfel des Berges entsteigenden Rauchwolken eine weisse Färbung besitzen, und erinnert man sich,
dass letztere auf einen reichen Schwefelgehalt der Wolken
hindeutet, — eine Erfahrung, die man wiederholt an der Solfatara von Pozzuoli gemacht hat —, so wird man zu der Ansicht geführt, dass der Zambi die Natur einer Solfatara angenommen hat und sich demnach in den letzten Stadien seiner
Thätigkeit befindet. Diese Meinung wird in so fern unterstützt,
als *Douville* angiebt, an verschiedenen, sogar mehrere Stunden
vom Berge entfernten Puncten übereinander gehäufte Bimssteinmassen nebst Bimsstein-Conglomeraten, die hin und wieder
ansehnliche Hügel bilden, gefunden zu haben. Späterhin werden wir noch öfters die Bemerkung zu machen Gelegenheit
haben, dass das Vorkommen von Solfataren, so wie das von
Bimssteinen innig miteinander verknüpfte Erscheinungen sind

und nach den bisherigen Erfahrungen nur in trachytischen Gebirgsmassen aufzutreten scheinen. Dass der Zambi vorzugsweise aus derartigen Gebilden bestehe, wird auch noch dadurch wahrscheinlich gemacht, dass *Douville* an den Abhängen desselben weisse Gesteine mit durchsichtigen Lamellen bemerkte, indem hier, wie an vielen andern trachytischen Bergen, die in der Solfatare sich entwickelnden schwefeligsauren Dämpfe den Trachyt zersetzt und in weissen Thon umgewandelt haben mögen, während die glasigen Feldspath-Krystalle vermöge ihres festeren Baues kräftiger der Zersetzung widerstanden. Bemerkenswerth ist zuletzt noch, dass *Douville* an eben dieser Stelle theils leicht durch das vulcanische Feuer veränderte Bruchstücke älterer Felsarten, theils auch solche fand, welche bis zur Unkenntlichkeit, also durch und durch umgewandelt und sämmtlich in Laven eingeschlossen waren. Besonders interessant und an die Vorkommnisse an andern Orten, namentlich an die am Vesuv wahrgenommenen erinnernd war die Beobachtung von *Douville*, dass er in den hier abgesetzten vulcanischen Massen wohlerhaltene Meeres-Muscheln entdeckte, was ihn zu der Vermuthung bewog, dass diese marinen Erzeugnisse durch den Vulcan ausgeschleudert worden seyen. Richtiger ist wohl die Ansicht, dass man es hier mit untermeerisch abgelagerten vulcanischen Gebirgsarten zu thun habe, die in späterer Zeit durch die Macht der unterirdischen Kräfte über die Oberfläche des Meeres emporgehoben worden seyen. Doch scheint *Douville* diese und ähnliche Lehren der neuern Geologie nicht gekannt zu haben, wie es denn überhaupt sehr zu bedauern ist, dass seine mineralogischen und geognostischen Kenntnisse nur von sehr mässigem Umfange gewesen zu seyn scheinen.

Leider mangelt uns darüber jede genügende Kenntniss, ob es in der Nähe des Zambi noch andere Vulcane oder Solfataren giebt; doch darf nicht unerwähnt bleiben, dass sich rund um den schon früher erwähnten portugiesischen Posten von Pungo Andongo viele vulcanische oder plutonische Gebirgsmassen vorfinden, die wegen ihrer schwarzen Farbe von den Portugiesen den Namen der „Pedras negras" erhalten haben und Veranlassung waren, dass selbst der zu diesem Posten gehörige District den Namen des Bezirks von Pungo

Andongo, oder auch schlechtweg den der Pedras negras erhielt, während *Cavazzi (Descrizione dei tre regni, cioe Congo, Matemba, Angola.* Bologna 1678. Deutsch München 1697. S. 923) sie die Felsen von Maopongo nennt. Dieser erzählt zugleich, sie träten in den abentheuerlichsten Formen auf und bedeckten einen Raum von fast 27 (ital.?) Meilen, während *Douville* (a. a. O. I, 320. II, 237) und *Omboni* (a. a. O. S. 122) sagen, dass sie eine Art von Kranz bildeten und als die riesigen Reste eines erloschenen Kraters anzusehen seyn dürften. Nur fünf spaltenartige Eingänge sollen einen Zutritt in das Innere des Kranzes gestatten, alle übrigen aber nicht zu passiren seyn. Die innere Peripherie des letztern, der selbst aus acht ungeheuren, steil abstürzenden und fast 400 Fuss hohen Felswänden besteht, schätzt *Douville* auf etwa eine halbe Stunde. Die äussern Abhänge und den Fuss des Kranzes scheint vulcanisches Trümmergestein zu bedecken, obgleich solches nach unserm Reisenden von granitischer Beschaffenheit seyn soll. Möglich wäre es wohl, dass es reichlich mit Bruchstücken von granitischem Gestein erfüllt sey und wir hier derselben Erscheinung begegneten, wie im südlichen Frankreich und den mittlern Theilen von Deutschland, woselbst sogen. Urgebirgsarten, von vulcanischen Conglomeraten umschlossen und mehr oder weniger verändert, gar nicht selten angetroffen werden. Mitten in diesen Conglomeraten fand *Douville* auch noch Stücke von Kupfer und Schwefelkies, was auch *Omboni* begegnete, indem er ebenfalls von dem Gehalte dieses Gesteines an Schwefelkies und andern Metallen redet. Sollten diese Ansichten von der Gestalt der Pedras negras sich bestätigen, so würde die Lage von Pungo Andongo genau mit der der Stadt Adén im südlichen Arabien übereinstimmen, welche, wie wir später sehen werden, ebenfalls auf der Sohle eines ungeheuren erloschenen Kraters gelegen ist.

Aus anderweitigen Mittheilungen *Douville's* scheint hervorzugehen, dass im Innern von Angola trachytische Gebirgszüge vorhanden seyn mögen und dass sie sich vielleicht über Pungo Andongo hinaus in nördlicher Richtung bis in die Nähe des Zaïre erstrecken. Er fand nämlich in den angeblich fast nur aus Conglomeraten bestehenden Hügelzügen zwischen dem Zambi und Pungo Andongo Bimsstein Fragmente und an andern

Gesteinen Spuren einer erlittenen Frittung oder Schmelzung,
ja sogar in weiter Entfernung vom Coanza und nördlich von
Pungo Andongo in den sogenannten Pemba-Bergen mit Ablagerungen von Bimsstein auch Alaunstein, so wie Perlstein
gleichzeitig mit Entwickelungen schwefeligsaurer Dämpfe. Angeblich im Norden des Zaïre und zwar zwischen dem vierten
und fünften Grade n. Br. wollte er denn auch noch einen
grossen See Namens „Couffoua" entdeckt haben, dessen Umgebungen so eigenthümlich und ausgezeichnet seyn sollten,
dass er nicht anstand, diesen See als durch vulcanische Kräfte
erzeugt zu erklären. Er soll 20 Stunden lang und 10 Stunden breit seyn, allerdings eine gewaltige Grösse, doch haben
europäische Reisende späterhin in Abyssinien und südlich davon eine ganze Reihe von Seen und zwar noch grössere entdeckt, welche nach den Traditionen der Landesbewohner ebenfalls auf vulcanischem Wege entstanden seyn sollen. Unter
diesen verdienen besonders genannt zu werden der Zana- oder
Dembea-See, wohl der grösste unter allen, ferner der Haik
im nördlichen Abyssinien, so wie der dem Zana wahrscheinlich an Grösse nicht nachstehende Zouaie-See, welcher in dem
an Shoa grenzenden District Gurague gelegen ist. Nach *Douville* wird der Couffoua von hohen, bis 150 Toisen über seinen
Spiegel ansteigenden Bergen umschlossen, ja es sollen einzelne
Felsnadeln auf der obern, stark eingezackten Kante sich sogar
bis zum Dreifachen dieser Höhe erheben, während die Seiten
der Berge von tiefen Klüften durchsetzt sind. Das Gestein
dieser Ringwälle um den See besteht aus Bimsstein-Conglomeraten und andern, durch ein glasiges Bindemittel verbundenen
vulcanischen Substanzen, ferner aus schwarz gefärbten trachytischen Bruchstücken, zersetzten Laven, schwarzen, rauh an-
zufühlenden, porösen Schlacken, zum Theil mit Schwefel im-
prägnirt, endlich an der Nordspitze des Sees aus sehr leichten,
mattweissen und mürben Gesteinen, hier begleitet von so ansehnlichen Entwickelungen erstickender Schwefeldämpfe, dass
ein Theil der Berge dieser Gegenden bei den Landesbewohnern
den Namen der „stinkenden" (Mouloundou gia caiba risumba)
erhalten hat. Auch das Wasser des Sees soll so stark mit Bitumen inprägnirt seyn, dass letzteres bisweilen die Oberfläche
des erstern gleich einer Kruste überziehet und kein Thier in

dem See zu leben vermag. Nicht minder bemerkte *Douville* an den den Couffoua begrenzenden Felsmassen ein deutliches Ausfliessen von Bitumen, und dies erinnert an ähnliche Erscheinungen, die man bereits im grauen Alterthume in vulcanischen Gegenden machte. So erzählt bekanntlich schon *Strabo*, dass an den Gestaden des todten Meeres Erdpech sich finde; auf Sicilien, Java, den japanischen Inseln, in der Limagne bei Clermont hat man ähnliche Beobachtungen gemacht und in neuester Zeit hat *Virlet* (s. das *Bulletin de la soc. géol. de France.* T. IV. pag. 203) Ausströmungen von Erdpech und Erdöl an verschiedenen Stellen in Griechenland wahrgenommen und mit Recht für ein Product feuriger Processe, welche tief im Erdinnern statt finden, erklärt.

Eine andere, nicht minder ausgezeichnete und erst in neuerer Zeit entdeckte vulcanische Oertlichkeit findet sich fast genau in derselben geographischen Breite, also ebenfalls nördlich vom Zaïre, in einem unmittelbar vom Meere aus fast bis in die Schneeregion sich erhebenden Gebirgsstocke, welcher den Namen der „Cameron-Berge" führt. Diese dehnen sich zwischen dem Königsflusse (Rio del Rey) im Norden und dem Cameron-Strome (Rio del Camerones) im Süden aus. *James M' Queen* scheint die ersten Nachrichten über diesen Vulcan verbreitet zu haben; s. dessen im J. 1821 erschienene Schrift: *A geographical and commercial view of Northern Central-Africa.* Edinburgh 1821. pag. 158. Schon im folgenden Jahre erhielten *M' Queen's* Mittheilungen ihre Bestätigung durch *Monrad*, welcher geraume Zeit hindurch auf der Guinea-Küste als Pfarrer bei den dortigen dänischen Factoreien sich aufgehalten hatte; s. dessen *Bidrag til en Skildering of Guinea Kysten og dens Indbyggere*. Kiöbhavn 1822. pag. 330. Zwar hat *Monrad* die Cameronberge selbst nicht besucht, doch wurde ihm von glaubwürdigen Europäern versichert, dass einer der diesen Gebirgsstock zusammensetzenden Berge aus seinem Gipfel Feuer auswerfe, und später wurde ihm dies durch einen Eingeborenen zufolge eigner Wahrnehmung bestätigt.

Viel bestimmtere Nachrichten aber über die vormalige und vielleicht noch jetzt fortdauernde vulcanische Thätigkeit in den Cameron-Bergen verdanken wir der englischen Untersuchungs-Expedition, welche unter der Führung des Capt. *Owen* die den

genannten Bergen zunächst gelegenen Küsten untersuchte.
Nach *Owen's* Bericht *(Narrative of voyage to explore the shores
of Africa, Arabia and Madagascar.* 2 Voll. London 1833.
II, 364—365), womit auch der seines Gefährten, des damaligen Lieut. *Boteler,* im Wesentlichen übereinstimmt (s.
dessen *Narrative of a voyage of discovery to Africa and Arabia.*
2 Voll. London 1835. II, 461—470 etc.) thürmen sich die Cameron-Berge zu der ausserordentlichen Höhe von mehr denn
13000 Fuss über dem Meere empor und scheinen demnach
das höchste Gebirge auf der Westküste des Continents zu
bilden, ja sogar an Höhe den Atlas zu übertreffen, wenn sie
auch nicht, ihrer südlichen Lage wegen, wie dieser, sich bis in
die Schneeregion erheben. Gleich den meisten auf plutoni-
schem oder vulcanischem Wege gebildeten Bergen steigen sie
schroff und kühn empor und bilden eine Gebirgsmasse von er-
schütternder Grösse. Einer der auf der Ostseite der Berge
gelegenen Rücken schien aus Lava gebildet zu seyn und nach
Boteler's Erzählung bemerkte man an eben dieser Ostseite
einen deutlichen kahlen Streifen am Gebirge, welcher, aus
geringer Entfernung betrachtet, ganz das Ansehen hatte, als
rühre er von einem Lavastrome her, der erst ganz vor Kurzem zu fliessen aufgehört habe. Und wirklich erhielten, wenige
Jahre nachher, diese Angaben ihre Bestätigung durch Capt.
Allan, der durch längern Aufenthalt mit diesem Theile der
africanischen Küste genau bekannt geworden war; s. dessen
Narrative of the expedition of the River Niger in the year
1841. 2 Voll. London 1848. II, 275—284. In Uebereinstimmung mit dem Vorigen berichtet er, man nehme in dieser Gegend allgemein an, dass an der Ostseite der Cameron-Berge
vor einiger Zeit ein Lavastrom herabgeflossen sey und seinen
Lauf nach dem Meere hin genommen habe. Der höchste Gipfel des ganzen Gebirgsstockes soll bei den Eingeborenen den
Namen: Mongo-ma-Lobah, oder auch Mokoli-ma-Poko führen
und mit Schlacken, rothbraunen vulcanischen Aschen und
zahlreichen, bis zur See herabziehenden Lavaströmen bedeckt
seyn.

Aus dem frischen Aussehen dieser Gebilde, noch mehr
aber aus der Aussage der Landesbewohner schien hervorzugehen, dass der Mongo-ma-Lobah noch in neuerer Zeit nicht un-

bedeutende Zeichen seiner Thätigkeit kund gegeben habe. So
erfuhr z. B. *Allan* von einem Augenzeugen, dass neuerdings
in der Nähe des genannten Gipfels Flammen aufgestiegen
seyen; eben so versicherten demselben die Bewohner Bimbia's,
einer in der Nähe der Küste gelegenen Insel, dass sie etwa
um das J. 1838 ebenfalls Flammen aus dem Boden hätten
hervorbrechen sehen. Dass bei diesen Angaben kein Irrthum
statt gefunden haben mag, scheint sich daraus zu ergeben,
dass die Eingeborenen, wie *Allan* erzählt, diese neuere Feuer-
erscheinung durch den Ausdruck: „Gott hat dies gethan" als
ein natürliches Phänomen sehr wohl von den auch bei ihnen
üblichen Gras- und Steppenbränden unterschieden, und weil
sie zugleich dabei Boden-Erschütterungen empfanden, welche
sie mit den Bewegungen eines Dampfbootes verglichen. Die
dem Boden entsteigenden Feuer waren übrigens so gewaltig,
dass die Bevölkerung dadurch umzukommen befürchtete. Vielleicht dient auch zur Unterstützung der Ansicht, dass der
Mongo-ma-Lobah die Charaktere eines Vulcanes besitze, die
Bemerkung, dass jener Name in der Sprache der Eingeboren-
nen „Götter-Berg" bedeutet. Nach *Owen* und *Boteler* soll der
Anblick des Cameron-Gebirges den Charakter einer erstaun-
lich grossartigen Berglands-Scenerie gewähren, indem die com-
pact aufsteigenden Bergmassen, trotz der gewaltigen Erhebung
im Mongo-ma-Lobah, an der Basis doch nur einen Durchmesser von 20 engl. Meilen haben. Das steilste Aufsteigen findet
an der Südseite statt.

Zu diesem Gebirgsstocke gehört übrigens ausser der immensen Masse des Mongo-ma-Lobah noch ein anderer steiler
und spitziger Berg, welcher dicht am Meeresstrande liegt und
eine Höhe von 5—6000 Fuss erreicht. Die Europäer nennen
ihn den „kleinen Cameron", die Landesbewohner aber „Mongo-
m'Etindah". Mehrere andere Berge, die in nördlicher Richtung von den eben genannten sich erheben, wie der Rumby
und der Qua, scheinen ebenfalls aus vulcanischen Felsarten
zu bestehen. Der letztere, welcher 64 engl. Meilen von den
Cameron-Bergen entfernt ist und in nordwestlicher Richtung
liegt, wird als eine staunenswerthe Bergmasse beschrieben; er
soll hinsichtlich seiner Höhe der Cameron-Kette nicht nachstehen und 80 Meilen weit sichtbar seyn. Alles berechtigt zu

der Ansicht, dass hier einst ein Hauptsitz von vulcanischer Thätigkeit gewesen sey. Dies scheint sich auch aus der geognostischen Beschaffenheit der vier kleinen, im Meerbusen von Guinea gelegenen Inseln Fernando del Po, do Principe (Prinzen-Insel), St. Thomé und Annabon zu ergeben. Sie liegen in einer Reihe von NO. nach SW., sind sämmtlich vulcanisch und sowohl ihre bedeutende Höhe, als auch ihre schroffen Formen, wodurch sie sich den Cameron-Bergen so nahe anschliessen, scheinen darauf hinzudeuten, dass sie vielleicht einst mit dem Festlande zusammengehangen und erst durch eine spätere Katastrophe davon getrennt worden seyn mögen.

Früher schon wurde bemerkt, dass der Mongo-ma-Lobah in der Cameron-Gruppe eine Höhe von mehr als 13,000 Fuss erreicht; der höchste Pic auf Fernando del Po thürmt sich 10,200 Fuss hoch auf, während der Santa Anna de Chaves-Berg auf St. Thomas zu einer Höhe von 7000, Annabon zu einer solchen von 2—3000 Fuss ansteigt und endlich die zwischen Fernando del Po und St. Thomas gelegene Prinzen-Insel nur noch etwa 2800 Fuss über die Meeresfläche sich erhebt.

Fernando del Po, die zunächst der Küste gelegene Insel, soll nur 6 Stunden von den Cameron Bergen entfernt seyn; in ihrem nordöstlichen Theile erhebt sich ein sehr ansehnlicher Pic, der Clarence-Pic, dessen Höhe zu 10,700 Fuss angegeben wird. Seine Oberfläche ist von tiefen, engen und schauerlichen Klüften durchsetzt, die wohl nur in Folge unterirdischer Zuckungen und Erschütterungen entstanden seyn mögen. Ob aber dieser Pic in neuerer Zeit noch einen Ausbruch gehabt habe, ist ungewiss; doch bemerkt *Leonard (Records of a voyage to the Western Coast of Africa.* Edinburgh 1833. pag. 178), dass diesem Berge allerdings noch jetzt zu gewissen Zeiten Rauch und Feuer entsteige. Seine abgerundete Spitze scheint aus einer rothen, verbrannten Felsart zu bestehen, während im übrigen Theile der Insel fast nur Basalte vorkommen sollen. Im südlichsten Theile der Insel erhebt sich noch ein anderer hoher, kegelförmiger Berg, aus dessen ausgebrochener Spitze *Leonard* folgert, dass auch er einst, gleich dem Clarence-Pic, Feuer ausgespieen habe.

Hinsichtlich der Prinzen-Insel bemerkt *Leonard* noch, dass

auf ihr zahlreiche, mächtige, aus Basalt-Säulen bestehende und
zuweilen sogar Wällen oder Ruinen ähnliche Felsen vorkommen. Auch ein anderer, neuerer Reisender, Capitain *Alexander*, erwähnt, dass auf dieser Insel ganz eigenthümlich gestaltete, isolirte Felsen vorkommen, die gleich Nadeln sich erheben und ebenfalls wohl aus säulenförmig abgesondertem Basalt bestehen dürften. S. dessen *Excursions in Western-Africa.*
2 Voll. London 1840. I. pag. 205.
Auch die Umrisse von St. Thomas sind häufig unterbrochen und die Berge erscheinen wie ausgezackt. Es gleicht
dadurch dies Eiland mit seinen zahlreichen, höchst phanta-
stisch gestalteten Pic's ganz der Prinzen-Insel, obgleich die
Gebirgsmassen in einer noch viel grössern und sogar staunenswerthen Entwickelung auftreten.
Auf Annabon scheinen sich noch entschiedener Spuren
einer frühern und grossartigen vulcanischen Thätigkeit vorzu-
finden. Diese Insel ist sehr charakterisirt durch hohe, kegelförmige Berge, so wie durch ein ungeheures, wenigstens drei
engl. Meilen im Umfange habendes Süsswasserbecken von
kreisförmiger Gestalt, welches von allen Seiten mit einem aus
Asche und zersetzter Lava bestehenden Walle umgeben ist.
Dies Becken ist daher wohl mit den sogenannten Maaren zu
vergleichen und als eine Wasseransammlung in einem seit
langer Zeit erloschenen Krater anzusehen. Da endlich der
Boden der Insel fast überall aus einer dünnen Lavaschicht
besteht, ja sogar an einigen Stellen in rauhen Zacken erstarrte
Lavaströme sich zeigen, endlich lose Asche und lockere Lava
überall herumliegt, so geht daraus entschieden die vulcanische
Natur dieser Insel hervor.
Wir dürfen diesen Theil der africanischen Küsten nicht
verlassen, ohne hier noch die Bemerkung zu machen, dass
man schon seit langer Zeit, und zwar seit beinahe 130 Jahren,
gewisse Aeusserungen vulcanischer Thätigkeit mitten im Atlantischen Ocean, etwa unter 0^0 22' südl. Br. und 22^0 westl
L. von Paris, wahrgenommen hat. Uebereinstimmend deuten
dieselben darauf hin, dass bis in die neueste Zeit an der angegebenen Stelle eine submarine Thätigkeit beobachtet worden ist, welche bald in einem Aufwallen oder einer heftigern
Bewegung des Meeres, bald in einer Gas- und Dampf-Ent-

wickelung, bald in einem Aufsteigen von Rauch, bald in einem
Auswerfen von Asche und ähnlichen vulcanischen Producten
sich kund gab. So bemerkte z. B. *Horner* bei der *Krusenstern'*schen Entdeckungsreise, als er in jene Gegend gelangte,
zweimal eine hoch aufsteigende Rauchsäule, die aus dem
Grunde des Meeres hervortrat, und mit vollem Rechte bezog
er dies auf eine untermeerische vulcanische Eruption. Noch
im J. 1836, fast gerade unter dem Aequator und unter dem
18° westl. L. von Paris, machte man eine ähnliche Beobachtung, indem an dieser Stelle mächtige Fumarolen dem Meere
entstiegen. Auch die Jahre 1806 und 1824 zeichneten sich in
dieser Beziehung aus, jedoch gab sich damals die vulcanische
Thätigkeit an andern Stellen im Meere kund. *Darwin* folgerte aus diesen Erscheinungen, dass an den angedeuteten
Puncten vielleicht eine neue Insel oder gar eine Inselgruppe
im Entstehen begriffen sey, und gleichzeitig deutete er darauf
hin, dass diese Puncte in der Verlängerung einer die Insel
St. Helena mit Ascension verbindenden Linie liegen, ja dass
St. Helena als ein Durchschnittspunct zweier vulcanischer Axen
zu betrachten seyn dürfte, indem die eine derselben über
Ascension hinaus, und zwar stets breiter werdend, sich bis
zum Aequator ausdehnt, die andere aber in nordöstlicher Richtung von St. Helena aus sich über die vier vorhin beschriebenen, im Meerbusen von Guinea liegenden vulcanischen Inseln und von da weiter über die Cameron-Berge sich bis Ada-
mowa auf dem africanischen Festlande erstreckt.

Den neuesten Nachrichten zufolge scheinen sich auch auf
dem westlichen Küstenstriche von Africa, nördlich vom Aequator, und zwar in Senegambia feuerspeiende Berge zu finden.
Die erste Kenntniss davon verdankt man dreien, in Paris ihren Studien lebenden Senegalesen, welche übereinstimmend
aussagten, dass zwei in Senegambia zwischen Didé und Sais-
sandi-Saracolet gelegene Vulcane unaufhörlich Rauch und andere vulcanische Stoffe ausstiessen. Nähere Angaben fehlen
bis jetzt; s. das *Bulletin de la soc. géograph.* 3. Ser. T. III.
pag. 115. T. IV. pag. 320.

Nachdem wir die an der Westküste von Africa auftretenden vulcanischen Phänomene, so weit bis jetzt unsere Kenntnisse über dieselben sich erstrecken, kurz geschildert, bleibt

uns jetzt noch übrig, auch über die auf der Ostküste wahrgenommenen das Nöthigste anzuführen, wobei wir zunächst diejenigen Länder einer nähern Betrachtung unterziehen, welche zwischen dem Aequator und dem südlichen Wendekreise gelegen sind. Madagascar und die in dem Canal von Mozambique liegenden Comoro-Inseln müssen hier zuerst genannt werden. Auf erstgenannter Insel und zwar auf deren nordwestlicher Spitze und in dem Meere daselbst, dicht an den dortigen Küsten, sollen vier thätige Feuerberge sich finden, welche aber, gleich dem ganzen Eilande, so mangelhaft bekannt sind, dass sich nichts Näheres darüber anführen lässt. Nur die Theilnehmer an der *Owen*'schen Expedition führen an, dass die an der Nareenda-Bay gelegenen Ramada-Berge von entschiedener vulcanischer Beschaffenheit, vielleicht sogar active Vulcane seyen. Dasselbe gilt von den hohen Bergen, die in kegelförmiger Gestalt bei Keyvoondza sich erheben, wie Lieutenant *Wolf* berichtet (im *Journ. of the geograph. Soc. of London.* 1833. T. III, 215). Auch führt *Leguevel de Lacombe* (in seiner *Voyage à Madagascar et aux îles Comorres*, T. II, 120) an, dass bei dem Orte Tangoury ein hoher, conischer Berg auf seiner Spitze mit einem Krater versehen sey, der aber seit Jahrhunderten erloschen wäre, in frühern Zeiten jedoch die ganze Umgegend mit vulcanischen Producten überschüttet habe.

Etwas genauer, jedoch noch lange nicht genügend, ist die Gruppe der Comoro-Inseln hinsichtlich ihres geognostischen Baues bekannt. Auf zweien derselben sollen mächtige Vulcane sich erheben und einer davon in gewissen Zwischenräumen über Land und Meer die ärgste Verwüstung ausbreiten. Die grössere dieser Inseln wird von den Eingeborenen N'gazija, von den Arabern aber Angaziguia genannt.

Die erste Nachricht über den auf ersterer vorkommenden Vulcan scheint Capitain *Lelieur* (in *Monthly's* Magazin, 1824, Septbr. S. 121) verbreitet zu haben, wobei er bemerkt, dass der Berg regelmässig alle sieben Jahre einen Ausbruch habe. Später führte *Leguevel de Lacombe* (a. a. O.) an, dass der Feuerberg eine sehr ansehnliche Höhe erreiche, dass er dem Krater desselben habe Flammen entsteigen sehen, dies jedoch überhaupt eine sehr seltene Erscheinung sey. Zuletzt theilte *Cooley* (im *Journ. of the geograph. Soc. of London*, T. XV. pag. 233) mit, dass der Berg alle 3—4 Jahre eine Eruption habe und durch seine Lavaströme, welche in das Meer sich ergössen, den Tod vieler Fische verursache.

Einen andern vulcanischen Punct bildet die unterhalb der vorigen, in südöstlicher Richtung gelegene kleine Insel Pamanzi, deren Vulcan einen sehr deutlichen Krater besitzt, nach einigen Angaben erloschen, nach andern dagegen unzweifelhafte Spuren seiner fortdauernden Thätigkeit zeigen soll. Die in der Nähe und zwar südlich von Pamanzi gelegene Insel Mayotte soll nach einigen Geographen ebenfalls einen thätigen Vulcan besitzen, indess hat diese Angabe späterhin sich nicht bestätigt, wohl aber hat sich ergeben, dass das Eiland fast nur aus Schlacken und andern vulcanischen Gebilden zusammengesetzt sey.

Wir wenden uns nunmehr zum östlichen Theile des africanischen Continentes und stossen hier auf vulcanische Erscheinungen, welche, den neuesten Nachrichten zufolge, zu den grossartigsten zu gehören scheinen, die man überhaupt kennt. In Abyssinien, im Lande der Adáls, so wie in Shoa treten sie in der kräftigsten Entwickelung auf.

Seetzen, dieser unermüdliche, aber unglückliche Reisende, scheint der erste gewesen zu seyn, durch welchen man Kunde vom Auftreten vulcanischer Gebirgsmassen in jenen Gegenden erhielt. Durch Mittheilungen von Eingeborenen hatte er bereits im J. 1810 erfahren, dass Obsidian an der Küste von Abyssinien vorkomme, jedoch die Lagerstätte desselben nicht aufgesucht. *Salt*, ausgerüstet mit einer genauern Kenntniss der ältern classischen Literatur und geleitet durch die im „*Periplus maris erythraei*" gegebene Beschreibung der Stelle, woselbst der Obsidian vorkommen sollte, war schon ein Jahr vorher so glücklich gewesen, dieses Gestein südlich von Massowah, an der jetzigen Bay von Zulla — woselbst im grauen Alterthume der Handelsplatz Adule gelegen haben mag — aufzufinden, aber er publicirte über diese seine Entdeckung nichts, während *Seetzen* schon im J. 1810 über das muthmassliche Vorkommen des Obsidians an der genannten Stelle öffentlich sich aussprach. Durch *Rüppell's* und anderer verdienter Geographen Reisen ist uns dieser Theil des africanischen Hochlandes neuerdings bekannter geworden, und durch erstern haben wir erfahren, dass der ganze Rand des abyssinischen Plateau's nach dem rothen Meere hin mit erloschenen Krateren erfüllt ist, welche tief in das Innere des Landes sich erstrecken. Namentlich soll derjenige Theil des letztern; welcher sich bis zu dem grossen Dembeah - See ausdehnt, durchaus von vulcanischer Beschaffenheit seyn. Zwei hohe, auf ihrem Gipfel mit Krateren versehene Berge, beide den Namen Alequa oder Aloqué führend, erheben sich in dem nordöstlichen Theile des Landes, und zwar der eine am Takkazzé in der Provinz Siré, der andere aber in der Landschaft Agamé, wo sich derselbe an der nordwestlichen Spitze der nachher zu erwähnenden Taltal-Ebene als ein isolirter, mächtiger Pic dem Auge darstellt. Auch diejenigen Gebirgszüge, welche circusartig den kesselförmig vertieften und erst neuerdings näher bekannt gewordenen Zana - See umgeben, sollen nach *Rüppell* (Reise in Abyssinien, II, 319) nur aus vulcanischen Gebirgsarten bestehen. Der See selbst, eine grosse Süsswasser-Masse, welche eine Fläche von 150 ☐Stunden bedeckt, war in früherer Zeit wohl um die Hälfte grösser, aber im Laufe der Jahrtausende haben die fortwährenden Schlamm-Niederschläge von zersetzter Lava, welche die Gewässer während der Regenzeit von den Höhen herabspülen, eine horizontale Fläche an vielen Stellen seiner Ufer gebildet und so nach und nach seinen Umkreis verengt.

Die aufgelösten vulcanischen Massen Abysiniens sind, indem sie von den zur Regenzeit anschwellenden Flüssen fortgeführt werden, die Elemente jener befruchtenden Erdablagerungen, welche der Nil längs seinem ganzen Laufe seit Jahrtausenden allmählig absetzt. Bedenkt man die ungeheure Erstreckung des von diesem mächtigen Strome angeschwemmten Landes in Nubien und Aegypten, so wird man mit Ertaunen erfüllt über die Masse der nach und nach durch die meteorischen Einflüsse zerstörten vulcanischen Gebirgsarten. Noch einen andern Maasstab der ehemaligen Grösse der dortigen vulcanischen Thätigkeit liefern die vielen, längs den Nil-Ufern abgesetzten Chalcedon- und Achat-Gerölle, welche namentlich in Nubien, wie *Rüppell* auf seiner frühern Reise nach Nubien,

S. 17, bemerkte, ganze Sandinseln überdecken und öfters sogar wieder als Conglomerat zu Kiesel-Breccie oder einer Art Puddingstein verbunden sind, und die sicherlich einst in den Blasenräumen abyssinischer Mandelsteine oder Lavamassen sich abgesetzt hatten und bei der Zertrümmerung und Zersetzung der letztern herausgefallen und wegen ihrer grössern Härte sich besser erhalten haben und weit umher durch Wasserfluthen fortgeführt worden seyn mögen.

Die Thätigkeit der abyssinischen Vulcane ist indess seit dem Beginne der historischen Zeit nur auf vereinzelte, aber ziemlich häufige Erdbeben und das Hervorbrechen von Thermal-Quellen beschränkt. Schon *Bruce* gedenkt einer warmen Quelle, welche unfern des Takkazé, acht Miglien nordnordöstlich von Hauasa, entspringt. Nach *Rüppell* (a. a. O. S. 320) giebt es deren eine grosse Anzahl in den Provinzen Begemder und Quara, namentlich zu Lebek, Guramba, Geneta, Georgis, Abba und Abrean.

Was von dem Aschenregen zu halten ist, welcher, wie *Rüppell* (a. a. O.) in einer Landeschronik angegeben fand, am 31. Mai im J. 1796 gefallen seyn soll, muss erst durch spätere Forschungen im Lande selbst genauer ermittelt werden. Jedenfalls bemerkt der Chronik-Schreiber selbst, dass dies ein für Abyssinien ganz unerhörtes Ereigniss gewesen sey.

Aber auch in dem südwestlichen Theile von Abyssinien finden sich Spuren ehemaliger vulcanischer Thätigkeit, sogar bis jenseits des Dembeah-Sees, und so war es in neuerer Zeit dem englischen Reisenden *Beke* (s. das *Journ. of the geograph. Soc. of London*, T. XII, pag. 7) vergönnt, noch an dem Rande des die Grenze der abyssinischen Landschaften Damot und Godscham bildenden Zingini-Flusses vulcanische Gebirgsarten nebst vielen hoch aufragenden Kegeln und hochspitzigen Domen zu entdecken. Thätige Vulcane aber in Abyssinien aufzufinden, ist weder ihm, noch andern Reisenden bis jetzt gelungen, und man würde annehmen können, dass solche überhaupt in diesem Lande gar nicht vorkämen, wenn nicht neuerdings *Lefebvre (Voyage dans l'Abyssinie exécuté pendant les années* 1840—1843. Paris 1844—48. *Rel. histor.* T. III, 13) die Behauptung aufgestellt hätte, südsüdöstlich von Massowah, am Rande der grossen, durch ihren Reichthum an Schwefel,

besonders aber durch unermessliche Salz-Ablagerungen bekannten und schon früher erwähnten Ebene im Lande des
Tantal-Volkes von drei activen Vulcanen gehört zu haben,
von denen zwei nach der Versicherung der Landesbewohner
noch jetzt entzündet seyn und ein dumpfes, des Teufels Tam-
bour von der angrenzenden Bevölkerung genanntes Getöse
hören lassen sollen. Wahrscheinlich verdanken die enormen,
in der Tantal-Ebene vorkommenden Schwefelmassen, so wie
ein gewaltiger Schwefelberg, welcher, wie *Abbadie* (im *Bull.*
de la soc. de géogr. de France, 1842, T. III, pag. 357) erfuhr, in der Nähe von Massowah gelegen seyn soll, diesen
Vulcanen ihre Entstehung.

Wir gelangen nunmehr zu den vulcanischen Erscheinungen in denjenigen Ländern, welche in südlicher Richtung von
Abyssinien liegen, und zwar in Shoa und im Lande der Adáls.

Die deutschen Missionare *Isenberg* und *Krapf* dürften die
Ersten gewesen seyn, welche auf ihrem Wege in das Innere
des Landes zwischen dem Hafenplatze Tadschourra und Shoa
vulcanische Producte, als gebrannte und gefrittete Gesteine,
Asche und zahlreiche heisse Quellen, in der grossartigsten
Entwickelung antrafen und die Erdoberfläche von so zahlrei-
chen Spalten und Klüften durchsetzt und zerrissen fanden,
dass diese Reisenden, ohne gerade Geognosten zu seyn, die
Meinung aussprachen, diese Erscheinungen müssten durch vul-
canische Kräfte bewirkt worden seyn. S. *Journals of the*
Messrs. Isenberg and Krapf. London 1843. 21 u. 22; auch im
Bull. de la soc. de géogr. de France, 1840, T. XIII, pag. 160.

Zu derselben Ansicht gelangte *Rochet*, als er auf wiederholten Reisen nach Shoa und in's Adál-Land kam. Die äussere Beschaffenheit der in diesen beiden Ländern auftretenden
Gebirgsmassen muss auch so entschieden und deutlich auf ihren vulcanischen Ursprung hinweisen, dass sogar die ungebil-
deten Eingeborenen den zwischen Makdoshú im Süden und
dem nubischen Hafen Suakim gelegenen ostafricanischen Küstenstrich sehr bezeichnend Burr Adschem oder Berr el Aad-
schami, d. h. das Feuerland, nennen, wie *Johnston (Travels*
of Southern Abyssinia. 2 Voll. London 1844. T. I, pag. 11)
berichtet. So beobachtete derselbe, etwa unter 10⁰ 25′ n. Br.,
beim Hafen Berbera eine ganze Reihe niedriger vulcanischer

Hügel, welche in südwestlicher Richtung viele Meilen weit
in's Binnenland fortsetzen sollen; auch hörte *Abbadie (Bull.
de la soc. de géogr. de France*, T. XVIII, 219) von Bour
Medaw, d. h. schwarzen Bergen, sprechen, welche bei Zeila,
einem nördlich von Berbera gelegenen Hafen, vorkommen.
Noch weiter gegen Norden traf abermals *Rochet* an der nämlichen Küste zu Tadschourra basaltische oder trachytische Felsmassen an, wie endlich nach demselben Reisenden auch der
östliche Rand der Strasse el Mandeb (Bab el Mandeb) ganz
mit vulcanischen Gebilden bedeckt zu seyn scheint. So ist
hier sogar der in hoher, kegelförmiger Gestalt aufragende Berg
Sedschán (Dschebbel Sedschán, auch grosser Sian genannt)
ein Vulcan, und es sollen noch sieben andere daselbst vorkommen, von denen einer den Namen des kleinen Sedschán,
zwei den Namen Hamra und die übrigen den von Sababo und
Sababé führen. Selbst den in der Breite von Mokka, innerhalb der Strasse el Mandeb, auf ostafricanischem Boden gelegenen Hafenplatz Rayeta sah *Rochet* mit Feuerbergen umgeben, so wie er hier noch eine ganze Reihe vulcanischer Berge antraf, welche sich bis Rayeta erstrecken. Dies ist wahrscheinlich
derselbe Gebirgszug, welchen auch *Johnston* sah und der von ihm
ebenfalls als auf feurigem Wege entstanden betrachtet wurde,
sich von Rayeta aus einige Meilen landeinwärts erstreckt, ein
dunkeles, verbranntes Ansehen hat und deshalb von den Arabern den Namen Dsebbel Dschin, d. h. Geister-Berg, erhielt,
gerade so, wie wir auf der Küste von Angola einen Mouloundou Zambi kennen gelernt haben. Auch *Harris (the High-
lands of Aethiopia.* London 1844. I, 87) und *Kirk (Journ. of
the geogr. Soc. of London*, T. XII, 222), welche dieselben Gegenden besuchten, stimmen mit den eben gegebenen Schilde-
rungen überein; auch sie berichten, dass im flachen Küstenlande der Adáls sowohl, als in dem hochgelegenen Shoa sich
zahlreiche, aus Laven, Schlacken, Tuffen und Wacken bestehende Hügel vorfinden, und dass namentlich in Shoa eine wesentlich aus Sandstein und Conglomeraten zusammengesetzte
Hochfläche häufig durch Laven, Trachyte und Basalte in gewaltigen Massen durchsetzt und durchbrochen werde. Nächst-
dem treten in diesen Gegenden grosse, wallartige Ströme von
Lava auf, die sich bisweilen selbst bis zu den Mündungen der

Kratere verfolgen lassen. Besonders deutlich soll dies am Hell-
mund-Berge, am Hawash in Shoa wahrzunehmen seyn, ja *Harris*
(a.,a. O. I, 257) behauptet von diesem sogar, dass er erst vor
einiger Zeit seine Ausbrüche zu wiederholen aufgehört habe.
Deutliche nicht nur, sondern auch äusserst mächtige Lavaströme beobachtete *Rochet* (a. a. O. *Pr. voyage*, pag. 104)
zwischen Arojeta und Dabita (Abida nach *Harris).* Sie traten
daselbst in einer so ungeheuren Entwickelung auf, dass er sie
für viel bedeutender, als die aller aus dem Vesuv, dem Aetna
und dem Vulcan auf Stromboli hervorgetretenen Lavaströme
erklärte. Kleine kegelförmige Berge, auf deren Spitze man
auch fast stets einen Krater bemerkt, bedecken in grosser Zahl
namentlich zu Dabita das dortige Lavafeld, dessen Durchmesser nach *Kirk* (im *Journal* etc. XII, 231) 30 engl. Meilen beträgt. Auch *Harris* (a. a. O. I, 260) erzählt, dass es hier ein
Feld erloschener Kratere gebe, von denen ein jeder mit einem
Kranze verglaster Lava umgeben sey. Meilenweit biete die
Gegend rund um die Basis der grössern Vulcane nur ein einziges Lavenfeld dar. Nach *Rochet (Prém. voyage*, pag. 105)
ist die Mächtigkeit dieser Lavenfelder sogar noch bedeutender,
als der von Alexitane und Boullata am Südrande der Bahr
Assal, dieses in neuerer Zeit so berühmt gewordenen salzigen
Binnensees. Und doch besitzen die ihn umgebenden Laven
beinahe überall eine Mächtigkeit von 130—140 Fuss. Ueberhaupt ist die Entwickelung der vulcanischen Gebilde in diesem Theile von Ost-Africa so ausserordentlich und grossartig,
dass *Rochet* meint, es dürfte kaum einen andern Punct auf der
ganzen Erde geben, an welchem so viele erloschene Kratere
und so gewaltige Lavafelder vorkämen. Einer dieser erloschenen Vulcane soll hinsichtlich seiner Gestalt und Grösse auf's
Lebhafteste an den Vesuv erinnern und bei dem Orte Coummi
in Shoa gelegen seyn. Hinsichtlich der von *Rochet* aus Shoa
und dem Adál-Lande mitgebrachten Felsarten bemerkt *Dufrénoy (Comptes rendus de l'acad. de Paris.* T. XXII, 807), dass
ausser Basalten und basaltischen Laven daselbst auch Trachyte, trachytische Tuffe und Obsidiane auftreten, dass auch
die Laven von trachytischer Beschaffenheit sind und an die
vom Arso auf Ischia und die des Monte Olibano an der Solfatara bei Pozzuoli erinnern. Zwischen den im Süden und

den im Norden von Abyssinien vorkommenden Trachyten scheint
in sofern eine wesentliche Verschiedenheit zu bestehen, als jene
sich durch häufigere Verglasung und ihre obsidian- und bimssteinartige Natur auszeichnen, während letztere, mit Ausnahme
der Lagerstätte von Zulla, bisher fast kein einziges bekanntes
Vorkommen von Obsidian oder Bimsstein dargeboten haben.
Im Adál-Lande und in Shoa dagegen findet sich Obsidian nicht
blos hier und da an einzelnen Stellen, sondern er wurde von
Rochet (a. a. O. *Sec. voy.*, pag. 335) in dem ganzen Landstriche
auf seinem Wege von Tadschourra nach Shoa in der Gestalt
zelliger Laven nebst Trachyt und Basalt aufgefunden. Wahrscheinlich begleiten Trachyte und Obsidiane sogar das jenseits
der Grenzen Shoa's supponirte vulcanische Gebiet, indem das
letztgenannte Gestein wirklich noch in dem südlichsten Theile
von Shoa, dicht an den Grenzen der Landschaft Gurague, durch
Rochet aufgefunden wurde.

Laven anderer Art hat man in den genannten Gegenden
nicht wahrgenommen, doch spricht *Rochet* von einer leuziti-
schen, welche er zu Daffare in Shoa, also an derselben Stelle
fand, wo das grosse Gefilde trachytischer Laven auftritt. Diese
Erscheinung erinnert wiederum an das Zutagetreten der Leu-
zitophyre am Vesuv.

Ausserdem begegnet man sowohl in Shoa als auch im Adál-
Lande einer überaus grossen Anzahl von heissen Quellen, was zu
beweisen scheint, dass der unterirdische vulcanische Process hierselbst noch keineswegs erloschen ist, vielmehr deutet Mancherlei darauf hin, dass wahrscheinlich sogar noch in neuerer Zeit
vulcanische Gebilde dem Schoosse der Erde entstiegen, ja dass
selbst vielleicht noch jetzt, wenn auch nicht Lavenströme er-
giessende Vulcane, doch Rauchwolken ausstossende Solfataren
existiren mögen. Von verschiedenen Krateren, die an zwei
Stellen in Shoa vorkommen, zogen neuere Reisende die bestimmte Kunde ein, dass sie noch vor etwa 30—40 Jahren in
voller Thätigkeit gewesen wären, Laven ergossen und Feuer-Ausbrüche gehabt hätten. Aeussert sich z. B. *Harris* dahin, dass
einige Vulcane in Shoa vor etwa 50 Jahren noch in voller
Thätigkeit gewesen wären, so ist dies wahrscheinlich auf diejenigen zu beziehen, welche im Süden des Landes, unfern des
Hawash liegen und die Namen Saboo, Winzegoor und Fan-

táli führen, in deren unmittelbarer Nähe sich auch der merkwürdige Bourschoutta-Schlund findet.

Der erstgenannte dieser Vulcane erhebt sich etwa unter 9^0 n. Br. als ein mächtiger, aber isolirter Berg mitten aus einer wohlbevölkerten, gut angebauten Ebene, und soll nach *Harris* (a. a. O. III, 253) vor etwa 30 Jahren, zur Zeit der Regierung des Grossvaters des jetzigen Beherrschers von Shoa, in voller Thätigkeit gewesen seyn, was auch aus dem frischen Ansehen der aus dem Saboo hervorgebrochenen Lavaströme sich zu ergeben schien. Von seinem Nachbar, dem Winzegoor, gilt dasselbe, indem auch dieser neuerlichst noch die umliegende Gegend mit den aus seinem ungeheuren Schlote hervorgegangenen Lavamassen bedeckt haben soll. Die Länge dieses Schlotes oder Schlundes schätzte *Harris* auf 2, die Breite desselben auf ½ engl. Meile. Die Abhänge und den Boden des Kraters fand er mit der üppigsten Vegetation überzogen, aus welcher schwarze, verbrannte Felsmassen hervorragten. Unter diesen zeichneten sich besonders zwei nackte, abgestutzte Kegel aus, die in derselben Zeit emporgetrieben seyn mögen, wo der Saboo in Thätigkeit sich befand, und vor etwa 30 Jahren einen Lavastrom ergossen haben sollen, der in seinem schwarzen, mit Schlacken gezierten Gewand wundersam gegen das liebliche Grün absticht, durch welches er sich hindurchwindet. Zwei spaltenartige Einschnitte in die Wände des grossen Kraters gewährten andern Lavaströmen einen Ausgang, die sich von da an weiter verbreitet haben. So bestimmt aber *Harris* nach seinen eignen Beobachtungen, so wie nach den Mittheilungen der Eingeborenen die Ansicht ausspricht, dass zu der vorhin angegebenen Zeit einige der Vulcane im südlichen Shoa thätig gewesen seyen, so scheint doch von dem dritten derselben, dem *Fantáli*, nicht dasselbe zu gelten, indem dieser, wie die Landesbewohner einstimmig behaupteten, niemals Rauch ausgestossen habe, so weit sich die jetzige Generation erinnern könne. Gleiche Bewandtniss scheint es mit dem zu derselben Gruppe gehörigen und an der Grenze des Menschar-Districtes fast senkrecht aufsteigenden Jujjuba Kulla-Berge zu haben. Dieser enthält einen kreisförmigen, angeblich unergründlichen und von grauen, fast 200 Fuss über den Wasserspiegel sich erhebenden Felsen eingeschlossenen See, dessen Durchmesser

aber nur 60 Fuss beträgt und als ein Wasserbecken in einem
erloschenen Krater anzusehen seyn dürfte. Bei den Eingeborenen ist dieser See unter dem Namen Bourschutta weit
und breit bekannt und berühmt. Zu ihm führt ein einziger
Pfad in einer tiefen Schlucht mit unersteiglichen und so nahe
aneinanderstehenden Wänden, dass ein Elephant kaum sich
durchzuzwängen vermag. Diese Schlucht scheint ganz die
Natur der von *L. von Buch* an den Calderas der Canarischen
Inseln so häufig beobachteten Ausbruch-Spalten, den uns schon
bekannten Barancos, zu haben und sie entstand wahrscheinlich
gleichzeitig mit den Lavagängen, welche die Kraterwände
durchziehen und hier durch eine hochrothe Farbe sich besonders kenntlich machen. Das Gestein der Wände ist ausserdem
so ausserordentlich porös und blasig, dass es dadurch fast das
Ansehen von Honigwaben erhält.

In nordöstlicher Richtung von der eben beschriebenen, auf
der linken Seite des Hawash gelegenen Gegend giebt es noch
eine andere, ebenfalls an vulcanischen Producten reiche, die
aber mehr südlich liegt und sich dadurch auszeichnet, dass sie
angeblich einen noch nicht ganz erloschenen Feuerberg enthält, der wegen seiner Rauch-Emanationen bei den arabisch
redenden Eingeborenen den Namen Dschebel Dufán oder Dukhán, d. h. Rauchberg, führt. Wahrscheinlich bestehen die aus
dem Schlote desselben beständig aufsteigenden Rauchwolken
vorzugsweise wohl nur aus Schwefeldämpfen, gleich denen am
Mouloundou Zambi, indem nach *Rochet's* Angabe glänzende
Schwefelmassen vom hellsten Gelb bis zum intensivsten Roth
die Wände des aus theilweise zersetztem Trachyt bestehenden
Kraters überziehen. Der Fülle des Schwefels wegen an dieser
Stelle hat der Berg auch den Namen Dschebel el Kibrit, d. h.
Schwefelberg, erhalten. Er erhebt sich an dem Rande einer weiten
Ebene gemeinschaftlich mit erloschenen Krateren und mächti-
gen Lavafeldern in der Nähe einer ansehnlichen trachytischen
Gebirgsmasse. Deshalb vergleicht *Dufrénoy (Comptes rendus
de l'acad. de Paris.* 1841. T. 12, pag. 926) diesen Rauchberg
mit der Solfatara bei Pozzuoli. Er soll 19 Lieues in östlicher
Richtung von der Hauptstadt Ankobar entfernt liegen und nur
von einem einzigen Krater durchbohrt seyn, auf dessen Wänden sich der Schwefel in der Gestalt von Platten (plaques de

soufre) absetzt. *Johnston* bemerkt auch, dass noch jetzt am
Dukhán sich häufig ein unterirdisches Getöse, ähnlich dem
bei vulcanischen Erscheinungen, hören lasse, und dass die auf
einem ausgedehnten Lavafelde auftretenden erloschenen kleinen
Vulcane nur die geringe Höhe von 20—50 Fuss erreichen, obgleich ein jeder derselben einen vollkommen ausgebildeten
und stets nach Südost hin ausgebrochenen Krater besitzt.
Auch heisse Quellen finden sich in seiner Nähe. Bei
Fine-Fine, 20 Lieues in westlicher Richtung von der Hauptstadt, stösst man auf drei derselben, die hohe Wasserstrahlen
emportreiben, welche eine Temperatur von 80° R. besitzen
und lebhaft an die Geysir auf Island erinnern.

Wir verlassen jetzt diese Gegenden des östlichen Theiles
von Mittel-Africa und wenden uns zu den vulcanischen Erscheinungen auf den im rothen Meere gelegenen Inseln, den
gegenüber liegenden Küsten von Arabien, so wie den am Eingange zum persischen Meerbusen befindlichen Ländern. Auf
erstern müssen Gesteine, welche wir bei dem dermaligen Stande
unserer Kenntnisse als auf feurigem Wege entstanden ansehen,
schon in frühester Zeit den Alten bekannt gewesen seyn; denn in
dem bekannten *Periplus maris erythraei* finden wir ausdrücklich
eine „verbrannte Insel" erwähnt, welche im südlichen Theile des
arabischen Meerbusens liegen soll und welche wohl vorzugsweise deshalb den Alten so früh bekannt wurde, weil eine noch
jetzt existirende Strömung in diesem Theile des Meerbusens
die Schiffe jenem Eilande häufig zutrieb. Mit vielem Rechte
oder grosser Wahrscheinlichkeit haben zuerst *d'Anville (Mémoires sur l'Egypte ancienne et moderne.* Paris 1766. pag. 252)
und späterhin *Vincent,* der gelehrte und scharfsinnige Heraus-
geber des *Periplus (the Voyage of Nearchus* etc. pag. 85)
jene verbrannte Insel auf den jetzigen Dsebel Teyr, d. h. Vogelinsel, bezogen, ein vulcanisches Eiland, welches in der Nähe
der Küste des heutigen Jemen liegt. *d'Anville* war also der
Erste, welcher jene Vogelinsel für einen mitten im Meere sich
erhebenden Vulcan erklärte, und *Bruce* der erste Reisende,
welcher sie aus eigner Anschauung kennen lernte. Nach seiner
Erzählung erhebt sich der Berg auf einer zwischen Massowah
und der arabischen Stadt Loheia gelegenen Insel, welche er
unter dem Namen Schiwán oder Sziwán aufführt, als ein von

allen Seiten jäh aufsteigender Pic, der, obwohl mitten in der
See gelegen und fast erloschen, aus seinem Gipfel nicht allein
Rauch, sondern auch Feuer ausstösst und dieses Rauches wegen
den Namen Dschebel Douchán erhalten hat, was auf eine
merkwürdige Uebereinstimmung mit der früher geschilderten
Solfatare am Hawash hinweiset. Spätere Reisende haben diese
Angaben nicht allein bestätigt, sondern auch die fortdauernde
Thätigkeit des Berges ausser Zweifel gestellt. Ihnen zufolge
erhebt sich dieser Vulcan, gleich andern Inseln zwischen Bab-el
Mandeb und der Stadt Dschidda (Djidda) in fast senkrechter
Gestalt über den Meeresspiegel und sein Aufsteigen ist so jäh
und steil, dass an den Rändern dieser Inseln noch in 240 Klaf-
tern Tiefe kein Meeresgrund gefunden wurde. Der Dschebel
Teir soll in so hohem Grade die Hauptmasse dieser Insel bil-
den, dass sie oft nur unter dem Namen dieses Berges vorkommt.
Dass aber noch andere und zwar nicht unbeträchtliche Bergmassen auf der Insel sich finden, beweisen *Moresby's* und
Elwan's Mittheilungen, denen zufolge dort nächst dem bis
900 Fuss hoch aufsteigenden Haupt-Pic noch mehrere andere nebst einem Hügelrücken wahrgenommen werden.
Auch *Russegger* (Reisen in Europa, Asien und Africa.
Stuttgart 1843. I, 54) hat uns einige Nachrichten über diesen
Berg gegeben, welche er von *Achreux* erhielt, nachdem dieser
die Insel im Auftrage *Ibrahim Pascha's* untersucht hatte, als
letzterer den Krieg mit Arabien führte. Nach *Achreux* besteht der Dschebel Teir aus ältern und neuern, anscheinend
geschichteten Tuffen und Laven, so wie theilweise auch aus
Bimsstein, wie schon *Bruce* bemerkte. Das Gestein um den
Berg herum fand *Achreux* mehr oder weniger mit Schwefel
durchdrungen, ja er glaubte sogar sieben verschiedene Lagen
unterscheiden zu können, welche durchschnittlich 88 Procent
dieses Minerals enthielten. Auf dem Gipfel des Dschebel Teir
bemerkt man nach einigen Angaben blos einen einzigen Krater, nach *Bruce* sogar sieben Oeffnungen, denen Rauch entströmt, und nach den Berichten anderer Reisenden noch mehrere andere Spalten an der Basis des Berges. Von einer
grössern Eruption, welche in neuerer Zeit erfolgt wäre, erwähnt *Achreux* jedoch nichts, während *Botta (Archives du
musée d'histoire naturelle.* Paris 1841. II, 84), welcher vor

wenigen Jahren diese Gegenden besuchte, erzählt, dass der Vulcan einige Zeit vorher noch thätig gewesen sey, welcher Angabe *Hibbert* (in *Jameson's Edinbourgh New Philos. Journ.* 1838. T. 24, 32) beistimmt und berichtet, dass man noch in den Jahren 1833 und 1834 den Berg brennend gesehen habe. Vergleicht man damit endlich die durch *Barker* (im *Journ. of the geograph. Soc. of London.* T. XVI, 338) mitgetheilten Angaben der Eingeborenen, dass der Vulcan noch vor 50 Jahren gebrannt habe, endlich den Umstand, dass sogar *Moresby* den Dschebel Teir einen noch jetzt thätigen Vulcan nennt, so scheint *Lefebvre's* Behauptung *(Voy. Rel. histor.* I., 29), dass der Vulcan erloschen sey, wenig Glauben zu verdienen. Auch wurde *Gumprecht* (a. a. O. S. 334) von *Ehrenberg* die Mittheilung gemacht, dass das Brennen des Berges eine den Arabern wohlbekannte Erscheinung sey, dass Letzterer jedoch keine Flammen dem Vulcan habe entsteigen sehen.

Wegen der Rauchsäulen, die ihm fast stets entsteigen, wird er noch jetzt, wie zu *Bruce's* Zeiten, der Rauchberg (Dschebel Dukhán), genannt. Der Rauch selbst mag wohl grösstentheils aus Wasserdämpfen, die stark mit Schwefeltheilen inprägnirt sind, bestehen. Der Boden rund um den Berg ist, wie bereits bemerkt, ganz von Schwefel durchdrungen und auch auf dem Gipfel des Pic's finden sich immense Quantitäten davon. Schon *Bruce* bemerkte auf der Spitze des Vulcans eine weisse, wie er sagt, von Schwefel herrührende Stelle; doch ist es leicht möglich, dass die Färbung dieser Stelle durch Zersetzung feldspathreicher Gesteine mittelst schwefeligsaurer Dämpfe hervorgebracht worden seyn mag. Sollte sich dies bestätigen, so würde es darauf hindeuten, dass dem Dschebel Teir trachytische Steinmassen nicht fremd seyen. Dass auch Bimsstein an demselben vorkommt, ist schon früher angeführt worden.

Die Insel ist ganz öde und unbewohnt, doch wird sie ihres Schwefel-Reichthums wegen von den Arabern häufig besucht. Der durch Schmelzung gewonnene Schwefel soll jedoch nach *Russegger* von unreiner Beschaffenheit seyn; hin und wieder kommen aber auch reinere Stücke dieses Minerals vor.

Als ein seltenes vulcanisches Product findet sich nach

Achreux am Dschebel Teir auch Borsäure, welche ausserdem nur noch auf der Insel Volcano und in Toscana vorkommt. Dass dieser Berg in Folge einer submarinen Erhebung und Eruption entstanden, ist sehr wahrscheinlich; denn dies dürfte theils aus seinem und der benachbarten Inseln steilem Emporsteigen, theils aus einer Beobachtung von *Hibbert* hervorgehen, nach welcher er in der Nähe der Ostküste des rothen Meeres in 18° n. Br. dem Gipfel eines aus vulcanischen Felsarten bestehenden, auf dem arabischen Festlande befindlichen Berges eine ansehnliche Corallen-Masse aufgelagert fand, die wohl nicht auf einem andern Wege als dem einer untermeerischen Hebung dahin gelangt seyn kann.

Ein zweiter Sitz vulcanischer Thätigkeit ist vor Kurzem südlich vom vorigen unter 15° 7′ n. Br. auf der zur Zebair-Gruppe gehörigen „Sattel-Insel" (Saddle-Island) entdeckt worden. Auf neuern Karten kommt dieser, wie es scheint, vulcanische Berg auch unter dem Namen „Sebair" vor. Nach *Barker* *(Journ. of the geogr. Soc.* T. XVI, 338) stösst derselbe noch jetzt fortwährend Rauchwolken aus und nach einem anonymen Reisenden (im *Asiatic. Journ.* XXVI, 41) sollen aus einer dieser kegelförmigen Inseln, deren Zahl bald sieben, bald vierzehn betragen soll, etwa um das Jahr 1824 Flammen hervorgebrochen seyn, wovon einige der Mannschaft auf dem Schiffe des Reisenden sogar Zeugen gewesen wären. Leider ist über die geognostische Beschaffenheit der Sattel-Insel, so wie ihrer Nachbarn nichts Näheres bekannt; da aber britische Marine-Officiere auf mehreren Bergen der zwischen Arabien und Africa gelegenen Inseln ansehnliche Schwefel-Massen aufgefunden haben, und einige der Zebair-Inseln, namentlich die Bassin-Insel, die auch davon ihren Namen erhielt, sehr deutlich ausgeprägte Kratere besitzen, ferner *Rochet* im südwestlicheren Theile der arabischen Küste bei dem Hafen Ibraim, der Insel Perim gegenüber, Obsidian-Stufen gesammelt (a. a. O. *Sec. voy.* pag. 336) und endlich *Botta (Archives du musée d'hist. naturelle.* II, 84) auf derselben Küste in Yemen anstehende Trachyt-Massen angetroffen hat, so wird es sehr wahrscheinlich, dass auch die Sattel-Insel nebst den andern zu dieser Gruppe gehörigen Eilanden von trachytischer Beschaffenheit ist.

Wir wenden uns jetzt zu den auf den westlichen und südlichen Küsten Arabiens vorkommenden vulcanischen Erscheinungen, von denen wir schon gegen das Ende des vorigen Jahrhunderts Kunde, und zwar die erste durch *Reiske* (in *Büsching's* Magazin für die neue Historie und Geographie. Hamburg 1771. Thl. 5. S. 401) erhielten. Aus seinem Berichte, so wie aus dem von spätern Reisenden geht hervor, dass die arabische Halbinsel auf ihrer Westseite von Medina im Norden bis nach Adén im Süden, und dann an ihrem südlichen Rande von Adén bis Hadramaut stellenweise noch im Mittelalter der Schauplatz einer höchst grossartigen vulcanischen Thätigkeit gewesen ist, die bis jetzt noch nicht gänzlich erloschen zu seyn scheint, da man daselbst zahlreichen Thermalquellen begegnet, ja sogar noch im vorigen Jahrhundert Flammenausbrüche bemerkt haben will.

Die erste bestimmte Nachricht über grosse vulcanische Ausbrüche auf der Westküste von Arabien, welche namentlich die Stadt Medina verheerten, verdanken wir einem durch *Reiske* publicirten Excerpt aus dem Werke *Marai's*, eines arabischen, im Anfange des 17ten Jahrhunderts lebenden Schriftstellers, dem zufolge im J. 1254 n. Chr. G. ein, wie derselbe sagt, bekanntes Feuer erschien, welches die in der Nähe von Medina gelegenen Berge in so hohem Grade erleuchtete, als ob sie klares Feuer wären. Es sollen Funken so hoch und dick dabei in der Luft umhergeflogen seyn, dass man sie mit grossen Schlössern verglich, doch von Lavaergüssen scheint in *Marai's* Bericht nichts vorzukommen. Dies feurige Phänomen soll einen ganzen Monat angehalten haben. Auch in *Quatremère's* Uebersetzung von *Macrizi's* Geschichte der Mamelucken-Sultane in Aegyten *(Histoire des Sultans-Mamlouks de l'Egypte, trad. par Quatremère.* Paris 1837. T. I. pag. 61) findet man die Bemerkung, dass in jenem Jahre ein feuriger Strom im Gebiete des Thales von Sehadâ in östlicher Richtung von Medina ebenfalls einen Monat hindurch sichtbar gewesen sey, der alle benachbarten Thäler ausgefüllt habe. Fünf Tage vor dem Erscheinen des Stromes, der nach *Macrizi* eine Länge von vier Meilen (milles), so wie eine Mächtigkeit von 1½ Toisen besass und das genannte Thal so ausfüllte, dass ein in demselben fliessender Bach in seinem Laufe gehemmt wurde, hörte man Tag und Nacht hindurch ein Schrecken erregendes Getöse, welches bis zum Ausbruche der Lava anhielt. Zugleich zeigte sich ein so intensives Licht, dass die Häuser der Stadt wie künstlich erleuchtet erschienen und man es sogar noch in Mekka erblicken konnte. Dass es sich auch bis nach Bosra in Syrien verbreitet habe, ist wohl übertrieben. In neuerer Zeit gelang es *Burckhardt*, zu Cairo in einer bis dahin unbekannt gebliebenen Chronik der Stadt Medina, deren Verfasser *Samhoudy* ist, nähere Auskunft über jenen grossartigen Lavaausbruch zu erlangen. Auch nach letztgenanntem Autor gingen dieser Eruption heftige Erderschütterungen voran und man hörte am Tage des Phänomens des Morgens ein donnerähnliches Getöse, worauf Feuer aus der Erde hervorbrach, welches von so vielem Rauch begleitet war, dass der Himmel dadurch vollständig verfinstert wurde. Aus einer gewaltigen Feuergarbe, die sich bis zum Himmel erhob, entwickelte sich unter donnerähnlichem Getöse ein Strom rothen und blauen Feuers (wohl von glühender Lava), dessen Wogen sogar Felsen vor sich hin schoben, die sich weiterhin dann zu hohen Massen aufthürmten. Zuletzt stockte der Strom, wie *Macrizi* erzählt, an einem Hügel in der Nähe des Berges Ohed, welcher nach *Burckhardt (Travels in Asia.* London 1829. pag. 366) aus Granit bestehen soll. Gleichfalls nach *Samhoudy* war der Lavastrom 8—9 Fuss mächtig, 12 (englische?) Meilen oder 4 Parasangen (Farsaks) lang und 4 Meilen breit. Zugleich entwickelte er eine so bedeutende Hitze, dass Niemand sich ihm nähern durfte und er sogar Felsen geschmolzen haben soll, denen er auf seinem Wege begegnete. Fünf Tage lang stiegen Flammen aus dem Strome auf, während er selbst drei Monate lang in glühendem Zustand sich erhielt. Auch *Samhoudy* versichert, dass man das Feuer noch in Mekka und Yambo habe erblicken können, und es besangen Dichter das gewaltige Ereigniss, dass damals ein Feuermeer erschienen sey, auf dessen Oberfläche Hügel, die früher tief in der Erde wurzelten, gleich Schiffen geschwommen hätten.

Nach *Seetzen* (in *von Zach's* monatl. Correspondenzen. T. XXVII. S. 164), welcher kurz vor *Burckhardt* diese Gegenden besuchte, sollen sich vulcanische Erscheinungen in Hedschas und namentlich bei Medina sogar öfters wiederholt haben. Beide Reisenden fanden in der Nähe dieser Stadt ein

mächtiges und weithin ausgedehntes Lavenfeld, dessen Masse
von sehr poröser Beschaffenheit war. Vielleicht ist dies dieselbe Ebene, von welcher *Aboulmahâsen,* ein arabischer Schriftsteller erzählt, dass sie durch die im J. 1254 ausgebrochene
Lava ganz unzugänglich geworden sey. Er giebt diesem Lavafelde den Namen „Harrah", d. h. verbrannt, womit *Seetzen's*
Mittheilung aus einem arabischen Schriftsteller (a. a. O.
T. XXVII. S. 165), dass eine Localität bei Medina der Feuerausbrüche wegen, die man mehrere Tagereisen weit habe sehen können, den Namen: Harret el Nàr führe, ganz gut übereinstimmt.
Nach *Botta* (s. *Archives du musée d'hist. nat.* T. II,
84) soll sogar in der Nähe der Stadt Medina ein Vulcan vorhanden seyn, doch war der Reisende selbst nicht an Ort und
Stelle, und was er über diesen Berg erfuhr, verdankte er Reisenden, die ihn gesehen haben wollten. Ueber die Glaubwürdigkeit ihrer Aussagen vermag man jedoch kein entscheidendes
Urtheil zu fällen.

Ein anderer vulcanischer Punct in den südlichen Theilen
von Arabien, der in hohem Grade unsere Aufmerksamkeit in
Anspruch nimmt, bis jetzt aber nur höchst mangelhaft bekannt
ist, obgleich einzelne Nachrichten aus dem frühesten Alterthume auf ihn zu beziehen seyn dürften, ist der Bir Bahut,
ein angeblicher Vulcan, welcher in der Landschaft Hadramaut
gelegen seyn soll. Mehrere Stellen bei *Ptolemaeus* (a. a. O.
Lib. VI. Cap. VII.), wonach an dem angegebenen Orte eine
stygische Quelle vorkommen soll, verdienen hier angeführt zu
werden und einzelne Nachrichten aus der frühesten Sagenzeit
des Mohamedismus scheinen darauf hinzuweisen, dass der Bir
Bahut stets für eine eigenthümliche, Schrecken erregende Localität galt, und dass man an die daselbst wahrnehmbaren Erscheinungen ganz eigenthümliche Sagen knüpfte. Schon der
Name der Landschaft, worin der Vulcan liegen soll, deutet
darauf hin; denn das Wort „Hadramaut" soll nach *Rödiger*
(in *Wellsted's* Reise nach Arabien. Halle 1842. II, 336. Note)
so viel als Wohnung des Todes bezeichnen, und der Bir Bahut
selbst gilt den neuern Arabern als ein trauriger Ort und wird
als ein Schlund geschildert, woraus Jammertöne und pestilen-
zialische Ausdünstungen hervordringen und worin die zur Hölle
bestimmten Seelen verweilen, wie *Fresnel* berichtet; s. dessen

Géographie de l'Arabie im Journ. *asiatique*. 1840. T. 10, pag. 83. Die ersten und, wie es scheint, etwas bestimmtern Nachrichten über den Bir Bahut verdankt man dem arabischen Schriftsteller *Masudi* am Ende des zehnten Jahrhunderts, welcher in seiner historischen Encyclopädie *(Historic Encyclopadia, or Meadows of Gold translated by Springer.* London 1841, T. I, pag. 422) erzählt, dass dieser Berg hinsichtlich seiner Grösse dem Aetna nicht nachstehe und um die genannte Zeit aus der Tiefe seines Kraters einen Lavastrom ergossen habe, wobei zugleich glühende rothe Kohlen und Stücke schwarzen Gesteins stundenweit in die Luft geschleudert worden seyen und zugleich ein meilenweit hörbares, donnerähnliches Getöse sich habe hören lassen.

Aus dem Mittelalter sind nur dürftige und spärliche Nachrichten über vulcanische Ausbrüche aus diesen Gegenden zu uns gelangt, in neuerer Zeit aber ist unsere Kenntniss darüber durch mehrere Reisende, unter andern durch *Seetzen* und *Wolf* erweitert worden. Der erstere erzählt (in *von Zach's* monatl. Correspondenz. 1813. T. 28. S. 243), dass er durch zwei seiner Reisegefährten, welche Kaufleute aus Hadramaut waren, erfahren habe, dass der Barahut noch rauche, und *Wolf* (s. *Edinb. new phil.* Journ. XXIV, pag. 33) erfuhr, dass sich nur vier Tagereisen von dem durch zahlreiche warme Quellen ausgezeichneten Hafenplatz Makallah in derselben Landschaft ein thätiger, von den Landesbewohnern Albir Hut (d. h. nach *Wolf* „Brunnen des Propheten Hud") genannter Vulcan vorfinde. Da nun aber das Wort Bir im Arabischen ausser Brunnen auch noch Schlot oder Krater bedeuten soll, so ist es sehr wahrscheinlich, dass Albir Hut oder Al-bir-Hut mit *Masudi's* Bir Bahrahut identisch ist.

Combinirt man nun alle diese Beobachtungen, so gelangt man zuletzt zu der Ansicht, dass die auf der südlichen arabischen Küste vorkommenden vulcanischen Erscheinungen mit denen auf der Westküste einem und demselben Heerde ihren Ursprung verdanken, der jetzt nur noch an einzelnen Puncten der Erdoberfläche Spuren seiner Thätigkeit kund giebt. Eine Stütze erhält diese Ansicht in so fern, als sich schon aus frühern Beobachtungen von *Seetzen* (a. a. O. T. 28. S. 231) ergab, dass bei der bereits mehrfach erwähnten Stadt Adén

vulcanische Gebilde mächtig entwickelt seyen, aber erst seit
der Occupation dieses Ortes durch die Engländer sind uns
genauere Aufschlüsse in dieser Beziehung zu Theil geworden,
und wir glauben auch schon früher bemerkt zu haben, dass
die genannte Stadt inmitten eines gewaltigen, von 1000 bis
1500 Fuss hohen Felswänden, den Schemschán-Bergen, gebildeten Kraters gelegen sey. *Malcolmson (Journ. of the royal
asiat. Soc. of Great Britain and Ireland.* London 1846. T. VIII,
279—282) hält diesen Kraterberg, welcher bei ihm den Namen
„Dschebel Shumshum" führt, für einen submarinen, und
Fouilly (Annales maritimes et col. Partie non-offic. 1844.
T. II, 791) für einen Erhebungskrater. Das Gestein desselben besteht theils aus Basalten, theils aus Trachyten, theils
aus wahrer Lava, welche letztere nach *Seetzen* hier und da
so porös auftritt, dass sie dem Bimsstein ähnelt. Basalte zeigen
sich besonders an der südwestlichen Seite dieser Berge, woselbst
sie mehrere hundert Fuss hoch aufsteigen; die Trachyte bilden
jedoch grössere Massen und nehmen mitunter wahrhaft phan-
tastische Gestalten an. Aus dem Vorkommen des Trachyts
erklärt sich auch wohl das des Bimssteins, welchen *Malcolmson*
von solcher Leichtigkeit fand, dass er auf dem Wasser schwamm.
An der Nordwest-Seite Adéns dagegen bestehen die meisten
Felsmassen aus Tuff-Schichten, die mit einer überaus grossen,
2—20 Fuss mächtigen Lavaschicht wechsellagern. Alle Gebirgsarten um diesen Ort sind von zum Theil senkrechten
Gängen durchsetzt, die an verschiedenen Puncten aus den
dunkeln Lavawänden in malerischer Gestalt sich erheben.

Ein zweiter Krater, der erst in neuerer Zeit sich gebildet
zu haben scheint, brach erst später mitten auf dem Boden des
alten Kraters, da, wo jetzt Adén liegt, auf und zerstörte die
östliche Wand des letztern, so dass aus den übrig gebliebenen
Resten derselben die Inseln Seerah und Durab-el-host dicht bei
Adén entstanden und sich zugleich eine Oeffnung bildete, durch
welche die jüngern Lavaströme sich in die Ost-Bay ergossen.
Malcolmson giebt die Grösse des alten Kraters auf 18—20
englische Meilen an. *Harris* (a. a. O. T. I. S. 11) fand die
Insel Seerah mit Laven, schwarzen Schlacken, so wie mit
Bimssteinen und Obsidian-Strömen bedeckt.

Bemerkenswerth ist ferner, dass nächst diesen vulcanischen

Producten am Biramec-Hafen bei Adén nach *Rochet* (a. a. O. *Sec. Voyage*, pag. 336) sich auch leuzitische Laven vorfinden, so dass dieser Theil von Arabien dadurch eine weitere Aehnlichkeit mit den gegenüber liegenden Küsten von Africa erhält, indem auch hier, wie wir sahen, und namentlich zu Daffare am Hawash leuzitische Laven in Gemeinschaft mit Obsidianen, Trachyten und Basalten auftreten.

Ueber die Zeit, in welcher die letzten vulcanischen Ausbrüche statt gefunden haben mögen, hat man nichts Näheres erfahren, obwohl *Seetzen* (a. a. O. Bd. 28. S. 232) in einer alten Chronik der Stadt Adén die Bemerkung aufgezeichnet fand, dass es daselbst noch in neuerer Zeit einen vulcanischer Ausbruch gegeben habe. Auch sprach *Burr (Transact. of the geolog. Soc. of London. Sec. Ser.* T. VI. pag. 502) nach eignen neuern Beobachtungen in dieser Gegend die Vermuthung aus, dass einige westlich von Adén gelegene Berggruppen kaum erloschen seyn dürften, und merkwürdigerweise führt auch *Rödiger* (in seiner Uebersetzung von *Wellsted's* Reise in das rothe Meer. Halle 1842. Thl. 2. S. 95) einen Vulcan an, welcher nach zwei ältern arabischen Autoren daselbst vorkommen soll.

Wir betrachten nun die letzten in diesem Theile von Asien auftretenden vulcanischen Phänomene, und zwar diejenigen, welchen wir am Eingange zum persischen Meerbusen begegnen. Die Gestalt, so wie die sonstige Beschaffenheit der an der Strasse von Ormuz, dem Eingange zu diesem Busen, sich aufthürmenden Felsen, besonders der an der westlichen Seite desselben, macht es sehr wahrscheinlich, dass auch diese Strasse, gleich der von el Mandeb des arabischen Meerbusens, als eine durch vulcanische Gewalt entstandene Aufbruchs-Spalte betrachtet werden muss; denn nach dem Berichte des Capitains *Maude* (im *Asiatic. Journ.* 1825. T. 19. pag. 291) wird die äusserste, zungenförmige, südöstliche Spitze von Arabien an der Strasse von Ormuz durch wild zerrissene, bei den Eingeborenen unter dem Namen der Asabour oder schwarzen gekannte Felsen gebildet, welche wahrscheinlich nach der Farbe ihres Gesteins so genannt wurden, indem das letztere aus schwarzem, prismatisch zerklüftetem Basalt, sodann aber auch aus Phonolith und Obsidian besteht.

Vor jenen schwarzen Bergen liegt nun zunächst in der
Meerenge und in geringer Entfernung von der Küste die sogen.
Nordinsel mit dem Ras Mussendom, eine Bergspitze, welche
sich weit über die übrigen Höhen erhebt. Das Meer zwischen
dieser Insel und der Küste bietet in 18 Klaftern Tiefe noch
keinen Ankergrund dar, und da die es umgebenden Felswände
400 Fuss steil, ja fast senkrecht sich erheben, so ist es sehr
wahrscheinlich, dass auch die Nordinsel, gleich Perim im Westen, einst mit der arabischen Halbinsel zusammengehangen
und späterhin durch vulcanische Revolutionen von derselben
getrennt worden seyn mag. Mit diesen Angaben, welche von
Kempthorne herrühren (im *Journ. of the geograph. Soc. of London.* 1835. T. V, 272), stimmen auch die von *Whitelock* (ibid.
T. VIII, 182) überein, denen zufolge das Cap Mussendom ebenfalls jäh vom Meere aufsteigt, wesentlich aus Basalt, jedoch
auch aus Granit besteht, einen düstern Anblick gewährt, aber
nur bis zu 200 Fuss Höhe hinauf reichen soll. Dass auch Phonolith und Obsidian sich daselbst findet, ist schon vorhin bemerkt worden und es weist dies darauf hin, dass in diesen
Gegenden, wie in der Strasse el Mandeb, auch trachytisches
Gestein in verschiedenen Modificationen vorkommt. Zu Gunsten dieser Ansicht spricht auch eine Beobachtung *Figueroa's
(Ambassade de D. Garcia de Silva Figueroa en Perse. Tra-
duit de l'Espagnol par M. de Wiquefort.* Perris 1667. pag. 73),
indem derselbe einen sehr porösen, weissen Bimsstein unter
dem Wasserspiegel an den Küsten der in dieser Strasse liegenden Ormuz-Insel antraf, so wie auf der letztern selbst noch
viele andere Steine, welche schwarz wie Kohle aussahen. Er
hielt den Bimsstein bereits für ein auf feurigem Wege entstandenes Product und nannte Ormuz einen Feuerberg. Auch
die Aussage der Insulaner zu *Figueroa's* Zeit, dass der Berg
einige male Rauch, Feuer und verbrannte Steine ausgespieen
habe, ist dieser Meinung günstig. In neuerer Zeit schloss
auch *Whitelock* aus der fast kreisförmigen Gestalt, der dunkeln Färbung des Bodens, endlich aus dem conischen Baue
und der isolirten Stellung der Berge auf der Insel, dass ein
unterirdischer vulcanischer Process sie emporgetrieben haben
möge. An mehreren Stellen ihrer Felsen finden sich nach
Macdonald Kinneir (s. dessen *Voyage into Khorasan.* London

1825. pag. 46) schön krystallisirte Eisenglanze, und dies erinnert wiederum an ähnliche Erscheinungen, die man im südlichen Frankreich, am Vesuv, namentlich aber in ausgezeichnetem Grade auf den Liparischen Inseln wahrgenommen hat. Besonders reich ist das Eiland aber auch an Schwefel, und dies ist ein Umstand, der schon *Figueroa's* Aufmerksamkeit in hohem Grade in Anspruch nahm. Auch andere Inseln am Eingange zum persischen Meerbusen, so wie die ganze persische Küste von der Breite Ras Mussendom's bis zu der der Bahrein-Inseln scheinen vulcanischer Entstehung zu seyn. Nach *Whitelock* und *Kempthorne* (a. a. O. T. V, 279. T. VIII, 181) soll dies auch mit den in der Nähe der Küste liegenden Inseln Angám (Anjam) und Ladek (Ladedj) der Fall seyn, und es fand Letzterer auf Angám mehrere an 400 Fuss hohe Kratere und deutliche Lavagebilde. Ferner bemerkte *Keppel* (*Narrative of travels in Babylon, Assyria.* London 1827. T. I, 34) auf der Insel Polior 3—400 Fuss hohe Klippen von anscheinend vulcanischer Beschaffenheit, und endlich versichert *Maude* (im *Asiatic. Journ.* 1825. T. 29. p. 292), dass die von ihm in der Nähe der Bahrein-Insel neu entdeckten Eilande — die jetzige Maude's-Gruppe — sogar noch jetzt die stärksten Spuren vulcanischer Thätigkeit wahrnehmen lassen, indem man auf allen kegelförmige Pic's, Laven, Schlacken, reiche Schwefellager, Gypsmassen, jugendliche Trappgebilde und Obsidiane erblicke. Auch Erdbeben sollen hier häufig seyn und so geht aus Allem hervor, dass in der Vorzeit vulcanische Processe hier in derselben Intensität wie weiter im Westen statt gefunden haben mögen.

Wir dürfen die vulcanischen Erscheinungen in Africa und den in östlicher Richtung angrenzenden Ländern nicht verlassen, ohne noch zweier vulcanischer Stellen zu gedenken, welche tiefer als die bereits geschilderten in den Continent hinein liegen sollen.

Die eine derselben ist der Berg Defafaûngh, welchen wir durch *Werne* (Expedition zur Entdeckung der Quellen des weissen Nils. Berlin 1848) kennen gelernt haben und der hart am Bahr el Abjad unter 10° 55' n. Br. liegen soll. Es kommen an diesem Berge sehr charakteristische, rothbraune, poröse Laven mit grossen, etwas abgerundeten Hornblende-Kry-

stallen, sodann dunkelbraune, aus zellichten, kleinen Lavabrocken gebildete Tuffe und feine Aschen, doch wahrscheinlich
keine Bimssteine vor, da *Gumprecht* (a. a. O. S. 363) an den
von *Werne* mitgebrachten keine Spur von Bimsstein, ja nicht
einmal von glasigem Feldspath auffinden konnte. Uebereinstimmend hiermit bemerkt auch *Girard* (in *Leonhard's* neuem
Jahrb. für Min. 1844. S. 343), dass dieser Berg sich sehr
wahrscheinlich aus einem basaltischen Plateau erhebe und dass
alle seine Producte nur als ein umgeschmolzener Basalt zu
betrachten seyn dürften. Dieser letztere ist dadurch sehr charakterisirt, dass er ausser kugelförmigen Olivin-Massen auch
ausgebildete Chrysolith-Krystalle enthält, so dass er wohl als
das Muttergestein jener im Nil vorkommenden berühmten Chry-
solithe, die schon von den frühesten Zeiten an gekannt sind,
zu betrachten seyn dürfte. Neben diesen kommen in dem Basalte des Defafaûngh auch noch zahlreiche und deutliche Augit-Krystalle vor.

Aus den genannten Gebilden, aus diesem aus Basalt, Tuff
und Asche bestehenden Boden sah *Werne* auch noch poröse
Felsmassen hervortreten, ja er glaubte selbst auf dem durch
eine ovale Terrasse gebildeten Gipfel des etwa 500 Fuss hohen Berges Spuren eines Kraters entdeckt zu haben, ohne
dass er jedoch wirkliche Lavaströme bemerkt hätte.

Dieser Berg wird bald Defafaûngh, bald Tofafan, bald
auch Teffafan genannt. Nach *Gumprecht* (a. a. O.) dürften
alle drei nicht richtig, vielmehr Dukhân oder Dofân, das arabische Wort für Rauch, wie wir bereits wissen, der eigentliche
und richtige Name des Berges seyn.

Ein anderer vulcanischer Punct im nördlichen Africa soll
nach *Rüppell* (in *v. Zach's* monatlicher Correspondenz. 1824.
Bd. 11. S. 270) noch mehr im Binnenlande und zwar südwestlich der Bahiuda in Kordofân sich finden. Es ist dies der
Koldadschi, von welchem *Rüppell*, als er die erste Kunde von
demselben erhielt, berichtete, dass er eine ganze Kette halb
erloschener Vulcane enthalte und dass ein dazu gehöriger hoher Kegelberg sogar fortwährend rauche und ohne Unterlass
heisse Asche auswerfe. Allein in seiner Reise nach Nubien,
S. 150, erscheint diese Notiz über den Koldadschi sehr verändert, indem darin nicht mehr die Rede von Rauch und Asche

ist, sondern nur das Vorkommen schwarzer, poröser und glas-
ähnlicher Gesteine erwähnt wird. Es scheint demnach *Rüppell* in Folge späterer Erkundigungen die zuerst über den
Koldadschi verbreiteten Nachrichten nicht mehr für zuverläs-
sig genug gehalten zu haben. Leider sind uns bis jetzt keine
neuern Nachrichten über diesen angeblichen Vulcan zugekommen und das Weitere steht daher zu erwarten.

Vulcane im südlichen Polarmeer.

§. 25.

Die wichtige Entdeckung feuerspeiender Berge innerhalb
des südlichen Polarkreises ist die Frucht wissenschaftlicher Ex-
peditionen, welche um die Zeit des J. 1830 von Privatleuten
sowohl als auch von Regierungen, denen die Wissenschaft
am Herzen liegt, ausgerüstet wurden, um auf Entdeckungsrei-
sen in die südlichen Polar-Gegenden auszugehen.

Um die genannte Zeit rüsteten die Herren *Enderby* in
London das Schiff „Tula" unter dem Befehl des Capitains *Biscoe*
aus, um im südlichen Eismeere geographische Entdeckungen
zu machen. Es gelang und die Auffindung der beiden Kü-
stenstrecken, welche die Namen „Enderby's-Land" und „Gra-
ham's-Land" bekommen haben, war das Resultat dieser ersten Reise.

Die zweite Expedition, welche von denselben Herren und
einigen andern Londoner Kaufleuten späterhin in dieselben
Gegenden abgeschickt wurde, hatte einen gleich günstigen
Erfolg. Sie bestand aus der Goëlette „Miss Eliza Scott" und
dem Kutter „Sabrina". Beide Schiffe wurden von dem Capitain *Balleny* befehligt. Letzterer entdeckte am 9. Febr. 1839
eine Gruppe von fünf Inseln, deren mittelste ihre Westspitze
unter 66° südl. Br. und 163° 11′ östl. L. von Greenw. liegen
hat. Diese Inseln haben folgende Namen erhalten: Sturge-
Island, Buckle-Island, Borradaile-Island, Young-Island und
Row-Island. Sie sind besonders deshalb so merkwürdig und
ausgezeichnet, weil sie fast nur aus vulcanischen Gebirgsarten
zu bestehen scheinen. Auf der Young-Insel bemerkte man
einen stattlichen Kegelberg, dessen Höhe nahe an 12,000 engl.
Fuss betrug, und den Bergen auf der Buckle-Insel entstiegen
zwei hohe und gewaltige Rauchsäulen, wodurch sich diese Ge-

birgsmassen hinlänglich als vulcanische charakterisiren. Ueberall an den Küsten, wo man landen konnte, fanden sich Schlacken und Basalte, letztere reichlich mit Olivin-Körnern versehen.

Nach dem würdigen Commandeur dieser Expedition haben diese Eilande den Namen „Balleny-Inseln" erhalten. Bis auf die genannte Zeit waren sie die südlichsten vulcanischen Inseln, mit Ausnahme der im J. 1820 vom Capitain *Bellinghausen* unter 69° südl. Br. entdeckten Peter I. Insel und Alexander I. Insel; s. *Journ. of the royal geograph. Soc.* Vol. IX, 522.

In neuester Zeit sind in dieser und anderer Hinsicht unsere Kenntnisse über die antarctischen Regionen bedeutend erweitert worden. Die englische Regierung sandte nämlich um das J. 1840 unter dem Befehle des Capitain *James Clark Ross* (eines Sohnes des berühmten Nordpol Fahrers) zwei Schiffe, den „Erebus" und den „Terror" (unter Capitain *Crozier),* in jene Regionen ab, besonders um magnetische Beobachtungen zu machen. Bei dieser Gelegenheit war *Ross* so glücklich, ausser mehreren Inseln unter 70° und 71° südl. Br. einen hoch nach Süden hinaufragenden Meerbusen — das nunmehrige Süd-Victoria-Land — aufzufinden und darin am 27. Januar 1841 unter 76° südl. Br. und 168° 12' östl. L. von Greenw. zwei Berge zu entdecken, die entschieden vulcanischer Natur sind. Der erste erhielt den Namen „Erebus". Er hat eine Höhe von 12,400 engl. Fuss und liegt 77° 32' s. Br. und 167°-östl. L. von Greenw. Als er entdeckt wurde, war er in voller Thätigkeit begriffen.

Unter ihm, in südlicher Richtung, liegt der „Terror" von 1700 Toisen Höhe, welcher jedoch ein erloschener Vulcan zu seyn scheint.

An demselben Tage, wo *Ross* (Entdeckungsreise nach dem Süd-Polar-Meere in den Jahren 1839—1843. Leipzig 1847. S. 142) den Erebus zuerst erblickte, bot er wegen seiner Feuerausbrüche und der vielen ihm entsteigenden Rauchsäulen einen höchst grossartigen Anblick dar. Bei jedem Ausbruch wurde eine dichte Rauchwolke mit grosser Gewalt emporgetrieben und stieg als eine Säule von 1500—2000 Fuss über dem Krater in die Höhe, wo sich ihr oberer Theil zuerst condensirte

und als Nebel oder Schnee herabfiel. Allmählig verschwand
sie, um nach einer halben Stunde von einer neuen Rauchsäule
ersetzt zu werden. Der Durchmesser derselben mochte wohl
2 — 300 Fuss betragen; so oft der Rauch sich entfernte, war
die rothe Gluth, welche die Mündung des Kraters erfüllte,
deutlich zu sehen. Einige Officiere glaubten Lavaströme zu
erblicken, welche am Abhange des Berges herabflossen, bis
sie sich unter dem Schnee, welcher ein paar hundert Fuss
unter dem Krater anfing, verloren. Auf der Ostseite des Berges erblickte man viele kleine, kegelförmige, kraterähnliche
Hügel, die wohl alle zu ihrer Zeit thätige Vulcane gewesen
seyn mögen.

Die Inseln Deception und Bridgeman.
§. 26.

Sie gehören zu den New-Shetland-Inseln, welche, wie bekannt, im 16. Jahrhundert entdeckt wurden. Obgleich wir sie
hier unter den Central-Vulcanen anführen, so scheinen sie doch
mehr eine Fortsetzung der Andeskette und des Archipels von
Tierra del Fuego zu seyn; denn sie sind genau von derselben
Form, wie die Inseln im letztern, und ihre Schichten in gleicher Weise wie dort geneigt.

Insbesondere ist Deception-Island nach *Forster* (im *Journ.
of the royal geogr. Soc.* I, 62, auch im *Bull. géol.* V, 422) ganz
vulcanisch und ihr kreisförmiger Krater besitzt die auffallendste
Aehnlichkeit mit denen auf den Inseln Amsterdam und St. Paul,
welche von gleicher geognostischen Beschaffenheit sind.

Sie liegt unter 62° 55 südl. Br. und 60° 29′ westl. L.
von Greenw. (314° 44′ östl. L. von Ferro), ist von ringförmi-
ger Gestalt, hat gegen 8 engl. Meilen im Umkreise und in
ihrem Innern einen See von 5 engl. Meilen im Umfang und
97 Fathom Tiefe. Dieser See ist auf der Südost-Seite durch
eine einzige, 600 Fathom weite Oeffnung mit dem Meere verbunden. Grösstentheils besteht die Insel aus abwechselnden
Lagen von Asche und Eis, als wenn der im Winter gefallene
Schnee mehrere Jahre hintereinander durch ausgeworfene Asche
bedeckt worden wäre. Jetzt beschränkt sich die vulcanische
Thätigkeit indess nur darauf, dass aus etwa 150 im Boden befindlichen Löchern beständig Dampf mit lautem Zischen ent-

weicht. Der Grund des Sees besteht aus vulcanischer Asche *(cinders)*. Der Strand ist aus gleichem Material zusammengesetzt; es brechen viele heisse Quellen aus ihm hervor, welche das ungewöhnliche Schauspiel darbieten, dass man Wasser von 140° F. unmittelbar aus dem mit Schnee bedeckten Boden hervorspringen und in das Meer, dessen Temperatur kaum den Gefrierpunct übersteigt, abfliessen sieht. Eine dieser Quellen setzt Alaun ab und die Lee-Seite der äussern Küste ist mit ungeheuren Quantitäten von Bimsstein wie übersäet. Die Hügel, deren Höhe nahe an 1800 Fuss' beträgt, bestehen aus Tuff, Schlacken und einer ziegelrothen Masse; an einigen Stellen ist jedoch auch Obsidian und feste, compacte Lava anzutreffen. Die Abhänge am Eingang steigen senkrecht 800 Fuss in die Höhe und scheinen aus ältern Gesteinen als die übrigen Hügel zu bestehen.

Oberhalb Deception-Island liegt unter 62° s. Br. und 59° w. L. von Paris noch ein anderer Vulcan, wie es scheint, ein Insel-Vulcan, welcher den Namen „Bridgeman's-Island" führt und über welchen *J. Grange* (in *Dumont-d'Urville's Voyage au pol sud* etc. Paris 1848. pag. 33) einige Notizen gegeben hat.

Die Gestalt von Bridgeman's-Island ist die eines abgerundeten Pic's von etwa 160 Meter Höhe und einer Meile Breite in der Richtung von N. nach S. Der Berg besass eine ziegelrothe Farbe und auf den rothen Schlacken waren kleine schwärzliche Massen, wie es schien, Lava-Trümmer, sichtbar. Das Ganze ist wohl eher ein unermessliches Haufwerk von Asche, Lapilli u. dergl., als ein eigentlicher Vulcan. Man unterschied mehrere sich bis in's Meer herabziehende Lavaströme. Fumarolen befinden sich auf der Westseite der Insel und hier hatten schwefeligsaure Dämpfe zersetzend auf die Lava eingewirkt. Ueber die Mündung, aus der sich die Lavaströme ergossen, konnte man nichts erfahren. Es ist möglich, dass der Krater seinen Sitz in Süden hatte und dass er versank, nachdem er Asche und Laven in grosser Menge geliefert. Dieser vereinzelte Vulcan findet sich in beträchtlicher Entfernung von jedem Lande und wenigstens 10 Stunden von der in der Runde mit tiefem Meere umgebenen Insel King George.

Ueber zwei andere, nördlich von Sandwich-Land gelegene Insel-Vulcane, welche bei *Berghaus* (a. a. O.) Prince-Insel und Welley's-Insel genannt werden, geht uns nähere Kenntniss ab.

Alle diese Central-Vulcane erheben sich aus der Mitte basaltischer Umgebungen, ungeachtet ihre Kegel selbst wohl in den meisten Fällen aus trachytischem Gestein bestehen. Von andern Gebirgsarten, besonders primitiven, findet sich, wie wir gesehen haben, nur selten eine Spur, oder sie sind doch sehr entfernt und nicht mit den Vulcanen in unmittelbarem Zusammenhange stehend.

Dagegen steigen die Reihen-Vulcane, zu deren Betrachtung wir nunmehr übergehen, entweder sogleich aus dem Innern primitiver Gebirgsarten und über dem Rücken der Gebirgskette selbst empor, oder Granit und ähnliche Gesteine kommen doch in der Nähe, vielleicht noch am Abhange des Vulcans, anstehend vor, wenn die Reihe der Vulcane nur den Fuss der Gebirgsketten oder den Saum der Continente begleitet.

_____

B. Reihen-Vulcane.
Die griechischen Inseln.
§. 27.

In Europa erscheinen diese classischen Eilande als die einzigen, welche mit einigem Rechte unter dieser Rubrik aufgeführt werden können. Sie gehören zu den wesentlichen Bestandtheilen Griechenlands und besitzen ganz die Eigenschaften der norwegischen und schwedischen Skjären, indem die Gebirgsreihen des benachbarten Festlandes in gleicher Reihe und mit gleichen Felsarten sich bis in die Nähe der asiatischen Küste fortsetzen, aber von den an letzterer vorkommenden Felsgebilden scharf geschieden sind.

In den Bereich unserer Untersuchungen gehören vorzugsweise die Cycladen und eine der Sporaden, als diejenigen Inseln, welche die entschiedensten Spuren vulcanischer Thätigkeit besitzen, sowohl solcher, welche in die vorhistorische Zeit fällt, als auch solcher, von welcher die ältere und neuere Geschichte berichtet.

Fasst man die geographische Lage der Cycladen näher in's Auge, so ergiebt sich, dass sie die höchsten Puncte zweier

parallelen Gebirgszüge sind, welche als die unmittelbare Fortsetzung der in Attika und auf Euböa auftretenden Bergreihen
zu betrachten sind. Beide Gebirgsketten haben eine aus nordwestlicher in südöstliche Richtung übergehende Erstreckung
und nur die höchsten Puncte derselben ragen als mitunter
hohe Inseln über die Meeresfläche empor. Zu der attischen Kette gehören folgende Inseln: Zea,
Thermia, Serpho, Siphnos, Polikandros; zu der euböischen:
Andros, Tinos, Mikone, Naxos, Amorgos. Die Inseln Sira,
Paros, Antiparos, Nios, Sikinos und mehrere kleinere sind als
Gipfel eines Gebirgsstockes anzusehen, welcher inmitten dieser beiden parallelen Ketten liegt. Am südlichen Ende dieses
Bergsystems erscheinen zuletzt die lieblichen vulcanischen Ei-
lande Santorin, Milos, Kimolos, Polinos und einige kleinere,
deren wir nachher specieller gedenken werden.

Wie auf dem südlichen Festlande Griechenlands und auf
Euböa, so treten auch hier, die vulcanischen Inseln ausgenommen, als ältestes Grundgebirge Kalkmassen, sowohl dichter als
auch körniger (wahrscheinlich metamorphischer), sodann auch
Glimmer- und Thonschiefer auf, selten von granitischen und
porphyrartigen Durchbrüchen begleitet. Sogar auf den vulcanischen Inseln selbst, namentlich auf Milos und Santorin, kann
man an vielen Stellen wahrnehmen, dass auch dort die so eben
erwähnten Felsarten den neuern Feuergebilden zur Grundlage
dienen.

1. Die Insel Santorin.

Im classischen Alterthum Thera, jetzt St. Erini und gewöhnlich Santorin genannt. Nach *Russegger* (in *Leonhard's*
Jahrb. für Min. 1840. S. 199) ist diese Insel die Schule für
das Studium vulcanischer Trümmergesteine und ihrer Bezie-
hungen zu Laven und lavaartigen Trachyten, so wie zugleich
der Erhebungskratere, an denen man die Theorie *L. v. Buch's*
in ihrer vollendetsten Entwickelung erblickt.

Der ganze nördliche Theil der Insel besteht nur aus rein
vulcanischen Gebirgsarten, während im südlichen Theile der
körnige Kalk als die älteste Felsart auftritt und am St. Elias-
Berge sogar zu einer Höhe von beiläufig 3500 Fuss emporsteigt. Die Insel umschliesst halbmondförmig die östliche Seite

des Kraters, welcher, mit dem Meere in Verbindung stehend, eine elliptische Form besitzt, deren längere Axe drei geogr. Meilen beträgt, und dessen Rand nach Westen hin die von Nord nach Süd liegenden Inseln Therasia und Aspronisi bilden. Die innerhalb dieser Ellipse liegenden kleinern Eilande Kammeni, deren man drei zählt, sind während der historischen Zeit dem Meeresgrunde entstiegen; von ihnen wird nachher umständlicher die Rede seyn.

Alle Felsschichten, welche diesen Krater umgeben, fallen von demselben ab, und so sehen wir auf Santorin alle Straten in Osten, dagegen auf Therasia und Aspronisi alle in Westen einschiessen, sicherlich ein unwiderlegbarer Beweis, dass hier eine centrale Erhebung statt gefunden hat. Eben so deutlich erscheinen hier die ansehnlichen Räume zwischen Akroterion und Aspronisi, zwischen dieser Insel und Therasia, zwischen Therasia und Apanomeria und die tiefen Bergklüfte auf der ganzen Westküste von Santorin. Für diese centrale Erhebung spricht auch noch der·Umstand, dass die ganze Westküste von Santorin eine an 800 Fuss senkrecht über das Meer hin sich erhebende Felswand bildet, während die Ostküste als eine sanft gegen das Meer hin abfallende, mit Wein bekränzte Ebene erscheint. Aehnliche Erscheinungen bieten Aspronisi und Therasia dar, jedoch, wie sich von selbst ergiebt, in entgegengesetzter Richtung.

Wohl nur an wenigen Stellen findet man so schöne, offen zu Tage liegende geognostische Profile, als auf Santorin. Namentlich ist dies der Fall an der prachtvollen senkrechten Wand, welche vom Meere bis zu der Stadt Thyra steil sich emporrichtet; daselbst liegen die verschiedenen Felsarten ganz entblösst und äusserst deutlich aufeinander und erheben sich insgesammt in einer Mächtigkeit von etwa 800 Fuss.

Fängt man von den ältesten, zu unterst liegenden Schichten an, so ergiebt sich nach *Russegger* (a. a. O.) die nachstehende Altersfolge.

Als Grundgebirge der ganzen Insel erscheint zuerst ein körniger Kalk, welcher jedoch meist durch die vulcanischen Kräfte mehr oder weniger verändert, gebrannt, zerborsten und zerklüftet erscheint, dabei aber seiner krystallinischen Structur nicht verlustig geworden ist.

Auf ihm liegt ein vulcanischer Tuff und verhärtete vulcanische Asche; sodann ein grauer Trachyt mit glasigen Feldspath-Krystallen. Ausgezeichnet ist er durch viele röhrenför-
mige Oeffnungen, die wahrscheinlich durch emporsteigende
Gase und Dämpfe hervorgebracht sind. An den Wänden dieser Röhren erscheint der Trachyt porös, schwammig und von
lavaartiger Beschaffenheit.

Auf diesem Trachyt liegt ein Pechstein-Conglomerat mit
Leuzit-Krystallen. Es ist körnig, krystallinisch und wird durch
ein obsidianartiges Bindemittel zusammengehalten.

Nun kommt eine schwarze Lava, welche einen Uebergang
in Peperin bildet, und sodann eine obere, bimssteinartige, mitunter lilafarbige Lava, welche roth gebrannte und zersetzte
Trachytstücke einschliesst.

Hierauf folgen drei Lagen von verändertem Trachyt. Die
Grundmasse der ersten und zweiten ist obsidian- und pech-
steinartig, fest, schwarz, glasigen Feldspath enthaltend, wird
aber nach und nach porös und bildet zuletzt einen grossen,
mächtigen Lavastrom, der sich von N. nach S. hin ergiesst.
Die oberste Lage dieses Trachyts hat eine blaugraue Farbe,
umschliesst ebenfalls glasige Feldspath-Krystalle, ist aber sehr
zersetzt und erhält dadurch ein schieferiges Ansehen.

Auf diesen Trachyt-Varietäten liegt ein weisser, erdiger Posilipp-Tuff, welcher schwarze Trachyt-Fragmente umschliesst.

Dieser Tuff wird nun wieder von einem weissen Bimsstein-Tuff überlagert und zu oberst liegen Lapilli, aus Trümmern von Bimsstein, schwarzem Trachyt und Lava bestehend.

Der Felsbau der ganzen Insel ist demnach als eine Rei-
henfolge mehrerer submariner Ausbrüche zu betrachten, deren
Glieder sich aufeinander ablagerten, und erst lange nach ihrer
Bildung scheint sich die ganze Insel mit allen ihren Sediment-
Gebilden aus dem Schoosse des Meeres erhoben zu haben,
wobei sich in ihrer Mitte der Krater bildete oder, wenn er
als Eruptionskrater schon submarinisch existirte, wenigstens an
Umfang bedeutend gewann.

Der Monte di San Elia besteht fast nur aus körnigem
Kalk und nur an einigen Stellen aus Thonschiefer. Seine
Schichten streichen aus N. nach S. und verflächen sich unter
60° in O , also ganz adäquat seiner wahrscheinlichen Empor-

hebung. Seine höchsten Puncte sind bisweilen mit dem vorhin erwähnten Posilipp-Tuff bedeckt. Die Emporhebung des Berges hatte also schon begonnen, als die tiefern vulcanischen Schichten sich bildeten, war aber noch nicht so weit vorgeschritten, dass seine Masse nicht noch mit den letzten Ergebnissen des vulcanischen Processes bedeckt wurde. Nur die letzten Puncte dieses Berges, um das Kloster herum und hinter demselben, werden von keinen andern Felsarten bedeckt. Im Hafen der Insel treten die Felsen aus dem 60—80 Ellen tiefen Meere fast senkrecht empor; nicht weit hinaus findet man eine Tiefe von 2—300 Ellen, was nicht der Fall seyn könnte, wenn sich die Insel durch wiederholte Eruptionen gebildet hätte.

Trachyt in mannigfachen Varietäten bildet die vorwaltende Felsart der Insel, mit Ausnahme des südöstlichen Theils, welcher aus körnigem Kalk besteht, und zwar von Pyrgos bis Emporion. Auch im Osten der Insel tritt dies Gebilde wieder auf, namentlich bei Monolithos, welche Stelle jedoch nur als eine kleine, isolirte Klippe zu betrachten ist.

Es ist schon früher erwähnt worden, dass aus der elliptischen Meeresfläche, welche man innerhalb der Inseln Thera, Therasia und Aspronisi bemerkt, während der historischen Zeit kleinere Eilande und Klippen unter dem heftigsten Kampfe der Elemente an das Tageslicht gekommen sind und theilweise eine dauernde Existenz erlangt haben. Die Zeit aber, innerhalb welcher ihre Geburt erfolgt ist, lässt sich nicht bei allen mit Sicherheit bestimmen. Man zählt drei dieser Inseln, die jedoch alle nur einen geringen Umfang besitzen.

Die mittlere und grösste derselben heisst Megali oder Nea Kammeni und ist im J. 1707 entstanden. Von den beiden andern hat Paläa Kammeni eine südliche und Mikra Kammeni eine nordöstliche Lage von der vorigen.

Als die älteste dieser beiden letztgenannten Inselchen ist — wie auch schon der Name andeutet — Paläa Kammeni anzusehen und man weiss von ihr mit ziemlicher Bestimmtheit, dass sie zur Zeit des Waffenstillstandes und der Friedensunterhandlungen zwischen Rom und Philipp III. von Macedonien um das 4. Jahr der 145. Olympiade oder um 197 vor Chr. Geb. unter heftigen Erdbeben und andern vulcanischen

Erscheinungen sich aus der Tiefe des Meeres erhob. Die neue Insel erhielt den Namen „Hiera".

Dies Ereigniss berichten *Eusebius, Strabon, Justin* und *Plutarch* ganz übereinstimmend. Nach *L. Ross* (Reisen auf den griechischen Inseln des ägäischen Meeres. Stuttgart 1840. 8. I, 94) erhielt Hiera unter dem Kaiser *Leon* dem Isaurier, dem Bilderstürmer, um das J. 726 einen neuen Zuwachs, wie *Theophanes, Nikephorus* und *Cedrenus* erzählen. Dieser noch jetzt leicht erkennbare Zuwachs, der sich jedoch nicht bis zur Höhe der alten Insel erhebt und mehr nur einen abgestumpften Haufen grosser, schwarzer Lavablöcke darstellt, schloss sich auf der Nordostseite an Hiera an.

Weit schwieriger ist die Zeit zu bestimmen, in welcher die andere der genannten Inseln, die Mikra Kammeni, welche im Alterthume den Namen „Thia" oder „Theia" führte, aus den Meeresfluthen aufgetaucht sey. — Ihre Entfernung von Hiera betrug kurz nach ihrem Erscheinen 10—12 Stadien. Am wahrscheinlichsten ist es, dass sie unter dem Consulat des *Valerius Asiaticus* und zur Zeit des Kaisers *Claudius*, im J. Roms 799 oder 46 nach Chr. Geb., sich aus der Tiefe erhob.

Aus dem Mittelalter, welches die Wissenschaft mit Nacht und Finsterniss bedeckte, besitzen wir keine Nachrichten von vulcanischen Ausbrüchen im ägäischen Meere; doch soll nach *Tournefort* ein derartiges Ereigniss am 25. Novbr. im J. 1457 unter der Regierung des Herzogs von Naxos *Franz Crispus II.* in der Nähe von Hiera statt gefunden haben. Nach *Ross* (a. a. O. S. 95) erzählt eine Inschrift in Versen, welche an einer Kirche in Paläo Skaros aufgefunden wurde, von einem solchen Phänomen; doch ist solches wohl nur auf eine Vergrösserung einer bereits vorhandenen Kammeni oder auf die Losreissung einer Klippe, vielleicht von der Hauptinsel selbst, zu beziehen. Wirklich sollen unterhalb Paläo Skaros und Apano-Meria ein paar dergleichen isolirte Klippen unter dem hohen Uferrande noch jetzt über die Meeresfläche emporragen.

Nach dem unzuverlässigen Reisenden *Dapper (Description de l'Archipel* etc. Amsterdam 1703. Fol. pag. 380) hat im J. 1507 (nach *Ross* wohl richtiger 1570) eine Losreissung und Versenkung eines Stücks von Thera selbst statt gefunden. Es sollen diesem Ereigniss heftige Erdbeben vorangegangen seyn und beinahe die Hälfte der Insel (welcher?) verschlungen haben. Vielleicht sind bei dieser Katastrophe die Ruinen von Eleusis, welche man bei starker Ebbe bisweilen jetzt noch wahrnimmt, in's Meer versenkt worden; auch lässt sich mit dieser Vermuthung sehr wohl in Einklang bringen, dass *Bondelmonte (Liber insularum*, Cap. 19. p. 78) an der Südwestküste von Thera noch ansehnliche Ruinen einer Stadt gesehen haben will.

Die Jahre 1570 und 1573 werden ebenfalls als solche genannt, wo vulcanische Ausbrüche in dieser Gegend statt gefunden haben sollen.

Das Datum 1573 geben *Tournefort (Voyage.* T. I. p. 267), *Pasch van Krienen (Descrizione dell' Archipelago,* p. 48) und *Choiseul-Gouffier (Voyage,* I, 24), die Zahl 1570 aber *Girardin (Considérations sur les volcans.* Rouen 1831. 8.) und ein handschriftliches Gedicht, welches *Ross* (a. a. O. S. 192) mittheilt, an. Alle stimmen darin überein, dass sich damals ein neues Eiland, die Mikri Kammeni, die wir oben als die Theia des *Plinius* und anderer alter Autoren erkannt zu haben glaubten, zunächst an der Hauptinsel erhoben habe. Indess tritt kein Augenzeuge dafür auf, doch versichern sowohl der Pater *Richard* (in seiner Beschreibung von Santorin), als auch der Verfasser des genannten griechischen Gedichtes, dass sie aus dem Munde von Augenzeugen geschöpft hätten.

Dass um die Jahre 1570 oder 1573 in dieser Gegend ein vulcanisches Phänomen beobachtet worden ist, lässt sich wohl nicht läugnen, doch ist es nach dem Zeugniss von *Plinius, Seneca, Dio Cassius* und andern Schriftstellern des Alterthums wohl eben so sicher, dass im J. 46 n. Chr. G. unter dem Kaiser *Claudius* sich in eben dieser Gegend eine Insel aus dem Meere erhoben habe. Um aus diesen Widersprüchen herauszukommen, muss man entweder annehmen, dass die Thia der Alten in einer unbekannten Zeit wieder in's Meer versunken und erst im J. 1573 als Mikri Kammeni zum zweiten male emporgetaucht sey, oder es möchte sich wohl unter dem letztern Datum vielleicht nur von einer Vergrösserung der Insel handeln, etwa durch Erhebung der kleinen kraterartigen Vertiefung an der Südspitze des Eilandes.

Nach dem räthselhaften Vorgange im J. 1573 fand ein

anderer im J. 1650 statt, dessen Kenntniss wir *Ross* (a. a. O. S. 97) verdanken.

Er fand aber an einer ganz andern Stelle als die vorhergehenden statt, und zwar ausserhalb des Golfes, zwischen dem nordöstlichen Vorgebirge von Thera, welches Kolumbos heisst, und den Inseln Ios und Amorgopulo oder Anydros. Nachdem er am 14. Septbr. begonnen, erschien nach mehrtägigen Erdbeben und heftigen Detonationen am 26. Septbr. in der angegebenen Richtung auf der spiegelglatten Meeresfläche ein runder, weisser, wahrscheinlich aus Bimsstein bestehender Fleck, und es erfolgten nun noch mehrere Monate hindurch furchtbare Erdbeben und vulcanische Ausbrüche, wobei sich öfters dermassen verderbliche Dünste verbreiteten, dass Menschen und Thiere auf Thera daran erstickten. Die Erschütterungen theilten sich auch dem Meere mit, welches seine Gestade überschwemmte und sich 2 ital. Meilen über die flachere Ostküste der Insel verbreitete, wodurch bei Perissa und Kamari weitläufige antike Ruinen zum Vorschein kamen, die man früher gar nicht gekannt hatte. An der Südküste warf das Meer Bimsstein-Blöcke von ungewöhnlicher Grösse aus Endlich gegen Ende Decembers fingen die Ausbrüche an, seltner zu werden, die emporgehobene Bimssteinfläche ward nach und nach niedriger und mit dem Anfange des J. 1651 stellte sich wieder die frühere Ruhe ein. Aber sie dauerte kaum ein halbes Jahrhundert, denn im J. 1707 gebar das Meer das jüngste und grösste der drei „verbrannten" Eilande, nämlich die Nea oder Megali Kammeni.

Nach den Berichten eines Jesuiten-Missionärs (s. *Missions de la comp. de Jésus dans le Levant.* Paris 1715. 8. T. I, 130), der sich damals in jener Gegend aufhielt, erschienen die ersten Spuren der Insel am 23. Mai 1707; am südlichen Rande des neuen Eilandes bildete sich, dem Krater der Mikri Kammeni gegenüber, ein grosser Krater nebst mehreren kleinern, und fast täglich erfolgten die heftigsten Ausbrüche von Rauch, Flammen, Asche und glühenden Steinen, die, trotz ihrer Grösse, bisweilen 2 ital. Meilen weit in's Meer geschleudert wurden. Dieser furchtbare Kampf dauerte fast ein ganzes Jahr hindurch, bis zum 23. Mai 1708; dann aber fingen die Ausbrüche an, seltner zu werden, ohne inzwischen an Heftigkeit beson-

16

ders nachzulassen. Bei dem letzten Ausbruche, welcher am
14. Septbr. 1711 erfolgte, sollen aus drei Oeffnungen am grossen Krater Lavaströme hervorgebrochen seyn.

Die innere Hitze des Kegelberges dauerte noch bis in die
Mitte des nächsten Jahres fort, so dass er nach starken Regengüssen vielen Dampf entwickelte. Eben so war das die
Insel umfluthende Meer während dieser fünf Jahre bis zu einer halben Meile von den Küsten so heiss, dass die Barken
sich ihr nur mit grosser Gefahr nähern konnten, indem das
Pech aus den Fugen der Planken floss. Auch bemerkte man,
dass in dem Maasse, als die „neue Kammeni" sich erhob, nicht
allein ihre nächste Nachbarin, die „kleine Kammeni", niedriger wurde, sondern auch das gegenüber liegende steile Ufer
der Hauptinsel sich um wenigstens 6 Fuss in's Meer senkte.
Noch heutigen Tages giebt sich diese Senkung deutlich zu erkennen, indem einige in die Felsen eingehauene Magazine,
welche früher 4—5 Fuss über dem Wasserspiegel lagen, jetzt
mit ihrem Boden 1—2 Fuss und darüber unter dem Wasser
liegen, so dass man mit Barken hineinfahren kann. Mit dem
J. 1712 hören die umständlichen Berichte auf, doch sind die
unterirdisch wirkenden vulcanischen Kräfte noch keineswegs
erstorben; denn als *Olivier* zu Ende des vorigen Jahrhunderts
die Insel besuchte, versicherten ihm die Fischer, dass der
Meeresboden zwischen der kleinen Kammeni und dem Hafen
von Thera sich allmählig erhebe, und die Sonde gab eine Tiefe
von 15—20 Ellen an, wo das Meer früherhin fast unergründ-
lich gewesen war. *Virlet* und *Bory*, welche die französische
Expédition scientifique en Morée begleiteten, fanden im J. 1829
diese Stelle nur noch 4½ Ellen, im J. 1830 blos 4 Ellen tief.
Es zeigte sich daselbst eine Bank, deren Durchmesser von O.
nach W. 800, von N. nach S. 500 Meter betrug, deren Oberfläche im N. und W. auf 29, im O. und S. auf 45 Ellen sank
und dann ringsum plötzlich zu einer grossen Tiefe abfiel.
Admiral *Lalande* fand im September 1835 nur noch 2 Ellen
Tiefe. (S. *l'Institut.* 1836. IV, 169—170. *Bull. de la soc. géol.*
VII, 260—261.)

Nea Kammeni hat nach *Russegger* (a. a. O. S. 201) gegenwärtig 6 Seemeilen im Umfange und ihr Eruptionskegel
mit einem Krater auf der Spitze und mehreren Seitenkrateren

befindet sich an ihrem südöstlichen Ende. Die ganze Insel
besteht aus einem chaotischen Gemenge einer in Trachyt über-
gehenden Lava, welche zahlreiche Krystalle von glasigem Feldspath umhüllt. An der Südseite des Eruptionskegels bemerkt
man dicht am Meere eine mächtige Bimsstein-Masse, die ihre
Entstehung einem Seitenausbruche des Kegels zu verdanken
hat. Der Bimsstein ist weiss von Farbe und faseriger Textur.
Die Ausbrüche der trachytischen Lava erfolgten sowohl aus
dem Krater auf der Spitze des Kegels, als auch aus den Seitenkrateren. Am westlichen Fusse des Kegels ist die Lava
von glasiger Beschaffenheit und geht theils in Obsidian, theils
in Pechstein über, der rein und ohne Einschlüsse ist. Die
Farbe aller dieser Laven ist dunkelschwarz. Die letztern dienen den Theräern theils als Pflastersteine, theils um die Grenzen ihrer Weinberge damit einzufassen. In der Nähe der tiefen Spalten, welche die eingestürzten Kratere durchziehen, ist
die Lava porös und schwammig, wahrscheinlich in Folge der
Einwirkung der Dämpfe auf die noch weiche Masse. Die Abhänge des Kegels werden ringsum von Lapilli bedeckt, aus
Lavastückchen bestehend, welche theils lose, theils durch
verhärtete vulcanische Asche zu einem festen Conglomerat verbunden sind. Die Lapilli haben durch die Hitze und die Einwirkung der Dämpfe eine sehr mannigfaltige Färbung erlitten
und zeigen hier und da in der Nähe der Spalten Anflüge von
Schwefel. Zerstreut auf der Insel liegen auch sogen. vulcanische Bomben, mitunter in der Gestalt sehr grosser Blöcke.
Wie schon früher bemerkt, so sollen viele derselben bei der Entstehung der Insel weit in das Meer hinein geflogen seyn. Der
Hauptkrater auf der Spitze des Kegels hat eine kreisförmige
Gestalt, etwa 40 Klafter im Durchmesser und ist mit Blöcken
und Schutt angefüllt. Das Meer setzt an den Küsten der Nea
Kammeni eine Menge Eisenoxyd ab und fortwährend steigen
viele Luftblasen empor. In der Nähe dieser Insel ist es auch,
wo das Meerwasser die Eigenschaft besitzt, die alten Kupfer-
beschläge der Schiffe zu reinigen, und von den Kriegsschiffen
jetzt öfters dazu benutzt wird. Durch den Oxydschlamm,
welchen das Meer fortwährend absetzt, erscheint die Küste
ringsum roth gefärbt. Die Vegetation hat auf der Insel bereits festen Fuss gefasst; dicht belaubte Feigenbäume zieren

die Klippen und die Abhänge sind mit schlanken Gräsern
bedeckt.

2. Die Insel Polinos.

Auch auf dieser Insel bildet Trachyt das vorwaltende Gestein, doch tritt er nicht so sehr in reiner, unveränderter, als
vielmehr in metamorphischer Gestalt als ein weisses, mergel-
artiges Gestein auf, wahrscheinlich in Folge der Einwirkung
heisser, saurer Dämpfe und Gasarten auf das gebleichte Gestein. Interessant ist es, dass man in dieser Masse noch die
Eindrücke der glasigen Feldspath-Krystalle bemerkt, welche
früher einen Bestandtheil des Trachyts gebildet haben. Die
Nord- und Nordost-Küste der Insel besteht aus Alaunfels,
welcher eine drei Seemeilen lange, senkrecht an 800 Fuss
über das Meer ansteigende Felswand bildet. Indess ist der
Alaunstein nicht gleichförmig durch den ganzen Fels verbreitet, sondern er scheidet sich besonders in stock- und gangar-
tigen Räumen aus. Das Gestein dieser Lagerstätte, ebenfalls
umgewandelter Trachyt, ist ein besonders poröser, zelliger,
zerfressener Alaunfels, der sich von dem Nebengestein, einem
dichten Alaunfels mit muscheligem Bruche, wesentlich unterscheidet.

Obgleich der Alaunfels meist rein weiss erscheint, so kommen doch auch rothe und gelbe Farben bei ihm vor, in Folge
der Ausscheidungen von Eisenoxyd und Schwefel. Häufig
durchziehen ihn kleine Klüfte von Chalcedon, Achat und Jaspis
in allen Richtungen. Er klingt beim Zerstufen wie Phonolith,
und da er so leicht verwittert, so erscheint sein Ausgehendes
öfters in den abentheuerlichsten Gestalten.

An der Meeresküste findet eine fortwährende Gasentwickelung statt.

3. Die Insel Kimolos.

Gleich der vorigen besteht auch Kimolos (Argentiera),
namentlich an den Küsten, aus umgewandelten Trachyten und
Bimsstein-Tuff. Letzterer ist von zweifacher Beschaffenheit
und erscheint entweder als ein fein zerriebener Bimsstein, welcher unveränderte Bimssteinstücke umschliesst, oder er ist,
wahrscheinlich durch schwefelige Säure, in eine Thonmasse
umgewandelt. In letzterer bemerkt man häufig Nester eines

weissen, ganz verhärteten Thones, der in den schönsten Porzellanjaspis übergeht. Auch auf Kimolos kommt Alaunstein vor.

Das Hauptgebirge im Innern der Insel besteht ganz aus
rothem, trachytartigem Feldstein-Porphyr, aus sogen. Mühl-
stein- und aus Perlstein-Porphyr, welche mit denen in Nieder-
Ungarn viel Aehnlichkeit haben. Am Fusse des Berges, worauf die Stadt am Hafen steht, lässt sich der Uebergang des
quarzigen, rothen Porphyrs in den thonigen Bimsstein-Tuff besonders deutlich beobachten. Die dem Porphyr eigenthümlichen krystallinischen Beimengungen lassen sich auch in dem
umgewandelten Gesteine wieder erkennen, für welches die Um-
wandelung des gemeinen Quarzes in empyrodoxen Quarz besonders charakteristisch ist. Den Rücken des Gebirges bilden
Perlstein- und Bimsstein-Porphyr. Letzterer hat Bimsstein zur
Grundmasse und umschliesst Feldspath-Krystalle; der Perlstein-Porphyr dagegen besteht aus einem meist körnigen Gemenge von Feldspath und Perlstein mit Einschlüssen von Feldspath-Krystallen und Sphärolith. Beide Felsgebilde sind geo-
gnostisch und oryktognostisch innig miteinander verbunden
und zeigen mannigfaltige Uebergänge.

An der Südküste der Insel herrscht das umgewandelte
trachytische Gestein vor, ein Parallel-Gebilde des Alaunfelses
auf Polinos. Am Fusse seiner Felswände finden sich grosse
Schutt-Anhäufungen, durch welche, unter Entwickelung fühl-
barer Wärme, noch heutzutage schwefeligsaure Dämpfe entweichen und eine Solfatara bilden. In diesem Schutte kommen Gyps-Krystalle vor, die sich auch noch jetzt zu bilden
scheinen. Unterhalb des Schuttes dagegen findet sich ein
mächtiges Lager von Walkererde mit Kimolit und Bergseife,
ebenfalls Producte der fortdauernden Zersetzung des thonigen
Schuttes durch die entweichenden schwefeligsauren Dämpfe.
Mit dieser Walkererde treten auch faustgrosse Nieren von
Schwefelkies auf. Nach Innen mehren sich die Anflüge von
reinem Schwefel und er scheidet sich besonders rein, sogar
krystallinisch auf den Klüften des Thones aus.

4. Die Insel Milos.

Sie hat bekanntlich die Gestalt eines Hufeisens, an dessen
nördlichem Schenkel man mächtige Trachyt-Durchbrüche be-

merkt, die am Berge Six fours oder Kastron bis zu 1000 Fuss
Meereshöhe ansteigen. Diese Trachyte bestehen aus einer erdigen oder dichten Feldspath-Masse, umgeben von alten Dilu-
vial-Gebilden (subapenninischer Zeitfolge) und von vulcanischen Conglomeraten, mit vielen Obsidian-Fragmenten unbekannten Ursprungs. Am südlichen Schenkel erhebt sich der
aus metamorphischen Trachyten bestehende St. Elias-Berg zu
mehr als 3000 Fuss Höhe. Seinen Fuss umgeben, gleich einem Gürtel, veränderte Granite, Gneise und Glimmerschiefer
(umgewandelt in *Beudant's* Trachite granitoide), und aus diesem Gesteine steigen empor, in grossen, kuppenförmigen Massen, durch saure Gase zersetzte Trachyte, welche die Hauptmasse des Berges bilden. Zwischen diesen beiden Arten veränderten Trachyts beobachtete *Russegger* eine Einlagerung
von schwarzem, unverändertem, dichtem Kalkstein. Den Bogen des Hufeisens, d. h. die Verbindung beider Schenkel, bilden mehrere, nur bis zu 1000 Fuss Höhe ansteigende Berge,
meist kegelförmige Massen eines zersetzten Trachyts, bedeckt
von vulcanischen Tuffen und Conglomeraten, in denen sich
der noch jetzt fortdauernde unterirdische Process durch zahlreiche Solfataren kund giebt. Unveränderter Trachyt und
Mühlstein-Porphyr haben diese Gebilde durchbrochen; doch
scheint das eigentliche Grundgebirge ein unzersetzter Glimmerschiefer zu seyn. Die innere Seite des Hufeisens, die
grosse Ebene am Ende des Hafens — wohl eines der schönsten in Europa — bilden Alluvionen von plastischem Thon
und Schutt mit kleinen Schlamm-Vulcanen, Thermen und
Salzquellen, die mit vielem Vortheil zur Kochsalz-Gewinnung
benutzt werden. In dieser Ebene, am Fusse eines vulcanischen Hügels, entspringt eine mächtige Soolquelle, aus der
man jährlich an 170,000 Okken vortreffliches Kochsalz erzeugt. Im Monat August beginnt die Soolquelle jedes Jahr
an Quantität zuzunehmen, und zu gleicher Zeit finden aus diesen Löchern Ausbrüche von heissem, schlammigem Wasser
statt. Wir erblicken hier also das schwer zu erklärende Phänomen periodischer Schlamm-Vulcane! Die warmen Quellen
entspringen dicht am Seegestade und besitzen eine Temperatur von 35° R. Ihr Wasser vermischt sich mit dem des
Meeres.

Eine der interessantesten Stellen noch jetzt andauernder vulcanischer Thätigkeit ist am Vorgebirge Kalamo wahrzunehmen, woselbst der anstehende Trachyt durch die vereinte Einwirkung grosser Hitze und schwefeligsaurer Dämpfe ganz in Alaunfels umgewandelt ist, der sich in senkrechten, malerisch gestalteten Felsen erhebt. Die Hitze der entweichenden Dämpfe ist hier so stark, dass sie 5 Zoll unter der Oberfläche der Erde 79° R. beträgt. Bei vielen andern Fumarolen kann die Temperatur mittelst der gewöhnlichen Thermometer gar nicht gemessen werden. Unter dem Schutte der Solfataren liegt in einer Tiefe von 2—3 Fuss ein reiner, weisser, plastischer Thon, welcher, gleich dem Schutt, voll von Alaun und Schwefel ist, der sich auch in eignen Straten ausscheidet und in prächtigen Krystallen zusammen mit Federalaun die Wände der Fumarolen bekleidet. Aehnliche Solfataren finden sich auch noch auf der Insel bei St. Domenica, Paläo-Chori, Ferlingu, Wudia und Adamas.

In der Solfatara nahe dem Gipfel des Berges Kalamo ist die vulcanische Thätigkeit am stärksten. Der Boden ist glühend heiss; mit Zischen fahren die Schwefeldämpfe aus den Fumarolen, und das ganze Terrain ist so aufgebläht, dass man es nicht ohne Gefahr betreten kann. Im Alaunfels befinden sich Lager und Stöcke von Chalcedon, Achat und Porzellanjaspis von den herrlichsten Farben. Oben erwähnte Solfataren liegen, mit Ausnahme von Adamas, alle in einer aus NW. nach SO. sich erstreckenden Linie.

Bei Paläo-Chori tritt der Glimmerschiefer unverändert unter den vulcanischen Gebilden hervor, und am Vorgebirge Rhevma unterbrechen mächtige Ablagerungen von Mühlstein-Porphyr den Trachytzug. Auf dem Wege von dieser Stätte nach der alten Stadt Milos kommt man nahe bei Panaja Kastriani an eine Stelle, welche „das stinkende Wasser" heisst. Es ist dies eine ganz unbedeutende, in einer Vertiefung befindliche Solfatare, aus deren theilweise mit Wasser erfüllten Spalten starke Exhalationen von Schwefelwasserstoffgas statt finden, welche die Luft rings umher erfüllen. *Russegger* fand in der Vertiefung eine Menge kleiner Thiere, als Schlangen, Igel u. s. w., welche durch diese Ausdünstungen getödtet zu seyn schienen, ein Factum, welches lebhaft an ähnliche Er-

scheinungen und namentlich an das berüchtigte Todesthal auf
der Insel Java erinnert.

Aus allen auf der Insel Milos angestellten Beobachtungen
glaubt *Russegger* den Schluss ziehen zu dürfen, dass daselbst
die Trachyte durch Umwandlungen aus Granit, Gneis und Glimmerschiefer entstanden seyen. Solfataren und warme Quellen,
denen wir so häufig schon auf den Cycladen begegnet sind,
verbreiten sich von da aus, gleichsam in einem vulcanischen
Gürtel, in südöstlicher Richtung über die Inseln Nisyros, Kos,
Kalymnos und Patmos bis an die asiatische Küste.
Unter diesen zeigt

5. die Insel Nisyros

die erwähnten Erscheinungen am schönsten und in wahrhaft grossartigem Maasstabe.

Nisyros ist nach der Beschreibung von *Ross* (a.· a. O. II,
69—78) ein Eiland von fast runder Gestalt und hat 7—8 römi-
sche Meilen im Durchmesser. Ihr Felsbau scheint mit dem
von Thera die grösste Aehnlichkeit zu haben und mit der Er-
hebungstheorie in vollem Einklang zu stehen. Sie erscheint
jetzt als eine ausgebrannte Esse, in ihrer Mitte ein tiefer Kessel, worin die Solfatara kocht, während der äussere Kreis ihrer
Basis als ein ringförmiges Gebirge um den Kessel ringsum
emporsteigt.

Nach den Messungen des Schiffslieut. *Brook* hat der höchste
Berg der Insel 2271, ein anderer 1800 und der Gipfel über
Nikia 1700 engl. Fuss Höhe. Die vielen kleinen Vorgebirge,
in welche der äussere Rand der Insel ausläuft, bestehen in
Lavaströmen, die sich hier in's Meer ergossen haben; man
kann ihren Lauf vom obern Rand der Berge herab noch deutlich erkennen. Hierdurch unterscheidet sich Nisyros wesentlich von Thera. Ein solcher Lavastrom ist es auch, welcher
das nordwestliche Vorgebirge der Insel gebildet hat, auf und
an welchem die alte Stadt Nisyros lag. Aschen- und Bims-
stein-Regen haben sich überdies über die ganze Insel verbreitet. Die auf ihr vorkommenden warmen Quellen werden schon
von *Strabo* (a. a. O. X, 393) erwähnt; sie liegen 1½ Stunden
ostwärts von der Stadt, an der nördlichen Küste. Ihre Temperatur beträgt 28—30° R. An einer andern Stelle des Stran-

des ist die Brandung auf 10—12 Schritte weit hinaus ganz
roth gefärbt, wie an der Nea Kammeni bei Thera und augen-
scheinlich aus derselben Ursache. Eine andere interessante Stelle ist die sogen. Pyria an
der Westseite der Insel. So heisst eine natürliche Kluft in
einem Felsen, aus welcher ein glühend heisser, ganz trockner
und geruchloser Luftzug herausströmt. Die Insulaner bedie-
nen sich seiner als Schwitzbad, und zwar mit vielem Erfolg.
Die Temperatur dieser Höhle ist eine so hohe, dass man es
nicht lange in derselben aushalten kann. Aehnliche heisse
Dämpfe sollen auch an den zackigen Gipfeln des Kraterrandes an verschiedenen Stellen emporsteigen und sich im Winter
in Nebelgestalt verdichten.

Der höchste, an 2271 engl. Fuss aufsteigende Rand des
Kessels liegt gegen Nordwest; nicht viel niedriger sind die
nordöstlichen Zacken, so wie die südlichen, unter welchen
Nikia liegt. Sie bilden zusammen einen geräumigen, etwa eine
Stunde langen und halb so breiten Kessel, dessen vordere
Hälfte ein kahles, schwefelgelb gefärbtes und von aller Vegetation entblösstes Ansehen hat. In der Mitte des Thales erblickt man eine grosse, trichterförmige, fast kreisrunde Ein-
senkung, neben ihr zwei kleinere, ähnliche, und zu beiden
Seiten, am Fusse der Felswände, ein paar kahle, schwefelfar-
bige Hügel. Der grosse Trichter hat etwa 100 Fuss Tiefe
und einige hundert Schritt im Durchmesser. Sein Boden erscheint während der Sommerdürre als eine glatte, mit feinem,
graugelbem Staube überstreute Fläche. An solchen Stellen,
wo er von Spalten durchsetzt wird, entsteigt letztern flüssiger
Schwefel, theils in fadenförmiger Gestalt, theils in grössern
Klumpen. Am südlichen Rande des Kessels kochte zur Zeit,
als *Ross* ihn besuchte, das Erdreich sehr stark unter dumpfen
Detonationen, welche sich alle 20—30 Secunden wiederholten;
auch stieg ein starker Schwefelgeruch auf, den man in einer
Entfernung von 1½ Stunden noch sehr leicht wahrnehmen
konnte. Nach heftigen Regengüssen und besonders bei an-
haltendem Westwinde soll das Feuer viel lebhafter brennen,
und alsdann ein dichter Dampf aufsteigen. Dabei werden die
Detonationen so stark, dass man sie stundenweit hören kann.
Verfolgt man den Zug der bereits geschilderten vulcanischen

Inseln aus südöstlicher Richtung nach nordwestlicher hin, so begegnet man den kleinen Eilanden Anti-Milo, Falkonera, Belopulo, Spezzia, die ebenfalls dem vulcanischen Feuer ihren Ursprung verdanken, und gelangt so endlich auf die Halbinsel Methone (auch Methana), an welcher auf verschiedenen Stellen die vulcanischen Kräfte sich wirksam gezeigt haben. Namentlich ist es die unwirthliche Südspitze derselben, woselbst nach *Virlet* ein steil abfallendes, wie verbrannt aussehendes Vorgebirge sich aus der See mehr als 2200 Fuss hoch erhebt, welches aus rothen, schon zersetzten, und aus dunkelblauen halbflüssig gewesenen Feldstein-Porphyr- und Trachyt-Massen besteht. Diese haben den dort anstehenden Kalk, welchen *Russegger* (a. a. O. S. 207) theils als Uebergangskalk, theils als Hippuriten-Kalk bezeichnet, gehoben und metamorphosirt, so dass er wie gebrannt, zerfressen, porös und nach allen Richtungen zerborsten erscheint. Beim Anschlagen klingt er wie Phonolith. Bisweilen hat er in Folge dieser Umwandlung ein erdiges oder auch faseriges Ansehen erhalten. Aus diesen Kalkmassen treten Thermen hervor, welche sehr viel Schwefelwasserstoffgas entwickeln.

Nach *Ovid* (Metamorph. L. 15. V. 296—306) gehören die vulcanischen Erscheinungen dieser Gegend schon der geschichtlichen Zeit an, doch kann man die Stelle, wo solche statt fanden, jetzt nicht mehr genau ermitteln, obwohl *Virlet* angiebt, dass es derjenige Ort sey, der heutzutage Kaïmení-petra, d. h. verbrannter, Fels heisst und der wegen der daselbst vorkommenden dunkeln und verschlackten trachytischen Massen diesen Namen erhalten habe. *Ovid* sagt, dass bei Trözene ein Hügel sich blasenartig erhoben, eine ansehnliche Höhe erlangt und sich in dieser Gestalt in nachfolgender Zeit auch erhalten habe.

Auch *Strabo* (a. a. O. L. I. T. I. S. 158) sagt, dass bei Methone im Hermionischen Busen durch einen feurigen Ausbruch die Erde zu einer Höhe von sieben Stadien — nahe an 4000 Fuss — emporgetrieben worden wäre, und dass diese Stelle bisweilen theils wegen der dort herrschenden Hitze, theils wegen des Schwefeldampfs, der sich daselbst verbreite, nicht betreten werden könne; auch leuchte er zur Nachtzeit weit umher und die innere Gährung erhitze die Gegend dermassen, dass das Meer fünf Stadien weit koche und auf 20 Stadien hin ganz trübe erscheine. Während dieses Vorgangs sollen sich auch in demselben thurmhohe Massen von Felsentrümmern gebildet haben. *Pausanias* (a. a. O. L. 2. S. 34) nennt den fraglichen Ort „Methana" und sagt, er gehöre zur Halbinsel von Trözene; zur Zeit des macedonischen Königs *Antigonus*, Sohnes des Demetrius, seyen in einer Entfernung von 30 Stadien davon warme Quellen aus dem Boden hervorgebrochen, auch habe daselbst plötzlich ein vulcanische Ausbruch statt gefunden; die Thermen seyen zu seiner Zeit noch vorhanden gewesen.

Es ist leicht möglich, dass alle diese Autoren nur von einer und derselben Begebenheit berichten, besonders da die Entfernung der bezeichneten Orte gerade keine sehr bedeutende ist.

So viel bekannt, sind die Inseln Aegina und Kolari die letzten im griechischen Meere, auf denen sich Spuren ehemaliger vulcanischer Thätigkeit finden.

Auf Aegina begegnet man vorzugsweise nach *Boblaye* (*Ann. des sc. nat.* 1831. T. 22. pag. 113—134) einem harten, oft körnigem Kalk von blaugrauer Farbe, dessen untere Schichten roth und schiefrig erscheinen und Jaspis-Einschlüsse enthalten; dann folgen grüne Mergel mit Resten von Pflanzen und Conchylien, welche nach dem Innern der Insel zu aufgerichtet sind und mit Puddingen aus Quarz und Kalk wechsellagern; zuletzt folgt sandiger Kalk. Diese Kalkmassen dürften wohl dem Hippuriten- oder dem Grobkalke beizuzählen seyn. Aus ihnen erheben sich hohe, von tiefen, engen, senkrechten Klüften zerrissene, an ihrer Oberfläche stark zersetzte Trachyt-Massen, oft zugleich zur Bildung von trachytischem Sande und Conglomerat mit Kalk-Cement Veranlassung gebend, welche bald auf den grünen Mergeln, bald auf dem sandigen Kalke ruhen, sich selbst in die obern Schichten des erstern einmengen, somit zwei Epochen der Hebung der Trachyte zu bezeichnen scheinen, und zu oberst wieder von einer langen Reihe von Alluvionen bedeckt werden. Wo der grüne Mergel auf dem Trachyte liegt, ist er erhärtet und blätterig. Das Streichen der Trachyte auf Methana und Aegina ist ONO, wie das der Alpen von Wallis und Oestreich.

Die Insel Kolari (früher Kalauria) besteht aus Conglomeratschichten, in welchen Trachytstücke mit Kalkstein und Thon-

schiefer-Fragmenten durcheinander liegen. In dem bindenden
Teige finden sich zahlreiche Glimmer- und Hornblende-Krystalle.
Darüber liegt ein stark zerklüfteter Trachyt mit Krystallen von
glasigem Feldspath, Hornblende und Glimmer. Sehr merkwürdig ist es, dass man auf allen diesen Inseln
weder Basalt, noch ihm analoge Gesteine antrifft, wodurch
sie sich wesentlich von den Central-Vulcanen unterscheiden.
Ausserhalb dieser Reihen ist Basalt jedoch nicht selten; denn
er kommt nicht nur auf Lemnos, sondern auch auf Mytilene
vor, und mehr als 40 Fuss hohe Basaltsäulen erscheinen in
fortlaufenden Wänden am Ida unfern Troja, und basaltische
Laven mit zahlreichen Augit-Krystallen sind bei Pergamus und
auf dem Wege nach Smyrna aus Eruptionskegeln geflossen.

Westaustralische Reihe.

§. 28.

Von dem Meridiane von Neuseeland an nehmen alle in
der Südsee vorkommenden Inseln einen Charakter an, welcher
sie von den andern daselbst gelegenen Eilanden leicht unterscheidet; denn statt der hoch aufstrebenden, kegelförmigen Gestalt der letztern treten nun weiter gegen Westen hin schmale,
hohe, langgedehnte, mit riesigen Cocos-Palmen gezierte Inseln
wie Gebirgsketten auf, und alle so genau in einer bestimmten,
wenn auch gekrümmten Richtung, dass man sie nothwendig
als ein miteinander verbundenes Ganzes ansehen muss; denn
offenbar ist Neuseeland durch Neu-Caledonien, durch die Neuen
Hebriden, durch die Salamons-Inseln und den Louisiaden-Archipel
bis Neu-Guinea und durch letzteres bis zu den Molucken fort-
gesetzt, welche Ansicht um so einleuchtender erscheint, wenn
man sieht, dass dieser Bogen genau die Gestalt der Küste von
Neu-Süd-Wales wiederholt.

Von dieser Veränderung der Form an ist aber auch die
geognostische Zusammensetzung dieser Inseln gleich verschieden; denn von Neuseeland an werden Basalt-Inseln immer seltner, während primitive Gebirgsarten fast überall erscheinen,
und sogar auf den kleinen und so isolirt liegenden Norfolk-
Inseln treten solche Gesteine auf.

Auf Neu-Caledonien findet sich Serpentin und Glimmerschiefer, letzterer reichlich mit Granaten versehen, und von

den Neuen Hebriden, so wie von Tanna sind Glimmer und Quarz bekannt. Das grosse, umfangreiche Neuseeland soll vorzugsweise aus Urgebirgsarten zusammengesetzt seyn.

Auf der Cocos-Insel bei Neu-Irland erheben sich Kalkgebirge zu einer Höhe von 460 Fuss, und am Carterets-Hafen steigen sie sogar 1380 Fuss hoch in fortlaufenden Ketten auf, welche den über 6000 Fuss hohen Bergen im Innern des Landes gleich laufen und sehr wahrscheinlich auch von ihnen abhängen.

Nun treten die Vulcane nicht mehr als Haupt einer Gruppe, sondern am äussern Saume dieser westaustralischen Reihe auf, und stets in ihrer Nähe, gleichsam am Fusse des fortlaufenden Gebirges.

1. Neuseeland.

Nur auf der nördlichen Hälfte, der unter dem Namen „Eheinamauwi" bekannten Insel, finden sich Feuerberge und zwar vier auf dem Festlande des Eilandes und ein fünfter an der Ostseite, in der Nähe der Küste. Schon *Chamisso* (in *O. v. Kotzebue's* Entdeckungsreise. III. S. 30) erzählt, dass vulcanische Gebirgsarten daselbst gefunden würden, und dass Erdbeben daselbst keine seltene Erscheinungen seyen. Auf der Südwestseite der Insel, oberhalb der Cooks-Strasse, erhebt sich der Vulcan Egmont zu 1382 Toisen Höhe. Nördlich von ihm ragt der Berg Rangitoto und östlich von diesem der Tongariro 969 Toisen hoch empor. Dicht an der nordöstlichen Küste thront der Mount Edgecombe, der höchste unter allen und die Höhe von 1506 Toisen erreichend. Ihm gegenüber in nördlicher Richtung ragt die „weisse Insel", White-Island, unter 37^{0} s. Br. und 185^{0} w. L. aus den Fluthen des Meeres hervor und ist mit dem fünften Vulcane dieser Reihe geziert.

Verfolgt man diesen vulcanischen Strich aufwärts, so stösst man unterhalb des 30^{0} südl. Br. auf eine Schwefelinsel, welche im J. 1825 emporgetaucht seyn soll. Capt. *Thayer* sah sie am 6. September 1825 Rauch ausstossen. Ihre Lage ist 30^{0} $14'$ süd. Br. und 178^{0} $55'$ östl. L. v. Greenw. Sodann noch höher aufwärts unter 22^{0} $22'$ s. Br. und 168^{0} $55'$ östl. L. also ziemlich in gleicher Breite mit Neu-Caledonien, erhebt sich das nackte, vulcanische, schon in einer Ferne von 25 Meilen

sichtbare Eiland „Mathew", welches eine Höhe von 1110 Fuss
besitzen soll, und dessen Vulcan *Dumont d'Urville* am 26. Januar 1828 in vollem Ausbruch begriffen sah.

2. Tanna.

Als Capt. *Cook* diese Insel am 5. August 1774 entdeckte,
war der auf ihr befindliche Vulcan in voller Thätigkeit begriffen. Sein abgestutzter Kegel, von aller Vegetation entblösst,
mag eine Höhe von 430 Par. Fuss besitzen und liegt beinahe
zwei Stunden von der Küste entfernt. Der Feuerberg befindet sich auf der Südostseite der Insel, am Ende einer mässig
hoch ansteigenden Hügelreihe, hinter welcher eine Gebirgskette von wenigstens doppelter Höhe sich hinzieht. Solfataren
und heisse Quellen sind auf Tanna gar häufig und wahrscheinlich ist auf der Insel selbst die vulcanische Hauptverbindung
zu suchen und auch wohl zu finden; s. *James Cook, a voyage
towards the South-Pole and round the world*. London 1777. 4.
II, 50—64. Auch *d'Entrecasteaux* sah diesen Vulcan im April
1793 Dampf und Rauch ausstossen; s. *Labillardière, Voyage
à la recherche de la Pérouse etc.* Paris. An. 8. 4to. T. II, 180.
Er liegt im 19° 30′ südl. Br. und 169° 38′ östl. L. v. Greenw.

3. Ambrrym.

Gleich dem vorigen zur Gruppe der Neuen Hebriden gehörig. Sie liegt östlich von der grössern Insel del Espiritu
Santo im 16° 15′ s. Br. und 168° 20 östl. L. von Greenw.
Forster sah weissen Rauch aus den Bergen sich erheben und
die Insulaner versicherten, dass Feuer aus ihren Gipfeln hervorbreche. Bimssteine bedeckten die Ufer von Mallicollo, dem
Vulcane gegenüber.

4. Vulcano-Insel bei Santa Cruz.

Mendanna scheint der erste Reisende zu seyn, welcher
auf der Vulcan-Insel bei Santa Cruz einen Feuerberg im
J. 1595 in Ausbruch begriffen sah, eine Erscheinung, die in
der nachfolgenden Zeit sich öfters wiederholte, jedoch auch
mit langen Zwischenräumen von Ruhe abwechselte. Der Vulcan soll nur die geringe Höhe von 200 Fuss besitzen und als ein
nackter, von aller Vegetation entblösster Berg erscheinen. Als
Carteret ihn im J. 1767 beobachtete, entstiegen dem Innern

seines Kraters mächtige Dampfsäulen, während *Wilson* 30 Jahre später Flammen hervorbrechen sah; sie schienen periodisch nach ungefähr 10 Minuten aufzulodern und hielten einige Minuten lang an. Als im J. 1793 *d'Entrecasteaux* sich einige Zeit auf dieser Insel aufhielt, befand sich der Vulcan in vollkommener Ruhe. Seine Lage ist 10° 23′ 35″ s. Br. und 165° 45′ 30″ östl. L. von Greenw.

5. Sesarga.

Ein Vulcan in der Nähe einer der südlichsten der Salamons-Inseln. *Mendanna* hat diese Insel entdeckt. Nach ihm soll aus der Mitte derselben sich ein sehr hoher Feuerberg erheben und stets Rauch und Dampf ausstossen. Man hat jedoch späterhin diesen Vulcan nicht wieder auffinden können und *d'Entrecasteaux (Voyage etc.* I, 387) meint, er müsse im Norden von der Strasse Indispensable und von Guadalcanar gesucht werden, während *Burney (Discoveries in the South-Sea.* I, 280) es wahrscheinlich macht, der Lammasberg auf der südwestlichen Spitze von Guadalcanar, unweit des Cap's Henslow sey identisch mit jenem Vulcan. Nach *Shortland* (in *Zimmermann's* Australien. I, 301) soll dieser Berg höher als der Pic von Teneriffa seyn, indess *d'Entrecasteaux* seine vulcanische Natur nicht zu erkennen vermochte, da dichte Wolkenmassen sein Haupt umschleiert hatten. Seine Lage ist 9° 58′ s. Br. und 160° 21′ östl. L. von Greenw.

6. Neu - Britannia.

Wir treffen in dieser Gegend zwei Vulcane an, von denen der eine auf der Insel selbst, der andere aber im Glocester-Canal sich findet.

Dem erstern begegnet man am Eingange des St. Georg's-Canal, welcher die Insel Can von Neu-Britannia trennt. Als *Dampier (Voyage etc.* 1729. III, 208) ihn sah, stieg aus dem stark zugespitzten Gipfel dieses, wie es scheint, hohen Vulcans Rauch in hohen Säulen empor. Wahrscheinlich ist es wohl derselbe, den auch *Carteret* und *Hunter* sahen und seine Lage genauer bestimmten. Nach ihnen ist seine Lage 5° 12′ s. Br. und 152° östl. L. von Greenw.

Auf der entgegengesetzten Seite, oberhalb des Glocester-Canals, welcher Neu-Britannia von Neu-Guinea von einander

scheidet, beobachtete *Dampier* (a. a. O. III, 218) im April
1700 einen andern Vulcan, aus dessen Gipfel Flammen in
Zwischenräumen von einer halben Minute unter donnerähnlichem Getöse hervorbrachen. Beim grössten dieser Ausbrüche
erhob sich eine breite Flamme mit lautem Brüllen wohl 20 bis
30 Ellen hoch und dann wälzte sich ein Feuerstrom von der
Seite des Berges herab, der bis an das Gestade des Meeres
gelangte. Dicker, schwarzer Rauch stieg dabei hoch in die
Lüfte empor. Nach *Labillardière (Voyage etc.* I, 285) verhielt sich im
J. 1793 *Dampier's* Vulcan vollkommen ruhig; statt seiner aber
war ein anderer Vulcan, fast mit ganz gleichen Erscheinungen,
auf einer kleinen benachbarten Insel einige Meilen südlich in
grösster Thätigkeit. Dicke Rauchsäulen stiegen periodisch
aus seinem Gipfel hervor, Lavaströme ergossen sich bis in's
Meer und verwandelten schnell sein Wasser in weisse, glänzende Dampfwolken. Der Rauch stieg während des Ausbruchs
weit über die höchsten Wolken empor. Wahrscheinlich ist
die Lage dieses letztern 5° 32' 20" s. Br. und 148° 6' östl.
L. von Greenw.

Labillardière erzählt ferner (a. a. O. I, 235), dass auf
den wenig entfernt liegenden Admiralitäts-Inseln sich Obsidian
vorfinde, der von den Insulanern zu schneidenden Werkzeugen
verwendet werde.

7. Neu-Guinea.

Nach *Dampier (Voyage etc.* III, 223) befindet sich auf
der Nordküste dieser Insel ein brennender Vulcan, zwei Meilen
von dem Gestade entfernt. Er zeichnet sich vor den übrigen,
ebenfalls hohen und nahe gelegenen Insel-Bergen durch seine
abgerundete und spitz zulaufende Gestalt aus und macht sich
dadurch leicht kenntlich. Ein anderer Vulcan soll, zwölf Meilen
vom festen Lande entfernt, zwischen kleinern Inseln gelegen
seyn. Mehrere Seefahrer, als *Schouten, le Maire* und *Dampier*,
haben diesen Vulcan und noch zwei andere Inseln im rauchenden Zustande gesehen, jedoch ihre Lage nicht näher bestimmt.
Bis jetzt sind sie auch noch nicht wieder aufgefunden worden.

Der letztgenannte Reisende erzählt ferner (a. a. O. III,
225), er habe am 17. April des J. 1700, nachdem er Schou-

tens- und Providence-Island verlassen, auf dem Festlande einen
sehr hohen Berg gesehen, aus dessen Gipfel sich eine starke
Rauchsäule erhob. Am Nachmittage sah er King-Williams-
Island. Dieser Vulcan kann nur auf der äussersten westlichen
Spitze von Neu-Guinea gelegen haben, doch bemerkte ihn
späterhin weder *d'Entrecasteaux*, noch *Forrest*.
Zuletzt soll auch die, unter $9^\circ 48'$ s. Br. und $140^\circ 19'$
östl. L. von Paris, in der Torres-Strasse gelegene Cap-Insel
einen Vulcan enthalten, welcher von Capt. *Bampton* entdeckt
worden ist; s. *L. von Buch*, Abhandl. der physical. Cl. der
Acad. zu Berlin aus den J. 1818—19. S. 53. Im J. 1793
sah *Bampton* den Vulcan, dieser in vollem Ausbruch begriffen.
Die Reihe dieser Feuerberge vereint sich nun an der Westseite von Neu-Guinea mit zwei andern höchst merkwürdigen
Reihen zu einem wahren vulcanischen Knoten. Es sind dies
die Reihen der Vulcane der Sunda-Inseln einerseits, so, wie
die der Philippinen und Molucken anderseits, die ihre Richtung
von Norden herunter nehmen.

Die Sunda-Vulcane ziehen sich in fast unglaublicher Anzahl — nach *Junghuhn* giebt es allein auf Java nahe an 50
thätige Vulcane — stets auf den äussersten Inseln fort, durch
Java und Sumatra herauf, und verlieren sich erst im bengali-
schen Golf.

Auf gleiche Weise steigt die Reihe der Molucken und
Philippinen nach Japan hinauf und umfasst Asien auf der
Ostseite.

Reihe der Sunda-Inseln.
§. 29.

Wir beginnen hier mit den kleinern, in östlicher Richtung
von Java gelegenen Inseln und schreiten dann in westlicher
Richtung vor, indem wir auf diese Weise nach Java, Sumatra
und den Andamanen gelangen.

1. Die Insel Amboina.

Amboina besteht bekanntlich aus zwei Inseln, einer grössern, welche unter dem Namen „Hitoe", und einer kleinern,
welche unter dem Namen „Leytimor" bekannt ist. Diese letztere soll nach *L. von Buch* (Canar. Inseln, S. 364) aus Bergen von kleinkörnigem Granit, eher wohl aus Trachyt bestehen.

17

Der auf der grössern Insel befindliche Vulcan heisst Wawani und liegt unter 3° 40′ s. Br. und 126° östl. L. von Paris, im westlichen Theile derselben, zwei Meilen vom nördlichen Strande entfernt. Er erscheint als ein steiler und hoher Berg und hatte im J. 1674 einen sehr heftigen Ausbruch, wobei er sich an zwei verschiedenen Enden spaltete, nachdem ein heftiges Erdbeben die Insel tief erschüttert hatte. Die sich herabstürzenden Lavaströme flossen bis in das Meer und grosse Stücke Landes versanken hierbei, namentlich wurde ein Dorf mit allen Einwohnern in die Tiefe versenkt. Im J. 1694 soll der Vulcan auf's Neue gebrannt haben, ohne dass man etwas Näheres darüber erfahren hat. Nach *Labillardière* soll die Insel häufig durch Erdbeben leiden und namentlich im J. 1783 heftig erschüttert worden seyn. Im J. 1797 litt Capt. *Tuckey*, als er zehn Monate lang auf der Rhede von Amboina lag, sehr durch unerträgliche Hitze und erstickenden Dampf, die sich aus einem benachbarten brennenden Vulcan entwickelten. Im J. 1816 öffnete sich ein Krater, aus welchem im J. 1820 Ausbrüche erfolgten. Am 18. April 1824 brach ein neuer Krater auf und brannte noch am 14. Mai desselben Jahres. Wahrscheinlich geschah dieses in der Nähe von Wawani.

Auf der im Nordosten von Amboina gelegenen Insel Oma sollen sich Thermal-Quellen befinden.

2. Gunong-Api auf Gross-Banda,
unter 4° 30′ s. Br. und 127° 40′ östl. L. von Paris.

In der Sprache der Malayen bedeutet das Wort einen Feuerberg. Die Insel, deren Areal fast nur aus diesem Vulcan besteht und zur Gruppe der (zehen) Banda-Inseln gehört, liegt gegen Westen von Neira, und der zwischen beiden befindliche Kanal ist so eng, dass man beinahe mit einem Stein von einer Insel zur andern werfen kann. Das Eiland dürfte kaum ½ Meile im Umfang haben. Die Abhänge des Berges sind überall mit Buschwerk bedeckt. Obgleich dieser Vulcan nach *Tuckey* nur die mässige Höhe von 1828 Par. Fuss besitzt, so scheint er doch in steter Thätigkeit zu seyn und schon aus den Jahren 1586, 1598 und 1609 sind Ausbrüche von ihm bekannt. Einer der heftigsten erfolgte in den Jahren 1615 und 1629. Diesem letztern ging ein heftiges Erdbeben voran;

mächtige Lavaströme entquollen dem Berge während der Jahre
1632 und 1683. Am 22. Novbr. 1694 entstiegen seinem Gipfel
hohe Flammen unter dem Geheul eines rasenden Sturmes.
Während dieses Vorgangs erhob sich der Boden des Meeres
bis nahe an die Oberfläche des letztern, indess Flammen aus
der Wasserfläche empordrangen und die See so heiss war, dass
sie kaum befahren werden konnte. Auf den benachbarten Inseln war der sich überallhin verbreitende Schwefelgeruch fast
unerträglich und hatte heftige Krankheiten zur Folge. Spätere
Ausbrüche erfolgten in den Jahren 1765, 1775, 1778 und 1820.
Diesen letztern hat *van der Boon Mesch* (in seiner *diss. de in-
cendiis montium igni ardentium insulae Iavae eorumque la-
pidibus.* Lugd. Bat. 1826) sehr ausführlich beschrieben; s. auch
Poggendorff's Ann. der Phys. XII, 506., desgl. *Epp,* in
Leonhard's Jahrb. für Min. etc. 1844. S. 786.

Der Ausbruch erfolgte im Juni. Auf der Westseite der
Insel, welche letztere von diesem Vulcan fast ganz allein gebildet wird, befand sich damals noch eine weite, vom Meere
erfüllte Bucht. In dieser erhob sich eine Masse schwarzen
Gesteins, welches gegenwärtig ansehnlich über die Meeresfläche
hervorragt und, die genannte Bucht ausfüllend, sich mit dem
Fusse des Berges verband. Merkwürdig genug erfolgte jene
Erhebung des Bodens ohne alles Geräusch und die Bewohner
der benachbarten Insel Neira, welche auf der entgegengesetzten Seite des Berges liegt, erhielten von dieser Erscheinung
erst Kenntniss, als sie das Meer sich erhitzen sahen und die
Erhebung schon vollendet war. Im folgenden Jahre war der
Boden noch sehr stark erwärmt und die neu erhobene Masse
stiess siedend heisse Dämpfe aus. Die Bergmasse bestand aus
Basalt, ohne Vermischung mit Asche und Lapilli. An der
Basis des Gunong-Api konnte man deutlich sehen, dass der
grösste Theil dieser Felsarten aus dicken Schichten bestand,
welche eine geneigte Lage hatten, und zwar so, dass die Mitte
derselben aufgerichtet und gekrümmt erschien. Leider finden wir
nicht erwähnt, ob die Erhebung gleichzeitig, kurz vor oder nach
dem Ausbruch des Vulcans erfolgte; auch erfährt man nichts
von der ungefähren Höhe, zu welcher sich die neu entstandenen
Felsen über die Meeresfläche erhoben; doch scheint der Gunong-
Api ganz ruhig gewesen zu seyn, als jene Erhebung erfolgte.
17*

Ein gleichartiges Ereigniss trug sich übrigens noch um jene Zeit an der Küste von Ternate zu. Die Masse des dort emporgehobenen Gesteins war völlig dieselbe wie auf Banda. Sie ragt am Abhange des Berges dieser Insel aus dem Meere hervor; ihr Umfang ist noch grösser, aber die Zeit, in welcher diese Erhebung erfolgte, ist nicht bekannt.

3. Die Insel Sorea.

Heisst auch Siroa und bei *Valentyn* Ceroewa. Nach *L. von Buch* ist ihre Lage 6° 30′ s. Br. und 130° 50′ östl. L. von Greenw. (148° 29′ von Ferro). Auf dieseim Eiland soll im Juni des J. 1693 ein Vulcan gleichen Namens mit der Insel nach vorausgegangenen heftigen Erdbeben einen sechs Tage lang dauernden Ausbruch gehabt und feurige Lavaströme ergossen haben, dann aber in sich selbst zusammengestürzt seyn, so dass an seiner Stelle ein feuriger See entstand, welcher beinahe den halben Raum der ganzen Insel einnahm und sich stets vergrösserte. Dadurch wurden endlich die Bewohner der Umgegend genöthigt, über das Meer zu flüchten. Die Erdbeben, welche vor dieser Katastrophe die Insel so sehr heimgesucht, hörten nach derselben auf. Als indess der Feuersee durch unaufhörliche Einstürze auch gegen die Seite des Dorfes Woroe sich ausdehnte, so wurden auch hier die Menschen zur Flucht genöthigt. Sie verliessen daher alle die Insel und flohen nach Amboina.

4. Die Insel Nila.

Sie liegt unter 6° 56 s. Br. und 127° 3′ östl. L. von Paris, in südwestlicher Richtung von der vorigen, in geringer Entfernung, und erscheint in hoher, imponirender Gestalt. Sie enthält nicht nur eine Solfatara, sondern auch einen thätigen Vulcan, der nach *Horsburgh* auf der Ostseite der Insel liegen soll.

5. Die Insel Damme.

Südwestlich von Nila gelegen, in 7° 20′ s. Br. und 126° 16′ östl. L. von Paris. Sie soll einen sehr grossen Vulcan enthalten, wie *Valentyn* berichtet.

6. Gunong-Api.

In westlicher Richtung von Damme, etwas nach Norden zu, unter 6° 35′ s. Br. und 124° 20′ östl. L. von Paris. Eine kleine Vulcan-Insel, kaum eine Meile im Umkreise habend, von hoher Gestalt, dabei jedoch sanft über die Meeresfläche sich erhebend. Nach *Dampier* (a. a. O. III, 180) ist der Gipfel des Vulcans in zwei Pic's getheilt, zwischen denen sich zur Zeit der Beobachtung eine ausserordentliche Menge Rauch erhob, mehr, als er bei irgend einem andern Vulcan wahrnahm. Der Berg soll schon in einer Entfernung von 15 Seemeilen gesehen werden können.

7. Die Insel Pontare (Pantar).

Auf dieser sehr hohen und ungefähr 25 geogr. Meilen langen Insel finden sich nach *Tuckey* (a. a. O. III, 382) drei hohe Pic's, deren einer ein Vulcan ist. Sie bilden die Basis eines Dreiecks; der auf der Ostseite befindliche ist wahrscheinlich der höchste. Er liegt in 8° 25' s. Br. und 122° östl. L. von Paris.

8. Die Insel Timor.

Auf der Ostseite dieser ansehnlichen Insel will man einen Vulcan wahrgenommen haben, über den wir aber nur ungenügend unterrichtet sind.

9. Die Insel Lombatta (Lombten).

Auf ihr erhebt sich ein sehr hoher, runder und spitzer Pic, an der Strasse von Pontare. Schon *Dampier* (a. a. O. III, 235) sah ihn rauchen. Auch *Bligh (Voyage* etc. pag. 235) machte dieselbe Beobachtung hundert Jahre später.

10. Die Insel Flores.

Ist auch unter den Namen „Mangeray" oder „Mandschirey" und „Ende" bekannt. Es machen sich auf ihr drei hohe Vulcane schon aus der Ferne kenntlich, die sich einander vollkommen ähnlich sehen. *Bligh* (a. a. O. S. 246) erkannte den im westlichen Drittel der Insel gelegenen Berg als einen Vulcan; auch bemerkt *Tuckey (Marit. geogr.* III, 382), er habe im südöstlichen Theile der Insel noch einen andern Vulcan bemerkt, welchen er den Berg von Lobetobie nennt, und der unter 8° 35' s. Br. und 120° 28' östl. L. nach der Strasse Flores hin gelegen ist. Der in der Mitte der Insel befindliche Vulcan liegt unter 8° 43' s. Br. und 119° 10' östl. L.

11. Die Insel Sandelbos (Sandalwood).

Nach *Tuckey* soll sich am nordwestlichen Ende der Insel ein Vulcan befinden, den man 20 Seemeilen weit sehen kann, und als ein hoher Pic erscheint. Er liegt unter 9° 20′ s. Br. und 116° 58′ östl. L. von Paris. Bei den Malayen heisst diese Insel bekanntlich Djindana.

12. Gunong-Api.

Eine kleine Insel am nordwestlichen Eingange der Sapy-Strasse, 3—4 geogr. Meilen von Sumbawa entfernt. Der auf ihr befindliche Vulcan erscheint nach *Tuckey* und *Bligh* in der Gestalt zweier scharfer Pic's, noch nicht zwei Seemeilen vom nordöstlichen Ende der Insel Sumbawa entfernt. Die beiden Gipfel liegen in der Richtung von NW. nach SO. neben einander. Den östlichen findet man unter 8° 11′ s. Br. und 116° 45′ östl. L. von Paris. Er führt den Namen „Lava-Pic" bei den englischen Seefahrern.

13. Tomboro auf Sumbawa.

Dieser Vulcan hat eine bedeutende Höhe, zwischen 5- bis 7000 Fuss, und einen ansehnlichen Umfang. Seine Lage ist 8° 20′ s. Br. und 118° östl. L. von Greenw. Im April des Jahres 1815 hatte er einen Ausbruch, welcher als einer der grossartigsten und fürchterlichsten zu betrachten ist, welche die Geschichte der Feuerberge überhaupt aufzuweisen hat. Er fing am 5. April an und dauerte in seiner ganzen Stärke sechs Tage hindurch, worauf der Berg jedoch erst gegen den Monat Julius desselben Jahres ruhiger zu werden anfing. Dieser Ausbruch zeichnete sich durch die ungeheure Menge von Asche aus, welche dabei auf weite Fernen hin geschleudert wurde, eine Erscheinung, welche besonders am 10. April in ihrer ganzen Intensität erschien, indem der ausbrechende schwarze Rauch und Staub in solcher Masse und mit einer so ausserordentlichen Vehemenz ausgestossen wurde, dass Alles umher in tiefe Nacht versank; ja diese Finsterniss erstreckte sich sogar bis Surabaya auf der Ostküste von Java, selbst bis Samanap auf der Insel Madura, wohin die Staubwolken durch den Ostwind geführt wurden, so wie nach Macassar, woselbst sie mit dem Südwinde erschienen. Auf der gegenüber liegenden Insel Lombok wurden 44000 Menschen, ⅔ der Bevölkerung der ganzen Insel, theils unter der Asche begraben, theils durch Hungersnoth vernichtet, weil die Felder zwei Fuss hoch mit Asche bedeckt waren. Der Staub flog bis nach Batavia, weshalb man in dieser Stadt glaubte, ein in Ausbruch begriffener und östlich gelegener javanischer Feuerberg sey die Ursache dieses Phänomens. Die weiteste Entfernung, bis zu welcher die Asche fortgetrieben wurde, ist Bencoolen auf Sumatra, welches nach *L. v. Buch* (a. a. O.) vom Tomboro so weit entfernt ist, als der Aetna von Hamburg, d. h. 240 deutsche Meilen, oder, um mit Miss *Sommerville* zu reden, wie der Vesuv von Birmingham. Bimssteine schwammen wie Inseln auf dem Meere herum, besonders in der Richtung nach Macassar, und drei Lavaströme, welche wahrscheinlich aus Obsidian bestanden, stürzten von dem Berge herab. Sehr merkwürdig war hierbei, dass weder am Berge, noch in seiner Nähe irgend ein Wind oder Luftstrom verspürt wurde. Das Meer war jedoch sehr empört und der an der West-Seite des Vulcans gelegene Ort Tomboro wurde dabei zerstört. Die Fluthen brachen an einer, wahrscheinlich eingesunkenen Stelle der Küste ein, überschwemmten die Stadt und blieben seitdem drei Faden hoch über derselben stehen. An einer andern Stelle, diesem Theile der Küste gegenüber, schien jedoch der Meeresboden eine Erhöhung erlitten zu haben; denn man beobachtete daselbst, wo früherhin die Schifffahrt ganz sicher war, eine Gefahr drohende Untiefe. Bemerkenswerth bei diesem Ausbruche ist ferner noch, dass zu Ternate, woselbst der Donner der Explosionen am 11. April deutlich gehört wurde, sich keine Asche und kein Staub bemerklich machte; eben so wenig verspürte man irgend eine besonders auffallende Trübung der Luft. Dieser Vulcan ist auch unter dem Namen des Aronsberges bekannt.

14. Die Insel Lombok.

Der auf ihr befindliche Vulcan soll nach *Tuckey* eine isolirte Lage haben und eine Höhe von 7500 Par. Fuss besitzen. Man bemerkt ihn unter 8° 21′ s. Br. und 114° 6′ östl. L. von Paris, im nördlichen Theile der Insel. Auf seinem Gipfel befindet sich ein grosser Krater, der jedoch seit langer Zeit keine Eruptionen gehabt hat.

15. Bali-Pic

auf der Insel Bali, welche bekanntlich durch eine, etwa nur eine engl. Meile breite Strasse voo Java getrennt ist. Der Vulcan liegt unten 8° 24′ s. Br. und 113° 4′ östl. L. von Paris, in der Landschaft Karang-Assam und soll nach *v. Hoff* (a. a. O. II, 439) im J. 1808 einen heftigen Ausbruch gehabt haben, auch die Insel in früherer Zeit (in welcher?) in Folge einer gewaltsamen Katastrophe — zufolge einer Tradition der Javaner — von Java getrennt worden seyn.

16. Die Insel Java (Djava).

Sie ist in Hinsicht auf vulcanische Erscheinungen unstreitig eine der merkwürdigsten Inseln der Erde. Wohl nirgends in der Welt findet man auf einem verhältnissmässig so kleinen Raume eine so überaus grosse Anzahl thätiger und erloschener Feuerberge als hier. Nach *Horner* (in *Leonhard's* Jahrb. für Min. etc. 1838. S. 11) dürfte die Zahl dortiger Vulcane, sowohl der activen, als der über und unter der Meeresfläche erloschenen, wohl mehr als 100 betragen. Die ganze Insel ist gedrängt voll davon; jedoch waren wohl, wie noch jetzt, nicht viele zu gleicher Zeit thätig. Die Vulcanen-Kette, welche die Insel ihrer ganzen Länge nach durchzieht, wird ungefähr in ihrer Mitte scheinbar durch das aus Grand, Sand und auch aus anstehendem Gestein bestehende Thal des Flusses Solo, welcher an der Nordküste des Eilandes sich in's Meer ergiesst, unterbrochen. Nach *Reinwardt* und *Junghuhn* ist unter den vulcanischen Gebirgsarten Trachyt, und zwar in zahllosen, zum Theil höchst interessanten Varietäten auftretend, vorherrschend. Weniger ist dieses mit dem Basalte der Fall. Die übrigen Felsarten bestehen meist nur aus Bruchstücken oder aus grössern und kleinern, mehr oder weniger fest verbundenen Körnern von Feldspath, Hornblende, Augit und Magneteisen. Hin und wieder scheint auch Phonolith aufzutreten. Die Trachyte, bisweilen von dem Ansehen rosenrother oder grauer Domite, bilden zum Theil Ströme, zum Theil Massen aneinander gehäufter Dome, haben oft eine weisse Farbe und sind nicht von Dammerde oder Humus bedeckt. Dennoch prangt auf ihnen meist die üppigste Vegetation, hervorgelockt durch die feuchtwarme Beschaffenheit des tropischen Himmels.

Die javanischen Feuerberge liegen meist im Innern der Insel, nur selten in der Nähe der Meeres-Küste. In frühern Zeiten mag dies mehr der Fall gewesen seyn, aber das Eiland unterlag nach und nach vielfachen Veränderungen seiner Ge-

stalt und wurde besonders an der nördlichen Küste mit einem
breiten Streifen neuerer Formationen umgürtet. Dieses Gebiet vergrössert sich von Jahr zu Jahr durch meerische Alluvionen, durch Absätze, welche Giessbäche ohne Unterlass liefern, so wie durch häufige, von grossen Regengüssen veranlasste
Ueberschwemmungen. Besonders deutlich tritt dies Phänomen
in dem Kanale zwischen der grossen Insel Madura und der
kleinen Telango auf. Letztere ist nichts Anderes, als ein über
die Meeresfläche erhobenes Korallen-Riff. Bis 20 Fuss hoch
trifft man den lebenden gleiche Korallen-Massen an, fast nur
aus Asträa- und Mäandrina-Arten bestehend, in deren Höhlungen oft viele calcinirte Muscheln von hier lebenden Arten
liegen. Aus demselben Stoffe bestehen auch die Küsten von
Madura und allen benachbarten kleinen Inseln. Im Innern
der Korallen-Massen verliert der Kalkstein sein poröses Ansehn, nimmt eine dichte Beschaffenheit, so wie eine gelbliche
Farbe an und wird dadurch manchen Jurakalken ähnlich. —
Fluth und Brandung werfen an vielen Stellen eine Menge
Conchylien und Korallen-Fragmente an's Ufer. Das durch
tobende Stürme gepeitschte Seewasser wird schaumartig vom
Winde weit über die Küste geführt, verdunstet und lässt
seinen kohlensauren Kalk fahren, der dann diese ausgeworfenen Substanzen cementirt. Dicht am Strande findet man daher ein grobes Conglomerat von Korallen und Muscheln, darüber und entfernter von der Küste ein mürbes Gestein, aus
mehr zerkleinten Fragmenten bestehend, das oft täuschend
dem Pariser Grobkalke und, bei feinstem Korne, dem Maestrich-
ter Sandsteine, ja selbst der Kreide ähnlich sieht. Stellenweise erlangt dies Gebilde an 20 Fuss Mächtigkeit.

An der Südküste von Java findet man viele Kalksteine,
bisweilen grosse Höhlen umschliessend, in denen die Hirundo
esculenta L. nistet; sie ruhen entweder auf vulcanischen Gebilden, oder lehnen sich an dieselben an, und wurden mit
denselben wahrscheinlich aus der Meeres-Tiefe emporgehoben.
In der Provinz Bantam wurden von *Horner* zwischen den
kleinen Flüssen Tjorsik und Tjiliman Hornblende-Gesteine und
rothe Porphyre nachgewiesen. Besondere Beachtung verdient
das Vorkommen von Granit-Geschieben in den Flüssen an
der südlichen Küste von Bantam und die Gegenwart von

Granit-Blöcken im District von Jassinga. In einigen andern, in die Südsee fallenden Flüssen fand *Horner* ausser granitischen auch syenitische und dioritische Geschiebe, die wohl von den vulcanischen Massen aus dem Erdinnern mögen emporgetrieben worden seyn. Es waren dies Gesteine derselben Art, wie sie einen grossen Theil der, gleichsam eine continentale Gebirgsmasse bildenden Inseln Sumatra, Banka, Biliton, Borneo und West-Celebes zusammensetzen. Um diesen Continent zieht sich ein Kranz feuerspeiender Berge vom westlichen Sumatra über Java u. s. w. bis nach den Philippinen und weiter hin.

Kehren wir nun wieder nach Java zurück, so finden wir, dass durch die erwähnten Alluvial-Massen allmählig im ganzen Umfange des Eilandes sich ein ungleicher Gürtel neuerer Gebilde ansetzt, der sich zuweilen auch in's Innere erstreckt und zwischen den Provinzen Batavia und Kramang seine grösste Breite erlangt. Die Stadt Batavia selbst liegt auf diesem Alluvial-Gebiet. Wie mächtig sich das Ufer hier vergrössert, geht aus dem Umstande hervor, dass die alte Stadt zur Zeit ihrer Gründung das Meer berührte, während dieselbe heutigen Tages bei niedrigem Wasserstande bereits etwa 500 Ruthen davon entfernt ist.

Andere neptunische Bildungen unterhalb dieser Alluvial-Massen, denen daher ein höheres Alter zukommen dürfte, bestehen aus Thon, kalkhaltigem Sandstein und Kalkstein, in Wechsel-Lagerung mit vulcanischen Massen. Sie alle umschliessen Conchylien, welche, mit geringen Ausnahmen, sich in einem Zustande der Calcination befinden, der sie nicht aufzubewahren gestattet. Auch Foraminiferen, ähnlich den Milioliten und Rotaliten, kommen darin vor und *Sowerby* glaubt auch eine Cypris unter ihnen erkannt zu haben. Die Kalke enthalten gewöhnlich Polyparien (Asträen, Caryophyllien etc.) und erinnern an die Tertiär-Kalke des Vicentinischen, wie jene Kalksandsteine mit vulcanischen Bestandtheilen an die Molassen des Bellunesischen. *Deshayes* (s. *Bull. géol.* 1834, IV. 218—221) hat die eben erwähnten Conchylien untersucht und unter etwa 20 Arten 10 gefunden, welche identisch mit solchen sich erwiesen, wie sie noch jetzt im indischen Meere leben. Das Gebirge, welchem sie angehören, ist *Deshayes* der Subapenninen-Formation beizuzählen geneigt.

Gehen wir nun zur Betrachtung der einzelnen Feuer-berge über und folgen wir dabei der Richtung von Osten nach Westen.

1. Tashem-Idjeng. So heisst er bei *Raffles (History of Java)*. Irrthümlich kommt er auch unter dem Namen „Ta-laga-Wurung" vor, allein dies ist vielmehr ein in der Nähe des Tashem sich findender, am Cap Sedano gelegener Basaltberg, der, so viel bekannt, kein Feuerberg ist.

Der Tashem ist der östlichste unter den Vulcanen auf Java und besitzt eine Höhe von 6000 Fuss. Er liegt südlich von Panarukan in der Provinz Banya Vagni. Sein an vielen Stellen von senkrechten Felsen umgebener Krater senkt sich nach *Leschenault* von Oben 400 Fuss tief herab, hat an 3000 Fuss im Durchmesser, ist aber unten kaum halb so breit. Alle ihn umgebenden Felsen besitzen eine weisse Farbe und eine zackige Gestalt. In diesem Krater fand man, etwa 20 Jahre nach dem im J. 1796 erfolgten Ausbruche, mehrere hundert Schiffstonnen gediegenen Schwefel. Eine für die damalige Zeit sehr auffallende Erscheinung war ein am Abhange dieses Berges befindlicher, mit Schwefelsäure angefüllter See, aus welchem ein Bach, von derselben Flüssigkeit angefüllt, herab-floss. Dieser See soll 1200 Fuss lang gewesen seyn. Jener Bach heisst „Songi Tahete" (Sauerfluss), bei *Reinwardt* „Songo Pachete". Einige englische Meilen von seinem Ursprunge vereinigt er sich mit einem andern Bach, dem Songi Poutiou, d. h. weisser Fluss, welcher wegen seines milchartigen, trü-ben, aber Menschen und Thieren zuträglichen Wassers so ge-nannt wird. Beide mit einander vereint, laufen dann nord-wärts dem Meere zu.

Auch *Reinwardt* (s. *Poggendorff's* Ann. der Phys. XII, 604) hat diesen See besucht und beschrieben. Er fand ihn von ovaler Form, während sein grösster Durchmesser 2000 rhein. Fuss betrug. Sein durch Schwefelsäure und Salzsäure stark gesäuertes Wasser besitzt die leicht erklärliche Eigen-schaft, von den hineingefallenen und getödteten Thieren sehr schnell die Knochen zu verzehren, während die weichen Theile lange mit dem Ansehen einer vollkommenen Frische erhalten bleiben. Dieser See wurde jedoch im J. 1817 durch einen heftigen Ausbruch des Tashem ausgeleert. *Reinwardt* fand im J. 1821 neben dem alten ausgeleerten Krater einen andern, wahrscheinlich neu entstandenen, welcher unter allen auf Java vorkommenden Krateren einer der grössten ist. Dieser besass gleichfalls auf seinem Boden einen, schwefeligsaure Dämpfe ausstossenden, kleinen See und war ausserdem grösstentheils mit einer feinen, weissen Erde bedeckt. Muthmasslich dieselbe weisse Erde (wohl ein Kaolin oder plastischer Thon) bemerkte *Horsfield* als ein Product der Zersetzung vulcanischen Gesteins durch saure Dämpfe in den Umgebungen des Krater-Sees von Tankuban-Prahu, und er führt dabei ausdrücklich an, dass sie mit den Ausbrüchen mehrerer anderer Vulcane, namentlich des Gédé und des Klut, oft in sehr grosser Menge unter den Auswürflingen vorkomme und sich weit über die entferntern Gegenden verbreite. Bei dem erwähnten Ausbruche des Tashem im J. 1817 hatte das heisse saure Wasser des ausfliessenden Sees besonders in dem Landstriche zwischen dem Berge und der Meeresküste grosse Verwüstungen angerichtet, und man sah noch einige Jahre nachher die durch seine Berührung getödteten Bäume in den angrenzenden Wäldern. An andern Stellen war es mit der ausgeworfenen vulcanischen Asche in Verbindung getreten und hatte einen Schlamm gebildet, der in den höhern Gebirgs-Regionen den Boden 4 Fuss hoch bedeckte.

Leschenault nennt den Tashem „Mont Idienne", *Horsfield* das „Idjengsche Gebergte".

2. Ringgit. Er liegt mehr im Norden, in der Nähe der Küste. *Fr. Junghuhn* (s. dessen Reisen durch Java, bevorwortet von *Nees von Esenbeck*. Magdeburg 1845. S. 355) hat diesen, nun schon seit langer Zeit ruhenden Vulcan im Juli 1838 besucht. Die schroffen Zacken des Ringgit, durch tiefe, senkrechte Spalten von einander getrennt, aber bei aller Steilheit mit üppig vegetirenden Waldbäumen bedeckt, aus deren Grün nur einige nackte, weissgraue Felswände hervorschimmern, machen sich schon aus weiter Ferne bemerkbar. Die Grundmasse des Gebirges scheint aus einem dunkel blaugrauen Trachyt zu bestehen. Nach *Valentyn (Batav. Verhandl.* T. IV. Stuk 1. p. 77) hatte der Gunong Ringgit im J. 1586 einen sehr heftigen Aus-

bruch, wobei drei Tage lang die Sonne verdunkelt war und
nahe an 10,000 Menschen das Leben verloren. Dies war in
den ersten Jahren der Regierung des Senopati, ersten Kaisers
von Mataran. Auch noch am 18. Januar 1597 stiess er grosse,
schwarze Rauchwolken aus, wovon portugiesische Schiffe, welche zu Panurukan landeten, Zeugen waren. Bei dieser Eruption soll der Krater des Vulcans, nach *Raspe's* Angabe *(de
novis inss.* etc. p. 118), in sich selbst zusammengestürzt seyn,
wovon man, wie *Horsfield* sagt, noch zu seiner Zeit sehr deutlich die Spuren sehen konnte. Jetzt aber gleicht dieser Berg
keinem Vulcane mehr, und nur noch ein paar Felsenpfeiler
sind stehen geblieben, als Reste der ehemaligen Grösse des
Felsgebäudes. Nirgends sieht man etwas von einem Krater.
Niemand von den Javanen, welche jetzt den Fuss des Berges
bewohnen, besitzt die geringste Kenntniss von Ausbrüchen
oder andern vulcanischen Erscheinungen, deren Sitz dieser
Berg einst gewesen sey.

3. **Lamongang.** Ein mehr im Innern, in der Mitte der Insel befindlicher Vulcan, der beinahe stets thätig zu seyn scheint.
Durch niedrige, flache Rücken mit den Gebirgszügen des Tingger
und Ijang zusammenhängend, erhebt sich der Lamongang, übrigens isolirt und einsam, zu einem ansehnlichen Kegel. Sein
Gipfel ist nach *Junghuhn* (a. a. O. S. 359) in zwei Kuppen
getheilt, von denen die nördliche nach Süden hin einige hundert Fuss tief steil abstürzt, um sich von Neuem in die zweite
südliche Kuppe zu erheben, deren Abhänge sich gleichmässig
herabsenken und so einen Zuckerhut darstellen, welcher nackt
und kahl über die Wälder emporragt. Seine Spitze, nicht
ganz die Höhe der ersten Kuppe erreichend, ist von einem
Schlunde durchbohrt und bildet einen scharfen, kreisförmigen
Kraterrand, der in Süden und Südwest viel niedriger.erscheint,
als in Norden und Osten.

Der Fuss des Gebirges ist weit und breit von dichten
Wäldern bedeckt, die sich bis in die untere Region des Vulcans verbreiten; über ihnen aber erblickt man kein grünes
Fleckchen mehr, Alles ist öde und kahl und — auffallend
glatt. Von Laven und Sandmassen gleichmässig überströmt,
erheben sich die Abhänge des Kegels, die nur im Norden mit
den schroffen Felsmassen der ersten Kuppe zusammenhängen.

Merkwürdig ist der Lamongang durch eine Menge kesselför-
miger Vertiefungen, die rund um seinen Fuss vorkommen. Es
sind Löcher von 300—1000 Fuss im Durchmesser, aber von
ansehnlicher Tiefe, mit schroffen, steil abstürzenden Wänden.
Sie sind mit süssem Wasser erfüllt und bilden kleine, in tief-
ster Einsamkeit versteckte Seen, sogen. Maare. Die meisten
von ihnen haben weder Zu- noch Abfluss und ihre Ufer, so
steil sie auch erscheinen, sind doch mit so üppiger Vegetation
bedeckt, dass es fast unmöglich ist, anstehendes Gestein zu
entdecken.

Als *Junghuhn* sich dem Krater näherte, schien der Berg
gerade sich in Ruhe zu befinden; plötzlich jedoch — es war
zur Nachtzeit — erhellte sich die Spitze des Vulcans, ein feuriger Klumpen erhob sich schwellend über den Kraterrand
und Dampfwolken fuhren auf, welche diesen Klumpen zertrümmerten, und mit Blitzesschnelle sich aufeinander ballend,
thürmte eine Rauchsäule sich hoch in die Lüfte empor. Ihre
schwarzen Massen waren noch schwärzer als die Nacht, am
Grunde aber erleuchtet, theils vom Widerscheine glühender
Massen, theils von dem feurigen Lichte der Trümmer, welche
sie mit emporgerissen hatten und die nun nach allen Seiten
hin herabfielen. Da flogen Raketen durch die Luft, Funken
sprühten und feurige Regen senkten sich langsam hernieder.

Ein Theil der Trümmer fiel in den Krater zurück, der
grösste Theil aber flog über den Kraterrand hinweg und bedeckte die Abhänge des Berges mit Tausenden von Funken
und röthlich glühenden Flecken, und zwar an manchen Stellen
so dicht, dass der ganze Gipfel wie eine ungeheure glühende
Kohle erschien. Nun erst erhob sich ein donnerndes Gebrüll
und deutlich war das Gekrache der aufschlagenden Steine zu
hören, welche, feurigen Ballen gleich, am Berge herabrollten.
Je tiefer sie kamen, um so mehr erlosch ihr Licht, dessen
Glimmen man nach 2—3 Minuten kaum noch erkannte. Während dem hatte sich auch die Dampfwolke von dem Krater
getrennt, Alles wurde wieder ruhig und nur an einem schwach
feurigen Scheine, der aus dem Krater hervorleuchtete, erkannte
man noch den Gipfel des Berges. Selten hielten die ruhigen
Zwischenzeiten der Eruptions-Paroxismen länger als eine halbe
Stunde an, meistens blos 10—15 Minuten. Ueberhaupt waren

sie von sehr ungleicher Dauer; je länger die Ruhe anhielt,
um so heftiger wurde die nachfolgende Eruption. Das Phänomen erfolgte so oft und so deutlich, dass man sich fast über-
zeugte, alle Lichtentwickelung rühre von dem Scheine glühender Trümmermassen her, welche die Dampfwolke zu Tausenden mit sich in die Höhe trieb und die zuweilen so fein zertheilt waren, dass man sie mit dem blossen Auge einzeln nicht
mehr unterscheiden konnte, und dass daher die ganze Dampfwolke, welche sie enthielt, zu glühen schien. Man sah aber
deutlich, wie solche scheinbare Flammen sich an ihren Spitzen
umbogen und — erlöschend — zurück in den Krater fielen.
Von einer wahren Flamme dürfte daher hier nicht die Rede
seyn, welcher Natur auch die an sich selbst dunkeln, schwarzen Gasarten seyn mochten, welche dem Krater in so grosser
Menge entstiegen. Von elektrischen Erscheinungen gewahrte
man keine Spur. Das regelmässig Periodische in den Ausbrüchen möchte sich vielleicht auf folgende Art erklären lassen.
Der Krater ward von feurig-glühenden, mehr oder weniger
zähflüssigen Lavamassen geschlossen. Unter ihrer Decke sammeln sich die aus der Tiefe empordringenden Gasarten so lange
an, bis ihre Expansivkraft die auf sie drückende Lava zu sprengen vermag. Dann entladen sie sich auf einmal, sie durchbrechen die Lavadecke und schleudern zahlreiche Stücke davon
mit sich in die Höhe. Die meisten dieser emporgeschleuderten Massen fallen jedoch wieder in den Schlund zurück und
schliessen ihn von Neuem, worauf nach einiger Zeit sich das
vorige Spiel wiederholt.

Horsfield (Batav. Verhandl. VII. Stuk 4) sah im Mai 1806
eine Eruption des Lamongang von Lamadjang aus, einem Dorfe
südwärts zwischen dem Semiru und Lamongang. Es stiegen
dabei in Intervallen von 10—15 Minuten Rauchsäulen aus
dem Krater empor; des Nachts war seine Spitze mit einem
feurigen Ring umgeben, woraus von Zeit zu Zeit Flammen
hervorstiegen. Dabei vernahm man ein heftiges, donnerndes
Getöse und weithin vernehmbares Beben der Erde. *Horsfield*
bemerkt hierbei, dass der Vulcan damals nach einer sieben-
jährigen Ruhe auf einmal wieder zu toben angefangen habe.

Der Lamongang hatte ferner am 8. Novbr. 1818 einen
Ausbruch; zu gleicher Zeit verspürte man über die ganze In-

sel hin ein heftiges Erdbeben. *Reinwardt* erzählt, dass zu der
Zeit, wo er sich auf Java befand, der Gipfel des Berges alle
Nächte, gleich einem mächtigen Feuerklumpen, weithin ein
strahlendes Licht verbreitet habe. Aehnliche Feuermeteore
bemerkte *Fritzsche* im J. 1826 an diesem Vulcane.

Die Bewohner der kleinen Dörfer, welche hin und wieder
am Fusse des Berges den Zusammenhang der Wälder unterbrechen, behaupten, dass ihre Vorväter den Berg bereits in
dem Zustande gekannt hätten, wie man ihn jetzt erblicke, und
dass er seit Menschengedenken ununterbrochen geraucht und
Feuer ausgespieen habe. Einige noch jetzt zu Probolingo und
Lamodjang lebende Europäer, welche ein hohes Alter erreicht,
bestätigen dies und versichern, dass der Berg 40 Jahre lang,
seit welcher Zeit sie ihn kennen, stets thätig gewesen sey.

So wäre dies denn einer von den wenigen Vulcanen, welche in stetiger Eruption verharren und nie aufhören, Auswurfsstoffe emporzutreiben. In welcher Beziehung diese ununterbrochene Thätigkeit, diese nie versiegende Wärme-Entwicke-
lung, dieses immerwährende Rothglühen seines Krater-Innern
(bei keinem andern Berge Java's sah *Junghuhn* noch feurige
Gluth) zu der geringen Höhe des Berges steht, ist schwer zu
bestimmen; denn der Lamongang ist, obgleich der thätigste,
unstreitig auch der niedrigste Vulcan der Insel und wahrscheinlich kaum 4500 Fuss über den Meeresspiegel erhaben.

4. Dasar oder Gunong Tingger (Tengger). Nach
Horsfield (Transact. of the Batavian Soc. Batavia 1814. VII)
liegt das „Tingertsche Gebergte" sechs Stunden von Passoe-
roevang entfernt. Den auf der Mitte des Gebirges befindlichen Krater nennt er „Dasar", während er bei *Junghuhn* (a.
a. O. S. 365) unter dem Namen „Gunong Tingger" vorkommt.
Seine Lage ist unterhalb des Lamongang in südlicher Richtung. Unter allen Vulcanen des indischen Archipelagus ist er
sicherlich einer der interessantesten und merkwürdigsten. Nach
Junghuhn (a. a. O. S. 365 ff.) bildet er eine Gebirgsmasse
von sehr grossem Umfange, die von einer centralen, grössten
Wölbung, dem Krater, aus sich fast nach allen Seiten hin
gleichmässig abdacht, so dass ihr Profil einen lang hingezogenen und nach beiden Seiten zu sanft geneigten Rücken
darstellt.

Wenn man von der höchsten Stelle einer tiefen Gebirgsspalte, worin das Dörfchen Wonosari in 5930 Fuss Meereshöhe liegt, in südwestlicher Richtung sich dem Feuerberge
nähert, höher auf den Gebirgswegen hinaufschreitend, so wird
man auf einmal durch einen sehr überraschenden Anblick erfreut; denn vor sich aus der Tiefe leuchtet eine Sandfläche
hervor, öde, kahl, wüst, alles Pflanzenschmuckes beraubt und
dabei so ausserordentlich tief und weit, dass sogar Reiter, welche in ihrer Mitte sich bewegen, nur wie schwarze Puncte erscheinen. Mitten aus diesem Sandmeere erhebt sich ein steiler Berg von vollendeter Kegelgestalt, gleich einem Zucker-
hute und in lauter schmale Leisten gespalten, an denen sich
bis zu einer gewissen Höhe kleine Gebüsche hinanziehen. Ihr
schönes Grün bildet mit der öden Sandwüste den lieblichsten
Contrast. Noch greller sticht mit ihrèm Schmelze die bräun-
lichweisse Farbe eines zweiten, minder hohen Kegels ab, der
sich dem erstern südlich anreiht und dessen äusserer Abhang
durch Hunderte geschlängelter Furchen in kleine Joche getheilt ist, die in das Sandmeer hinablaufen. Sein Scheitel
aber bildet einen weiten Schlund, von einem kreisförmigen,
glatten Rande umgeben, von welchem herab man in die obern
Theile des Schlundes hinabsehen kann.

Jenseits dieser beiden ungleich hohen Kegel erblickt man
noch einige andere Abhänge oder Rücken, welche noch mehrere Schlünde zü umschreiben scheinen und eine zusammenhängende, mannigfach durchfurchte, öde Bergmasse bilden, die
sich bis zur jenseitigen südwestlichen Kratermauer hinzieht.
Rundum ist dieses Sandmeer mit seinen conischen Bergen von
einer hohen, waldbedeckten Wand umgeben, die — nach Innen zu sehr schroff, ja manchmal sogar senkrecht abfallend —
den grössten Theil eines Kreises beschreibt und nur vorn in
NO. geöffnet ist, wo sie eine weite Bergspalte bildet, die sich
an der ganzen nordöstlichen Seite des Tingger herabzieht.
Aber auch hier in NO. ist sie durch eine Wand begrenzt,
deren Fuss nach dem Dörfchen Wonosari hin sich sanft abdacht, nach dem Sandmeere zu aber schroff in eine Felsmauer
abstürzt, die in gerader Richtung von NW. nach SO. die beiderseitigen hohen Bergwände miteinander verbindet. Sie bildet daher gleichsam einen Damm, welcher hier die Oeffnung

des Sandmeeres — das sich sonst unmittelbar in den Grund
der nordöstlichen Spalte fortsetzen würde — schliesst, dessen
Höhe aber weit unter der der beiderseitigen Wände ist, welche, nachdem sie in einer kreisförmigen Linie das Sandmeer
umzingelt haben, sich nach NO. zu hinabsenken und zu beiden Seiten die grosse Spalte schliessen. Die steilen innern
Wände der Rücken, welche das Sandmeer begrenzen, sind
keineswegs glatt und eben, sondern, so jäh, ja senkrecht sie
auch abfallen, ist doch ihre Oberfläche in einzelne schmale
Leisten getheilt, die sich selten in geschlängelter, häufiger in
gerader Richtung an ihnen herabziehen und diesen Wänden
ein eigenthümliches geripptes, höchst sonderbares Ansehen
verleihen. Die meisten dieser Rippen sind einfach und spalten sich nach Unten zu nur selten in mehrere Zweige. Besonders zeichnet sich die rechte Wand durch Hunderte solcher
kleinen Leisten aus, die in schnurgerader Richtung parallel
neben einander an der Wand herablaufen. Alle Felswände
aber, die über den sonstigen Bau des Gebirges Aufschluss geben könnten, sind von der üppigsten Vegetation bedeckt und
dadurch dem forschenden Auge des Geognosten entzogen.

So ungefähr sieht der Krater des Gunong Tingger aus
mit seinen Eruptionskegeln. Das Sandmeer ist der Boden des
Kraters und die kreisförmigen Rücken oder Wände bilden die
Kratermauer. Keine Beschreibung jedoch kann das Eigenthümliche dieses Anblicks in seiner ganzen Grösse und Wahrheit getreu und klar wieder darstellen. Ein meilenlanges, un-
absehbares Sandmeer, auf dessen horizontaler Fläche wirbelnde
Staubwolken in trügerischer Gestalt dahin schweben; schroffe,
schauerlich durchfurchte Kegelberge in dieser Wüste, hoch
aufgethürmt und jeden Augenblick mit dem Einsturze drohend;
sodann vulcanische Schlünde, die sich von den Gipfeln dieser
Kegel in geheimnissvolle, unergründliche Tiefe hinabstürzen, und rings um diese unfruchtbare, öde, unheimliche Wüste, diesen Schauplatz grauenvoller Verödung, sind nun wieder hohe Bergrücken emporgethürmt, mit dunkeln Casuarina-
Wäldern bedeckt, die selbst an ihren steilsten Wänden kühn
emporstreben. Die Meereshöhe des mit Sand erfüllten Kraters beträgt an seiner tiefsten Stelle nach *Junghuhn* (a. a. O.
S. 369) 6540 Par. Fuss, sein grösster Durchmesser von

NNO. nach SSW. vier engl. Meilen. Die grösste Höhe der
Kratermauer schien 700 Fuss zu betragen und die Höhe des
höchsten Eruptionskegels „Gunong Bador" über dem Sandmeer ward zu 500 Fuss angeschlagen. Dieser hat vollkommen die Gestalt eines Zuckerhutes; der zweite, südostwärts
von ihm gelegene Conus „Gunong Bromo" ist etwa nur halb
so hoch. Der Querdamm mag sich 100—200 Fuss über das
Sandmeer erheben. Die Fläche des letztern war mit dem
feinsten vulcanischen Sande bedeckt, der durch die gelinde-
sten Lüfte zu wirbelnden Staubwolken emporgetrieben ward,
und so haben wir hier also mitten in dem Krater eines feuerspeienden Berges das Bild einer africanischen Wüste.

Auf diesem Sandboden waren schwarze Steinmassen umhergestreut. Einige derselben bestanden aus schwarzem Obsidian mit einer Menge eingesprengter grosser, weisser Feldspath-Krystalle; andere bestanden aus einer bimssteinartigen
Masse von gleicher Farbe und offenbar auch von gleichem
Ursprunge. Ja es fanden sich sogar Stücke, die zur Hälfte
noch festen, glasartigen Obsidian darstellten, zur andern Hälfte
aber in solchen schwammig-lockern Bimsstein umgewandelt
waren. Die am Eruptionskegel Bromo vom Rande seines
Schlundes nach allen Richtungen sich hinabschlä gelnden,
nach unten zu breiter werdenden und in mehrere Aeste sich
theilenden leistenartigen Rippen bestehen, so wie der ganze
Kegel, aus nichts als einer Anhäufung von feinem, lockerm
Sand, der aus dem Schlunde herabgeströmt ist und sich oberflächlich mit einer dünnen, kaum ein paar Linien dicken Kruste
überzogen hat. Die Farbe dieser Kruste ist es, welche dem
Kegel sein weisslich-falbes Ansehen verleiht. — Während
sich auf den schmalen Sandrücken des benachbarten Bador,
auf Rücken, die in gerader Ausstreckung wie die Strahlen
eines Regenschirmes herablaufen, bereits einige Vegetation
bis über die Hälfte seiner Höhe hinauf angesiedelt hat, —
man bemerkt an seinem Fusse einige junge Casuarinen und
höher oben Pteris-Arten und Acacia-Gebüsch, — so ist der
Bromo völlig nackt und kahl, ohne auch nur einen Grashalm
hervorzubringen. Sein Rand läuft sehr schmal und scharf zu
und beschreibt eine ziemlich kreisförmige Linie, die sich nach
Aussen zu in den steilen Abhang des Hügels fortsetzt, nach

18*

Innen zu aber einen Schlund bildet, in welchen man nur mit
Schauder hinabsieht. Es ist ein vollkommen runder Trichter
mit glatten, schroffen Wänden von weissgelber Farbe, der in
eine furchtbare Tiefe hinabreicht. Seinen tief untersten Grund
erfüllt ein See von bläulich-weissem oder spangrünem Wasser,
dessen Oberfläche ununterbrochen dampft. Die geringe Weite
dieses Trichters bei seiner grossen Tiefe, die schroffe, fast
senkrechte Neigung seiner Wände, die keines Menschen Fuss
betreten kann, die schwache Beleuchtung des Sees, dessen
Wasser kaum durch den sich entwickelnden Schwaden hin-
durchschimmert, und dann der unsichere Boden seines Randes, der nur aus Sand aufgethürmt ist und jeden Augenblick
einzustürzen droht, Alles dies verhindert den Gebirgsforscher,
diese gefahrdrohende Stelle genauer zu untersuchen. Mittelst
des Fernrohrs bemerkte *Junghuhn* jedoch auf dem Spiegel des
Sees eine schwarze Masse, die stets ihre Gestalt und Lage
änderte. Vielleicht waren es Bimsstein-Massen, doch konnte
man über ihre sonstige Natur nichts weiter erkunden. Die
obere Oeffnung des Trichters mag 300 Fuss und sein Grund
200 Fuss im Durchmesser haben.

Ein dritter Eruptionskegel, der sich südwärts hinter dem
Gunong Bador erhebt, zeichnet sich besonders durch die grosse
Schmalheit seiner geradlinig-parallel neben einander herabzie-
henden Joche aus, deren Kamm so scharf zuläuft, dass das
Durchschnitts-Profil der Joche ein Dreieck bildet.

Der Eruptionskegel Bromo oder Brama hat nach *Horsfield (Batav. Verhandl.* VII. Stuk 4) im September des J. 1804
einen heftigen Ausbruch gehabt, sodann wieder in den Jahren
1815 und 1825, nach der Angabe des Residenten zu Passuruan.
Weitere Auswürfe erfolgten im November des J. 1829; unter
Anderm war am 11. Novbr. die Luft so mit Asche erfüllt,
dass des Mittags um 1 Uhr völlige Finsterniss herrschte.· Die
dem Schlunde entsteigenden Rauchwolken qualmten, wie die
des Lamongang, in Zwischenräumen von $\frac{1}{2}-1$ Stunde, hohe,
geballte Säulen bildend, empor. Eine ähnliche Erscheinung
bemerkte *Fritze* im J. 1835; allein im März 1838 hörte er
plötzlich zu rauchen auf und füllte sich mit Wasser. Dies
auffallende Phänomen wurde zuerst am 1. März von den Bewohnern des Berges wahrgenommen, die — ursprünglich dem

Religions-Cultus der Buddhisten anhängend und den Eruptionskegel göttlich verehrend — sich im Krater versammeln wollten, um dem Bromo Opfer zu bringen. Im Anfange war die
Wassermenge nur sehr gering und hatte eine hellgrüne Farbe,
allein nach und nach nahm sie mehr zu, färbte sich kobalt-
blau und bildete den gegenwärtigen See, dessen Oberfläche
gelinde siedet, gleich kochendem Wasser. In neuester Zeit
scheint jedoch die vulcanische Thätigkeit dieses Terrains schwächer geworden zu seyn, denn der See hat jetzt ein mehr ru-
higes Ansehen, welches an die schönen Schwefelseen des Patuha und Telagobodas erinnert.

In Betreff des geognostischen Baues des Gunong Tingger
und seiner nächsten Umgebungen verdient zuletzt noch bemerkt zu werden, dass sein Grundgestein, so wie das aller
Vulcane Java's, nach *Junghuhn's* Zeugniss aus Trachyt besteht.
Die mehrfach erwähnte grosse nordöstliche Spalte ist mit zahlreichen Rücken ausgefüllt, die oben am Querdamme beginnen
und, neben einander sich herabschlängelnd, sich nach Unten zu
immer mehr ausbreiten. Es sind aus Obsidian bestehende
Lavaströme, welche über den Trachyt herabgeflossen. Ihre
Bildung gehört einer der ältesten und frühesten Wirkungs-
Epochen des Vulcanes an, da sie von Trümmergestein und
Sandschichten bedeckt sind, welche von Oben herabgefallen
oder herabgeregnet zu seyn scheinen, da sie sowohl die Firsten, als auch die Abhänge aller Rücken (Ströme) gleich hoch
bedecken und stets einen der Neigung und Form dieser Rücken gemässen Fall haben. Nur an sehr wenigen Stellen, wo
die Abhänge der Rücken so steil sind, dass keine losen Massen auf ihnen liegen bleiben konnten, gehen die Laven zu
Tage aus, die man sonst nur im tiefsten Grunde der Klüfte,
wo der Sand durch die Bäche weggespült ist, entdeckt. Zuerst liegt auf ihnen eine 3—5 Fuss mächtige Schicht von erb-
sen- bis apfelgrossen Lapilli, einen schwarzgrauen Bimsstein
obsidianischen Ursprungs darstellend, denen auch wirkliche
Obsidianstücke eingestreut sind; dann kommt die Sandschicht,
welche, in einer Mächtigkeit von 6—20 Fuss und darüber, die
oberste Decke fast des ganzen Gebirges ausmacht. Der Sand
löst sich, so wie er betreten wird, in Staub auf und gehört
unstreitig der jüngsten Thätigkeits-Periode des Vulcans an,

einer Zeit, in welcher die drei Eruptionskegel gebildet wurden; denn diese bestehen, wie wir bereits gesehen haben, ebenfalls ganz und gar aus Sand, der aus vorhandenen Spalten oder Löchern des Kraterbodens in die Höhe getrieben wurde und einen Rand um diese Löcher bildete, der sich immer mehr vergrösserte, je mehr Sandmassen aus der Mitte aufstiegen und überströmten. So entstanden, wie es scheint, jene Schornsteine, deren innere Wände durch die Feuchtigkeit und besondere Natur der aufsteigenden Dämpfe cementirt wurden und eine gewisse Festigkeit erhielten. Nach den Fortschritten der Vegetation auf ihren beweglichen Sandabhängen zu urtheilen, ist der Gunong Bador der älteste von ihnen, der Bromo aber der neueste, der ja noch vor kurzer Zeit in Thätigkeit sich befand, wie wir vorhin berichtet. Was den queren (von uns sogenannten) Kraterdamm betrifft, so scheint er auf folgende Art entstanden zu seyn. Der Boden des Kraters war ein See feurig-flüssiger Lava, welche da überströmte und herabfloss, wo sie den geringsten Widerstand fand. Dies geschah durch den Grund der nordöstlichen Spalte, dessen grösste Höhe der Rand des Dammes ist. Nachdem aber die Lava bereits aufgehört hatte, überzuströmen, im Krater aber in mehr oder weniger feurig-flüssigem Zustande verharrte, so sank sie (allmählig auch hier erkaltend) um eben so viel Fuss (100—150) unter ihr früheres Niveau herab, als jetzt der Kraterboden unterhalb des Randes des Dammes liegt.

Was die grosse nordöstliche Bergspalte betrifft, so nehmen wir ihre Bildung als gleichzeitig mit der Entstehung des ganzen Berges und seines Kraters an, der gewissermassen nur der oberste, sich blind endigende Kopf der Spalte ist. Denn nähme man an, dass sie erst durch das Herabströmen von Lava, die sich hier Bahn gebrochen, gebildet sey, so müssten ihre Wände terrassenartige Vorsprünge bilden, die sich in paralleler Richtung abwärts zögen, oder sie müssten schroff abgerissen erscheinen, wie man dies an den Klüften anderer Berge, welche wirklich auf solche Art entstanden, namentlich sehr schön am Galungung, Papandayang und Merapi wahrnimmt. Dies ist aber hier keineswegs der Fall, denn hier sind die Wände nicht glatt, sondern in Leisten getheilt, die sich senkrecht neben einander vom Saume bis zum Fusse der

Wand herabziehen, gleich als seyen auch hier zähflüssige Massen herabgeströmt.

5. Raon. Ein durch seinen ausserordentlich grossen, tiefen, kesselförmigen und ringsum geschlossenen Krater ausgezeichneter Vulcan, der jedoch in neuerer Zeit keine Ausbrüche gehabt zu haben scheint. Sein graues, kahles Haupt hat ein äusserst ödes und schauerliches Ansehen. Trachytische und basaltische Laven finden sich in Menge an diesem Berge.

6. Semiro, auch Smeero, Mahamiro und Semeru genannt. Er liegt in südlicher Richtung vom Tinggertschen Gebirge und ist mit ihm vermittelst eines waldigen Zwischenrückens verbunden. Sein Gipfel ist kahl und von aller Vegetation entblösst, jedoch eben so wenig als irgend ein anderer Berg der Insel jemals mit Schnee bedeckt, obgleich er eine sehr ansehnliche Höhe erreicht. Auf malayisch heisst er „Mahameero", bei *Raffles* „Semiru". Er scheint sich, gleich dem Lamongang, durch das Periodische seiner Eruptionen auszuzeichnen; denn als *Junghuhn* (a. a. O. S. 362) ihn aus der Ferne beobachtete, stieg von seinem südlichen Abhange aus, weit unterhalb des Gipfels, eine weithin sichtbare, 1500 Fuss hohe Dampfsäule empor, die bald darauf frei wurde und verschwand. Dies periodische Ausbrechen des Smiru erfolgt jedoch in viel längern Zwischenräumen, als beim Lamongang; denn *Junghuhn* beobachtete solches, obgleich er sich mehrere Tage in diesen Gegenden aufhielt, doch nur sechsmal. Ausbrüche dieses Berges kennt man übrigens erst seit dem J. 1818.

7. Ardjuna. Heisst auch Aerdjuno, Antjuno und Redjuno. Er zeichnet sich durch seine dreigipfelige Gestalt aus und soll nach *Raffles* eine Meereshöhe von 9986 Fuss erreichen. Hohe Rauchsäulen sah man öfters seinem Krater entsteigen. Sein Gipfel soll mit sechs Eruptionskegeln versehen seyn. Ueberall an diesem Berge, besonders aber auf seiner nordöstlichen Seite, findet man Reste früherer grossartiger Bauten.

8. Klut, auch Kelut genannt. Liegt in südlicher Richtung vom vorigen und soll im J. 927 javanischer Zeitrechnung (1019 nach Chr. Geb.) seinen ersten bekannten Ausbruch gehabt haben; einen sehr heftigen hatte er nach *v. Hoff* (a. a. O. II, 440) im J. 1785 und den neuesten im Januar 1851. Die

Oberfläche des Berges ist mit Trachyt, trachytischen und bimssteinartigen Laven bedeckt. In seinem Krater will man Syenit-Blöcke bemerkt haben, welche Olivin-Krystalle enthalten sollen.

9. Wilis. Er bildet einen mächtigen Gebirgsstock, erscheint wie eine labyrinthische Verbindung von der Quere und Länge nach ineinander geschobenen Massen und stellt gleichsam ein Gebirgsgitter dar. So erhält der Wilis durch seine so weit voneinander entfernten Kuppen und durch die noch entfernter liegenden Joche des Ngebell einen enormen Umfang und besonders eine grosse Ausdehnung von Westen nach Osten, grösser, als man sie bei irgend einem andern javanischen Gebirge antrifft. Seine Höhe soll 7956 Fuss betragen. Ausbrüche von ihm sind nicht bekannt. Auch deuten die alten, prachtvollen Wälder, welche das ganze Gebirge überziehen, und die hohe Schicht fruchtbarer Erde, welche alles anstehende Gestein bedeckt, darauf hin, dass seit Menschenaltern keine Eruptionen aus diesem Berge erfolgten. Berücksichtigt man jedoch die mächtigen Schichten vulcanischen Sandes und das trachytische Trümmergestein, welches den ganzen Fuss des Berges umgiebt; betrachtet man ferner die warmen, an Kohlensäure reichen Quellen an der Basis des Berges bei Prayan, ferner die Kohlensäure-Exhalationen am Kali bedali, die heissen Salzquellen und die noch thätigen kleinen Solfataren am Kali pandusan, nebst dem Vorkommen zersetzter, von Schwefel durchzogener Trachytmassen auf den höchsten Spitzen des Berges: so ist man dennoch genöthigt, zu glauben, dass auch der Wilis in frühern Zeiten ein thätiger Vulcan gewesen sey. Wo indess sein Krater lag, ist jetzt schwer zu bestimmen. Zwar gleicht ein Abgrund zwischen der steilen Mauer des höchsten Joches Dorowadi und Leman und der Firste Kalangan einer Kraterkluft, aber der See Telaga Ngebell, der freilich 5697 Fuss unterhalb dieses Joches liegt, stellt die Form eines tiefen vulcanischen Kessels noch viel treuer dar. — Vielleicht war der Wilis einst ein hoher Kegelberg, vielleicht einer der höchsten auf der ganzen Insel, der, nachdem seine Felsmassen Jahrhunderte lang von sauren Dämpfen zerfressen und zersetzt waren, zusammenstürzte und die jetzige, breit hingezogene Gebirgsmasse bildete, deren regellos inein-

ander geschobene Kuppen und Firsten man daher nur als die
Ruinen des vorigen kegelförmigen Gipfels zu betrachten hätte.
10. L a w u. Kommt bei *Valentyn* unter dem Namen „Loe-
woe" vor. Er scheint jetzt nur noch den Charakter einer Solfatare zu besitzen. Einen der mächtigsten, vielleicht den höchsten aller Gebirgsstöcke auf der ganzen Insel bildend, erscheint der Lawu, von NNW. aus betrachtet, oben mit finsterm
Wald bedeckt, seine mittlern Abhänge sind mit lichtgrünen
Grasfluren bekleidet und sein Fuss ist mit Vorhügeln umlagert, die mit vereinzelter Waldung geschmückt sind. Dabei
hat er das Eigenthümliche, dass sich sein Fuss nicht weit aus-
streckt, sondern dass die Flächen, welche ihn umgeben, sehr
niedrig liegen und dass sich seine Masse alsdann sammt den
Vorhügeln auf einmal zu seiner majestätischen Grösse und
Höhe emporthürmt. Die höchsten Theile des Lawu bilden
drei hintereinander liegende Kuppen in einer von NNW. nach
SSO. gezogenen Linie, von denen eine immer höher als die
andere erscheint. Die höchste derselben besitzt nach *Junghuhn* (a. a. O. S. 304) eine Höhe von 10,065 Par. Fuss. Das
landschaftliche Gemälde, welches man von derselben aus erblickt, ist nach der einen Seite hin eben so lieblich und schön,
als es auf der andern Seite öde und schrecklich erscheint.
Hier sieht man am nördlichen Abhange blühende Thibaudien,
feingefiederte Acacien und strauchartige, bleiche Gnaphalien
mit runden Blätterkronen, die Aeste der letztern zwar mit Usneen behangen, aber darum nicht minder schön erscheinend,
und die purpurrothen Blüthen der Thibaudien, so wie die gelben Trauben der Acacien erscheinen nur um so glänzender,
je mehr sie sich zwischen den Usneen verstecken, deren bleiche
Farbe von dem lichten Schmelze der Gnaphalium-Blüthen
noch übertroffen wird. Aber den schönsten Anblick vor Allem
gewähren liebliche kleine Hochebenen, die stufenweise untereinander nach N. und NO. hin sich ausdehnen. Ihre Grasfluren liegen zwischen sanften Anhöhen da, welche mit malerischen Gruppen von Casuarinen bekränzt sind.

Im Süden jedoch sieht Alles öde und wüste aus. Hier
liegt dicht unter der Kuppe eine kesselförmige Fläche, welche
ganz einem erloschenen Krater gleicht und den Namen „Telaga Kuning" führt. Ihre Mitte ist söhlig, kahl, gelbbraun

von Farbe und trägt Zeichen periodischer Wasserbedeckung an sich; nach den Seiten hin aber erhebt sich ihr Grund, um einen flachen Rand zu bilden, der sie fast kreisförmig umgiebt. Die Fläche des Telaga Kuning hat etwa 500 Fuss im Durchmesser und scheint 5—700 Fuss tiefer als die höchste Kuppe zu liegen. Jenseits seines östlichen Randes zieht sich eine grosse Bergspalte herab, welche den Kraterrand von einer steilen Kuppe trennt, in welche sich die halbkreisförmige Mauer des Lawu endigt; hart am Fusse dieser Kuppe senkt sie sich nach Süden zu schroff am Berge hinab und bildet einen furchtbaren Abgrund, aus dessen Tiefe wild ausgezackte Felsmassen emporragen. Ja, noch weiter unten thürmt sich aus einer Stelle dieser Spalte, welche wenigstens 3000 Fuss tiefer als der Berggipfel zu seyn scheint, eine Felsmasse zu einer wahrhaft enormen Höhe empor, indem sie einen colossalen Pfeiler bildet, dessen Haupt noch mit Wald gekrönt ist, indess von seinen kahlen Wänden Steinmassen herabhängen, welche jeden Augenblick herabzufallen drohen. Vom südlichen Fusse dieses Felsenthurmes, aus einer Tiefe, welche das Auge von hier aus nicht erreichen kann, wirbeln Dämpfe empor, welche die untern und mittlern Wände der Felssäule nebelartig und in phantastischen Gestalten umziehen, während die Kuppe in starrer Gestalt daraus hervorragt, wie ein in die Luft gebautes Schloss. Dies ist die einzige Stelle am Lawu, wo man noch jetzt Spuren vulcanischer Thätigkeit antrifft. Mitunter steigen die Dämpfe so gewaltsam empor, dass man das Rauschen eines in der Tiefe fliessenden Stromes zu hören wähnt, und doch sind es nur Dampfwolken, welche dies Getöse hervorbringen und alle höhern Gegenden bisweilen den Blicken entziehen. Unterhalb dieser Fumarolen aber bildet der Grund der Spalte, die in gerader Richtung südwärts am Berge herabläuft und deren senkrechte Tiefe 5—700 Fuss betragen mag, ein schmales, enges, mit Trachyt-Geschieben von gelblicher oder weisser Farbe ausgefülltes Strombett, in welchem sich jedoch keine Spur von Wasser entdecken liess. Aeusserst schwer möchte es seyn, den furchtbaren Charakter dieser Gegend wiederzugeben; sie erscheint um so schaudervoller, je greller der Contrast ist, welchen ihre öden Räume mit dem freundlichen Grün des Landes bilden und mit den von der Sonne erleuchteten

Wäldern der untern Bergabhänge, von denen man einen Theil
jenseits des Kraterrandes überschaut. — In den Krateren des
Gunong Guntur und Merapi (zweien der wildesten auf der Insel) kann man doch noch etwas Regelmässiges erkennen, — in
jenem eine Trichterform, in diesem einen hemisphärischen Schla-
ckenkegel —; aber hier schaut das erstaunte Auge nur über
ein Chaos unendlicher Verwüstung hin. Nichts als Felsen-
trümmer, schwarze, verbrannte Schlacken, gähnende Spalten,
schroffe Klüfte und säulenförmig aufragende Gebirgsmassen:
Alles wild und grauenhaft durcheinander geworfen und übereinander gestürzt bis tief zum Berge hinab. Die Grösse der
hier aufeinander liegenden Blöcke, welche meist aus Trachyt
und trachytischer Lava bestehen, öfters mit gediegenem Schwefel inprägnirt, wechselt von 5—10, ja bisweilen bis zu 25 Fuss.
Sie bedecken den ganzen südlichen Abhang des Lawu und
liegen in furchtbarer Steilheit aufeinander gehäuft, zuweilen
so, dass sie thurmähnlich 50—60 Fuss emporragen, und dass
ein höher gelegener Block die tiefern kaum an ein paar Stellen
berührt, gleich als müssten sie beim geringsten Erdbeben hinabstürzen.

Warme Quellen in der Nähe des Lawu sind keine seltne
Erscheinung; namentlich giebt es deren beim Dorfe Djurang
Djello, woselbst sie mit Kohlensäure-Exhalationen verbunden
sind. Eine derselben entwickelt sich aus einer Kluft, welche
aus zersetztem Trachyt besteht. Die Quelle sprudelt in einzelnen Absätzen (vielleicht von dem aufsteigenden Gase so bewegt) schief unter einem Felsen hervor. Das Wasser der
andern stehet still. Am südwestlichen Abhange des Lawu
finden sich mehrere Thermen beim Dorfe Pablingan. Sie entspringen aus trachytischem Gestein, welches in bildsamen
Thon umgewandelt ist, haben einen schwach salzigen Geschmack, riechen etwas nach Schwefelwasserstoffgas, setzen
ein gelbes Sediment ab und besitzen eine Temperatur von
27° R. Sie werden theilweise als Badequellen benutzt.

Von Ausbrüchen des Lawu hat man keine sichere Nachricht. In den Verhandl. *v. het Batav. Genootsch.* II, 374 wird
zwar angegeben, dass der Luhu (Lawu) am 1. Mai 1752 einen
Ausbruch gehabt habe, doch hat sich bei keinem der Javanen,
welche jetzt diese Berggegenden bewohnen, eine Tradition

von diesem Ausbruche oder überhaupt nur von irgend einer Eruption erhalten.

11. Djapara, auch Japara, der nördlichste aller javanischen Vulcane in der Nähe der Küste, soll sich jetzt im ruhenden Zustande befinden. Er liegt auf einer kleinen Halbinsel.

12. Merapi. Fast in der Mitte von Java, zwischen dem 7 und 8 Grade südl. Br., erheben sich in gleichem Meridian, 110½° östlich von Greenw, die Zwillingsberge Merapi und Merbabu, welche durch einen 4580' hohen Zwischenrücken miteinander verbunden sind.

Der Merapi besitzt eine stumpf-kegelförmige Gestalt, zieht sich jedoch in östlicher Richtung etwas mehr in die Länge. Charakterisirt wird er besonders dadurch, dass er auf allen Seiten durch tiefe Schluchten und Klüfte (Djurang in der Landessprache) in weite und mächtige leistenartige Rippen gespalten ist, wie fast kein anderer Vulcan auf Java. Sein Auswurfskegel liegt auf dem höchsten und äussersten Puncte in Westen, von wo aus sich der Berg in ebengenannter Richtung hinabsenkt. Zwischen ihm und der nur theilweise noch erhaltenen Kratermauer bemerkt man mehrere, zum Theil neben- und untereinander liegende, mit feiner, grauer, vulcanischer Asche bedeckte Flächen von meist mässigem Umfange und in der Regel lockerer Beschaffenheit, die daher durch den Regen und andere meteorische Einflüsse mannigfache Veränderungen ihrer Gestalt erleiden, bisweilen aber auch mit einer festen Kruste versehen sind, in denen Tausende von Schlacken und Trachytstücken eingebacken sind.

Der Eruptionskegel selbst besteht ganz aus porösen, scharfen, zackigen Schlacken. Ihre Grösse ist in verschiedenen Gegenden des Kegels sehr abweichend; sie wechseln von der Grösse einer Haselnuss bis zu gewaltigen Blöcken, doch haben sie an der südwestlichen und südlichen Seite des Kegels meist einen Durchmesser von 3—5 Fuss. Wild und regellos sind sie übereinander gethürmt und bilden so einen hemisphärischen Berg von schwarzer Farbe, aus dessen abgerundetem Scheitel milchweisse Dampfwolken in stets sich verändernder Gestalt in die Höhe steigen. Der letztere scheint sich 2—300 Fuss über den südlichen Kraterrand zu erheben. Die Dämpfe,

meist wohl nur aus Wassergas bestehend, dringen im ganzen
Umfange der obern Hälfte des Kegels zwischen den porösen
Schlacken empor und bilden bei niedriger Temperatur mäch-
tige Wolken, die vom Winde weithin entführt werden.

Hier, am obern Umfange des Berges, wechselt die graue
Farbe des Gesteins mit gelben und weissgelben Stellen ab,
offenbar von einem Schwefelanfluge herrührend, welcher die
Schlacken rindenartig überzieht und sich mitunter in den zierlichsten Krystallen an denselben absetzt. Die ganze Bergmasse
lässt sich vergleichen mit einem mächtigen, locker aufgethürm-
ten Kohlenhaufen oder Meiler, den man unten anzündet, so
dass die sich entbindenden Gase und Dämpfe aus allen Löchern und Ritzen entweichen.

Obgleich die Schlacken ein poröses Ansehen haben, so
erlangen sie doch eine bedeutende Härte; sie weichen hinsichtlich ihrer Farbe bedeutend voneinander ab und gehen
aus dem Grauen in das Kohlschwarze über und enthalten
sämmtlich mehr oder weniger zahlreiche Quarzkörner eingesprengt. Auch hinsichtlich ihrer Dichtigkeit variiren sie sehr,
so dass man die Uebergänge von der völlig ausgebrannten,
durch und durch von grossen Poren durchzogenen, leichten
Schlacke bis in ein festes, feinkörniges Trachyt-Gestein verfolgen kann, — eine Verschiedenheit, die wahrscheinlich weniger von den verschiedenen Urgesteinen, die ihnen zum Grunde
liegen mögen, herrührt, als vielmehr von dem Hitzegrade (von
der Glühhitze bis zum Schmelzen), der auf dieselben einwirkte.

Die in der Nähe des Eruptionskegels befindlichen, schon
vorhin erwähnten Aschenflächen sind bisweilen, namentlich am
westlichen Ende der Kratermauer, durch die empordringenden
Dämpfe und Gase — letztere wahrscheinlich von schwefeligsaurer Beschaffenheit — so sehr zersetzt und erweicht, dass
sie, unter der Last der Füsse zusammenbrechen, andere dagegen so stark erhitzt, dass die Sohlen beim Darüberhingehen
verbrennen, und noch andere erscheinen mit so lose aufeinander liegenden Blöcken und Trümmergestein bedeckt, dass sie
unter den Füssen der darüber hinklimmenden Wanderer weg-
zurollen drohen.

Die obersten Abhänge des Berges sind, bis 2500 Fuss
unterhalb des Kraterrandes, nackt, kahl und von aller Vege-

tation entblösst; findet man auch hier und da ein strauchartiges Gewächs, so deutet doch seine geringe Höhe auf sein
jugendliches Alter hin, und schon hieraus könnte man auf frühere Eruptionen schliessen, welche den Pflanzenwuchs der höhern
Bergabhänge zerstörten.

Den ersten Ausbruch, welchen man vom Merapi kennt,
ist nach *Crawfurd* (Indish Archipel, in der holländ. Uebersetzung 3. S. 509) der vom Jahre 1664; er soll sehr heftig
gewesen seyn. Nach den Verhandl. *v. het Batav. Genootschap.*
IV. pag. 1—17 erfolgte eine weitere Eruption am 19. August
des Jahres 1678, so wie eine andere am 17. Juli 1786. Das
Journal de physique. T. 96. pag. 80 erzählt von einem heftigen Ausbruch, welcher sich im J. 1701 ereignete. Eben so
beschaffen war die Eruption im J. 1822 und die obersten,
kahlen und steinigen Abhänge des Berges, welche den zerstörenden Elementen am meisten ausgesetzt waren, vermochten
selbst nach einem Zeitraume von 14 Jahren noch nicht sich
mit Vegetation zu bedecken.

Es scheint, als wenn in neuerer Zeit der Sitz der vulcanischen Thätigkeit im Merapi sich immer mehr von Osten
nach Westen hin gewendet habe; hierauf deuten mehrere
nach W. zu senkrecht abgestürzte Spitzen und Wände östlicher Bergrücken, so wie ein Aschenthal östlich vom Eruptionskegel, aus dessen Spalten hier und da noch Dämpfe hervorbrechen; auch gleicht die hohe, noch immer senkrecht abgestürzte Wand, welche dieses Thal im Osten begrenzt, ganz
und gar einer Kratermauer. Die Javanen, denen die frühere
vulcanische Thätigkeit dieses Thales noch aus alten Ueberlieferungen vorschwebt, nennen es daher auch den „alten Krater". Bei den letzten, durch ihre Heftigkeit sich auszeichnenden Ausbrüchen scheint die grösste Kraft nach N. und W.
hin sich geäussert zu haben; denn hier ist die Ringmauer des
Kraters in grosse Stücke zerspalten und umher geworfen,
und die den Abhang des Berges bildenden Schlacken des
Auswurfskegels machen erstern an dieser Stelle fast unzugänglich und unersteigbar. Auch finden sich in den Feldern, welche
sich um den nordwestlichen und westlichen Fuss des Berges
herumziehen, in einer horizontalen Entfernung von etwa drei
Stunden vom Centrum des Berges ausgedehnte Strecken, mit

Tausenden ungeheurer Trachytblöcke übersäet, welche nach Aussage der Javanen vor dem Ausbruche im J. 1822 nicht vorhanden gewesen seyn sollen.

Es ist uns unbekannt, ob der vorhin erwähnte Ausbruch, welcher im J. 1786 erfolgte, derselbe ist, dessen *Boekhold* (Verhandl. *v. het Batav. Genootschap.* 6. *deel)* gedenkt. Seine Beschreibung dieser Eruption ist jedoch so abentheuerlich, dass sie wenig Glauben verdient. Fast sollte man vermuthen, dass der Auswurfskegel um jene Zeit von einer mit Vegetation bedeckten Ringmauer umgeben gewesen sey, und dass jener jetzt isolirt stehende östliche Bergrücken damals mit der noch jetzt vorhandenen südlichen Kratermauer zusammenhing. Denn aus einer Stelle (a. a. O. S. 10) scheint hervorzugehen, dass der Auswurfskegel, welchen man jetzt von Sello aus vom Scheitel bis zum Fusse deutlich sehen kann, in jener Zeit von den tiefern Gegenden aus unsichtbar oder wenigstens nur theilweise sichtbar war, so dass man nur seine die Kratermauer überragende Spitze sehen konnte.

Der schon mehrfach erwähnte Ausbruch im J. 1822 erfolgte am 31. December mitten in der Nacht, gerade um 12 Uhr, und zwar ganz plötzlich, indem ihm keine Voranzeigen vorausgingen. Doch auf einmal vernahm man heftige Detonationen, gleich dem stärksten Kanonendonner, und erblickte feurige Massen, die aus dem Berge emporgeschleudert wurden und ringsumher das nächtliche Dunkel mit ihrer Feuergluth erhellten. Am folgenden Tage sah man die Dächer von Djogokarta mit einer feinen, hellgrauen Asche bedeckt, gleich frisch gefallenem Schnee. Die Detonationen hörten jedoch am 1. Januar auf, fingen aber am 2. Januar von Neuem an und liessen sich·darauf nicht weiter vernehmen. Nach allen diesen Erscheinungen stellten sich im Verlaufe einiger Tage heftige Regengüsse ein, worauf der Berg in seine frühere Ruhe zurücksank.

Im December des Jahres 1832 warf der Merapi Asche und Steine aus und überschüttete damit ein Dorf an seinem westlichen Abhange, wobei 32 Menschen das Leben verloren.

Der neueste Ausbruch erfolgte am 10. August des Jahres 1837 um 9 Uhr Morgens. Er fing damit an, dass sich um diese Zeit aus dem Krater eine hohe und mächtige Rauchsäule

in verticaler Richtung hoch emporthürmte und dann, vom
Ostwinde getrieben, nach Magelan hin sich bewegte und dabei
eine so ungeheure Quantität Asche umherstreute, dass von
1—3 Uhr Nachmittags die Sonnenscheibe ganz verdunkelt
wurde und bis 9 Uhr Abends völlige Finsterniss herrschte.
Aus funfzig Dörfern, welche an den Abhängen des Berges
liegen, entflohen die erschreckten Bewohner in die tiefer gelegenen Gegenden.

Die Dächer der Häuser zu Magelan waren mit Asche
bedeckt. Die Kluft des Kali Belonkyr, welche 200 Fuss breit
und 70 Fuss tief ist, füllte sich ganz mit Auswurfsmassen;
dadurch wurde der in ihr vom Berge herabfliessende Bach in
seinem Laufe gehemmt, schwoll an und bahnte sich dann einen
unterirdischen Abzug durch die ihm in den Weg geworfenen
vulcanischen Massen, um an einer tiefern Stelle wieder hervor-
zubrechen. Einige Tage darauf sah man von Magelan aus
des Nachts feurige Lavaströme, ein Phänomen, das sich jeden
Abend Monate lang wiederholte und erst später wieder verschwand.

Von allen diesen Erscheinungen war zu Sello weiter nichts
wahrnehmbar, als die hoch aufsteigende Rauchsäule. Um 11
Uhr Nachts liess die Heftigkeit des Ausbruchs bedeutend nach
und erlosch späterhin gänzlich.

Als *Junghuhn* (a. a. O. S. 336) den Merapi im Juni 1838
besuchte, nahm er nur wenige Veränderungen, die der Berg
in Folge dieses Ausbruchs erlitten, an demselben wahr. An
einer Stelle waren jedoch mehrere Felsparthien von der Kratermauer herabgestürzt; an einer andern hatten sich Fumarolen
gebildet und Spalten an solchen Orten erzeugt, wo man früher
keine sah. Im Ganzen war das Ansehen noch dasselbe wie
vor dem Ausbruche. Aber im Westen bot sich dem Auge
ein eigenthümliches Schauspiel dar. Hier senkte sich der Schla-
ckenkegel schroff und steil in die Dujrang Belonkyn herab,
die hier oben am Krater beginnt und bis tief zu den bebauten
Flächen hinab mit Steintrümmern erfüllt ist. Diese Steinblöcke
rollten fortwährend herunter. Ohne dass man eine Erschütterung oder ein heftigeres Empordringen von Dämpfen wahrnehmen konnte, lösten sich in den verschiedensten Gegenden
und Höhen des Kegels Felsmassen von den übrigen ab und

stürzten in die Tiefe hinunter. Geschah es dann, dass sie in schnellem Falle auf einen Vorsprung aufstiessen, so zerstob die Hälfte ihrer Masse in Gestalt einer mächtigen Staubwolke, während die übrigen Stücke, weite Halbkreise beschreibend, in den Grund der Kali Belonkyn hinabflogen, aus welcher ebenfalls wieder Staubwolken in die Höhe stiegen. Diese Erscheinungen, unter stetem, donnerähnlichem Getöse, erneuerten sich von Secunde zu Secunde. Von feurig-flüssigen Lavaströmen fand sich jedoch keine Spur.

Nach den neuesten Messungen soll die Höhe des Merapi 8640 Par. Fuss betragen.

13. Merbabu. Obgleich die tief zerklüftete Beschaffenheit seines Gipfels zu erkennen giebt, dass auch er einst ein Vulcan gewesen, der heftige Ausbrüche gehabt haben mag, so lehrt doch die üppige, ein ziemlich hohes Alter andeutende Vegetation, die seinen Gipfel krönt, so wie eine dicke Schicht fruchtbarer, humusreicher Erde, die, bei dem Mangel alles nackten Gesteins, jeden seiner Abhänge bedeckt, dass diese Ausbrüche wohl seit langer Zeit, vielleicht seit mehr als 100 Jahren, nicht mehr statt gefunden haben. Zwar will ein Reisender, welcher den Merbabu im J. 1831 besuchte, in der Kluft, welche in der Mitte zwischen den schmalen Firsten und spitzen Kuppen seines Gipfels befindlich ist, noch thätige Fumarolen und ausserdem einige Wassertümpel, die in beständiger kochender Bewegung begriffen gewesen seyn sollen, bemerkt haben, allein *Junghuhn* (a. a. O. S. 338) hat bei seinem Besuche des Berges im J. 1836 nichts Derartiges wahrgenommen. Seine Höhe beträgt 9588 Par. Fuss.

14. Ungarang. Sein Gipfel geht in zwei waldbedeckte Kuppen aus, von denen die höchste eine Meereshöhe von 5530 Fuss erreichen dürfte. Alle Nachforschungen *Junghuhn's*, ob sich vielleicht eine Tradition über frühere Ausbrüche des Berges bei den Javanen erhalten habe, blieben fruchtlos. Dass er aber ein Vulcan war, der in früherer Zeit heftige Ausbrüche gehabt, ist sehr wahrscheinlich. Ostwärts von ihm findet sich eine warme Quelle im Flussbette des Kali-ulo, beim Dorfe Gondorio. An seinem nordwestlichen Abhange, bei Tirkilo, liegen Blöcke von Trachyt und trachytischen Laven wild aufeinander gethürmt; endlich bemerkt man am südlichen Ab-

hange, unterhalb der Kuppe Sommo-Wono, schwache Entwickelungen von Schwefelwasserstoffgas und andere warme Schwefelquellen. Dieser Berg liegt an der nördlichen Grenze des
Kadu-Thales.

15. Sindoro. Der Sindoro und der Sumbing sind durch
einen Zwischenrücken miteinander verbunden, der etwas niedriger zu seyn scheint, als der Rücken, welcher sich vom
Merapi bis zum Merbabu fortsetzt. Er ist kahl, wie die Berge
selbst, auffallend breit, platt und eben, und wird mehr von
den auslaufenden Jochen des Sindoro als denen des Sumbing
gebildet.

Die Kuppe des Sindoro hat einen rundlichen Umfang und
ist, im Allgemeinen, eben, so dass ihr flacher, keineswegs er-
höhter Rand plötzlich und auf einmal in den Bergabhang
übergeht. In der südöstlichen Hälfte dieser Kuppe aber findet
man einen Krater, der einer ovalen Vertiefung gleicht, deren
Wände sich plötzlich hinabsenken. Ihre längere Axe mag
2—300', ihre kürzere 100—150' betragen. Senkrecht stürzen
sich ihre grauen Felswände hinab in den ungleich hohen, mit
Trümmergestein bedeckten Grund. Der Rand des Kraters ist
mit mässig grossen Steinen bedeckt und hat fast überall gleiche
Höhe, erscheint jedoch am höchsten in NNO. an einer Stelle,
deren Meereshöhe 9682 Par. Fuss betragen dürfte. Die ganze
südwestliche Seite des Berges ist von einer sonderbaren Spalte
durchsetzt, welche auf dem südwestlichen Kraterrande beginnt,
dann in gerader Richtung von NNO. nach SSW. fortsetzt
und weit am Bergeshange hinabläuft. An einigen Stellen
ist sie verschüttet, dann kommt sie wieder zum Vorschein, an
ahdern ist sie von Pflanzen überwuchert, an noch andern Stellen
führen natürliche Brücken darüber hin, durch Steinplatten gebildet, die einen Bogen beschreiben; an den meisten Stellen
aber ist sie nicht breiter als 3—6 Fuss. Nur an zwei Orten
im Thale erweitert sie sich zu einer etwa 20—25 Fuss im
Durchmesser haltenden Vertiefung, aus denen beiden, so wie
auch aus derjenigen Gegend der Spalte, welche den Kraterrand durchschneidet, mit brausendem Geräusche Schwefeldämpfe hervorbrechen. Und hier — an der einzigen noch
thätigen Stelle des Vulcans — findet man die Spaltenwände
und das anstehende Gestein mit einem weissgelben Anfluge

von Schwefel bedeckt, welcher selbst die dürren Stämme einiger Thibaudien überzieht, welche sich so dicht am Rande der Spalte erheben, dass ihre Wurzeln hinabhängen. Dieser letzte Umstand scheint den Beweis zu liefern, dass die Spalte neuerer Entstehung ist, als der vielleicht schon seit Jahrhunderten ruhende Krater, und neuer, als die benachbarte Vegetation. Es ist daher sehr wahrscheinlich, dass sich die Spalte bei dem jüngsten, freilich unbekannten Ausbruche des Sindoro bildete und plötzlich eine Berggegend durchriss, welche mit alpinischem Gesträuch bedeckt war. In südsüdwestlicher Richtung, da, wo sie am Bergabhange hinabläuft, ist sie ausserordentlich tief, und obgleich sie daselbst nur fünf Fuss breit erscheint, so stellt sie doch einen Riss dar, welcher die Felsmassen des Sindoro in zwei Hälften theilt. Ihre äussersten Ränder sind beiderseits mit Gebüsch bedeckt. *Junghuhn* (a. a. O. S. 334) warf Steine hinab, welche, so lange man ihr Geräusch vernahm, keinen Grund erreichten; denn nach 40 Secunden wurde ihr Klang, als wenn sie an den Wänden einer Höhle anschlügen, immer leiser und entfernter, bis man ihn endlich nicht mehr vernahm.

Dieser Krater soll der kleinste unter allen Vulcanen auf Java seyn. Schon längst scheint seine Thätigkeit zu ruhen. Oede und grau liegt er da, ein Felsenloch, von dessen Wänden das Geräusch hineingeworfener Steine in bangem Echo zurücktönt. Nur Schwalben, welche in seinen Spalten nisten, durchschwirren seine unheimlichen Räume. Ueber Ausbrüche des Sindoro besitzt man keine Nachrichten. Nur ein glaubwürdiger Javane, der Regent von Temangong, erinnerte sich eines Aschenausbruches, der sich vor 20 oder 25 Jahren (vor dem J. 1835) ereignet und keinen Schaden angerichtet haben soll. Ist bei diesem Ausbruche jene grosse, vorhin erwähnte Bergspalte entstanden?

16. Sumbing. Er erscheint völlig baumlos, nur mit Grasmatten bedeckt, die ihm einen bleichen, grünlich-grauen Schmelz ertheilen; blos in den höhern Regionen, besonders in den Längsklüften, nimmt man einige dunklere Flecken wahr, die von jungen Gebüschen herrühren. Diese kahle Beschaffenheit des Sumbing lässt alle seine herablaufenden Joche mit ihren Verzweigungen genau erkennen. Vom Kraterrande nach

allen Weltgegenden divergirend, laufen sie anfangs gerade,
dann in geschlängelter Richtung herab, sich nach unten zu
ästig theilend und durch eine gleiche Zahl gleich gerichteter
Klüfte oder Längsthäler voneinander getrennt. Es kommt
daher dem Sumbing die Gestalt eines abgestutzten Kegels zu,
indem die Kleinheit seiner Rücken und die gleichförmige, regelmässige Neigung derselben die Kegelform wenig beeinträchtigt; er wird jedoch in Betreff der Regelmässigkeit der Form vom
Sindoro übertroffen, welcher unter allen Bergen Java's derjenige ist, welcher die Gestalt eines steilen, spitzen Zuckerhutes
am deutlichsten und schönsten an sich trägt. Letzterer stimmt
übrigens seinem kahlen, baumlosen Ansehen nach mit dem
Sumbing überein; nur seine obern Gegenden scheinen mehr
mit zusammenhängender Vegetation bedeckt, als die seines
Nachbars Sumbing. Wegen dieser Aehnlichkeit werden die
beiden Berge auch wohl „die beiden Brüder" genannt.

Der Gipfel des Sumbing erscheint jedoch viel unebner
und ausgezackter, als der des Sindoro, besonders wenn man
ihn von Temangong aus erblickt.

Die Gleichmässigkeit des Bergabhanges wird jedoch unterhalb des Kraters in nördlicher Richtung durch gewaltige Steintrümmer und Felswände unterbrochen. Diese riesenmässigen
Trümmer liegen hier zu Bergen aufeinander gethürmt und
füllen die ganze nordöstliche offene Gegend des Kraters aus.
Einige derselben ragen pfeilerartig 20—50 Fuss hoch empor;
andere gleichen Thürmen und Burgen, auf ihrem Gipfel mit
Thibaudia- und Inga-Bäumchen gekrönt, während ihre Wände
nackt und kahl erscheinen. Das üppige Wachsthum dieser
Gesträuche, welche sich frei in der Luft erheben, so wie die
grosse Dicke der Baumstämme, welche in den Felsspalten
wurzeln, deuten darauf hin, dass diese Vegetation seit einer
langen Reihe von Jahren ungestört in ihrem Wachsthum fortgeschritten ist. Nirgends aber stehen sie so üppig, nirgends
so waldähnlich zusammengedrängt, als auf dem nordöstlichen
Trümmer-Terrain. Schon aus der Ferne unterscheidet man
dort das bräunliche Grün der in die Breite gedehnten Inga
von den runden, weisslichen Kronen des Gnaphalium's, oder
von der Laubfülle der Thibaudia, deren junge Blätter in Pur-
purröthe erglühen.

Gelangt man endlich zu der Kratermauer, so findet man, dass sie einen Halbkreis beschreibt, dessen grösste Convexität nach SW. gekehrt ist; auf der einen Seite endet sie in O., auf der andern in N., so dass der Kraterraum in NO. offen und von keiner Mauer begrenzt ist. Nach Aussen zu ist sie in W. und SW. am steilsten abgestürzt, aber demungeachtet dort üppiger als an andern Abhängen mit alpinischem Waldwuchse bedeckt.

Nach Innen zu bildet die Mauer eine senkrechte Felswand, deren Massen in mehr oder weniger deutliche prismatisch-cubische Stücke getheilt sind. Die Höhe dieser Wand fällt sehr ungleich aus, am höchsten ist die westliche Kuppe, welche sich 485 Fuss über dem tiefsten Puncte (9863 Par. Fuss) des Kraters erhebt.

Der Kratergrund ist nach NO. offen, doch keineswegs daselbst eben, sondern mit Felsblöcken ausgefüllt, die, hoch aufeinander gethürmt, gleichsam einen Berg bilden, der sich nicht nur von der einen Kratermauer querüber bis zu der andern erstreckt, sondern sich auch noch weit in das Innere des Kraters nach SW. vorschiebt und offenbar den grössten Raum desselben einnimmt. Dieser üppig mit Bäumchen bewachsene Trümmerberg ist von flach gewölbter Form und sehr unebener Oberfläche. Zwischen diesem Trümmerberge und der Kratermauer bleibt ein halbmondförmiger Raum übrig, der das eigentliche Krater-Innere, den Krater selbst, darstellt. Er besteht wiederum aus drei verschiedenen, voneinander gesonderten Räumen. Der mittelste dieser Räume ist die höchst gelegene Gegend des Kraters, in der Mitte liegend zwischen dem Trümmerberge und der westlichen Kuppe. Es ist eine kleine, kahle Sandfläche von weisslicher Farbe, etwa 100 Fuss lang und 20—30 Fuss breit, die ihre Horizontalität, wie es scheint, periodischen Wasserbedeckungen verdankt. Ringsumher ist sie mit aufeinander gehäuften Steintrümmern bedeckt, zwischen denen mit schwachem Geräusch Schwefeldämpfe emporqualmen, welche das Gestein mit einem blassgelben Ueberzuge bedecken. Auch die Fläche selbst ist an einigen Stellen aufgewühlt und von kleinen Oeffnungen durchbohrt, denen ebenfalls schwache Dämpfe entweichen und denen man sich, da der Boden locker ist, nur mit Vorsicht nähern darf. Ausserdem findet man zwischen den dampfenden Felsen noch kleine Pfützen von weisslichem, trübem Wasser, welches in beständiger brodelnder Bewegung ist, dessen Wärme jedoch nur 59° R. betrug.

Diese Stelle ist die einzige an dem ganzen mächtigen Vulcan, welche die Spuren unterirdischer Gewalten an sich trägt. Der Sumbing scheint demnach auch den Charakter einer Solfatare angenommen zu haben. Seine Höhe soll 10300 betragen. Den Sindoro überragt er um 660 Fuss.

17. G e d e e, d. h. „grosser Berg". Heisst auch Gunong Tagal, oder Slamat. Er ist ringsum mit ununterbrochener Waldung umgeben und erhebt sein riesiges Haupt hoch über die Region der Wolken. Nur sein Gipfel ist kahl und schimmert beim Aufgang der Sonne in einem bräunlichen Lichte; denn etwa 1000 Fuss unter dem Gipfel hört alle Vegetation auf, und in dieser Region zeigt der Berg auf seiner Nordost-Seite, wie so viele Vulcane dieser Insel, einen kleinen Vorsprung.

Der Gipfel hat das Ansehen, als sey er vor nicht gar langer Zeit (1835) von oben herab von Lavamassen überströmt und mit Lavabrocken und Asche überschüttet worden. An einigen Stellen wechseln diese schwärzlichen Lavakrusten mit Sand und feinem Trümmergestein ab. Die meisten Lavastücke sehen wie Schlacken aus; einige derselben sind zur Hälfte noch dicht und hart, während die andere Hälfte schwammig und aufgebläht ist. Die Zwischenräume der scharfen Schlacken und Steine sind mit Sand erfüllt, der aus ihrer Zertrümmerung hervorging. Der Gipfel des Gedee wird von dem scharfen Rande einer Kratermauer gebildet, die einen Abgrund umschreibt. Nur in NNO. vom Krater bleibt eine kahle Fläche von feinem, grauem Sande übrig, der sich, ostwärts hin, zu Hügeln aufgehäuft hat, welche einen zweiten, kleinen, söhligen, periodisch mit Wasser bedeckten Sandgrund umschreiben. In der angegebenen Richtung endet die Sandfläche in einer Kluft, welche den Gipfel des Berges hier durchschneidet und weit am Bergabhange herabläuft. In SO. und NW. ist sie aber mit Felsenmauern umgeben, die aus übereinander liegenden Lavaschichten zu bestehen scheinen und durch viele Spalten zerstückt sind. Aus diesen Spalten dringen noch Dämpfe hervor. Der höchste Punkt des Gipfels ist ein Rücken, der sich nordöstlich vom Krater in der Richtung

von NW. nach SO. gerade hinzieht und der nur aus losen
Massen aufgethürmt zu seyn scheint. Nach *Junghuhn* (a. a. O.
S. 473) soll er eine Meereshöhe von 9326, nach *Berghaus* (s.
dess. physikal. Atlas. Geol. S. 7) eine von 10626 Fuss besitzen und der Gedee der höchste Berg auf Java seyn. Zwischen ihm und demjenigen Theile der Mauer, welcher den
Krater unmittelbar umgiebt, bemerkt man einige flächere Gegenden, die aber auch, wie Alles, was man hier sieht, kahl und
öde erscheinen. Diese Flächen ausgenommen, bildet der Rand
des Kraters auf allen übrigen Seiten eine ganz scharfe Linie,
die nach Aussen zu unmittelbar in den steilen Bergabhang
übergeht und hier etwa einen Winkel von 45° bildet. Der
Durchmesser der ganzen Bergkuppe in der Richtung von NO.
nach SW. mag 900 Fuss betragen. Nach Innen zu stürzt sich
dieser Rand jäh und senkrecht in den ovalen Krater hinab,
der eine Tiefe von 1000 Fuss haben mag, und in welchen
man nicht ohne Schauder hinabsehen kann. Kein Krater unter
allen javanischen Feuerbergen sieht so drohend und gefährlich
aus wie dieser. Einmal darf man sich dem Rande nur mit
grosser Vorsicht nähern, da man befürchten muss, dass er
unter der Last der Füsse zerbrechen werde, und dann ist er
stets mit gewaltigen Dampfwolken erfüllt, welche, zusammen-
geballt und von weisser Farbe, ohne Aufhören und mit grosser
Heftigkeit in die Höhe steigen und die Aussicht hindern. Ver-
theilen sie sich aber einmal, von einem günstigen Winde zur
Seite getrieben, so erblickt man den grässlichen Schlund, von
jähen Felswänden umgeben, welche wie aus Quadersteinen
aufgethürmt zu sein scheinen. Denn überall sind sie der Quere
und Höhe nach von Spalten durchzogen und dabei in unregelmässig kubisch-prismatische Stücke getheilt, die nur lose aufeinander liegen und häufig so weit vorspringen, dass sie jeden
Augenblick hinabzustürzen drohen. Sie haben eine weiss-
gelbe Farbe und scheinen ganz aus zersetzten und erweichten
Lavamassen zu bestehen. — Stundenlang hat man bereits ge-
wartet und fortwährend ein ungeheures Brausen gehört, als
wenn tief unten die Fluthen eines wild bewegten See's an
Klippen und Felsen zerschellten, ein unheimliches, Furcht und
Schrecken erregendes Brausen, das man schon in grosser Entfernung vernimmt und für das Herabstürzen eines mächtigen

Wasserfalls hält, — endlich öffnet sich einmal der Schlund, und man sieht sowohl in seinem mit Steintrümmern erfüllten Grunde, als auch an seinen Wänden Hunderte von Löchern und Spalten, aus denen weisse Dampfsäulen hervorschiessen. Sie sind es, welche jenes heftige Brausen verursachen. Einige liegen in einer Reihe nebeneinander und gleichen einer Batterie, aus deren schief gerichteten Schlünden die Dämpfe in verderblichen Strahlen seitwärts hervorbrechen; denn sie fahren erst horizontal über der Kraterboden hin, ehe sie in die Höhe steigen und Wolken bilden.

Der Grund des Kraters ist flach, ganz mit Steintrümmern bedeckt und erglänzt in einer gelben Farbe, als wäre er über und über mit einer schillernden Schwefelkruste überzogen. Aber die erstickenden Dämpfe verwehren jede nähere Untersuchung.

Ueber Ausbrüche des Gedee ist wenig zu berichten. Nach den Verhandl. *v. het Batav. Genootsch.* II. pag. 374 hatte er in den Jahren 1747 und 1748 heftige Ausbrüche. Im J. 1761 warf er Asche aus. Nach *Horsfield* (Batav. Verhandl. T. VIII.) hatte er im J. 1772, und zwar zu derselben Zeit, als der Papandayang in West-Java zusammenstürzte, eine heftige Eruption. Minder heftige Ausbrüche ereigneten sich in dem Jahre 1825, im October, wo er Asche und Rauch ausspie, und im J. 1835, im September, wo er zwei Tage lang heftig dampfte.

18. Gunong-Slamat. Im schmalsten Theile der Insel erhebt er sich als ein sehr regelmässiger Conus zu einer sehr ansehnlichen Höhe. Sein Kern besteht aus Trachyt, seine Oberfläche ist überall mit neuern Lavaströmen bedeckt. Es sind vier Ausbrüche von ihm bekannt; der erste und zugleich der heftigste fand im J. 1772 und in derselben Nacht statt, in welcher auch der Tschermai und der Papandayang eine Eruption hatten. Spätere Katastrophen ereigneten sich in den Jahren 1825, 1835 und 1849.

19. Tschermai (Chermai, auch Tjerimaï). Er liegt bekanntlich in der Nähe von Cheribon, unfern des Meeres. Sehr auffallend ist es, auf diesem bis hoch hinauf bewaldeten Berge, dessen Thätigkeit als Vulcan fast gar nicht mehr bekannt ist, einen Krater von so enormer Grösse anzutreffen, wie ihn nur wenige andere Vulcane Java's, thätige sowohl als ruhende,

aufzuweisen haben. Derselbe bildet ein ungeheures, trichter-
förmiges Loch, dessen Wände sich in eine solche Tiefe hinabsenken, dass das Auge kaum noch die einzelnen Steintrümmer zu erkennen vermag, welche seinen Boden bedecken. Die
Form des obern Randes ist oval, so dass die Richtung des
grössten Durchmessers, welchen *Junghuhn* (a. a. O. S. 236)
auf 2000 Fuss schätzt, von WSW. nach ONO. fällt. Steil abgerissen senken sich die Wände nach Innen ab, mit einer
schwachen Neigung, so dass sich der Krater trichterförmig
verengert; hier und da jedoch, besonders in NW., sind sie ganz
senkrecht abgestürzt. Sie bestehen theils aus übereinander
gethürmten Felsmassen oder vielmehr aus einer Felsenmauer,
welche durch unzählige Risse und Spalten in Blöcke oder
Quadern getheilt ist, theils aus übereinander gehäuftem Gerölle,
welches nur locker durch Sand und Asche verkittet ist. Nur
an einigen Stellen bemerkt man Felsmassen, welche in zusammenhängenden parallelen Schichten übereinander liegen, die
entweder ganz horizontal oder nur wenig geneigt sind. Fast
überall sind die Wände kahl und von aller Vegetation entblösst. Der Grund des mit Lapilli angefüllten Kraters ist durch
eine Felswand in zwei Abtheilungen geschieden, von denen
die nordöstliche die tiefste zu seyn scheint. Hier und da ist
der Grund völlig eben, offenbar durch eingesickertes Regenwasser geglättet. Nirgends mehr sind Spuren heftiger vulcanischer Wirkung wahrzunehmen. Nur aus der Felswand, deren
Höhe nicht über 30—40 Fuss betragen kann und deren weisse
Farbe auf ein zersetztes, lockeres Gestein hinzudeuten scheint,
steigen noch einige leichte Dampfwölkchen hervor, welche von
der Höhe aus wie grauweisse Flecken erscheinen, da der
ganze, furchtbare Abgrund in ein nebliges, mattes Halblicht
gehüllt ist. Seine grösste Tiefe scheint mehr als 500 Fuss
zu betragen. Eine mauerähnlich aufgeworfene Felsmasse am
nordwestlichen Kraterrande hatte 10480 Fuss Meereshöhe. In
einen sehr scharfen, kaum ½ Fuss breiten Kamm läuft der
Kraterrand in ONO. aus, wo er aus aufeinander gethürmten
Felsstücken besteht, die mit Sand und scheinbar geschmolzenen, nicht sehr harten Massen bedeckt sind. Alles Gestein
am Krater scheint aus einem hellgrauen Trachyt zu bestehen.
   Am westlichen Abhange des Tjermai findet sich innerhalb

des Flussbettes des Baches Tjibodas eine aus dicken, grauen
Thonlagen hervorbrechende Naphtha-Quelle, deren Grund etwa
½ Fuss hoch mit einer theerähnlichen, braunen, stark nach
Petroleum riechenden Flüssigkeit erfüllt ist.

Gleich bemerkenswerth ist eine warme Quelle, welche in
1402 Fuss Meereshöhe am östlichen Fusse des Berges hervor-
sprudelt. Sie liegt beim Dorfe Sankanuriep und besitzt eine
Temperatur von 32° R. Sie riecht nach Schwefelwasserstoffgas, hat einen widrigen, Ekel erregenden Geschmack und wird
als Badequelle gebraucht. Aehnliche Quellen trifft man in
dem Kalkgebirge zwischen dem Tjermai und dem Meere an.

Hinsichtlich der Ausbrüche des Berges verdient bemerkt
zu werden, dass dergleichen in den Jahren 1772 und 1805
sich ereigneten und dass auf sie epidemische Krankheiten ge-
folgt seyn sollen, welche unter der javanischen Bevölkerung
viel Verwüstung anrichteten.

Von hier an theilt sich die Kette der javanischen Feuerberge in zwei parallel nebeneinander fortlaufende Reihen,
nämlich in eine nördliche und in eine südliche.

In die erstere gehören folgende Vulcane:

20. Gunung Kraga. Ist einer der am ungenügendsten
gekannten unter den javanischen Feuerbergen und liegt unterhalb dem vorigen, mehr nach der Mitte der Insel hin, in westlicher Richtung.

21. Telaga-Bodas (Telagabodas). Er ist nicht so sehr
ein Vulcan, als vielmehr nur der eingestürzte Krater eines
Vulcans, dessen Grund sich mit Wasser angefüllt hat, ein
sogen. Maar. Wie fast bei allen derartigen Gebilden, so ist
auch seine Gestalt eine beinahe kreisförmige. Sanft erheben
sich seine mit lieblichem Grün bedeckten Ufer, nur ihre untern Abhänge sind kahl und mit weissem und bräunlichem
Gestein bedeckt; nirgends sieht man so colossale Felsmassen,
wie am Schwefelsee des Patuha. Nur im Südwesten von Telagabodas, durch einen sanft ansteigenden Abhang vom Ufer
getrennt, erheben sich aus dem Grün der Gebüsche einige
graue Felswände, indess die den See im W. und SW. umgebenden Bergrücken am höchsten erscheinen. Fast kreideweiss
leuchtet das Wasser des Sees, ohne allen bläulichen oder grünlichen Schimmer; denn ein dicker, weisser Absatz bedeckt sei-

nen Boden sowohl als den des Baches, welcher dem Maare
entströmt. Still und regungslos liegt sein Spiegel da; kaum
dass man eine kleine Bewegung des Wassers an dem weissen,
flachen Sandufer bemerkt, welches ihn umgürtet; aber gegenüber, am südlichen Strande, wirbelt mit lautem Gezische eine
Dampfsäule empor, welche die Ruhe des Waldes unterbricht.
Ausser ihr, die gerade im Süden vom Centrum des Sees, etwa
10 Fuss über dem Wasserspiegel, aus einer ziemlich geräumigen Oeffnung im Gestein hervorbricht, bemerkt man keine
weitern heftigen Wirkungen vulcanischer Thätigkeit. Rings
um die Oeffnung, die zwei Fuss im Durchmesser haben mag,
ist das Gestein mit sublimirtem Schwefel überzogen, dessen
gelber Schein den Gehalt der Dämpfe schon aus grosser Entfernung kenntlich macht; übrigens ist es weniger eine compacte Felsenwand, aus welcher der Dampf hervorbricht, als
vielmehr eine abgestürzte, mit Steingeröll bedeckte Bergseite.

Eine ähnliche Stelle findet sich in OSO. vom See, welcher jedoch nur schwache Dämpfe entsteigen; aber zahllos
sind die Luftblasen, die längs dem Strande sich aus dem Wasser entbinden und dasselbe in kochende Bewegung setzen.
Am zahlreichsten steigen sie, meist nur ein paar Fuss vom
Strande entfernt, in den südlichen Gegenden des Ufers empor.
Sie verbreiten weder auffallenden Geruch, noch vermehren sie
die Wärme des Wassers, dessen Temperatur fast an allen Stellen nur 16° R. beträgt. Nur in der Gegend der aufsteigenden Gasarten am südwestlichen Ufer zeigte das Thermometer
25° R. und in der Nähe der grossen Dampfsäule 50° R., obgleich kaum einen Fuss von dieser Stelle das durch gelinde
Luftblasen bewegte Wasser nur 16° R. zeigte. In der Dampfsäule selbst, so weit es möglich war, ihr das Instrument zu
nähern, stieg dasselbe auf 61° R. Der Spiegel des Sees liegt
5687 Fuss über dem Meere. Seine Tiefe in der Mitte beträgt
84 Fuss, bei einem Umfange von nicht mehr als 5300 Fuss.
Das Wasser selbst schmeckt zusammenziehend, stark alaunar-
tig. Obgleich es, so lange es sich in dem See befindet, eine
milchweisse, helle Farbe besitzt, so erscheint es doch hell und
durchsichtig, wenn man es in ein Glas giesst. Der Boden des
Sees ist nämlich mit einem weissen Sediment bedeckt, die
Ufer mit Trachytsand und einzelnen Schwefeltheilchen, welche

zusammen dem Wasser mittelst des Reflexes die erwähnte Farbe ertheilen. Es ist von *A. Waitz* (s. *Junghuhn* a. a. O. S. 264) annähernd genau untersucht worden, woraus sich nur so viel ergeben hat, dass es keine freie Schwefelsäure enthält, hinsichtlich welcher man früherhin gefabelt hatte, sie sey so reichlich darin enthalten, dass hineingefallene organische Substanzen schnell durch sie verkohlt würden.

Besonders interessant ist eine Stelle am Fusse des Berges, welche ein nacktes, kahles Ansehen hat, den Namen „Patjak-gallang" führt und mit einem weissgrauen, zersetzten, aufgelockerten Gestein bedeckt ist. Es scheinen hier früher Ausbrüche von Schwefeldämpfen statt gefunden zu haben, und der ganze, steinbedeckte Abhang durch einen Einsturz der von den Dämpfen zerfressenen Bergseite entstanden zu seyn. Diese Stelle befindet sich rechts in einiger Entfernung vom Bache Tji-bodas, etwa 300 Fuss unterhalb des Sees. Jetzt dringen nirgends mehr sichtbare Dämpfe hervor, doch wird das Geruchsorgan, so wie man das Plätzchen betreten hat, durch einen auffallenden Geruch von Schwefelwasserstoffgas getroffen. Dieser Ort ist berüchtigt wegen der Menge todter Thiere, die alle Reisende hier gefunden haben. *Reinwardt* fand im J. 1818, ausser einer Menge todter Insecten, viele Vögel, auch mehrere Säugethiere. Das Fleisch einiger dieser Thiere schien noch ganz frisch zu seyn, während ihre Knochen verzehrt waren. Die Javanen versicherten *Junghuhn*, zuweilen sogar todte Rhinozeroten hier gefunden zu haben. Was mag die Ursache des Todes dieser Thiere an dieser Stelle gewesen seyn, da man hieselbst doch keine Entwickelung von Kohlensäure am Boden wahrnahm, indem ein angebundenes Huhn noch nach einer halben Stunde sich wohl befand und dann — von seinen Banden befreit — ungestört und wohlgemuth davon lief. Vielleicht ist die Entbindung irrespirabeler Gasarten periodisch oder nicht zu allen Zeiten gleich stark.

Ueber Ausbrüche des Telaga-Bodas während der historischen Zeit ist nichts bekannt. Die Javanen sagen, dass ihre Vorältern den Berg bereits in dem Zustande gekannt hätten, wie man ihn jetzt erblicke. Nach *Reinwardt* besitzt er eine Meereshöhe von 5497 engl. Fuss, nach *Junghuhn* eine solche von 5687 Fuss.

22. Galungung, auch Gelunggung genannt. Einer der interessantesten Berge auf der ganzen Insel und berühmt durch seinen grossen Ausbruch im J. 1823, bei welchem er unermessliche Verwüstung anrichtete. Er erscheint in der Gestalt eines langen, von Süden nach Norden hingezogenen, ungleichen, hier und da in kleine Spitzen erhobenen Rückens. In demselben Rücken, kaum 1½ Stunden vom Galungung entfernt, liegt auch der bereits geschilderte Telagabodas.

Schon aus der Ferne erblickt man im Norden eine grosse, mächtige Bergspalte, welche als der Krater des Galungung zu betrachten ist und aus welcher hohe Dampfsäulen emporwirbeln. Ehe man sie jedoch erreicht, führt der Weg zwischen Hügeln durch, die das Land zu Tausenden bedecken und sich wohl eine geogr. Meile weit in die Ebene hinabziehen. Sie besitzen eine mehr oder weniger hemisphärische Gestalt, sind in der Regel nur mit Grasarten und kleinem Gesträuch bewachsen und, bald völlig isolirt stehend, bald zu kleinen Rücken miteinander verbunden, erreichen sie meist nur eine Höhe von 30—40, selten eine von 50 Fuss. Sie bestehen aus nichts Anderem, als aus übereinander gehäuften Trachyt-Blöcken, deren Zwischenräume mit fruchtbarer, brauner Erde ausgefüllt sind. Die kleinen Flächen zwischen diesen Hügeln sind entweder nur mit hohem, schilfartigem Grase bewachsen, oder mit Reisfeldern bedeckt, welche zu den Dörfchen gehören, die sich hier und da zwischen den Hügeln neuerdings angesiedelt haben. Denn dieses ganze Terrain ist neu und durch die Auswurfsmaterien des Galungung gebildet, als er im J. 1823 sich spaltete und die frühern Dörfer und Reisflächen mit Gestein und Schlamm überschüttete. Nach der Aussage der Javanen war diese jetzt mit zahllosen Hügeln bedeckte Gegend einst ein ebenes Reisland; erst bei der Eruption des J. 1823 entstanden alle diese Hügel, einige am östlichen Fusse des Berges ausgenommen, die schon vor jenem Ausbruche vorhanden waren und vielleicht in frühern Epochen auf ähnliche Art entstanden seyn mögen. Mehrere derselben sind nahe an 100 Fuss hoch und von üppigen, gigantischen Feigen- und andern Waldbäumen bedeckt, die von einem hohen Alter zeugen.

Steigt man in der grossen Bergspalte aufwärts, so gelangt man, noch unterhalb des höchsten Punctes im Krater, an eine hügelige Stelle, wo hier und da, aber fast parallel miteinander, aus dem dunkeln Grün des Waldes drei riesige Dampfsäulen emporsteigen. Die nordöstliche derselben dringt aus einer Oeffnung im Boden in schiefer Richtung mit lautem Brausen und mit einer solchen Gewalt hervor, dass hineingeworfene Stückchen Holz 15 Fuss weit wieder herausgetrieben werden. Rund umher ist der Boden mit einer schwarzen, breiartigen Masse bedeckt, hier und da mit einer fingersdicken, grünen Conferven-Schicht überzogen. In ihrer Nähe finden sich viele heisse Quellen, in denen das Thermometer auf 52° R. stieg; sie vereinigen sich in einen ansehnlichen Bach, der etwa 300 Fuss tiefer noch eine Temperatur von 30° R. zeigte.

Durch drei Wände wird die grosse Schlucht gebildet, welche man als den Krater des Galungung anzusehen hat, da nur innerhalb dieses Raumes die Spuren des unterirdischen Feuers sich bemerklich machen.

Die erste Wand begrenzt die Kluft in WNW., ihre senkrechte Höhe beträgt mehr als 2000 Fuss, denn sie erhebt sich bis zum höchsten Rücken des Berges selbst, und der See Telaga-bodas, der nach *Junghuhn's* Messungen eine Höhe von 5687 Fuss besitzt, liegt noch unterhalb dieses Rückens, während sich der höchste Punct der vorhin erwähnten hügeligen Stelle mit den drei Fumarolen nicht mehr als 3000 Fuss über die Meeresfläche erhebt.

Von dieser hintern Wand ziehen sich in entgegengesetzter Richtung zwei seitliche Wände hinab, die sich nach unten zu immer mehr voneinander entfernen, zugleich stets an Höhe abnehmen und zuletzt flache, in das ebene Land fortsetzende Rücken bilden.

Furchtbar und majestätisch zugleich ist der Anblick der hintern westnordwestlichen Kraterwand. Schroff erhebt sie sich zu einer Höhe von 2000 Fuss. Dunkele, parallel geschichtete Felswände sind hin und wieder mit dem Grün üppig wuchernden Gesträuchs bedeckt, welches die minder senkrechten Abhänge überzieht und über dessen Dickicht Tausende von baumartigen Farrenkräutern ihre zartgefiederten Laubschirme erheben. Hin und wieder blickt ein hellerer, weisslicher Flecken nackten Gesteins hindurch, aber das Ganze hat ein finsteres, düsteres Ansehen und erfüllt das Gemüth mit bangem, niederdrückendem Staunen. Hoch ragt die gigantische Mauer empor; nur von Zeit zu Zeit werden die dunkeln Umrisse ihres Randes sichtbar, wenn das Gewölk, das sie in der Regel verhüllt, nebelähnlich vorüberstreicht; Giessbäche strömen wie weisse, senkrechte Strahlen längs der dunkeln Felswand herab und hoch von oben herunter dröhnt rollender Donner.

Die Ränder der beiden seitlichen Kluftwände besitzen an den einander gegenüber liegenden Stellen eine gleiche Höhe; denkt man sich diese Ränder auf einander zu fortlaufend, so erhält man einen flachen Bergabhang von derselben Neigung, wie ihn noch jetzt die andern Gegenden des Bergrückens zeigen; es scheint daher, als habe diese Schlucht früherhin ein Ganzes gebildet, d. h. sie sey ausgefüllt gewesen und erst durch vulcanische Ausbrüche entstanden, welche diesen ganzen Bergabhang hinwegschleuderten.

Für diese Ansicht spricht ausser den eben erwähnten parallelen, gleich hohen Schluchträndern auch das Vorkommen der zahlreichen, bereits gedachten Hügel, welche die Ebene zwischen dem Berge und Tassik-malayo bedecken und die vor Allem in der Richtung, in welcher sich die Kraterkluft öffnet, im Südosten vom Berge am zahlreichsten auftreten. Wahrscheinlich sind diese Hügel aus der weggesprengten Bergwand entstanden, die in unendlichen Trümmern niederfiel, ein Phänomen, das sich in verschiedenen Zeitabschnitten wiederholt zu haben scheint; denn alle Javanen versicherten, dass viele dieser Hügel schon vor dem J. 1823 ihren Vorfahren bekannt gewesen seyen, was auch daraus hervorzugehen scheint, dass *Junghuhn*, wie bereits erwähnt, mehrere derselben mit Urwald bedeckt fand, dessen Riesenbäume ein hohes Alter verkündigten. — Bei weitem die Mehrzahl dieser Hügel jedoch wurde erst durch die Eruption im J. 1823 gebildet, was historisch gewiss ist, da sowohl Europäern als Javanen die fruchtbare, in Reisfelder abgetheilte Ebene bekannt war, welche durch jenen Ausbruch so grässlich verwüstet wurde. Auch scheint, so viel man aus den Beschreibungen der Eingeborenen entnehmen kann, an der Stelle der jetzigen Schlucht bereits vor dem J. 1823 ein Längenthal befindlich gewesen zu seyn, welches dieselbe Richtung und Abdachung nach SO. hatte, als die jetzige Kluft, das aber, nebst den sanft gerundeten Rücken, die es einschlossen, weit und breit mit Urwäldern bedeckt war. Man darf also wohl annehmen, dass dieses Thal, so wie die erwähnten ältern Hügel durch einen frühern, unbekannten (vielleicht den ersten) Ausbruch des Berges gebildet wurden, dass der einzige, bekannte Ausbruch im J. 1823 aber aus dem Thale erfolgte, welches dadurch in die jetzige Schlucht verwandelt wurde. Hierbei wurden durch abgesprengte und abwärts geschwemmte Trümmer in der Ebene, welche sich in SO. um den Berg zieht, Myriaden neuer Hügel gebildet, die sich den schon vorhandenen ältern beigesellten. Zu welcher Zeit jedoch diese Eruption statt gefunden, ist in tiefes Dunkel gehüllt.

Vor dem J. 1823 kannte Niemand die vulcanische Bedeutung des Berges; Alles war ruhig und gewährte das reizende Bild einer üppigen Vegetation. Im October 1823 färbte sich zwar das Wasser des Baches Tjikunier, der durch das Längenthal herabströmt, und setzte einen weissen Bodensatz ab, aber bald wurde er wieder hell und klar und man achtete nicht weiter darauf.

Allein plötzlich, am 8. Octbr. 1823, des Mittags zwischen 1 und 2 Uhr, vernahm man einen furchtbaren Schlag, wovon die Erde erbebte, einen Schlag, welcher durch den grössten Theil der Insel Java hindurch dröhnte, und aus der Bergschlucht stieg eine ungeheure Dampfsäule hervor, die sich mit der Schnelle des Blitzes weit umher verbreitete und die ganze Gegend mit dem schwarzen Schleier der Nacht bedeckte. Glühend heisser Schlamm entquoll dem Berge, erfüllte alle Flussbetten, zerstörte alle Wohnungen, ganze Dörfer, die ihm im Wege standen, und riss in seinen rauchenden Fluthen die Leichen der Menschen und Thiere bis 10 engl. Meilen vom Berge hinab, unaufhaltsam mit sich fort. Furchtbare Detonationen und Erdbeben folgten sich immer heftiger mit Entsetzen erregender Schnelligkeit und hell leuchtende Blitze durchzuckten von Zeit zu Zeit das schwarze Gewölk, welches das Haupt des Berges umhüllte. Hoch in die Lüfte hinauf wurden nicht nur Schlamm und Asche, sondern auch Steine aller Grössen geschleudert und verwüsteten das Land beim Herabfallen weit in der Runde umher.

Nach dreistündigem Toben folgte um 4 Uhr eine Todtenstille, der Himmel hellte sich auf und beleuchtete an der Stelle
herrlicher Wälder, üppiger Reisfelder und blühender Dörfer
nichts als weit und breit ein rauchendes, bläulichschwarzes
Meer von widrigem Schlamm, aus dem hin und wieder die
Spitzen zertrümmerter Bäume, namentlich der Cocos-Palmen,
hervorragten. Ohne Unterlass strömte aber noch der Schlamm
in die tiefern Gegenden hinab; um das Unglück voll zu machen, fiel am 9. Octbr. Morgens ein anhaltender Regen, in
Folge dessen die Bäche aus ihren Ufern traten, Alles überschwemmten und die unstät umherirrenden Einwohner zwan-
gen, auf die Hügel zu flüchten, welche, in der Ebene von
Tassik-malayo zerstreut, noch aus den zerstörenden Fluthen
hervorragten. Dieser Zustand der Dinge hielt den 10. und
11. Octbr. unverändert an; ja, am Abend des 12. vernahm
man abermals drei heftige Detonationen. Nach der Erzählung der Wenigen, welche der Vernichtung entgingen, war die
Nacht vom 12. finster, aber Todtenstille herrschte überall; nur
das Wüthen und Brausen der angeschwollenen Fluthen, welche
um die Hügel anschlugen, unterbrach diese schauerliche Stille.
Aber nur wenige der Bewohner dieser Gegend entrannen dem
Verderben; denn die Schlammmassen, in denen sich, unter
furchtbarem Getöse, colossale Steintrümmer mit herabwälzten,
und welche Baumstämme, zertrümmerte Häuser, Haufen von
Leichen, überhaupt Alles, was ihnen im Wege lag, vor sich
hertrieben, strömten immer mächtiger gegen die Hügel an,
thürmten sich auf, überstiegen die Hügel und häuften sich
selbst zu Bergen an. So fanden Tausende unglücklicher Javanen, auch noch auf den Spitzen jener Hügel, wo sie bei
den Gräbern ihrer Vorfahren eine Zufluchtsstätte gefunden zu
haben wähnten, einen jämmerlichen Untergang.

Nach der Aussage der Wenigen, welche die Katastrophe
überlebten, war am 13. October Morgens das Aussehen des
Berges ganz verändert. Das Thal nämlich schien erweitert,
die Bergspitze geborsten, nach Innen zu senkrecht abgestürzt
und in eine weite Kluft — den jetzigen Krater — verwandelt,
aus welcher fort und fort eine Rauchsäule emporstieg, die bis
zu der Zeit, wo *Junghuhn* (a. a. O. S. 223) diese Gegend (im
J. 1837) besuchte, ununterbrochen sichtbar blieb.

Durch dies grässliche Ereigniss wurden in der Zeit vom
8. bis zum 13. October 114 Dörfer zerstört (grösstentheils überschüttet oder mit Schlamm bedeckt), wobei 4011 Menschen,
105 Pferde, 853 Rinder ihren Tod fanden und 4 Millionen
Kaffeebäume vernichtet wurden. Es ereignete sich bei diesem
Ausbruche, während dessen Dauer man weder Feuer noch
Flamme sah, dass einige näher am Fusse des Berges liegende
Gegenden und Dörfer unbeschädigt blieben, während solche,
die mehr entlegen waren, verschüttet oder überschwemmt
wurden.

Am 16. October Abends zwischen 9—11 Uhr vernahm
man neues Krachen am Berge. Den 3. November war es
noch nicht möglich, durch die Schlammmassen zu kommen,
welche sich in einigen Gegenden 50 Fuss hoch aufgestaut hatten. Selbst am 1. Januar 1824, also 2½ Monate nach dem
Ausbruche, war es noch sehr gefährlich, über die mit den
Auswurfsmassen bedeckten Gegenden vorzudringen.

23. Tschikura. Heisst auch Tschikurai oder Tjikorai.
Er ist der südlichste aller javanischen Vulcane, liegt unterhalb
dem vorigen, etwas nach Westen hin, soll eine Höhe von 648
Toisen besitzen und der höchste Berg der Preanger Regent-
schaft seyn.

24. Tankuban-Prahu. Soll eine entfernte Aehnlichkeit
mit einem umgekehrten Schiffe haben, daher der Name „Tankuban-Prahu", welcher „Hügelschiff" bedeutet.

Die Neigung dieses ansehnlichen Berges, der eine Meereshöhe von mehr als 6800 Fuss erreicht, ist anfangs sehr
sanft und nur von wenigen Schluchten unterbrochen, bis etwa
1000 Fuss unter seinem Gipfel, wo sich die Bergwand steiler
erhebt und in einem Winkel von etwa 30 Graden ansteigt.
Bäumchen aus der Familie der Laurineen bilden in diesen
obern Gegenden den Wald; zwischen ihren mit Moos bedeckten Stämmen wuchern grosse Farrenkräuter, die Alles weit
und breit überziehen. Höher hinauf aber machen diese Bäumchen kleinerm Gesträuch von zierlichen Thibaudien Platz, und
hat man solches durchschritten, so wird man auf einmal durch
den grossartigen Anblick eines ungeheuern Abgrundes überrascht, welcher nichts Anderes ist, als der östliche Krater des
Tankuban-Prahu, in der Landessprache den Namen „Kawa-

Ratu" führend. Sein Umfang ist ziemlich kreisförmig, sein Rand aber von sehr ungleicher Höhe. Die höchste Stelle in SW. beträgt nach *Junghuhn* (a. a. O. S. 189) 6534 engl. Fuss. Er bildet einen ungeheuren, fast hemisphärischen Schlund, der, während der obere Rand von lieblichen Thibaudien umgrünt ist, in öder, zurückschreckender Nacktheit daliegt. Sein Durchmesser mag an 3000 Fuss betragen; nach Innen zu senkt sich die Wand nur an einigen Stellen völlig senkrecht hinab, nämlich in NW. und S. vom Centrum, wo ihre Felsen horizontal übereinander geschichtet sind. Nur selten sind diese Schichten um einige Grade geneigt, und zwar derjenigen Gegend zu, wo der Krater am niedrigsten ist. An allen übrigen Stellen läuft der Krater trichterförmig zu und besteht aus geschichtetem trachytischen Gestein, welches entweder von Schwefeldämpfen zersetzt, oder an andern Orten von schlackenartiger Beschaffenheit erscheint. Die Tiefe des Kraters soll 8—900 Fuss betragen. Seine tiefste Stelle ist flach und gleicht einer Ebene von hellgrauer, hier und da gelblicher Asche, wie dies auch das Colorit des ganzen Kessels ist. Daselbst bemerkt man einige vertiefte Stellen von ungleicher, wahrscheinlich auch veränderlicher Form, in denen eine graue, nur schwach nach Schwefel riechende Flüssigkeit in brodelnder Bewegung ist. Man darf sich diesem Tümpel nur mit grosser Vorsicht nähern, indem der Boden unter den Füssen nachgiebt, und nur in grösserer Ferne ist er zu einer Kruste erhärtet.

Ausser diesen heissen Sümpfen zeigt der Krater noch einige andere Spuren von vulcanischer Thätigkeit. Am Fusse der östlichen Wand nämlich dringen aus den Fugen des zersetzten Gesteins wahre Schwefeldämpfe hervor, die ein Geräusch hervorbringen, welches zwischen Zischen und dumpfem Brausen in der Mitte steht. Hier sieht man auch die Löcher und Spalten der Felsen mit den schönsten Schwefelblumen geziert. Tritt man in eine solche Kluft hinein, so glaubt man sich in einen glühenden Ofen versetzt, so erhitzt ist der lockere Boden und eine solche Hitze verbreiten die ringsum hervordringenden Dämpfe.

Von diesem ersten Krater ist der zweite, welcher den Namen „Kawa-Opas" führt, durch einen schmalen Zwischenrücken geschieden. Er liegt westlich vom erstern, ist eben-

falls rundlich, jedoch von weit kleinerm Umfang Seine Wände
sind steiler, aber fast überall mit Vegetation bedeckt, so dass
sein Anblick viel freundlicher als der des andern ist. Der
waldbedeckte Rand, welcher sich von S. nach N. halbkreisför-
mig um ihn herumzieht, scheint der höchste des ganzen Berges zu seyn. Die Wände laufen nach unten hin ebenfalls schräg
zu, so dass der ganze Krater dadurch eine trichterförmige Gestalt erhält. Sein Boden ist flach und bildet eine graue Aschen-
fläche, auf welcher keine Wirkungen vulcanischen Feuers zu
beobachten waren. Der Grund dieses Kraters liegt etwa 100
Fuss höher, als der des andern. Der Zwischenrücken scheint
durch einen spätern Ausbruch des Kawa-Opas entstanden zu
seyn; denn dafür spricht der schroffe, senkrechte Absturz nach
Innen, nach der Kawa-Opas zu, während er sich, in Furchen
getheilt, zur Kawa-Ratu hin ganz allmählig hinabsenkt, als
sey er herabgeflossen. Er besteht übrigens ganz aus feinem
Trümmergestein und seine tiefere Gegend liegt noch unterhalb des niedrigsten nördlichen Kraterrandes der Kawa-Ratu.

Nach dem Berichte der Javanen sollen sich am nordöstlichen Abhange des Berges noch zwei andere, nahe zusam-
mengelegene und zum Theil schon mit Pflanzenwuchs bedeckte
Kratere befinden, die jedoch von *Junghuhn* (a. a. O. S. 191)
nicht besucht wurden.

Im J. 1829 hatte der Kawa-Ratu noch einen Ausbruch.
Am 29. März fing der Berg stärker als gewöhnlich zu rauchen
an; den 30. und 31. fühlte man in den Gegenden, die um den
Fuss des Berges herumliegen, wiederholt ein Beben der Erde
und von Zeit zu Zeit heftige Schläge. Am 1. und 2. April
war der aus dem Krater aufsteigende Rauch am dicksten und
schwärzesten und einige Steine wurden ausgeworfen, die vom
östlichen Rande der Kawa-Ratu herabrollten. Den 3. liess die
Heftigkeit des Ausbruchs nach und am 4. kehrte der Berg zu
seiner frühern Ruhe zurück.

Nach *S. Müller (Verhandl. v. het Batav. Genootsch.* 16)
ist Kawa-Opas von N. nach S. 375 Meter lang und von W.
nach O. 250 Meter breit. Die Zwischenmauer zwischen den
beiden Krater - Abtheilungen ist 50 Meter hoch, der höchste
Punct der südwestlichen Mauer aber liegt nach *Müller* 329
Meter über dem Grunde der Kawa-Opas. Nach demselben ist

ferner die Kawa-Ratu von NW. nach SO. am obern Rande
800 Meter lang und von SW. nach NO. 630 Meter breit. Der
höchste südwestliche Punct der Mauer liegt 200 Meter über
dem Grunde der Kawa-Ratu. Dieser aber liegt 49 Meter unterhalb dem der Kawa-Opas. Ein kochender Schwefelsumpf
in der tiefsten südöstlichen Gegend der Kawa-Ratu hat nach
ihm 155 Meter im Durchmesser. Aus einer Oeffnung am Fusse
der östlichen Mauer desselben Kraters kamen im J. 1832 Dämpfe unter einem mächtigen Brausen hervor, welches an Heftigkeit beständig ab- und zunahm.

Vergleicht man hiermit die *Junghuhn*'sche Beschreibung,
so ergiebt sich, dass die Thätigkeit des Berges seit dem J.
1832 bedeutend an Heftigkeit abgenommen hat; denn der von
Müller beschriebene, in Kawa-Opas befindliche See war im
J. 1837 nur noch eine kleme, seichte Pfütze, auch war damals
von den Dämpfen, die aus der südwestlichen Wand der Kawa-
Opas hervorstiegen, nichts mehr zu bemerken. Der 155 Meter
breite, kochende Schwefelpfuhl in Kawa-Ratu hatte im J. 1837
blos noch einen Durchmesser von 30 Fuss. Aus diesem Pfuhle
stiegen im J. 1832 mit schrecklichem Getöse dicke Dampfwolken empor; jetzt aber kann man vom Kraterrande kein Geräusch mehr vernehmen, und kaum kann man noch die leichten, nebelähnlichen Dämpfe erkennen, welche über den Pfützen schweben. Zuletzt erblickt man an der Stelle, wo früherhin die mit abwechselnder Heftigkeit hervorbrechenden
Dämpfe unter entsetzlichem Brausen sich bemerklich machten, jetzt nur noch zahlreiche, mit Schwefelblumen bedeckte
Spalten, denen unter sehr gelindem Zischen Schwefeldämpfe
entsteigen.

25. Tunggil. Kommt auch unter dem Namen Pukil Tunggil oder Bukit Tunggil vor. Er liegt zwischen dem Tankuban-
Prahu und dem Djarriang und ist nur wenig gekannt.

26. Djarriang. Auch Bukit Jarriang genannt, ebenfalls nur höchst mangelhaft gekannt.

27. Manglayang. Bei *v. Hoff* (a. a. O. III, 455) unter dem Namen Manglyang vorkommend.

28. Maruyung, der östlichste, während der

29. Buangrang den westlichsten einer Reihe bildet, die
aus sechs dicht aneinander liegenden Vulcanen besteht, unter

denen man fast nur vom Tankuban-Prahu nähere Kenntniss
besitzt.

Zwischen dieser nördlichen und einer nachher zu erwähnenden südlichen, aus vier Vulcanen bestehenden Reihe liegt
so ziemlich in der Mitte der

30. Guntur, d. h. „Donnerer". Gleich einem colossalen
Steinhaufen von stumpf-kegelförmiger Gestalt erhebt sich dieser seit dem J. 1807 fast ununterbrochen tobende Vulcan drohend in das Blau der Lüfte. Kein grünes Hälmchen schmückt
seine öden Abhänge. Vom ausgezackten Rande seines Kraters, den weisse, hinter ihm emporsteigende Dämpfe schon aus
der Ferne bemerklich machen, bis tief herab an seinen Fuss
ist er mit schwarzem Sande und Trümmergestein bedeckt,
welches, da es Längsrücken bildet, in Strömen sich herabge-
wälzt zu haben scheint. Die Grösse der Steinchen, welche,
gleich dem Sande, aus zertrümmertem Trachyt bestehen, wechselt von der Grösse einer Erbse bis zu der eines Fusses; die
zahlreichsten sind die von der Dicke eines oder zweier Zolle.
Mit solchem Gerölle, das unter den Füssen weicht, ist der
ganze Berg bedeckt. Einzelne Trachyt-Blöcke von 5—20
Fuss im Durchmesser ragen hier und da daraus hervor; sie
haben meist eine graue Farbe, doch finden sich auch viele
mehr abgerundete Stücke von bolusrother Farbe, welche einem
höhern Hitzegrade ausgesetzt gewesen zu seyn scheinen.

Ueberall, wohin man tritt, wirbeln Wasserdämpfe empor,
die dem Gestein aus unmerklichen Poren entweichen und in
deren Nähe die Felsmassen mit einem weissen Anfluge, der
aus Federalaun zu bestehen scheint, bedeckt sind. Nicht weit
unterhalb des Kraterrandes bemerkt man eine grosse Kluft,
welche sich spaltenähnlich in östlicher Richtung bis tief zum
Fusse des Berges hinabsenkt und, wie Alles umher, mit Sand
und Gerölle bedeckt ist, aus deren Ritzen zahlreiche Schwefeldämpfe hervorbrechen. Es scheint, als seyen hier durch die
Zuckungen des Berges die Felsmassen abgesprengt und in die
Tiefe geschleudert; denn unter dem 10—20 Fuss hohen Stein-
schutt ihrer Wände bemerkt man Felsschichten, die parallel
dem Abhange des Berges sich herabsenken. Der Krater selbst
und die ihn umgebende Mauer gleicht einem zusammenge-
sunkenen Schutthaufen; öde liegt er in seiner grauen Färbung

da, im schauerlichen Halblicht überall in Nebelgestalt empor-
dringender Dämpfe, durch welche hier und da weisse, gelbe
und röthliche Flecken hindurchschimmern.

Am höchsten soll die Kratermauer in NW. seyn und hier
nach *Junghuhn* (a. a. O. S. 198) eine Meereshöhe von 6517
engl. Fuss erreichen. Daselbst bildet sie eine abgerundete
Kuppe, welche 150 Fuss höher als der Kraterrand ist. Sie
sowohl, als auch das geneigte Terrain, welches von ihr bis
zum Kraterrande sich herabsenkt, besteht aus Sand und Steingereibsel und ist überall mit einer gelbbraunen Kruste bedeckt, aus deren zahllosen Ritzen Tausende kleiner Dampfwolken hervorbrechen; dabei ist der Boden so erhitzt, dass
die Wärme selbst durch dicke Sohlen fühlbar wird.

Besondere Aufmerksamkeit verdienen entfernt vom Fusse
des Berges liegende Steintrümmer, welche, aus einiger Entfernung gesehen, schwarzen Erdschollen gleichen, wie die eines
frischgepflügten Ackers, nur von colossalen Dimensionen. Bei
näherer Untersuchung ergiebt sich, dass es scharfkantige Trachytfelsen sind, deren schwarze Oberfläche zu beweisen scheint,
dass sie lange an der atmosphärischen Luft gelegen haben.
Ihre ungleiche Oberfläche, ihre scharfen Zacken und Kanten
unterscheiden sie auffallend von den Rollstücken, die mehr abgerundet und an ihrer Oberfläche geglättet sind. Diese Beschaffenheit, so wie ihre sonderbare Lage, — indem sie hintereinander aufgeschichtet, nicht selten fast aufrecht stehend und
aneinander liegend gefunden werden, — macht es, besonders
wenn man auch die beträchtliche Entfernung, in welcher sie vom
Berge liegend angetroffen werden, berücksichtigt, sehr wahrscheinlich, dass sie nicht hierher gerollt, sondern geworfen, und zwar
vom Berge schief abwärts geschleudert worden sind. Sie können daher wohl als die Trümmer der südöstlichen Kratermauer
des Gunong Guntur betrachtet werden, da der Berg gerade
nach dieser Seite hin seine zerstörenden Wirkungen ausgeübt
hat. Besonders unterstützt wird diese Ansicht durch das Vorkommen eines Laubmooses (Polytrichum), so wie einer Flechte
(Cladonia) auf diesen Steintrümmern, indem dies Pflanzen
sind, welche bis jetzt auf Java nur auf 4—7000 Fuss hohen
Bergen gefunden worden sind und die nach *Junghuhn's* Zeugniss auch nie in tiefern Gegenden vorkommen. Sie über-

zogen, obgleich nicht mehr frisch und lebend, alle Flächen dieser abgesprengten Felsmassen. Diese letztern sind an vielen Stellen so hoch aufeinander gethürmt, dass sie kleine, durch sandige ·Thäler getrennte Hügel bilden; bei einigen ist das Gestein noch völlig kahl und seine Kanten und Ecken ragen noch scharf hervor; andere, und zwar die vom Berge mehr entfernten, sind theilweise von Sand und Steingereibsel bedeckt und hin und wieder mit einer Grasart überzogen; auf noch anderen, und zwar den am weitesten vom Berge gelegenen, findet sich schon eine Schicht von Erde, geschmückt mit grünenden Gräsern und Sträuchern, indess nur noch hier und da eine unbedeckte Steinfläche sich bemerklich macht.

Nach dem verschiedenen Grade von Verwitterung zu urtheilen, scheint es daher, als sey das Einstürzen und Hinwegschleudern der südöstlichen Kratermauer in verschiedenen Zeiträumen erfolgt, doch dürfte schwer zu ermitteln seyn, bei welchen Eruptionen dies statt gefunden habe.

Nach *Reinwardt's* Angaben liegt nicht weit vom Gunong Guntur noch ein anderer Feuerberg, welcher den Namen „Kiamis" führt; sein Krater heisst bei den Javanen „Kawa Karaha"; er ist voller Spalten und kochender Wasser- und Schlamm-Pfützen. Zwei Bäche, von denen der Tjikoraha nach Osten und der Tjiduri nach Westen fliesst, sollen ihm entströmen, um sich zuletzt beide in den Tjikaro zu ergiessen.

Vielleicht ist dieser Berg längst erloschen, denn *Junghuhn* konnte über denselben nichts Näheres erfahren.

Von Ausbrüchen des Guntur vor dem J. 1807 ist nichts bekannt, allein von dieser Zeit an ist er beinahe in ununterbrochener Thätigkeit, denn er hatte heftige Eruptionen in den J. 1807, 1809, 1815, 1816, 1818, 1819, in welchen beiden letzten Jahren *Reinwardt* ihn vergebens zu ersteigen versuchte. Sodann war er in Ausbruch in den J. 1820, 1828 und 1832. In dem letztgenannten Jahre hatte er drei sehr starke Eruptionen; ferner in den J. 1833 und 1836. Am 26. November fand sein neuester Ausbruch statt. An diesem Tage, Nachmittags von 1—4 Uhr, stieg eine hohe Rauchsäule aus ihm empor und ungeheure Massen von Sand und Steinen wurden dabei ausgeworfen.

Südlich vom Guntur liegen dicht aneinander gedrängt und

zwar in einer von SO. nach NW. aufsteigenden Reihe vier
Feuerberge, von denen

31. Papandayang, auch Pepandajan, d. h. Werkstätte
eines Schmiedes, der bekannteste ist. Von der Höhe des Gunong Guntur aus kann man ihn deutlich sehen, namentlich in
Folge des gelblichen Scheines seiner Felswände, welche aus
den dichtbelaubten Wäldern hervorleuchten, die seinen Fuss
bedecken. Hat man diese letztern, in denen viele kleine Bäche
brausend in tiefen Klüften vom Berge sich herabstürzen, durchschritten, so gelangt man auf ein viel sanfter abgedachtes Terrain von zahllosen Felstrümmern, die nur mit einer strauchar-
tigen Vegetation bedeckt sind. Diese Steinblöcke bestehen
bald in unveränderten Trachytmassen, bald sind es weichere,
zersetzte Gesteine von weissgelber Farbe, bald ist es kleineres
Gereibsel, locker aufeinander gehäuft, Alles mit Sand und
Erde bedeckt und mit einer Vegetation geziert, die sich auffallend von der der angrenzenden Wälder unterscheidet und
der Vermuthung Raum giebt, dass der Grund und Boden, welcher sie trägt, neuern Ursprungs und durch vulcanische Auswurfsstoffe gebildet sey.

Mitten durch dieses Terrain strömt in einem mit Geröll
bedeckten Bette ein Bach hindurch, der in dem Krater des
Berges entspringt und auf Allem, was er berührt, einen braun-
gelben Niederschlag hinterlässt. Dieser Bach, dessen Wasser
von einem zusammenziehenden, alaunartigen Geschmack ist,
fliesst, der Neigung des Kratergrundes, der in dieses Terrain
ausläuft, zufolge, nach Nordost hin.

Je höher man aufwärts steigt, um so mehr nimmt das
Trümmergestein ein zersetztes Ansehen und eine so lockere
Beschaffenheit an, dass es leicht zerbröckelt. Hin und wieder
liegen jedoch auch mehr oder weniger feste Trachytstücke da-
zwischen; eigentliche Schlacken findet man aber nicht, obwohl
viele in ihrem Innern feste Trachyte an ihrer Oberfläche ein
poröses Ansehen haben, und mit Ausnahme eines einzigen
wurden auch weiter keine Lavaströme am ganzen Berge wahrgenommen.

Der Krater selbst liegt am südwestlichen Ende eines Ge-
birgsrückens, welcher nach NO. hinzieht und sich mit dem
Gebirgszuge des Gunong Guntur verbindet. Er befindet sich

nicht auf dem höchsten Gipfel des Berges, sondern an einem
Abhange und wird von waldigen Rücken überragt, unter denen der südöstliche sich kuppenförmig abrundet und zugleich
der höchste ist. Nur an wenigen Stellen bilden diese Rücken
nach Innen zu, wo sie den Krater zunächst begrenzen, Felswände, die sich senkrecht erheben und aus parallelen Schichten bestehen, deren Neigung mit der Senkung des Rückens
übereinstimmt.

Alle übrigen Umgebungen des Kraters sind sanft und mit
fein zerriebenem Gestein bedeckt, so dass man nirgends nackte
Felsen aus ihnen hervorragen sieht. Am niedrigsten ist die
Ringmauer des Kraters in NW. von seinem Mittelpuncte, wo
sie kaum 50 Fuss hoch zu seyn scheint, wenn man nämlich
diejenige Gegend als Centrum betrachtet, wo die dicksten
Dampfsäulen emporwirbeln. Mitten durch den Krater strömt
ein ansehnlicher Bach; er entspringt am Fusse der südwestlichen Wand und fliesst, anfangs von Dämpfen umzischt, in eine
enge Kluft in nordöstlicher Richtung herab. Reines Quellwasser scheint dem Bache seine Entstehung zu geben, welches
während seines Laufes durch die mit adstringirenden Salzen inprägnirten Kraterräume seinen zusammenziehenden Geschmack
erhalten mag.

Die südwestlichen, westlichen und nördlichen Umgebungen
des Kraters sind kahl und ohne allen Pflanzenwuchs; sie bilden weissliche, mit lockerm Gestein bedeckte Abhänge; aber
verbrannte Baumstämme, deren schwärzliche Stümpfe, besonders in N. und NW. des Kraters, umherstehen, liefern den
Beweis, dass auch diese Stellen einst eine kräftige Vegetation gehegt.

Der Krater bildet keine trichterförmige oder concave Vertiefung, sondern er stellt einen von zahlreichen Furchen durch-
schnittenen und ausgehöhlten Raum dar, der zwischen den bereits beschriebenen Umgebungen übrig bleibt. Sein Mittelpunct liegt 7028 Fuss über dem Meere.

Der Grund desselben ist weich, von weissgrauer, hier und
da auch von gelber Farbe, und scheint aus aufgelöstem, zum
Theil in eine völlig breiartige Masse verwandeltem Gestein
zu bestehen, aus dem nur einzelne festere Trachytmassen hervorragen.

Er bietet alle jene ungemein anziehenden vulcanischen Erscheinungen vereinigt dar, welche man bei andern Feuerbergen in der Regel nur getrennt beobachtet.

Hier findet man nämlich in kleinen Vertiefungen Wasserpfützen, welche durch hervorbrodelnde Gasarten in kochender Bewegung erhalten werden und eine Temperatur von 61 ° R. zeigen; dort findet man weit klaffende Schlünde, aus denen ein schmutziges, schlammiges Wasser unter weithin vernehmbarem Krachen hervorgeworfen wird und dann wieder zurücktritt, ein Schauspiel, welches sich unaufhörlich erneut, gleich der Brandung des Meeres; hier sprudeln, gleich Fontainen, aus kleinen Schlamm-Vulcanen teigartige Thonmassen hervor, die kleine Kratermündung mit erhöhtem Rande umgebend, dessen Höhe bei einigen nahe an 4 Fuss beträgt, und dort steigen aus goldgelber Mündung in zerklüftetem Gestein gewaltige Dampfsäulen mit einer Heftigkeit in die Höhe, dass der Boden rund umher erbebt und der Donner der herabstürzenden Wassersäulen durch den ganzen Berg wiederhallt. Diese letztern mögen stark mit Schwefeltheilen inprägnirt seyn; sie treten aus zahlreichen, 3—4 Fuss im Durchmesser haltenden Löchern hervor, von denen öfters mehrere miteinander communiciren und die innen und aussen mit faustdicken Krusten von Schwefel überzogen sind. Aus diesen Oeffnungen steigen die weissen, hell leuchtenden Dampfsäulen hoch in die Luft und vermischen sich dort mit dem Nebel der vorüberziehenden Wolken. Ist es windstill, so schiessen ihre Strahlen gerade aufwärts, und dann kann man sich ihnen ohne Gefahr nähern; werden sie aber durch den Wind seitwärts getrieben, so wird man leicht von ihnen umhüllt und zu einem erstickenden Husten gereizt. Rings um sie her ist der Boden erhitzt; einige, welche engern Spalten entsteigen, verursachen beim Hervordringen ein helles Zischen, andere dringen unter heftigem Brausen aus geräumigern Oeffnungen hervor. So ist der zerklüftete und labyrinthisch unterwühlte Boden in steter Bewegung; das Krachen der emporschiessenden Wasserstrahlen vermischt sich mit dem Sprudeln der kleinen Schlamm-Vulcane, ein Getöse, in welchem man kaum das Murmeln des Baches vernimmt, dessen Wellen in ungestörter Ruhe ihren gewohnten Lauf durch das Trachytgerölle ununterbrochen vollenden.

Betrachtet man die Lage des Kraters, von allen übrigen Seiten durch Bergrücken begrenzt, die sich in SO. am meisten erheben, dann sein Offenstehen nach NO. hin, wo sich seine Trümmermassen weit am Bergabhange herunterziehen, so würde man schon hieraus schliessen können, dass die Ausbrüche vorzugsweise nach der nordöstlichen Seite hin ihre Wuth geäussert haben. Und wirklich findet man auch den Fuss des Bergrückens nach dieser Seite zu mit Steintrümmern und Auswurfsmassen bedeckt, welche ansehnliche, weit in die Thalebene herab zerstreute Hügel bilden.

Fast durch die ganze Welt hat sich die Nachricht vom Einsturze des Papandayang, welcher am 11. August 1772 erfolgte, verbreitet. Man kannte früherhin keinen Krater an dieser Stelle. Des Nachts und zwar urplötzlich vernahm man heftige Erderschütterungen, verbunden mit einem furchtbaren unterirdischen Getöse, während zu gleicher Zeit hell leuchtende Flammen aus dem Berge sich erhoben, dessen Gipfel hinweggeschleudert worden war. Weit umher, und zwar über einen Landstrich von 3 deutschen Meilen Länge und $1\frac{1}{4}$ Meile Breite, flogen die ausgeschleuderten Massen, begruben unter ihrem Schutte 40 Dörfer und tödteten mehr denn 3000 Menschen. Seit dieser Zeit fährt er, ohne einen weitern Ausbruch gehabt zu haben, ununterbrochen fort, Rauch auszustossen.

Der zweite Vulcan der früher erwähnten südlichen, aus SO. nach NW. aufsteigenden Reihe ist

32. Wyahan, welcher auch den Namen Wagan oder Wajang führt und eine Höhe von 5766 Fuss besitzen soll. Man bemerkt an ihm eine sehr thätige Solfatara, von zersetztem Gestein umgeben. Auch eine Art von Geysir findet sich.

33. Malawar. Kommt auch unter dem Namen Malabar vor. Es wird ihm eine Höhe von 7086 Fuss zugeschrieben; er scheint schon seit langer Zeit zu ruhen.

34. Sumbung. Seine Höhe soll 5238 Fuss betragen. — In nördlicher Richtung von diesem und kaum noch zu der Reihe der vier genannten Vulcane gehörig liegt auf der linken Seite der Quellen des Tschiturum

35. Tilu, auch Tilo genannt, mit einer Höhe von 5688 Fuss. — In westlicher Richtung vom Tilu und so ziemlich in gleichem Breitegrade mit ihm liegt

36. Tombak-Pacyong, welcher auch mitunter nur den letztgenannten Namen führt und eine Meereshöhe von 5532 Fuss besitzen soll.

37. Kawah-Tjiwidai. Gelegen im Osten der Kawah Patua. Im südöstlichen Theile des Berges ist der Boden stark erhitzt, daselbst bricht auch Schwefelwasserstoffgas aus ihm hervor, welches wahrscheinlich in Verbindung mit andern Gasen das umgebende Gestein, anscheinend einen tertiären Sandstein, zersetzt, auf der Oberfläche schwarz, inwendig aber lichtgrau gefärbt hat. Um den Krater herum liegt ein Haufwerk wild aufeinander gethürmter, scharfkanntiger Felsmassen.

38. Patuha. Heisst auch Paduha, Baduwa und Patacka. Dieser ansehnliche, zu einer Meereshöhe von mehr als 8000 Fuss sich erhebende Berg ist nicht durch seine etwa noch jetzt andauernde vulcanische Thätigkeit, sondern durch einen äusserst merkwürdigen See, einen Schwefelsee, der sich nahe unterhalb seines Gipfels befindet, zu grossem Ruf gelangt.

Dieser See erscheint in der Gestalt eines hellen, grünlichweissen Wasserspiegels von rundlichem Umfang und hohen, mit üppiger Vegetation bedeckten Ufern, zwischen denen und dem See ein seichter, ganz allmählig in das Wasser auslaufender, durch abgelagerte Schwefeltheilchen gelb gefärbter Strand übrig bleibt. Nur in NW. erhebt sich am Ufer des Sees eine schroffe, senkrechte, über 500 Fuss hoch anstrebende Felsmauer, die nach beiden Seiten hin gemach in die flachern Ufer des Sees herabläuft, sich oben aber in eine stumpfe, waldige Kuppe abrundet. Trotz ihrer Schroffheit ist sie mit Sträuchern und Bäumen bewachsen, die sich von ihrem hohen Rande herabziehen und aus deren grüner Decke nur hier und da das nackte Gestein hervorragt.

Der Durchmesser des Sees mag nahe an 1500 Fuss betragen. In NW. ist sein Ufer am höchsten und bildet daselbst jene, eben erwähnte Felswand, die sich oben wieder abrundet und in derselben Richtung — nordwestlich vom Mittelpuncte des Sees aus — ansteigt, um den höchsten Gipfel des Berges Patuha zu bilden. Nach beiden Seiten hin läuft sie in die minder hohen Ufer des Sees aus, bildet einen Rücken, der den See kreisförmig umgiebt, und erreicht bald eine Höhe von 50, bald eine von 200 Fuss. Nur in SW — vom Mittelpuncte des Sees aus gerechnet — steigt sie allmählig wieder höher zur zweiten hohen Kuppe des Patuha an.

Zwischen dem eigentlichen, begrünten Ufer des Sees, wo sich ausser jener nordwestlichen Wand noch zahlreiche Felsmassen und zerstreute Blöcke finden, und dem jetzigen Wasserspiegel findet sich der vorhin erwähnte Strand, welcher in SO. am breitesten ist und durch Verdampfung des Wassers zuzunehmen scheint. Dieser Strand ist weich und schlüpfrig und darf nur mit Vorsicht betreten werden; er scheint ganz aus aufgelöstem, in einen Thonbrei umgewandelten Gestein zu bestehen, welches mit einem dicken Schwefel-Sediment bedeckt ist. Dieses letztere füllt den ganzen Boden des Sees aus und bringt nicht nur die fahlgelbe Farbe des Strandes hervor, sondern scheint auch dem See selbst den eigenthümlichen, weissgrünen Wiederschein zu verleihen. Denn an und für sich ist das Wasser farblos und hell. Sein Geschmack kommt dem einer gesättigten Alaun-Solution gleich.

Das festere Gestein, welches umher ansteht, ist ein grauschwarzer Trachyt, der aber in der Nähe des Sees stark zersetzt, gelockert und mit einem Schwefelabsatz überzogen ist. Auch bimssteinartige, leichte, poröse Massen von grauer Farbe, mit den schönsten Schwefel-Krystallen überzogen und durch Schwefel zusammengekittet, findet man überall am Strande verbreitet.

Die Höhe des Sees über dem Meere beträgt nach *Junghuhn* (a. a. O. S. 182) 7193 Fuss.

Gelangt man endlich auf den höchsten Gipfel des Berges, dessen Abhang eine Neigung von 40° haben mag, so gewahrt man vor sich auf einmal einen imposanten und tiefen Kessel, der wohl als der eigentliche und älteste Krater des Patuha zu betrachten seyn dürfte und den Namen „Taman-Saat" führt. Er bildet einen fürchterlichen Abgrund, dessen Tiefe nahe an 500 Fuss beträgt. Oben wird er von einem runden, ungleich hohen Rand umgeben, dessen Abhänge sowohl nach Aussen, als auch nach Innen mit Waldwuchs bedeckt erscheinen. Der Grund des Kraters ist ziemlich eben und mit Gras und kleinem Gesträuch bewachsen. Nirgends ist daselbst eine Spur neuer vulcanischer Thätigkeit wahrzunehmen.

Von frühern Eruptionen des Patuha ist nichts bekannt.

Reinwardt (Verhandl. *van het Batav. Genootsch.* pag. 9) besuchte
den Berg im J. 1818. Nach ihm liegt der Schwefelsee 600,
nach *Junghuhn* 1270 Fuss unter der höchsten Spitze (unter dem
Krater Taman-Saat). *Reinwardt* fand eine aus Schwefel bestehende Insel darin. Mehr oder weniger heftig sich entbin-
dende Gasarten brachten an mehreren Stellen den See in eine
brodelnde Bewegung. Der Taman-Saat, also der alte Krater,
war zu jener Zeit auch schon mit Vegetation bedeckt und ohne
Spur von andauernder vulcanischer Thätigkeit.

Die Höhe des Patuha giebt *Reinwardt* zu 7407 engl. Fuss
an, während sie nach *Junghuhn* 8463 Fuss beträgt.

Nach *Müller* (Verhandl. *van het Batav. Genootsch.* 16.
pag. 113), welcher den Berg im J. 1833 bestieg, ist der Schwefelsee von W. nach O. 420 Meter lang und von S. nach N. 330
Meter breit. Nach ihm befindet sich einige Meilen östlich
vom Patuha, im Kendang-Gebirge, eine Stelle, wo mehrere
heisse Quellen entspringen und Schwefeldämpfe hervorgetrieben werden. Auch an der Westseite des Berges findet sich
in einer Meereshöhe von 1400 Meter eine Schwefelquelle, Tji-
soppan genannt, welche eine Temperatur von 30° R. besass.

Als *Junghuhn* im J. 1837 den Patuha besuchte, fand sich
von der aus Schwefel gebildeten Insel keine Spur mehr. Auch
schon *Müller* sah nichts davon. Eben so wenig war noch
etwas von den aufwallenden Gasarten zu bemerken. Uebrigens
stimmt der gegenwärtige Zustand des Berges mit den Beschreibungen dieser beiden Reisenden ziemlich überein; er scheint
also bis zu der Zeit, wo *Junghuhn* an ihm verweilte, keine
wesentlichen Veränderungen erlitten zu haben. Die Wassermenge des Sees scheint von der Jahreszeit abhängig zu seyn
und nach häufigem Regen bedeutend zuzunehmen. Jetzt ist
er so seicht, dass an vielen Stellen der Boden durchschimmert.

In südlicher Richtung von Batavia, aber mehr in der
Mitte der Insel, liegen nun wieder drei Vulcane, welche gleichsam die Endpuncte eines Dreiecks bilden und von denen

39. Salak der nächste, südlich von Batavia gelegene ist.
Er scheint in frühern Zeiten heftig gewüthet zu haben; denn
man kennt von ihm einen Ausbruch im J. 1699, wobei eine
so ungeheure Quantität von Auswurfsstoffen emporgeschleudert
wurde, dass 40 englische Meilen weit vom Berge entfernt die

Flüsse in ihrem Lauf gehemmt wurden, aus ihren Ufern traten und durch ihre Ueberschwemmungen furchtbare Verwüstungen anrichteten. .Sogar auf der Rhede von Batavia bildete sich eine Sandbank, welche früherhin von Niemand gesehen worden war. Seinen jüngsten Ausbruch scheint der Salak im J. 1761 gehabt zu haben. Nach v. *Hoff* (a a. O. II. S. 442) erfolgte diese Eruption im J. 1781. Er soll eine Meereshöhe von 6726 Fuss besitzen. An seinem Fusse finden sich Thermalquellen.

40. G e d é. Ein noch jetzt thätiger Feuerberg mit einem Erhebungskrater und Eruptionskegel. Schon im vorigen Jahrhundert hatte er Ausbrüche. Im J. 1847 flog die von ihm ausgeschleuderte Asche bis nach Buitensorg. Im J. 1848 stürzte bei einer Eruption die nördliche Hälfte der Kratermauer ein, auch ergoss sich ein Lavastrom am Berge herab.

Südlich vom Salak, etwas nach Osten liegt

41. P a n g e r a n g o. Er zeichnet sich durch seine ansehnliche Grösse aus und erreicht eine Höhe von 9264 Fuss. Seit unnendlicher Zeit ist alle vulcanische Thätigkeit in ihm erloschen, doch bemerkt man noch in seinem alten Krater einen riesigen Eruptionskegel.

42. G a g a k. Liegt im Westen der beiden letztgenannten Vulcane und von beiden ziemlich gleich weit entfernt. Seine Meereshöhe beträgt 6756 Fuss. In seinem Krater sollen sich bisweilen noch Ausbruchs-Phänomene wahrnehmen lassen.

Die vier letzten javanischen Vulcane finden sich an der Nordwestküste der Insel. Sie führen den Namen „Peper Gebergte", d. h. Pfeffer-Gebirge.

Der südlichste von ihnen ist

43. P u l u s a r i. Kommt auch unter dem Namen „Palusari" vor.

44. K a r a n g, auch Gunung Keram genannt, in der Provinz Bantam gelegen. Nach *Raffles* besitzt er eine Meereshöhe von 4340 Par. Fuss. Sein Krater ist nahe an 300 Fuss tief, sein Rand mit dichter Vegetation bedeckt. Aus dem zerklüfteten, kahlen, mit Schwefel inprägnirten Boden steigt eine Menge irrespirabler Dämpfe hervor. Dieser Berg wird von den Seefahrern „Golgatha" genannt und besitzt die mässige Höhe von 4938 Fuss.

45. D j a l o, auch Jalo. Nur wenig gekannt.

46. Djunging oder Junging. Der westlichste von allen
und dicht an der Küste gelegen.

———————

Wir dürfen diese Insel, welche, wie wir gesehen, hinsichtlich ihrer vulcanischen Erscheinungen mit zu den interessantesten und merkwürdigsten Gegenden der ganzen Erde gehört, nicht verlassen, ohne der Solfatara von Gunong-Prahu
oder Dieng zu gedenken, welche hinsichtlich ihrer Grossartigkeit ebenfalls nur wenige ihres Gleichen haben, höchst wahrscheinlich aber von keiner andern übertroffen werden dürfte.

Sie liegt in der Nähe des Dorfes Batur auf einer in viele
Kuppen getheilten Bergkette, deren östlichste und höchste der
von uns bereits erwähnte Gunong-Prahu ist, eine von N. nach
S. sich ziehende Firste bildet und dem Profile eines umgekehrten Kahnes gleicht.

Unter den zu dieser Kette oder Gebirgs-Knoten gehörigen
Bergen, welche die Erscheinungen einer Solfatare zeigen, verdienen besonders folgende hervorgehoben zu werden:

a. Kawa Scorowedi oder Telaga-Tringo, d. h.
Kalmus-See. Kaum eine englische Meile vom Dorfe Batur
entfernt gewahrt man in ostnordöstlicher Richtung eine Stelle,
wo mitten aus dem Walde Dampfsäulen emporwirbeln, und
zwar mit einem Brausen, das schon aus weiter Ferne sich vernehmbar macht. Es ist nicht so sehr eine runde Vertiefung,
aus welcher sie hervorbrechen, sondern eine halbkreisförmige,
etwa 40 Fuss hohe Wand steht auf der einen Seite offen und
setzt daselbst abwärts in eine Thalkluft fort, so dass die Wand
als der Ursprung dieser Kluft zu betrachten ist. Sie besteht
ganz aus einer braunen, fruchtbaren Erde, die nach Innen eine
glatte Oberfläche angenommen hat und eine gelblich-weisse
Farbe besitzt. Von anstehenden Felsen findet sich nichts.
Am Fusse dieser Wand erblickt man eine kesselförmige, etwa
15 Fuss im Durchmesser habende, mit Wasser erfüllte Vertiefung, welches stets in der heftigsten brodelnden Bewegung
begriffen ist. Unaufhörlich wird in der Mitte des Kessels das
Wasser 4—5 Fuss emporgeschleudert, wodurch eine Brandung
entsteht, welche die Wellen am Rande des Kessels schaumartig weit in die Höhe treibt. Dabei entwickeln sich auf der
ganzen Oberfläche des Wassers in reichlichem Maasse Dämpfe,

die mit ausnehmender Schnelligkeit emporsteigen und sich dann zu Wolken ballen. Wenige Schritte unterhalb des grossen Beckens, über dessen niedrigsten Rand das Wasser von Zeit zu Zeit, wenn die Bewegung besonders heftig wird, überströmt, finden sich noch mehrere andere, aber kleinere Kessel in der Schlucht, deren Wasser aber meist nur in siedender Bewegung begriffen ist. In einigen von ihnen schlägt das Wasser, welches von den aufsteigenden Dämpfen mit in die Höhe gerissen wird, mit einer solchen Heftigkeit an die Seiten an, dass die ganze Umgegend davon erbebt und ein hohles, donnerndes Getöse weithin gehört wird. Nichts als Sieden, Zischen, Brausen und dumpfes Donnern lässt sich in dieser waldumgürteten Gegend vernehmen und erfüllt das Gemüth mit bangem Staunen und Schrecken.

Die Temperatur des Wassers am Rande des Kessels betrug 66° R. Das Wasser war trübe, von gelbgrauer Farbe; ein weissgelbes Schwefel-Sediment setzte sich aus demselben ab. Die emporschiessenden Dämpfe waren geruchlos.

Eine kräftige, üppige Vegetation schmückt rund umher diese Gegend, welche eine Meereshöhe von 6238 Fuss besitzt. Strauchartige, zartgefiederte Farnen, welche mitunter 6—7 Fuss hohe Polster bilden, so wie prachtvolle baumartige Farnen verdienen besonders daraus hervorgehoben zu werden.

b. Pakereman oder Sitsimat. Nicht weit von der eben beschriebenen Stelle und kaum ½ englische Meile davon entfernt liegt denn nun auch das berühmte und berüchtigte Todes-Thal, welches jedoch von den Reisenden sehr abweichend geschildert wird. Nach *Junghuhn* (a. a. O. S. 379) ist es ein kesselförmiges Loch (Lowong), welches die Javanen „Pakereman", d. h. „Thal des Todes", nennen und welches sich gerade in der steilen Firste eines Bergjoches (und nicht an dem seitlichen Abhange des Joches) öffnet, so dass der obere Rand des Schlundes wenigstens 100 Fuss höher liegt, als der untere, von wo allein der Zugang in die Tiefe des Loches möglich ist. Der Rand desselben, sogar an seinen schroffen, mitunter senkrechten Wänden, ist mit Gesträuch und Bäumen bewachsen. Von ihm aus blickt man in eine kesselförmige Vertiefung hinab, deren Boden etwas concav, so wie nackt und kahl erscheint und nur in der Mitte eine kleine sandige, mit einigen Steinblöcken bestreute Fläche bildet. Die Höhe der südlichen Wand beträgt etwa 100, die der nördlichen aber 300 und der Durchmesser des ganzen Kessels 100 Fuss.

Dies ist nun das wegen der erstickenden Gasarten, die sich aus seinem Boden entwickeln, berüchtigte „Todesthal". Europäische Reisende, unter denen *A. Loudon* (in *Jameson's Edinb. n. phil. Journ.* 1832. No. XIII. pag. 102—105), wollen den Boden desselben ganz bedeckt mit Skeleten von menschlichen Wesen, Tigern, Wildschweinen, Hirschen, Pfauen und allen Arten von Vögeln gesehen haben. Nach *Junghuhn* bleibt dies immer räthselhaft, wenn man die Schroffheit der Abhänge betrachtet, an denen sich so leicht wohl kein Thier von freien Stücken hinab wagen wird. *Junghuhn* fand nichts als den Leichnam eines Menschen, der aber nach der Aussage der in der Umgegend wohnenden Javanen absichtlich den Tod gesucht und gefunden, in diesem Thale liegen. Ein paar Hunde, welche in dasselbe hinabgeschickt wurden, sprangen ganz munter auf dem Boden umher und bellten den Leichnam an.

Abweichend hiervon berichtet *Loudon*. Man befestigte einen Hund an ein Bambusrohr und zwang ihn, auf den Boden hinabzugehen. Nach 14 Secunden fiel er auf den Rücken und athmete, im Uebrigen bewegungslos, noch 18 Minuten lang. Ein anderer Hund, als er an die Stelle kam, wo der erstere lag, stand still, fiel nach 10 Minuten bewegungslos nieder und athmete noch 7 Minuten lang. Man versuchte es nun mit Geflügel, welches in 1½ Minuten starb. Ein anderes war todt, ehe es den Boden erreicht hatte.

Diese Widersprüche lassen sich vielleicht dadurch erklären, dass sich die Gasarten nur zu gewissen Zeiten entwickeln, namentlich, wie die Eingeborenen versichern, nach vorausgegangenem Regen. Diese Gas-Exhalationen scheinen alsdann auch nachtheilig auf die Vegetation einzuwirken; denn während die Wände des Schlundes, wie bereits angeführt, von einem kraftvollen Pflanzenwuchs bedeckt sind, ist der unterste Grund ganz nackt und kahl.

c. Telaga-Leri. In einer Entfernung von 4—5 Meilen von Batur gelangt man, in ostnordöstlicher Richtung fortschreitend, in eine zwischen den Kuppen Igger Kandang, Nojosari u. a. befindliche Gebirgsgegend, welche ein Hochland darstellt, von zahlreichen Schluchten durchsetzt, in denen meistens Bäche herabrieseln. In der Mitte dieses Terrains begegnet man mehreren trichterförmigen Erdstürzen, die ihre Entstehung vorausgegangenen Erdbeben verdanken mögen.

Merkwürdiger jedoch, als diese Einstürze, ist ein grosses Becken warmer Quellen, oder, wenn man will, ein Krater, welchen die Javanen „Telaga-Leri" nennen und der die tiefste Gegend dieses Hochlandes einnimmt. Vom südlichen Rande des Telaga herab blickt man in eine walderfüllte Tiefe, in einen Thalgrund voll üppig gerundeter Sträucher und prächtig gewölbter Bäume, und mitten zwischen diesen Bäumen nimmt man einen kleinen See wahr, dessen weissgelbes Wasser durch das frische Grün seiner Ufer hindurch schimmert. Einen grellern, lieblichern Contrast kann kein Maler ersinnen. Der See hat einen unregelmässigen Umfang, zieht sich hier zusammen, erweitert sich dort und wird durch zahlreiche Inselchen und durch einzelne gebleichte Felstrümmer unterbrochen, auf denen sich, mitten im Wasser, das herrlichste Laubwerk erhebt. In den Grund des Kessels rieseln mehrere warme Bäche hinab, welche an der steilen Wand des Igger Kandang mitten im Walde entspringen. Die Menge ihres geschmack- und geruchlosen Wassers ist beträchtlich und ihre Temperatur sowohl oben im Walde, als unten im Krater beträgt 32^{0} R.

Im Boden des Kraters vereinigen sie sich mit noch mehreren andern kleinen Bächen, die aus Tausenden von kleinen Oeffnungen und Spalten hervorsprudeln. Der ganze Krater ist gleichsam ein Morast und überall von emporbrechenden Dämpfen durchwühlt. Alles Gestein ist zersetzt, zerbröckelt und in einen hellgrauen Thonbrei umgewandelt. Nur wenige Blöcke zeigen noch einige Cohärenz. Die nördliche Gegend des Kraters ist zugleich die tiefste; ihre Breite dürfte nahe an 100 Fuss betragen.

In S. und W. finden sich, durch Waldung geschieden, noch ähnliche Sümpfe.

Das Wasser des Sees, welches trübe ist und eine milchweisse Farbe besitzt, ist in der Mitte kalt, aber an seinen Ufern finden sich Hunderte von Thermal-Quellen, von denen einige eine Temperatur von 45^{0} R., andere von 54^{0} R. besitzen. Andere Sprudel in den höher gelegenen südlichen Ge-

genden des Kraters, deren Wasser farblos ist, weichen, so
nahe aneinander sie auch liegen, ihrer Temperatur nach ebenfalls beträchtlich von einander ab. Die wärmste, welche
Junghuhn (a. a. O. S. 381) mass, zeigte 64° R. bei einer
Luft-Temperatur von 13° R. Dicht neben diesem farblosen
findet sich wieder ein Becken von gelblich-weissem, trübem
Wasser, welches nur eine Wärme von 28° R. besass. Fast
alle diese Wasser bilden gelblichweisse oder weisse Sedimente,
die nicht selten confervenartig wie Fasern im Wasser umher-
schwimmen. An andern Spalten und Oeffnungen hatte sich
eine Schwefelrinde abgesetzt.

In diesem Krater, welcher, die Seen mitgerechnet, von
S. nach N. etwa 700 Fuss im Durchmesser hat, kann man
nirgends einen Schritt thun, ohne auf zischende Dämpfe oder
auf heisse, brodelnde Sprudel zu stossen. Selbst die trocknen,
mit Gras und Farnen überzogenen Stellen sind voll von diesen
Erscheinungen. Ueberall ist man in Dampfwolken gehüllt,
die jedoch der Respiration nicht schädlich sind und nur einen
schwachen Schwefelgeruch besitzen. Alle Wasser, welche dem
Boden des Kraters entströmen, in Verbindung mit den heissen
Bächen, die in den Krater fliessen, vereinigen sich zuletzt in
einen Bach, der seinen Lauf nach Westen nimmt. Es scheint,
dass alles Wasser, welches dem Krater entquillt, gewöhnliches
Quellwasser ist, welches von den höhern Bergkuppen in die
Tiefe sickert, daselbst mit den Dämpfen in Berührung kommt,
erhitzt und alsdann hervorgetrieben wird. Dass es bei der
Berührung mit Schwefeldämpfen und mit zersetzten Steinmassen fremde Bestandtheile in sich aufnimmt, scheint sich leicht
zu erklären.

d. **Das Plateau Diëng.** Ungeachtet dasselbe dermalen
keine Phänomene vulcanischer Natur darbietet, so erwähnen
wir doch seiner, mehr um die Lage der nachher zu beschreibenden Solfataren sich besser versinnlichen zu können.

Dies Plateau bildet eine mit Graswuchs bedeckte Ebene
von länglichrundem Umfange, welche von NO. nach SW. drei
englische Meilen lang, der Quere nach aber etwa nur zwei
Meilen breit ist. — Hohe Gebirgskuppen und minder hohe
Verbindungs-Rücken zwischen diesen Kuppen umgeben die
Ebene ringsum, so dass sie einen flachen Kessel bildet, von

Bergen umzäunt, wie ein Kraterboden von seiner Mauer. Unter den höhern Kuppen und Bergrücken verdienen der Pangonang in SW., der Pakkuodjo in SO., der Gunong-Prahu aber in NO. bemerkt zu werden, welcher letztere die höchste Firste des ganzen Gebirges ist. Undurchdringliche Waldung bedeckt seine steilen Abhänge, so wie auch die des Pakkuodjo, an dessen Wänden sich jedoch einige kahle, weisse Flecken herabziehen, woselbst der Krater Kawa-upas liegen soll. Im nördlichen Theile des Plateau's, 6296 Par. Fuss über dem Meere, liegt das Dorf Diëng das höchste der Insel Java, nur aus wenigen, schlecht gebauten Hütten bestehend, geschwärzt von dem Rauche der Feuer, die man zum Schutz gegen die Kälte ununterbrochen in ihrem Innern unterhält. Das Plateau gewährt einen öden, einsamen Anblick, um so öder, je üppiger die umgebenden Berge mit dunkelbelaubten Wäldern bedeckt sind. Seine Oberfläche ist nur mit einer Grasdecke überzogen. In der Mitte liegt ein kleiner, etwa 200 Fuss im Durchmesser haltender See, welchem man sich jedoch wegen der morastigen Beschaffenheit nicht nähern kann.

e. Kawa Djondro di Muka. Dieser Krater liegt ½ engl. Meile westlich unterhalb des südlichen Endes des Plateau's und in SW. vom Centrum desselben. — Schon aus einiger Entfernung kann man seine Nähe in Folge eines Geruches nach Schwefelwasserstoffgas, welches sich aus demselben entbindet, wahrnehmen. Es ist eine etwa 1000 Fuss breite Gegend, nördlich und südlich von Bergrücken umgeben, sich von O. nach W. zu aber allmählig abdachend. Sie liegt ganz im Walde verborgen und ist dem grössten Theile nach mit kleinem Gesträuch von Thibaudien und Farnen bedeckt. Mehrere nördliche, tiefer gelegene Stellen aber sind alles Pflanzen-Schmukes beraubt und haben eine gelbweisse Farbe. Eine Menge zersetzter, gebleichter Steine und Schwefel-Brocken liegt umher, ja ganze Felsbänke scheinen aus einem ganz aus Schwefel zusammengesetzten Gestein zu bestehen. — Zwischen solchen Umgebungen findet man mehrere 20—30 Fuss breite Pfützen mit schlammigen, dem Nahenden gefährlichen Ufern, nebst Hunderten kleinerer Sprudel, die theils die Ufer der grössern Teiche umgeben, theils zerstreut umherliegen. Aus allen brodelt ein trübes Wasser hervor, welches in einigen eine Temperatur von 53° R., in andern von 71° R. und in noch andern eine von 73° R. besass. Dabei betrug die Lufttemperatur 12° R. Es liegt dieser Krater nur 45 Par. Fuss unterhalb des Plateau's.

Wie im Telaga-leri, so vernimmt man auch hier ein stetes Zischen und Brodeln, und unaufhörlich entsteigen den Pfützen heisse Dämpfe, die schwach nach Schwefelwasserstoffgas riechen. Alles Wasser, welches den Pfützen des Kraters entquillt, verbindet sich mit einem Bache kalten, trinkbaren Wassers, der durch die nördlichen Gegenden des Kraters fliesst und, von Gesträuch bedeckt, am westlichen Bergabhange hinabmurmelt. Von Kratermauern oder schroffen Felswänden findet sich auch hier keine Spur.

f. Kawa Pakkuodjo oder Goa-upas. Auch diese Stelle macht sich schon in der Ferne durch ihren Geruch nach Schwefelwasserstoffgas kenntlich. Sie liegt am nordwestlichen Abhange des Pakkuodjo, dessen Felswände schroff in die Höhe streben und noch hoch oben zwischen der Waldung kahle, weisse Flecken erkennen lassen. Nur hin und wieder ist diese Stelle, die eigentlich nichts weiter als ein eingesunkener Bergabhang ist, von Vegetation entblösst; zahlreiche Steinblöcke von lockerer, weicher Beschaffenheit liegen umher und verleihen dem Terrain die weissliche Färbung. Kaum ist es möglich, einen Trachyt- oder Lava-Block aufzufinden, der nicht durch und durch zersetzt und in eine kaolinartige Masse umgewandelt worden wäre. Aus Hunderten von Oeffnungen und Spalten dringen sanft und ohne Geräusch Wasserdämpfe hervor, am stärksten jedoch aus einer Kluft, welche von oben herunter den Berg in nordwestlicher Richtung durchsetzt und deren Wände sich nicht viel höher als 30—50 Fuss erheben, während die Kluft selbst höchstens nur 15 Fuss am Grunde breit ist. Diese Kluft ist es eigentlich, welche die Javanen „Goa-upas" nennen.

In einem der Löcher, woraus die Dämpfe mit besonderer Heftigkeit hervorbrachen, stieg das Thermometer auf 73° R.

Westlich von dieser Stelle liegt am Abhange des Berges Pang-onang noch ein anderer, kahler, mit gebleichten Steinen bedeckter Platz, welchen die Javanen „Kawa-Kidang" nennen. Schwefeldämpfe entsteigen zahlreichen Löchern, deren Ränder

mit Schwefelblumen bedeckt sind. Heisse, brodelnde Pfützen
enthält diese Solfatare nicht.

Die letzte derselben, und noch zu dieser Gruppe gehörig,
ist die Solfatare Kawa-spandu; sie soll kaum eine Stunde nordwärts von Diëng liegen und ist von *Junghuhn* nicht besucht
worden.

Ueber frühere Ausbrüche aller dieser Solfataren ist nichts
bekannt.

17. Die Insel Krakatau.

Wird bisweilen auch Rakata und Cracatoa genannt. Sie
sowohl, als das in ihrer Nähe gelegene Eiland Pulo (Insel)
Bessi — beide mitten in der Sunda-Strasse liegend — bilden
nebst dem an der Küste von Sumatra, auf der Insel (Pulo)
Tuboan, mitten im Eingange der Samangka-Bai befindlichen
Kaiserspic, so wie mit dem auf der Insel Panahitan (oder Prinzen-Insel) sich zu einer Höhe von 3000 Fuss emporthürmenden Pic ein Verbindungsglied zwischen Java und Sumatra.
Sie alle vier sind sanft geneigte, isolirte Trachyt-Kegel, ganz
mit dem Charakter alter Vulcane. Nur der Kaiserspic verlängert sich nach dem Hintergrunde der Bai zu in eine flache
Landzunge (Pulo Tuboan), und auch die Prinzen-Insel hat
einen flachen Landsaum, — aber der Abhang von Bessi und
Krakatau erhebt sich ohne irgend einen Strand unmittelbar
aus dem Meere, welches schon dicht neben diesen Inseln sehr
tief und ohne Ankergrund ist. Düstere Waldung zieht sich
ununterbrochen von ihren Gipfeln bis in die Wellen des
Meeres herab. Ihr Vorkommen als steile, schroff aus dem
Meere emporstrebende vulcanische Kegelspitzen ohne Strand
und Vorland ist deshalb wichtig, weil es der Meinung eines
ehemaligen Zusammenhanges beider gegenüberliegenden Küsten,
trotz ihrer ähnlichen Bildung, zu widerstreben scheint.

Nur von der Insel Krakatau sind vulcanische Erscheinungen bekannt. *Vogel* (Ostindische Reisebeschreibung. Alten-
burg 1704) sah am 1. Februar des J. 1681 an verschiedenen
Stellen auf dem Eilande Feuersäulen sich erheben. Alles war
wüst und verbrannt, während in frühern Zeiten die prachtvollste Vegetation diese malerische Insel bedeckte. Der Capitain des Schiffes, worauf *Vogel* sich befand, erzählte, dass

schon im Mai des vorhergegangenen Jahres die Insel unter furchtbarem Krachen geborsten sey, und zwar nach einem äusserst heftigen Erdbeben, welches man auch in den Sehiffen auf hoher See deutlich verspürte. Gleich darauf habe man sehr durch einen starken Schwefelgeruch gelitten, und Bimssteine, von der Insel her das Meer bedeckend, grösser als eine Faust, wären von den Matrosen aufgefischt worden. Nach *King* (in *Cook's* dritter Reise. II. S. 523) brechen auf der Westseite der Insel zahlreiche Thermen hervor und werden wegen ihrer Heilkräfte stark benutzt.

18. Die Insel Sumatra.

Ein höchst merkwürdiges Eiland, das, wenn auch — in geologischer Beziehung — nicht von dem immensen Interesse wie Java, doch dieser Insel würdig zur Seite steht und in Ansehung des Felsbaues viel Uebereinstimmendes oder Analoges zeigt.

Dasjenige, was wir in dieser Beziehung von Sumatra bis jetzt wissen, verdanken wir den verdienstvollen Reisenden *William Jack (on the geology and topography of the island of Sumatra and some of the adjacent islands,* in *Transact. of the geolog. Soc.* 2. Ser. V, 1. pag. 397) und *Franz Junghuhn* (die Battaländer auf Sumatra. Berlin 1847. 8.).

Nach Letzterm wird Sumatra der ganzen Länge nach von einer parallel der Küste sich erstreckenden Gebirgskette durchzogen, welche, im mittlern Niveau 3—4000 und auf kleine Strecken 5, ja 6000 Fuss Höhe erreichend, eine steile Flanke bildet, welche sich in der Regel unmittelbar aus dem Meere emporthürmt, oder doch nur durch einen schmalen Küstensaum vom Meere getrennt ist. Da, wo ein solcher Saum vorhanden, hat er in der Regel nur eine geringe Breite, ist zunächst am Meere sumpfig und mit Wäldern von Casuarinen bedeckt, die gleich Tannen- oder Lärchenbäumen emporstreben. Nur ausnahmsweise ist er buchtig erweitert, wie bei Padang, Benkulen u. s. w. Hin und wieder kommen wirkliche Alluvial-Ebenen vor, z. B. bei Singkel. Da, wo die Bergflanke, wie dies meistens der Fall ist, steil aus dem Meere emporsteigt, gewährt sie mit ihren amphitheatralischen Absätzen einen höchst malerischen und imposanten Anblick, besonders wenn man sich

ihr bis auf eine Seemeile nähert. Man bemerkt dann nur einzelne lichtgrüne, mit Allang-Gras bedeckte Flecken, welche
aus dem schaucrlichen Waldes-Dunkel hervorleuchten. Alle
Abhänge, die höher als 1500—2000 Fuss liegen, sind mit
einem Nebelschleier bedeckt, und der noch höhere Saum der
Kette verbirgt sich, auch bei sonst heiterm Wetter, in Wolken, so dass man nur die untersten Gehänge deutlich erkennen
kann. Die wenigen picförmigen Gipfel ausgenommen, behauptet die Gebirgskette eine gewisse mittlere Höhe und zieht sich
ziemlich gleichmässig in einer Linie fort, die sich nur in weiten
Entfernungen auf eine sanfte Art hebt und dann wieder senkt,
ohne solche schroffe Einkerbungen, wie manche Kalkgebirge
Java's, zu zeigen. Indess hat man es hier nicht mit einem
einzigen, zusammenhängenden Gebirgszug zu thun, vielmehr
liegen 3—4 Bergzüge hintereinander, zwischen denen parallele
Hochthäler sich befinden, die ebenfalls keine continuirliche
Reihe bilden, sondern durch häufige Querthäler unterbrochen
sind. Selbst vom Meere aus kann man diese Vervielfältigung
der Bergzüge hintereinander erkennen, jedoch nur dann, wenn
Wolkenschichten und Nebelstraten in den Zwischenthälern hängen. Aus diesen Querthälern brechen gewaltige Ströme hervor,
welche beinahe alle den Charakter von Gebirgsströmen an sich
tragen.

Was die geognostische Beschaffenheit dieser Gebirgszüge
anbelangt, so ist solche bis jetzt nur sehr ungenügend bekannt;
doch haben wir durch *Junghuhn* erfahren, dass die am meisten
hervorragenden Berge und Pic's fast alle aus Trachyt bestehen und analogem Gestein, z. B. Bimsstein, der jenem seine
Entstehung verdankt, öfters ganz zertrümmert und weithin
von den Bergen herabgeschwemmt erscheint. Auch Basalt
kommt mit dem Trachyt theils vergesellschaftet, theils isolirt
in mitunter den schönsten Felspartbien vor. Einige der interessantesten dieser letztern werden wir späterhin erwähnen.
Dolerit und Diorit finden sich nur an einigen Stellen. Granit
kommt ebenfalls auf der Insel vor. Manches scheint darauf
hinzudeuten, dass in den weniger gekannten Provinzen sich
ansehnliche, aus Granit bestehende Gebirgszüge finden mögen,
allein in den von *Junghuhn* untersuchten Battaländern findet
sich Granit nur vereinzelt in kleinen Stücken, entweder von

Trachyt umschlossen, oder von demselben emporgehoben und umhergestreut. Nach *Jack* kommen besonders an der West-seite Basalte, basaltische Conglomerate, Tuffe und Mandel-steine vor, letztere mit den schönsten Einschlüssen von Zeolith, Chalcedon, Amethyst und andern Mineralien. Von Metallen, die auf der Insel sich gefunden, hat man bis jetzt nur Zinnerz beobachtet. — Von Flötzgebirgsarten erwähnt *Junghuhn* nur einen Sandstein von rother Farbe, der an verschiedenen Stellen von den Eruptiv-Gebilden durchbrochen und emporgehoben wird. Welches Alter demselben zukommt, ist jedoch bis jetzt noch nicht ermittelt.

Von den Vulcanen Sumatra's sind manche nur dem Namen nach bekannt. Schreiten wir von Osten nach Westen vor, so treten sie in folgender Ordnung auf:

1. Gunong Dempo (oder Dumpo). Er liegt unter $3^0 54'$ s. Br., nordöstlich von Benkulen, jedoch 60 engl. Meilen davon entfernt. *Jack* schätzt seine Höhe auf 11,260 Par. Fuss; nach *Junghuhn* (a. a. O. S. 10) dürfte sie die von 10,000 Fuss wohl nicht überschreiten. Er erhebt sich gerade aus einer tiefen Gebirgs-Einsenkung, deren Sohle wahrscheinlich nur eine Meereshöhe von 2000 Par. Fuss besitzt. Sein vulcani-scher Gipfel, der jetzt noch häufig raucht, wurde nach *Raffles* im J. 1818 zuerst von *Presgrave* erstiegen. Als *Raffles* ihn besuchte, glaubte er Spuren eines heftigen und vor nicht langer Zeit erfolgten Ausbruchs an ihm wahrzunehmen. Nach *Verneur (Journal des voyages.* T. 24. pag. 5—56 und pag. 137) bestand im Lande noch die Erinnerung an diese Eruption.

2. Vulcan ohne Namen. Er liegt in dem District von Palembang. An der Stelle, wo er hervorragt, ist der Ge-birgssaum von einer ausgezackten Beschaffenheit, indem zahl-reiche Kuppen sich aus ihm emporheben. Eine der ausge-zeichnetsten dieser Kuppen erschien in der Gestalt eines ab-gestumpften Kegels, welchen *Junghuhn* aus einer Küstenent-fernung von vier Seemeilen erblickte und der sich durch eine weithin sichtbare und hoch aufsteigende Rauchsäule als ein noch thätiger Vulcan erwies.

3. Pic von Indrapura. Noch weiter nordwestlich da-von steigt die äussere sichtbare Bergkette wieder mehr an und läuft in einer Höhe fort, welche sie auf der ganzen Insel nicht

weiter erreicht und die hier (namentlich zwischen 1° 30' bis 2° südl. Breite) wenigstens 6000 Fuss zu betragen scheint. Jenseits von diesem Theile der Bergkette ist es, wo das goldreiche Land der Korin-Tjier, wahrscheinlich der höchste Theil des Eilandes, mit einem wenig bekannten See gelegen ist, aus welchem der grosse Jambi-Fluss seinen Hauptarm erhält; hier ist es ferner, wo sich der unzweifelhaft höchste Berg Sumatra's und des ganzen Archipels erhebt, der den vorbeisegelnden Schiffern als „Pic von Indrapura" bekannt ist. Sein Gipfel besteht aus einem fast ganz regelmässigen, scharf zulaufenden Kegel, dessen Spitze stets über alle Wolken herabschaut. Seine wahrscheinliche Höhe beträgt nach *Junghuhn* (a. a. O. S. 13) 11,500 Par. Fuss. Zweimal beobachtete dieser Reisende aus einer Spalte auf der Ostseite des Bergabhanges, 1000 Fuss unter dem Gipfel, eine Eruption dieses majestätischen Vulcans, das erstemal am 15. und 16. März 1842 auf der Reise von Tapanulie nach Padang, das anderemal am 12. Juni 1842. Jedesmal stieg, in Pausen von 25—45 Minuten eine schwarze Rauchsäule empor, die viel dicker an Umfang, aber minder heftig hervorbrach und sich viel langsamer entfaltete, als die, welche aus dem Semiru auf Java sich emporzuheben pflegen. Einige Seeleute sagten aus, sie hätten bemerkt, dass im J. 1838 glühende Lavaströme am Berge herabgeflossen wären.

In dieser Gegend und zwar nordwärts bis Trossan ziehen in zwei Einbuchtungen, von denen die nördliche Babbibai, die südliche aber Chincobai heisst, vier aus riesigen Felsenpfeilern bestehende Inseln die Aufmerksamkeit des Reisenden in hohem Grade auf sich. Besonders der vierte von ihnen ist der merkwürdigste; denn er erhebt sich am schmalen Strande, zum Theil noch halb im Meere stehend, und zwar ganz isolirt, wie ein schwarzer, in der Mitte nur wenig gebogener Thurm. Er bildet nur eine einzige Basaltsäule, die einem gigantischen, oben abgestutzten, viereckigen Baumstamme gleicht. Neben ihm steht noch ein ähnlicher zweiter, aber etwas kürzerer Felsthurm, der mit dem erstern den fremdartigen Anblick von zwei Nadeln gewährt. Bei näherer Untersuchung ergiebt sich, dass das Terrain, woraus diese Basaltfelsen sich hervorgehoben, aus Trachyt besteht, der Basalt also in diesem Falle jüngerer Entstehung ist.

Eine ähnliche Erscheinung und einen eben so malerischen Anblick gewährt zwischen den Inseln Trossan und Sabaddu eine von dichten und dunkeln Cocos-Palmen beschattete Bai, worin ebenfalls zwei kegelförmige, jedoch waldbedeckte Inseln (Pulo Seronjong besaar und Kitjil) steil und schroff, die erstere, südöstlicher gelegene, etwa 300 Fuss hoch, emporragen. Die geognostische Beschaffenheit dieser Felsinseln ist jedoch nicht untersucht.

4. **Vulcan Talang.** In der Nähe von Padang gelegen, fast unter demselben Breitengrade (1° südl. Br.). Er besitzt eine abgestumpfte Gestalt und scheint nicht höher als 7000 Fuss zu seyn. Ausserdem kennt man ihn bis jetzt nicht näher.

5. **Singallang** und 6. **Merapi.** Zwillings-Vulcane, gleich dem Merapi und Merbabu auf Java und einigen andern, die schon früher erwähnt sind. Sie bilden den nächsten Kegelberg seit dem Talang und übersteigen die Höhe von 6000 Fuss, eine Eigenschaft, welche sie mit allen übrigen vulcanischen Pic's auf Sumatra theilen; denn das übrige, nicht aus vulcanischen Felsarten bestehende Gebirge erreicht nie diese ansehnliche Höhe.

Der Singallang und Merapi liegen in einer geraden Linie nebeneinander, stehen mit ihrer gemeinschaftlichen Axe in fast querer Richtung zur Gebirgskette, wie zur Längenaxe der ganzen Insel überhaupt und sind durch einen hohen, sattelförmigen Zwischenrücken miteinander verbunden. Diese Querrichtung ist dieselbe, wie die der Querdurchbrüche und der queren Nebenketten des Gebirges, welche sämmtlich entweder nach W. 5° gen S. oder nach O. 5° gen N. auslaufen.

Der südöstlichere, muldenförmige Theil des Centralthales zwischen der Talang-Kuppe und unserm Doppel-Vulcan ist unter dem Namen der 13 Kottas bekannt, in seiner Mitte etwa 1200 Fuss hoch und steigt unmittelbar zu den sanften Abhängen des Talang hinan. *Raffles* ist wahrscheinlich der erste Europäer, welcher diese Gegend (im Jahre 1818) besuchte und der sie bereits als ganz mit Reisfeldern und Fruchtbäumen bedeckt schildert. Im nordwestlichen Theile desselben Thales liegt, den Fuss des Merapi berührend, der prachtvolle Sinkara-See, dessen Spiegel nach *Raffles* 1035 Fuss hoch ist. Majestätisch steigt vom Ufer des Sees, und zwar noch 7000

Fuss höher, der Abhang des Merapi empor, um sich selbst und das Feuerwerk, welches zuweilen noch aus seinem Krater hervorbricht, im Wiederschein des blanken Spiegels des Sees zu erblicken. Dieser Merapi (auch wohl Berapi) und sein süd- westlicher Nachbar, der Singallang, sind es, welche auf dem eigentlichen Mittelpuncte des classischen, althistorischen Bo- dens von Menangkabau ruhen, dem Ursitze der Maleien (Ma- layen), und welche noch jetzt die Ruinen der alten Haupt- stadt Beangan auf ihrem vulcanischen Boden tragen.

Der Merapi liegt unter 0º 18′, der Singallang ebenfalls unter 0º 18′ südl. Breite. Nach *Horner* soll sich im Krater des Sin- gallang ein See befinden. Seine Höhe wird zu 9040, die des Merapi zu 8980 Par. Fuss angegeben. Nach *Junghuhn* (a. a. O. S. 26) dürfte sie bei beiden Bergen etwa 300 Fuss kleiner ausfallen. In ostnordöstlicher Richtung reiht sich diesem Dop- pel - Vulcan noch ein dritter, aber minder hoher Kegel, der Sago, an, dessen Gipfel nicht durchbohrt zu seyn scheint und dem eine Höhe von 5000 Fuss zugetheilt wird.

7. Gunong Ophir oder Passaman. Seine Lage ist 0º 5′ n. Br. und 99º 58′ östl. L. Er bricht auf der äussern südwest- lichen Seite der Central-Gebirgskette hervor. Seine Höhe ist in frühern Zeiten viel zu beträchtlich angegeben worden, denn nach dem verewigten *L. Horner* beträgt sie nur 9010 Par. Fuss. Sein in mehreren Terrassen übereinander aufsteigender Gipfel trägt einen Krater, der aber fast ganz erloschen zu seyn scheint. Bei klarem Wetter kann er von dem Meere aus in einer Ferne von 110 geogr. Meilen gesehen werden und dient, gleich dem Singallang, den Seefahrern als Marke.

8. Lubu-Radja. Seine Lage ist 1º 24′ 50″ n. Br. und 99º 13′ 50″ östl. L. Er ist ein alter Krater und besteht aus Trachyt, wie alle übrigen Feuerberge auf Java und Sumatra. Seine Gestalt ist breit und unregelmässig kegelförmig. Er er- hebt sich in der Mitte von Ober-Ankola und schickt von sei- nem Gipfel aus nach allen Richtungen hin Längsrippen herab, welche mit den Zwischenthälern, die sie einschliessen, das ganze Grundgebiet dieser Provinz ausmachen. Obgleich die- ser Berg nur 5850 Par. Fuss hoch ist, -so bildet er doch den höchsten Berg der ganzen Battaländer und umfasst mit seinen sich divergirend ausbreitenden Rippen einen bedeutenden Flä-

chenraum. Sein Gipfel besteht aus einer sehr schmalen Firste, einem wahren Kamme, der an vielen Stellen kaum so breit ist, um bequem darauf fussen zu können, und sich in einer fast halbmondförmigen Linie von OSO. nach WNW. hinzieht, so dass die Concavität nach Süden gerichtet ist. Nur an einer Stelle bemerkt man eine Kluft von einigen hundert Fuss Tiefe. Seine Abhänge sind mässig steil, aber nach der Seite seiner Concavität zu ist er unerklimmbar und an vielen Stellen senkrecht abgestürzt. Er besteht aus trachytischen Lavaschichten und erscheint überhaupt als der Rest von der Kratermauer eines alten Vulcans, der vielleicht schon vor Jahrtausenden zusammenbrach.

Südwestwärts von seiner Mitte, in der Entfernung von etwa ³/₄ Minuten und fast gleich hoch mit ihm bemerkt man noch eine einzelne Kuppe, die ebenfalls der Rest einer alten Kratermauer zu seyn scheint.

Ungeachtet seiner schmalen Form und der steilen Senkung zu beiden Seiten ist der Felsenkamm des Lubu-Radja mit dichter Waldung bedeckt und von Wolkennebeln umschleiert, die ihn fast stets umhüllen. Nur nach heitern, windstillen Nächten liegt er entschleiert vom Nebel, der sich dann als Thau niedergesenkt hat. Ausserordentlich ist die Feuchtigkeit auf dieser Bergfirste, welche so recht in der Region der ewigen Wolken liegt. Spuren von Elephanten traf *Junghuhn* (a. a. O. S. 112) noch bei 3500 Fuss Höhe, aber eine kleine Tigerart und Rhinocerosse noch auf der höchsten Firste.

9. Dolok-Dsaut. Geogr. Lage: 1° 55′ n. Br. und 99° 15′ östl. L. Liegt in der Provinz gleichen Namens, direct im Norden vom Lubu-Radja, und ist derjenige Vulcan, der zunächst auf diesen, in einem geradlinigen Abstande von 35 Minuten (à 5710 Par. Fuss), folgt. Mit seinen auslaufenden Rippen füllt er beinahe die ganze Provinz aus. Diese Rippen sind aber keine schmalen und schroff gesenkten Leisten, wie bei gewöhnlichen Kegelbergen, sondern sie erheben sich, nach einem gemeinschaftlichen Centrum zu, so sanft und gleichmässig und sind so lang hingezogen, dass sie Bergketten gleichen. Von der höchsten, kegelförmigen Mitte, die man, ungeachtet ihrer geringen Erhebung, weit und breit in den Battalanden sehen und erkennen kann, senkt sich der Umfang nach allen

Seiten hin noch sanfter und ist so gleichmässig ausgestreckt und so frei von allen Unebenheiten, dass man kaum eine schärfere und geradere Linie mit dem Lineal ziehen kann.

So stellt der Berg sich dar wie eine Ebene, die durch eine in der Mitte ansteigende Masse sanft emporgehoben und dann in dem am höchsten aufgetriebenen Centrum durchbrochen wurde. Von welcher Seite man den Dolok-Dsaut auch erblickt, so nimmt man doch stets auf der Spitze des Kegels einen ausgezackten Raum wahr, welcher als ein eingebrochener Kraterrand um eine Centralöffnung herum zu betrachten seyn dürfte.

Dieser Feuerberg erhebt sich so recht in der Mitte der Battaländer und ist mitten in der Centralebene ausgebrochen, die, wäre er mit seinen Bergrippen nicht in die Mitte geschoben, ein zusammenhängendes Ganze bilden würde.

10. Mertimpang. Er liegt in der Provinz Silindong und zwar in 2° 5′ nördl. Br. und 98° 56′ östl. L. Seine Gestalt ist die eines mächtigen Kegels, der fast ganz aus Trachyt besteht, welchem viel Magneteisen beigemengt ist. Er erhebt sich zu einer sehr ansehnlichen Höhe und ist nächst dem Pic von Indrapura wohl der höchste Berg in den Battaländern. Von seiner stumpf-glockenförmigen Kuppe ziehen sich, besonders nach S. und SW. hin, lange, divergirende Rippen herab. Während diese Rippen durch fortschreitende Cultur grösstentheils ihres Waldwuchses beraubt sind und hellgrüne Grasfluren bilden, erheben sich auf der höchsten Kuppe noch schattige Wälder, welche ernst und düster in das Thal von Silindong herabblicken. In Betreff der geognostischen Beschaffenheit dieser Gegend verdient angeführt zu werden, dass man von der Westküste, von der Tapanulie-Bai, bis an den Dolok Mertimpang nur Granit antrifft, welcher an einigen Stellen von Basalt-Gängen durchbrochen und hier und da mit zertrümmerten und aufgerichteten Schichten eines Sandsteins bedeckt ist, dessen Alter man aber bisher noch nicht mit Gewissheit zu bestimmen vermocht hat. Von hier an aber verschwindet der Granit für die ganze Breite der Insel auf immer, während Trachyt an seine Stelle tritt. Der Granit ist ein Hornblende-Granit, aus welchem der Glimmer fast ganz verschwunden. Bedeutend grosse Krystalle von Quarz und

Feldspath in ziemlich gleicher Anzahl bilden die Hauptmasse, welcher in untergeordnetem Verhältniss, doch zahlreich genug, schwarze Hornblende-Krystalle zwischengemengt sind. Das Vorkommen des Basaltes ist jedoch sehr beschränkt. Ueber Ausbrüche des Dolok Mertimpang während der historischen Zeit weiss man nichts. An seinem Fusse und zwar auf der südwestlichen Seite sprudelt eine warme Quelle von 100° F. hervor, die nach Schwefelwasserstoffgas riecht und schmeckt und als das letzte Zeichen der ehemaligen vulcanischen Thätigkeit des Berges zu betrachten seyn dürfte.

11. Seret-Berapi. Er erhebt sich in der südwestlichen Hauptkette, gerade im Süden von Payabunga und fast in demselben Parallel wie der Sidoadoa (0° 44' nördl. Br. und 99° 39' östl. L.). In frühern Zeiten gab man ihm die (sehr übertriebene) Höhe von 12,200 Par. Fuss, während er nach *Junghuhn* (a. a. O. S. 37) nur 5500 Fuss hoch ist. Nach *L. von Buch* (a. a. O.) stösst er fortwährend Rauch aus; *Osthoff* schreibt ihm einen Krater zu und sagt, dass die Eingeborenen von dorther Schwefel holen. — Lavaströme, Obsidian und Bimsstein sollen im Tiglabas-Thale, worin der Seret-Berapi liegt, keine seltene Erscheinung seyn. Nordwärts und ostwärts ist der Berapi mit dem Gunong Kasumbra (richtiger wohl Kassumba oder Sago) verbunden, einem von *Raffles* im J. 1818 entdeckten Berge, dem er eine Höhe von 14,080 Par. Fuss zuschreibt. Nach *Junghuhn* (a. a. O. S. 26) dürfte er jedoch nicht höher als 5000 Fuss seyn. Sein Gipfel ist wahrscheinlich nicht durchbohrt.

12. Batu-Gapit(?) Führt bei *Berghaus* (s. dess. physik. Atlas, Taf. 9) den Namen „Botogapit". Seine Höhe mag an 6000 Fuss betragen. Er liegt im Innern von Delhi, unter 3° 42' n. Br., an den Quellen des Bulu tjina. Nach *Rademacher (Verhandl. van het Batav. Genootsch.* Vol. III. pag. 30) besuchen die Eingeborenen bisweilen diesen problematischen Feuerberg, um sich Schwefel von da zu holen.

13. Der Elephantenberg(?) Er liegt unter 5° 7' n. Br. und 94° 38' östl. L. von Paris, bei Samalanga, am nordwestlichen Ende der Insel, und soll die Charaktere eines Vulcans besitzen. Heisst auch „Friars-Hood".

14. Der Goldberg(?) Von *Dampier* gesehen und als ein Vulcan geschildert.

Die drei letztgenannten Berge sind jedoch zu ungenügend gekannt, um sie mit Zuverlässigkeit als Feuerberge anführen zu können.

Barren-Island und Narcondam.

§. 30.

Die Barren-Insel, d. h. die öde Insel, liegt zwischen Siam und den Andamanen und kaum 15 Seemeilen östlich von letztern entfernt. Nach *Colebrooke* (in *Asiatic. researches*, V. 4. pag. 395) besteht sie nur aus einem grossen Wall, der ein Becken umgiebt und an einer Seite eine Oeffnung hat, durch welche das Meer in das Innere der Insel eindringt. Der Vulcan befindet sich in der Mitte der kesselförmigen Vertiefung, deren Wände mit ihm von gleicher Höhe sind. Die Höhe des Kegels ist nicht ansehnlich, denn sie beträgt nur 1690 Par. Fuss, sein Ansteigen 32° 17′. Als *Horsburgh* diesen Feuerberg im J. 1791 entdeckte, war er im heftigsten Ausbruch begriffen und warf gewaltige Rauchsäulen und glühende Steine aus. Besonders heftig sollen seine Eruptionen während der Regenzeit seyn, wenn die Südwest-Monsuns herrschen. Im November 1803 erfolgte regelmässig alle 10 Minuten ein Ausbruch; während der Nacht trat an der Ostseite des Kraters eine hohe Feuergarbe hervor. Der an der Nordseite der Insel befindliche Krater ist sehr gross. Das Eiland erhebt sich 281 Toisen über die Meeresfläche und kann 40 Meilen weit gesehen werden. Ungeachtet zahlreicher Eruptionen scheint doch seine Gestalt durch dieselben keine Veränderungen erlitten zu haben. Wir haben es also hier mit einem thätigen Ausbruchskegel zu thun, der aus der Mitte eines Erhebungskraters hervorragt; s. *L. von Buch*, Abhandl. der Acad. der Wiss. zu Berlin. 1818—1819. S. 62.

Nach einigen Nachrichten soll auch die ebenfalls im Gol von Bengalen, oberhalb Barren-Island und gleichfalls in östlicher Richtung von den Andamanen gelegene Insel „Narcondam" einen thätigen Vulcan enthalten. Sie liegt unter 13° 24′ n. Br. und 92° östl. L. von Paris. Der Berg hat die Gestalt eines abgestumpften Kegels und ist höher als die Spitze des Kraters auf Barren-Island. In frühern Zeiten soll er häufige und heftige Ausbrüche gehabt haben.

Die Molukken.
§. 31.

Das Schönste und Interessanteste, was die Natur in botanischer, zoologischer und geologischer Beziehung aufzuweisen hat, möchte wohl auf diesen und den nachfolgenden Inseln, so wie überhaupt in Ostindien zu suchen und zu finden seyn. Von jeher sind diese Inselgruppen berühmt gewesen durch die furchtbare Grösse, so wie durch die unendliche Pracht ihrer majestätischen Gebirge; denn die diese Eilande nach allen Richtungen hin durchziehenden Berge erreichen bisweilen eine so aussergewöhnliche Höhe, dass die Himmelsgewölke beinahe stets ihr Haupt umlagern, während ihre Abhänge mit Schlacken und Lavamassen in grenzenloser Verwüstung bedeckt sind, indess heisse Wasserquellen fast überall aus dem zerklüfteten und geborstenen Boden hervorbrechen und an vielen Orten Solfataren nebst brennenden Schwefelpfuhlen wahrgenommen werden. So wie auf Java, so nimmt auch hier die Vulcanen-Reihe fast die ganze Breite der Inseln ein.

Steigen wir von Amboina an aufwärts in nördlicher Richtung, so treffen wir folgende Vulcane an.

1. Die Insel Machian.

Lage: 0° 20′ n. Br. von Paris. Die südlichste der kleinen Molukken. Der Krater des auf ihr befindlichen Feuerberges, von welchem *Forrest (New Guinea*, p. 39. Pl. 1) eine Abbildung giebt, ist weithin sichtbar. Dieser Vulcan soll im J. 1646 einen besonders heftigen Ausbruch gehabt haben, wobei eine vom Gipfel bis zum Fusse des Berges sich erstreckende Spalte entstand, die man das Geleise *(Ornière de Machian)* nennt, weil sie, aus der Ferne gesehen, einem Wagengeleise ähnlich seyn soll.

2. Die Insel Motir.

Ihre Lage ist unter 0° 30′ n. Br. Sie enthält ebenfalls einen Vulcan, welcher nach *Forrest* (a. a. O. S. 39) im J. 1778 glühende Steine auswarf.

3. Die Insel Tidore.

Lage: unter 0⁰ 38′ n. Br. und 125⁰ 4′ östl. L. von Paris. Ihr Vulcan liegt auf dem südlichen Theile der Insel und ragt hoch empor. Er hat mit dem Pic von Ternate gleiche Gestalt, vielleicht auch gleiche Höhe.

4. Die Insel Ternate.

Ehedem waren die Ausbrüche des Vulcans viel häufiger, als in neuerer Zeit. Man kennt deren nach *von Hoff*-(a. a. O. II, 428) aus den J. 1635, 1654, 1673 und 1774, nach *L. von Buch* (a. a. O.) aus den J. 1608, 1635, 1653 und 1673. Der Feuerberg warf damals viel Bimsstein aus und der sich dabei entwickelnde Dampf raubte vielen Insulanern das Leben. Der Krater befindet sich etwas unter dem Gipfel des Berges. Nach *Valentyn* (a. a. O. I, 2. 5) soll der Berg 367 Ruthen 2 Fuss hoch seyn, welches nach Amsterdamer Maas eine Höhe von 3840 Par. Fuss ausmachen würde. Im J. 1686 litt diese Insel sehr durch ein heftiges Erdbeben, auf welches ein starker Aschenauswurf des Berges folgte. Einen der heftigsten Ausbrüche hatte der letztere am 27. Novbr. des J. 1814. Der Vulcan liegt unter 0⁰ 48′ n. Br. und 125⁰ 3′ östl. L.

5. Die Insel Gilolo.

Nach *Valentyn* (a. a. O. I, 2. 90, 94, 331) sprang auf der Westküste der Insel, bei Gammacanore, Ternate gegenüber, am 20. Mai 1673 unter furchtbarem Krachen und vorausgegangenem heftigen Erdbeben ein Berg in die Luft, wobei er eine gewaltige Menge Bimsstein auswarf und das Meer sich weit über die Gestade erhob.

An der Südspitze von Gilolo liegt noch die zu dieser Gruppe gehörende kleine Insel Daumer oder Dammer, welche nach *v. Hoff* (a. a. O. II, 428) ebenfalls einen thätigen Vulcan enthalten soll, dessen jedoch von *L. v. Buch* (in *Poggendorff's* Ann. Bd. 10) keine Erwähnung geschieht.

6. Die Insel Morotay.

Heisst auch Morety und Mortay. Sie liegt unter 2⁰ 44′ n. Br. und 126⁰ 5′ östl. L., der nördlichsten Spitze von Gilolo gegenüber, und enthält den Vulcan Tolo, welcher nach *Valentyn* (a. a. O. I, 2. 95) im vorigen Jahrhundert heftige Ausbrüche gehabt haben soll.

7. Die Insel Celebes.

In ihrem nordöstlichen Theile, im Bezirke von Manado, wird der Berg Klobat, d. h. die Brüder, gelegen in der Nähe des Ortes Kema, als ein Vulcan geschildert, welcher während eines schrecklichen Erdbebens, das besonders die Insel Ternate heimsuchte, und unter furchtbaren Ausbrüchen, welche in der ganzen Umgegend wegen des dicken Rauches Nacht und Finsterniss verbreiteten, im J. 1680 in die Luft gesprengt wurde. Nach *Valentyn* (a. a. O. I, 2. 64) wurde die ganze Breite der Insel zwischen Boelan und Gorontale bei dieser schrecklichen Katastrophe zerstört.

Auch im südlichen Theile des Eilandes, namentlich auf der östlich gelegenen Halbinsel, soll sich noch ein anderer Vulcan befinden, welcher den Namen „Cambyma" führt, aus einem Kranze von Bergen hervorragt und unter 5° 30′ s. Br. und 119° 37′ östl. L. gelegen ist.

8. Die Insel Siao.

Diese kleine Insel liegt unter 2° 43′ n. Br. und 123° 15′ östl. L., zwischen Celebes und Mindanao. Sie trägt einen sehr hohen Pic, welcher den Namen „Chiaus" führt (s. *J. Traug. Plant*, Erdbeschreib. Polynesiens. I, 298, und *Hist. gén. des voyages.* 11. p. 20). Er spaltete sich am 16. Jan. 1712. Nach *Valentyn* (a. a. O. I, 2. 58) soll dieser Feuerberg unaufhörlich thätig seyn, allein in den Monaten Januar und Februar pflege er am meisten zu rasen.

9. Die Insel Sanguir.

Der auf ihr befindliche Vulcan heisst „Aboe". Er liegt unter 3° 40′ n. Br., an der nördlichen Spitze der Insel, zwischen Magindanao und Celebes. Vom 10. bis zum 16. Decbr. 1711 hatte er einen sehr heftigen Ausbruch, wobei er zahlreiche Ortschaften mit Asche bedeckte und vielen Menschen das Leben raubte.

Die im Westen von Celebes gelegene Insel Borneo, eine der grössten in der Welt und an Umfang wohl dem gesammten Deutschland nicht nachstehend, scheint, so weit sie bis jetzt bekannt — was freilich sich nur auf die Küsten-Gegenden beschränkt — keine Vulcane zu enthalten. Nur auf der an der Westküste, nördlich von Sampas gelegenen kleinen Insel Slakenburg soll sich ein solcher befinden. Wahrscheinlich ist dies dieselbe, welche bei *Berghaus* (physik. Atlas. 2. Aufl. Taf. 9) den Namen „Burning-Island" führt. Sie liegt unter 3° 16′ n. Br. und 109° 51′ östl. L. von Paris.

Die Philippinen.
§. 32.
1. Die Insel Mindanao (Magindano).

Es finden sich auf ihr mehrere Vulcane, unter denen der Sanguil (Sanxil, Sanguili) einer der bekanntern ist. Er führt gewöhnlich den Namen des „Vulcans von Mindanao" und liegt in der Nähe der Küste, an der Südwestspitze der Insel, im Districte Serangani, unter 5° 44′ n. Br. und 122° 58′ östl. L. von Paris.

Ein zweiter Feuerberg führt den Namen „Kalagan". Seine Lage ist nordwestlich vom Vorgebirge San Agustin, unter 6° 34′ n. Br. und 123° 26′ östl. L. von Paris. Dies ist wahrscheinlich derselbe Berg, dessen *Forrest* gedenkt (a. a. O. S. 71). Nach ihm liegt er im Districte von Kalagan und etwas westlich von Pandagitan, woselbst er in einer sehr imposanten Gestalt erscheint und unter Flammen-Ausbrüchen bisweilen Rauch und Bimssteine auswirft. *Forrest* giebt diesem Berge den Namen „Gunong Salatan". Im J. 1640 soll er einen sehr heftigen Seitenausbruch gehabt haben, in Folge dessen in seiner Nähe ein neuer hoher Berg entstand. Diese Eruption wurde auf allen benachbarten Inseln verspürt (s. *Hist. gén. des voyages etc. Edition de la Haye.* 4. T. 15. p. 39). Es scheint jedoch, als dürfte diese Nachricht mehr auf einen Ausbruch des Sanxil zu beziehen seyn.

Ein dritter Feuerberg führt den Namen „Illano". Er liegt unter 7° 38′ n. Br. und 122° 4′ östl. L. von Paris, nördlicher als die genannten, in der Nähe der westlichen Küste, an einer Einbuchtung zwischen dem See Lano und dem Meeresgestade.

2. Die Insel Fuego.

Lage: unter 9° 6′ n. Br. und 121° 8′ östl. L. von Paris. Sie hat eine aus SW. nach NO. ausgedehnte Gestalt. Der auf ihr befindliche Vulcan liegt genau in der Mitte des Landes. Er führt auch den Namen „Vulcan von Siquihor" und zwar von der Hauptstadt auf dieser Insel, welche letztere bekanntlich zwischen Mindanao und Isla de los Negros gelegen ist.

3. Die Insel Ambil.

Von sehr unbedeutendem Umfange und nicht einmal so gross, als die vorige. Sie liegt im Norden von Mindoro, am Eingang in die Manila-Bai. Der in der Gestalt eines hohen Pic's auf ihr sich erhebende Vulcan macht sich durch seine Flammen-Ausbrüche weithin sichtbar und dient den Schiffern zum Wegweiser, wenn sie in die Bucht von Manila einzufahren sich bemühen. Die Insel liegt unter 13⁰ 45' n. Br. und 118⁰ 3' östl. L. von Paris.

4. Die Insel Coregidor.

Mehr im Innern des Busens von Manila und in der Nähe der Stadt gelegen. Der auf der Insel befindliche Vulcan scheint zuerst von *Otto von Kotzebue* erwähnt zu seyn (s. dessen Entdeckungsreise in die Südsee und nach der Beringsstrasse. II, 137). Der Berg scheint indess jetzt zu ruhen, mag jedoch früherhin heftige Ausbrüche gehabt haben, in Folge davon eingestürzt seyn und mehreren kleinen Inseln, so wie einem Bassin dadurch das Daseyn gegeben haben.

5. Die Insel Luzon.

Kam in frühern Zeiten mehr unter dem Namen „Luzonia" vor. Eine der prachtvollsten Inseln der Welt und durch eine grosse Zahl von Vulcanen ausgezeichnet, die sich besonders auf der mit Luzon verbundenen Halbinsel Camarines angehäuft finden, die, obgleich kaum 30 deutsche Meilen lang, dennoch nahe an 10 Vulcane enthält.

Unter den auf Luzon befindlichen ist besonders der unter 14⁰ n. Br. und 118⁰ 43' östl. L. gelegene Taal, der, wie bekannt, sich aus einem See erhebt, zu einem hohen Grade von Berühmtheit gelangt. Die Insel ist durchgängig hoch und bergigt, die höchsten Berge scheinen jedoch die Region der Wälder nicht zu übersteigen. Nach der Bucht von Manila hin verflächen sich die Bergmassen. Die Ebene, worauf die Stadt Manila liegt, besteht aus Trass mit Bimsstein und vulcanischem Tuff, und alle Bausteine, welche man sowohl daselbst, als auch in Cavite, Taal, Balayan u. a. O. verarbeitet, bestehen nur aus diesem Tuffe und aus Riff-Kalkstein, welcher dem Meere abgewonnen wird. Der Granit, welchen man in den Bauten von Manila verwendet, wird als Ballast von den chinesischen Küsten hergebracht.

Wenn man von Cavite südwärts nach Taal hinreist, erhebt sich das Land allmählig, bis man zu Höhen gelangt, von denen aus man die Laguna de Bongbong und den rauchenden, weiten Krater, der darin eine traurige, nackte und öde Insel bildet, übersiehet. Uebrigens ist der Kegel dieses Vulcans viel niedriger, als die ihn umgebende, grosse, kesselförmige Vertiefung; denn er erhebt sich nur zu einigen hundert Fuss Höhe. Der sehr grosse Krater, inwendig mit einem kochenden Schwefelpfuhle versehen, scheint jedoch noch in unsern Tagen häufige Veränderungen seiner Gestalt zu erleiden; denn als *E. Hofmann* (s. *Karsten's* Archiv u. s. w. I, 243) ihn besuchte, erhoben sich, fast in der Mitte des Kraters, zwei Aschenkegel mit mehr als 30 rauchenden Oeffnungen, während man zu *Montenegro's* Zeit (s. *Berghaus*, Zeitschrift u. s. w. IX, 242) vier kleine, niedrige, brennende, oben offene Hügel erblickte, denen Rauchsäulen entstiegen, die stark nach schwefeliger Säure rochen. Diese Rauch-Ausströmungen finden besonders in den Monaten Juli, August, September bis October statt, während welcher Zeit am meisten Regen fällt. Auf dem Gipfel des Berges, so wie in der unmittelbaren Nähe des Kraters hört man ein starkes Getöse, als ob es in einer Höhle entstünde und ein Strom darunter hinwegflösse, oder wie das aufgeregte Meer daher brauset. Dieses Getöse verstärkt sich bei grossen Regengüssen, so dass es bis Silan vernommen wird, welches sechs Meilen entfernt liegt und durch die Sungay-Berge vom Taal getrennt ist.

Der Durchmesser des Feuerberges beträgt in der Richtung von N. nach S. etwa eine geogr. Meile. Sein Grundgebirge scheint aus Trachyt zu bestehen; dies scheint sich aus den Felsstücken zu ergeben, welche an seinem Fusse zerstreut umherliegen. Dieser Trachyt ist dunkelbraun, wenig glänzend, hat einen kleinmuscheligen Bruch und ist überhaupt wie der auf der kleinen Kammeni bei Santorin vorkommende beschaffen. Er enthält viele kleine, gelbe Krystalle von glasigem Feldspath. Aber alles Gestein an diesem Vulcan ist von den stets sich entbindenden schwefeligsauren Dämpfen gebleicht, zum Theil gänzlich zersetzt und in eine kaolinartige Masse umgewandelt.

An der untern Hälfte des Berges findet sich Lava, die Aehnlichkeit mit Eisenschlacken besitzt. Ein Haupt-Lavastrom ist nach SSW. geflossen, indessen sind die Kraterränder nirgends ganz durchbrochen. Auf dem östlichen Theile des Gipfels trifft man einen längst erloschenen Feuerschlund, der etwa 260 Varas tief seyn mag. Der eigentliche Hauptkrater liegt gegen Osten und zu ihm führt ein sehr gefährlicher Weg.

Die Lagune von Bongbong, worin der Krater liegt, mag etwa sechs deutsche Meilen im Umfange haben; sie entladet sich in das chinesische Meer, durch einen jetzt nur noch für kleine Nachen fahrbaren Strom, der ehemals grössere Fahrzeuge trug; er fliesst stark und die Länge seines Laufes beträgt über eine deutsche Meile. Die Stadt Taal ist seit ihrer im J. 1754 erfolgten Zerstörung an seine Mündung verlegt worden.

Das Wasser der Laguna ist brackisch, aber doch trinkbar. In ihrer Mitte soll das Senkblei keinen Grund finden und das Wasser von Haifischen und Kaïmans wimmeln. In dem Grunde des eigentlichen Kraters, der eine runde Gestalt besitzt und wie ein weiter Circus erscheint, nimmt man einen Pfuhl gelben Schwefelwassers wahr, der etwa ⅔ des Grundes einnimmt. Sein Niveau scheint dem der Lagune gleich zu seyn. Am südlichen Rande dieses Pfuhles befinden sich die bereits vorhin erwähnten Schwefel-Hügel, die zu der Zeit, als *Adalbert von Chamisso* (s. *O. v. Kotzebue's* Entdeckungsreise. III, 69) den Berg besuchte, in ruhigem Brande begriffen waren. Gegen Süden und Osten derselben fängt ein engerer innerer Krater an, sich innerhalb des grossen zu erzeugen. Der Bogen, welchen er bildet, umspannt, wie die Moränen eines Gletschers, die brennenden Hügel, durch die er entsteht, und lehnt sich mit seinen beiden Enden an den Pfuhl an. Der letztere kocht von Zeit zu Zeit am Fusse der brennenden Hügel.

Den ersten bekannten Ausbruch hatte der Vulcan im J. 1716, den furchtbarsten aber im J. 1754, dessen Hergang *Fr. Juan de la Conception* (im 12. Capitel des 13. Theils seiner

Geschichte der Philippinen) ausführlich beschreibt. Der Berg befand sich zu damaliger Zeit ganz in Ruhe und es wurde Schwefel aus dem scheinbar erloschenen Krater gewonnen. Im August fing er jedoch zu rauchen an, am 7. wurden Flammen bemerkt und die Erde fing zu beben an. Der Schrecken nahm vom 3. Novbr. bis zum 12. Decbr. zu; Asche, Sand, Schlamm und Wasser wurden ausgeworfen. Finsterniss, Orkane, Blitz und Donner, unterirdisches Getöse und lange anhaltende, heftige Erderschütterungen wiederholten sich in furchtbarer Abwechselung. Taal, damals am Ufer der Lagune gelegen, und mehrere andere Ortschaften wurden gänzlich verschüttet und zerstört. Hierbei erweiterte sich die Oeffnung des Vulcans sehr bedeutend und es bildete sich ein neuer Schlund, der ebenfalls durch seine Auswurfsstoffe schreckliche Verwüstung anrichtete. Das unterirdische Feuer brach sogar an mehreren Stellen aus der unergründlichen Tiefe des Wassers in der Lagune hervor, wobei es dessen Temperatur bis zum Siedepuncte steigerte. Die Erde öffnete sich an manchen Orten und ein besonders tiefer Spalt kam in der Richtung von Kalanbong zum Vorschein. Nach dieser schrecklichen Katastrophe rauchte der Berg noch eine lange Zeit hindurch ununterbrochen fort. Späterhin sind auch noch Ausbrüche erfolgt, ihre Intensität hat jedoch immer mehr abgenommen und in neuerer Zeit scheinen gar keine mehr erfolgt zu seyn.

Der Aringuay ist der zweite Vulcan auf Luzon. Er liegt im Gebiete von Yngorotes, südlich von der Provinz Ilocos, mehr nach der westlichen Küste hin. Er hatte am 4. Juni im J. 1641 zugleich mit dem Vulcan der kleinen Insel Yolo und dem auf der Insel Sanguir einen Ausbruch, welcher grosse Zerstörung anrichtete.

Zwischen diesem Feuerberge und dem Taal liegt ein dritter und zwar der „Arayat", und zwischen dem Taal und der Ostküste der Insel, derselben jedoch etwas mehr genähert, der „Banayau de Tayabas", unter 14⁰ 3' n. Br. und 119⁰ 22' östl. L. Diese beiden letztern sind indess noch wenig bekannt; vom erstern weiss man jedoch, dass er unter 15⁰ 13' n. Br. liegt und dass an seinem Abhange viele heisse Quellen entspringen. Die zerklüftete Gestalt des Gipfels scheint für die vulcanische Natur des Berges zu sprechen.

Gehen wir nun zu den Vulcanen der Halbinsel Camarines über, so treffen wir zehn derselben an, deren Namen, in
der Richtung von Norden nach Süden, folgende sind: a. Bo-
notan, b. Babacay, c. Lobo, d. Colasi, e. Ysarog, f. Yriga,
g. Buji, h. Masaraga, i. Albay, k. Bulusan.

Alle diese vulcanischen Pic's erheben sich, einer von dem
andern kaum mehr als eine deutsche Meile entfernt, weder am
Rande, noch auf dem Kamme der die Halbinsel der Länge
nach durchziehenden Gebirgskette, sondern unmittelbar auf
der östlichen schmalen Küstenterrasse, und haben demnach
viel Aehnlichkeit mit der Lage des Vesuv's vor dem Apennin,
des Aetna's vor den sicilianischen Bergen und einiger Feueressen auf der Halbinsel Aljaska vor dem die letztere in ihrer
ganzen Ausdehnung durchsetzenden Gebirgszuge. Unter den
auf Camarines vorkommenden Vulcanen ist der von Albay,
welcher auch den Namen „Mayon" führt, der bekannteste. Er
liegt ungefähr 15 geogr. Meilen von der dem Embocadero de
S. Bernardino zugekehrten südöstlichen Spitze der Halbinsel,
in der Provinz Albay. Wegen seiner hohen, picartigen Gestalt erblickt man diesen Berg schon in weiter Ferne. Besonders merkwürdig ist ein am 20. Juli 1766 aus einer seiner
Seiten hervorgebrochener Lavastrom, welchen man von Albay
aus gleich einem Wasserguss am Abhange des Berges herun-
terfliessen sah, eine Erscheinung, welche deshalb so denkwürdig ist, weil der Erguss der Lava nach *le Gentil* (s. dessen
Voyage dans les mers de l'Inde. T. II. pag. 13) zwei Monate
lang anhielt. Mit einer andern, am 23. Octbr. 1766 erfolgten
Eruption war ein so gewaltiger Platzregen verknüpft, dass am
Abhange des Berges mehrere Flüsse entstanden, welche 65
Fuss breit waren und mit grossem Ungestüm sich in das Meer
stürzten. In unserm Jahrhundert hat der Vulcan Eruptionen
gehabt im October des J. 1800, so wie in den ersten Tagen
des Februars im J. 1814. Diese letztere wirkte besonders
heftig und zerstörend. Fünf bevölkerte Städte, die schönsten
Dörfer der Halbinsel und grosse Strecken fruchtbaren und
cultivirten Landes wurden vernichtet und 1200 Menschen büss-
ten das Leben ein. S. *Leonhard's* Taschenb. für die ges. Mineralogie. Jahrg. 12. S. 527.

6. Die Insel Yolo oder Yola.

Südlich von Ambil gelegen. Wir haben eines Ausbruchs ihres Vulcans nach *Chamisso* schon vorhin gedacht, doch meint *Berghaus* (Länder- und Völkerkunde). II, 722), dass hier wahrscheinlich eine Verwechselung statt gefunden habe.

7. Die Insel Camiguin.

Die vierte der babuyanischen Inseln, von mässigem Umfange. Auf ihrem südlichen Rande erhebt sich unter 18° 54' n. Br. und 119° 32' östl. L. von Paris ein hoher Vulcan, der als Merkzeichen für die Einfahrt dient und schon in einer Entfernung von 20 Seemeilen gesehen werden kann. Er soll in frühern Zeiten sehr thätig gewesen seyn.

8. Die Insel Claro Babuyan.

Sie liegt in der Mitte zwischen den Bashi-Inseln und Luzon, oberhalb Camiguin. Auf ihrer Südspitze, unter 19° 27' n. Br. und 119° 42' östl. L., bemerkt man einen mehrere tausend Fuss hohen Vulcan, der nach *Meyen's* Zeugniss (s. dessen Reise um die Erde. Bd. II. S. 184) im J. 1831 einen so heftigen Ausbruch hatte, dass die Bewohner der Insel sich zur schnellsten Flucht genöthigt sahen, um dem sichern Verderben zu entgehen.

Die Marianen.
§. 33.

Diese im J. 1521 entdeckte Inselreihe liegt in der Richtung von N. nach S. Man nahm früherhin an, es befänden sich auf derselben neun Vulcane; mit Zuverlässigkeit kennt man deren jetzt nur drei, während ein vierter dermalen mehr den Charakter einer Solfatara angenommen hat. Die nördlich gelegenen Eilande sind es besonders, welche die Feuerberge enthalten, und unter ihnen ist es namentlich

1. die Insel Assomption,

welche einen überaus thätigen Vulcan enthält. Sie liegt unter 19° 45' n. Br. und 143° 15' östl. L. von Paris. *Lapeyrouse* sah ihn im J. 1786 stark rauchen. Er soll einen wild-erhabenen Anblick gewähren und drei Meilen im Umfang haben. In der Gestalt eines regelmässigen Kegels erhebt er sich 200 Toisen hoch über das Meer, in schwarzer, drohender Gestalt.

An der Mitte des Berges bemerkte man einen breiten
Lavastrom, der erst vor kurzer Zeit hervorgebrochen zu seyn
schien. Ein Geruch nach schwefeliger Säure verbreitete sich
eine halbe Meile weit in die See hinein.

2. Die Insel Pahon.

Unter 18° 45' n. Br. und 143° 25' östl. L. von Paris.
Sie enthält zwei Vulcane, von denen der eine reich an Schwefel-Ablagerungen ist und hinsichtlich seiner Höhe von keinem
andern Feuerberg dieser Reihe übertroffen werden soll.
Der auf der Insel Grigan befindliche Vulcan ist jetzt nicht
mehr thätig.

3. Die Insel Guguan.

Von geringer Grösse und unter 18° 7' n. Br. gelegen.
Der Vulcan raucht gegenwärtig nur noch und der Rauch tritt
aus mehreren Oeffnungen zwischen Felsmassen hervor, welche
die Reste eines eingestürzten Kraters zu seyn scheinen. Am
Südabhange des Berges bemerkt man röthliche vulcanische
Asche, am Ostabhange alte Lavaströme, von neuern keine Spur.
Guahan oder Guham ist die grösste der Marianen. Sie
liegt unter 13° 24' n. Br. und 142° 40' östl. L. von Paris.
Nach *Arago (Promenade autour du monde etc. par Freycinet.*
Paris 1822. T. II. pag. 80) besteht der nördliche Theil dieser
Insel aus Madreporenkalk, welcher daselbst ein nicht sehr
hohes Plateau bildet, aber der südliche Theil ist ganz vulca-
nisch und voller Berge, die jedoch nicht mehr als 250 Toisen
Höhe erreichen. Der Sitz früherer Eruptionen soll der Ilikiou,
der höchste Berg der Insel, gewesen seyn; er ist jedoch längst
erloschen und von seinem Krater keine Spur mehr zu finden.
Lavaströme in verschiedenen Zweigen sind aber von ihm aus
bis in's Meer geflossen. Die kleine Insel Sariguan soll viel
Aehnlichkeit mit Stromboli besitzen und auf ihr sich ein abgestumpfter Kegelberg befinden, welcher eine Höhe von 300
Toisen erreicht.

Auf den Inseln, welche in nördlicher Richtung zwischen
den Marianen und Japan liegen, sollen noch sieben Vulcane
vorkommen, wie *L. von Buch* (Canarische Inseln, S. 391) und
Krusenstern (s. dessen Reise. I, 244) erzählen. Speciellere
Nachrichten darüber besitzt man indess nicht. Nur drei dieser

Inseln sind ihrer Lage nach etwas näher bekannt; es sind dieselben, welche *Bernardo de Torres* im J. 1543 entdéckte und „*los Volcanos*" nannte. Auch Capt. *King* (s. *Cook's* dritte Reise, T. II. S. 478) hat sie gesehen und beschrieben. Das mittlere Eiland nannte er „die Schwefelinsel". Man bemerkte auf ihr einen Pic mit deutlichem Krater und fand das die Insel umgebende Meer bis auf eine ansehnliche Weite mit Bimsstein bedeckt. Im Norden der Insel schien ein hoher Berg emporzuragen. *Krusenstern* bestimmte die Lage der Schwefelinsel in 24⁰ 48′ n. Br. und 138⁰ 53′ östl. L. und die der südlichen der Volcanos in 24⁰ 14′ n. Br. und 139⁰ 0′ w. L. Der auf dieser letztern befindliche Pic besitzt nach *Horner* eine Höhe von 520 Toisen.

Die Bonin-Sima-Inselgruppe liegt bekanntlich in der nördlichen Verlängerung der Marianen, unter 27⁰ 5′ n. Br. und 139⁰ 56′ östl. L. Die Insel Peel gehört zu denselben; sie soll die deutlichsten Kennzeichen vulcanischer Ausbrüche an sich tragen. *Postels* fand auf ihr Lava, Obsidian, Pech- und Bimsstein. Die Insel wird auch häufig von Erdbeben heimgesucht, die besonders im Winter aufzutreten scheinen.

Die Carolinen.

§. 34.

Gleich der vorigen ist auch diese Inselreihe bis jetzt nur sehr ungenügend in geologischer Beziehung bekannt; man sagt, dass die am östlichen Ende dieser Gruppe gelegene Insel Eap oder Yap einen Vulcan enthalte. Nach *Chamisso* (a. a. O. III, 123) hat dies Eiland eine hohe Gestalt, jedoch ohne besonders hervorragende Berggipfel. Erdbeben kommen daselbst sehr häufig vor und besitzen eine solche Stärke, dass sogar die aus Bambusrohr und Schilf gebauten Häuser der Insulaner davon umgestürzt werden.

Die japanischen Inseln.

§. 35.

Die auf den Inseln des japanischen Reichs sich findenden Vulcane sind im Vergleich mit andern ebenfalls nur höchst unvollständig erforscht, was theils in ihrer weiten Entfernung von Europa, theils in der so sehr erschwerten Zugänglichkeit

dieses Landes für fremde Nationen, theils auch in der gefährlichen Schifffahrt im japanischen Meere seinen Grund haben
mag. Das Wenige jedoch, was wir von ihnen wissen, berechtigt zu der Annahme, dass die japanischen Feuerberge mit zu
den interessantesten gehören, denen man überhaupt begegnet.
Geht man von den Philippinen in nördlicher Richtung aufwärts, so ist das erste Terrain, woselbst wir wieder auf vulcanische Erscheinungen stossen,

1. die Insel Formosa.

Nach neuern Untersuchungen ist diese Insel sehr gebirgig,
denn die Gipfel der auf ihr sich emporthürmenden Berge sind
fast den ganzen Sommer hindurch mit Schnee bedeckt und erreichen wahrscheinlich eine Höhe von 11—11,500 Fuss. Sie
dürfen wohl als die äussersten östlichen Ausläufer des Hima-
laya-Gebirges zu betrachten seyn. Von hier aus verbreitet sich
die vulcanische Kette über die Insel Lieukhieu bis Japan und
noch weiter durch das kurilische Insel-Meer bis Kamtschatka.

Nach *Jul. Klaproth* (in *A. von Humboldt's* Fragmenten
einer Geologie und Klimatologie Asiens, aus dem Franz. von
Jul. Loewenberg. Berlin 1832. 8. S. 44) finden sich auf Formosa
vier Feuerberge, von denen drei noch jetzt thätig seyn sollen,
während der vierte zu ruhen scheint. Dieser letztere heisst

a. Tschy-kang, d. h. der rothe Berg. Er ist der südlichste von allen, liegt unterhalb Fung-schan-hian und hat
einst Feuer gespieen. Die Spuren seiner ehemaligen Vulcani-
tät finden sich noch in einem See, dessen Wasser eine hohe
Temperatur besitzt.

b. Phy-nan-my-schan. An der südöstlichen Küste
gelegen. Er ist sehr hoch und mit dichter Fichtenwaldung bedeckt. Während der Nacht nimmt man an ihm ein Leuchten,
wie von Feuer, wahr.

c. Ho-schan, d. h. Feuerberg. Fast unter dem Wendekreise des Krebses gelegen, südlich vom Tschu-lo-hian, ist
voller Felsen, zwischen denen Quellen hervorbrechen, aus
deren Gewässer beständig Flammen emporsteigen.

d. Lieu-huang-schan (Schwefel-Berg). Der nördlichste
und mehr in der Mitte der Insel gelegen. Er dehnt sich nördlich von der Stadt Tschang-hua-hiang bis Tan-schui-tsching

aus. Flammen brechen überall aus seiner Oberfläche hervor, wahrscheinlich von entzündetem Schwefel herrührend, welche Menschen und Thiere fast bis zum Ersticken bringen. Dieser Berg soll so reich an Schwefel seyn, dass mit leichter Mühe grosse Quantitäten davon gewonnen werden.

2. Die Schwefelinsel Lung-huan-schan.

Führt auch den Namen „Yeu-kia-phu", d. h. die Küste der Verbannten. Sie liegt im Nordosten der grossen Insel Lieu-khieu, unter 27° 50' n. Br. und 125° 25' östl. Länge. Es scheint, als wenn sie nicht so sehr den Charakter einer Solfatara, als den eines wirklichen Vulcans an sich trüge; denn ihr Krater besitzt eine zu enorme Grösse. Uebrigens ist derselbe eingestürzt und verfallen, aber noch jetzt entquellen ihm Dämpfe in weisslicher Wolken-Gestalt in reichlichem Maasse. Capt. *Basil Hall*, bei welchem die Insel unter dem Namen „Tanao Sima" vorkommt, hat eine Beschreibung und Abbildung davon geliefert; s. dessen *Voyage of discovery of the west-coast of Corea and the great Loo-Choo-Jsland*. London 1818. pag. 58 und CXXX und Kupfertaf. 1.

Die Felsen, welche den Feuerberg umgeben, besitzen eine gelbe Farbe und sind von braunen Streifen durchzogen. Die Südseite besteht aus hohen, dunkelrothen Felsen, auf denen man hier und da einzelne hellgrüne Stellen bemerkt. Bisweilen, namentlich während der stürmischen Jahreszeit, ist es wegen der Brandung sehr schwer, auf der Insel zu landen. Sie trägt kaum die Spuren von Vegetation; dennoch finden sich auf ihr viele Vögel, während ihre Küsten sehr fischreich erscheinen.

Die Insel ist von etwa dreissig Familien von Verbannten bewohnt, die ihre Bedürfnisse von der grossen Insel Lieu-khieu erhalten; sie beschäftigen sich mit dem Einsammeln des Schwefels.

3. Iwo-Sima.

Eine ähnliche Schwefel-Insel, aber von sehr geringem Umfange, unter 30° 45' n. Br. und 127° 56' 25" östl. L. von Paris, liegt an der Südspitze der Provinz Satzumo, Insel Kiusiu (Kiou-siou). *Krusenstern* hat sie „Volcans" genannt; wahrscheinlich ist es dieselbe, welche in frühern Jahrhunderten bei den Portugiesen „Fuogo", bei den Holländern „Vulcanus"

353

hiess und auch schon bei *Kämpfer* vorkommt; s. dessen Geschichte und Beschreibung von Japan, herausgegeben von *Chr. W. Dohm.* Lemgo 1777. 4. S. 121. Sie soll sich in immerwährendem Brande befinden.

4. Die Insel Kiou - Siou.

Enthält vier Vulcane, unter denen

a. Un-sen-ga-daké der merkwürdigste und interessanteste ist. Früherhin kam er mehr unter dem einfachen Namen „Unsen" vor. Nach *Jul. Klaproth* (a. a. O. S. 99) bedeutet Un-sen-ga-daké den hohen Berg der heissen Quellen, indem zahlreiche Thermalquellen in seiner Nähe hervorbrechen. Er liegt auf der grossen Halbinsel, welche den Bezirk Takaku in der Provinz Fisen bildet, und westlich vom Hafen Simabara.

Nach *Kämpfer* (a. a. O. S. 122) ist er ein grosser, unförmiger, breiter, kahler, aber nicht sehr hoher Berg von gelblich-weisser Farbe, gleichsam eine ausgebrannte Masse darstellend, von lockerer und löcheriger Beschaffenheit, so dass man ihn nur mit grosser Vorsicht betreten darf, mit Ausnahme solcher Stellen, wo einzelne Bäume stehen. Obgleich er im Allgemeinen wenig raucht, so hat er doch auch Perioden gehabt, wo man den aus ihm aufsteigenden Rauch drei Meilen weit sehen konnte, wie solches *Kämpfer* selbst erlebt hat. Die aus dem durchlöcherten Boden hervortretenden Schwefeldämpfe sind so arg, dass in meilenweiter Entfernung umher kein Vogel sich aufhalten kann. Der Boden ist daher stets erwärmt, und besonders, wenn es regnet, scheint der ganze Berg zu kochen. Auf und um denselben herum sieht man viele, sowohl kalte als kochend heisse Quellen. Unter den letztern zeichnet sich besonders ein grosses feuerheisses Bad aus, welches während der Christen-Verfolgungen dazu benutzt wurde, um die von der Staats-Religion abgefallenen Japanen der Gluth des Bades auszusetzen und sie für ihren Abfall zu strafen. Ausserdem bemerkt man auf diesem Berge, wie auf den Halbinseln Taman und Abscheron, mehrere trichterförmige Oeffnungen, aus denen, unter Rauch-Entwickelung, schwarzgefärbte Schlamm-Massen hervortreten. Am 18. Januar 1793 stürzte der Gipfel des Un-sen-ga-daké gänzlich ein, Ströme siedenden Wassers drangen von allen Seiten aus der tiefen Oeffnung, die dadurch

23

entstanden war, mächtig hervor und der schwarzgefärbte Dampf, der sich über diesen Fluthen erhob, glich dem dickesten Rauche.

b. Biwono-Kubi. Liegt in der Nähe des vorigen Vulcans, nur ½ Lieue davon entfernt, und hatte etwa 3 Wochen nachher, wo der Unsen einstürzte, eine sehr heftige Eruption, indem unterhalb seines Gipfels hoch aufsteigende Flammen ausgespieen wurden, während die von dem Berge herabfliessende Lava sich mit einer solchen Schnelligkeit verbreitete, dass in meilenweiter Erstreckung Alles in Brand gerieth. Am 1. März 10 Uhr Abends empfand man durch ganz Kiu-siu, besonders aber im District von Simabara ein fürchterliches Erdbeben, welches Berggipfel herabstürzte, den Boden hier und da spaltete und die darauf befindlichen Gebäude verschlang, während Lavaströme ununterbrochen aus dem Erdinnern hervorquollen. Am 1. Mai bebte die Erde von Neuem stundenlang, und zwar so stark, dass ansehnliche Berge zusammenstürzten und ganze Ortschaften mit fortrissen. Ein fürchterliches Geheul unter der Erde liess sich vernehmen; plötzlich sprang

c. der Miyi-yama, ein in der Nähe befindlicher Feuerberg, in die Luft, fiel seitwärts in das Meer zurück und bedeckte Alles mit den emporgeschleuderten Steinen, besonders denjenigen Theil der Provinz Figo, welcher dem Hafen Simabara gegenüber liegt. Während dieser Zeit verschlangen die empörten Meereswogen viele am Ufer gelegene Dörfer. Zugleich stürzte eine unglaubliche Masse Wasser aus den Klüften der Berge und überschwemmte und zerstörte die ganze Umgegend. Man sagt, bei dieser schrecklichen Katastrophe hätten 53,000 Menschen das Leben verloren. So viel ist gewiss, dass Simabara und Figo innerhalb weniger Minuten in eine Wüste umgewandelt wurden.

d. Aso-no-yama. Nach *Jul. Klaproth* (a. a. O. S. 100) liegt dieser Vulcan im Districte Aso, im Innern von Figo, wirft Steine empor und speit Flammen von blauer, gelber und rother Färbung aus. — Wahrscheinlich ist dies derselbe Berg, dessen auch *Kämpfer* (a. a. O. S. 121) gedenkt, der nach ihm in der Provinz Figo liegt und den Namen Aso führt. Daselbst ist der berühmte Tempel Aso-no-gongen, d. h. der eifrige Gott von Aso, zu sehen. Bei diesem Tempel steigt stets aus dem Gipfel des neben ihm liegenden Berges eine

helle Flamme empor, welche aber doch mehr während der
Nacht als am Tage sichtbar ist. In der Nähe dieses Berges
sollen sich auch warme Quellen finden.

Satsuma endlich, die südlichste Provinz von Kiu-siu, ist
ganz vulcanisch und der Erdboden mit Schwefel inprägnirt.
Vulcanische Eruptionen sind hier nicht selten. Im J. 764
unserer Zeitrechnung stiegen aus dem Meere, welches den
District Kagasima bespült, drei neue Inseln hervor, welche
gegenwärtig bewohnt sind.

5. Die Insel Firando.

Liegt nordwestlich von Kiu-siu. Es ist aber nicht so sehr
diese Insel, welche hier erwähnt werden muss, als vielmehr
ein anderes felsiges Inselchen, welches neben Firando liegt,
eines von denen, welche wegen ihrer Menge den Namen „Kiu-
siu-Kusima", d. h. 99 Inseln, führen. Von diesem Eiland sagt
Kämpfer (a. a. O. S. 121): So klein und gering sie auch ist,
so brennt sie doch seit vielen Jahrhunderten beständig fort,
ob sie gleich mitten in der See liegt.

6. Die Insel Nipòn.

Heisst auch Niphon, Nifon. Die grösste aller zu Japan
gehörigen Inseln. Enthält sechs Vulcane:

a. Sira-yama, d. h. der weisse Berg. Er heisst auch
Kosi-no-Sira-yama, d. i. der weisse Berg des Landes Kosi; mitunter nennt man ihn auch „den weissen Berg von Kaga". Er
ist der westlichste der Vulcane auf dieser Insel und liegt nördlich vom See Mitsu-umi auf der Grenze der Provinz Oomi.
Sein Haupt ist von ewigem Schnee bedeckt. Die merkwürdigsten Ausbrüche aus ihm erfolgten in den Jahren 1239 und
1554.

b. Fusi-no-yama. Er liegt unter 34° 50′ n. Br. und
136° 42′ östl. L. von Paris und wird auch Fusi und Fesi genannt, liegt in der Provinz Idsu, an der Grenze der Provinz
Kaï. Der ansehnlichste, thätigste und interessanteste Vulcan
in Japan. Er erscheint in der Gestalt einer ungeheuren, mit
ewigem Schnee bedeckten Pyramide, von welcher *Kämpfer*
sagt, dass sie hinsichtlich ihrer Höhe sich nur mit dem Pic
von Teneriffa, hinsichtlich ihrer Form und Schönheit mit
keinem Berge in der Welt vergleichen lasse. Dazu kommt

23*

noch der denkwürdige Umstand, dass er im J. 285 vor Chr. G. plötzlich aus der Erde sich emporgehoben haben soll, in Folge des merkwürdigsten vulcanischen Phänomens, welches man überhaupt aus Japan kennt. Damals bildete ein ungeheurer Einsturz in einer einzigen Nacht den grossen See Mitsuumi oder Biwa-no-umi in der Provinz Oomi. In demselben Moment, wo dieser Einsturz erfolgte, stieg der Fusi aus der Erde empor. Im J. 82 vor Chr. G. erhob sich nach *Jul. Klaproth* (a. a. O. S. 100) aus dem See Mitsu-umi die grosse Insel Tschiku-bo-sima, welche noch jetzt existirt.

Im J. 799 hatte der Fusi-no-yama einen äusserst heftigen, fürchterlichen Ausbruch. Derselbe dauerte vom 14. Tage des 3. Monats bis zum 18. des 4. Monats. Die ausgeworfene Asche bedeckte den ganzen Fuss des Berges und die benachbarten Bäche nahmen eine rothe Farbe an. Der im J. 800 erfolgte Ausbruch geschah ohne vorausgegangenes Erdbeben, während denen im 6ten Monat des Jahres 863 und im 5ten Monat des Jahres 864 ein solches voranging. Dies letztere war wiederum sehr heftig; der Berg brannte in einer Erstreckung von zwei geogr. Quadratmeilen. Von allen Seiten stiegen Flammen 12 Toisen hoch empor, die von einem Entsetzen erregenden Donner begleitet waren. Die Erdbeben wiederholten sich dreimal und der Berg stand zehn Tage lang in Brand; endlich platzte er an seinem Fusse auf und es schoss aus ihm ein Regen von Steinen und von Asche hervor, der zum Theil in einen gegen Nordwest liegenden See fiel und dessen Wasser bis zum Kochpuncte erhitzte, so dass alle Fische darin umkamen. Die Verwüstung breitete sich auf eine Strecke von 30 Lieues aus und die Lava floss 3—4 Lieues weit, hauptsächlich gegen die Provinz Kaï hin.

Im Jahre 1707, in der Nacht des 23. Novembers, wurden zwei starke Erdstösse verspürt. Der Fusi-no-yama öffnete sich, stiess Flammen aus und schleuderte Asche 10 Lieues weit nach Süden, bis zur Brücke Rasubats bei Okabé in der Provinz Suruga Am folgenden Morgen beruhigte sich zwar der Ausbruch, erneuerte sich jedoch mit noch grösserer Heftigkeit am 25. und 26. desselben Monats. Ungeheure Massen von Felsblöcken, von glühendem Sande und Asche bedeckten die benachbarte Ebene. Die Asche wurde bis nach Josi-vara ge-

trieben, woselbst sie den Boden 5—6 Fuss hoch bedeckte; sie
flog sogar bis nach Jedo und bedeckte dort die Erdoberfläche mit
einer mehrere Zoll hohen Schicht. An der Ausbruchsstelle
sah man einen weiten Schlund entstehen, an dessen Seite sich
ein kleiner Berg erhob; man gab diesen dem Namen „Foo-yé-
yama", weil er in den Jahren entstand, welche Foo-yé genannt
werden.

    c. Asama-yama oder Asa a-no-daké. Wahrschein-
lich derselbe Vulcan, welcher bei *L. von Buch* (a. a. O.) unter
dem Namen „Alamo" vorkommt und in nordöstlicher Richtung
von der Stadt Komoro in der Provinz Sinano, im Mittelpunkte
von Nipôn, nordöstlich von den Provinzen Kaï und Musasi,
gelegen ist, ungefähr unter 36^0 $12'$ n. Br. und 136^0 $12'$ östl.
L. von Paris. *Titsing* (s. *Mémoires des Djogouns par Abel
Rémusat,* pag. 180) beschreibt einen Ausbruch dieses Feuerberges, welcher zu den schrecklichsten gehört, welche überhaupt die Naturgeschichte der Vulcane aufzuweisen hat. Er
ereignete sich im August des J. 1783. Am 1. dieses Monats
brachen, nach vorausgegangenen heftigen Erdbeben, Flammen
aus dem Gipfel des Berges hervor, und bald darauf wurde
eine so ungeheure Menge von Sand und Steinen emporgeschleudert, dass man sich selbst am Tage in völlige Finsterniss eingehüllt fand. Die Bewohner der umliegenden Ortschaften sahen sich zur schleunigsten Flucht genöthigt, doch
überall brach der Boden unter ihren Füssen auf, Flammen
schlugen aus den Oeffnungen derselben hervor, verbrannten
die Dörfer und zogen die fliehenden Menschen in den feurigen
Abgrund hinein. Bei dieser Katastrophe verschwanden 27 Dörfer von der Oberfläche der Erde. Doch dies war noch nicht
das Schrecklichste von Allem; denn am 10. August traten die
eben genannten Erscheinungen noch in furchtbarerer Grösse
auf, und der unterirdische Donner rollte so mächtig, dass alle
Menschen wie versteinert wurden. Dabei fiel aus der ersti-
ckend heissen Luft unaufhörlich ein furchtbarer Regen glühender Steine, von denen die meisten 4—5 Unzen schwer waren,
und ihre Menge erschien so ungeheuer, dass sie zu Yasouye
15 Zoll und zu Matsyeda 3 Fuss hoch lagen. Am 14. August
wälzte sich von der Höhe des Vulcans ein brennender Schwe-
felstrom herab, untermengt mit Schlamm, Steinen und grossen

Felsblöcken; er erstreckte sich bis in den Fluss Asouma-gawa
(Yone-gava bei *Klaproth*), welcher dadurch aus seinen Ufern
trat und alles Land umher unter Wasser setzte. Dabei war
die Temperatur seines Wassers bis zum Siedepuncte gesteigert. Ein Gleiches war der Fall mit zwei andern in der Nähe
befindlichen Flüssen, dem Yoko-gawa und Kuru-gawa. Die
Zahl der dabei umgekommenen Menschen übersteigt allen
Glauben. Bei dieser furchtbaren Eruption bildete sich über
der entstandenen Spalte in einer langen Reihe eine Menge
Kegel, die späterhin noch als Flammen-Canäle fortwirkten und
viele Dörfer mit glühendem Gestein überschütteten.

d. Jesan. Liegt an der nordöstlichen Küste von Nipôn,
fast unter 40° nördl. Br. und 139° 40′ östl. L. von Paris.
Wahrscheinlich ist dies derselbe Berg, dessen *Georgi* (in seiner
russischen Reise. 1775. I, 4) gedenkt, der häufig Bimssteine
auswerfen und sie bisweilen weit in das Meer fortschleudern
soll. Man sagt, er liege sieben Meilen weit von Nambu entfernt.

e. Pic Tilesius. Gelegen unter 40° 37′ n. Br. und
137° 50′ östl. L. von Paris, an der Nordwestküste von Nipôn,
etwas südlich von der Sangar-Strasse. Ein sehr hoher, im
Monat Mai noch mit Schnee bedeckter Berg. *Krusenstern* (s.
dessen Reise um die Welt. II, 32) hat diesem Vulcane den
Namen gegeben zu Ehren des verdienten Weltumseglers *Tilesius*.

f. Yaké-yama, d. h. der brennende Berg. Er ist der
nördlichste auf dieser Insel, gelegen in der Provinz Mouts
oder Oosiu, zwischen Tanabé und Obata. Er soll unaufhörlich Flammen ausspeien, wie japanische Schriftsteller berichten. An der südöstlichen Küste von Nipôn finden sich nun
noch zwei andere im Meere liegende Vulcane, von denen der
eine den Namen „Vries oder Oosima" führt, der andere aber
„Noki-Sima" heisst. Der erstere befindet sich in der Nähe
des Fusi, liegt unter 34° 40′ n. Br. und 137° 12′ östl. L.
und hat von *Krusenstern* den Namen zu Ehren des holländi-
schen Seefahrers *Vries* erhalten. Der Vulcan auf Noki-Sima
liegt unter 34° 1′ n. Br. und 137° 14′ östl. L. und heisst bei
Krusenstern „die Vulcan-Insel".

Die hohen Gebirge, welche die Provinz Mouts durchsetzen
und diese von der Provinz Dewa trennen, enthalten ebenfalls
mehrere Vulcane. Folgt man ihrem Zuge über die Strasse

von Sangar, so findet man zunächst im Westen des Eintrittes
dieses Armes in dasselbe Meer den Vulcan, welcher

7. die Insel Koo-si-ma

bildet. Sie liegt unter 41 ° 21 ' n. Br. und 137 ° 26 ' östl. L.
Tilesius (s. *Journal de physique*, T. 91. pag. 112; und *Mémoires
de l'Acad. de St. Pétersbourg*, T. X. pag. 9. Edinbourgh. philos.
Journ. III, 349) hat diesen Berg besucht und beschrieben. Die
kleine Insel soll fast nur aus diesem Feuerberge bestehen und
nach *Horner* kaum 700 Fuss Höhe haben.

Ihr schräg gegenüber in nordwestlicher Richtung liegt

8. die Insel Oo-si-ma

unter 41 ° 31 ' n. Br. und 136 ° 59 ' östl. L. von Paris. *Krusenstern* (a. a. O.) sah daselbst aus einem Berggipfel beständig Rauch aufsteigen. Derselbe lag in der Mitte der Insel
und hatte ein höchst imposantes Ansehen. Capt. *Broughton*,
welcher sich am 31. Juli 1797 in der Nähe dieser Insel befand,
hatte in stündlichen Zwischenräumen von der Ostseite der Höhe
dieses Berges eine schwarze und dicke Rauchsäule aufsteigen
sehen; als er im November 1796 hier vorbeisegelte, sah er
keinen Rauch aus dem Krater, der eine schon mehr abgerundete Form angenommen hatte, aufsteigen.

Die Insel soll ein sehr liebliches und reizendes Ansehen
gewähren, sorgfältig bebaut und mit einem Pflanzen-Teppich
geschmückt seyn, der bis zum Gipfel des sehr hohen Berges
sich erstreckt.

9. Die Insel Jeso (Jesso, Jeddo).

Sie enthält vier nur wenig gekannte Vulcane. Drei von
diesen Bergen umgeben die Bai Utschi-ura, welche von
Broughton (A voyage of discovery to the northern pacific Ocean.
London 1804. pag. 94) die „Vulcan-Bai" genannt wurde.

a. Utschi-ura-yama, liegt unter 41 ° 50 ' n. Br. und
138 ° 50 ' östl. L., im Süden, an der östl. Küste. Ihm gegenüber liegt im Westwinkel des Busens

b. Oo-usu-yama, unter 42 ° 0 ' n. Br. und 138 ° 30 '
östl. L.

c. Usu-ga-dake, unter 42 ° 27 ' n. Br. und 138 ° 48 '
östl. L. Im Norden gelegen und der höchste unter ihnen.

Im Nordosten von Utschi-ura bemerkt man noch einen

andern, ebenfalls sehr tiefen Meerbusen, an dessen Südseite
sich ein vierter Vulcan erhebt:

d. Yu-uberi oder Ghin zan, d. h. Goldberg. Dies
ist wahrscheinlich derselbe, welchen *Krusenstern* auf der Südseite von Jeso wahrgenommen hat. Die Lage des Vulcans ist
etwa unter 42° n. Br. und 159° östl. L. von Paris.

Die kurilischen Inseln.

§. 36.

Zwischen Yturup, der südlichsten der zu dieser Reihe ge-
hörenden Inseln, und Jesso liegen nun noch in einer bogenförmig verlängerten Richtung und etwas seitwärts einige kleine,
mit Pic's versehene Inseln, in denen man Vulcane erkannt oder
zu erkennen vermeint hat. Es sind folgende:

Die Insel Kunaschir mit dem von *Golownin* erwähnten
Pic Tschatschanaburi oder Anton's Pic unter 44° 3' n. Br.
und 143° 26' östl. L.

Die Insel Tschikotan, welche auch den Namen „Spanbergs-
Insel" führt, unter 43° 53' n. Br. und 144° 23' östl. L. von Paris.

Auch ist der Pic de Langle auf einer der Nordwestseite
von Matsumai gegenüber liegenden Insel wahrscheinlich ein
Vulcan. Er soll eine Höhe von 837 Toisen haben und liegt
unter 45° 11' n. Br.

Die Kurilen selbst, so wie die auf ihnen befindlichen Feuerberge, sind nun hinsichtlich ihres geognostischen Baues bis
jetzt nur sehr mangelhaft bekannt. Die Reihe der Vulcane
scheint mit dem Meridiane von 143° östl. Länge von Paris zu
beginnen. Von Süden nach Nordost aufsteigend, treffen wir
folgende an.

1. Die Insel Iturup.

Heisst auch Etorpu und kam in frühern Zeiten mehr unter
dem Namen „Staaten-Insel" vor. Sie liegt unter 45° 30' n.
Br. und 146° 40' östl. L. von Paris. Den Vulcan erblickt
man am nördlichen Ende der Insel, in der Nähe von Urbitsch.
Nach *Golownin* (s. dessen Begebenheiten in der Gefangenschaft
bei den Javanen etc., aus dem Russischen übersetzt von
C. J. Schultz. Leipzig 1817. S. 20) und nach den Neuen
nordischen Beiträgen, T. IV. S. 112, soll dieser Berg stets
Rauch und bisweilen auch Flammen ausstossen.

2. Die Insel Tschirpo - oi.

Heisst bei *Krusenstern* (s. dessen Hydrographie, S. 88) Torpoi. Es sind eigentlich zwei kleine Inseln, von denen Süd-Tschirpo-oi unter 46⁰ 29′ n. Br. und 148⁰ 13′ östl. L. von Paris liegt und einen, wie es scheint, erloschenen Vulcan enthält. Nord-Tschirpo-oi ist frei davon; dagegen erhebt sich auf Siwutschei oder dem Seelöwen-Eiland (bei *Krusenstern* Broughton's Insel) ein von hohen Felsenwänden umgebener Pic, welcher ein Vulcan seyn dürfte. Er liegt unter 46⁰ 42′ n. Br. und 148⁰ 8′ östl. L. von Paris.

3. Die Insel Schimuschir.

Führt auch den Namen Simusir und Marekan und liegt unter 47⁰ 2′ n. Br. und 149⁰ 32′ östl. L. von Paris. Auf ihr befindet sich der Vulcan Itakioï, welcher auch unter dem Namen „Pic Peyrouse" vorkommt und welchen *Lapeyrouse* (s. dessen *Voyage* etc. T. III. pag. 96) „Pic Prevost" genannt hat. Dieser Vulcan scheint auch schon seit langer Zeit zu ruhen oder gar erloschen zu seyn.

4. Die Insel Uschischir.

Nach den Neuen nordischen Beiträgen enthält sie einen Vulcan. An ihrem südlichen Ende bemerkt man eine von hohen Felsen umgebene, kesselförmige Bucht und in derselben zwei kleine, glockenförmige Hügel, die wohl vulcanische Hervortreibungen seyn mögen. In ihrer Nähe brechen heisse Quellen hervor; auch wird daselbst Schwefel gewonnen. Die Lage dieser Insel ist unter 47⁰ 32′ n. Br. und 150⁰ 18′ östl. L. von Paris.

5. Die Insel Matua oder Mutowa.

In 48⁰ 6′ n. Br. und 150⁰ 52′ östl. L. von Paris. Auf ihr soll sich der Pic Sarytschew zu ansehnlicher Höhe erheben und auf seiner westlichen Spitze einen Krater haben, der nach *Langsdorf* (s. dessen Reise etc. T. I. S. 297) fortwährend dicke Rauchsäulen ausstösst. Der Krater soll 720 Fuss im Durchmesser haben. Nach *Horner* beträgt die Höhe des Berges 4227 Par. Fuss. Den neuesten Nachrichten zufolge bildet jedoch dieser Pic eine für sich bestehende Vulcan-Insel.

6. Die Insel Raukoko oder Raschkoke.

Sie liegt unter 48 ° 16 ' n. Br. und 150 ° 55 ' östl. L. von Paris. Der auf ihr sich emporthürmende Vulcan scheint im J. 1780 einen Ausbruch gehabt zu haben und von dieser Zeit an stets thätig gewesen zu seyn. Es wurde dabei eine so ungeheure Menge von Steinen in das Meer geworfen, dass hierdurch an mehreren Stellen Untiefen entstanden, wo man sonst 13 Faden Wasser gehabt hatte.

7. Sinnarka auf Schioschkotan.

Soll in frühern Jahrhunderten häufige Eruptionen gehabt haben. Liegt unter 48 ° 53 ' n. Br. und 151 ° 48 ' östl. L. von Paris. An dem Gestade des Meeres hat man heisse Schwefelquellen bemerkt.

8. Die Insel Kharamokatan.

In ihrer Mitte erhebt sich unter 49 ° 8 ' n. Br. und 152 ° 19 ' östl. L. der Vulcan, der ehedem entzündet gewesen seyn soll. An seinem Fusse liegen mehrere Seen, unter denen der an der Nordseite befindliche der grössere ist, aus dessen Mitte zwei Felsen hervorragen. Jenseits gewahrt man einen andern vulcanischen, aber nicht so hohen Berg, an seinem Gipfel und Fusse mit vulcanischem Sande bedeckt. Früherhin soll er ebenfalls öfters Ausbrüche gehabt haben.

9. Die Insel Onekotan,

auch Anakutan genannt. Auf ihr erblickte Admiral *Sarytschew* drei Vulcane. Sie heissen:

a. To-orussyr. Unter 49 ° 24 ' n. Br. und 152 ° 26 ' östl. L. von Paris gelegen. Merkwürdigerweise soll der Vulcan ganz von einem See umgeben sein, welcher über zwei deutsche Meilen im Umfang hat. Er liegt am südlichen Ende der Insel.

b. Amka-ussyr. Mehr in der Mitte der Insel. Auch am Fusse dieses Vulcans gewahrt man einen See. Lage: 49° 32' n. Br.

c. Asirmintar. Auf der nördlichen Spitze, unter 49 ° 40 ' n. Br. und 152 ° 48 ' östl. L. von Paris gelegen. Soll ebenfalls früherhin entzündet gewesen seyn.

10. Die Insel Poromuschir oder Paramusir.

Sie soll mehrere feuerspeiende Pic's (Sopka's) enthalten, namentlich einen solchen unter 50 ° 15 ' nörd. Breite und

153° 4′ östl. L., der nach *Postels* im J. 1793 eine Eruption hatte.

II. Die Insel Alaïd.

Die nördlichste der Kurilen, ausserhalb der Reihe, nach Westen hin unter 50° 54′ n. Br. und 153° 12′ östl. L. von Paris gelegen. Der Vulcan dieser Insel hatte den ersten bekannten Ausbruch im J. 1770. Dann ruhete er bis zum Februar 1793, wo er eine sehr heftige Eruption hatte. Noch jetzt soll er rauchen, wie *Postels* berichtet. Nach *Chwostow* (s. dessen Reise etc. S. 138) soll er sich schon im September mit Schnee bedecken und solchen den grössten Theil des Jahres tragen. *Kraschnenikow* erzählt, der Gipfel des Berges sey bei hellem Wetter von der Mündung der Bolschaja aus sichtbar, d. h. aus einem Abstand von 29 Meilen. Seine Höhe wird bald zu 14,717, bald zu 12,790, bald zu 10,863 Par. Fuss angegeben.

Die Halbinsel Kamtschatka.

§. 37.

In Beziehung auf vulcanische Erscheinungen ist diese Halbinsel eines der interessantesten Länder, denen man nur irgendwo begegnet. Die daselbst vorkommenden Feuerberge zeichnen sich zuvörderst durch ihre ausserordentliche Höhe aus und werden in dieser Beziehung — so viel bis jetzt bekannt — von andern Vulcanen in der alten Welt nicht übertroffen. Nur die auf der Andeskette emporgethürmten Feueressen steigen zu grösserer Höhe empor. Bezeichnend ist ferner, dass der Andesit, diese eigenthümliche, aus Natronfeldspath und Hornblende zusammengesetzte Felsart, die man zuerst an den americanischen Vulcanen entdekte und deren wir auch schon bei den Feuerbergen des armenischen Hochlandes gedacht haben, in gar nicht seltnen Fällen auch unter den kamtschatischen vulcanischen Gebilden von *A. Erman* aufgefunden worden ist.

Die Halbinsel wird, fast ihrer ganzen Länge nach, von SW. nach NO. durch eine Gebirgskette von mittlerer Höhe, welche nicht über 300 Toisen beträgt, das sogenannte kamtschatische Mittelgebirge, in zwei Hälften getheilt, auf deren jeder wieder eine Bergreihe parallel mit der mittlern läuft, schon an der Südspitze Kamtschatka's unter 51° n. Br. beginnt und bis über den Breitenkreis der Mündung des Kamtschatka-Flusses in 56° n. Br. sich erstreckt. Die Berge auf der westlichen Hälfte erheben sich nur wenig über die Baumgrenze und ziehen, fast überall von gleicher Höhe, in flachen Abhängen zu den Gestaden des Meeres von Ochozk herab. Sie sind durchaus ohne Vulcane, indess die östliche Kette nur aus kühn aufstrebenden Kegeln besteht, ohne Verbindung, und nach dem grossen Ocean hin mit hohen, felsigen Ufern versehen ist. Viele dieser Pic's sind wirkliche brennende Vulcane, und auch die andern, von denen man zwar keine Ausbrüche kennt, zeigen so ganz denselben Charakter, dass man auch sie für Feuerberge zu halten sich genöthigt sieht.

Das grösste Verdienst um die nähere Kenntniss dieses Landes und einiger der dortigen Vulcane hat sich neuerdings *A. Erman* (s. dessen Reise um die Erde in den Jahren 1828, 1829 und 1830, und dessen Karte von Kamtschatka. Berlin 1838) erworben. Leider hat er nur die nördlich gelegenen Vulcane besucht und trefflich geschildert; besässen wir eine eben solche Beschreibung auch von den in der Mitte und am Südende der Halbinsel befindlichen Feuerbergen, so würden wir ein physikalisches Gemälde dieses Landes erhalten haben, welches nichts zu wünschen übrig liesse.

Die Gebirgsmassen, aus welchen das Mittelgebirge hauptsächlich zusammengesetzt, bestehen nach *Erman* vorzugsweise aus einem hellgrauen, nur wenig porösen Trachyt, welcher viele schmale, kaum 2‴ lange Krystalle von glasigem Feldspath und etwa eben so grosse von schwarzem Augit enthält; auch erkennt man oft auf den Bruchflächen seiner Grundmasse die bei weitem kleinern Körner derselben Mineralien, von denen das rauhe Gefüge dieses Gesteins und seine eben so beständige rauchgraue Farbe abhängt. Dieser Trachyt scheint jedoch nicht in Strömen aus dem Erdinnern hervorgequollen zu seyn, vielmehr sieht man an manchen Bergen, welche er bildet, auffallend schroffe Kämme, während eben so steil begrenzte Felsstreifen aus den Abhängen hervorragen und dann, nach unten divergirend, als Wände zahlreicher Schluchten erscheinen, welche die Ueberschreitung und genauere Erforschung ausserordentlich erschweren.

Dieser Trachyt, der an andern Stellen sich auch in der Gestalt glockenförmiger Kuppen erhebt, oder auch in langgezogenen Rippen ausstrahlt, die von ihrem Ursprunge an sich schon strahlenförmig verbreiten, wird nun wieder sehr häufig von lavaartigen Massen, so wie von losen Schlacken durchbrochen, zur Seite geschoben und emporgehoben, die sich von ihm nicht mehr unterscheiden, wie die Umschmelzungen eines Gesteins in seinem ursprünglichen Zustande; auch scheint Vieles darauf hinzudeuten, dass das Emportreten der beiden Felsarten an die Oberfläche der Erde in Zeiten erfolgte, welche durch keine langen Zwischenräume getrennt waren.

Bezeichnend für den Charakter des Mittelgebirges ist auch das häufige Vorkommen von weithin ausgedehnten Seen, die in ausserordentlicher Pracht erscheinen und nicht wenig zur Verschönerung dieses so lange Zeit hindurch verkannten Landes beitragen. Sie finden sich meist in hochgelegenen Becken zwischen felsigen Bergwällen, oder in kesselförmigen Vertiefungen, etwa wie die Gletscher der Alpen, und tragen viel zu einer regelmässigen Vertheilung der Tagewasser bei, die ohnedem von den nächsten Berggipfeln ungehindert abfliessen und in dem ebenen Lande bald Anschwemmungen, bald Austrocknungen der Flüsse veranlassen würden.

Eben so entschieden, wie ihr Einfluss auf den jetzigen Zustand des Landes, ist aber auch der Zusammenhang dieser Seen mit der Entstehung des Mittelgebirges. Man hat sie nämlich anzusehen als Lücken oder Einstürze, die an dem Fusse hervorgequollener Berggipfel in deren eignen Masse zurückblieben.

Ganz ähnliche kesselförmige Einstürzungen sind auf den platten Gipfeln der kurilischen Inseln auch von *Schelechow* beobachtet worden. So namentlich auf jeder der sechs nördlichsten unter ihnen, woselbst sie fast zwei Meilen im Durchmesser háben, eine grosse Tiefe besitzen, in ihrem azurblauen Wasser jedoch keine Fische nähren.

Nähert man sich der kamtschatischen Halbinsel von Süden her, so bemerkt man ihre vulcanischen Pic's schon aus der weiten Entfernung von 25 deutschen Meilen. Von dem ganz im Süden gelegenen Vorgebirge Lopatka (in 51° 3′ n. Br.) bis zur Awatscha-Bai (in 53° n. Br.) und von da noch weiter

hinauf erstreckt sich eine sehr ansehnliche Gebirgskette mit
kammförmig emporstrebenden Gipfeln und steil in's Meer abfallenden Felswänden, auf denen man die nachfolgenden Vulcane bemerkt.

1. Der erste kurilische Vulcan. Er liegt 51° 44'
n. Br. und 154° 31 östl. L. von Paris.

2. Der zweite kurilische Vulcan. Lage: unter 51°
53' n. Br. und 154° 30' östl. L. von Paris. Beide liegen am
westlichen Ende des in seiner Mitte mit einer Insel geschmück-
ten kurilischen Sees und sollen in beständiger Thätigkeit seyn.

3. Die erste Sopka. Sopka heisst so viel als Bergkuppe.
Sie liegt unter 51° 21' n. Br. und 157° östl. L. von Greenw.
und führt auch den Namen der Opalinski'schen (d. h. brennenden) Sopka. Wahrscheinlich ist sie auch identisch mit
dem Pic Koscheleff v. *Krusenstern's*. Dieser Berg ist ausserordentlich hoch; nach *Chwostow* soll er sogar die Höhe des Pic's
auf Teneriffa übertreffen. Man sagt, er habe am Ende des
vorigen Jahrhunderts heftige Ausbrüche gehabt.

4. Die zweite Sopka. Lage: unter 51° 32' n. Br.
und 157° 5' östl. L. von Greenw.

5. Die dritte Sopka. Führt auch den Namen: Hodutka
bei *Postels*, liegt unter 51° 35' n. Br. und 157° 34' östl. L.
von Greenw. und soll erloschen seyn. Diese beiden letztgenannten Sopka's kommen auch unter der gemeinsamen Benennung
„Gijapoaktsch" vor, welches so viel als „geehrter Berg" heisst.

6. Assatschinskaja-Sopka. Lage: unter 52° 2' n.
Br. und 157° 52' östl. L. von Greenw. Nach *A. Postels* (Be-
merkungen über die Vulcane der Halbinsel Kamtschatka, gesammelt auf einer Reise um die Welt in den Jahren 1826 bis
1829, unter *v. Lütke's* Leitung, in den *Mémoires de l'acad.
de St. Pétersbourg.* 1833. II, 11—28) warf dieser Pic im J. 1828
eine grosse Menge Asche aus, welche in nordöstlicher Richtung
bis zum Peter-Paulshafen, 120 Werst weit, geschleudert wurde.

7. Erste Wiliutschinskaja-Sopka. Sie kommt bei
L. von Buch unter dem Namen: Poworotnoi und bei Capt.
Beechey unter dem Namen: Flat-Mountain (flacher Berg) vor
und erreicht nach einer Messung des letztgenannten Seefahrers
eine Höhe von 1240 Toisen. Ihre Lage ist unter 52° 25' n. Br.
und 155° 50' östl. L. von Paris.

8. **Opalnaja-Sopka.** Liegt unter 52° 30′ n. Br. und 155° 10′ östl. L. von Paris. Es ist zweifelhaft, ob dies *Postels* Opalskaja-Sopka ist, welche periodisch Rauch ausstossen soll und vom ochozkischen Meere aus gesehen wird. Der Name bedeutet „versengte Bergkuppe".

9. **Zweite Wiliutschinskaja-Sopka.** Lage: 52° 41′ n. Br. und 155° 57′ östl. L. von Paris. Heisst bei *L. v. Buch* Porotunka-Sopka und erreicht nach *Horner* eine Höhe von 1074, nach *Beechey* von 1152 und nach *Lütke* von 1055 Toisen. Die Entfernung dieses Berges vom Meere beträgt 7 ital. Meilen und die von St. Peter- und Pauls-Hafen 21 ital. Meilen, was 36¾ Werst und 5 deutschen Meilen gleichkommt. Diese Sopka zeichnet sich sehr durch ihre hohe, kegelförmige Gestalt aus. In der Entfernung einiger Meilen von ihr finden sich die Thermalquellen von Porotunka, welche nach einer Beobachtung von *Postels* im Monat October bei 3° C. Luftwärme eine Temperatur von 41—42° C. zeigten.

10. **Koselskaja-Sopka.** Lage: unter 53° 13′ n. Br. und 156° 35′ östl. L. von Paris. Erreicht eine Höhe von 830 Toisen und steht mit dem Awatscha-Vulcan in Zusammenhang.

11. **Schupanowa-Sopka.** Lage: 53° 32′ n. Br. und 156° 50′ östl. L. von Paris. Ist 38 Werst vom Meere, 36 Werst vom St. Peter- und Pauls-Hafen und 5 Werst südlich vom Flusse Jupanowa rjeka entfernt. Ihre Höhe soll 1416 Toisen betragen. Aus ihrem abgeplatteten Gipfel soll häufig Rauch hervorbrechen und unter den mit ihr verbundenen Kämmen des nahen Gebirges sich unterirdisches Getöse vernehmen lassen. Wirkliche Eruptionen scheinen von ihr nicht bekannt zu seyn.

12. **Awatschinskaja-Sopka.** Lage: unter 53° 15′ n. Br. und 156° 30′ östl. L. von Paris. Sie heisst auch Gorälaja-Sopka. Ihre Höhe beträgt nach *E. Hofmann* 1277, nach *Lenz* und *Postels* 1250, nach *Lütke* 1369, nach *Beechey* 1416 Toisen, nach *Erman* 8360 Par. Fuss.

Nach letztgenanntem Naturforscher, welcher diesen Vulcan im J. 1829 besuchte, haben die Abhänge dieses Berges eine höchst regelmässige, conische Gestalt. Er soll seit undenklichen Zeiten unaufhörlich Rauch ausstossen. Ueber seinen geognostischen Bau bemerkt *Erman* Folgendes.

Das Gestein, welches vorzugsweise den Awatscha-Vulcan
zusammensetzt, besteht aus einer schwarzen, dichten Grundmasse mit sehr nahe zusammengedrängten, kleinen, aber breiten Labrador-Krystallen und einzelnen Körnern von grünem
Augit, ist also von doleritischer Beschaffenheit. Diese augitischen Laven-Gesteine sind hier mitten zwischen den sternförmigen Bergen einer frühern vulcanischen Epoche in der Gestalt kegelförmiger Pic's hervorgedrungen. Die selbstständigen
ältern Aufquellungen, so wie das noch fortdauernde Hervortreten der jetzigen Lavaströme umschliessen hier einander
mantelförmig in einerlei Gebirge, und sie scheinen nach *Erman's* Meinung deshalb so eng zusammengedrängt, weil sie
von dem ältesten Boden der kamtschatischen Halbinsel (den
secundären Schiefern und Dioriten) weit gewaltigere Massen
zu durchbrechen hatten, als der Andesit des Schiwélutsch und
die Laven von Kliutschi, welche wir bald näher werden kennen lernen.

Trotz solcher Verschiedenheit ihrer nächsten Umgebungen
ist dennoch ein innerer Zusammenhang und eine genetische
Uebereinstimmung des Awatscha-Vulcanes sowohl einerseits
mit den nördlichsten Krateren an der Kamtschatka, als auch
von der andern Seite mit denen der kurilischen Inseln durch
mehrere Erscheinungen unzweideutig angedeutet. Denn als
der Kliutschewsker Feuerberg vom 6. bis 14. October im J.
1737 im heftigsten Aufruhr begriffen war, brannte auch die
Awatschinskaja-Sopka im Spätsommer desselben Jahres an einem nicht näher bezeichneten Tage entsetzlich und regnete
Asche, so dass die Umgegend fast zwei Zoll hoch damit bedeckt war. Am dritten Tage nach dem Kliutschewsker Ausbruch verspürte man ein höchst intensives Erdbeben. Es begann um drei Uhr Morgens auf der gesammten Ostküste zwischen dem Awatscha und dem Vorgebirge Lopatka, d. i. der
unter 51 Breitengrade gelegenen felsigen Endspitze der Halbinsel, von welcher aus es sich auch noch bis auf die kurilischen Inseln verbreitete. In der ersten Viertelstunde ward die
Erdfeste so heftig erschüttert, dass selbst die niedrigen Balken-
hütten und die Balagane, d. h. die hölzernen Gerüste, auf denen
die Fische getrocknet werden, einstürzten. Dann aber hob sich
plötzlich auch das Meer, an dem man bis dahin nur stark

brausende Brandungen von gewöhnlicher Höhe bemerkt hatte,
21 engl. Fuss hoch über seine Gestade. Dieses Steigen der
Wassermasse schien zu einer einfachen Welle zu gehören,
denn es folgte sogleich ein anscheinend eben so starkes Sinken derselben unter ihre mittlere Oberfläche. Bald darauf bemerkte man aber, zugleich mit einem Erzittern des Landes,
eine zweite Anschwellung des Meeres, die an der Küste wiederum 21 engl. Fuss betrug und sich dennoch in ein bei weitem tieferes Sinken verlief. Das Wasser trat so weit zurück,
dass es an manchen Stellen von dem gewöhnlichen Strande
aus gar nicht mehr zu sehen war. In der Strasse zwischen
den Inseln Siumschu und Poromuschir, also den zwei nördlichsten der Kurilischen Kette, zeigten sich bei diesem Ablauf
zwei felsige Berge, die man zuvor niemals gesehen hatte, obgleich auch bei frühern Erdbeben der Meeresboden daselbst
blossgelegt wurde. Es waren neu hervorgetretene Massen
und vielleicht veranlassten diese und viele andere unsichtbar
gebliebene die dritte und merkwürdigste Meeresbewegung an
der Lopatka; denn mit einem neuen und heftigen Erdstosse
schlug das Wasser in dieser Gegend der Halbinsel, etwa eine
Viertelstunde nach dem zuletzt genannten Ereigniss, bis zu
210 engl. Fuss hoch auf die Küstenfelsen, so dass hierdurch
alle Wohnungen und ein grosser Theil der Bevölkerung ein
Raub der Wellen wurden. Man hörte an diesem Tage unter
den schwankenden Felsen ein lautes Krachen, so wie ein dumpfes, mit einem Seufzen oder Gebrülle verglichenes Tönen
auch fand man gleich darauf viele ebene Wiesen zu Hügeln
angeschwollen und umgekehrt felsige Küstenränder durch Einsturz in Meeresbuchten verwandelt. Leichtere Erdstösse dauerten nach diesem Ereigniss auch in der Südspitze der Halbinsel, eben so wie in der Kliutschewsker Gegend und an der
Mündung der Kamtschatka, noch 5 Monate lang fort.

Andere Ausbrüche des Awatscha-Vulcans kennt man aus
dem Jahre 1773 (oder 1772), so wie aus dem Jahre 1827, demselben, in welchem *Postels* diese Gegend besuchte. Man bemerkte damals und zwar am 27. Juli bei bewölktem Himmel
zuerst eine Flamme auf dem Gipfel des Berges. Vom 28. Juli
Morgens 10 Uhr an fiel drei Tage lang Regen und Asche
unter starkem unterirdischen Getöse und einigen heftigen un-

24

terirdischen Stössen, so dass in dem Dorfe Awatscha das Zimmerwerk einiger Hütten aus den Fugen trat. Mit einer sogleich nachfolgenden Explosion nahmen Regen und Asche zu. Ueber Nacht verzog sich das Gewölke; der Berg erschien deutlich beleuchtet von vielfarbigen Feuern, die sich vom Krater bis zum Fusse herabzogen, und von glühenden Feuerkugeln, welche der erstere aussprühete.

Auch in dem folgenden Jahre war dieser Feuerberg wieder sehr unruhig, und *Erman* (a. a. O. S. 537) ist geneigt, die damals wahrgenommenen Phänomene mit der Thätigkeit des Kliutschewsker Vulcans (im September 1829) in Zusammenhang und Verbindung zu bringen.

Die ersten Aeusserungen, welche diesmal an dem letztgenannten nördlichen Vulcane vorkamen, folgten jedenfalls nur um wenige Monate auf die letzten des südlichen, und im Vergleiche mit der weit grössern Länge der Ruheperioden, welche hier auf der Halbinsel zwischen den Ausbrüchen eines und desselben Heerdes einzutreten pflegen, liess eben diese rasche Folge kaum einigen Zweifel über den ursächlichen Zusammenhang beider Ereignisse.

Erman sah damals über dem Awatschaer Gipfel eben so, wie einige Wochen vorher über dem Kliutschewsker, eine vulcanische Haufenwolke (cumulus) und eine ungeheure Menge von Dampfstrahlen über kleinern Kegeln und Spalten, auf einem breiten, dunkeln, stark verwüsteten Streifen des Abhangs, der, hoch über der Schneegrenze beginnend, bis zu den Ufern des Awatscha-Flusses herabreichte. Nahe über dem Anfange desselben, schon in dem obersten Drittel der Höhe des Berges, lag ein neuer Lavenschlot mit zackigem Rande, und man sah, wie das noch völlig schneelose, schwarze und hervorragende Gestein, welches von ihm ausgegangen war, sich nordwestwärts in die Senkung zwischen der Strjéloschnaja- und Awatschinskaja-Sopka ergossen hatte. Auf die rauhe und zerrissene Oberfläche des dem Beobachter zugekehrten Abhanges hatten dagegen dampfförmige, flüssige und feste Auswurfsstoffe in seltsamster Verbindung eingewirkt. Viele der kegelförmigen Stellen desselben, denen jetzt Dämpfe entstiegen, waren nämlich auf's deutlichste mit Schlacken und schwarzer Asche überschüttet, während andere aus einem homogenen und einst

erweichten Boden von röthlich-brauner Farbe bestanden. Sie
schienen aus solcher Masse durch eben die elastischen Flüssigkeiten aufgebläht, von denen sie, selbst jetzt noch, überall
durchbrochen wurden. Sodann aber und vor Allem erkannte
man in der Gesammtoberfläche dieses merkwürdigen Streifens
das Bett eines versiegten Stromes, der zugleich durch seine
gewaltige Masse und Geschwindigkeit, durch Niederschläge an
seinen Rändern und durch eine sehr hohe Temperatur auf
seine Umgebung eingewirkt hatte. In dem obern Theile seines Laufes war eine ungeheure Decke von uraltem Eise und
Schnee so vollständig geschmolzen, dass der schwarze Felsbo-
den ganz bloss lag, und eben so nackt und rein gefegt erschien die Furche, welche weiter abwärts seinen Weg durch
ein Elsen-Wäldchen bezeichnete. Nur an den Seiten dieses
Durchbruchs erinnerte die Lage des entwurzelten und des nur
zerbrochenen Holzes an die Lavinenwege, denen man in den
europäischen Alpen begegnet; aber unverkennbare Zeichen
der Versengung desselben zunächst an den Rändern des einst
feurigen Stromes, so wie Schlammmassen, die man, etwas weiter von diesen Rändern, mit den Baumgipfeln gemengt sah,
machten auch diesen Vergleich unhaltbar. *Erman's* Begleiter
sagten aus, dass, nachdem die Awatscha-Kuppe geplatzt, d. h.
wohl, nachdem neue Lava sichtbar geworden, eine Fluth heissen Wassers vom Berge herabgestürzt sey und sich in den
Awatscha-Fluss ergossen habe. Wahrscheinlich war dieser
Wasserstrom jedoch nicht auf die Art entstanden, dass hervor-
gequollene Lava die ihr im Wege stehenden Eis- und Schneemassen geschmolzen, vielmehr deutete Alles die Decke eines
unterirdisch gebliebenen, aber nahe an die Oberfläche getrete-
nen Lavaganges an, von welchem eine versengende Hitze ausgegangen und ausserdem, durch unzählige kleinere Oeffnungen, sowohl Schlacken als auch Asche, die oft in kegelförmiger Gestalt sich abgelagert, und heisses Wasser in flüssiger und
dampfförmiger Gestalt in Verbindung mit denjenigen Substanzen, die es gewöhnlich im Innern der Vulcane begleiten, in
die Atmosphäre gelangt war. Diese letztern Ausströmungen
hatten denn auch den Boden an vielen Stellen in einen rothen,
zähen Thon und Schlamm verwandelt, und erst diese Massen
waren später durch das von Oben zutretende Bergwasser, so

wie auch durch das aus dem Berge emporquellende hinabge-
spült worden.

Der zweite der beiden vorhin erwähnten westlich gelegenen Vulcane ist

13. Koriazkaja-Sopka. Kommt auch unter den Namen
Korätskaja- und Strälotschnaja-Sopka vor, liegt im 53° 19
n. Br., 24½ Werst vom Meere und 31 Werst von Petropaw-
lowsk entfernt. Er erreicht die ansehnliche Höhe von 11,090
Par. Fuss. Sein Gipfel, von ewigem Schnee erglänzend, hat
eine mehr pyramidale als kegelförmige Gestalt; denn die ebenen und glänzenden Eisfelder, welche ihn umgeben, schneiden
sich in felsigen Kanten, auch sieht man diese schon von unterhalb der Schneegrenze gegen seine Spitze hinauf sich erstrecken. Obgleich er in der Nähe des Awatscha-Vulcans
liegt, so unterscheidet er sich doch von diesem hinsichtlich
seiner petrographischen Beschaffenheit; denn das an ihm vorkommende Gestein ist nach *Erman* von andesitischer Natur
und besteht aus einer gelblich-weissen Grundmasse, in welcher
viele kleine Krystalle von stark glänzendem Albit und von
schwarzer Hornblende liegen, während, wie wir bereits gesehen, das die Awatschinskaja-Sopka vorzugsweise zusammensetzende Gestein mehr die Charaktere eines Dolerites an sich
trägt.

Nach *Postels* sieht man auf der Nordseite des Gipfels der
Korjazkaja-Sopka bisweilen Rauch aufsteigen, doch scheint
man wirkliche Eruptionen von ihr nicht zu kennen. Auch
sollen sich heisse Quellen in der Nähe finden und zwar in
nördlicher Richtung.

In weiter Entfernung und zwar nach Norden hin liegt

14. Kronozkaja-Sopka. Westlich vom Vorgebirge Kro-
noki, 30 Werst vom Meere, 220 Werst vom St. Peter-Pauls-
Hafen, in 54° 8′ bis 55° n. Br. und 158—159° östl. L. von
Paris. Nach *Lütke's* Messung hat der Gipfel dieses über einer
flachern Basis regelmässig konisch aufsteigenden Berges die
Höhe von 9955 Par. Fuss. Der Spitze dieses Vulcanes soll
beständig Rauch entströmen.

In nordwestlicher Richtung von diesem Vulcane, mehr im
Innern der Halbinsel, zwischen der Kamtschatka und der Ostküste, liegt

15. Schtschapinskaja-Sopka. Nicht näher bekannt, scheint erloschen zu seyn oder vielmehr zu ruhen. Sie liegt unter 55° 11′ n. Br. und 157° 38′ östl. L. von Paris.

Die nun folgenden Vulcane, die interessantesten, die es überhaupt geben mag, sind dagegen durch *Erman* in ein um so helleres Licht gesetzt worden.

16. Kliutschewsker Gruppe. Sie besteht aus folgenden fünf einzelnen Vulcanen.

a. Tolbatschinskaja-Sopka. Sie erscheint als eine längliche, tief und vielfach eingefurchte Masse, welche mit weithin glänzendem Schnee bedeckt ist und an ihrem nördlichern, der Uschkiner Kuppe zugewandten Ende sich am steilsten herabsenkt. Der höchste Theil ihres Hauptkammes liegt nahe an diesem Ende. *Erman* (a. a. O. S. 403) hat sich vergebens nach Zeichen von Thätigkeit an dem Gipfel dieses Berges umgesehen, doch versicherten seine Begleiter, dass er auch jetzt noch Rauch ausstosse und zwar an einem niedrigen Kamme an seiner Südost-Seite. Offenbar ist dies dieselbe Spalte, aus welcher im Anfange des J. 1739 ein ganz unerwarteter Aschenausbruch erfolgte. Die Kamtschadalen erinnerten sich wohl, dass der Tolbatscher Feuerberg in frühern Zeiten an einem seiner höchsten Puncte geraucht hatte, er schien aber gänzlich erloschen, weil er innerhalb eines Zeitraumes von fast 40 Jahren gar keine Spur von Thätigkeit mehr zeigte; allein plötzlich brach aus einem Seitenkamme desselben eine so ungeheure Menge von Asche hervor, dass sie in einer Entfernung von mehr als 12 Meilen südlich von der Eruptionsspalte sehr ansehnliche Schichten bildete. Zwischen Maschura und Tschapina (15 Meilen und 10½ Meilen vom Gipfel des Berges) wurde der Schnee ½ Zoll hoch von dieser Auswurfsmasse so stark bedeckt, dass sie die Schlittenfahrt nicht nur ungeheuer erschwerte, sondern fast unmöglich machte, indem sie die hölzernen und sogar die mit Knochen überdeckten Läufe der Narten fast gänzlich zerrieb. Beim Anfange dieses Aschenausbruches mögen wohl auch glühende Steine mit emporgeschleudert worden seyn, denn die Augenzeugen versicherten, dass das Ereigniss mit einer glühenden Kugel begonnen habe, die von der genannten Stelle des Berges aufstieg und nachher die angrenzende Waldung

fast ganz in Brand steckte. Erst hinter diesem Feuer (so erzählt *Kraschnenikow)* habe sich von derselben Stelle eine kleine
Wolke erhoben, die sich von Stunde zu Stunde vergrössert,
dann erst sich gesenkt habe und als Asche niedergefallen sey.
Allein dies ist wohl nicht so zu verstehen, dass wirklich nur
eine einzige glühende Masse ausgeworfen wurde, sondern dass
man vielmehr nur eine erste und grössere unter vielen andern
beobachtete, und vielleicht auch einen zusammengedrängten
Haufen von glühenden Auswürflingen wegen der beträchtlichen Entfernung für eine zusammenhängende Feuermasse angesehen hatte.

Jede Lavenbildung an diesem Berge wurde dagegen von
den Eingeborenen in Abrede gestellt, sowohl unter der üblichen Umschreibung der Sichtbarkeit eines glühenden Innern,
als auch, wenn man sie directer nach feurigen Strömen an
dessen Abhängen fragte, und man hat demnach die hiesigen
Ausbrüche von Dampf und von fein zertheilter Steinmasse nur
mit ähnlichen Erscheinungen zu parallelisiren, wie wir sie an
andern dortigen Feuerbergen und namentlich am Schiwélutsch
noch werden kennen lernen.

Die Höhe dieses Berges hat *Erman* zu 7800 Par. Fuss
bestimmt.

Als Andeutung über die Gesteine dieser Gegend sind nur
Geschiebe zu erwähnen, welche aus einem Augit-Porphyr mit
grauer, ganz blasenfreier Grundmasse und schmalen, gelblich-
weissen Krystallen von Labrador und schwarzgrünen Augit-
Körnern bestanden. Nach ihrem jetzigen Vorkommen dürften
indess diese Trümmer wohl eher vom Fusse des Tolbatscha
oder von der Basis des Kliutschewsker Vulcans herstammen,
als von den eigentlichen Kämmen des erstern. Von diesen
hält *Erman* eine andesitische Zusammensetzung für wahrscheinlicher und somit eine Uebereinstimmung mit den Bergen auf
der Südspitze der Halbinsel, die, wie ältere Kerne, aus Hornblende und Augit, doch von augitischen und labradorhaltigen
Gesteinen auf's engste umschlossen sind.

b. Die vierte Sopka. Ist bis jetzt nicht näher beschrieben; sie liegt unter 55° 58′ n. Br. und 158° 7′ östl. L. von
Paris.

c. Uschinskaja-Sopka. Soll eine Höhe von 1833 Toisen

erreichen. In Verbindung mit der eigentlichen Kliutschewskaja-Sopka bildet sie nebst der Kuppe von Uschki, der Kre-
stowsker und einer dritten, welche keinen Namen führt, die
engere Kliutschewsker Gruppe. Sie ist breiter und massiger,
als der Kliutschewsker Kegel, erreicht jedoch nicht ganz die
Höhe dieses letztern. Sie ist überall mit glänzendem Schnee
bedeckt und liegt unter 56^0 n. Br. und 157^0 57' östl. L. von
Paris.

    d. Krestowskaja-Sopka. Lage: unter 56^0 4' n. Br. und
158^0 4' östl. L. von Paris. Erreicht eine Höhe von 1500 Toisen
und wird ebenfalls von hellstrahlendem Schnee umlagert. Ihr
Gipfel ragt spitz empor. Diese Kuppe bildet den mittlern
Theil der engern Gruppe, in welcher

    e. Kliutschewskaja-Sopka alle andern an Grösse und
Höhe übertrifft. Sie kommt auch wohl unter dem Namen
Kamtschatskaja-Sopka vor, liegt im 56^0 8' n. Br. und 158^0
10' östl. L., 70 Werst vom Meere und 350 Werst von St. Pe-
ter- und Pauls-Hafen entfernt. Nach *Erman* (a. a. O. S. 346)
dürfte es kaum einen zweiten Punct auf der Erde geben, an
welchem eine so liebliche Landschaft, wie die bei Kliutschi
(einem Dörfchen in der Nähe des Vulcans), zugleich so wichtige Aufschlüsse über den Vulcanismus darböte. Man sieht
von dem Dorfe gegen O. längs eines Baches auf ein lichtes
Gehölz von Mispelsträuchern; dann folgt in N. und W. der
breite, hellstrahlende Spiegel der Kamtschatka, während die
andere Hälfte des Horizontes über den Feldern und der Wie-
senebene von dem Feuerberge und dessen riesigen Nebenkup-
pen, die wir schon erwähnt, eingenommen ist.

    Man sah deutlich, als *Erman* diesen Vulcan besuchte, wie
die Gluth über dem Feuerberge theils aus einer dunkelgrauen,
theils aus einer weissen vulcanischen Wolke entstand, welche
am Tage ihre Stelle am Himmel einnahm, und wie ausser
derselben auch ein breiter feuriger Streifen längs des rechten
Randes des Pic's nahe unter seinem Gipfel tief herabreichte.
An der grauen, undurchsichtigen Masse, welche man am Tage
zwischen dem ebenen Kraterrande und der weit höher gelegenen Haufwolke erblickt hatte, bemerkte man gleich nach Son-
nenuntergang deutlich ein rothes Licht, und zugleich mit die
sem zeigte sich dann auch in stärkerm rothen Glanze jene

feurige Band, welches am Tage nur durch einen auf ihm liegenden Wolkenstreifen bezeichnet war. ·Jetzt verschwand dieser, eben so wie die obere Hälfte der weissen Haufwolke über
dem Gipfel, von welcher aber die abwärts gekehrte Fläche zu
leuchten anfing und wie eine glühende und breitere Decke
auf der Lichtsäule des Kraters ruhte und sie begrenzte.
Das Licht des Mondes wurde zwar nicht blos von dem
directen Lichte jener glühenden Massen, sondern auch von
ihren Reflexen in der Unterseite der vulcanischen Wolken
auf's entschiedenste übertroffen, aber dennoch schien dies Alles noch glänzender nach dem Untergange des Mondes, als
die übrigen Gebirge verschwanden und dennoch alle Umrisse
des Pic's durch den rothen Schein scharf begrenzt blieben, der
sich auch über sie von jenen feurigen Stellen aus verbreitete.
Es ergab sich bald darauf, dass der hellste Streifen am westnordwestlichen Abhange des Berges ein mächtiger Lavastrom
war, denn man sah ihn auf der Oberfläche des Kegels deutlich aufliegen. Auch bemerkte man mittelst eines Fernrohres
eine fortschreitende und wallende Bewegung dieser geschmolzenen Masse. Die Lichtstärke des Lavastreifens war am stärksten an dessen Ursprung, nahe an 14,000 Par. Fuss über der
Meeresfläche, und sie schien von dort aus stets abzunehmen,
bis sie in einer Höhe von etwa 7000 Par. Fuss ihr scheinba-
res Ende erreichte. Etwa im zweiten Drittel seines Laufes
theilte sich der Lavastrom in zwei Theile. Auch zeigten sich,
schon näher am Ursprunge und in den hellleuchtendsten Theilen des Stromes, einzelne Stellen von schwächerm Lichte, die
bei Mondenschein für ganz erkaltet gehalten wurden, in den
dunkelsten Stunden dennoch wahrnehmbar glühend erschienen. Ziemlich tief unter dem Ende der Lava erblickte man
einige ganz isolirte glühende Massen, gleich Sternen auf einem
schwarzen Untergrunde. Eben so deutlich erkannte man nun,
wie das Feuer über dem Krater aus einzelnen leuchtenden
Körpern bestand, die wie Funken aus einer Esse strahlenartig
und nach Oben hin divergirend hervorschossen. Sie erhoben
sich bald mehr, bald weniger, so dass sie die glänzende Unterseite der niedergeschlagenen Dämpfe erreichten, oder schon
unterhalb derselben zurückfielen. Auch folgten diese Wechsel
in der Wurfhöhe so regelmässig, nach Intervallen von einigen

Secunden, dass der ganze Funkenkegel eine pulsirende Bewegung zu haben schien. Glänzend erleuchtete Dampfwolken brachen auch aus zwei tiefer gelegenen Oeffnungen aus dem Berge zugleich mit glühenden Steinmassen hervor, und diese Wolken blieben am Tage mit anderm Dampf, der sich längs des Lavastromes entwickelte, die einzigen Zeugen des vulcanischen Processes. Man gelangte jedoch durch genaue Beobachtung aller dieser Phänomene zu der Ueberzeugung, dass an keiner der drei genannten Stellen des Berges eine Flamme oder brennende Gasart hervorbrach, indem die strahlig aufsteigenden Körper sich überall auf einen dunkeln Grund projicirten und nur dann bisweilen in einer lichten Umgebung verschwanden, wenn sie in dem höchsten Theile ihres Laufes die untere reflectirende Grenzfläche der Wasserwolke überschritten.

Schon aus diesen Beobachtungen scheint hervorzugehen, dass von dem Vulcane durchaus gleichartige und von einer Quelle herrührende Producte ausgestossen wurden. Höchst wahrscheinlich wurde es aber auch, dass eben nur die Elasticität des Wasserdampfes, der sich über jeder der drei Oeffnungen in so ungeheurer Menge niederschlug, die ganze Masse der innern Lava bis nahe an 14,000 Par. Fuss über dem Meere in dem Krater erhoben hatte, und dass sie zugleich auch die glühenden Stücke derselben noch weit höher hervorschleuderte, welche der Dampf bei seinem Durchbruche durch die zähe Flüssigkeit von derselben abriss und auf's feinste zertheilte.

Hinsichtlich der Grösse der glühenden, bis zu 1000 Fuss Höhe ausgeworfenen Lavatheilchen verdient bemerkt zu werden, dass sie dem blossen Auge nicht mehr getrennt erschienen, und dass ihr Durchmesser wohl nur 2—3 Fuss gehabt haben dürfte.

Nur am Tage bemerkte man auch noch, dass das Wasser der Wolke noch einmal so hoch als der Abstand seines Condensationspunctes vom Berggipfel und also gegen 2000 Fuss über diesem oder zu einer Höhe von 16,790 Par. Fuss über dem Meere emporgerissen wurde, und eben so hoch auch eine ungeheure Menge von feinern und undurchsichtigen, festen Körpern, welche immer nach der unter dem Winde gelegenen

Seite des Berges, wie ein dunkeles Band und offenbar mit sehr
langsamer Senkung, fast geradlinig, durch jene hohen Schichten der Atmosphäre zogen. *Erman* bemerkte schon hier an
diesem stratumartigen Theile der vulcanischen Bewölkung, der
gleich bei seinem Austritt aus dem obern Theile des Cumulus
oder der Wasserwolke auf's schärfste von diesem abstach, einen von dem Sonnenstande abhängigen Farbenwechsel, welcher über seine Undurchsichtigkeit keinen Zweifel liess, denn
man sah ihn entweder durchaus schwarz oder gelblich, und
dann oft glänzend gefärbt, je nachdem die vom Beobachter abge-
wandte oder die ihm zugekehrte Seite desselben beleuchtet war.

Diese undurchsichtige Wolke entleerte sich über der Ostseite des Kegels in der Form eines sogenannten Aschenregens,
bekannt in dortiger Gegend unter dem russischen Namen „Saja"
(sprich Sascha), welcher so viel als Russ oder Flugkohle bedeutet und verbreitet sich vom Krater des Vulcans oft weit
über das Land, indem sie bisweilen einerseits an der Ukaer
Küste, 30 — 40 Meilen weit, niederfällt und dann von der andern Seite mit Südostwind über das Mittelgebirge zieht und den
Meeresstrand am Tigil, 35 Meilen vom Kliutschewsker Gipfel,
eben so reichlich bedeckt.

Die sehr dunkele und oft ganz schwarze Färbung dieser
sogen. Asche dürfte etwa deren landesüblichen Namen einigermassen rechtfertigen, obgleich sie sich, wie zu erwarten
war, bei näherer Betrachtung durchaus nicht von russiger
oder kohliger Beschaffenheit zeigt; vielmehr bestehen die feinsten sowohl als die grössern Stücke, mit nur sehr wenigen
Ausnahmen, aus einem bouteillengrünen, stark glänzenden und
durchscheinenden Glase, welches um unzählige Blasenräume
theils äusserst dünne, gewölbte Wandungen bildet, theils sie
in Fäden von entsprechender Feinheit durchsetzt. Diese Masse
zeigt sich durchaus homogen und ohne alle krystallinische
Structur, doch haben einzelne Stücke derselben, und oft auch
nur die Hälfte eines Stückes, ein mattes, graues Ansehen, und
man findet dann, bei 30maliger Vergrösserung, viele deutlich
getrennte weisse Staubkörnchen in ihrer Oberfläche einge-
schmolzen, die sie offenbar von Aussen her, bei ihrem Wege
aus dem Krater bis auf den Erdboden, aufgenommen haben.
Sie sind also noch während dieses Weges vollkommen flüssig

gewesen. In der Löthrohr-Flamme schmilzt dieses Glas ohne alle Aufwallung und wird fast undurchsichtig und pechschwarz, indem sich seine Poren schliessen und wahrscheinlich auch eine theilweise Reduction seines Eisengehaltes erfolgt; denn in ihrem ursprünglichen Zustande sind die Glasstückchen ganz unmagnetisch, werden es aber durch Schmelzung. Diese feinsten Auswürflinge des Vulcans sind wohl nichts Anderes, als die schwarze Grundmasse der Kliutschewsker Laven, nach vollständigster Trennung derselben von dem Labrador, den sie sonst überall einschliessen. Der letztere nämlich ist an diesem Feuerberge so äusserst strengflüssig, dass er sich selbst in dem stärksten Löthrohrfeuer nicht verändert, und es bleiben daher auch die feinsten Trümmer dieses Fossils, welche mit einem Bruchstücke der Grundmasse zusammenhängen, noch sehr scharfkantig und äusserst sichtbar, nachdem sie bei der Schmelzung desselben mit grünem Glase umgeben worden sind. Der Mangel an Labrador in den zu glasartigen Massen umgestalteten Kliutschewsker Laven, die in überwiegender Menge durch die Wasserdämpfe in die Atmosphäre oberhalb des Kraters emporgetrieben werden, ist allerdings ein schwer zu lösendes Problem; denn zugleich fallen auch mit ihnen einzelne kleine Bruchstücke unverglaster Auswürflinge und andere von noch fremdartigerem Aussehen nieder, die wohl von einer tiefern Stelle des vulcanischen Heerdes herstammen mögen.

Von ihren anderweitigen Wahrnehmungen über die vulcanischen Ereignisse erwähnten die Bewohner des Dorfes Kliutschi zunächst die steten Erzitterungen des Bodens, welche eingetreten, ehe der Berg sich gespalten habe. In den Häusern, in welchen man Glimmerfenster habe, würde ein so ununterbrochenes Klirren vernommen, dass man zuletzt (in Folge der Gewohnheit) es gar nicht mehr bemerke und erst durch Ankömmlinge von andern Orten wieder daran erinnert werde. Sie meinten sodann — und offenbar haben sie darin gewiss sehr Recht —, dass auch eine andere und zwar weit schädlichere Classe von Ereignissen in ihrer Gegend mit dem unterirdischen Brande in Verbindung stehe. Runde, kesselförmige Einsenkungen von einigen Faden im Durchmesser sieht man sehr häufig auf den Feldern, so wie auf der grünen, wiesenartigen Fläche, die sanft gegen den Kegelberg ansteigt. Sie entstehen bisweilen urplötzlich, sind dann ausserordentlich tief, verflächen sich aber im Laufe der Zeit allmählig. Auch seyen fast alljährlich Menschen durch dergleichen Ereignisse zu Schaden gekommen oder doch sehr erschreckt worden. So noch vor Kurzem ein Bauer, der zu Pferde „mehrere Sajenen tief" in ein solches Loch fiel, welches sich unter ihm öffnete, und den man nur mit vieler Mühe und sehr beschädigt wieder herauszog. Ein anderer war mit seiner Narte spurlos verschwunden, und zwar „nicht in den Schnee, sondern wiederum in die Erde, die sich unter ihm gespalten habe", hinabgefallen. Sie fügten noch hinzu, dass man aus dergleichen Löchern öfters Wasserstrahlen hervorbrechen sehe, die ihnen an Durchmesser gleich kämen und welche Felsblöcke mit sich in die Höhe schleuderten. Dass diese Wassermassen heiss seyen, glaubten sie nicht, denn Personen, welche während des Sommers in diese Löcher versunken seyen, hätten vielmehr über die Kälte geklagt, die sie im Innern solcher Vertiefungen empfunden. Wirklich hat *Erman* die Temperatur der Quellen, welche ganz nahe bei solchen Einstürzungen entspringen, nur wenig höher als die mittlere jährliche Lufttemperatur für diese Gegend gefunden, und wenn man an einem Sommertage plötzlich und ringsum mit festen Massen von dieser Temperatur umgeben wird, so kann, auch ohne anderweitige Abkühlungsmittel, das Gefühl des Frostes nicht ausbleiben.

Jene Einstürzungen sind höchst wahrscheinlich nicht sowohl einem directen Durchbruch elastischer Flüssigkeiten aus dem vulcanischen Heerde, oder einer Kraterbildung in kleinerm Maasstabe zuzuschreiben, sondern vielmehr einer Oscillation oder Aufwallung der innern Lava. Man kann sich in der That die nachgewiesenen Bewegungen einer geschmolzenen Masse, durch welche bisweilen vulcanische Dome entstehen, auf keine Weise vorstellen, ohne dass sie an andern Stellen von entsprechenden Einsenkungen oder Wellenthälern begleitet würden. Die Erzitterungen des Erdbodens, welche jeder dauernden Erhebung der Lava in dem Schlote des Hauptkegels vorhergehen, mögen meist von solchem Wellenschlage in der glühenden Flüssigkeit herrühren, und jedenfalls muss ein solcher in den schon erkalteten Gesteinen Brüche und

Berstungen hervorbringen, von denen er die untersten Theile
hohl legt und ihrer Unterstützung beraubt. So sind denn
auch die vorhin erwähnten Ausbrüche von Wasser, welche
hier mit dergleichen Einstürzungen in Verbindung vorkommen, eben so wie einzelne starke, an der Basis des Vulcans
hervorbrechende Quellen, eine Folge von ähnlichen Zerklüftungen, und es werden sonach hier die Entstehung von kraterförmigen Seen (Maaren) und ihre Speisung durch unterirdische Bäche, deren Folgen an den erloschenen Vulcanen des
Mittelgebirges der Halbinsel so häufig vorkommen, noch fortwährend durch jetzige Ereignisse veranschaulicht.

Diese äusserst häufigen Einstürzungen scheinen nicht in
bestimmter Periodicität zu erfolgen oder mit bestimmten Stadien der Thätigkeit des Vulcans.zusammenzutreffen, während
doch von den Aschenauswürfen aus dem Gipfel, welche theils
mit, theils ohne Lava erfolgen, behauptet wird, dass sie sich
mehrmals in jedem Jahre und dabei in ziemlich gleichen Intervallen wiederholen.

Die geschichtliche Nachweisung von Lavenausbrüchen aus
diesem höchsten und grossartigsten Feuerberge des alten Continentes reducirt sich auf die allgemeine Angabe der kamtschatischen Russen, dass sie sich in Zwischenräumen von 7
bis 10 Jahren zu wiederholen pflegen und meist nur die Dauer
von einer Woche erlangen. Es sind jedoch einzelne Ausbrüche
bekannt, welche eine Ausnahme von jener allgemeinen Regel
zu machen scheinen. Es wird nämlich die Zeit von den Jahren 1727 bis 1731 schon von *Kraschnenikow* deshalb als merkwürdig angeführt, weil in dieser Zeit die Kliutschewskaja-Sopka
nicht blos eine Woche, sondern drei Jahre lang ununterbrochen „gebrannt habe". Es wird von diesen lange dauernden
Ausflüssen ausdrücklich erwähnt, dass sie die Bewohner des
Dorfes Kliutschi nicht besonders erschreckt haben, und es ist
daher sehr wahrscheinlich, dass sie an der West- oder Südwest-Seite des Berges erfolgt sind.

Der nächste Lavaausbruch, welcher in seiner vollen Stärke
vom 6. bis zum 14. October 1737 (neuen Styles), in seinen
nächsten Folgen aber bis zum Frühjahr 1738 dauerte, wandte
sich dagegen nordwärts oder nordwestwärts, gegen die Kamtschatka hin. Die Leute, welche damals die Nächte über mit

dem Fischfang beschäftigt waren, hatten fortwährend ein so entsetzliches Schauspiel, dass sie ihren Tod mit Gewissheit erwarteten. Die glühenden Massen, welche sich durch Spalten im Innern des Berges deutlich zeigten, flossen nämlich auch als Feuerströme mit ungeheurem Getöse weit abwärts und waren dabei so mächtig, dass der ganze Berg wie eine glühende Masse aussah. Auch will man in seinem Innern ein Donnern gehört haben, so wie ein krachendes Geräusch, bei welchem die ganze Gegend erbebte, so wie ein drittes, welches man mit dem Gebrause von starken Gebläsen verglich. Dennoch kamen die Kliutschewsker mit dem blossen Schrecken davon, indem sogar die Asche aus dem Gipfel, als sie, wie gewöhnlich gegen das Ende der Eruption, in grösster und gefährlicher Menge hervorbrach, durch einen günstigen Wind nach der Seeseite zu getrieben wurde.

Die Thätigkeit des Berges machte sich aber schon am 4. November desselben Jahres wieder fühlbar, denn Erdbeben an seinem östlichen Fusse zerstörten an diesem Tage viele Häuser in Nischnei-Kamtschatsk und dauerten dann, zugleich mit den vulcanischen Ereignissen und Ueberschwemmungen, welche damals die Südspitze der Halbinsel betrafen, bis zum April im folgenden Jahre.

Von andern Eruptionen — die sich häufig wiederholt haben mögen, ohne dass sie zur Kenntniss der europäischen Gelehrten gelangten — ist nur noch eine bekannt, welche der zu Ijiginsk (Ischiginsk) als Schichtmeister angestellte deutsche Bergmann *Daniel Hause* im J. 1795 beobachtete, als er auf einer Reise an die Ufer der Kamtschatka gelangte. Er schildert sie unter denselben Umständen und von derselben Energie, wie die eben erwähnten ältern und wie diejenigen, welche *Erman* im J. 1829 zu beobachten das Glück hatte.

Dobell dagegen (s. dessen *Suin Otetschestwa*, Tsch. 27. Str. 94; auch bei *Erman* a. a. O. III, 356), welcher auf einer Reise von den Philippinen über Kamtschatka nach St. Petersburg im September 1812 den Vulcan vom Dörfchen Kliutschi aus gesehen hat, erwähnt ausdrücklich nur des niedergeschlagenen Dampfes und der Asche, welche von seinem Gipfel in der gewöhnlichen Form einer langen Streifenwolke ausging.

Von dieser Zeit an bis gegen Ende des J. 1829 scheint

der Vulcan geruht zu haben, denn als Baron *von Kettlitz* mit
der *Lütke'*schen Expedition im August 1828 nach Petropauls-
hafen gekommen war und von dort aus das Kamtschatka-Thal
besuchte, sah er über dem Gipfel des Kliutschewsker Kegels
weder die Aschenstreifen, noch die Wasserwolken, welche mit
ihnen zusammen aus dem vulcanischen Heerde aufzusteigen
pflegen.

Als dagegen *Erman* im September des folgenden Jahres
in diese Gegend gelangte, war der Feuerberg in voller Thätigkeit. Bei Tagesbeleuchtung bemerkte er zunächst in der
Wasserwolke, die sich auch damals hoch über dem Gipfel aus
den Ausströmungen des Kraters niedergeschlagen hatte, eine
wirbelnde Bewegung, die namentlich in senkrechten Ebenen
sehr lebhaft erschien. Auch in Gefässen, in denen Dampf von
geringer Spannung niedergeschlagen wird, sieht man nun wohl,
von nahe gelegenen Standpuncten aus, die entstehenden Bläs-
chen und Wassertropfen durch die von allen Seiten eindrin-
gende Luft in ähnliche Wirbel versetzt; hier aber, aus einer
Entfernung von fast ¾ Meilen, fielen sie schon dem unbewaff-
neten Auge ausserordentlich auf, und wenn dann ihr Anblick,
in einem mässig vergrössernden Fernrohre, an den eines sich
äusserst schnell herumdrehenden Mühlrades erinnerte, so erhielt man dadurch ein Bild von der ungeheuren Spannung der
Dämpfe, deren Condensation eine solche Bewegung veranlasste. Die grössern glühenden Steine fuhren dennoch ungestört und fast geradlinig durch diese Wirbel, und eben so
schien auch die schwarze Aschenwolke über dem Ostabhange
des Berges nur dem herrschenden Winde zu gehorchen. —
Von gleichem Ursprunge aus dem Innern des Berges waren
dann noch die mehr strahligen, aber eben so gewaltsamen
Ströme von Dämpfen und Steinen, die aus einzelnen Oeffnungen an der Quelle der Lava und zwischen derselben und dem
Krater hervorbrachen, während viele andere Wolken an dem
gestauten Theile des Stromes, der während der Nacht durch
das lebhafteste Glühen sich auszeichnete, offenbar von über
dem Boden gelegenen Körpern ausgingen. Man konnte indess
zweifeln, ob diese Wolken wieder nur aus der Lava selbst
oder von dem Schnee und dem Eise, die sie theils neben sich
hatten, theils sogar berührten, entstanden seyen. Indess ergab

sich bald, dass, wenn auch kleinere, den Fumaroli der italie-
nischen Laven ähnliche Strahlen an der glühenden Oberfläche
des Stromes entstanden und daher gänzlich aus dem beim erstern frei werdenden Wasser bestanden, jene grosse, untere
Wolke jedoch grösstentheils auf die zweite Art sich bildete.
Man sah nämlich, wie sich diese von Zeit zu Zeit stark ver-
längerte, dann aber plötzlich sich wieder zusammenzog, indem
sich zugleich mehrere, gerade unter ihr und gerade untereinander gelegene, kleinere und vereinzelte Wolken einfanden
und eine Zeitlang erhielten. Dergleichen Wechsel wiederholten sich oft, aber erst am Abend, als das eigene Licht der
Lava ihre jedesmaligen Umrisse auf's schärfste bezeichnete,
sah man, dass es die gestaute Hälfte des Lavastromes war,
welche sich periodisch ausdehnte, bis dass sich glühende Stücke
von ihr losrissen, in mehrmaligen Sprüngen an dem steilen
Abhange herunterfielen und dabei an den mit Schnee bedeckten Aufschlagstellen jenen kleinern Wolken die Entstehung
gaben.

Ohne Zweifel entstand auch das donnernde Geräusch,
welches man weit umher vernahm, und zwar dann besonders
deutlich, wenn man das Ohr auf den Erdboden legte, durch
ähnliche Stösse der fliessenden Lava auf ihre Unterlage. Es
wiederholte sich aber öfter, als Losreissungen von dem aufgestauten Strome erfolgten, und musste daher von andern, höher gelegenen Stellen der Lava, am wahrscheinlichsten aber
von allen Puncten derselben ausgehen, über welche man sie
mit wellenförmiger Oberfläche stürzen' sah. Von der Lavamasse, die hier durch einen einzigen Ausbruch aus dem Innern des Berges bis an seinen Fuss gelangte, erhielt man immer mehr eine grossartige Vorstellung; denn sie quoll sowohl
an der Eruptionsstelle, als nach unten zu ohne Unterbrechung
hervor, und wenn auch ihre Berührung mit dem Boden meist
durch seitlich aufsteigende Dämpfe verdeckt war, so sah man
dennoch ganz deutlich, dass sie an den dünnsten Stellen mehr
als mannshoch über denselben emporragte. *Erman* fand namentlich den Anblick eines Wasserstromes, der neben dem
ihm zugekehrten Seitenrande der Lava hinabfloss und welcher
bei der Ankunft an diesem Standpuncte das Sonnenlicht glänzend reflectirte, gerade durch diesen Umstand auf's merkwür-

digste von dem des fliessenden Gesteines verschieden; denn
da beide flüssige Schichten eine kaum merklich verschiedene
Stellung gegen das Auge besassen, so war es offenbar nur
eine Folge der Mächtigkeit der Lava, dass man sie zu den
auffallendsten Sturzwellen sich erheben sah, während das Wasser
auf derselben Bahn fast spiegelglatt hinabzurollen schien. Dazu kommt nun noch, dass die Dauer des Lava-Ausflusses schon
zum mindesten fünf Tage betrug, und zwar mehr als 500 Par.
Fuss für den horizontalen Durchmesser ihres Querschnittes
an den frei beweglichen Stellen.

Man kann demnach den diesmaligen Lava-Abfluss seinem
Volumen nach in der That mit dem fünftägigen Ertrage eines
Wasserfalles oder einer lebhaften Stromschnelle von 500 Fuss
Breite und von 5 Fuss Tiefe vergleichen.

Die Höhe der Kliutschwskaja-Sopka beträgt nach *Erman*
15,040 Par. Fuss über dem Meere. Dieser Vulcan ist demnach,
wie bereits bemerkt, unter den in der alten Welt vorkommenden Feuerbergen nach unsern jetzigen Kenntnissen der höchste.
In seiner obern Hälfte ist er bis auf sehr geringe Abweichun-
gen einem geraden Kegel gleich, dessen Scheitelwinkel $103{,}0^{0}$
beträgt und dessen Seiten daher um $38{,}5^{0}$ gegen die Horizon-
talebene geneigt sind.

Um über seinen Felsbau nähere Kunde zu erlangen, schlug
Erman bei der versuchten Ersteigung des Berges an vielen
Stellen das anstehende Gestein an, in der Hoffnung auf einen
endlichen Aufschluss über ein Skelet des Berges oder über
Theile desselben, die etwa gleich ursprünglich seine jetzige
Kegelform umgrenzt und dann selbst seinen ältesten Laven
schon als eine vorgezeichnete Steigröhre gedient hätten. Es
fand sich aber überall nur eine dunkelschwarze, sehr spröde
und etwas splitterige Hauptmasse, welche meist nur 4—6‴
lange Labrador-Krystalle enthielt und mit zahlreichen Blasenräumen von 2—3‴ im Durchmesser durchsetzt war. Diese
Felsart hatte hinsichtlich der Grösse und Vertheilung ihrer
Poren viel Aehnlichkeit mit den allbekannten Niedermendiger
Mühlsteinen, während seine wesentlichern oryktognostischen
Charaktere sie mit der Masse der doleritischen Ströme gleich-
stellen, die erst vor wenigen Jahren aus dem Innern des Berges sich bis an seinen Fuss ergossen haben.

Hiernach kann man wohl als sicher annehmen, dass an seinen Wänden nur diejenige Gebirgsart ansteht, welche noch jetzt fortwährend in seinem Innern geschmolzen und durch Wasserdämpfe emporgetrieben wird. Dass sie aber ihre gegenwärtige Lage an den Abhängen des Kegels überall auf dieselbe Weise wie die jetzigen Lavaströme, d. h. durch Ausfluss von noch höher gelegenen Puncten, erhalten haben, schien *Erman* sehr unwahrscheinlich; denn die nackten, von Schnee entblössten Felsmassen zeigten eine so ebene Oberfläche, wie man sie an keinem der tiefer liegenden Lavagebilde wahrnahm. Sie unterschieden sich ausserdem auch noch von letztern durch den gänzlichen Mangel grösserer Blasenräume mit zackigen und gewundenen Wänden, in welchen sich alle Umstände der Bewegung einer zähen Flüssigkeit so deutlich aussprechen.

Vielleicht könnten die jetzigen kleinblasigen und glatten Wände des Vulcans als Ströme betrachtet werden, welche einst aus der Mitte der niedrigern domartigen Kuppe geflossen und alsdann, nach ihrer Erstarrung durch unterliegendes Gestein, zu ihrer jetzigen Höhe emporgetrieben wären; allein die grossen Blasenräume und die sehr rauhe Oberfläche der Lava, die einst bis in die Kamtschatka geflossen, sowie dieselbe Erscheinung an vielen andern alten Strömen an der Ostseite der niedrigern Basis dieses Vulcans scheinen doch nicht für diese Ansicht zu sprechen, und es bleibt zuletzt, wie *Erman* meint, nichts Anderes übrig, als geradezu die Erstarrung der Oberfläche einer kegelförmigen Auftreibung des geschmolzenen Innern anzunehmen. Diese Auftreibung mag, wenn auch continuirlich, doch nicht ganz momentan, sondern allmählig erfolgt seyn, so dass die Abhänge des Berges ihre jetzige Steilheit erlangten, während die flüssige Steinmasse von unten nach oben sich mit immer engern, erstarrenden Ringen bedeckte. Sie wurde aber, wie die Porosität und die amorphe Grundmasse ihrer erhärtenden Decke beweist, durch dieselben elastischen Flüssigkeiten bedingt, welche die jetzt fliessenden Laven heben und bis zur Erdoberfläche emportreiben.

17. S c h i w é l u t s c h. Der nördlichste unter den Kamtschatischen Vulcanen, ein prachtvoller und höchst imposanter Berg, vier Meilen von dem Dörfchen Jalowka entfernt und

ringsum von niedrigen Ebenen umgeben, bis zu der Höhe von 9898 Par. Fuss über die Meeresfläche sich erhebend. Nach Aussage der Eingeborenen soll sich seine vulcanische Thätigkeit nur bisweilen durch Rauchen an gewissen Stellen seiner Kämme geäussert haben. Dies bestätigt auch die Angabe von *Kraschnenikow*, der den Schiwélutsch zwar nur aus der Ferne gesehen, jedoch ebenfalls das sogenannte Rauchen, welches sich nur periodisch wiederhole, für die einzige noch dauernde Aeusserung seines vulcanischen Heerdes erklärt hatte. Nach *Erman* (a. a. O. III. S. 262) bemerkt man Spuren von Thätigkeit am Schiwélutsch, wahrscheinlich jedoch nur während der Ruhe des benachbarten Kliutschewsker Vulcans, indem z. B. der erstere von den Jahren 1735 bis 1740 sich ganz ruhig verhielt, während aus dem letztern um diese Zeit starke Eruptionen erfolgten. Eben so verhielten sich beide Berge im J. 1829. Zwischen den Jahren 1790 und 1810 soll aber der Schiwélutsch sehr thätig gewesen seyn. Aehnliche Erscheinungen werden wir späterhin auch noch an andern Vulcanen, namentlich americanischen näher kennen lernen.

Von Jelowka aus erscheint der Schiwélutsch als eine zweigipfelige Masse, von welcher die linke (nordöstliche) Spitze am höchsten (um 5° 7′ über dem Horizont) hervorragt und nach links mit glattem und gleichmässig geneigtem Abhang schnell zur Ebene sich herabsenkt. Zur rechten derselben folgt aber eine sanfter gebogene Senkung — (bis zu etwa 4° 48′ über dem Horizont und von 1° 16′ Breite) — und dann der flachere südwestliche Gipfel (von 4° 58′ Höhenwinkel), von welchem aus die übrige Bergmasse zuerst kaum weniger steil als die linke Kuppe, darauf aber weit langsamer sich herabsenkt. Im August 1829 bedeckte glänzender, fernhin leuchtender Schnee nicht blos die beiden Kuppen und die zwischen ihnen befindliche Vertiefung, sondern er schien auch fast ununterbrochen auf einem tief unter sie herabreichenden Gürtel des nach Jelowka gekehrten nordwestlichem Abhange des Berges zu liegen. Späterhin, und zwar von einem andern Standpuncte aus, bemerkte man innerhalb der eben erwähnten Senkung oder Vertiefung eine kleinere Kuppe, welche kein besonderes Interesse erregt haben würde, wenn *Erman's* Begleiter nicht versichert hätten, dass sie bei einer Thätigkeit

25*

des Berges, den Rauch stets über dieser Kuppe hätten aufsteigen sehen, durch welchen sich der Schiwélutsch als ein
Feuerberg bewähre.

Als man sich diesem letztern immer mehr näherte und
seine Vorberge überschritten hatte, gewährten letztere die Ansicht einer lockern Erde, mit der oft die flach liegenden Theile
der Wurzeln eines Baumes bedeckt sind, während die vorliegenden Felsen sehr auffallend dem Austritt dieser Wurzeln
entsprachen; denn in der That sieht man sie nun eben so, wie
diese convergirenden Streifen gegen die mittlere Hauptmasse
des Berges verlaufen. Diese letztere wird gebildet durch ein
System von tafelförmigen Kämmen, deren Grundrisse gegen
die Nordostseite des Berges convergiren, und deren obere,
schmalere Querschnitte von derselben Gegend steil abwärts
geneigt sind. Ihre Seitenwände fallen senkrecht und sind
theils ganz frei sichtbar, theils an ihrem Fusse durch später
angelagerte Trümmer ihres eigenen Gesteins verdeckt. Die
zwei Gipfel des Berges erschienen nur wie Anschwellungen
des einen dieser tafelförmigen Kämme, und zwar des längsten
von ihnen, indem sie beide auf dessen oberem Querschnitte
ruhen. — Die Vertiefung zwischen beiden mag nahe an
6000 Fuss breit seyn und liegt offenbar nicht unter 7500 Par.
Fuss über dem Meere, d. h. 750 Fuss unter dem südwestlichen und 2400 Fuss unter dem höchsten Gipfel des Berges.
Unter mehreren Kämmen, die man hierselbst bemerkt, verdient ein an der Südostseite gelegener besonders erwähnt zu
werden, weil er die übrigen an Höhe überragt und sich auch
von ihnen durch seine mehr rundlichen Formen unterscheidet.
Wahrscheinlich bildet er die Stelle, über welcher sich der
vulcanische Rauch zum letztenmale gezeigt hatte. Der dem
Beobachter zugekehrte Durchschnitt jenes Kammes zeigte die
Gestalt eines ziemlich sanft geneigten und stark abgestumpften
dreiseitigen Prisma's, an dessen südwestlichem Abhange ein
anderer und zwar spitzerer, konischer Hügel mit etwas gebogener Axe hervorragte. Nur diesen konnte man etwa seiner
Form nach, trotz des glänzenden Schnees, womit jene mittlere Kuppe jetzt gleichmässig bedeckt war, für das Product
einer dauernden vulcanischen Thätigkeit und für eine jener
Anhäufungen von losen Auswürflingen halten, die man bei

jedem jetzigen Lavenausbruche entstehen sieht, und welche
auch an den Seiten der geflossenen Gesteine des Kamtschatischen Mittelgebirges zu den gewöhnlichen Erscheinungen gehören. Hier wäre aber das Hervorbrechen loser vulcanischer
Gesteine jedenfalls ohne irgend einen Lavastrom erfolgt. Dergleichen Gebilde, welche, nach den umgebenden Felsen an
dieser Stelle zu urtheilen, kaum anders als von bimssteinarti-
ger Beschaffenheit seyn dürften, scheinen hier bisweilen, wie
die Wasserdämpfe und wohl zugleich mit diesen, nur aus einigen nahe am Gipfel des Schiwélutsch ausgehenden Spalten
ohne alle Lavenbildung und in so geringer Menge hervorgebrochen zu seyn, dass es nirgends gelang, weder in den
Schluchten, noch auf den Kämmen, auch nur ein einziges Stück
von ihnen zu finden. Sicherlich ist das Ausstossen derselben
nur eine höchst untergeordnete Erscheinung gewesen und hat
nur in entfernterem Zusammenhang mit den Kräften gestanden, durch welche einst der ganze Berg emporgetrieben wurde
und deren Wirkungsart sich nun auch von dieser Stelle in der
Form und in dem Zusammenhange seiner durchaus homogenen Theile auf's deutlichste aussprach.

Alles Gestein, welches am Schiwélutsch einer nähern Untersuchung unterworfen wurde, erschien von andesitischer Natur und bestand zum grössern Theile aus Krystallen von fast
glasartig glänzendem Albit und von dunkelschwarzer, ebenfalls
stark glänzender Hornblende. Man sieht diese Krystalle bald,
wie in Porphyren, in einer grauen oder röthlichen Hauptmasse
liegen, bald wieder, von dieser ganz frei, ein granitisch-körni-
ges Gemenge bilden. Sehr bezeichnend war es, dass auch
einzelne Augitkörner sich darin fanden, zusammen mit der
Hornblende, welche jedoch prädominirte, und gerade in diesen
Abänderungen des Gesteines erschien die graue Hauptmasse
von etwas poröser Beschaffenheit, während sie in den übrigen
nur etwa von rauhem Bruche, aber dicht und ganz ohne Blasenräume sich zeigte. Das Merkwürdigste an diesem Feuerberge ist jedoch der gänzliche Mangel an Laven oder analogen geflossenen Gesteinsmassen. Eben so entschieden fehlt
jede Art von vulcanischen Schlacken und Aschen, d. h. von
der Lavenspreu oder losen Auswürflingen, die man doch kaum
einige Tagereisen von hier, auf dem Kamtschatischen Mittel-

gebirge, in so erstaunlicher Menge vorfindet. Es ist sogar sehr charakteristisch für die Thalsohlen und für die Schutthaufen an den Kämmen des Schiwélutsch, dass sie durchaus keine feinere, abgerundete oder gar in eine erdige Masse umgewandelte Bruchstücke enthalten; denn das Gestein spaltet sich, wohl in Folge des Gefüges der Krystalle, die in seiner spröden und glasharten Hauptmasse überwiegen, nur in scharfkantige Trümmer, die selbst durch das Rollen in den Flussbetten niemals geglättet werden.

Auch die Seen, welche den Schiwélutsch wie ein mit seiner Basis nahe paralleler und in 400—600 Par. Fuss über dem Meere gelegener Ring umgeben, sind mit der Entstehung dieses Berges wahrscheinlich in nahem Zusammenhange. Sie scheinen die entferntesten Puncte zu bezeichnen, an denen einst seine hervorquellende Masse noch auf die Neigung der Erdoberfläche gewirkt und gehobene Stücke derselben durch Brüche und Spalten von andern, fast horizontal gebliebenen getrennt hat. Auch ist diese genetische Beziehung so auffallend, dass die Kamtschadalen sie in den Sagen über die Schicksale ihres Landes erwähnen oder durch bildliche Wendungen nur unerheblich verstecken. Sie versichern zuerst, dass der Schiwélutsch einstmals 34 Meilen südwestlich von hier gestanden habe, wo eine ihm gleiche Vertiefung jetzt mit dem Wasser des Kronozker Sees gefüllt ist. Als er aber von unten her — (durch bohrende Murmelthiere!) beunruhigt worden, sey er ausgewandert und habe dabei von einem nahe gelegenen Berge den Gipfel abgebrochen und mit den zwei Seen bei Chartschinsk die Stellen bezeichnet, an denen er auftrat, ehe er sich wieder an seinem jetzigen Orte bleibend niederliess.

Die Aleutischen Inseln.

§. 38.

Wir nehmen hier diese Inseln im weitern Sinne und begreifen darunter nicht allein die eigentlichen Aleuten, sondern auch die in östlicher Richtung davon liegenden Andreanow'schen und die Fuchs-Inseln. Alle zusammen sind wegen ihrer so entfernten Lage im hohen Norden nur sehr unvollständig bekannt. Das Wenige, was wir von ihnen wissen, verdanken wir grösstentheils den Mittheilungen von *O. von Kotzebue,*

A. von Chamisso, so wie dem Admiral *von Lütke* und Capt. *Beechey,* welche diese Inseln in neüerer Zeit wiederholt besucht haben.

Auf diesen Inseln findet sich, wie es scheint, eine noch grössere Anzahl von Vulcanen, wie auf Kamtschatka; die meisten derselben sind jedoch nur den Namen nach bekannt. Sie bilden das Verbindungsglied zwischen Asien und America, und es ist sehr wahrscheinlich, dass die Kamtschatischen Feuerberge tief unter dem Meeresgrunde mit den Aleutischen in Verbindung stehen mögen. Auf letztern erheben sich zahlreiche thätige Vulcane längs einer mächtigen Gebirgskette, welche sich bogenförmig von SW. nach NO. zwischen den beiden Continenten hinzieht. In Pyramidengestalt aufgethürmt, ragen viele derselben bis über die Wolken empor und wild zerrissene und ausgezackte Felsnadeln bilden den Rücken, welcher die Feuerberge miteinander in Verbindung setzt. Das Gebirge scheint jedoch von der americanischen Küste aus, über die Halbinsel Aljaska und die Inseln hin, nach dem asiatischen Continente zu, an Höhe allmählig abzunehmen; auch werden die Inseln in dieser Richtung nicht allein seltner und liegen nicht mehr so dicht aneinander gedrängt, sondern sie erlangen auch nicht mehr die frühern Grössen. Die letzte derselben, die Berings-Insel, neigt sich in sanften Flächen der Kamtschatischen Küste zu. Obgleich man vulcanische Gebirgsarten bis jetzt auf ihr nicht aufgefunden zu haben scheint, so wird sie doch häufig, gleich der ihr nahe gelegenen Kupferinsel, von verheerenden Erdbeben heimgesucht und scheint so die vorhin ausgesprochene Ansicht über einen muthmasslichen Zusammenhang zwischen den vulcanischen Erscheinungen auf Kamtschatka und den Aleuten zu unterstützen.

Schreitet man von der asiatischen Küste aus von NW. nach SO. vor, so gelangt man zu folgenden Vulcanen, die erst im 177^0 östl. L. von Paris auftreten.

1. West-Sitkhin.

Heisst auch Klein-Sitchin. Ihre Lage ist in $51^0 59'$ n. Br. und $177^0 26'$ östl. L. von Paris. Der Vulcan liegt jedoch nicht auf der Insel selbst, sondern er ragt tief unten an ihrer östlichen Küste aus dem Meere empor. In seiner Nähe, jedoch noch etwas mehr nach Osten hin findet sich

2. Ostrowa Semi - Soposchna,

d. h. Insel mit sieben Bergen, die wohl nur einzelne mitein-
ander verbundene Ausbruchs-Kegel seyn mögen. Die hervorragendste derselben soll eine spitze Gestalt
haben, nicht hoch seyn und beständig rauchen. Das Eiland
liegt unter 51° 59' n. Br. und 177° 26' östl. L. von Paris.

3. Ostrowa Goreli.

Der Name bedeutet eine verbrannte Insel. Sie liegt östlich von Tanjaga. Der Vulcan ist ein hoher, pyramidenarti-
ger, steil aus dem Meere emporragender, mit ewigem Schnee
bedeckter und stets rauchender Berg. Lage: unter 51° 47' n.
Br. und 179° 4' östl. L. von Paris.

4. Tanjaga.

Heisst auch Tanaga und liegt dem vorigen fast gerade
gegenüber. Er soll einer der schönsten und höchsten Vulcane
dieser Reihe seyn. In imposanter kegelförmiger Gestalt steigt
er als eine gewaltige Bergmasse empor, welche nach *L. v. Buch*
zehn geographische Meilen begreift und daher an Umfang dem
Aetna nicht viel nachgeben wird. Nach *Jeghesström* ist jedoch
die ganze Insel nur 6 Meilen lang und 3 Meilen breit. Sie
liegt unter 51° 55' n. Br. und 179° 30' östl. L. von Paris.
Der Gipfel des Vulcans geht in mehrere Spitzen aus, von
denen die höchste ununterbrochen Rauch ausstösst. Die Schneegrenze geht bis in die Mitte des Berges herab; häufig sieht
man die Schneefelder von dunkler Lavaspreu bedeckt.

5. Kanjaga.

Eine von Westen nach Osten hin sich erstreckende Insel,
während die eben genannte in entgegengesetzter Richtung sich
ausdehnt. Die Aleuten sammelten in frühern Zeiten viel Schwefel im Krater dieses Vulcans. Das Eiland kommt auch unter
dem Namen Kanaga vor. Der stets rauchende und bis zur
Hälfte seines Abhanges mit ewigem Schnee bedeckte Vulcan
liegt im nördlichen Theile der Insel unter 52° 1' n. Br. Er
soll einer der höchsten Berge auf den Aleuten seyn.

6. Ost - Sitkhin.

Diese kleine Insel, deren zerklüftete Ufer an vielen Stellen mit vorragenden Klippen umgeben sind, liegt unter 52°
4' n. Br. und 178° 22' w. L. von Paris. Der in der Mitte

des Eilandes liegende und bis in die Schneeregion hinaufrei-
chende Vulcan besitzt nach *Jeghestr öm* eine Höhe von 787 Toisen.

7. Koniuschi.

Unter 52° 15' n. Br. und 177° 17' w. L. von Paris.
Wird eigentlich nur von einer ungeheuren, etwa eine geographische Meile langen, gegen N. senkrecht abfallenden Felsen-
nadel gebildet, aus deren zerklüftetem Gestein an vielen Stellen dicker Rauch hervorbricht. Auch sollen die Umrisse dieser
Felsen durch den vulcanischen Process im Innern häufige Ge-
stalt-Veränderungen erleiden. Es geht auch die Sage, dass
diese Felsen-Insel sich allmählig über die Meeresfläche empor-
hebe.

Zwischen dieser Insel und der vorhergehenden liegt noch
ein anderes, kleines, ebenfalls steil emporragendes Eiland, welches „Kassatotsohy" heisst, auf seiner Spitze einen mit Wasser
angefüllten Krater enthält und demnach nicht unter den activen Vulcanen angeführt werden kann.

8. Die Insel Atkha.

Heisst auch Atcha und Atku. Eine von Norden nach
Süden hin lang ausgedehnte Insel von nicht unbeträchtlichem
Umfange und eine der grössern unter den Aleuten, auf wel-
cher drei gewaltige Vulcane sich erheben.

a. Der Kliutschewsker Vulcan. Er liegt unter
52° 20' n. Br. und 176° 20' w. L. von Paris. Hat seinen
Namen von den vielen heissen, an seinem Fusse entspringenden Quellen erhalten. Eine besonders interessante Erscheinung sind daselbst mehrere kleinere Kratere, welche in regelmässigen Intervallen von einer Minute einen zähen, siedenden,
stark aufwallenden und nach Schwefel riechenden Schlamm
auswerfen, wobei sich zugleich ein dumpfes unterirdisches Getöse vernehmen lässt.

b. Der Korowinsker Vulcan. Unter 52° 23' n. Br.
und 176° 21' w. L. von Paris. Dieser und der vorige liegen
auf der Halbinsel, welche vom nördlichen Theile der Insel
Atkha gebildet wird. Er besitzt nach *Jeghestr öm* eine Höhe
von 758 Toisen und raucht beständig.

c. Ein dritter, namenloser Vulcan auf der nordöstlichen Spitze des Eilandes. Ausserdem kommen auf letzterm

noch einige andere Vulcane vor, meist mit ewigem Schnee bedeckt, die man aber bis jetzt noch nicht näher kennt. Auch die an Atkha grenzende Insel Amlia dürfte, zufolge der kegelförmigen Gestalt ihrer meisten Berge, vulcanischer Natur seyn, doch hat man entzündete Vulcane bis jetzt auf ihr noch nicht wahrgenommen.

9. Die Insel Siguam.

Auch Goreli, d. h. „die verbrannte", genannt, wahrscheinlich unter 52° 22′ n. Br. und 174° 24′ w. L. von Paris. Auf ihrer östlichen Spitze trägt sie einen kleinen Vulcan, der bisweilen Rauch ausstösst.

10. Die Insel Amuktha oder Amukthu.

Fast von derselben Grösse wie die vorige, unter 52° 26′ n. Br. und 173° 24′ w. L. von Paris. Nach *Schlözer's* Nachrichten von neu entdeckten Inseln zwischen Asien und America (Hamburg 1776. S. 167) soll der daselbst vorkommende Vulcan sich jetzt im Zustande der Ruhe befinden.

11. Die Insel Junaska.

Von fast regelmässiger, dreieckiger Grundfläche und grösserm Umfange als die beiden vorigen. Sie liegt unter 52° 40′ n. Br. und 172° 28′ w. L. von Paris. In ihrem östlichen Theile erhebt sich ein mächtiger und heftig wirkender Feuerberg, der entweder im J. 1823 oder 1824 seinen ersten bekannten Ausbruch hatte und die Insel fast ganz neu gestaltete. Auch im J. 1830 entstieg seinem Krater Feuer und Asche. Dicke Rauchsäulen soll er ununterbrochen ausstossen.

In der Strasse zwischen dieser Insel und Umnak begegnen wir nun wieder einer Inselgruppe, welche unter dem Namen der „vier Berge" bekannt ist — obwohl sie aus sechs Eilanden besteht, von denen aber zwei keine Vulcane enthalten —, während die damit versehenen die folgenden sind.

12. Tschegulak.

Von runder Gestalt und mit einem Krater geziert.

13. Ulliaghin.

Von derselben Form wie die vorige, ebenfalls mit Spuren vulcanischer Thätigkeit.

14. Tanakh - Angunakh.

Sie ist die grösste und höchste der zu dieser Gruppe gehörigen und enthält einen thätigen Vulcan, der in frühern Zeiten von der Insel getrennt gewesen seyn, späterhin aber
durch seine ausgeworfenen Massen und zuletzt durch seinen
Einsturz die zwischenliegende seichte Meerenge ausgefüllt
haben soll.

15. Kigamihakh oder Kigamiliakh.

Raucht jetzt nur noch, während der Vulcan in früherer Zeit
auch Eruptionen hatte. Dann und wann vernimmt man auch
noch unterirdisches Getöse. Sowohl auf dieser, wie auf der
vorigen Insel finden sich heisse Quellen.

Nun folgt

16. die Insel Umnak.

Nächst Unalaschka die grösste der Aleuten und wegen
der submarinen Eruptionen, die im vorigen Jahrhundert in
ihrer Nähe sich ereigneten, zugleich eine der merkwürdigsten. Sie enthält zwei noch jetzt thätige Feuerberge:
a. Wsewidowker Vulcan. Unter 53° 15′ n. Br.
und 170° 25′ w. L. von Paris. Er ist der höchste Berg der
Insel und ragt hoch aus ihrer Mitte empor.

b. Tulisker Vulcan. Nordöstlich vom vorigen gelegen
und 10 geogr. Meilen davon entfernt.

Die Kenntniss der eben erwähnten untermeerischen Ausbrüche verdanken wir grösstentheils den Erzählungen russischer
Jäger und Seefahrer.

Als in den ersten Tagen des Maies im J. 1796 ein auf
Umnak lebender Jäger Namens *Kriukof* auf einer Baydare
nach Unalaschka übersetzen wollte, um daselbst auf die See-
löwen-Jagd zu gehen, wurde er unterwegs von einem heftigen
Sturm — vielleicht eine Folge der beginnenden Eruption —
überfallen und erblickte bald darauf, nachdem er sich kaum
einige Meilen von seiner Insel entfernt hatte, in nördlicher
Richtung eine dicke Rauchsäule, welche dem stark bewegten
Meere entstieg. Gegen Abend bemerkte er unterhalb des
Rauches eine anfangs undeutliche Masse, welche sich nur wenig
über die Oberfläche des Meeres erhob. Während der Nacht
stieg an dieser Stelle Feuer in die Höhe, und zwar so reichlich und mit einer solchen Intensität, dass man Gegenstände

in einer Entfernung von zehn Meilen auf's deutlichste erkennen konnte. Ein Erdbeben erschütterte die Insel Umnak zu gleicher Zeit und ein furchtbares Getöse hallte von den in Süden gelegenen Bergen zurück. Allmählig hatte sich ein kleiner Vulcan an der am meisten bewegten Stelle im Meere gebildet und warf nach allen Seiten hin glühende Steine in unermesslicher Menge aus. Dies dauerte die ganze Nacht hindurch, aber mit dem Aufgang der Sonne.hörte die Boden-Erschütterung auf; auch minderte sich merklich das der Meerestiefe entsteigende Feuer. Kurz darauf bemerkten *Kriukof* und seine Begleiter deutlich eine néu emporgestiegene Insel, welche die Gestalt einer spitzen Mütze besass. — Als er nach Verlauf eines Monats diese Gegend wieder besuchte, während welcher Zeit die Insel stets Feuer ausgespieen hatte, war sie zugleich höher geworden. Von dieser Zeit an warf sie weniger Feuer aus, aber es entstiegen ihr dafür um so mächtigere Rauchsäulen. Dabei änderte sich oft ihre Gestalt, aber an Umfang und Höhe nahm sie stets zu. Nach vier Jahren sah man keinen Rauch mehr auf ihr, und nach Verlauf von acht Jahren konnte man sie besuchen. Das Meer in ihrer Nähe besass jedoch noch eine hohe Temperatur, und das Festland der Insel war an einigen Stellen noch so heiss, dass man, ohne sich zu verbrennen, nicht auf ihr landen konnte. Nach *O. von Kotzebue* (Entdeckungsreise in die Südsee etc. II, 106) hatte die neu entstandene Insel zu Anfang unseres Jahrhunderts 2½ Meilen im Umfang und 350 Fuss Höhe. Drei Meilen rund umher war das Meer mit lockerm Gestein, wahrscheinlich Bimsstein, wie besäet und der dem Krater entsteigende Dampf roch stark nach Bergöl. Die Insel liegt 45 Werst von der nördlichsten Spitze Unalaschka's entfernt. Als man sie von hier aus im April des J. 1806 besuchte, brauchte man sechs Stunden Zeit, um sie zu umschiffen, und etwa fünf Stunden, um den Vulcan in gerader Richtung vom Ufer aus zu ersteigen. An seiner Nordseite war er entzündet und Lava floss von seinem Gipfel bis in das Meer. Im Süden war der Boden jedoch kalt; am Abhange des Kegels bemerkte man viele Spalten und Klüfte, aus denen sich ansehnliche Dampfsäulen erhoben, die wohl schwefelhaltig seyn mochten, indem Schwefelrinden an den kältern Stellen in reichlichem Maasse sich absetzten.

Nach einem vom Admiral *v. Krusenstern* bekannt gemachten Berichte hatte die Insel im J. 1819 einen Umfang von fast
vier geogr. Meilen und eine Höhe von 350 Toisen. Dreizehn
Jahre später betrug ihr Umfang jedoch nur noch zwei Meilen
und ihre Höhe 235 Toisen. Ihre Gestalt glich der einer Pyramide; ihre Seiten waren mit Felsmassen bedeckt, welche
jeden Augenblick herabzustürzen drohten. Bis zum Jahre
1823 war der Vulcan äusserst thätig gewesen und Flammensäulen entstiegen ihm fast stets; von jener Zeit an aber erloschen sie und dunkle Rauchwolken nahmen ihre Stelle ein.

Die neu entstandene Insel hat den Namen „Ioanna Bo-
gosslowa" oder Agaschagokh erhalten. Sie liegt unter 53°
56′ n. Br. und 170° 18′ w. L. von Paris. Bei ihrem Emporsteigen hat sich der Meeresboden rund um sie her erhoben; viele
Riffe und Untiefen haben sich zwischen ihr und der nördlichen Spitze von Umnak gebildet, und wenn sie in der Zukunft
nicht das Schicksal vieler ihrer Schwestern theilen und in die
Meerestiefe wieder hinabsinken sollte, so ist es leicht möglich,
dass sie sich einst mit Umnak ganz verbinden wird. Seit
dem Ende des vorigen und dem Anfange dieses Jahrhunderts
scheint der vulcanische Process auf Umnak so recht zu seiner
höchsten Potenz gesteigert worden zu seyn; denn im J. 1817
öffnete sich auf der nördlichen Spitze der Insel ein Berg und
schleuderte Asche und Lavaspreu bis nach Unalaschka und
Unimak. Dieselbe Erscheinung zeigte ein anderer, im nordöstlichen Theile der Insel gelegener Berg; ein dritter im
August des Jahres 1830, und aus diesen beiden letztern sollen
sich noch jetzt Rauchsäulen erheben. Ueberhaupt giebt es
auf der ganzen Insel nur wenige Stellen, welche nicht die
Spuren von früherer Einwirkung des vulcanischen Feuers an
sich trügen. Auch brechen an vielen Orten heisse Quellen
hervor, und unter diesen erinnert eine nordöstlich vom Tulisker Vulcan hervorsprudelnde auf's lebhafteste an die Geysir
auf Island; denn sie wirft viermal in der Stunde einen etwa
zwei Fuss hohen Wasserstrahl aus und gelangt dann wieder
zur Ruhe, ohne dass man eine Oeffnung gewahrt, aus welcher
sie hervorgebrochen. Bevor ihr Spiel von Neuem beginnt,
lässt sich ein unterirdisches Getöse vernehmen.

Eine nicht minder interessante Erscheinung bieten drei

andere, dicht nebeneinander befindliche Quellen dar, von denen
die eine so heiss ist, dass sie beinahe dem Kochpunct des
Wassers gleich kommt, während die zweite minder warm und
die dritte ganz kalt ist. Zufolge der Aussage der Insulaner
sollen diese Quellen ihre Temperatur gewechselt haben.

17. Die Insel Unalaschka.

Die grösste der Aleuten, mit nur einem Vulcan, der unter
dem Namen „Makuschinskaja - Sopka" bekannt ist und unter
53° 52′ n. Br. und 169° 5′ w. L. von Paris liegt. Im nordöstlichen Theile der Insel liegen drei hohe Gebirgsketten, wie
es scheint, aus gneisartigem Granit bestehend. Auf einer dieser Ketten, und zwar auf der westlichsten, erhebt sich der
Vulcan, welcher nach *Lütke* 856 Toisen hoch seyn soll und
für den höchsten Berg der Insel gehalten wird. Obgleich sein
Gipfel abgeplattet erscheint, so erheben sich doch an seiner
westlichen Seite einige sehr spitze Pic's. Das Innere des
Kraters ist reich an Schwefel-Ablagerungen; am Fusse des
Berges brechen heisse Quellen hervor. Erdbeben und unterirdischer Donner sind auf der Insel eine häufige Erscheinung,
sollen während des Sommers seltner wahrgenommen werden,
dagegen aber von October an bis April häufiger seyn. Zwei
sehr heftige Boden-Erschütterungen erfolgten im Juni des
J. 1826, während die Makuschinskaja-Sopka Flammen ausspie.
Ausser den vorhin genannten Felsarten finden sich auf
Unalaschka nach *Chamisso* (s. *O. v. Kotzebue's* Entdeckungsreise etc. III, 165) im Innern der Insel auch Granit, links
von dem Thale, welches man auf dem Wege von der Haupt-
ansiedelung nach Makuschkin betritt. Sonst bemerkt man an
den Ufern der grossen Bucht auf dem Wege nach Makuschkin
und bei diesem letztern Orte selbst nur Thonporphyr, welcher
theils in Mandelstein, theils in Grünstein übergeht. Ausserdem kommt auch Porphyr-Conglomerat vor. Der Porphyr
steht in scharfkantigen, zackigen Nadeln an, und nur wenn
er conglomeratartig wird, erscheint er in mehr abgerundeten
Formen. Aus diesen Porphyr-Bergen brechen an mehreren
Stellen heisse Quellen hervor, ohne Geschmack und Geruch,
die aber eine Temperatur von 93—94° F. besitzen und einen
gelbbraunen Kalksinter absetzen. Bei Makuschkin quillt am

Fusse eines abgesonderten Hügels am Meeresstrande, unter
der Linie der hohen Fluth, eine andere Thermalquelle aus
Porphyr-Conglomerat hervor.

Ausserdem findet sich auf der Insel nach *Langsdorf's* Angabe älterer Sandstein (vielleicht Steinkohlen-Sandstein),
so wie Thonstein, Jaspis, Holzstein, welche letztere wohl aus
den dortigen Mandelsteinen herstammen mögen. Lavendel-
blauer und braunrother Eisenthon bildet den Cement dieser
Felsarten, welche mannigfache Uebergänge ineinander wahrnehmen lassen.

Der Mandelstein enthält Kalkspath, Grünerde, Stilbit, glasigen Feldspath, auch kleine Nester von dichtem Rotheisen-
stein; der Porphyr, der eigentlich wohl nur als ein verdichte-
ter Mandelstein zu betrachten seyn dürfte, wird bisweilen jas-
pisartig und führt ausser den schon genannten Mineralien auch
noch kleine Krystalle gemeinen Feldspaths. Wo die Grünerde
vorherrscht, da nimmt das Gestein eine graugrüne Farbe an;
wo aber die Kieselerde und das Eisen prädominirt, geht es in
Sandstein über, welcher sich mit Steinkohlen-Sandstein vergleichen lässt.

18. Die Insel Akutan.

Unter 54° 10′ n. Br. und 168° 12′ w. L. von Paris, mit
einem dann und wann rauchenden, 521 Toisen hohen Vulcan,
der sich aus der Mitte der Insel erhe t und an dessen nordwestlichem Fusse man die Reste eines zertrümmerten und in
das Meer hinabgestürzten Berges bemerkt. Auf dem Gipfel
des Vulcans sind zahlreiche Schwefelgruben; sein Krater befindet sich jedoch nicht daselbst, sondern ist mehr abwärts
gelegen. Am Ufer der Insel wird viel Obsidian gefunden.
Auch heisse Quellen kommen vor und besitzen eine so hohe
Temperatur, dass Speisen in ihnen sehr schnell gar gekocht
werden können.

19. Die Insel Akun.

Sie liegt unter 54° 17′ n. Br. und 167° 52′ w. L. von
Paris, enthält viele heisse Quellen und auf ihrer nordwestlichen
Spitze einen rauchenden Vulcan.

20. Die Insel Unimak.

Die nächst gelegene bei der Halbinsel Aljaska, an welche
sie sich unmittelbar anschliesst. Sie wird ihrer ganzen Länge

nach von einer hohen Gebirgskette durchzogen, auf deren Rücken sich sechs Feueressen befinden. Die höchste derselben
bildet

    a. Der Vulcan Schischaldinskoi. Unter 54° 45′
n. Br. und 166° 19′ w. L. von Paris, ein regelmässig geform-
ter Kegelberg, dessen Gipfel sich nach *Lütke* 1400, nach *Postels*
1263 Toisen über die Meeresfläche erhebt. So lange man ihn
kennt, ist er stets thätig gewesen, besonders aber in den Jahren 1824 und 1825. Im März 1825 spaltete sich unter furchtbarem unterirdischen Donner in nordöstlicher Richtung von
ihm ein nicht sehr hoher Felsenkamm und spie aus mehreren
Oeffnungen Feuer und Asche aus, welche letztere die Halbinsel Aljaska bis zur Paulowskischen Bucht bedeckte. Sie war
von schwarzer Farbe und wurde in so ungeheuren Massen
ausgeschleudert, dass sie zehn deutsche Meilen weit flog und
den Tag in Nacht verwandelte. Auch Bimssteine wurden ausgeworfen und zu gleicher Zeit stürzte vom Gipfel des Berges
auf die Südseite der Insel ein mächtiger Wasserstrom herab
und überschwemmte eine Fläche Landes, die mehr als zwei
Meilen gross war. Auch das Meer in der Nähe war aufgeregt, getrübt, und blieb in diesem Zustande bis in den Herbst
hinein. Nach dieser Zeit wurde der Vulcan jedoch ruhiger;
der vorhin erwähnte Kamm soll indess noch jetzt Rauch ausstossen, so wie ein anderer kleiner Kegel, welcher späterhin
aus der Mitte des erstern sich erhob. Im December 1830, um
welche Zeit der Vulcan von Schnee bedeckt und in dichten
Nebel gehüllt war, erfolgten von Neuem die fürchterlichsten
unterirdischen Detonationen, und als der Nebel sich endlich
zerstreut hatte, war auch der Schnee verschwunden und der
Berg auf drei Seiten gespalten. Schreckhafte, himmelhohe
Flammen stiegen aus diesen Klüften hervor, besonders aus
einer auf der Nordseite befindlichen. Das Feuer brach daselbst
ruckweise dreimal in einer Minute hervor und dann kam nach
3 oder 4 solchen Ausbrüchen zuletzt eine stärkere, von Funken umsprühte Flamme zum Vorschein. Im März des folgenden Jahres schlossen sich indess zwei dieser Spalten und nur
die nördlich gelegene schien bleiben zu wollen. Sie erstreckt
sich bis auf ⅕ der ganzen Höhe des Berges, während ihre
Breite etwa ⅐ der Länge beträgt. Sieht man in dieselbe

hinein, so ist es, als ob man einen Strom glühenden Eisens erblickte.

b. Ein zweiter, namenloser Vulcan. Liegt östlich vom vorigen und hat einen doppelten Gipfel.

c. Vulcan Pogromnoi oder Nossowskoi. Nach *O. v. Kotzebue* besitzt er die Gestalt eines Zuckerhutes, liegt 6 Meilen von der südwestlichen Küste und fällt steil gegen das Meer ab. Seine Höhe wird sehr verschieden angegeben, denn nach *Kotzebue* beträgt sie 864, nach *Chamisso* aber 1175 Toisen.

d. Ein vierter, namenloser Vulcan. Ist vielleicht identisch mit dem vorigen und soll unter 54° 32' n. Br. und 167° 2' w. L. von Paris liegen.

e. Ein fünfter, namenloser Vulcan.

f. Ein sechster, namenloser Vulcan.

Die vulcanische Natur dieser beiden letztern ist nicht genau constatirt. Sie sollen sich sehr durch ihre Höhe auszeichnen und am Nordostende der Insel liegen.

Auch noch an andern Stellen der Insel sollen früherhin Vulcane existirt haben, später aber entweder eingestürzt oder erloschen seyn. Das Erstere soll z. B. mit zwei Vulcanen der Fall seyn, von denen der eine nordöstlich, der andere aber nordwestlich vom Pogromnoi lag. Auch vor nicht gar langer Zeit kannte man an der Nordseite des letztern einen kleinen Vulcan, welcher sehr thätig war und Flammen ausspie, aber im J. 1795 erlosch, als die an dieser Stelle befindliche Bergkette unter den heftigsten Detonationen und einem sehr starken Aschenregen barst und in die Höhe geschleudert wurde. Auf dem Cap Sarytschew befand sich ebenfalls ein brennender Vulcan, der jetzt nur Rauch ausstösst. Es wird daselbst viel Schwefel gewonnen und die in der Nähe vorkommenden Quellen und Bäche besitzen eine hohe Temperatur.

Zwischen den Dörfern Pogromnoi und Schischaldinskoi hat man auch einige kleine, rauchende Kratere bemerkt. Einer derselben hatte im October 1836 eine heftige Eruption, indem er grosse Feuerbündel und eine unermessliche Menge Asche ausspie, welche bis nach Unga, in eine Ferne von 50 deutschen Meilen, fortgeschleudert wurde.

21. Die Insel Aamak.

Unter 55° 25′ n. Br. und 165° 45′ w. L. von Paris gelegen.
Sie enthält keinen thätigen, sondern einen erloschenen Vulcan,
dessen Ränder aus Lava und Basalt bestehen und dessen Abhänge mit Schlacken und Bimsstein bedeckt seyn sollen.
Verfolgen wir den Vulcanen-Zug der Aleuten in nordöstlicher Richtung weiter, so gelangen wir zuletzt auf eine vor-
springende Landzunge des americanischen Festlandes, auf die
Halbinsel Aljaska. In ihrer grössten Ausdehnung eine Länge
von 110 deutschen Meilen einnehmend, wird sie, parallel mit
ihrer nordwestlichen Küste, von einer Gebirgskette durchzogen, die an ihrem südwestlichen Ende mit mehreren hohen,
in die Schneeregion hinaufreichenden Bergen geziert ist. In
nordöstlicher Richtung dagegen nimmt die Kette stets mehr
und mehr an Höhe ab und entfernt sich alsdann von der
Küste, je breiter die Halbinsel wird. An mehreren Stellen,
namentlich im 163° w. L., wo die Mollers-Bai auf der nördlichen Küste der Paulowskischen Bucht auf der Südküste ge-
genüberliegt und von ihr durch eine Landenge von kaum
fünf Werst Breite getrennt ist, soll der Gebirgszug eine so
geringe Höhe besitzen, dass kleinere Schiffe mit geringer Mühe
von einer Meeresküste zur andern hinüber gebracht werden
können. Die auf dieser Halbinsel vorkommenden Vulcane
scheinen auf den südwestlichsten Theil derselben beschränkt
zu seyn. Es sind deren drei, sie liegen in der Nähe der
Küste, nicht auf der Gebirgskette, und führen folgende Namen.

a. Morschewskaja-Sopka. Die südlichste derselben,
unter 165° 20′ w. L., etwa 20′ von der Paulowskaja-Sopka
entfernt, ein sehr hoher Berg, an der Westseite der Moro-
sowskischen Bucht gelegen.

b. Paulowskaja-Sopka. Dicht am Meere, am Eingange der Paulowskischen Bucht. Er ist der höchste Feuerberg auf Aljaska und hat zwei Kratere, von denen der südliche entzündet ist. Auch der nördliche soll zu Anfang des
vorigen Jahrhunderts gebrannt haben, jedoch in Folge eines
sehr heftigen Erdbebens erloschen seyn. Wahrscheinlich ist
es derselbe Berg, von welchem *Chamisso* (a. a. O. III, 165)
sagt, er habe die Gestalt eines scharf zugespitzten Kegels und
scheine höher als der Pic anf Unimak zu seyn; Schnee be-

decke nicht nur den ganzen Berggipfel, sondern auch seine Grundvesten nach ungefährer Schätzung in den zwei obern Dritteln dieser Höhe und senke sich stellenweise noch tiefer gegen den Strand hinab.

c. **Medwednikowskaja-Sopka.** Liegt ungefähr in 164° 50′ w. L. von Paris. Bei einem grossen, im J. 1786 erfolgten Ausbruche soll dieser Vulcan in sich selbst zusammengestürzt seyn und sein Gipfel in Folge dessen eine abgestumpfte Gestalt erhalten haben. Dennoch ist er der höchste Berg auf der ganzen Halbinsel. Schon *Cook* hat ihn gekannt. Als der Vulcan in den ersten Decennien dieses Jahrhunderts einen starken Ausbruch hatte, glich das dabei vernehmbare Getöse dem stärksten Donner, der sogar auf Unalaschka gehört wurde, obgleich diese Insel 10 Meilen davon entfernt ist. Nach *O. von Kotzebue* (a. a. O. II, 108) warf der Berg bei dieser Eruption eine ungeheure Menge kleiner vulcanischer Bomben aus, welche nur die Grösse einer Wallnuss besassen und aus basaltischer Lava bestanden.

Anderweitige Spuren vulcanischer Thätigkeit finden sich auch auf der Insel Unga, welche auf der Ostseite von Aljaska liegt, desgleichen auf dem Eilande St. Georg, welches zu den Pribuiloff-Inseln gehört, im Norden der Aleuten und unter 56° 38′ n. Br. und 188° 30 östl. L. von Paris, so wie auf St. Paul, welches unter 57° 5′ n. Br. und 187° 49′ östl. L. gelegen ist. Beide erheben sich als steile Bergmassen über das Meer. Der höchste Gipfel auf St. Georg soll 169 Toisen über das Niveau der See emporragen und aus Lava und Schlacken bestehen. Auch hat man wiederholt in nordöstlicher Richtung von diesen Inseln Flammen bemerkt, welche dem Meeresgrunde entstiegen.

Vulcanische Erscheinungen in America.

§. 39.

Unter allen Welttheilen ist America derjenige, welcher die meisten, die höchsten und zugleich die verheerendsten Vulcane aufzuweisen hat, und dies zugleich auf einer der längsten Vulcanen-Linien, welche überhaupt auf dem Erdboden bekannt sind. Nach ungefährer Schätzung mag sie, frei-

lich mit einigen Unterbrechungen auf der nördlichen Hälfte
des Welttheiles, mehr als 2500 Meilen betragen; denn sie
nimmt schon auf dem Feuerlande ihren Anfang, setzt von da
der Länge nach durch Süd-, Mittel- und Nord-America, geht
bis nach Californien hinauf, erstreckt sich bis auf das Oregon-
Gebiet und das russische nordwestliche America, scheint auch
bis auf die Halbinsel Aljaska sich zu erstrecken und verbindet sich dort mit den aleutischen Feuerbergen, die wir so eben
verlassen haben. Auf diesem unermesslichen Raume folgt sie
durch alle Zonen hindurch dem grossen Gebirgszuge der Cor
dilleras de los Andes, stets an der Westseite dieses Welttheils
hinaufgehend. Im ersten Grade nördlicher Breite läuft von
diesen letztern ein mächtiger und anschnlicher Zweig, ebenfalls aus plutonischen und vulcanischen Gebirgsarten zusammengesetzt, in nordöstlicher Richtung aus, setzt auf die kleinen Antillen über, durchzieht dieselben und scheint sich durch
die grossen Antillen wieder mit dem Hauptzuge der Kette im
mexicanischen Gebiete zu vereinigen, woselbst ihm die Vulcanen-Reihe der Andes mit einer veränderten, zuerst von *A. von
Humboldt* gehörig gewürdigten Richtung entgegenkommt, so
dass man das ganze Caraïbische Meer mit einem Gürtel von
Feuerbergen umzogen findet. — Die ungeheuren Länderge-
biete in der südlichen Hälfte America's, welche an der Ostseite der Cordilleren gelegen sind, und zwar von Patagonien
an bis zu den Ufern des Orenoco, scheinen frei von noch jetzt
wirksamen Vulcanen zu seyn, doch hat man an ihren Ostkü-
sten hin und wieder submarine vulcanische Ausbrüche wahrgenommen; auch finden sich daselbst, sowohl auf dem Festlande, als auf nahe gelegenen Inseln, pseudovulcanische Phänomene, auf welche wir späterhin zurückkommen werden.

Indem wir die vorhin angedeutete Richtung von S. nach
N. verfolgen, gelangen wir zu folgenden Vulcan-Reihen.

Feuerland und Patagonien.

§. 40.

Beide Länderstrecken sind neuerdings hinsichtlich ihrer
geognostischen Verhältnisse durch *Darwin* näher bekannt geworden. Aeltere und neuere Geographen und Seefahrer nehmen auf dem Feuerlande einen oder auch mehrere feuerspeiende

Berge an. Schon *Sarmiento* — nach welchem auch ein solcher Berg den Namen führt — hat daselbst einen Feuerberg gesehen und gab ihm den Namen „Volcan nevado". *Cordova* will ihn ebenfalls gesehen haben, doch hat in neuester Zeit Capit. *Phil. P. King* ihn erst genauer beschrieben. Diesem nach soll er an der Südseite des Gabriel-Canals, auf einem Gebirge liegen, welches wahrscheinlich das höchste im ganzen Lande ist. Es zeichnet sich besonders durch zwei hohe, kegelförmige Berge aus, von welchen der eine „Sarmiento", der andere aber „Buckland" heisst. Der erstere erreicht eine Höhe von 1063 Toisen, hat eine breite Basis und ist oben mit zwei von NO. nach SW. streichenden Spitzen versehen, die wohl ¼ geogr. Meile von einander entfernt seyn mögen. Betrachtet man den Berg von Norden her, so glaubt man den Krater eines Vulcans zu erblicken; allein von Westen her fallen beide Spitzen zusammen und dann verschwindet das vulcanische Ansehen. Der Buckland indess, so wie das zu ihm gehörige Gebirge, soll blos 620 Toisen hoch seyn.

Man findet auf manchen Karten auch noch einen „Clement-Vulcan" auf Tierra del Fuego verzeichnet, welchen *Clement* im J. 1712 im brennenden Zustande erblickt haben will. Er scheint auf derselben Stelle zu liegen, an welcher auch in unsern Tagen Capit. *Basil Hall* einen Feuerschein wahrnahm, der in regelmässigen Zwischenräumen anfangs zunahm, späterhin aber schwächer wurde. Nach 4—5 Minuten erschien er wieder mit dem vorigen Glanze und glich einer Feuersäule, welche aus entzündeten, emporgeschleuderten Stoffen zu bestehen schien. Das Phänomen dauerte jedoch nur 15—20 Secunden, dann nahm der Feuerbündel nach und nach an Grösse ab, bekam ein röthliches Ansehen und erlosch endlich ganz. Diejenigen Personen an Bord, welche schon Eruptionen aus dem Vulcane auf Stromboli mit angesehen hatten, fanden eine grosse Aehnlichkeit zwischen beiden Erscheinungen. Nach *Basil Hall* liegt der Berg unter 54° 48′ s. Br. und 70° 20′ w. L.

Im Verhältniss zu den übrigen Gebirgsmassen scheinen vulcanische Felsarten nur eine untergeordnete Rolle auf Tierra del Fuego zu spielen; denn *Darwin* (s. dessen naturwissenschaftliche Reisen u. s. w., übersetzt von *E. Dieffenbach*, Th. I.

S. 258) fand, obgleich er die Insel wiederholt besuchte und
an verschiedenen Stellen auf derselben landete, nur vereinzelte
Spuren von abgerollten Schlacken, welche die Flüsse herbei-
geschwemmt hatten. Doch ist es möglich, dass die vulcanischen Gebilde nicht überall bis zur Oberfläche der Erde emporgedrungen sind; denn dass sie an manchen Orten nicht
tief unter der letztern vorkommen mögen, davon findet man
Andeutungen und Beweise auf der Westküste der Insel, woselbst man bisweilen auf Thonschiefer-Massen stösst, welche
ganz das Ansehen haben, als seyen sie durch unterirdische
Hitze und Glüth metamorphosirt worden. Gewöhnlicher Thonschiefer tritt dagegen als eine mächtige Formation vorherrschend auf der Insel auf, während man an der östlichen Seite
weit ausgedehnten Ebenen begegnet, welche wahrscheinlich
zwei Tertiär-Epochen angehören.

Die Westküste wird von zwei Gebirgsreihen durchzogen,
einer äussern und einer innern, von denen die erstere aus
Porphyren, Dioriten u. s. w. besteht, während die andere aus
Granit und Glimmerschiefer zusammengesetzt ist. Die ganze
Insel trägt die Merkmale einer langsamen Erhebung über den
Meeresspiegel an sich.

Patagonien scheint keine Vulcane zu enthalten, zuwider
der Angabe früherer Geographen und Reisenden, von denen
der Volcan de los Gigantes als ein solcher angegeben wurde.
Er sollte im 52° südl. Breite liegen. Nach *Darwin* bildet
Patagonien im Gegentheil eine ungeheure Ebene, welche, 700
Meilen lang, auf der einen Seite von der Andeskette, auf
der andern von der Küste des Atlantischen Oceans begrenzt
wird und überall gleiche geognostische Beschaffenheit zeigt.
Die steilen, fast senkrechten Klippen an den Gestaden des
Meeres lassen bisweilen den Felsbau des Landes recht deutlich erkennen. Daselbst bemerkt man zu unterst einen weissen Sandstein mit vielen organischen Resten, z. B. gigantischen Austern, die fast einen Fuss im Durchmesser haben,
so wie andern Muscheln, von denen einige den jetzt an der
Küste lebenden gleichen, die meisten aber ausgestorben sind.

Ueber dieser Formation liegt eine weisse, zerreibliche
Masse, stets frei von organischen Gebilden; zuletzt sieht man
die Klippen mit einer dicken Kiesschicht überlagert, die ihr

Material fast ausschliesslich von Porphyren hergenommen hat. Alle diese Massen sind in wagerechten Schichten abgelagert und nirgends sieht man Spuren von Verwerfungen oder Durchsetzungen, welche etwa von eruptiven Felsarten hervorgebracht wären. Dieser Kies bedeckt die ganze Oberfläche des Landes vom Rio Colorado an bis zur Magelhaens-Strasse und ist als die Hauptursache des öden Charakters von Patagonien anzusehen. *Darwin* glaubt, dass die Kieslagen im Ansteigen allmählig mächtiger werden und den Fuss der Cordilleren erreichen; in diesem Gebirgszuge sollen die Muttergesteine des grössten Theils der Kiesgerölle zu suchen und zu finden seyn.

Ausserdem kommen aber auch vulcanische Gebirgsarten in Patagonien vor, namentlich Basalt von sehr poröser Beschaffenheit, wie ihn schon *Darwin* zuerst in dem Flussbette der Santa Cruz auffand. Diese Rollstücke nehmen an Zahl und Grösse zu, je mehr man zu den Quellen des Flusses aufsteigt, und führen endlich zum Rande eines basaltischen Tafellandes. Höher hinauf finden sich enorme Trümmer eines primitiven, nicht näher beschriebenen Gesteins in ungeheurer Menge. Die Basalt-Felsen liegen über den grossen tertiären Ablagerungen dieser Gegend und sind mit dem gewöhnlichen Gerölle bedeckt. Uebrigens muss der Ausbruch der basaltischen Massen in einem sehr grossartigen Maassstabe erfolgt seyn, denn ihre Mächtigkeit beträgt an manchen Stellen nahe an 320 Fuss.

Auch Patagonien trägt Kennzeichen einer Erhebung an sich, doch ist *Darwin* nicht der Ansicht, dass die ganze Küste dieses Landes jemals selbst nur einen Fuss hoch auf einmal erhoben worden sey; wahrscheinlich hat, eben so wie an den Ufern des stillen Meeres, sich das Ganze nach und nach, so wie unmerklich erhoben, zuweilen mit einem Paroxismus, mit einer beschleunigten Bewegung an gewissen Stellen, wie wir eine solche Erscheinung in unsern Tagen an den Küsten von Chili erlebt haben.

Vulcanen-Reihe von Chili.

§. 41.

Mit Ausnahme der Insel Java ist wahrscheinlich kein Land der Erde so reich an Vulcanen, als eben Chili, doch sind leider die meisten derselben fast nur dem Namen nach bekannt,

und es fällt unendlich schwer, sich aus dem Labyrinthe der
entweder sehr dürftigen oder gar einander widersprechenden
Nachrichten der Reisebeschreiber und Geognosten glücklich
herauszuhelfen. Doch ist in der neuesten Zeit Manches geschehen. Nach *Gay* hat bei der Emporhebung und Bildung
der Gebirgsketten in Chili unter den dortigen vulcanischen
Massen namentlich der Trachyt nur eine untergeordnete Rolle
gespielt; man findet ihn nämlich fast nur auf einigen Pic's und
isolirten Höhen in der Mitte des Gebirges, seltner an den Sei-
tentheilen desselben. Er hat die ihn begrenzenden Felsarten
nur wenig modificirt, während die mit ihm in Verbindung auftretenden Eurite, Diorite und besonders die mit den Syeniten
innigst verbundenen Phonolithe, aus welchen das Gerippe der
Berge fast gänzlich zusammengesetzt ist, das Meiste in dieser
Hinsicht gethan haben. Ueberall treten sie in erstaunlicher
Menge und gewöhnlich in Wechsel miteinander, mit den Brec-
cien der Intermediär-Gebirge und mit gewissen Syeniten auf,
wo sie dann das (von *Beudant)* sogenannte Syenit- und Grün-
stein-Porphyr-Gebirge darstellen. Aehnliche Beobachtungen
haben auch *A. v. Humboldt* in Neu-Granada, so wie *Boussingault* in Peru gemacht.

In welcher Gegend von Chili die Reihe der dortigen Vulcane beginnt, ist nicht mit Zuverlässigkeit bekannt; in früherer Zeit liess man sie im 46° südl. Br. anfangen, woselbst der
Volcan de St. Clemente, verschieden von dem auf Tierra del
Fuego gleichen Namens, in 72° 20′ westl. L. von Greenw.
liegen soll.

Ihm liess man als zweiten den Volcan Medielana folgen,
in 44° 20′ s. Br. und 71° 10′ w. L. Dieser kommt bei *v. Hoff*
(a. a. O. III, 473) unter dem Namen „Vulcan von Minchiuna" vor.

Nach neuern Untersuchungen ist es jedoch wahrscheinlich
geworden, dass diese Vulcanen-Reihe an derjenigen Stelle der
Küste beginnt, welche der Insel Chiloë gegenüber liegt, woselbst man als südlichsten Vulcan den Yanteles antrifft. *Darwin* (in *Lond. Edinb. phil. magaz.* 1838. II, 584—590) theilt
die Vulcane der Cordilleren überhaupt in mehrere Gruppen
ein. Die südlichste derselben lässt er mit dem Yanteles beginnen; sie soll in einer Länge ven 800 geogr. Meilen bis
nach Central-Chili hinaufreichen; die zweite ist mehr als 600

Meilen lang und reicht von Arequipa bis Patas; die dritte von
300 Meilen Länge liegt zwischen Riobamba und Popayan, und
endlich die vierte bilden die Vulcane in Guatemala, Mexico
und Californien. Es soll kaum einem Zweifel unterliegen, dass
die Vulcane je einer dieser Gruppen miteinander in unterirdischer Verbindung stehen; ob aber die verschiedenen Gruppen
miteinander verbunden seyen, darüber fehlen bis jetzt sichere
Angaben.

Aus der gleichzeitigen vulcanischen Bewegung an entfernten Puncten der Küste von Chili, in Verbindung mit den Erdbeben, welche im J. 1822 Valparaiso und im J. 1835 Concepcion so fürchterlich verwüsteten, zieht *Darwin* den Schluss,
dass das Festland von Chili auf einem unterirdischen See einer
geschmolzenen Masse schwimmend ruhe. Wolle man dieser
Ansicht nicht beistimmen, so bleibe nur die Annahme übrig,
dass Canäle von den verschiedenen Ausbruchspuncten sich in
einer grossen Tiefe verbinden, so dass von einem Puncte aus
sich eine Kraftäusserung in gleicher Stärke nach sehr entle-
genen Theilen der Oberfläche fortpflanzen könne. Wenn aber
eine Verbindung zwischen zwei Vulcan - Reihen der Andes statt
finde, wie es sehr wahrscheinlich sey, so müsse dieselbe überaus tief liegen. Die Berechnungen über die Tiefe, in welcher
alle Felsarten sich im geschmolzenen Zustande befinden, zeigen, dass dies etwa in 4—5 Meilen Tiefe statt finde und dass
die Festrinde der Erde nur mit einer dünnen Eisdecke auf
stehendem Wasser verglichen werden könne. Wenn aber mit
diesen Erscheinungen gleichzeitig die Küste von Chili und Peru
auf Hunderte von Meilen erhoben wurde, wie wir späterhin näher
auseinandersetzen werden, so kann das Verbindungsmittel, welches sich unter einem grossen Theile des Continentes verbreitet, nicht füglich mit Canälen verglichen werden. Die Thatsachen deuten auf eine grosse, wiewohl langsame Veränderung
der Oberfläche der innern flüssigen Masse, auf welcher die
feste Erdrinde ruhe, und die Verbindung, in welcher die Hebung des Landes mit den vulcanischen Ausbrüchen stehe,
welche sich, eben so wie diese, nur in einzelnen Katastrophen
deutlich zeige, erheische es, jede Theorie der Vulcane zu ver-
werfen, welche nicht auch gleichzeitig Rechenschaft von den
Erhebungen der Continente gebe.

Eine spätere Zeit wird darüber zu entscheiden haben, ob sich zukünftige Beobachtungen ergeben werden, welche für oder gegen diese Hypothesen sprechen; uns bleibt zuvörderst die Namhaftmachung und Beschreibung der einzelnen Vulcane, so weit sich solche aus den bisherigen mangelhaften und unvollständigen Nachrichten gewinnen lässt, mitzutheilen übrig.

Wir beginnen mit einer Gruppe von drei Feuerbergen, welche so ziemlich der Insel Chiloë gegenüber liegen. Der erste derselben heisst

1. Yanteles. Ein ansehnlicher Berg, dem bald eine Höhe von 1050, bald von 1250 Toisen zugeschrieben wird. Dieser und die beiden folgenden Vulcane befanden sich bei dem grossen Erdbeben, welches am 20. Febr. 1835 die Stadt Concepcion so arg heimsuchte, in starker, vorher nicht gesehener Thätigkeit. Am Yanteles namentlich bemerkte man oberhalb seiner Schneegrenze drei schwarze Flecken von kräterförmigem Ansehen, welche man früherhin nicht wahrgenommen hatte.

2. Corcovado. Seine Höhe beträgt 1175 Toisen. Bei der erwähnten Katastrophe und zwar bei dem heftigsten Stosse, welcher überhaupt bei diesem Erdbeben bemerkt wurde, war der Vulcan gerade nicht in besonderm Aufruhr begriffen; als aber nach Verlauf von etwa einer Woche die ihn umhüllenden Wolken verschwanden und der Gipfel wieder sichtbar geworden war, sah man den Schnee um seinen nordwestlichen Krater herum geschmolzen. Ein ganzes Jahr vorher hatte der Berg sich ruhig verhalten.

3. Minchinmadom. Heisst auch Minchinmadavi und hat eine Höhe von 1250 Toisen. Dreissig Jahre lang vor jenem Erdbeben war er ruhig gewesen, allein am Morgen des Tages, wo man die ersten Erschütterungen verspürte, bemerkte man zwei weisse Rauchsäulen, welche in wirbelnder Gestalt emporstiegen; aber bei dem Hauptstosse erhoben sich ihrer viele aus dem grossen Krater des Berges und Lava ergoss sich aus einer kleinern Oeffnung in der Nähe des ewigen Schnees, welcher den Vulcan bedeckt. Dieser kleinere Krater erlosch jedoch nach einem Zeitraum von etwa acht Tagen, verbreitete aber während der Nacht noch immer ein helles Licht. Am 26. März desselben Jahres erfolgte ein neuer, heftiger Erd-

stoss und es erschienen von Neuem fünf Feuersäulen. Nach
14 Tagen erblickte man 15 neu entstandene Kegel, welche
mit ihren Spitzen die Wände des grossen Kraters deutlich
überragten. Dieser Vulcan liegt im 42° 45′ s. Br.

4. Quechucabi. Auch Quechuacan genannt. Ist nach
v. Hoff (a. a. O. IV, 44) vielleicht identisch mit Purruruque.
Seine Lage ist 41° 10′ s. Br. und 71° 30′ w. L. von Greenw.

5. Guanegue. Von Einigen Huaunauca und auch Chua-
nauga genannt. Uebrigens ist es noch zweifelhaft, ob dieser
Berg wirklich ein feuerspeiender ist. Lage: 40° 50′ s. Br.
und 71° 40′ w. L.

6. Osorno. Auch Ojorno genannt und im 40° 35′ s. Br.
und 71° 50′ w. L. gelegen. Kommt auch unter dem Namen
des Vulcans von Llanquihue vor. R. A. Philippi (s. Leonhard's und Bronn's Jahrb. für Min. u. s. w. Jahrg. 1852. S. 551)
hat ihn kürzlich erstiegen und genauer beschrieben. In der
Sprache der Indianer heisst dieser Berg „Pi-sé". Er liegt fast
genau in südöstlicher Richtung von Osorno und 13 deutsche
Meilen in gerader Linie von diesem Städtchen entfernt. Im
Osten taucht sein Fuss in das smaragdgrün gefärbte Gewässer des Todos-los Santos-Sees, in SW. in das des Llanquihue-
Sees; in NO. stösst er an die westliche Kette der grossen
Cordillere; im Süden ist er durch einen tiefen und breiten
Einschnitt vom Vulcan(?) von Calbuco geschieden. Demnach
steht er von allen Seiten ziemlich isolirt. Er besitzt eine sehr
regelmässige konische Gestalt; die Höhe desselben soll 8600
engl. Fuss betragen. Seine Abhänge sind überaus steil, ganz
wie der letzte Kegel des Aetna's oder des Vesuv's. Die Grenze
des ewigen Schnees dürfte in 5000—5500 Fuss Höhe liegen.
Zahlreiche Spalten durchschneiden an mehreren Stellen den
ewigen Schnee, der sich in der Tiefe in das prachtvollste
blaugrüne Gletscher-Eis verwandelt. Diese Spalten sind oft
40—50 Fuss tief, bald 1, bald 20 Fuss breit und bald radial
von oben nach unten, bald horizontal verlaufend. In einer
oder zweien dieser Spalten glaubte Philippi Eis-Schichten mit
einer Schlacken-Schicht, dem Producte der letzten Eruption
des Berges, wechseln zu sehen. Den Gipfel des Vulcans zu
erreichen, gelang jedoch nicht wegen unübersteiglicher Hindernisse. Sein Krater ist verhältnissmässig klein, nach der

jetzt herrschenden Ansicht, dass der Krater der Vulcane im umgekehrten Verhältniss zur Höhe dieser Berge stehe. Uebrigens besitzt er mehrere seitliche Eruptionskegel; ein in NNO. liegender ist der kleinste; in östlicher Richtung bemerkt man deren zwei, einen über dem andern; einen dritten nimmt man in SSO. und einen vierten in SW. wahr. Die höchsten derselben dürften kaum 250 Fuss Höhe erreichen; ihre Gestalt ist weniger regelmässig und scharf, als an andern Vulcanen, indem sie sämmtlich durch die letzte furchtbare Eruption mehrere Fuss hoch mit Schlacken und Lapilli überschüttet sind. Wegen dieser mässigen Höhe beeinträchtigen sie nicht die sonst so regelmässige Gestalt des Berges. Eben so wenig thun dies die tiefen Wasserrisse, so wie die Sprünge und Spalten im Eise. In der untern Hälfte sind die Risse alle radial und erreichen ihre grösste Tiefe, die bisweilen an 150 Fuss betragen mag, an der Grenze des ewigen Schnees; nach unten hin werden sie immer seichter. Sie sind das offenbare Product des Wassers, welches theils vom Schmelzen des ewigen Schnees, theils von Regengüssen herstammt. Man sieht in denselben von Schlacken gebildete, lockere Conglomerate mit festen Lavabänken mehrmals wechseln; an einzelnen Wasserrissen bemerkte man ein solches Wechseln, welches sich 8—11mal wiederholt hatte. Wenn die Lavabänke mächtiger und compacter werden, leisten sie natürlich dem herabstürzenden Wasser länger Widerstand und bilden treppenartige Absätze, über welche das Wasser in kleinen und sehr ansprechenden Cascaden herabfällt. An der nördlichen Hälfte des Vulcans bemerkt man keine Lavaströme, welche frei anstehen; nur hin und wieder sind einige derselben entblösst, in der Regel aber 20—30 Fuss hoch mit Auswurfsstoffen bedeckt. Nur an der Südwest-Seite erblickt man zwei mit grossen Schlacken und Lavaschollen bedeckte Lavaströme, welche von der halben Höhe des Vulcans sich herabgestürzt haben. So weit der Vulcan durch die Wasserrisse aufgeschlossen ist, glaubt *Philippi* annehmen zu können, dass der Berg aus mindestens acht Theilen lockerer Rapilli und nur aus einem Theile Lava zusammengesetzt sey.

Wie bereits bemerkt, haben die Risse und Spalten in dem ewigen Schnee theils eine radiale, theils eine horizontale

Richtung. Diese Erscheinung dürfte sich leicht erklären lassen. Der Schnee verwandelt sich nämlich, wenn er eine längere Zeit hindurch gelegen hat, gerade so wie auf den Alpen,
in den sogenannten Firn, d. h. in ziemlich compacte Eiskör-
ner, etwa von der Grösse der Hanfsaamen, die von einer dünnen, aber zusammenhängenden und, sehr glatten Eiskruste
überzogen sind. Das abwechselnde, durch Sonnenhitze bewirkte Schmelzen an der Oberfläche und das nachfolgende
Gefrieren in der Nacht bringen dies Phänomen hervor. In
der Tiefe verwandelt sich der Schnee in ganz festes, durch-
sichtiges und blaugrünes Eis. Die radialen Spalten sind offenbar nichts Anderes, als Wasserrisse; die horizontalen aber
scheinen durch das Herabschurren oder Herabgleiten einzelner Schnee- und Eismassen entstanden zu seyn. Wie bei den
übrigen Gletschern, dringt an der Grenze des ewigen Schnees
unter dem Eise ziemlich viel durch Schmelzung desselben entstandenes Wasser hervor, welches aber nach und nach zu einem
grossen Theile in den lockern Rapilli versiegt, so dass oft ein
in der Mitte der Höhe des Vulcans reichlich rieselndes Wasser
nicht bis zum Fusse desselben gelangt. Es erklärt sich auch
daraus, warum die radialen Risse in der Gegend der Schneegrenze am tiefsten sind und immer seichter werden, je mehr
sie in die tiefern Regionen des Berges gelangen.

Eben so einfach wie die mechanische Bildung des Berges erscheint auch seine chemische; alle seine Producte bestehen aus einer grauen, bald hellern, bald dunklern Grundmasse, in welcher viele Feldspath-Krystalle, dagegen wenige
Olivine sich ausgeschieden haben. Nirgends fand sich auch
nur eine Spur von Augit oder Glimmer. Die Rapilli, selten
grösser als Wallnüsse, sind sehr blasig, an den Kanten durchscheinend, haben eine bouteillengrüne, sonst schwärzliche Farbe
und sehen auf der Oberfläche wie glasirt aus; sie pflegen nur
Feldspath-Krystalle von ½ Linie im Durchmesser, selten einen
Olivin zu enthalten. Wo sie vom Wasser nicht hin und her
bewegt und dadurch abgerieben sind, sehen sie so frisch aus,
als wären sie erst gestern gefallen. In den grössern Schlacken, welche meist nur auf den höhern Theilen des Berges
angetroffen werden und die sich übrigens in ihrer Bildung
nicht von den kleinen Rapilli unterscheiden, öfters aber durch

Oxydation des Eisens eine rothe Farbe angenommen haben,
sind die Feldspath-Krystalle oft eine Linie gross.

In östlicher Richtung findet man zwischen den Schlacken
auch Bimssteine, jedoch nicht über Faustgrösse; sie mögen
etwa den vierzigsten Theil der Schlacken ausmachen. Sie
haben eine in's Blaue spielende Farbe, gerade so, wie man
solche auf der im J. 1831 entstandenen und auch wieder verschwundenen Insel Ferdinandea zwischen Sicilien und Pantellaria beobachtete. Sie sind ziemlich schwer und dicht, voll
kleiner Poren, und mit einzelnen, etwa ½ Linie grossen Feldspath-Krystallen versehen. Auch noch an andern Stellen, namentlich am östlichen Fusse des Berges, etwa eine Stunde
weit vom See Todos los Santos, und in einigen Schluchten
am Westabhange finden sich Bimssteine. Dieselben sind aber
aschgrau, in's Bläuliche fallend, und haben hier und da dich-
tere schwärzliche Parthien. Die in dieser Varietät vorkommenden Feldspath-Krystalle sind nicht nur sehr selten, sondern auch von sehr geringer Grösse. Auch die Bimssteine
selbst erreichen höchstens den Umfang eines Hühnereies.

Von Obsidian und andern vulcanischen Gläsern fand sich
an diesem Feuerberge keine Spur.

Die vorhin erwähnten Lavaströme zeigten nichts Eigenthümliches. In ihrer Mitte erschienen sie vollkommen dicht,
auf ihren untern und obern Flächen aber enthielten sie viele
Blasen, so dass die Oberfläche zuletzt ein schlackiges Ansehen
bekam. Die einzige Verschiedenheit, welche sich zwischen
verschiedenen Strömen wahrnehmen liess, war die, dass die
Grundmasse bald heller, bald etwas dunkler grau erschien,
und dass die Feldspath-Krystalle bald etwas zahlreicher, bald
etwas seltner, bald grösser, bald kleiner waren. Dasselbe galt
von den Olivin-Körnern.

Eine am Fusse des Vulcans, nahe am Ufer des Todos los
Santos-Sees anstehende Lava hatte eine hellgraue Farbe und
enthielt überaus zahlreiche, bis 1½ Linien grosse Feldspath-
Krystalle, welche wenigstens den dritten Theil der ganzen
Masse bildeten. Ausserdem kamen auch noch einzelne kleine,
hellgrüne Olivin-Körner darin vor. Eine andere Laven Ab-
änderung war eben so beschaffen, nur mit dem Unterschiede,
dass die Feldspath-Krystalle kleiner (¼ Linie) und die Olivine

grösser (³/₄ Linie) erschienen. Letztere besassen fast eine
schwärzliche Färbung. Einige ziemlich grosse Lavablöcke,
die wohl von dem Vulcan ausgeschleudert seyn mochten, lagen
auf der Oberfläche umher, ohne besondere Eigenthümlichkei-
ten zu zeigen; dagegen waren Auswürflinge, aus fremdarti-
gem Gestein bestehend, äusserst selten. *Philippi* fand deren
ein Paar von der Grösse einer Faust und darüber, abgerundet, fast wie die Rollkiesel eines Baches, theils beim Hinaufsteigen zum Gipfel des Vulcans, theils auf dem gegenüber liegenden Gebirgskamm der Punta Pichijuan. Der eine bestand
aus einer weissen Grundmasse, einem Gemenge von Quarz
und Feldspath, enthielt 1½—2 Linien lange Hornblende-Krystalle und einzelne gelbgrüne Flecken, die vielleicht aus Epidot bestanden. Ein anderer Auswürfling zeigte in einer grauen,
an den Kanten weiss durchscheinenden Feldstein-Masse nahe
an 6 Linien lange Hornblende-Krystalle, undeutliche Feldspath-Krystalle und gelbgrüne, epidotähnliche Adern.

Diese Auswürflinge scheinen anzudeuten, dass der Vulcan
dioritische Massen durchbrochen habe; und aus Diorit in verschiedenen Modificationen bestehen auch die benachbarten Gebirge zum grössten Theile.

Von frühern Ausbrüchen des Osorno sind uns keine Ueberlieferungen zugekommen, allein bei dem Erdbeben am 20. Febr.
1835, welches der Stadt Concepcion den Untergang drohte,
befand er sich in grosser Aufregung. Schon zwei Tage vorher fing er an, sich zu rühren, aber im Augenblicke des Hauptstosses stieg aus dem Berge eine dicke Rauchsäule empor, ein
Krater brach an seiner Südostseite auf und glühende Steine
wurden dabei in Menge ausgeschleudert. Dieser neugebildete
Krater leuchtete noch einige Tage nachher, eben so wie der
alte auf dem abgestumpften Gipfel des Berges. Am 11. November desselben Jahres erfolgten wieder heftige Ausbrüche,
sowohl aus dem Osorno, als auch aus dem Corcovado; sie
warfen unter furchtbarem Donner mächtige Steinmassen aus.
Talcahuano, bekanntlich der Hafen von Concepcion und nicht
viel weniger als 80 Meilen davon entfernt, litt an demselben
Tage durch ein heftiges Erdbeben. Hier trat wiederholt dieselbe Verbindung der Erscheinungen wieder auf, wie am 20
Februar. Am 5. December stürzte die Südsüdost-Seite des

Osorno ein; die beiden vorher getrennten Kratere vereinigten sich, wie es schien, zu einem grossen Feuerstrome und unge-heure Mengen von Asche und dergleichen wurden in den bei-den folgenden Wochen ausgeschleudert. Die vulcanische Kette vom Osorno bis zum Yanteles, nahe auf 40 Meilen Länge, wurde demnach nicht allein im Momente des Hauptstosses am 20. Februar 1835 in Thätigkeit und Aufruhr versetzt, sondern sie blieb darin auch mehrere Monate hindurch.

In der Nähe des Osorno, und zwar zwischen ihm und dem Vulcan von Villarica, finden sich nun noch folgende Feuer-berge, der Zahl nach drei, und zwar in der Richtung von Süd nach Nord.

7. Puyehue. Dieser Vulcan liegt zwischen 41° und 40° s. Br., am südlichen Ufer des Sees gleichen Namens, auf dem Gipfel der Andeskette, welche Chili von der Republik Argen-tina scheidet.

8. Rinihue. Lage: zwischen 40° und 39° s. Br., am westlichen Abhange der Andeskette, zwischen dem See von Rinihue und dem von Huanchue (oder Panguipulli). Die Län-genaxe des erstern erstreckt sich von West nach Ost, die des letztern von Süd nach Nord.

9. Panguipulli. Liegt an derselben Andeskette, zwi-schen ihr und dem Panguipulli-See und mehr am nordöstli-chen Ende desselben, zwischen 40° und 39° s. Br.

Diese drei Vulcane scheinen erst neuerdings durch den Ingenieur-Major *Bernardo E. Philippi* namhaft gemacht wor-den zu seyn; s. dessen Nachrichten über die Provinz Valdivia u. s. w. Cassel 1851. 8. (mit einer Karte).

So ziemlich in denselben Breitegraden sollen nach *L. von Buch* (a. a. O.) noch zwei andere Vulcane vorkommen, die man jedoch nicht auf *Philippi's* Karte verzeichnet findet. Diese sind:

10. Volcan de Ranco. Wurde früherhin von *v. Hoff* (a.-a. O. II, 479) Vulcan von Rama genannt. Er liegt im 40° 15′ s. Br. und 71° 25′ w. L. von Greenw.

11. Volcan de Chinnal. Lage: 39° 55′ s. Br. und 71.° 15′ w. L. von Greenw.

12. Volcan de Villarica. Am südlichen Ende des Sees von Villarica gelegen, zwischen 39° 30′ s. Br. und 71°

10' w. L. Er soll eigentlich ein Doppel-Vulcan seyn und seine Gipfel sollen weit über die Schneegrenze reichen. Es wird ihm auch eine fast ununterbrochene Thätigkeit zugeschrieben. Im J. 1640 hat er einen heftigen Ausbruch gehabt. Dieser Vulcan liegt vom Osorno in gerader Richtung 34 deutsche Meilen entfernt; nach *R. A. Philippi* (a. a. O. S. 562) können seine beiden Gipfel vom Osorno aus déutlich erkannt werden. Er soll eine Höhe von 2500 Toisen besitzen und ist von Norden her schon in einer Entfernung von 25 deutschen Meilen sichtbar. Er scheint in einiger Ferne von der Küsten-Cordillere zu liegen. Die Pehuenches nennen ihn „Yajau nassen", *Villarino* aber „Cerro Imperial", wegen seiner grossartigen Gestalt.

13. **Volcan de Notuco.** Kommt auch unter dem Namen Volcan de Noluco vor. Er ist auf einem östlich auslaufenden Arm der Hauptkette der Andes, zwischen 39° 20' s. Br. und 70° 15' w. L. gelegen.

14. **Volcan de Chinale.** Er ist wahrscheinlich mit dem Volcan de Chinnal verwechselt worden, obgleich die Lage beider als von einander verschieden angegeben wird.

15. **Volcan Callaqui.** Lage: 38° s. Br. und 70° 5' w. L.

16. **Volcan de Antuco.** Heisst auch Volcan de Antujo und Volcan de Antojo. Dieser hat in neuerer Zeit glücklicher Weise in *Pöppig* und *Domeyko* zwei sehr unterrichtete Beschreiber gefunden. Seine Lage ist 37° 40' s. Br. und 70° w. L. von Greenw. Nach *J. Domeyko (Ann. des Mines.* 4ème Sér. 1848. T. XIV. pag. 187 ff.) besitzt dieser fast stets thätige Vulcan, aus dessen durch Schlacken schwarz gefärbtem Gipfel beinahe ohne Unterlass Flammensäulen und Rauchwolken ausgestossen werden, eine ausgezeichnete kegelförmige Gestalt und bildet einen ergreifenden, wahrhaft prachtvollen Contrast im Vergleich mit einem ihm gegenüber liegenden Berge, der Cierra Beluda, einer unförmlichen, mit Gletschern bedeckten Gebirgsmasse, umringt mit steilen, fast senkrechten Felsen, die, in mächtige Säulen gespalten, zum Himmel emporstreben. Nähert man sich diesem Vulcane, sey es vom Westen her durch das Laja-Thal, oder aus Osten durch jenes des Rio del Pino, so lassen sich drei verschiedene Parthien in der Gestaltung des Berges erkennen.

Die erste derselben bildet den Fuss des Berges, sie scheint aus denselben Gebirgsmassen wie die angrenzende Andeskette zu bestehen.

Aus der zweiten besteht der untere oder grosse Kegel, welcher auf der Basis ruhet, 15—20 Kilometer an seinem Fusse im Umfang hat und unter 15—20⁰ gegen den Horizont geneigt ist.

Die dritte wird von dem obern oder kleinen Kegel gebildet. Bei dieser beträgt der Umfang des Fusses etwa nur 2 Kilometer, während die Seiten 30—35⁰ Neigung besitzen.

Die Axe des oberen Kegels scheint mit der des unteren nicht zusammenzufallen, sondern etwas mehr nach Westen hin gerichtet zu seyn. Beide Kegel bilden übrigens nur ein einziges, stetes Gehänge, welches nahe am Kraterrande beginnt, bis zum Fusse des unteren Kegels herabreicht, sodann etwas weniger Fall hat und sich bis in's Laja-Thal hinabzieht. Durch eine strebepfeilerähnliche Hervorragung wurde ein ungeheurer Lavastrom in zwei Hälften getrennt, wovon eine bis zu dem Wasserfalle herabreicht, welchen der Rio de la Laja bildet, indem er sich in einen, in der Höhe der Basis des untern Kegels liegenden See ergiesst, während die andere Hälfte jenes Stromes in südwestlicher Richtung bis zum Fusse der Cierra Beluda (auch Silla velluda) sich erstreckt hat, um von da aus sich in's Laja-Thal hinabzusenken.

Am westlichen Bergabhange erblickt man, zu nicht geringer Zierde der Umgegend, den prachtvollen Antuco-See, an 10 Kilometer lang und 2—300 Meter breit, welcher wie ein Halbkreis die Basis des unteren Kegels umzieht und ihn von den nahe gelegenen, fast senkrecht herabfallenden Felswänden scheidet. In diesem See entspringt der Rio de la Laja.

Weiter aufwärts, da wo beide Kegel aneinander grenzen, bemerkt man eine ringförmige Ebene, bedeckt mit ewigem Schnee oder mit Gletschern, die, nach einigen vorhandenen Spalten zu urtheilen, wenigstens 30 Meter Mächtigkeit besitzen. Der horizontale Theil dieser Ebene ist etwa nur 150 Meter breit; sie steigt aber alsdann an, um sich mit dem steilen Gehänge des kleinen Kegels zu verbinden, dessen Oberfläche nach SO. und NO. nur aus einer von Spalten und Furchen durchzogenen Eismasse zu bestehen scheint. Diese ist von

blendend weisser Farbe und reicht kaum bis zu ⅔ der Höhe
des oberen Kegels empor, während der höhere Conus aus
schwarzen Schlacken besteht. Am östlichen Abhange beider
Kegel geht die Grenze des ewigen Schnees etwa 400 Meter
unter den oberen Rand des grossen Kegels herab, während
gegen das Ende des Sommers die westlichen und nördlichen
Gehänge meist frei von Gletschern sich zeigen. Nach den
verschiedenen Theilen des Berges zerfallen auch die ihn zusammensetzenden Gesteine in drei Abtheilungen.

Am Fusse des Antuco bemerkt man zunächst die Porphyre des Andes-Systems, durchbrochen und in ihrer Lagerung gestört durch die Granite von Ballenares, welche Erscheinung in der Ebene von Chancay besonders deutlich auftritt.
Daselbst scheinen die Porphyrlagen etwas nach dem Mittelpuncte des Vulcanes hin geneigt. Die Felsart bildet eine graue,
dichte Grundmasse mit einzelnen kleinen, glanzlosen, nicht
näher bestimmten Krystallen. Ausserdem finden sich auch,
jedoch nur auf gewisse Lager beschränkt, Krystalle glasigen
Feldspathes. Von Hornblende und Augit keine Spur, desto
häufiger treten aber Olivine auf.

Im Osten des Vulcanes von Antuco dagegen, auf dem
Gipfel der Cordillere von Pichochen, trifft man geschichtete
Porphyre mit dichtem Teig, ohne Olivin, frei von porösen
oder aufgeblähten Parthien (wie sie bei der vorigen Varietät
vorkommen); die Krystalle, welche sie umschliessen, sind bald
blättrig, bald von erdiger Beschaffenheit. Es tragen diese
Felsarten die nämlichen Charaktere, wie die geschichteten Porphyre, welche den Mittelpunct des Andes-Systems im Norden
bilden.

Der untere, grosse Kegel des Antuco besteht fast aus dem
nämlichen Gestein, allein je höher man am südöstlichen Abhange aufwärts steigt, um so mehr ändert auch der Porphyr
sein Ansehen. Er nimmt mehr und mehr Olivin auf, und bald
stellen sich immer zahlreicher werdende Poren und blasige
Räume ein; endlich wechselt die Felsart ihre Farbe und erlangt das Aussehen von Lava und von vulcanischer Schlacke.
Namentlich bei Corallon, am nördlichen Ende des Sees, ist
das Gestein ganz durchdrungen von Olivin, sehr porös und
aufgebläht. Manche Lagen erscheinen wie gebogen, mit grossen

27*

Weitungen versehen, gleich Ofenlöchern, deren Wände gefrittet und verglast erscheinen, als wenn sie einst Flammen
zum Ausgang gedient hätten.

Bis zu mehr als ⅔ seiner Höhe ist der Kegel mit Eis
bedeckt; nur nach Westen hin ist er davon frei, aber daselbst
ganz unzugänglich. Wahrscheinlich ist er aus Massen gebildet, die im teigigen Zustande empordrangen, ferner aus Blöcken
halb geschmolzener Substanzen, die vom Krater ausgeschleudert wurden, endlich aus einer unermesslichen Menge von Rapilli und Asche. Am häufigsten, besonders am oberen Rande
des grossen Kegels, so wie auf dem Gipfel des Kraters selbst,
trifft man eine sehr poröse und leicht zerreibliche Schlacke,
welche an der Luft sich zuweilen sehr bunt färbt und oft in
ihrem Innern zarten, fadenförmigen Feldspath enthält.

Von den vorhin erwähnten, in das Laja-Thal sich herab-
senkenden Lavaströmen ist ein jeder ungefähr zwei Kilometer
lang, während die Breite des nördlichen am Fusse des Berges
etwa 200 Meter beträgt. Seine Mächtigkeit übersteigt selten
3—3½ Meter. Beide Ströme bilden auffallend gewundene
und zerstückte Lagen, die sich bald hin und her und übereinander wälzen und biegen, bald sich weit ausdehnen und
eine wellenförmige Oberfläche annehmen. Aeusserlich sind
sie mit Schlacken bedeckt und aufgebläht; ihr Inneres erscheint jedoch stets weniger porös, dunkler schwarz gefärbt,
auch besitzt es oft eine verglaste Beschaffenheit. Als Ströme
erscheinen diese Laven nur auf den westlichen Abhängen des
Berges; ungeheuere Blöcke derselben, bisweilen von mehr als
20 Meter Kubik-Inhalt, finden sich überall auf der Oberfläche
des Vulcans, so wie an den Ufern des Sees. Ausser diesen
Blöcken bemerkt man auch, obwohl seltener, auch sogenannte
vulcanische Bomben, jedoch nur in Bruchstücken. Endlich
ist noch zu erwähnen, dass an den genannten Stellen, so wie
auf allen benachbarten Bergen, zumal in östlicher Richtung,
kleine verschlackte Massen, Rapilli und Asche in Menge zu
finden sind. Gerade als *Domeyko* den Vulcan zu ersteigen
versuchte, war er sehr thätig; alle 8 oder 10 Minuten stiess
er gewaltige Rauchwolken aus, und von Zeit zu Zeit vernahm
man ein Getöse wie Geschützes-Salven in weiter Ferne. Sehr
auffallend war es, an Felsarten, die aus der Nähe des Vulca-

nes herstammten, keine deutlich erkennbaren Spuren vulcanischer Wirkungen zu erblicken. Man sah nur mächtige Lagen
von Porphyren, ähnlich denen aus der Umgegend des Dorfes
Antuco, wechselnd mit andern gleichartigern und dichtern Gesteinen. Im Allgemeinen schienen jene Laven sehr gewunden,
aufgerichtet, hin und wieder zerbrochen.

Als es Nacht geworden, bemerkte man vor jedem neuen
Ausbruche einen Schein oder eine röthliche Flamme, wovon
die Krater-Mündung erleuchtet wurde. Dieser erhob sich zu wenig bedeutender Höhe über den Gipfel, ohne dass ein Funken-
sprühen oder ein Emporschleudern glühender Substanzen gesehen wurde. Wenige Secunden später vernahm man einen
Knall, gleich einem Kanonenschuss, und gleich darauf entstieg
dem Krater eine dichte Rauchsäule, welche die Gestalt eines
umgekehrten Kegels annahm und, indem sie sich um ihre
Axe drehte, bis zu einer Höhe emporstieg, welche der halben
Höhe des Berges gleich kam; der Rauch wurde stets dünner
und lichter und liess endlich nur eine Wolke hinter sich zurück, die bereits in ungeheurer Höhe über dem Vulcan schwebte,
als etwas unterhalb des Kraterrandes ein lebhaftes Licht erschien. Dieser leuchtende Punct war indess nur einen Augenblick sichtbar, erlosch sodann oder zeigte sich weiter abwärts
wieder und verbreitete sich in Gestalt eines dünnen und gewundenen, verschiedenartig gefärbten Bandes. Diese Bänder
erreichten selten die halbe Höhe des obern Kegels, auch waren sie nicht allen Explosionen, nicht allen Rauchausströmun-
gen eigen. Bisweilen waren sie mit einem schönen Schein
bedeckt und glühende Massen entstiegen der Seitenöffnung des
Berges unfern seines Gipfels, ohne dass ein unterirdisches Getöse dieser Erscheinung voranging.

Als *Domeyko* in der Nähe des Gipfels des Vulcanes an-
langte, kam er an eine Stelle, wo er nicht weiter vorzudringen
vermochte; denn ein heftig wehender Wind schleuderte über
den Rand des oberen Kegels Steine und Schlacken hinaus,
welche rund umher niederfielen und lärmend an den Bergseiten
hinabrollten. Zuletzt stiess man, kaum einige Hundert Meter vom Gipfel entfernt, auf weite Spalten, die nicht zu
überspringen waren; gewaltige Steine flogen umher und fielen Gefahr drohend nieder, und so sah man sich genö-

thigt, darauf zu verzichten, den Gipfel des Berges selbst zu erklimmen.

Ungleich glücklicher in dieser Beziehung war *E. Pöppig,* dem es im J. 1828 gelang, bei seiner Reise in diese Gegenden den Gipfel des Antuco zu ersteigen; s. dessen Reise in Chile, Peru und auf dem Amazonenstrome etc. Leipzig 1835. 4. S. 416.

Die Spitze des Vulcanes, welche zu erreichen jedoch nur nach Ueberwindung grosser und mannigfaltiger Hindernisse und Beschwerden gelang, besteht aus einer kleinen, kreisförmigen Ebene, in deren Mitte sich ein zweiter, aber abgestumpfter Kegel erhebt, der, einer ringförmigen Mauer vergleichbar, den eigentlichen Schlot umgiebt, aus einem etwa 50 Fuss hohen Walle loser Lavastücke besteht, allein so steil ist, dass man nur mit Händen und Füssen kletternd seinen Rand zu erreichen vermag. Aber nur in liegender Stellung war es vergönnt, in die geheimnissvolle Tiefe hinabzuschauen. Die Felsmassen erschienen mit den buntesten Farben geschmückt; an den braunen Wänden, deren Schichtung unverkennbar war, leuchteten breite Streifen alter, zinnoberrother Laven, auch liefen hin und wieder schmale, glänzend schwarze Bänder bald senkrecht, bald netzförmig über sie hinweg. Hervorspringende Felsecken waren mit orangegelben Anflügen bedeckt, die bald als Krusten, bald als Stalaktiten von Traubenform sich angesetzt hatten und vorzugsweise aus Schwefel bestanden. Der Schlot schien kaum mehr als 30 Klafter tief zu seyn und war durch einen braunen Sandhügel geschlossen, zu dessen Seiten zwei tiefe cylindrische Schluchten ausmündeten, welche dem Rauche zum Austritt dienten. Die grössere Menge der unterirdischen Dämpfe und Gase stieg jedoch aus einer ovalen Seitenöffnung der senkrechten Wand empor, welche so sehr mit stalaktitischen Bildungen geschmückt war, dass sie dadurch fast das Ansehen eines gothischen Kirchenfensters erhielt. Das aufhörliche Zittern des Bodens, die heissen Sandkörner, welche die unbedeckten Körpertheile trafen, und die sauern Dämpfe, welche zu heftigem Husten reizten, erlaubten es jedoch nicht, lange an dieser gefährlichen Stelle zu verweilen.

Wie *Pöppig* meint, ist nächst dem Pic von Teneriffa und dem nachher zu erwähnenden Cotopaxi unter den bekann-

ten Feuerbergen der Antuco derjenige, welcher die spitzigste
Form besitzt. Den scharfkantigen Rand des höchsten Ringes
nennen die Chilenen „el Sombrerito", d. h. das Hütchen; der
Krater mag ungefähr 600 Schritt im Umfang haben. Seine
Gestalt ist nicht völlig kreisrund, sondern von Osten nach
Westen hin etwas verlängert.

Die Spitze des Berges fällt zwar auf allen Seiten sehr
steil ab, allein nach Norden fast senkrecht und ist daselbst,
etwa 800 Fuss unterhalb der Mündung, durchbrochen, woselbst
Lavaströme hervorquollen, deren Glühen in 20 Meilen Entfernung schon sichtbar war. Ein sehr bemerkenswerthes Phänomen war die Verschiedenartigkeit der Dämpfe, welche aus dem
Krater hervorbrachen und mit grosser Regelmässigkeit aufeinander folgten. Diese waren mit starker Erschütterung des
Bodens verbunden. *Pöppig* beobachtete zwei solcher Explosionen. Eine grosse Menge blauschwarzen Rauches drang aus
den Ritzen im Innern des Kraters hervor und wirbelte mit
ziemlicher Gewalt, wenn auch geräuschlos, empor. Er besass
einen schwefeligen Geruch, sauren Geschmack und reizte stark
zum Husten. Dann aber trat plötzliche Verminderung ein und
nur einzelne dünne Streifen stiegen aus den grösseren Spalten
auf. Eine starke Erschütterung folgte, hellweisse, im Sonnenlicht lebhaft erglänzende Strahlen schossen mit unbeschreibli-
cher Gewalt aus der Tiefe empor und führten eine Wolke
weisser Sandkörner und Lavastücke bis zur Schwere eines Lothes mit sich herauf. Kaum schien sich diese weisse Dampfsäule mehr als einige hundert Fuss hoch zu erheben, allein
erschreckend war das Geräusch bei ihrem Austritt und nur
mit jenem zu vergleichen, das zwanzigfach weniger gewaltsam
aus dem geöffneten Ventile der grössten Dampfmaschine hervorbricht. Der Druck der Luft war wie bei dem heftigsten Sturmwind, so dass das Athmen sehr beschwerlich fiel; doch war der
Dampf weder warm, noch übelriechend, allein sehr feucht.
Wahrscheinlich bestand er vorzugsweise aus Wassergas. So
wie seine Gewalt abnahm, quoll mit der früheren Lebhaftig-
keit aus allen Ritzen der schwarze Rauch von Neuem hervor,
und auf diese Weise wechselten in regelmässigen Zwischenräumen von 4—5 Minuten beide Ausbrüche. — Die weithin
vernehmbaren Donnerschläge, so wie das dumpfe Rollen, wel-

ches nur auf den Seiten des Berges selbst hörbarer wird, scheinen mehr mit dem Ausstossen der weissen Dämpfe als dem des schwarzen Rauches in Verbindung zu stehen. Besonders interessant ist die Entstehung wirklicher Wolken aus diesen Dämpfen.

An einem windstillen Morgen und bei wolkenlosem Himmel stieg der mehr als gewöhnlich weisse Dampf des Vulcanes ruhig bis zu ansehnlicher Höhe empor, und gleichsam durch etwas Schwereres beschränkt, bildete er eine lange, horizontale Schicht, die stets weisser wurde, innerhalb einer Stunde sich sehr vergrösserte und zuletzt den gewöhnlichen Wolken gänzlich glich. Sie trennte sich dann von der unterstützenden Rauchsäule und zog langsam und ungetrennt nach Norden, wo sie bis Nachmittag die einzige blieb. In andern Fällen entstanden 3—4 solcher Wolken, die später zusammenflossen, bisweilen viele Stunden ruhig stehen blieben, bisweilen durch Luftströmungen fortgetrieben wurden und am Abend mit den aus den Thälern aufsteigenden Nebeln sich vermischten. Alsdann folgt stets ein Regen und der Landmann in Antuco ist davon durch lange Erfahrung so fest überzeugt, dass er den Vulcan für den Erzeuger der Wolken ansieht.

Ausser den beiden erwähnten, dem Krater des Vulcanes entsteigenden Arten von Dämpfen giebt es noch eine dritte, die aber noch Niemand, wegen der damit verbundenen Gefahr, in der Nähe beobachtet hat. Bei dieser tritt der dunkelschwarze Rauch mit einer so ungeheuren Gewalt aus der Mündung hervor, dass er mit Blitzesschnelle bisweilen mehr als 2000 Fuss emporsteigt. Schon in der Entfernung von zwei Meilen unterscheidet man das Drängen der dicken Massen, welche die Mündung viel zu eng finden, und man kann weithin ihren raschen Flug verfolgen. Indess tritt diese Erscheinung nur selten ein, und während einer Zeit von 5 Monaten wurde sie nur einmal beobachtet. *Pöppig* fand die emporsteigende Rauchsäule 3180′ hoch und schätzte ihren Inhalt auf 26,222,700 Kubikfuss. — Wahrscheinlich haben auch die mit der Ausstossung des weissen Dampfes verbundenen Explosionen die ungeheuern Steinmassen ausgeschleudert, welche in der Nähe des Berges umherliegen. Auf der ringförmigen Ebene des Kraters lag ein Block von brauner Lava, ganz

isolirt und rings von Sand und Schlackentrümmern umgeben.
Er mochte wohl 546 Kubikschuh Inhalt haben und sein Gewicht nicht unter 22,500 Pfund seyn. Dass er aus dem Krater im erkalteten Zustande ausgeschleudert, ergab sich aus der
Oertlichkeit; denn wie bei allen ähnlichen und scharf zugespitzten Vulcanen erfolgen auch beim Antuco alle Lavenaus-
brüche aus den Seiten. In Uebereinstimmung mit *Domeyko's*
Beobachtungen fand es auch *Pöppig* sehr auffallend, unter
den Feuererzeugnissen des Antuco eben so wenig vulcanische
Gläser als Bimssteine zu finden. Selbst Asche ist ziemlich
selten, denn nur ein feiner Sand, dem Glimmersande sehr
ähnlich, oft schwarz von Farbe und glänzend, wird bisweilen
ausgeworfen. Aschenregen sind auch den Antucanen nicht
erinnerlich, wohl aber erzählen sie von ungeheuern Steinmassen, die beim letzten Ausbruche unglaublich weit geworfen
seyn sollen. Eine solche von wenigstens 8000 Pfund Gewicht
liegt isolirt am Ufer des Sees, etwa ½ Meile vom Krater entfernt. Andere grosse Steine sollen zu derselben Zeit, in der
Entfernung von 12 Leguas, in die Mitte einer Handelskaravane
vom Vulcane herabgeschleudert worden seyn (?).

Der Antuco ist nach *Pöppig* einer von denjenigen Vulcanen, welche das merkwürdige Phänomen darbieten, jeden
grösseren Ausbruch mit der Ergiessung einer überaus grossen
Wassermasse und zwar von kalter Temperatur zu beschliessen.
Ein solcher Wasserausbruch ereignete sich im J. 1820, zu
welcher Zeit der Antuco die letzte grosse Eruption gehabt zu
haben scheint. Kaum waren die gefährlichsten Erscheinungen
derselben vorüber, so setzte sich eine lange aufgehaltene Kara-
vane in das Land der Pehuenchen in Bewegung. Die Reisenden fanden jedoch am Fusse des Vulcans den Boden von einem Wasserstrome tief aufgerissen, der immer noch, obgleich
mit verminderter Stärke, vom Berge herabfloss und aus einer
Spalte des Kegels hervordrang. Alles war mit einem übel-
riechenden, rothgelben Schlamm bedeckt, der, besonders in den
Vertiefungen alter Lavabetten, mehrere Klaftern hoch angehäuft war. Er wälzte sich in seinem Bette nur langsam fort,
war 20—30 Schritte breit und nahm seinen Lauf über uralte
Trümmer losen, vulcanischen Schuttes. Nach einer Zeit von
acht Jahren erkannte *Pöppig* diese Stelle noch als eine Furche

von 3—15 Fuss Tiefe auf der Hälfte des Vulcans; mehr nach
oben zu aber schien sie verschüttet zu seyn. Am Krater
selbst sieht man von ihr jetzt keine Spur mehr, allein dass
aus ihm der Wasserstrom hervorgebrochen, wurde einstimmig
von den Antucanen behauptet, weil gleichzeitig mit dem Wasser ein grosses Stück des höchsten Ringes (el Sombrerito)
herabgefallen sey. Ob nun jene Wasser und Schlamm-Er-
giessungen von geschmolzenem Gletschereis oder dem am Kegel angehäuften Schnee herrühren, oder durch Verbindungen
entstehen, welche der vulcanische Heerd mit dem nahen, un-
ergründlich tiefen Antuco-See hat, dies aufzuklären, bleibt der
Zukunft überlassen.

Die drei Anfangs erwähnten Bestandtheile, aus denen der
ganze Feuerberg zusammengesetzt ist, sollen nach *Domeyko* zu
verschiedenen Zeiten entstanden seyn.

Der ersten Entstehungs-Epoche dürften beizuzählen seyn
die Gebilde ausserhalb der Basis des grossen Kegels, eben so
diejenigen, aus welchen die Cierra Beluda und die Gebirge im
Westen der Chancay-Ebene bestehen. Diese Felsarten sind
nicht nur älter als das Auftreten des Vulcanes, sondern auch
als die Emporhebung der Andeskette; sie müssen gleichzeitig
mit den bunten Porphyren entstanden seyn, welche eine so
wichtige Rolle im Felsbau der Anden spielen.

Der zweiten Formation gehört der grosse Kegel an; wahrscheinlich rührt das ihn zusammensetzende Gestein aus einer
neueren Zeit her, später als jene der Emporhebung der Anden
und gleichzeitig mit dem Auftreten des Vulcans.

Die dritte und letzte Formation endlich besteht aus Auswurfsmassen, emporgeschleudert nach der Erhebung des Vulcans, und nachdem sein dermaliger Krater sich gebildet. Sie
begreift den ganzen obern Kegel, den Rand des untern Kegels, die beiden früher erwähnten, am westlichen Abhange des
Berges herabgeflossenen Lavaströme, so wie alle Schlacken und Lapilli, von denen die Berge der Umgegend bedeckt sind.

Dem Gipfel des oberen Kegels, der übrigens, wie bei vie-
len andern Vulcanen, jährlich in Beziehung auf Höhe und
Gestalt manchem Wechsel unterworfen ist, theilt *Domeyko* eine
Höhe von 2718 Meter zu.

So ziemlich in denselben Breitegraden, nicht aber in derselben Länge, wie der Antuco, liegen die drei folgenden, nur sehr ungenügend gekannten Feuerberge.

17. Der Volcan de Cura. Er liegt etwa im 38⁰ s. Br., in der Mitte zwischen dem Vulcan von Villarica und dem von Antuco, gegenüber der an der Küste gelegenen Insel de la Mocha, etwa 40 Leguas von Tucapel entfernt. Er soll ein noch jetzt wirksamer Vulcan seyn, aber nicht in die Schneeregion hinaufragen. Die beiden andern heissen:

18. Volcan de Unalavquen. Er liegt südöstlich von Antuco, etwa unter 37⁰ 10′ s. Br., an der östlichen Cordillere, und soll sehr thätig seyn.

19. Volcan de Punmahuidda (Pomahuida). Es scheint, dass er sich ebenfalls noch jetzt im thätigen Zustande befindet. Auch Spuren von früherer und zwar grossartiger Wirksamkeit finden sich an ihm. Ueber denselben sind eigentlich nur durch den deutschen Missionär *Havestadt*, welcher im letzten Drittel des vorigen Jahrhunderts diese Gegenden bereiste, einige dürftige Nachrichten zu uns gelangt. Er sagt, dieser Vulcan werde „Pomahuida" genannt wegen seiner häufigen, die Luft verfinsternden Ausbrüche. Er soll östlich vom Indianerdorfe Tomen gelegen seyn. Als *Havestadt* in die Nähe dieses Vulcans gelangte, sanken die Lastthiere in dem ganzen Umkreise so tief und so oft in die locker liegenden Auswürflinge, dass sie zuletzt ihre Hufe verloren. Im J. 1823 hatte der Berg einen grossen und in den Jahren 1827 und 1828 kleinere Ausbrüche. Er liegt im Lande der Pehuenches, etwa im 36⁰ s. Br. und 70⁰ n. L. von Paris. Dieser Missionär kam auch in die Nähe des Descabezado, eines, wie es scheint, ebenfalls erloschenen Vulcans; bei dieser Gelegenheit gedenkt er noch eines andern Feuerberges, welcher unter dem Namen „Longavi" vorkommt, aber wahrscheinlich mit dem V. de Chillan identisch ist.

Diese Gegend hat nach *Domeyko's* Bericht dadurch wieder neues Interesse erlangt, dass in unsern Tagen daselbst eine neue Solfatare entstanden ist, von welcher wir späterhin das Nähere anführen werden.

Es folgt nun:

20. Volcan de Tucapel, auch V. de Tucapa genannt. Lage: 37⁰ s. Br. und 69⁰ 45′ w. L. v. Greenw.

21. **Volcan de Chillan.** Er liegt im 36° 5′ s. Br.
und 69° 20′ w. L. Er ist vielleicht identisch mit *Molina's*
Pico Descabezado und *Havestadt's* Volcan de Longavi. Man
hält ihn für einen der höchsten Berge im ganzen Lande. *Molina*
schreibt ihm eine Höhe von 20,000 Fuss zu; *Pöppig* (a. a. O.
S. 34) spricht von 16,000 Fuss. Beide Angaben mögen
wohl zu hoch gegriffen seyn. *Domeyko* hält ihn für einen erloschenen Vulcan.

22. **Volcan de Peteroa.** Lage: 35° 15 s. Br. und
69° 10′ w. L. von Greenw. Ist etwas näher bekannt, als die
vorigen. *Molina* führt von ihm einen grossen Seitenausbruch
an, welcher am 3. December 1762 erfolgte. Es bildete sich
hierbei ein neuer Krater und ein benachbarter Berg wurde
auf einer etliche Meilen langen Strecke in der Mitte, unter einem fürchterlichen, donnerähnlichen Getöse, gespalten. Die
ausgestossene Lava und Asche erfüllte die nächsten Thäler
und verursachte ein Steigen des Gewässers im Tinguiririca;
auch wurde der Lauf des Flusses Lontue 10 Tage lang gehemmt, weil ein Stück des Berges in sein Bett herabgestürzt
war. Bei dem grossen Erdbeben von Concepcion am 20. Februar 1835 gerieth er ebenfalls wieder in Thätigkeit, nachdem
er längere Zeit vorher geruht hatte, wie *Caldcleugh* bemerkt
(Lond. philos. transact. I, 21—26). Dieser Vulcan liegt in
östlicher Richtung, den Quellen des Rio Maule gegenüber, in
der Provinz Colchagua.

23. **Volcan de Azufre.** An seiner westlichen Seite
entspringen die Quellen des Rio Tinguiririca, an welchem Flusse
S. Fernando liegt. Seine Lage ist, gleich dem nachfolgenden
Vulcan, nach *Meyen* zwischen dem 34 und 35° s. Br. und 71
und 72° w. L. von Greenw.

24. **Volcan de Rancagua.** Er liegt östlich von Cau-
quenes, im 34° 10′ s. Br. Die Quellen des Rio Cachaopal,
welcher späterhin sich in den Rio Tinguiririca ergiesst, nehmen an seinem nördlichen Abhang ihren Ursprung. Er ist
identisch mit dem Vulcan des Rapél bei *Molina* und *Vidaure,*
welche Schriftsteller den Vulcan fälschlich an die Mündung
des Rio de Rapél versetzt haben. Man kennt von ihm mehrere Ausbrüche. Er erhebt sich nur wenig über die Kette
der Cordillera und ragt nicht einmal über die Grenze des ewi-

gen Schnees hinaus. Auf sein oft wahrnehmbares Leuchten bei
nächtlichem Dunkel werden wir nachher zurückkommen.

25. Volcan de Maipú (Maypo). Gleich den beiden
nachfolgenden Feuerbergen, ist seine Lage zwischen 71 und 72°
s. Br. und 34 und 33° w. L. nach *Meyen.* Nach andern Angaben ist sie 34° 5′ s. Br. und 69° 10′ w. L. *F. J. F. Meyen*
(s. dessen Reise um die Erde etc. Berlin 1834. 4. S. 357)
hat die Gegend, worin dieser Feuerberg liegt, besucht und
letztern von verschiedenen Wegen aus zu ersteigen versucht,
ohne jedoch zum Ziele zu gelangen. Zuerst drang er von der
südwestlichen Seite vor, woselbst sich eine tiefe Schlucht vor-
fand, deren schwarzes Gestein weniger mit Schnee bedeckt und
wegen der treppenförmigen Lagerung der Bergmassen zum
Hinaufsteigen geeignet zu seyn schien. Allein was man aus
der Ferne für anstehenden Fels gehalten, das erwies sich in
der Nähe als eine mit schwarzer Lavaasche bedeckte Eismasse.
Sie zog sich bis zum Gipfel des Vulcans hinauf, war jedoch
an der Spitze des Berges mit glänzendem Schnee bedeckt.
Ihrer Steilheit wegen war indess das weitere Vordringen von
dieser Stelle aus ganz unmöglich. Jetzt versuchte man von
der nordöstlichen Seite die Ersteigung und gelangte sogleich
auf grosse Schneefelder, welche so hart wie Eis waren und
wohl schon lange gelegen haben mochten. Sie bedeckten eine
sehr mächtige Lage von alabasterartigem Kalkstein, welcher
ein Lager im Zechstein-Gypse zu bilden schien. Von diesen
Schneefeldern aus kam man über ein grosses Feld von Gerölle, das sich unmittelbar zu dem Abhange des Kegels hin-
aufzog. Die Räume zwischen dem Gerölle waren mit tiefer
vulcanischer Asche bedeckt. Man sammelte daselbst mehrere
Auswürflinge. Der eine bestand aus Trachyt mit bräunlich-
rother Grundmasse und inliegenden Krystallen von glasigem
Feldspath und Hornblende. Ein Stück dieses Gesteins enthielt
als Einschluss einen Porphyr von grauer Grundmasse mit einzelnen grossen Feldspath-Krystallen. Ein anderer Auswürfling
war ein Porphyr mit schwarzer Grundmasse und zarten, dicht
gedrängten Feldspath- und grünen Augit-Krystallen. Noch ein
anderes Stück war zur Hälfte aus Grünstein-Porphyr, zur
andern Hälfte aus trachytischem Bimsstein zusammengesetzt.
Nach *Meyen's* Ansicht sind dem Vulcane wahrscheinlich nie

Lavaströme entflossen, wenigstens nicht an den drei von ihm untersuchten Seiten. Das weitere Hinaufsteigen erleichterten Säulenreihen von braunrothem Trachyt, die sich hier am Kegel erhoben und so regelmässig geformt waren, wie die bekannten Basaltsäulen zu Unkel am Rhein; sie erschienen 4-, 5-, 6seitig, waren meist 7—8 Zoll dick und wie Orgelpfeifen aneinander gereiht. Sie stehen aufrecht, mit ihren obern Enden etwas nach der Spitze des Vulcans gerichtet, und ragen treppenförmig übereinander hervor. Ihre Längen-Ausdehnung beträgt nahe an 300 Fuss, die Breite 50—60 Fuss und ihre Höhe, in welcher sie über die Asche und das Geröll emporragen, 15—20 Fuss. Da, wo der Trachyt aufhörte, kam man wieder auf Aschenfelder, allein plötzlich, etwa in einer Entfernung von 200 Schritt von dem kleinen, seitlichen Schlot des Vulcans, aus welchem beständig dicke Rauchwolken emporstiegen, an eine Schlucht von solcher Tiefe, Breite und Länge, dass der Bergfahrt ein Ende gemacht werden musste.

Der kleine Krater war rund umher mit verschlacktem Gestein eingefasst, ähnlich den kleinen Thürmen, wie sie auf altgothischen Gebäuden vorkommen. Dicht über diesem seitlichen Schlot wurde die Spitze des Vulcans durch einen Vorsprung des Gesteins umkränzt, von welchem Eiszapfen von enormer Grösse, gleich umgekehrten Thurmspitzen, herabhingen. Die Höhe der Spitze, wo sich der grosse Krater des Vulcans befindet, schätzte *Meyen* 500 Fuss über dem höchsten Standpuncte, welchen er erreicht hatte. An der Südseite des Berges, woselbst der Rio Maipú entspringt, ist das Gebirge so wild, dass man bis jetzt auch hier noch keinen Weg zum Gipfel gefunden hat. Vielleicht gelingt in der Zukunft die Ersteigung desselben auf der östlichen Seite.

Seit dem Jahre 1822, in welchem Valparaiso durch das bekannte grosse Erdbeben zerstört wurde, soll der Volcan de Maipú besonders thätig seyn. Dr. *Gillies* (s. *Brewster's* Edinb. Journ. I. V. S. 376) ward bei einer Reise in diese Gegend am 1. März 1826 in einen zweistündigen Aschenregen eingehüllt, der wahrscheinlich von diesem Vulcan herrührte, was jedoch *Meyen* (a. a. O. S. 331) bezweifelt. An seinem nördlichen Fusse läuft die Strasse über die Gebirgskämme nach Buenos-Ayres hin, nach *Miers* Angabe in einer Höhe von

11,920 Par. Fuss bei der Casa de la Cumbre. Allein der Feuerberg selbst mag wohl noch bedeutend höher seyn.

26. Volcan de San Jago. Lage: 33° 20′ s. Br. und 69° 5′ w. L. Er liegt fast in derselben Breite wie die Hauptstadt St. Jago, nur etwas mehr südlich und um mehr als einen Längengrad in östlicher Richtung von ihr entfernt. Seit dem Jahre 1835 will man auch an ihm Spuren erneuerter Thätigkeit wahrgenommen haben. *Miers* nennt ihn den Pic von Tupungato und schätzt seine Höhe auf 15000 engl. Fuss. Eben so *Gillies*, bei welchem er aber V. Penquennes heisst.

27. Volcan Nuovo. Er liegt fast unter demselben Breitegrade wie Valparaiso, aber um mehr als zwei Längengrade östlicher. Nach *Pöppig* (s. *Berghaus* Länder- und Völkerkunde. II, 748) ist die Existenz dieses Vulcans noch sehr Zweifelhaft. Er soll am obern Rio de Juncal, einem Zuflusse des Rio de Aconcagua, liegen.

Nun kommen zwei Vulcane, welche fast in derselben Breite liegen; der westlich gelegene ist der V. de Aconcagua, der östlich gelegene der V. de Uspallata.

28. Volcan de Aconcagua. Nach dem *Annuaire du bureau des longitudes pour* 1824 ist seine Lage: 32° 30′ s. Br. und 70° 12′ w. L.; nach neuern Messungen ist sie aber 32° 38½′ s. Br. und 1° 41′ östl. Länge vom Meridian der Stadt Valparaiso. Dieser Berg ist in neuerer Zeit zu einem grossen, weithin verbreiteten Rufe gelangt, indem ihm von britischen Seefahrern und Reisenden (unter denen *Fitz-Roy* im J. 1835 und später *Pentland)* eine so ausserordentliche Höhe zugeschrieben wird, dass er nicht nur als der höchste Berg von Süd-America, sondern des ganzen americanischen Continentes zu betrachten seyn dürfte. Nach *Fitz-Roy* schwankt sie zwischen 23,000 und 23,400 engl. Fuss, und wenn man von diesen Zahlen das arithmetische Mittel nimmt, so ergiebt sich eine Höhe von 23,200 engl. oder 21,768 Par. Fuss, was 3628 Toisen gleichkommt. Schenkt man nun noch einer spätern Messung *Pentland's* aus dem J. 1838 Vertrauen, welche eine Höhe von 22,478 Par. Fuss oder 3745 Toisen gegeben hat, so würde der Aconcagua sogar noch höher als der Chimborazo erscheinen, der nach, *A. von Humboldt* 20,100 Par. Fuss hoch ist. Da jedoch *Pentland* das Detail seiner Messungen

bisher noch nicht bekannt gemacht und die frühern Messungen
von seinen spätern mitunter ansehnlich abweichen, so bleibt
es einer spätern Zeit überlassen, die Wahrheit hinsichtlich dieser
Angaben zu ermitteln.

Ueber die vulcanische Natur des Aconcagua besitzen wir
nur dürftige und mangelhafte Nachrichten. Doch spricht *Darwin* von einer Eruption desselben, von welcher ihm ein glaubwürdiger Augenzeuge erzählte.

29. Volcan de Uspallata. Wie bereits bemerkt,
liegt dieser Vulcan dem vorigen in östlicher Richtung gerade
gegenüber. Die Längen-Differenz dürfte kaum ³/₄ Grad betragen. Zwischen diesen beiden Colossen nimmt der Rio de
Mendoza seinen südlichen Lauf, um sich hernach nach Osten
zu wenden.

30. Volcan Choapa. Nach dem *Ann. du bureau des
longitudes pour* 1824 liegt er im 31⁰ 20′ s. Br. und 70⁰ 5′
w. L. Er kommt auch unter dem Namen: Volcan de Chiapa vor.

31. Volcan Limari. Ist gerade unter 31⁰ s. Br. und
70⁰ 8′ w. L. gelegen. Zwischen diesen beiden Feuerbergen
erhebt sich eine mächtige Gebirgsmasse, an der die Quellen
des Rio Choapa, die eine an ihrem nördlichen, die andere an
ihrem südlichen Abhang, ihren Ursprung nehmen. Dieser
Fluss mündet später in den Rio Huentetauquen, um sich hierauf in den stillen Ocean zu ergiessen.

32. Volcan de Coquimbo. Dieser schliesst die lange
Reihe der chilenischen Vulcane. Er liegt im 30⁰ 5′ s. Br.
und 70⁰ w. L. An seinem westlichen Fusse entspringt der
Rio de los Puntos, welcher nach der Vereinigung mit einem
andern Flüsschen den Namen Rio de Coquimbo annimmt und
bei dem Hafen gleichen Namens sich in's stille Meer ergiesst.

Wir dürfen die Feuerberge Chili's, dieses in naturhistori-
scher Hinsicht so sehr ausgezeichneten Landes, nicht verlassen,
ohne einer Eigenschaft dieser Berge zu gedenken, welche ihnen
eigenthümlich zu seyn scheint, die zwar von ältern Schriftstellern schon flüchtig erwähnt, von neuern aber übersehen wurde
und auf welche erst neuerdings wieder *Meyen* (a. a. O. S. 349)
die Aufmerksamkeit der Naturforscher gelenkt hat.

Es ist dies das sogenannte Leuchten der dortigen Vulcane,
welches in so hohem Grade dazu beiträgt, in schönen Som-

mernächten den glänzenden, hell gestirnten Himmel Chile's zu verherrlichen und ihm einen Reiz zu verleihen, welchen man schon in dem angrenzenden Peru kaum noch kennt. Dieses Leuchten erscheint um so intensiver, je ruhiger die Natur und je klarer der Himmel. *Vidaure* (s. dessen Geschichte des Königreiches Chile. Hamburg 1782, deutsche Uebersetzung, S. 14) scheint der erste Schriftsteller zu seyn, welcher dies Phänomen erwähnt. Eben so bemerkt *Miers (Travels to Chile and la Plata etc.* II.), dass man fast in ganz Chile während heiterer Sommernächte ein Wetterleuchten wahrnehme, aber nirgends Wolken sehe, noch ein vorangehendes oder nachfolgendes Gewitter beobachtet habe. Das Volk bezeichnet diese Eigenschaft eines Vulcans mit dem Ausdrucke: „El volcan relampaga". *Meyen* fand dieses Leuchten stets um so stärker, je näher er an die Vulcane kam und je klarer die Atmosphäre erschien. Zuerst bemerkte er die Erscheinung an dem Vulcane von Rancagua. Bald nach Sonnen-Untergang trat aus dem Krater dieses Berges eine Lichtmasse hervor, welche einem Blitze glich, im nächsten Augenblicke aber wieder verschwand; gleich darauf trat eine Feuermasse hervor, die in die Höhe getrieben wurde und dann wieder in den Schlund zurückfiel. Auch die Bewohner dieser Gegend haben häufig dasselbe Phänomen beobachtet. *Meyen* fand dieses Leuchten, wenn er sich in einer Ebene befand, niemals mit Geräusch verbunden, wohl aber fast jedesmal auf dem Rücken der Cordillere, wo dies Geräusch der Vulcane entferntem Kanonen-Donner glich.

Was dieser Erscheinung zu Grunde liegt, ist bis jetzt noch nicht ermittelt. *Meyen* meint zwar, man könne es durch die Detonation des Wasserstoffs mit dem Sauerstoff, angezündet durch die Feuermasse des Vulcans, wohl leidlich erklären, doch bleibe es hierbei sehr auffallend, warum allein die Vulcane von Chile ein solches Leuchten zeigen und sich dadurch von den ihnen so nahe gelegenen peruanischen Feuerbergen, mit denen sie doch unter ganz gleichen Verhältnissen stehen, so deutlich unterscheiden. Der Vulcan von Atacama nämlich scheint der letzte zu seyn, der ein solches Leuchten noch wahrnehmen lässt. Der Vulcan von Arequipa zeigt es nicht mehr; denn *Meyen* hat ihn eine ganze Woche lang vor Augen gehabt, selbst die Feuermasse in seinem Krater gesehen, die sich Nachts

an den darüber stehenden Wolken abspiegelte, und dennoch
jenen räthselhaften Lichtschein nicht wahrgenommen.

Vulcanen-Reihe von Bolivia und Peru.

§. 42.

Es folgt nun eine lange Unterbrechung in der Reihe der
südamericanischen Vulcane und zwar auf eine Längenerstre-
ckung von etwa sieben Breitegraden; denn so viel mag wohl
der Zwischenraum betragen, welchen man zwischen dem Vulcan von Coquimbo und dem von Atacama, dem südlichsten
in der bolivischen Reihe, wahrnimmt. *Pentland*, welcher während eines mehrjährigen Aufenthaltes in diesen Ländern Gelegenheit gehabt hat, die meisten dieser Vulcane kennen zu lernen, berichtet, dass er, hinsichtlich ihres petrographischen Charakters, an ihnen fast nie Spuren von Basalt oder Melaphyr,
noch von basaltischen oder augitischen Laven bemerkt habe.
Auch sind trachytische Pechsteine, Obsidiane und analoge
vulcanische Gläser, im Vergleich mit andern vulcanischen
Gegenden, namentlich ausserhalb America, im Ganzen eine
seltene Erscheinung. Dagegen prädominiren — und fast nur
sie allein — Trachyte, reichlich mit Quarzkörnern versehen,
so wie trachytische Conglomerate, mannigfachem Wechsel
bezüglich ihrer Form und Zusammensetzung unterworfen. Diese
beiden Gebirgsarten sind es vorzugsweise, unter deren Decke
die neuern vulcanischen Massen hervortreten.

1. Volcan de Atacama. Er liegt fast mitten auf dem
Kamme der östlichen Andes-Kette, nach *Meyen* etwas unterhalb
des 23 Grades südl. Breite und nahe am 71 Grade westl. Länge
von Paris, nordöstlich von der Stadt S. Francesco de Atacama,
von welcher er den Namen führt. Geht man von Copiapo
aus in nördlicher Richtung, so findet man diesen Berg in einer
Entfernung von 100 Leguas gelegen; gegen Süden ist der
kleine Vulcan von Coquimbo der nächste, und zwischen diesen
beiden dehnt sich die Cordillere noch auf eine Strecke von
150 Meilen aus, ohne dass man weiter auf dergleichen Feueressen stösst. Das flache Land in der Mitte dieser beiden
Feuerberge wird gegenwärtig durch fast ununterbrochene Erdbeben heimgesucht und vielleicht ist gerade das Fehlen eines
Kraters die Ursache, dass die elastischen Dämpfe, welche sich

in Folge des Erdvulcanismus erzeugen, sich keine Bahn zur
Oberfläche brechen können, und dass sie dieses Land so lange
erschüttern werden, bis sie sich einen Ausgang verschafft haben.
In der Nähe des Vulcans von Atacama soll Schwefel in so
reichlicher Quantität angehäuft vorkommen, dass er früher
sogar einen Ausfuhr-Artikel bildete.

2. Volcan de Gualatieri. Kommt bei *Pentland* auch
unter dem Namen Gualateiri vor. Er scheint einen überaus
mächtigen Gebirgsstock zu bilden, auf welchem sich mehrere
Schlöte erheben. Zwei derselben sind etwas näher bekannt;
sie führen die Namen Sehama (auch Sahuma) und Chungara.
Der dritte und vierte Pic heissen Paranicota und Araclache.
Hinsichtlich dieser ist es sehr wahrscheinlich, dass sie blos
Nevados (Schneeberge) sind. Die beiden erstgenannten Berge
sollen nach *Pentland* nur fünf deutsche Meilen voneinander
entfernt seyn, während nach andern Karten Sehama eine viel
südlichere Lage hat. Der Paranicota führt auch den Namen
Pomarape und zeichnet sich besonders durch seine glockenförmige Gestalt aus. Er soll eine Höhe von 21,700 und der
Nevado von Araclache eine solche von 18,500 englische Fuss
besitzen. Er ist der nördlichste dieser Colosse und erscheint
in der Gestalt eines ansehnlichen und langen Kammes in der
Richtung der Axe der Cordillere.

Der Gualatieri-Pic, welchem *Pentland* (s. *Berghaus*, Hertha,
Bd. 13. S. 19) eine Höhe von 21,960 engl. Fuss zuschreibt,
erhebt sich in der bolivischen Provinz Carangas aus einer Hochebene von rothem Sandstein, welcher sehr reich an kupfer-
haltigen Erzen ist. Sein abgestumpfter und mit einem tiefen
und grossen Krater versehener Gipfel ragt bis in die Grenze
des ewigen Schnees hinein. Fast stets steigen Rauch- und
Dampfsäulen aus ihm empor.

Der Sahuma unterscheidet sich dadurch sehr wesentlich
von ihm, dass er mit zwei sehr regelmässigen conischen Spitzen
gekrönt ist, welche eben so, wie der Gipfel des Gualatieri, aus
Trachyt und trachytischen Conglomeraten bestehen. Der Sahuma soll 22,350 engl. Fuss hoch seyn.

Zwischen dem Sahuma und dem Breitenkreise von Tacora
(17° 51' von Greenw.) sollen sich noch mehrere andere vulcanische Berge befinden und eine Höhe von 20,000 engl. Fuss

erreichen. Nordöstlich von Tacora erblickt man den Nevado de Chipi-cani, an dessen Ostseite *Pentland* einen Krater bemerkt haben will. Von einem solchen hat jedoch *Meyen* nichts wahrgenommen. Er scheint sich mehr in eine Solfatare umgewandelt zu haben; denn es entsteigt ihm eine Menge wässriger, mit schwefeliger Säure inprägnirter Dünste, aus deren Verdichtung der Rio Azufrado entsteht; der Berg soll sich 2658 Toisen über das Meer erheben und in 17° 50′ s. Br. liegen.

3. Volcan Viejo. Diesen vorläufigen Namen hat dem Berge *Meyen* (a. a. O. I, 464) gegeben. Er liegt zwischen den Dörfern Pisacoma und Morocolla, in westlicher Richtung vom südlichen Ende des Titicaca-Sees, da, wo der Rio Desaguadero aus letzterm heraustritt und sich in die Laguna de Aullagas ergiesst. In dieser Gegend thürmt sich ein sehr mächtiger Gebirgskamm empor; alle Gewässer, welche auf seiner westlichen Seite entspringen, laufen hinab nach der Küste und nehmen ihren Lauf in's stille Meer, diejenigen aber, welche auf dem östlichen Abhang hervorbrechen, ergiessen sich in den Titicaca-See (Laguna de Puno). Hier auf diesem Kamme erhebt sich ein hoher Nevado in äusserst imposanter Gestalt, auf seinem Gipfel mit einem sehr ansehnlichen Krater versehen. *Meyen* schätzt die Höhe des Gebirgskammes auf 16,200′ und die Höhe des vulcanischen Berges auf 19,000—20,000 Fuss. Gegenwärtig scheint er sich nicht mehr in Thätigkeit zu befinden. Gleich dem ausgebrannten Chipicani, nimmt man im ganzen Umfange seines Kraters ein gelbroth-gefärbtes Gestein wahr, das sehr wahrscheinlich aus verwittertem Trachyt besteht. Dies Felsgebilde in der Nähe zu untersuchen, gestatten leider die Umstände nicht. Zur Zeit der Thätigkeit dieses Berges sind ungeheure Massen feldspathiger Laven, so wie wahre Bimssteine seinem Krater entflossen; die höchsten Puncte des Gebirgs-Plateau's sind meilenweit damit bedeckt. An manchen Stellen erkennt man noch die einzelnen Lavaströme von 7—8 Fuss Mächtigkeit, welche zu verschiedenen Zeiten übereinander hingeflossen sind und den weissen Trachyt — wahrscheinlich das jüngste vulcanische Gebilde in diesen Gegenden — bedecken. Alles deutet jedoch darauf hin, dass dieser Vulcan schon seit Jahrhunderten keine Eruptionen mehr gehabt hat. Nach *Pöppig* (s. *Berg-*

küste durch eine niedrige trachytische Hügelreihe und eine
grosse Ebene getrennt, in welcher rother Sandstein auf Syenit
und Grünstein ruht. Die ganze Umgegend ist vulcanisch; indess bildet der rothe Sandstein die Unterlage dieses Theils
des Andes-Gebietes, und auf ihm sind die von dem Vulcan
ausgeschleuderten Massen theils abgelagert, theils haben ihn
die aus der Tiefe emporgetriebenen plutonischen Felsgebilde
durchbrochen und zur Seite geschoben. Dieser Sandstein enthält an vielen Stellen Flötze von Fasergyps, Steinsalz und
auch von Kupfererzen. Seinen Lagerungs-Verhältnissen und
seiner Zusammensetzung nach ist er wohl mit dem Roth-Todt-
Liegenden der deutschen Geognosten zu identificiren; denn er
umschliesst auch Lager und Flötze von Zechstein. Die hohen
Bergketten, welche sich aus dieser Formation in Osten und
Norden emporthürmen, bestehen aus demselben quarzreichen
Trachyt, welcher auch das Plateau der westlichen Cordilleren-
Kette bedeckt.

Meyen hat diesen Vulcan von der Stadt Arequipa aus zu
ersteigen versucht. An seinem Fusse aufsteigend, gelangt man
nach einiger Zeit auf den Alto de los huesos, d. h. den Kno-
chenberg, einen Gebirgs-Pass, welcher eine Meereshöhe von
13,300 engl. Fuss erreicht. Hier liegen die zerstreuten Gebeine von Hunderten von Saumthieren, welche, von Arequipa
heraufkommend, von ihrer Last niedergedrückt, auf diesem
schwierigen Terrain ermatteten und ihren Tod fanden. Die
kalte und trockne Luft hat die Erhaltung der Knochen be-
fördert; das Sonnenlicht hat sie gebleicht, und so dürften sie
vielleicht noch nach vielen Jahrhunderten ein redendes Zeugniss der einstigen Thätigkeit dieser so nützlichen und in den
dortigen Gegenden so unentbehrlichen Thiere abgeben. Oberhalb dieser Stelle erhebt sich der Kegel des Vulcans in fast
ganz regelmässiger Pyramiden-Gestalt; überall ist er mit Asche
und Bimsstein bedeckt, und nur hier und da ragen säulenförmige Trachyte hervor. In frühern Zeiten soll die Spitze des
Berges stark abgestumpft gewesen seyn.

Je höher man hinaufstieg, desto beschwerlicher wurde
das Klimmen, und zwar deshalb, weil die Asche so dick und
so lose lag, dass man fast bis an die Kniee einsank. Schon
an denjenigen Stellen, welche etwa noch 1000 Fuss unterhalb

der Vegetations-Grenze lagen, wurde das Athmen so beschwer-
lich, dass man auf ganz kleinen Entfernungen ausruhen musste.
Eine unbeschreibliche Mattigkeit befiel zugleich die Wanderer.
Dies ist derjenige nervös-fieberhafte Zustand, der, zur höchsten
Potenz gesteigert, zuletzt in Raserei übergehen kann. In
Peru nennt man diese Krankheit Sorocho, in Quito und noch
höher hinauf Maréo de Puno, auch wohl Poena. Schon auf
Don Diego de Almagro's Eroberungsmarsche nach Chili ver-
loren durch diese Krankheit in Verbindung mit austrocknenden
Winden und brennenden Sonnenstrahlen (Sol de Puna) 10,000
Indianer, 150 Spanier und eine Menge von Pferden ihr Leben.
Auch *Meyen* und seine Begleiter, dem heiss ersehnten Ziele
schon so nahe, sahen sich nichsdestoweniger in die unabweis-
bare Nothwendigkeit versetzt, von der Fortsetzung der Reise
abzustehen und nach Arequipa zurückzukehren.

So weit man beobachten konnte, erschien oberhalb der
Vegetations-Grenze der Gipfel des Vulcans von einer ausserordentlichen Steilheit, mit schwarzer Lavaspreu und einer ungeheuren Quantität von Auswurfsstoffen wie übersäet, eben so
mannigfaltig abwechselnd sowohl in Beziehúng auf ihre Farbe,
als auf ihren Cohäsions-Zustand, vom bekanntesten Bimssteine
an, der in zahllosen Bruchstücken auf dem Rio de Arequipa
und auf dem Rio de Quilca herabschwimmt, bis zum dichtesten
Gesteine von obsidianartiger Beschaffenheit. Oft erscheinen sie
von weisser, gelber, rothgelber, brauner und schwarzer Farbe, je
nachdem sie zu verschiedenen Zeiten oder unter Umständen, deren
Detail man jetzt nicht mehr kennt, ausgeworfen seyn mögen.
Einige dieser Bimssteine waren röthlichweiss, verworren faserig,
und umschlossen Hornblende- und Albit-Krystalle. Andere
waren weiss oder schwarz, mit kleinen Poren versehen, noch
andere röthlichbraun, porös, und enthielten hier und da kleine
Krystalle von Albit und Hornblende. Auch Obsidian-Porphyr
mit Hornblende- und Albit-Krystallen fand sich vor. Mancher
Obsidian, porös und auf dem Bruche wenig glänzend, zeigte
einen Uebergang in schwarzen Bimsstein. Ausserdem fanden
sich auch noch mehrere Varietäten von Trachyt und Trachyt-
Conglomerat. Es sind dieselben Massen, welche an einigen
Stellen im Thale von Arequipa bis in eine Entfernung von
9—10 Leguas hin emporgeschleudert worden sind. Lava-

Ergüsse scheinen jedoch nicht aus dem Krater statt gefunden zu haben. Die feinern Auswurfsstoffe finden sich am Fusse des Berges, auf der Seite nach Arequipa zu, abgelagert und in einzelnen sehr tiefen Schluchten durch die Gebirgswasser auf eine sehr belehrende Art aufgeschlossen. *Meyen* zählte an einzelnen Stellen 7, 8, ja selbst 14 solcher zu verschiedenen Zeiten ausgeworfenen Lagen von feinem Bimsstein-Conglomerat und vulcanischer Asche. In frühern Jahrhunderten wurden ganze Ortschaften durch solche Eruptionen zerstört. In neuern Zeiten haben solche nicht mehr statt gefunden, doch im August des Jahres 1830 entstieg dem Krater eine sehr beträchtliche Rauchsäule, auch wurden dabei Steine und Asche bis nach Cangallo hin ausgeworfen, während zu gleicher Zeit der Erdboden leicht erbebte. Wahrscheinlich nicht tief unterhalb des Kraterrandes scheint auch noch Feuer vorhanden zu seyn; denn *Meyen* sah den hellen Wiederschein desselben an einer Wolkenschicht, welche sich einige hundert Fuss hoch über die Spitze des Kegels gelagert hatte, und zwar drei Nächte später, nachdem die Ersteigung des Berges versucht worden war. Der Krater ist sehr gross, soll aber eine unbedeutende Tiefe haben. Nach *Pentland (Ann. de chim. et de phys.* T. 42. pag 431) sollen seit der Ankunft der Spanier keine grossen Ausbrüche aus ihm erfolgt seyn. Der Berg ist $39\frac{1}{2}$ Seemeilen vom Meere entfernt; man hält ihn für den schönsten und vollständigsten vulcanischen Kegelberg in der ganzen Andeskette. Die Indianer nennen ihn „Misti". Seine Lage ist 15^0 $45'$ s. Br. und 71^0 $40'$ w. L. von Greenw.

Die Umgegend von Arequipa ist reichlich versehen mit Mineral-Quellen, unter denen besonders die Bäder von Tingo, von Jesus und die von Savandya besonders genannt zu werden verdienen. Sie liegen kaum zwei Leguas von der Stadt entfernt. Ungleich wichtiger sind aber die Quellen von Yura, deren Stärke und heilbringende Wirkung weit und breit bekannt ist. Es finden sich daselbst Stahlquellen und schwefelwasserstoffhaltige Gewässer, deren ausserordentliche Kraft aus den Analysen *Rivero's (Memorial de las ciencias nat.* T. 1. pag. 16 ff.) sich zu ergeben scheint.

441

Vulcanen-Reihe von Quito.
§. 43.

Dies durch so viele wundersame Eigenschaften ausgezeichnete Land ist hinsichtlich seiner vulcanischen Beschaffenheit
jedenfalls das merkwürdigste und interessanteste im ganzen
Continent von America und dürfte auch von wenigen andern
Ländern der Erde in dieser Hinsicht übertroffen werden. Bis
zu einer Höhe von 2700—2900 Meter über die Meeresfläche
emporragend, erscheint es gleichsam nur als ein einziges ungeheures vulcanisches Gewölbe, von Süden nach Norden hin
sich erstreckend, wobei es einen Flächenraum von mehr als
600 Quadrat-Meilen einnimmt. Im Osten und Westen dieser
blasenförmig aufgetriebenen Strecke thürmen sich nun noch
höhere Gebirgskämme auf und auf ihnen thronen riesige Pic's,
theils in der Gestalt noch jetzt thätiger, theils erloschener
Vulcane, oder als glockenförmige, domartige Berge der colos-
salsten Art, welche die unterirdischen pneumatischen Kräfte
nicht zu sprengen, ihnen keinen mit der Atmosphäre commu-
nicirenden und bleibenden Schlot zu verschaffen vermocht
haben. Der eigenthümliche Bau dieses Gebirgslandes hat es
mit sich gebracht, dass man daselbst neben diesen grossartigen Hervorragungen auch viele ausserordentlich tiefe Einschnitte von verhältnissmässig geringer Breite und daher mit
sehr steilen Wänden antrifft, redende Zeugen von der immensen Kraft und Wirkung der Natur, in welcher sie sich beim
Spalten und Zerreissen der Oberfläche dieses Landes versucht
hat. Zu solchen Zerreissungs-Thälern gehört, um nur einige
der merkwürdigern anzuführen, das Thal von Chota unweit
Quito, welches 1566, und das Flussthal von Cutacu in Peru,
welches 1400 Meter tief ist und bei einer Oeffnung an seinem
obern Theile kaum die Breite von 800 Meter besitzt. Das
merkwürdigste und grossartigste Beispiel von Boden-Zerreis-
sung dieser Art liefert aber — obgleich ebenfalls nicht mehr
zu Quito gehörig — das Thal von Chuquiapo, in welchem
der Fluss gleichen Namens seinen Lauf nimmt und, neben der
Stadt La Paz vorbeifliessend, sich später in den Amazonen-
Fluss ergiesst. Dies ist das relativ tiefste Thal, welches man
bis jetzt auf der weiten Erde kennt; denn es erlangt die bei-
spiellose Tiefe von 10,500 Fuss.

Nach *A. von Humboldt* (in *Poggendorff''s* Ann. der Physik, Bd. 44. S. 194) ist in Quito die Ansicht ziemlich allgemein verbreitet, dass die vulcanische Thätigkeit in neuern Zeiten sich von Norden nach Süden verbreitet habe. Der südlichste Vulcan in Quito ist der Sangay, dagegen der nördlichste der Paramo de Ruiz. Ausserhalb dieser Grenzen finden sich zwar an verschiedenen Stellen auch Gebirgsmassen, welche aus Trachyt, Melaphyr und Andesit bestehen, doch haben Ausbruchs-Phänomene in unserm Jahrhundert nur zwischen dem zweiten Grad und dem fünften Grad nördlicher Breite statt gefunden, auf einer Strecke, welche die Länge von Messina bis Venedig nicht übertrifft. Dagegen kommt von der nördlichen Grenze, d. h. von dem rauchenden Paramo de Ruiz bis über die Landenge von Panama hinaus und bis zum Anfang der vulcanischen Gruppe der jetzigen Republiken Costa Rica und Guatemala, auf einer Ausdehnung von $4\frac{1}{2}$ Breitegraden, ein Ländergebiet vor, welches zwar häufig von Erdbeben heimgesucht wird, jedoch — so viel man bis jetzt weiss, — keine thätige Vulcane aufzuweisen hat. Hierher gehört der nördliche Theil von Cundinamarca, Darien, Panama und Veragua. In bogenförmiger Krümmung nimmt dies Gebiet eine Länge von 140 geograph. Meilen ein. Anders gestaltet sich das Verhältniss im Süden. Hier findet man vom Tunguragua und Sangay (1⁰ 59′ s. Br.) an bis zum Charcani (16⁰ 4′ s. Br.) nordöstlich von Arequipa keinen activen Feuerberg. Dieser Zwischenraum ist grösser als der von Messina bis Berlin. Zwischen den Gruppen von trachytischen, doleritischen und andesitischen Gebirgsmassen liegen Strecken, zweimal so lang als die Pyrenäen, vorzugsweise bestehend aus Granit, Glimmerschiefer, Syenit, Thonschiefer und einer Kalksteinformation, deren Alter man zwar noch nicht genauer kennt, wahrscheinlich aber den untern Lagen der Kreide oder den Juragebilden angehören dürfte. Von Süden nach Norden aufsteigend, treffen wir in Quito folgende Vulcane an.

1. **Sangay.** Er heisst auch Volcan de Macas. Seine Lage ist vorhin schon angegeben worden. Ein Berg von äusserst imposanter Gestalt und bis zu der so ansehnlichen Höhe von 16,080 Par. Fuss emporgetrieben. Man erblickt ihn am östlichen Fusse der östlichen Cordillere, 4 geogr. Meilen von

derselben entfernt, zwischen der Quelle des Rio Morona und dem rechten Ufer des Pastaza. Man kennt keine Ausbrüche von ihm, die vor dem J. 1728 erfolgt wären, aber von dieser Zeit an ist er fast nie zur Ruhe gelangt. Im J. 1742 brachen aus seinem Krater Flammen hervor, welche die Umgegend weit und breit erleuchteten. Noch jetzt soll er fortwährend Rauch und Dampf ausstossen.

2. Tunguragua. Lage: 1º 41' s. Br. Nach *A. v. Humboldt* besitzt er eine Höhe von 15,471 Par. Fuss. Das an ihm vorwaltende Gestein ist nach neuern Untersuchungen Andesit. In einer Höhe von 7200 Fuss stösst man auf Syenit, auch findet sich Glimmerschiefer, welcher zahlreiche Granaten enthält. In früherer Zeit hielt man das Gestein, woraus sein Gipfel besteht, für Trachyt. Jetzt verhält er sich ziemlich ruhig, allein in den J. 1557, 1640 und 1645 hatte er sehr verheerende Eruptionen. Zur Zeit der Gradmessung durch die französischen Mathematiker sah man dann und wann Dampfsäulen aus seinem Krater emporsteigen. Im Februar des J. 1797, als die Stadt Riobamba durch ein furchtbares Erdbeben fast gänzlich zerstört wurde, nahm man auch am Vulcan von Tunguragua eine eigenthümliche Erscheinung wahr. An seinem Abhange senkten sich nämlich ungeheure Massen des Berges herab, gleich einem Erdschlipf, und hierdurch wurde ein grosser Theil der herrlichen Wälder zerstört, welche vordem eine der grössten Zierden des Vulcans gebildet hatten. Nach *Bouguer's* Zeugniss war der Vulcan von Tunguragua schon sechs Jahre vor diesem Ereigniss unruhig, denn man vernahm in seiner Nähe dann und wann ein unterirdisches, schreckhaftes Brüllen. Als endlich das lange gefürchtete Erdbeben am 4. Febr. im J. 1797 erfolgte, verbreitete sich eine vier Minuten andauernde wellenförmige Bewegung von Süden nach Norden über eine Fläche von 40 Lieues und 20 Lieues von Westen nach Osten. In diesem Striche war die Erschütterung am stärksten, aber in geringerm Grade wurde sie empfunden von Piura bis nach Popayan (einer Strecke von 170 Lieues) und vom Meere bis zum Flusse Napo, welche Entfernung 140 Lieues beträgt. In den dem Vulcane näher gelegenen Gegenden wurde nicht nur die Stadt Riobamba, sondern auch die Ortschaften Quero, Pelileo, Patate und Pilaro von

herabstürzenden Bergtrümmern begraben, so wie auch noch
andere Dörfer in den Bezirken von Hambato, Llactacunga,
Guaranda und Alausi von Grund aus zerstört. Zugleich spaltete sich die Erde am Fusse des Berges an mehreren Stellen
und Ströme von Wasser, vermischt mit übelriechendem Schlamm
(Moya), entstürzten dem zerklüfteten Boden und überschwemmten und verwüsteten Alles, wohin sie drangen. Die ergossene
Wassermenge war so gross, dass ihre Höhe in Thälern von
1000 Fuss Weite mitunter 600 Fuss betragen haben soll. Wenn
der Schlamm bei verzögertem Laufe in Vertiefungen sich setzte,
so hemmte er den Lauf der Flüsse und es bildeten sich Seen,
welche an manchen Stellen 87 Tage lang stehen blieben. Zufolge einer, jedoch nicht verbürgten Nachricht sollen auch zu
gleicher Zeit aus dem See Quilotoa im Bezirke von Llactacunga Flammen und erstickende Dämpfe hervorgebrochen seyn,
welche den an den Ufern weidenden Viehheerden den Tod
brachten.

3. Carguairazo. Er liegt unter $1^0 23'$ s. Br., in nördlicher Richtung gerade oberhalb des Chimborazo; seine Höhe
soll 14,706 Par. Fuss betragen. Gegenwärtig erscheint der
Berg als ein stark abgestumpfter Kegel, beinahe stets mit
Schnee bedeckt, obgleich sein Gipfel nicht bis in die Schneegrenze hineinreicht. Ehedem soll er aber höher gewesen und
seine Spitze bei der berühmten Eruption am 19. Juli 1698 in
das Innere des Berges hinabgestürzt seyn. Dieser Ausbruch
hat durch den denkwürdigen Umstand einen so grossen Ruf
erlangt, dass, als der Carguairazo an seinen Seiten barst, aus
den Oeffnungen ungeheure Wasserströme und schlammiger
Thon (Moya), aus zermalmtem vulcanischen Gestein, verkohl-
ten organischen Substanzen und Infusorien-Resten bestehend,
hervorbrachen und eine unermessliche Menge kleiner Fische
enthielten, welche kurze Zeit nach der Eruption in Fäulniss
übergingen, die gefährlichsten Faulfieber in der Umgegend erzeugten und vielen Menschen das Leben raubten. Auch am
Cotopaxi will man ähnliche Schlammausbrüche, und ebenfalls
mit Fischen untermengt, beobachtet haben. Letztere gehören
zur Familie der Welse (Silurus); die Bewohner von Quito nennen sie „Prennadillas". Ihr systematischer Name ist Pimelodes
Cyclopum *Humb.* Sie finden sich jetzt noch nicht selten auch in

den Bächen von Quito. Die vom Cotopaxi ausgeworfenen Fische schienen keiner hohen Temperatur ausgesetzt gewesen zu seyn.

4. Cotopaxi. Lage: 0° 41′ s. Br. Er führt auch hin und wieder den Namen „Volcan de Llacatunga". Einer der schönsten, höchsten und am regelmässigsten gestalteten unter allen Vulcanen der Andeskette. In letzterer Beziehung kann er mit dem Volcan de Arequipa kühn in die Schranken treten. Zugleich ist seine Höhe eine sehr ansehnliche, denn sie beträgt 17,662 Par. Fuss. Er ist einer der am meisten gefürchteten unter den Feuerbergen des Landes und von der Zeit der Eroberung desselben durch die Spanier hat er furchtbare Ausbrüche gehabt. Sein Gipfel erscheint in der Gestalt eines ganz regelmässigen Kegels, welcher durch die auf ihm ruhenden Lagen ewigen Schnees ein ganz geglättetes Ansehen erhält. Die oberste Einfassung des 930 Meter im Durchmesser habenden Kraters scheint, wie beim Pico de Teyde auf Teneriffa, eine senkrechte Mauer zu bilden, welche nach neuern Untersuchungen aus einem braunen oder dunkelgrünen Pechstein besteht, welcher viele halb verglaste Albit-Krystalle enthält. Die untern Theile des Kegels sind aus Andesit zusammengesetzt, welches Gestein sich auch am Fusse des Berges vorfindet. An der Spitze hat man auch Obsidian und Bimsstein bemerkt. Nur am obersten Theile des Kraters nimmt man nackte und entblösste Felsen in schwarzen, horizontalen Streifen wahr. In südwestlicher Richtung vom obern Kegel erblickt man eine zackige Felsmasse, von den Eingeborenen der „Kopf des Inca" genannt, weil sie, einer Tradition zufolge, ein abgesprengter Theil des Gipfels seyn soll. Dies Absprengen soll in der Zeitperiode statt gefunden haben, als der Inca *Tupac Yupangui* auf seinem Eroberungszuge in Quito eingefallen war. Eine andere Sage erzählt, es sey zur Zeit von *Atahualpa's*, des letzten Inca's, Tode (erfolgt am 29. August 1533) geschehen. Nach *A. von Humboldt* ist es jedoch sehr wahrscheinlich, dass schon vor dieser Zeit aus dem Cotopaxi Ausbrüche statt gefunden haben, weil man Spuren von Gebäuden entdeckt hat, welche schon *Atahualpa's* Vater mit Auswürflingen dieses Vulcans hat aufrichten lassen.

Ausser der im J. 1533 erfolgten Eruption soll auch eine im J. 1738 statt gefunden haben, bei welcher Flammen von mehr als 2700 Fuss Höhe dem Krater entstiegen. Am 15. Juni im J. 1742 ereignete sich ein neuer Ausbruch, gerade zu der Zeit, als *Bouguer* und *Condamine* in Quito die bekannte und vielbesprochene Meridian-Gradvermessung veranstalteten. Am 9. Decbr. 1742 hatte er eine neue Eruption, welche mit so heftigen Regengüssen verbunden war, dass das ganze Thal von Quito bis zu einer Höhe von 20 Toisen angefüllt wurde und der Wasserstrom eine Geschwindigkeit von 4 Fuss in der Secunde erreichte. Hierauf blieb er in fast ununterbrochener, jedoch nicht intensiver Thätigkeit bis zum 30. Novbr. im J. 1744, um welche Zeit neue Oeffnungen am Berge entstanden. Aus diesen wurde eine so ungeheure Wärmemenge ausgestrahlt, dass die den Gipfel bedeckenden Schneemassen plötzlich schmolzen, wodurch die gewaltigsten Wasserfluthen entstanden und sich die Ansicht verbreitete, der Vulcan habe das Wasser ausgespieen. Bei diesem zweiten Ausbruche warf der Berg auch viel vulcanische Asche aus, welche bis in's Meer flog; zugleich vernahm man ein dumpfes unterirdisches Brüllen, nicht allein zu Guayaquil, sondern sogar zu Honda am Magdalenen-Flusse, welcher Ort nahe an 200 Lieues vom Cotopaxi entfernt ist. Am 4. April 1768 erfolgte aus ihm wiederum ein so starker Aschenregen, dass die Städte Hambato und Lactacunga bis Nachmittags 3 Uhr in Nacht und Finsterniss gehüllt waren. Bei dem Ausbruche im Januar des J. 1803 glich das Brüllen des Berges den Salven aus schwerem Geschütz. *A. von Humboldt* vernahm es sehr deutlich im Hafen von Guayaquil. Auch damals schmolz plötzlich der Schnee am Gipfel.

In nördlicher Richtung vom Cotopaxi und kaum einige Meilen von ihm entfernt liegt der Vulcan ·

5. Sinchulagu. Wird auch Sinchulahua genannt. Er besitzt eine Höhe von 15,420 Par. Fuss und ist durch einen äusserst heftigen, im J. 1660 erfolgten Ausbruch bekannt. Er liegt unter $0^0 35'$ s. Br.

6. Guacamayo, auch Guachamayo. Liegt nach *A. von Humboldt (Relat. hist.* T. II. n. 452 und *Poggendorff's* Ann. der Phys. Bd. 44. S. 198) ebenfalls am östlichen Ende der Gebirgsreihe in den Llanos de San Xavier der Provinz Quixos, in gerader Richtung 18 Meilen von Chillo entfernt.

Als *A. von Humboldt* sich am letztgenannten Orte `aufhielt, vernahm er deutlich das unterirdische Brüllen *(los bramidos)* des Feuerberges.

7. Antisana. In nordöstlicher Richtung vom vorigen, unter 0° 33' s. Br. gelegen, unterhalb Quito, und der letzte der Vulcane auf oder an der östlichen Gebirgskette. Er soll bis zu einer Höhe von 17,956 Par. Fuss emporsteigen. Unter allen Feuerbergen, welche *A. von Humboldt* in Quito untersuchte, ist er der einzige, an dessen mit Eis und Schnee bedecktem Gipfel eine Art von Lavastrom bemerkt wurde. Dieser war von obsidianähnlicher Beschaffenheit; an den Abhängen fanden sich pechsteinartige Schlacken und bimssteinähnliche Massen.

Die Entfernung des Berges vom Cotopaxi beträgt ungefähr vier geogr. Meilen. Im J. 1590 soll er einen Ausbruch gehabt haben, einen andern im J. 1728. Aus mehreren seiner Oeffnungen sah *A. von Humboldt* im März 1802 Dampfsäulen aufsteigen.

Kehren wir nun wieder zu der westlichen Kette zurück, so ist der südlichste Vulcan, welchem wir auf derselben begegnen:

8. Iliniza. Man bemerkt auf ihm zwei hervorragende Spitzen, welche die Trümmer seines eingestürzten Kraters zu seyn scheinen. Ausbrüche von ihm sind nicht bekannt; überhaupt ist seine vulcanische Natur noch zweifelhaft, eben so wie die des in seiner Nähe gelegenen Corazon. Desto deutlicher ist solche aber am nachfolgenden Vulcan ausgesprochen.

9. Pichincha. Obgleich schon seit der Besitznahme des Landes durch die Conquistadores bekannt — und dies um so mehr, als die Stadt Quito ganz in der Nähe dieses Berges erbaut wurde —, so ist doch erst in neuester Zeit der Bau und die Wirkungsart dieses Vulcans durch *A. von Humboldt* (in *Poggendorff's* Ann. der Physik, Bd. 40. S. 161—193 und Bd. 44. S. 193—219) in's rechte Licht gesetzt worden. Zunächst zeichnet sich der Pichincha vor den gewöhnlichen Vulcanen dadurch aus, dass er nicht in kegelförmiger Gestalt, sondern als eine lange Mauer auf der westlichen Cordillere erscheint, hervorgetreten aus einer engern Spalte, die vom Meridian in östlicher Richtung abweicht. Ausgezeichnet ist

er ferner dadurch, dass er nicht in einen einzigen Gipfel aus-
geht, sondern dass man deren vier zählt, in der Richtung von
NO. nach SW., welche gleich Thurmspitzen oder Ruinen von
Bergschlössern emporragen. Den ersten derselben hat *A. von
Humboldt* den Condor-Gipfel genannt, weil Condor-Geier sich
gern und häufig in seiner Nähe aufhalten; der zweite heisst
Guagua-Pichincha, d. h. das Kind des Pichincha; der dritte
führt den Namen Picacho de los Ladrillos (Ziegelberg), wegen
seiner mauerartigen Spaltung; den vierten nennen die Eingeborenen Rucu-Pichincha, d. h. den Vater Pichincha. In diesem bemerkt man den eigentlichen Krater.

Die Ersteigung des Pichincha ist mit grossen Mühselig-
keiten und Hindernissen verknüpft, namentlich wegen der tiefen, spaltenähnlichen Thäler (Guaycos), welche die vier Haupt-
gipfel des Pichincha von einander trennen. Schon in der Stadt
Quito, z. B. neben dem Klostergarten Recoleccion de la Mer-
ced, finden sich solche offene Spalten von 30—40 Fuss Breite,
die alle dem Berggehänge zulaufen. An andern Stellen haben
sie bei 60—80 Fuss Tiefe eine Länge von 30—40 Lachter,
sind mitunter nach oben hin nicht geöffnet und bilden alsdann
unterirdische Weitungen oder natürliche Stollen. Man hält sie
in Quito allgemein für Ableiter der Erdbeben, weil sie den
unterirdischen elastischen Dämpfen *(à los vapores)* einen Ausgang gestatten sollen — eine Ansicht, welche man schon im
grauen Alterthum bei Griechen und Römern verbreitet findet —, allein nach *A. von Humboldt* wird sie, in Quito wenigstens, durch die Erfahrung nicht bestätigt, denn man hat
beobachtet, dass einige östlichere Quartiere der Stadt, welche
von keinen Guaycos durchschnitten sind, weniger von Erdbeben leiden, als die den Guaycos nähern.

In nordwestlicher Richtung aufsteigend, gelangten *A. von
Humboldt* und seine Begleiter zu dem Wasserfalle von Can-
tuna, in 1728 Toisen Höhe über dem Meere, welchen man
schon von der Stadt aus sehen kann und der zur Regenzeit
einen prachtvollen Anblick gewähren soll. Durch eine enge
Schlucht kommt man von hier aus auf eine kleine, horizontale
Ebene (Llano de la Toma oder Llano de Palmascuchu), deren
absolute Höhe 2280 Toisen beträgt. Eine andere, aber kleinere und nur 300 Toisen breite Ebene (Llano de Altarcuchu)

liegt weiter westlich, dicht am Hauptkamme des Gebirges. Beide Ebenen besitzen eine unverkennbare Aehnlichkeit mit einem alten Seeboden und sind durch ein Bergjoch getrennt, auf dessen Verlängerung der Guagua-Pichincha in grotesker Form sich erhebt. Von der Ebene aus gesehen, erscheint er wie eine hohe, zertrümmerte Felscnburg. Das Gestein, woraus er zusammengesetzt, ist schwarz, pechsteinähnlich und in ganz dünne Schichten gespalten, die oft nur 2—3 Zoll dick sind. Mit grosser Regelmässigkeit fallen sie mit $85^{\,0}$ Neigung gegen Norden ein; ihr Streichen ist hor. 6, 4. Zuerst gab *A. von Humboldt* dieser Felsart den Namen „pechsteinartiger Trapp-Porphyr", bei späterer und genauerer Untersuchung aber erwies es sich, dass es Dolerit sey.

Je weiter man von hier hinaufstieg, desto mehr fand man die nackten Felsmassen mit Bimsstein bedeckt, und namentlich wurde er mehr am westlichen und südwestlichen Abhange des Gipfels am Guagua-Pichincha angetroffen (also nach der Seite des Kraters vom Rucu-Pichincha hin), als in der entgegengesetzten Richtung. Die gelbweisse Farbe des Bimssteins bildete einen grellen Contrast mit dem schwarzen doleritischen Gestein.

Durch einen schmalen, etwa 900 Fuss hohen Kamm ist der Guagua-Pichincha mit dem Picacho de los Ladrillos verbunden. Der Gipfel dieses letztern ist ein fast ganz mit Bimsstein bedeckter Kegelberg und erinnert auf's lebhafteste an den Zuckerhut des Pico de Teyde. Seine Spitze wird gebildet von einem Kranze schwarzen, pechsteinartigen oder vielmehr doleritischen Gesteins. Dieser Kranz ist übrigens durch eine Bimssteinschicht, welche inselförmig darin liegt, unterbrochen. Die Höhe des Pico de los Ladrillos beträgt 2402 Toisen. Hin und wieder findet man seine Abhänge mit Schneemassen bedeckt. In WSW. erblickt man in seiner vollen Pracht, aber durch tiefe Abgründe getrennt, den ganz von Schnee überlagerten Rucu-Pichincha. Es ist eigentlich ein weites, 1800 Toisen langes, von NNO. nach SSW. sich erstreckendes Thal, la Sienega del Volcan genannt, aus welchem sich der Rucu-Pichincha erhebt. Der Boden desselben ist meist söhlig und von dicken Bimssteinschichten überlagert, deren Farbe bald blendend-weiss, bald gelblich ist. Der Bimsstein erscheint

theils in zollgrossen Stücken, theils ist er in einen wahren
Sand umgewandelt, in welchen man bis an die Kniee einsinkt.
Der Berg hat die Gestalt eines ziemlich isolirten Gebirgs-
stocks, dessen unterer Theil von Bimsstein, so wie von
vereinzelten ungeheuren Dolerit-Blöcken bedeckt ist, von denen manche 22 Fuss lang, 18 Fuss breit und 12 Fuss hoch
sind. Auf Abhängen von 20—30° Neigung sieht man sie
halb in die vulcanische Asche eingesunken. In diese Lage
sind sie wahrscheinlich nicht durch den Stoss geschmolzenen
Schneewassers gekommen, wie ähnliche Blöcke am Cotopaxi,
sondern sie sind als Auswürflinge zu betrachten und da liegen
geblieben, wohin der Pichincha sie einst ausgeschleudert hat.
An einzelnen Fragmenten dieser Blöcke bemerkte man eine
parallel-faserige Textur, die hellern, mehr aschgrauen Stücke
hatten sogar ein seidenartig glänzendes Ansehen. Von Obsidian fand sich jedoch keine Spur. Nahe an der Spitze des
Berges bemerkte *A. von Humboldt* drei schmale, thurmähn-
liche, nicht mit Schnee bedeckte Felsen von schwarzer Farbe,
welche durch etwas niedrigere Berggehänge miteinander verbunden waren. Sie bilden den östlichen Rand des Kraters
und die zwei andern Berggehänge die zwei Seiten eines Dreiecks. Diese thurmähnlichen Massen waren ausserordentlich
steil, ja sie hatten hin und wieder sogar eine verticale Stellung. Die Höhe dieser Felsen über dem Boden der Sienega
del Volcan beträgt 1560 Fuss. Oberhalb derselben macht sich
schon der Geruch nach schwefeliger Säure bemerkbar und den
Krater selbst erblickt man von einigen horizontal gelagerten
Steinplatten, welche den erstern gleichsam gewölbartig bedecken. Ein Theil der seinen Schlund bildenden Felsmassen
ist fast senkrecht abgestürzt und aus der Tiefe wirbeln mächtige Dampfsäulen empor. Der Anblick, welchen der Krater
gewährt, soll so grossartig und überwältigend seyn, dass man
ihn kaum mit Worten zu beschreiben vermag. Er bildet ein
ovales Becken, welches von Norden nach Süden an der grossen Axe über 800 Toisen misst. Wie bereits vorhin bemerkt,
bilden den östlichen Rand des Kraters zwei Seiten eines
stumpfen Dreiecks, während der gegenüberstehende Rand mehr
gerundet erscheint. Dieser ist auch weit niedriger und in der
Mitte, nach dem stillen Ocean hin, thalförmig geöffnet. Von

den bereits erwähnten Steinplatten blickt man wie von einer
Zinne herab auf verglaste, zum Theil zackige Gipfel von Hügeln, die wahrscheinlich vom Boden des Kraters aus sich erheben. Zwei Drittel des Beckens sah *A. von Humboldt* von
dichten Wasser- und Schwefeldämpfen umhüllt; der sichtbare
Theil des Kraters schien kaum 1200—1500 Fuss tief zu seyn.
In seiner untersten Tiefe bewegten sich bläuliche Lichter hin
und her und der Geruch nach schwefeliger Säure war deutlich vernehmbar, bald in höherm, bald in geringerm Grade.
Die Stelle, von welcher aus diese Wahrnehmungen gemacht
wurden, hatte eine Meereshöhe von 14,940 Fuss. Uebrigens
reicht der Rucu-Pichincha kaum 35 Toisen über die ewige
Schneegrenze hinaus und bisweilen ist er von allem Schnee
völlig entblösst.

Die Felsarten, welche die untern Regionen des Pichincha
bilden, unterscheiden sich von denen in der Höhe nur durch
ein feineres Korn. An einer Stelle steht eine Felsart an,
welche man dort Sandstein nennt und die anfänglich für feinkörnigen Grünstein-Porphyr angesprochen wurde, bei genauerer
Untersuchung aber sich als ein doleritisches Gestein erwies.
Es war voll kleiner Poren und enthielt weisse Labrador- und
schwärzlich-grüne Augit-Krystalle. In noch tieferm Niveau,
in dem Boden der Stadt Quito selbst, fand *A. von Humboldt*
in einer Ausgrabung von 15 Fuss Tiefe, in einem Thonlager,
8—10 Zoll dicke Bimsstein-Schichten.

Der erste Ausbruch, welchen man vom Pichincha kennt,
ist der aus dem J. 1534. Als *Pedro de Alvarado*, der tapfer-
sten und hervorragendsten Kriegsobersten einer, die unter *Cortez* fochten, der sich auch schon bei der Erstürmung der Stadt
Mexico auf den zu derselben führenden Dämmen mit unver-
gänglichem Ruhm bedeckt hatte und dessen Name noch jetzt
in der Stadt Mexico mit Stolz und Ehrfurcht genannt wird,
zur genannten Zeit das grosse Wagstück unternahm, mit seiner Reiterei durch dichte, beinahe undurchdringliche Wälder
von dem an der Südsee gelegenen Hafen Pueblo Diejo nach
der Hochebene hinaufzusteigen, wurden die Spanier von einem
Aschenregen überfallen, der vom Pichincha ausgestossen wurde
und welcher sie, wie *Gomara* erzählt, schon in 80 Leguas
Entfernung vom Berge erreichte, während zu gleicher Zeit

29 *

Flammen nebst vielem Donner aus dem siedenden Berge hervorbrachen. — Ein anderer Ausbruch erfolgte in dem J. 1538
(oder 1539), welchem ein heftiges Erdbeben in Quito und der
umliegenden Gegend voranging. — Der dritte Ausbruch fand
am 17. Octbr. 1566 statt. Er war wieder von einem Aschenregen begleitet, welcher 20 Stunden anhielt und alle Viehwei-
den in der Provinz zerstörte. Einen Monat später, am 16. November, fiel abermals eine so reichliche Aschenmenge, dass
sie mit Karren von den Strassen weggefahren werden musste.
Weniger bekannt sind die Eruptionen aus den J. 1577 und
1580, genauer aber diejenige, welche sich am 27. Octbr. 1660
ereignete.

Damals wurde die Stadt Quito, wie der Jesuit *Jacinto
Moran de Butron* erzählt, zwischen 7 und 8 Uhr Morgens in
grossen Schrecken versetzt; denn unter donnerähnlichem Krachen flossen am Abhange des Rucu-Pichincha Felsstücke,
Theer (!) und Schwefel in das Meer hinab. Flammen stiegen
hoch aus dem Krater auf, konnten aber in der Stadt Quito
wegen des Erderegens *(lluvia de tierra)* nicht gesehen werden.
Bis zu dieser Stelle wurde nicht allein Asche, sondern auch
kleines Gestein *(cascajo, rapilli)* geschleudert. Während dieser Zeit soll sich das Strassenpflaster der Stadt, gleich den
Wogen des Meeres, auf- und niederbewegt haben, so dass
Menschen und Thiere sich kaum auf den Füssen zu erhalten
vermochten. Dabei hielt dies grässliche Wanken ohne Unterbrechung 8—9 Stunden an. Die in ungeheuren Quantitäten
herabfallende Asche brachte eine so starke Finsterniss hervor,
dass die Lichter in den Laternen kaum brennen wollten und
man bei ihrem schwachen Scheine nur die nächsten Gegenstände erkennen konnte. Sogar die Vögel sollen in der stark
verdickten Luft erstickt und leblos niedergefallen seyn. Wahrscheinlich darf man jedoch die vom Pichincha ausgeschleuderten Substanzen, welche sogar die Gestade der Südsee erreicht
haben sollen, nicht für wirkliche Lavaströme halten; der auf
dem Berge angehäufte und durch die Hitze geschmolzene
Schnee hatte wohl mehr die fein zertheilten Auswürflinge in
einen breiartigen Zustand versetzt, so dass sie in Vertiefungen
und auf geneigten Flächen herabfliessen konnten. Auch spätere Beobachter, z. B. der verstorbene Oberst *Hall*, haben

(wahrscheinlich zwischen den Jahren 1828—1831) ähnliche Erscheinungen am Rucu-Pichincha wahrgenommen und erzählen von einem durch einen Schlammauswurf verwüsteten Weg, der sich längs dem Ufer eines vom Pichincha herabkommenden, mit seiner Kraterkluft in Verbindung stehenden Flusses herabzieht. Diese nun schon mehrfach erwähnte Schlammsubstanz (Moya) ist hinsichtlich ihrer Zusammensetzung nur ungenügend bekannt; sie ist so reich an organischen Bestandtheilen, dass man sie anzünden kann und dass die Indianer sogar ihre Speisen dabei zu kochen vermögen.

Die zu einer so gewaltigen Gebirgsmasse aufgetriebene Cordillere erstreckt sich von der hohen Berggruppe um Quito noch weiter, aber alsdann mehr concentrirt, in nördlicher Richtung bis in die Provinz Pasto. Auch in dieser Gegend finden sich mehrere Vulcane, freilich nur sehr mangelhaft gekannt. Zu diesen gehören:

10. **Volcan de Jibaburu.** Er liegt nordöstlich vom Pichincha, in 0^0 20' n. Br., auf der Westseite des Thales unweit der Stadt Ibarra. Man erzählt sich von ihm in der Provinz Quito, dass er, wahrscheinlich in Folge vorausgegangener Erdstösse, von Zeit zu Zeit Wasser, Schlamm und Fische auswerfe.

11. **Volcan de Chiles.** Gerade nördlich vom vorigen, in 0^0 36' n. Br., aber durch ein tiefes Thal von ihm getrennt. Die Gebirgskette, auf welcher er sich erhebt, ist fast stets mit Schnee bedeckt.

12. **Cumbal.** Ebenfalls in nördlicher Richtung vom vorigen, mit ihm zusammenhängend und zu einer Höhe von 13,600 Fuss sich erhebend. An seinem Gipfel will man mehrere Krateröffnungen bemerkt haben, aus denen fast ohne Unterbrechung mächtige Dampf- und Rauchsäulen emporsteigen. Wie *A. von Humboldt* bemerkt, sollen grössere Ausbrüche von diesem Berge nicht bekannt seyn.

13. **Azufral.** Er liegt im Andes Passe von Quindiu, unter 0^0 53' n. Br., in derselben Bergreihe, aber noch mehr nordwärts, und erscheint als ein zackiger Rücken, der sich in südlicher Richtung sanft in die Ebene verflächt. Sein Gipfel ist bisweilen von Schnee bedeckt; auch enthält derselbe mehrere dampfende Oeffnungen, in deren einer sich ein siedender

Schwefelpfuhl befinden soll. Auch durchziehen ungeheure Massen von Schwefel in Trümmern und Gängen den ganzen Berg, dessen vorwaltendes Gestein aus Trachyt bestehen soll. Die Gas-Exhalationen erfolgen ununterbrochen. Merkwürdig ist, dass der Vulcan sich aus Glimmerschiefer erhebt.

14. Volcan de Pasto. Seine Lage ist in 1° 11′ n. Br., im Westen der Stadt Pasto, in der Nähe des Thales Guaytara, und ist ganz von der Cordillere getrennt. Seine Höhe soll 12,620 Fuss betragen; sein dampfendes Haupt sieht man bisweilen von Schnee bedeckt. Die Wände seines am westlichen Abhange befindlichen, steil abstürzenden Kraters sollen aus Andesit bestehen. Der Krater ist von sehr grossem Umfange und enthält zwei Oeffnungen, denen fast stets Dampf-, bisweilen auch Flammensäulen entsteigen. In den Monaten November und December des J. 1796 erhob sich, auf ganz ungewohnte Weise, eine so ausserordentlich hohe Rauchsäule aus dem Berge, dass man sie von der Stadt Pasto aus drei Monate lang erblicken konnte, ein Phänomen, das man vorher noch fast nie bemerkt. Diese Rauchsäule verschwand jedoch nach *A. von Humboldt* plötzlich und fast zu derselben Zeit, als im Februar des J. 1797 heftige Boden-Erschütterungen das Thal von Quito zu verwüsten begannen und 65 Meilen südwärts die Stadt Riobamba fast gänzlich zerstört wurde. Manche halten ihn für identisch mit dem Vulcan Tanguéres, doch machen andere Angaben es wahrscheinlich, dass der letztgenannte Vulcan ein für sich bestehender ist.

15. Volcan de Sotara. Er ist ungefähr 28 geogr. Meilen vom vorigen entfernt und gehört, gleich dem Puracé, zur Provinz Popayan. In südöstlicher Richtung von der Stadt Popayan erhebt er sich, schon von Weitem her durch seine dunkelschwarze Farbe ausgezeichnet, in der Gestalt eines abgestumpften Kegels. Erst seit 50—60 Jahren soll er diese Form angenommen haben und vordem durch eine hohe Spitze ausgezeichnet gewesen seyn. Jetzt bemerkt man in seinem konischen Gipfel eine ansehnliche Vertiefung. Seine Lage ist 2° 26′ n. Br.

16. Volcan de Puracé. Erscheint ostwärts von Popayan als eine hohe, abgestumpfte Pyramide von 13,650 Fuss Meereshöhe, an seinen obern Abhängen aus Obsidian, unten

im Thale bis gegen 8000 Fuss Höhe aber aus Granit bestehend. Auch die Höhe dieses Berges ist nicht mehr dieselbe,
wie sie *Caldas* in früherer Zeit, zu Anfang unseres Jahrhunderts, gefunden, und nach der Aussage der Bewohner von Popayan ist die untere Schneegrenze an ihm jetzt höher oben
als damals, obgleich die mittlere Temperatur dieselbe ist. Er
liegt unter 2° 20' n. Br.

17. Vulcan am Rio Fragua. Er ist unter 2° 10'
n. Br., ostwärts von den Quellen des Magdalenen-Flusses in Nordwest der Mission von Santa Rosa und westlich von Puerto del
Pescado gelegen. Dieser Vulcan verdient deshalb besondere
Aufmerksamkeit, theils weil er der einzige in der östlichen
Gebirgskette ist, theils weil er eben durch diese östliche Lage
darauf hinzudeuten scheint, dass die zu seiner Rechten gelegenen Vulcane der Antillen mit ihm in Zusammenhang stehen
können und er gleichsam das Verbindungsglied dazu bildet.
Er soll beinahe stets thätig seyn und weithin sichtbare Dampfsäulen ausstossen.

18. Volcan de Tolima. Kaum 40 Lieues von der
Meeresküste entfernt, ist seine Lage 4° 46' n. Br. und 77°
56' w. L. von Paris. Bekanntlich theilen sich die Andes unter
1° 50' n. Br., nördlich von dem Gebirgsstock, welchem
die Quellen des Magdalenen-Flusses entströmen, in drei Zweige,
von denen der westlichere, mehr in der Nähe des Meeres befindliche, die Cordillera del Choco, am westlichen Abhange
Seifenwerke von Platin und Gold enthält, während der mittlere Zweig, die Cordillera de Quindiu, die Thäler des Cauca-
Stromes von denen des Magdalenen-Flusses scheidet, indess der
östlichste Theil, die Cordillera de Suma Paz y de Merida,
zwischen dem Tafellande von Bogota und den Zuflüssen des
Meta und Orinoco sich in nordöstlicher Richtung hinzieht.
Von diesen drei Zweigen ist der mittlere der höchste und
allein mit ewigem Schnee bedeckt. Auf ihm erhebt sich der
Pic des Tolima in der Gestalt einer abgestumpften Pyramide
bis zu der riesigen Höhe von 17,190 Par. Fuss, und es ist
sehr wahrscheinlich, dass er unter allen Bergen des neuen
Continentes nördlich vom Aequator die erste Stelle hinsichtlich seiner Höhe einnimmt. Er liegt blos 3 Stunden vom
Städtchen Ibagué entfernt, in nordöstlicher Richtung vom

Quindiu-Passe, aus welchem man vom Magdalenen-Flusse in
das Cauca-Thal gelangt, und bildet mit einem andern Vulcan,
mit dem Paramo de Ruiz, eine besondere Gruppe, einen Heerd
unterirdischen Feuers — bisweilen Jahrhunderte hindurch verborgen — in südwestlicher Richtung von der Stadt Honda,
fast auf halbem Wege zwischen Popayan und dem Golf von
Darien, am Anfange des Isthmus von Panama. Vielleicht
kann man diese beiden Vulcane als den Mittelpunct eines Er-
schütterungskreises betrachten, innerhalb dessen nach Westen
hin die Vega de Supia, nach Osten hin Honda und selbst die
entfernte Hauptstadt der Republik Columbia, nämlich Santa
Fé de Bogota, gelegen sind. Indess ist hierbei nicht zu übersehen, dass Honda auch bisweilen durch die Ausbrüche des
Cotopaxi stark heimgesucht wird, der doch 102 geogr. Meilen
südlicher liegt.

Der Pic von Tolima ist neuerdings besonders durch eine
sehr heftige Eruption wieder mehr bekannt geworden, welche
sich am 12. März im J. 1595 ereignete, im Laufe der Zeit
wieder vergessen wurde, jedoch in einer alten unedirten Hand-
schrift des *Fray Pedro Simon (Historia de la conquista de
Nueva Grenada*. 1623) sich genau beschrieben fand. *Roulin*,
Boussingault's Reisegesellschafter, war so glücklich, diese Schrift
aufzufinden, und aus seinen Mittheilungen ergiebt sich, dass
jener Ausbruch durch schreckliche ihm vorangehende Detonationen angekündigt wurde. Aller Schnee, welcher fast stets
das Haupt und die Abhänge des Berges bedeckt, schmolz so
schnell, dass zwei kleine Flüsse, welche an den Seiten des
Tolima entspringen, zu ausserordentlicher Höhe anschwollen,
in ihrem Laufe, vielleicht durch herabstürzende Felsmassen,
gehemmt wurden, dann aber durchbrachen und eine sehr grosse
Ueberschwemmung verursachten, indem sie nicht nur das ihnen
im Wege liegende lockere Gestein, sondern auch Blöcke von
ungeheurer Grösse mit sich fortrissen. Die Wasser waren dermassen mit schädlichen Gasarten oder, wie im Rio Vinaigre
bei Popayan, mit Schwefelsäure oder Salzsäure (?) inprägnirt,
dass eine geraume Zeit verging, ehe wieder Fische darin zu
leben vermochten.

Nach *Roulin's* Ansicht erfolgte sowohl dieser Ausbruch, als
auch die nachfolgenden höchst wahrscheinlich aus der Westseite

des Berges; denn hätte er auf dem Gipfel statt gefunden, so würden wahrscheinlich ausser dem Schmelzen des Schnees auch noch andere Phänomene bemerkt worden seyn, es würde dann wohl die so nahe liegende Stadt Ibagué am meisten gelitten haben und nicht die 10—12 Meilen entfernten Thäler Ambalema, Piedras etc. Wenn die Eruption demnach an der Westseite des Pic's sich einen Weg brach, so ergoss sie sich in die Längenthäler, welche der Hauptkette parallel ziehen, aber nordwärts senkte sie sich und nahm die Wasser auf, welche den Rio Guali bilden, welcher seinen Lauf nach Mariquita und Honda nimmt. Deshalb schwoll auch dieser Fluss sehr bedeutend an, nachdem er vorher mit einem dichten Aschenregen bedeckt worden war. Im entgegengesetzten Falle hätten diese Wirkungen sich an den Flüssen Guello und Combayma zeigen müssen.

Der Tolima ruhete hierauf Jahrhunderte hindurch, bis auf unsere Zeit. Erst im J. 1826, in welchem Bogota, Honda, Antioquia von furchtbaren Erdbeben heimgesucht wurden, sah *Roulin* von der südlich von Mariquita gelegenen Silbergrube Sant Ana aus, den Pic des Tolima alle Tage hohe Rauchsäulen ausstossen, und zwar versicherten die Eingeborenen, dass dieser Rauch erst von der Zeit jenes Erdbebens an dem Krater des Berges entsteige.

Es ist möglich, dass dies derselbe Ausbruch ist, worüber *Boussingault* am 4. Mai des J. 1829 an die Pariser Akademie der Wissenschaften berichtete; es kann aber auch seyn, dass nach einem Zwischenraume von 3 Jahren sich eine neue Eruption kund gegeben hat.

Ueberhaupt scheinen an mehreren Stellen dieses Theiles der Andeskette sich vulcanische Phänomene bemerklich zu machen; denn ausser dem bereits erwähnten Vulcan von Azufral mit seinen Gas-Exhalationen finden sich, mehr nach Norden hin, noch verschiedene andere Solfataren, z. B. der Paramo von St. Isabella, welcher häufig besucht wird, um Schwefel und Alaun von demselben zu holen. Zugleich kommen auf dem ganzen östlichen Abhange des Berges bis zu den äussersten Enden seiner seitlichen Verzweigungen zahlreiche Asphalt-Quellen vor, welche daselbst Mene oder Neme genannt werden. Eine solche Quelle hat einem kleinen, zwei Meilen östlich von Mariquita gelegenen Dorfe den Namen Boca Neme gegeben. *Roulin* bemerkte einige andere am rechten Ufer des Rio Verde, und an noch andern Stellen treten sie so zahlreich auf, dass sie sogar ein Hinderniss für den Strassen-Verkehr abgeben, indem sie Asphalt in so reichlichem Maasse ergiessen, dass Menschen und Saumthiere darin stecken bleiben und man sich zuletzt genöthigt sieht, den Asphalt anzuzünden, um ihn zu zerstören und aus dem Wege zu räumen.

19. Paramo de Ruiz. Er liegt kaum zwei Meilen vom vorigen entfernt, unter $4^0 57'$ n. Br., und bildet eine hohe Gruppe kleiner, häufig mit Schnee bedeckter Kegel.

Der Gebirgsstock, auf welchem die eben genannten Vulcane nebst der Quebrada del Azufral sich erheben, besteht aus Granit, Gneis und Glimmerschiefer, durch welche trachytische oder wohl eher andesitische Massen in den hohen Paramos durch vulcanisches Feuer hervorgetrieben worden sind. Salzquellen, Gyps und gediegener Schwefel liegen mitten in diesen Gebilden. Im Passe von Quindiu, nahe beim Moral, 1062 Toisen oberhalb der Meeresfläche, fand *A. von Humboldt* in der Quebrada del Azufral offene Klüfte im Glimmerschiefer, bedeckt mit dem schönsten gediegenen Schwefel, aus denen so heisse Gasarten hervorbrachen, dass darin das Thermometer 38^0 R. anzeigte, während die Temperatur der Atmosphäre blos 16^0 R. betrug. Als *Boussingault* 26 Jahre später eben diese Klüfte näher untersuchte, betrug ihre Temperatur nur noch 15^0 R., während das Thermometer im Schatten in freier Luft 18^0 R. zeigte. Die Wärme der ausströmenden Gase hatte sich also um 23^0 R. vermindert. Die Wiederentzündung des Tolima hätte wohl ein entgegengesetztes Resultat erwarten lassen; indess haben wohl die heftigen Erdstösse, welche dem Ausbruche des Vulcans vorhergingen, die frühern Verbindungen mit den Klüften des Azufral abgeschnitten. Ueberdies hat man auch an andern Vulcanen, z. B. am Vesuv, ähnliche Beobachtungen gemacht und es hat sich daselbst in einer und derselben Spalte nicht nur die Temperatur, sondern sogar die chemische Beschaffenheit der ausgehauchten Dämpfe kurz vor und nach einem Ausbruche bedeutend verändert.

Vulcanen-Reihe der Antillen.

§. 44.

Nicht die grossen, sondern die kleinen Antillen enthalten
thätige Vulcane, und zwar in einer von Süd nach Nord aufsteigenden, schwach bogenförmig nach Osten gekrümmten
Linie zwischen 10—20° n. Br. Im Vergleich zu den auf dem
Festlande von America vorkommenden Feuerbergen erreichen
sie eine nur unbedeutende Höhe; denn kaum einer unter ihnen
dürfte sich 6000 Fuss über die Meeresfläche erheben. Sie
liegen alle in einer fortlaufenden Kette hintereinander,
ohne dass man vulcanische Inseln zwischen ihnen bemerkt.
Diese letztern liegen zwar nahe bei den erstern, aber· doch
mehr ausserhalb der Reihe, in östlicher Richtung nach dem
atlantischen Ocean hin. Durch den häufigen und zugleich höchst
zerstörenden Erdbeben unterworfenen Erschütterungskreis von
Caracas, so wie mittelst der durch ihre Schlamm- und Luft-
Vulcane so ausgezeichneten Insel Trinidad stehen die Vulcane
der Antillen mit der Ostküste von Südamerica in nicht zu ver-
kennender Verbindung. Die vulcanischen Inseln unter den
Antillen bilden etwa den fünften Theil des Bogens, welcher
sich von der Küste von Paria bis zur Halbinsel Florida erstreckt. In Folge ihrer vorhin angegebenen Lage schliessen
sie auf der Ostseite dies Binnenmeer, während die grossen
Antillen als die Trümmer einer aus Urgebirgsarten bestehenden Berggruppe erscheinen, deren höchster Theil sich zwischen
dem Cap Abacou, dem Cap Morant und den Kupferbergen
an derjenigen Stelle befunden zu haben scheint, wo die Inseln
St. Domingo, Cuba und Jamaica einander am nächsten liegen.
Die südlichste unter den vulcanischen Antillen ist

I. Granada.

Eine Insel mittlerer Grösse mit stark ausgebuchteten
Ufern, besteht fast nur aus zwei miteinander verbundenen, zu
hohen Pic's sich gestaltenden Bergen. Im südwestlichen Theile
bemerkt man steile und senkrechte Abstürze, während die
nordöstlichen Abhänge weit sanfter erscheinen. Von SW. gegen
NO., nicht aber nach W., wird die Insel von Korallenfelsen
umgürtet. An zwei Stellen, besonders zwischen St. George
und Goave (Goyave), erheben sich schöne, säulenförmig ab-

gesonderte Basalte. In ihrer Nähe entspringen Thermalquellen. Es befinden sich auf der Insel mehrere erloschene, jetzt mit Wasser angefüllte Kratere, von denen einer wegen seiner ansehnlichen Grösse den Namen Grand Etang führt. Auch die Morne rouge, eine aus drei konischen, 5—600 Fuss hohen Hügeln bestehende Felsgruppe, die ganz aus Schlacken und verglasten Gesteinen zusammengesetzt ist und als ein Eruptionskegel zu betrachten seyn dürfte, bietet eine ähnliche Erscheinung dar, indem ihr ehemaliger Krater ebenfalls mit Wasser angefüllt ist. In den Jahren 1765 und 1819 litt die Insel durch besonders heftige Erdbeben. Das in dem letztgenannten Jahre erfolgte verspürte man zu derselben Stunde auch auf St. Vincent.

2. St. Vincent.

Der höchste Berg der Insel und zugleich der ausgeprägteste Vulcan ist der Morne Garou. Er erhebt sich 4740 Par. Fuss über die Meeresfläche und zeigte vor der im J. 1812 erfolgten Eruption, welche die furchtbarsten Zerstörungen anrichtete, in etwa 2000 Fuss Höhe einen sehr ansehnlichen Krater von ungefähr 500 Fuss Tiefe, während sein Durchmesser ½ engl. Meile betrug. In der Mitte desselben erhob sich ein konischer Hügel von 260—300 Fuss Höhe, einen höchst eigenthümlichen und im Allgemeinen lieblichen und ansprechenden Anblick gewährend, indem sein Fuss und die untern Abhänge dicht mit Gebüsch, so wie mit dem Grün der Reben bedeckt waren, während sein Gipfel mit Schwefelblumen bekränzt erschien und aus ihm Schwefeldämpfe in zahlreichen Spalten hervorbrachen. Seit dem J. 1718 hatte der Vulcan geruhet, allein am 7. März im J. 1812 bemerkte man Boden-Erschütterungen, begleitet von einem furchtbaren Orkane. Auf dem Meere, in einer Ferne von 100 Lieues, erfolgte ein so reichlicher Aschenregen, dass die Schiffe drei Zoll hoch damit bedeckt wurden. Zugleich sah man in der Richtung nach St. Vincent hin leuchtende Blitze, welche das Firmament erhellten, während zu gleicher Zeit dumpfer Donner sich vernehmen liess. Die Erdstösse folgten häufig aufeinander; der mit ihnen verbundene Donner glich dem von schwerem Geschütz, untermischt mit Musketen-Salven, und — was sehr bemerkenswerth erscheint — so besass der Donner fern von der

Insel eine grössere Stärke, als auf ihr selbst. Am 26. April
1812 erwachte der Berg zu neuer Thätigkeit. Unter furchtbarem Krachen brach er auf und eine unermesslich hohe
Säule von schwarzem, dicken Rauch entstieg seinem Innern,
während Steine, Sand und Asche in ungeheurer Menge ausgeworfen wurden. Letztere flog bis zur Insel Barbadoes, welche 30 Meilen davon entfernt liegt. Diese Erscheinungen
wiederholten sich — jedoch stets an Intensität zunehmend —
am 28., 29. und 30. April. Am Abend dieses letztgenannten
Tages, als Flammen, die Rauchsäule durchbrechend, in Pyramiden-Gestalt dem Krater entstiegen, der Donner grässlicher
rollte, als je zuvor; als das elektrische Feuer sich schneller
entlud und die Schwärze des Himmels in zickzackförmiger
Gestalt durchkreuzte, da sah man, um das Schreckniss voll zu
machen, die im Feuerschlunde des Vulcans mächtig aufwallende Lavamasse an der Nordwestseite des Berges hervorbrechen, schnell über die Mündung hervorstürzen, alle ihr im
Wege stehende Hindernisse überwältigen, grosse Felsmassen
und die höchsten Bäume mit sich fortreissen, an den Abhängen des Berges sich hinabwälzen, und dies so schnell, dass
sie, in der Gestalt eines ungeheuren glühenden Stromes, schon
nach 4 Stunden das Ufer erreichte und sich in das Meer ergoss. Die interessanteste Erscheinung bei der ganzen Eruption war aber die, dass die See, durch die vielen in sie hin-
abgefallenen Auswurfsstoffe zwar getrübt, jedoch in der Tiefe
keineswegs besonders aufgeregt oder stürmisch erschien. Auch
Hebungen oder Senkungen des Bodens auf der Insel wurden
nicht wahrgenommen und beide Umstände scheinen darauf hinzudeuten, dass der Sitz des vulcanischen Processes nicht nur
in unergründlicher Tiefe befindlich, sondern auch die unterirdischen Kräfte, so lange Zeit hindurch gebannt und zurück-
gehalten, sich nur durch die Räume des Feuerschlundes
einen Ausweg gebahnt haben; s. Auswahl der Schriften der
Ges. für Mineralogie zu Dresden. Thl. 1. S. 125 ff.

3. Ste. Lucie.

Auch Santa Lucia oder Alusia. Sie soll ganz aus vulcanischen Massen zusammengesetzt seyn und mehrere sehr schroff
und jäh abfallende Berge enthalten. Auf einem der höchsten

derselben bemerkt man den Krater, den Schwefelberg, den
Oualibou oder Qualibou, welcher eine Höhe von 12—1800 Fuss
besitzt und sich auf einer schroffen Gebirgskette erhebt, welche die Insel von NO. nach SW. durchziehet. Besonders an
der nordöstlichen Seite wird der Krater von ausserordentlich
steilen Felsen umgeben. Der Boden desselben mag von einem
sehr grossen Umfange seyn; denn es sollen sich auf demselben 22 kleinere Seen befinden, in welchen das Wasser stets
in brodelnder Wallung begriffen ist, und zwar mitunter so stark,
dass es 4—5 Fuss hoch über die Oberfläche emporgeschleudert
wird. An andern Stellen des Kraters brechen glühend-heisse
Schwefeldämpfe hervor, und zwar so reichlich, dass man stundenweit ihren Geruch verspürt. Der Schwefel setzt sich an
seinen Austrittsorten mitunter so reichlich ab, dass er in frühern
Zeiten bergmännisch gewonnen wurde. Die am Abhange des
Berges herunterfliessenden Quellen sind reichlich mit Kohlensäure versehen. Im J. 1766 soll dieser Krater einen kleinen
Ausbruch von Steinen und Asche gehabt haben. Auch auf
dieser Insel, so wie in ihrer Nähe weiset Alles auf einen tiefen Sitz der vulcanischen Thätigkeit hin; denn das Meer,
welches Ste. Lucie von Martinique trennt, ist fast unergründ-
lich und man schätzt seine Tiefe nach *A. von Humboldt (Relat.
histor. T. 2. pag. 22)* auf wenigstens 2000 Meter. Die Breite
der Meerenge beträgt 7 Lieues. Ein Erdbeben, welches Martinique am 16. October des Jahres 1819 heftig erschütterte,
wurde auch auf Ste. Lucie mitempfunden, und aus dieser Wahrnehmung scheint sich zu ergeben, dass die Erschütterung von
einer Stelle aus erfolgte, oder dass wenigstens die Richtung der unterirdischen Bewegungen daselbst in die Linie von
einer der beiden Inseln zur andern fällt.

4. Martinique.

In der Sprache der Urbewohner führt diese Insel den Namen Madianna. Hinsichtlich ihrer Grösse nimmt sie die erste
Stelle unter den kleinen Antillen ein. Nach *Cortes (sur la
géologie des Antilles, im Journ. de physique. T. 70. pag. 129)*
besteht auch diese Insel nur aus vulcanischen Gebirgsarten,
obgleich nach andern Angaben auch Granit daselbst vorkommen soll, der aber wahrscheinlich mit Trachyt verwechselt

worden ist. Es erheben sich drei, durch ihre Höhe sehr ausgezeichnete Berge auf dem Eilande: im Norden die Montagne
Pelée, in der Mitte der Piton du Carbet, im Süden der Piton
du Vauclain. Der erstgenannte erhebt sich nach *Dupuget*
(Journ. des mines. T. 6. pag. 58) 4416 Par. Fuss über die
Oberfläche des Meeres, hat die Gestalt eines grossartigen Kegels und enthält einen sehr weiten Krater oder eine Solfatare.
Mehrere kleinere Kratere, in einer Höhe von etwa 3000 Fuss,
scheinen bei frühern Seitenausbrüchen des Berges entstanden
zu seyn. Am 22. Januar 1762 soll der Vulcan einen kleinen
Ausbruch gehabt haben, welchem ein starker Erdstoss voranging. Schwefeldämpfe und heisse Wasser entstiegen zugleich
dem zerklüfteten Erdreich. Eine andere, aber ebenfalls nicht
genau constatirte Eruption erfolgte angeblich am 22. Januar
1792. Nach *Dupuget* (a. a. O. S. 59) soll der Berg auf seiner
Westseite von 30 Fuss hohen Bimssteinmassen bedeckt seyn,
was zu der Ansicht zu führen scheint, dass der Vulcan in
seinem Innern aus Trachyt bestehe. Der in der Mitte der
Insel liegende Piton du Carbet ist wahrscheinlich der höchste
Berg auf sämmtlichen Antillen. Mächtige Lavaströme, reichlich mit Feldspath-Krystallen versehen, haben sich an seinen
Gehängen herabgesenkt, und schön gegliederte Basaltsäulen
erheben sich aus der Tiefe zwischen diesem und dem dritten
Pic, dem Piton de Vauclain, auf der südöstlichen Spitze der Insel.

Eine der neuesten vulcanischen Katastrophen auf Martinique erfolgte am 5. und 6. August 1851. Während die Montagne Pelée in ihren Grundfesten erschüttert wurde, vernahm
man zugleich ein Zischen, ähnlich jenem, welches ein unermesslicher Dampferzeuger bei halbgeöffneter Klappe hervorbringen dürfte. Zugleich fiel in der Nähe des Vulcans ein
sehr starker Aschenregen, welcher in den Wäldern und Pflanzungen grossen Schaden anrichtete. An verschiedenen Stellen
des Gebirges stiegen Rauchsäulen auf. Als man einige Tage
nachher die Montagne Pelée besuchte, fand man darin 8 kleinere
Kratere, erfüllt mit siedendem, schlammigen Wasser, welches
einen starken Schwefelgeruch besass. Von Zeit zu Zeit erhob sich
daraus ein weisser Dampf mit dumpfem Donner. Die Kratere
waren jedoch nur klein, hatten 4—6' im Durchmesser, der
weiteste etwa 16' bei ungefähr 30 Fuss Tiefe.

5. Dominica.

Ist la Dominique der Franzosen. Eine durchaus vulcanische Insel mit vielen Bergen, von denen die höchsten in der
Mitte sich befinden und an 5700 Par. Fuss Meereshöhe erreichen. Den Fuss dieser Berge bilden ansehnliche Trachyt-
massen. Nach *Tuckey (Maritim. geograph.* T. IV. pag.
272) finden sich darin mehrere Solfataren, die keineswegs als erloschen zu betrachten sind, sondern häufig noch jetzt an verschiedenen Stellen Schwefelmassen absetzen.

6. Guadeloupe.

Erst in der neuesten Zeit ist uns durch verdiente französische Naturforscher, namentlich durch *Duchassaing* und *Deville*,
die gewünschte Aufklärung über die physikalische Beschaffenheit dieser in so hohem Grade interessanten Insel zu Theil
geworden.

Gleich den meisten Antillen, besteht auch dieses Eiland
aus einem bergigen, vulcanischen Theile und aus einem Kalk-
Plateau, von den neuesten Sedimentär-Gebilden zusammengesetzt, welche, wie es sehr wahrscheinlich ist, auf vulcanischen
Gebirgsarten abgelagert sind. Die eine, aus tertiären, diluvia-
len und alluvialen Kalkgebilden bestehende Hälfte der Insel
führt den Namen „Grande Terre"; die andere, vorzugsweise
aus vulcanischen Massen zusammengesetzte Hälfte heisst „la
Guadeloupe". Nach *Dupuget* (a. a. O. S. 45) verbinden die
aus säulenförmigem Basalt bestehenden, unter dem Namen
„les Saintes" bekannten Felsen die Insel Guadeloupe mit Do-
minica. Auf den meisten Antillen liegen, wie bereits bemerkt,
die kalkigen Gebirgsmassen meist in östlicher Richtung von
den vulcanischen. Auf Guadeloupe zeigen sich beide Theile
ziemlich scharf abgegrenzt durch die unter der Benennung „Ri-
vière salée" bekannte Meerenge; indess finden sich doch auf
der eigentlichen Guadeloupe an verschiedenen Stellen kalkige
Felsarten, jedoch nur von geringer Mächtigkeit. Diese letztern
— sie mögen nun auf der einen, oder der andern Hälfte der
Insel vorkommen —, gehören, der Zeit ihrer Ablagerung zufolge, zu den tertiären Gebilden und ruhen wahrscheinlich auf
vulcanischen Massen, ähnlich denen, welche den bergigen, vulcanischen Theil des Eilandes zusammensetzen.

Gehen wir von den jüngern Gebilden zu den ältern über, so bemerken wir zuerst eine längs der Küste abgelagerte kalkige Gebirgsart, welche man die Madreporen-Formation nannte, indem man annahm, sie bestände nur aus Korallen der genannten Gattung; allein nach *Duchassaing* (im *Bullet. géolog.* 2. Serie. T. IV. p. 1093 ff.) kommen oft nur sehr wenige Korallen in diesen Massen vor, dagegen desto mehr Serpulen, vermischt mit zahlreichen Balanen. Aus diesen Gehäusen entstehen mitunter ansehnliche Kalkflötze, die jedoch auch an andern Stellen vorzugsweise wieder aus Madreporen bestehen. An einigen Stellen auf Grande-Terre haben Felsmassen dieser Art durch vulcanische Kräfte sehr auffallende Emporhebungen erlitten, und da die darin enthaltenen organischen Körper wohl und deutlich sich erhalten haben, so hat man hier gewiss an kein Rollen oder an ein Fortführen durch Wassergewalt zu denken. Die animalischen Reste bestehen theils aus Land-, theils aus See-Muscheln und begreifen Arten, welche die heutige Fauna von Guadeloupe besonders häufig aufzuweisen hat. Diese Madreporen-Formation ist hin und wieder 6—9 Fuss über ihr früheres Niveau emporgehoben worden.

Unmittelbar unter ihr liegt ein anderes, kalkig sandiges Gebilde, welches dadurch einen sehr grossen Ruf erlangt hat, dass man darin versteinerte menschliche Skelete — sogenannte Anthropolithe — auffand, was zu dem Glauben veranlasste, der Mensch sey Zeuge der letzten Erdrevolution gewesen. Diese Felsart entsteht aber noch jetzt, gleichsam vor unsern Augen; denn wenn der in jenen subtropischen Gegenden so häufig, so reichlich und so gewaltsam herabfallende Regen von den Höhen der das Seegestade beherrschenden Berge auf die untern Flächen gelangt, so inprägnirt er sich während seines Laufes mit kohlensaurem Kalk und bildet theils in Höhlen, welche er durchdringt, Tropfstein und ähnliche Gebilde, theils wandelt er den Sand am Gestade in eine feinkörnige Breccie um, welche diese und jene Gegenstände umschliesst, die sich gerade darin vorfanden. Der Uebergang zum festen Zustande erfolgt sehr schnell; man fand inmitten der Masse sogar Zweige von Coccoloba uvifera *L.*, welche nur die Aenderung erlitten hatten, dass sie ausgetrocknet waren. Die bekannteste Fundstätte der sogenannten Anthropolithen ist unfern des Fleckens le Moule. Wahrscheinlich rühren sie noch von den Galibis her, einem wilden Volksstamme, welcher die Insel bewohnte, ehe die Caraïben sich ihrer bemächtigten. Zwischen diesen menschlichen Resten fand man auch Bruchstücke von Gefässen, aus derselben Erde verfertigt, welche man noch jetzt anwendet, um poröses Töpfergeschirr zur Abkühlung des Wassers daraus anzufertigen. Auch Bulimus octonus, B. Guadalupensis und Gorgonia flabellum kommen darin vor. *Duchassaing* entdeckte darin das Calcaneum eines Hundes, worin die Gallerte sich noch befand, so wie einen Feuerstein. Das Gestein war so fest, dass die genannten Gegenstände nur mittelst des Hammers daraus gewonnen werden konnten. Hunde und Feuersteine wurden durch Europäer auf die Insel gebracht; daraus ergiebt sich wieder die neue Abstammung der menschlichen Gebeine. Unterhalb dieser Formation stösst man auf Alluvionen und eine Thonlage von geringer Mächtigkeit und ohne fossile Reste.

Hierauf kommt ein Tuff von weisser Farbe und mässiger Festigkeit, welcher fast nur aus Foraminiferen - Schalen besteht. Dieser Tuff bildet verschiedene Hügel und steile Gehänge auf Grande Terre und kommt auch auf Guadeloupe selbst vor, namentlich in der Gemeinde Trois Rivières. Auch er hat häufige Emporhebungen erlitten; sämmtliche Hügel, welche dadurch entstanden, ziehen unter der Gestalt von Ketten aus Osten nach Westen, indess die vulcanische Bergreihe aus Norden nach Süden streicht.

Das letzte tertiäre Gebilde bildet der sogenannte Roche à Ravets, vulcanischer Sand und gelblicher Tuff.

Die erstgenannte Felsart ist so hart, dass sie unter dem Hammer klingt, und enthält im Innern glänzende Kalkspath-Theilchen. Vorzugsweise wird sie aus Kalksubstanz gebildet; im Allgemeinen umschliesst sie nur schlecht erhaltene Muscheln. *Moreau de Jonnès* war geneigt, ihr ein hohes Alter zuzuschreiben, welches ihr aber nicht zuzukommen scheint.

Unter dieser Ablagerung findet sich der vulcanische Sand. Er hat eine schwarzgraue Farbe, enthält viel Glimmer, ist ziemlich mächtig und umschliesst zahlreiche Fossilien. Augenfällig ist er vom Meere hin und her getrieben worden, bei

welchem Hergang auch die organischen Reste in ihn gelangt
seyn mögen. Mitunter ist er cohärent, so dass er eine Art
Conglomerat bildet.

Weiter abwärts folgt ein gelber, zerreiblicher Tuff, der
nur wenige Fossilien enthält, die sich jedoch denen der obern
Lagen analog zeigen.

Betrachten wir nun auch den vulcanischen Theil der Insel. Nach *Charles St. Claire Deville (Bull. géol.* T. 8. p. 423 ff.)
kommen auf derselben, mit nur wenigen Ausnahmen, fast alle
die Felsarten vor, die man auf den übrigen vulcanischen Antillen findet. Der Kegel des Vulcans (die sogen. Soufrière),
der sich sehr durch seine zerrissene Gestalt auszeichnet und
dessen Höhe bald zu 4794, bald zu 5100 Fuss angegeben wird,
besteht ganz aus festem Gestein und hat äusserst steil und
schroff abfallende Gehänge. Nur in der kleinen, den Fuss des
Berges umgebenden Ebene trifft man Auswurfsstoffe an. Der
Kegel nimmt den Mittelpunct einer etwas elliptischen, durch
viele Kämme ausgezackten Ausweitung an, die im Umkreise
einen sehr ausgezeichneten Erhebungskrater bilden, obgleich
derselbe von keinem besonders grossen Umfang ist.

Der Fuss und die Spitze des Berges sind aus verschiedenen Felsarten zusammengesetzt. Der erstere besteht aus Dolerit von schwärzlicher oder dunkelgrauer Farbe, welche in
eine röthliche übergeht, wenn das Gestein sich an der Oberfläche zersetzt. Das Gestein des Kegels ist besonders dadurch
ausgezeichnet, dass es, wenn gleich es wegen seines unverkennbaren Ueberganges in Bimsstein den Trachyten beigezählt zu werden verdient, dennoch Labrador-Feldspath enthält
und überdies auch reich an Quarz ist. Letzterer, in Bipyra-
midal-Dodekaëdern krystallisirt, kommt nicht selten in einigen
Thälern auf Guadeloupe und Martinique vor, woselbst er sich
in einem röthlichen Detritus findet, der den Boden jener Thäler oft weithin bedeckt. Die Soufrière hat nur sehr selten
eigentliche Ausbrüche gehabt, obgleich man an ihren Abhängen alte Lavaströme bemerkt. Es scheint, als sey sie jetzt
mehr als eine Solfatare zu betrachten. In den Höhlungen des
Berges findet man Ueberrindungen von Gyps, zuweilen von
Alaun, auch von Kieselerde; es treten Quellen daraus hervor,
welche Schwefelnatrium und andere Auflösungsmittel enthal-

30*

ten. Die Dämpfe der Fumarolen bestehen hauptsächlich aus Wasserdampf von 95 — 96° C., welcher eine grosse Menge Schwefel mit sich führt, der sich in den Spalten und Klüften krystallinisch absetzt. Dann und wann verspürt man auch einen Geruch von Schwefelwasserstoffgas.

Unter den ältern Ausbrüchen des Vulcans ist besonders der bekannt, welcher am 27. Septbr. 1797 erfolgte. Nach *A. von Humboldt (Relat. histor.* I, 516) entströmten damals dem Berge unter furchtbarem unterirdischen Brüllen und Donner dichte Wolken von Schwefeldämpfen, angefüllt mit vulcanischer Asche und einer unermesslichen Menge von Bimssteinen, die weithin fortgeschleudert wurden; doch von Lava-Ergüssen bemerkte man nichts. Der Berg öffnete sich an verschiedenen Stellen unterhalb der sogen. Dolomieu-Spitze; es war auch die Ansicht verbreitet, als hätte er Wasser ausgespieen, indem die an seiner nördlichen Seite entspringenden Flüsse kurz nach der Eruption sich stark angeschwollen zeigten. Diese Eruption war das erste Zeichen von wieder erwachter Thätigkeit des Vulcans, nachdem er fast ein ganzes Jahrhundert hindurch geschlummert hatte. Bei dem fürchterlichen Erdbeben in Venezuela, welches am 4. Februar 1797 begann, fast acht Monate lang in grösserer oder geringerer Stärke anhielt und während dieser Zeit beinahe 40,000 Menschen das Leben geraubt hatte, wurden auch die Antillen heftig erschüttert, und das Beben des Bodens hörte erst auf, als die oben erwähnte Eruption aus der Soufrière auf Guadeloupe erfolgte. Auch im J. 1802 bemerkte man Flammenausbrüche derselben, zu welcher Zeit auch Venezuela wieder erschüttert wurde.

In unsern Tagen wurden auf der Insel grässliche Verwüstungen durch ein Erdbeben angerichtet, welches sich am 8. Februar 1842 ereignete. In furchtbarer Stärke traf es besonders die Stadt Point à Pitre auf Grande Terre; fast in einer Minute wurde sie in einen Trümmerhaufen verwandelt und unter 15,000 Menschen verloren 5000 dabei das Leben. Charakteristisch bei dieser Katastrophe war ein untermeerischer Ausbruch zwischen Guadeloupe und Marie galante; es erhob sich aus dem Meere in wirbelnder Gestalt eine gewaltige Säule schwarzgefärbten Wassers und stieg zu einer beträchtlichen

Höhe empor. Stossweise entstieg sie den bewegten Wogen des Meeres und auf ansehnliche Strecken hin sah man die See mit dichten Dampfmassen bedeckt. Das Phänomen hielt jedoch nicht lange an und war nach Verlauf einer halben Stunde fast spurlos verschwunden. Uebrigens kommen auf dieser Insel auch zahlreiche warme Quellen vor.

7. Montserrat.

Wegen der ausgezackten Gestalt ihres Kratergipfels hat sie wahrscheinlich diesen Namen erhalten. Fast die ganze Insel besteht aus trachytischem Gestein, theils festem, theils conglomeratischem. Die Berge erheben sich hoch und steil. Von der Stadt Plymouth aus gelangt man auf die Höhe von Galloway, zu der von zerstückten Höhen umgebenen Soufrière, welche 3—4000 Yards lang und halb so breit ist. Aus zahllosen Oeffnungen zwischen den losen Steinen, welche den Boden bedecken, dringen dichte Schwefeldämpfe hervor, und zwar so reichlich, dass sie die nahe bei diesen Spalten vorbeilaufenden Quellen bis zum Kochpuncte erhitzen, während man diese Erscheinung bei den entferntern nicht wahrnimmt. Indess steigen die Schwefeldämpfe nicht immer aus denselben Oeffnungen hervor, denn fast täglich entstehen neue, während ältere sich schliessen. Die Ränder dieser Risse sieht man mit den schönsten Schwefel-Krystallen geziert, auch ist die ganze Masse der Felsen in der Nähe ganz mit Schwefel erfüllt. Nach *Nugent (Geolog. transact.* I. pag. 105) kommt in der Entfernung einer englischen Meile noch eine andere, dieser ähnliche Solfatare vor.

8. Nevis (Nièves).

Nach *Chisholm (On the malignant fever of the Westindies.* 1812. I, 222) und *A. von Humboldt (Voyage* etc. T. II. p. 22) findet man auf dieser Insel einen sehr ausgezeichneten Krater, welchem unaufhörlich Schwefeldämpfe entsteigen und der zu *Columbus'* Zeiten geraucht haben soll. Auch beobachtet man viele warme Quellen. Die ganze Insel besteht eigentlich nur aus einem hohen, sanft abfallenden und mit dem schönsten Baumwuchse bekleideten Berge.

9. St. Christoph (St. Kitts).

Sie enthält viele und hoch sich emporhebende Berge, fast alle von trachytischer Beschaffenheit, unter denen der Mount

Misery (Mont Misère) die erste Stelle einnimmt. Er ragt 3483
Par. Fuss über die Oberfläche des Meeres empor und enthält
in seinem Gipfel einen sehr ausgebildeten und regelrecht gestalteten Krater, die sogen. Soufrière. Aus dieser soll im J.
1692 eine mehrere Wochen anhaltende Eruption statt gefunden haben. Vor der Zeit, ehe diese erfolgte, soll die Insel
häufig durch Erdbeben gelitten haben, allein nachdem sie statt
gefunden, sind die Boden-Erschütterungen seltner geworden.
Das Innere des Kraters ist an der Nordostseite fast senkrecht
abgestürzt; an der Süd- und an der Westseite ist dies weniger der Fall und es ist daselbst sogar möglich, auf den Boden der Soufrière zu gelangen. Im tiefsten Theile derselben
soll sich ein kleiner See befinden, dessen Spiegel, je nach den
Jahreszeiten, bald eine Erhöhung, bald eine Erniedrigung erleidet.

10. St. Eustache (Eustaz).

Die letzte unter den Antillen, welche einen eigentlichen
Krater enthält. Dieser erscheint in der Gestalt eines runden
und hohen Kegelberges, dessen Seiten jedoch nicht steil seyn
können, weil sie zu landwirthschaftlichen Zwecken benutzt
werden. Der Berg soll 10 Seemeilen im Umfang haben und
der Krater hinsichtlich seiner Grösse, seines Umfanges und
seiner Regelmässigkeit von keinem andern auf den Antillen
übertroffen werden. Deshalb führt er auch in den englischen
Reisebeschreibungen den Namen „the punchbowl". Er scheint
ebenfalls aus Trachyt zu bestehen, denn an seinen Rändern,
so wie an seinen Abhängen findet man zahlreiche Bimsstein-
Fragmente.

Vulcanen-Reihe von Central-America.

§. 45.

Die Landenge von Panama, oder vielmehr der Staat El
Ystmo, verbindet Südamerica mit Nordamerica. Der letztere
bildet bekanntlich eins derjenigen Glieder, aus welchen die
Föderativ-Republik von Central-America besteht. Die unermessliche Gebirgskette, welche von Süden nach Norden das
südliche wie das nördliche America durchzieht, vom Cap Horn
bis zum Eismeere des Nordpoles, dehnt sich auch, freilich in
nicht ansehnlicher Höhe, über die Landenge von Panama aus.

An ihrem schmalsten Theile, zwischen Chagres und Panama, beträgt die Basis der Kette ungefähr 45 Kilometer Breite und ihre Höhe etwa nur 1000 Fuss. Die ersten Berge erscheinen nahe am Ufer der Südsee und verschwinden auf der andern Seite des Gebirgskammes, in 25 Kilometer Entfernung von der Küste des atlantischen Meeres.

A. Boucard (Comptes rendues. 1849. T. 29. pag. 811) hat neuerdings die geologische Beschaffenheit jener Landenge näher kennen gelehrt. Die Cordillere, welche sie durchzieht, besteht fast nur aus Porphyr- und Trapp-Gebilden; doch findet sich beim Dorfe Canazas auch Granit und im Bette des Rio Virigua auch Syenit und Granit in Geschieben. Die petrographische Beschaffenheit der Porphyre ist sehr mannigfaltig; bald sind sie sehr dicht und ungemein hart, bald weich und zerreiblich. Ihre Farbe geht vom Dunkelgrünen in's Rothe und Violblaue über. Andere erscheinen gelb, auch ziegelroth, und sind von weissen Adern durchsetzt. In den Ebenen um Euton und Penonome erscheinen bildsame Thone, welche sicherlich durch Zersetzung der Porphyre entstanden sind. Das Hervortreten gewisser rother Porphyre scheint mit metallischen Exhalationen verbunden gewesen zu seyn, denn die metallischen Substanzen haben sich in den Spalten und Ritzen des Gesteins in der Gestalt sehr kleiner, runder Körner oder dünner Blättchen abgesetzt. In letztern erscheint namentlich das gediegene Kupfer. In eben so grosser Verbreitung wie die Porphyre treten auch trappische, an Hornblende reiche Gesteine auf, und beide begleiten einander fast stets.

Uebrigens kommen auf der Landenge auch neptunische Felsarten vor, jedoch weder von grosser Mächtigkeit, noch von weiter Erstreckung. Es sind dies weisse oder gelbliche, zum Uebergangs-Gebirge gehörige Sandsteine, welche z. B. am Meeresufer bei Panama horizontal sich abgelagert haben. Auf der entgegengesetzten Seite der Landenge, nach dem atlantischen Meere hin, finden sich dagegen Muscheln führende Kalksteine, zwischen deren Schichten man feinkörnigen Sandstein als Zwischenlager wahrnimmt. Das steile Ufer bei Chagres ist aus dieser Felsart zusammengesetzt und erstreckt sich bis zur Bucht des Limon. Jenseits Chagres, nach Westen hin, hat die Küste nur Sand aufzuweisen, der sich bis zur

Mündung des Cocle und noch weiter erstreckt. Sodann treten noch auf der Landenge hier und da weisse kalkige Sandsteine und ein körniger Kalk auf, welcher letztere von Adern krystallinischen Kalkes durchzogen wird.

Die plutonischen Gebirgsarten, welche die Erhebung der auf der Landenge befindlichen Cordillere bedingten, sind von oft Gold führenden, in der Richtung von Süd nach Nord streichenden Quarzgängen durchsetzt, welche gleich Mauern über die Gebirgsmassen hervorragen, da sie der Einwirkung der Atmosphärilien besser als letztere zu widerstehen vermocht haben. Nachdem die Felsarten plutonischen Ursprungs über die Erdoberfläche sich erhoben hatten, mögen jedoch noch andere geologische Katastrophen statt gefunden haben, wodurch der Felsbau der Erdrinde noch weitere Störungen erlitt und Trümmergestein mancherlei Art gebildet wurde. Letzteres ist durch Wasserfluthen weithin fortgeführt und in den Niederungen der Thäler später wieder abgesetzt worden. Auch die Quarzgänge erlagen einer Zerstörung; sie wurden in zahllose Bruch- und Rollstücke, so wie zuletzt in Sand umgewandelt. Die Goldtheilchen, welche sie umschlossen, lagerten sich hin und wieder, bald auf diese, bald auf jene Art ab, wie es die Umstände gerade mit sich brachten. Das Material der auf diese Weise gebildeten Alluvionen und Rollstücke von Porphyr, Trapp, Hornblende-Gestein, Granit, Gneis, Syenit und Quarz liegt in einem thonig-quarzigen Bindemittel, in welchem man ausserdem noch Eisenglimmer, Magneteisen, Schwefelkies, Bleiglanz, so wie Goldtheilchen bemerkt.

Das Ländergebiet, woraus der neue Föderativ-Staat von Central-·America besteht, bildete in frühern Zeiten unter dem spanischen Joche die Capitania general von Guatemala. Nach *A. v. Humboldt* (in der Hertha von *Berghaus*, Bd. 6. S. 131 ff.) umfasst dieses Land einen Flächenraum von 8624 geogr. ☐Meilen und ist demnach grösser als das jetzige Spanien und etwas kleiner als Frankreich. Die Cordillere, sobald sie nach Central-America gelangt, hält sich stets in der Nähe der Küste des stillen Meeres, und von dem Golfe von Nicoya an bis nach Soconusco, in der Nähe der mexicanischen Grenze, zwischen $9\frac{1}{2} - 16^{0}$ n. Br., fängt die lange Reihe von Vulcanen an, von denen keiner die am östlichen Abhange der Gebirgskette befindlichen Flächen überschreitet, von denen einige auf dem Kamme, die meisten aber auf dem westlichen Abhange oder den Vorhügeln derselben sich erheben. Nur einige dieser Feuerberge ragen als steile Pic's, ganz in der Nähe des Gestades, zu ansehnlicher Höhe empor. Das Urgebirge zwischen Veragua und Oaxaca ist es, welches sie, dicht aneinander gedrängt, in so grosser Anzahl durchbrochen haben, dass man eine solche Erscheinung fast an keiner andern Stelle der Erde wieder wahrnimmt. Durch das in Glimmerschiefer übergehende Gneis-Gebirge von Veragua hängen sie mit der westlichen Kette von Neu-Granada, so wie durch den Granit-Gneis von Oaxaca mit dem mexicanischen Hochlande zusammen. Es giebt aber fast keine Provinz im ehemaligen spanischen America, welche in geographischer Beziehung so mangelhaft und ungenügend bekannt ist, als eben dies frühere General-Capitanat von Guatemala.

Der südlichste der hierher gehörigen Vulcane ist

1. Volcan de Chiriqui. Er erhebt sich auf der Cordillere von Veragua, welche die Grenze zwischen den beiden Staaten (Estados) von El Ystmo und Costa-Rica bildet. Man sieht ihn jetzt als einen erloschenen Feuerberg an. An seinem nördlichen Abhange entspringen die Quellen des Diejo, welcher sich in die Laguna de Chiriqui ergiesst.

Nun folgen die Vulcane des Staates Costa-Rica.

2. Volcan de Barba. Er liegt in 9° 28′ n. Br. und 86° 23′ w. L., mehr nach der Westküste hin, unterhalb des Dorfes Barba, südwestlich von Cartago.

3. Volcan de Erradura. In der Nähe des vorigen, auf einer Landspitze dicht an der Küste, am Eingange in den Golf von Nicoya, unter 9° 35′ n. Br. und 86° 37′ w. L.

Es folgen nun drei andere Vulcane, mehr im Innern der Landenge, aus Süden nach Norden streichend. Der südlichste derselben ist

4. Volcan de Irasu (Volcan de Cartago). Liegt unter 9° 35′ n. Br. und 86° 11′ w. L. von Paris, zwischen den Städten Cartago und San Jose, am westlichen Abhange der Cordillere. Er soll bald eine Höhe von 1795, bald von 3500 Toisen besitzen, nach *Rouhault* und *Dumartray*. Im J. 1723 hatte er den ersten bekannten Ausbruch, verbunden mit hefti-

gen Erdbeben und einem dunkeln, drei Tage anhaltenden Nebel, welcher das Land in völlige Finsterniss hüllte.

5. Volcan de Turrialva. Etwas nordöstlich vom vorigen gelegen, auf einem östlichen Ausläufer der Cordillere, unter 9° 44' n. Br. und 86° 5' w. L.

6. Volcan de Chiripo. Dicht an den vorigen gedrängt, so dass beide zusammen einen mächtigen Gebirgsstock bilden. Im J. 1822 erfolgten in seiner Nähe einige Erdstösse, welche an mehreren Gebäuden in Cartago grossen Schaden anrichteten. Auch spaltete sich im Thale Matina die Erde und Sand und Salzwasser quollen daraus hervor.

7. Volcan de Votos. Fast ganz unter 10° 0' n. Br. und 86° 30' w. L. gelegen, am westlichen Abhange der Cordillere gleichen Namens, sich bis zu der Höhe von 1540 Toisen erhebend. Die Strasse von Alajuela nach Esuarsa läuft westwärts an ihm vorbei. Erstgenannte Stadt soll 564 Toisen über der Südsee liegen.

Die letztgenannten sechs Vulcane umschliessen einen Flächenraum von etwa 40 deutschen □Meilen.

In der Nähe der Grenze der Staaten Costa-Rica und Nicaragua, am südlichen Ufer der grossen Lagune von Nicaragua, begegnen wir sieben Feuerbergen auf einer Strecke von etwa 30 Leguas, in der Richtung von OSO. nach WNW. Der südlichste wird von einem aus zwei Spitzen bestehenden Berge gebildet, welcher zwischen dem Rio Pocorion Chiquito und dem Rio de los Mosquitos liegt und den Namen führt:

8. Volcan de los Ahogados. Das Castell von S. Juan liegt in seiner Nähe, am Flusse gleichen Namens, welcher den Abzugscanal des Nicaragua-Sees in den atlantischen Ocean bildet.

9. Volcan de Cerro Pelos. Am Südostende des Sees; ein gewaltiger Berg, der sich 735 Toisen über die Meeresfläche erhebt. Er heisst auch Volcan de Seropelos.

10. Volcan de Tenorio. Lage: 11° n. Br. und 84° 22' w. L., da, wo der Rio Frio sich in den See ergiesst.

Die drei letztgenannten Vulcane gehören schon in das Gebiet von Nicaragua.

11. Volcan de Miraballes. Er liegt unter 11° 10' n. Br. und 87° 27' w. L., mitten auf der Grenze, durch welche

Costa-Rica von Nicaragua geschieden wird. Von diesem Vulcan herab fliessen der Rio Coiolor und der Rio Tapansapa in den Nicaragua-See.

12. Rincon de la Vieja. Lage: 10º 57' n. Br. nach *A. v. Humboldt*, 11º 8' n. Br. nach *L. v. Buch*, 84º 16' w. L. Die Mündung des Rio S. Juan in das atlantische Meer ist nur 1º 35' davon entfernt. Der Vulcan ist vielleicht identisch mit dem Volcan de Zapanzas älterer Geographen.

13. Volcan de Orosi. Gelegen zwischen den Quellen des Orosi und denen des Rio del Tenquisque oder Alvarado, in 11º 20' n. Br. und 87º 52' w. L. nach *Galindo*, und eine Höhe von 813 Toisen erreichend. Der Volcan de Popagayo ist mit diesem Berge identisch.

14. Volcan de Ometepe. Ausserordentlich merkwürdig und sehr interessant dadurch, dass er, zu ansehnlicher Höhe aufsteigend, sich fast in der Mitte des Sees von Nicaragua erhebt. Seine Abhänge und seine Basis bilden eine cultivirte Insel, worauf man das Indianer-Dorf Irano bemerkt. Die Insel Madera von 655 Toisen Höhe scheint durch eine Sandbank mit dem Gebiete des Vulcans in Zusammenhang zu stehen. Der Feuerberg soll die beträchtliche Höhe von 797 Toisen erreichen. Leider hat noch nie der Fuss eines Gebirgsforschers ihn betreten. Er kommt bei *la Cerda* auch unter dem Namen „Volcan de Sapoloca" vor. Die Engländer sollen ihn „Devils Mouth" nennen. Gleich dem Vulcan auf Stromboli soll er sich in immerwährender Thätigkeit befinden, wie *P. Scrope* angiebt.

In westlicher Richtung finden sich die beiden folgenden Vulcane:

15. Volcan de Mombacho. Heisst auf der Karte vom Antillen-Meer, welche das Deposito hidrografico zu Madrid edirt hat, Volcan de Bombacho. Die Stadt Granada ist an seinem nordöstlichen Abhange erbaut; deshalb führt er auch wohl bisweilen den Namen Volcan de Granada. Seine Lage ist 11º 30' n. Br. und 85º 40' w. L. Er soll einer der thätigsten Feuerberge dieser Reihe seyn, nach *Dampier* und seinem Steuermann *Funnel* die Gestalt eines Bienenkorbes haben und von der Südsee aus gesehen werden können.

In nordwestlicher Richtung von ihm liegt

16. **Volcan de Masaya.** In westlicher Richtung von der Stadt Masaya und in der Nähe des Dorfes Nidiri gelegen. In den ersten Zeiten der Conquista war er der thätigste aller Feuerberge in Guatemala. *Domingo Juarros (Compendio de la historia de la ciudad de Guatemala.* 2 Bde. 1809. 1818) erzählt, dass die Spanier ihn damals die Hölle (*el Infierno de Masaya)* nannten. Sein Krater hatte nur 20 — 30 Schritt im Durchmesser, aber in dieser Oeffnung sah man die geschmolzene Lava wie Wasser sieden und thurmhohe (!) Wellen schlagen; die Klarheit verbreitete sich weit umher, wie das schreckliche Getöse. In 25 Meilen Entfernung erblickte man das Feuer des Masaya. Nach *A. von Humboldt* (Hertha, Bd. 6. S. 141) nennt *Juarros* noch einen andern Vulcan, welcher in der Nähe des Masaya vorkommen soll, nämlich den Vulcan von Nidiri, der im J. 1775 einen grossen Ausbruch hatte, bei welchem ein Lavastrom *(via de fuego)* in die Laguna de Leon (Laguna de Managua) floss und viele der darin lebenden Fische tödtete. Allein offenbar ist dieses Ereigniss nur als ein Seitenausbruch des Masaya anzusehen.

17. **Volcan de Momotombo.** Er liegt am nordwestlichen Ende der Laguna de Managua, welche bekanntlich nur eine Fortsetzung des Nicaragua-Sees ist. In südwestlicher Richtung von diesem Feuerberge erhebt sich die Stadt Leon, weshalb er auch Volcan de Leon heisst. Er soll durch seine beträchtliche Höhe sehr ausgezeichnet und noch jetzt sehr thätig seyn. Seine nähere Lage ist 12° n. Br. und 86° 32′ w. L. Er soll höher und ansehnlicher als der Mombacho seyn.

18. **Volcan de Asososca.** Er ist zwischen dem vorigen und dem Volcan de Telica gelegen. Der General *Laravia* hat ihn zuerst unter den Vulcanen von Nicaragua aufgeführt, aber etwas Weiteres als seinen Namen weiss man von ihm nicht.

19. **Volcan de Telica.** Lage: im 12° 35′ n. Br. und 86° 37′ w. L., zwischen dem vorigen und dem Volcan del Viejo. Ein noch in unserer Zeit sehr thätiger Feuerberg, der alle umliegenden Berge an Höhe übertrifft, sehr stark raucht und fast stets Steine auswirft. Seine Entfernung vom Volcan de Momotombo beträgt 6 Leguas.

20. **Volcan del Viego.** Lage: im 12° 38′ n. Br. und

86° 51' w. L. Seine Entfernung von der Küste beträgt etwa 6 Meilen. Er erhebt sich zu 1500 Toisen Höhe, auf einem niedrigen, flachen Boden, und hat auch einen sehr ansehnlichen Umfang. Aus seinem Krater steigen fast immerwährend dicke Rauchsäulen empor. Ein Flüsschen, welches in den Hafen von Realejo ausmündet und in nördlicher Richtung von ihm auf der nahen Cordillere seine Quellen hat, fliesst nahe an ihm vorbei. Schon *Dampier* hat diesen Vulcan gekannt. Er sagt (in seiner *Voyage*, T. 1. p. 119), der Berg sey in einer Entfernung von 20 Seemeilen bereits sichtbar, welches ihm ohne Refraction eine Höhe von nur 498 Toisen geben würde; allein wenn man seine vorhin angegebene Lage im Innern des Landes berücksichtigt, so kommt nach *A. v. Humboldt* (a. a. O. S. 141) eine Höhe von mehr als 840 Toisen heraus. In neuerer Zeit ist der Feuerberg noch immer in Thätigkeit gewesen.

21. Volcan de Jolotepec. Er ist häufig mit dem nachfolgenden verwechselt worden und kommt auch unter dem Namen Giletepe oder Gilotepe vor. Er liegt an der südöstlichen Ausbuchtung des Golfes von Conchagua. Dass der letztere auch den Namen der Fonseca- oder Amapala-Bucht führt, ist bekannt.

22. Volcan de Cosiguina. Unter allen Vulcanen der Welt ist er derjenige, welcher bei seinen Eruptionen die Auswurfsstoffe in die weitesten Fernen fortgeschleudert hat. In dieser Beziehung übertrifft er selbst den bereits erwähnten Feuerberg Tumboro auf Sumbava im indischen Archipel. Er liegt nach *Malaspina* unter 13° 5' 20" n. Br. und 89° 49' w. L. von Paris, in nordöstlicher Richtung auf einer Landzunge, welche sich in die genannte Bucht erstreckt. Seine Höhe ist unbedeutend, denn sie beträgt nur 500 engl. Fuss. Aus früherer Zeit kannte man Ausbrüche von ihm, welche in den J. 1709 und 1809 erfolgten; allein der grossartigste war derjenige, welcher sich im Januar des J. 1835 ereignete. *Caldcleugh* (in *Lond. philos. transact.* 1836. II, 27—30) und *Galindo* (in *Silliman's American. journ.* T. 18. p. 332 ff.) haben ihn beschrieben.

Nachdem man 26 Jahre hindurch keine Spur von Thätigkeit an diesem Berge wahrgenommen hatte, erhob sich bei anfangs heiterm Himmel gegen 8 Uhr in südöstlicher Rich-

tung eine dichte Wolke in der Gestalt einer Pyramide, mit
vielem Geräusch emporsteigend, bis sie zuletzt die Sonnenscheibe verhüllte und unter Donner und Blitz sich nach N.
und S. verbreitete. Dies war gegen 10 Uhr Morgens; nach
Verlauf einer Stunde hatte sie bereits den ganzen Himmel bedeckt und Alles in die tiefste Finsterniss gehüllt. Um 4 Uhr
Nachmittags stellte sich ein Erdbeben ein und hielt, stets stärker werdend, eine geraume Zeit hindurch an. Als es Abend
wurde, fiel zuerst glühender Sand, sodann ein zartes, aber
schweres Pulver nieder. Während der Nacht und im Verlaufe
des nächsten Tages blitzte und donnerte es ohne Unterlass.
Die Finsterniss hielt 43 Stunden an. Es wurden Processionen
angeordnet, allein Viele der bei dem Zuge sich Betheiligenden
wurden durch das Erdbeben niedergeworfen. Am 22. Januar
nahm die Dunkelheit etwas ab, allein die Sonne konnte man
noch nicht erblicken. Am 23. vernahm man so heftige Donnerschläge, dass sie den Salven schweren Geschützes glichen;
zu gleicher Zeit fiel wieder eine staubartige Substanz aus der
Luft herab, und zwar so reichlich, dass sie Alles bedeckte,
Gebäude von Bäumen nicht unterschieden und die Menschen
nur an ihrer Stimme erkannt werden konnten. Die wilden
Thiere waren aus den Wäldern vertrieben worden; sie flüch-
teten sich auf die Heerstrassen und liefen den Städten zu.
Sogar in die Stadt Conchagua, so wie in ein benachbartes
Dorf drangen mehrere scheue Tiger ein. Früh am Morgen
des 24. Januar erblickte man endlich wieder den Mond und
die ihn begleitenden Gestirne. Obgleich der Tag ziemlich
hell und klar erschien, so vermochte das Sonnenlicht doch
noch nicht durchzudringen; denn es fiel stets noch so viel
Asche und Staub nieder, dass der Boden 5 Zoll hoch damit
überdeckt wurde. Die Insel Tigre war von Bimsstein-Fragmenten in den verschiedensten Grössen wie übersäet, das Erdbeben daselbst sehr heftig aufgetreten. Der Aschenregen hielt
bis zum 27. Januar an. In andern Gegenden war diese schreckliche Katastrophe von andern Erscheinungen begleitet. Unfern Salama, dem Hauptorte von Verapaz, z. B. vernahm man
zwar ein Geräusch, ähnlich jenem, wie es bei gewöhnlichen
vulcanischen Eruptionen sich hören lässt, allein mitunter glich
es doch auch einem starken Flintenfeuer. Dasselbe Getöse

wurde in regelmässigen Zwischenräumen am Ufer des Polochic in der Nacht vom 22. auf den 23. Januar vernommen. Indess fiel daselbst keine Asche, während solches allerdings zu Truxillo statt fand. In der Hauptstadt S. Salvador glaubte man, der Vulcan San Vincento sey in Aufruhr begriffen. Zu Leon war das Geräusch in der Nacht des 22. Januar mit starken Erzitterungen des Bodens verbunden; auch fiel daselbst am 23. Januar die Asche 9 Zoll hoch herab. In der Stadt Nacaome sah man die auf dem Gipfel des Cosiguina schwebende pyramidale Wolke späterhin in zwei Hälften getheilt, von denen die eine sich über der Höhe von Conchagua ausbreitete, die andere aber über den Pic von Perspire sich erhob. Hier war die Erde 8—9 Zoll hoch mit Sand und Asche überschüttet, unter welchen man nach einiger Zeit viele erstickte Vögel auffand. Die Häfen von S. Miguel und S. Salvador waren durch Erdbeben und Auswurfsstoffe theilweise zerstört. Merkwürdig ist die ausserordentliche Weite, bis zu welcher die letztern durch die Lüfte hin fortgetrieben wurden. Ausser nach den genannten Orten flog die Asche auch nach Chiapa, 400 Stunden nordwärts. Zu St. Anné in Jamaica, also in einer Entfernung von 700 engl. Meilen, fiel sie am 24. und 25. Januar herab und muss daher täglich 170 Meilen weit getrieben worden seyn. Das Schiff „Conway" segelte in 7^0 26' n Br. und 104^0 45' w. L., 1100 Meilen vom Cosiguina entfernt, 40 Meilen weit durch schwimmenden Bimsstein, worunter sich selbst grössere Stücke befanden. An dem Vorgebirge, worauf der Vulcan liegt, wurde die Küste durch die ausgeschleuderten Stoffe um 800 Fuss weiter hinausgerückt, und in der Bai von Fonseca, an einer Stelle, welche zwei Meilen vom Feuerberge entfernt ist, sollen zwei Inseln von 2—300 Fuss Länge und 4—6 Fuss Höhe durch den Stein- und Aschenfall entstanden seyn. Ausser in der angegebenen Richtung verbreitete die ausgeworfene Asche sich auch nach Süden hin und flog bis nach Carthagena, Santa Martha in Neu-Granada, ja selbst bis nach Santa-Fé de Bogota, ungeachtet letztere Stadt nicht weniger als 200, nach Andern sogar 390 deutsche Meilen vom Cosiguina entfernt ist. Zugleich war der unterirdische Donner so stark und heftig, als wäre er in ganz unmittelbarer Nähe entstanden.

23. Volcan Guanacaure. Liegt in 13º 3' n. Br. und 86º 52' w. L., an der Ostseite der Fonseca-Bai.

Es folgen nun die Vulcane des Staates Salvador, deren Zahl sich auf fünf beläuft. Sie liegen mehr in einer nach Westen hin gerichteten Linie. Der südlichste derselben ist 24. Volcan de San Miguel. Er führt auch den Beinamen Bosotlan oder Usulutan (?) und liegt nach *Malaspina* in 13º 26' n. Br. und 90º 29' 37'' w. L. von Paris. *Galindo* rechnet ihn zu den grössten Vulcanen dieser Reihe; so viel ist gewiss, dass er sich durch seine Grösse vor vielen andern seines Gleichen auszeichnet.

25. Volcan de Sacate Coluca. Ist synonym mit Volcan de S. Vincente und liegt in 13º 33' n. Br. und 91º w. L. Er ist von jeher einer der thätigsten Feuerberge der Kette gewesen und liegt in ansehnlicher Höhe am Flusse Lempa, welcher sich bei Sacate Coluca in's stille Meer ergiesst. An seinem Fusse findet sich eine Grotte, welche dadurch ausgezeichnet ist, dass man in ihrem Innern stets ein heftiges Brausen wie von kochendem Wasser wahrnimmt; auch ergiesst sich aus ihr ein übelriechendes Wasser von einer sehr hohen Temperatur. Man kennt von ihm eine im J. 1643 erfolgte Eruption, wobei eine ungeheure Menge Asche ausgeworfen wurde. Seinen Doppelnamen hat der Vulcan von den beiden Städten erhalten, zwischen denen er liegt.

26. Volcan de San Salvador. In südlicher Richtung von der Hauptstadt, in 13º 50' n. Br. und 91º 25' w. L., zwischen den Quellen des Rio Guameca, der ebenfalls dem stillen Meere zueilt. Auch er gehört mit zu den thätigen Vulcanen dieses Landes. Sein Krater ist ausserordentlich tief und soll im 16. Jahrhundert ½ Stunde im Durchmesser gehabt haben.

27. Volcan Jsalco. Auch unter dem Namen Vulcan von Sonsonate oder von Trinidad bekannt, liegt in 13º 48' n. Br. und 91º 53' w. L. So lange man ihn kennt, ist er fast stets in Thätigkeit gewesen, obgleich er gerade durch seine Höhe sich nicht auszeichnet, vielmehr von vielen andern ihn umgebenden Bergen in dieser Hinsicht übertroffen wird. Im April des Jahres 1798 hatte er einen mehrere Tage andauernden Ausbruch; andere erfolgten in den Jahren 1805—1807. Nach

ZZZ

Thompson hatte er im J. 1825 eine Eruption, wodurch der Lauf des Rio Tequisquillo verändert und letzterer genöthigt wurde, zwei Leguas von Sonsonate sich in's Meer zu ergiessen. Im J. 1836 befand sich der Berg, wie *Galindo* berichtet, wieder in sehr grosser Aufregung. Auch in dieser Gegend haben die Bewohner die Bemerkung gemacht, dass der Vulcan nicht so sehr zu fürchten ist, wenn er feurige Ausbrüche hat, als vielmehr dann, wenn er gar nicht oder nur schwach raucht. Er liegt drei Stunden von der Stadt Sonsonate entfernt.

28. Volcan de la Paneca. Auch Volcan de Pancoa genannt und unter 13° 49′ n. Br. und 92° 4′ w. L. gelegen. Ist dicht an den vorigen gedrängt und von ihm nur durch ein von Aquachapan-herablaufendes Flüsschen geschieden.

An die eben erwähnten Vulcane reihen sich nun die des Staates Guatemala.

29. Volcan de Pacaya. Ist der südlichste derselben und liegt in 14° 15′ n. Br. und 92° 48′ w. L., östlich von dem nachher zu erwähnenden Volcan de Agua, etwa drei Meilen vom Dorfe Amatitan entfernt. Er erscheint nicht in der Gestalt eines isolirten Berges, bildet vielmehr einen verlängerten, mächtigen Rücken, geziert mit drei weithin sichtbaren Gipfeln. Fast stets ist der Berg in Thätigkeit und hat in Folge ausgeworfener Bimssteine, Schlacken und vulcanischen Sandes weithin umher die Gegend verwüstet und ihr einen öden Charakter gegeben, weshalb sie auch das wüste Land (mal pays) genannt wird. Mit demselben Ausdruck belegen auch die Mexicaner jede andere, durch unterirdisches Feuer verwüstete Landstriche. Nach dem Chronisten *Fuentes* (T. 1. Lib. 9. Cap. 9) warf der Pacaya am Ende des 16. Jahrhunderts lange Zeit, Tag und Nacht hindurch, nicht blos gewaltige Rauchmassen aus, sondern hoch auflodernde Flammen entstiegen auch seinem Rücken. Die heftigsten und am meisten bekannten Ausbrüche hatte der Berg in den Jahren 1565, 1651, 1664, 1668, 1671, 1677, so wie am 11. Juli 1775. Diese letzte Eruption fand nicht aus dem Gipfel, sondern aus einem der drei tiefer liegenden Nebengipfel statt. Sie ist demnach wohl als ein seitlicher Ausbruch anzusehen; auch schien es den Bewohnern von S. Maria-de-Jesus, einem in der Nähe gelegenen

Orte, als sey am Fusse des Berges eine Oeffnung entstanden. Die Auswürflinge fielen so reichlich herab und wurden besonders nach Antigua-Guatemala hingetrieben, dass daselbst völlige Finsterniss herrschte.

Südlich von dieser Stadt erhebt sich eine Gruppe von drei dicht aneinander gedrängten Feuerbergen, die sich besonders dadurch auszeichnen, dass sie nicht nur zu einer ungewöhnlichen Höhe emporragen und sogar den Pic de Teyde darin übertreffen sollen, sondern dass einer von ihnen als ein Wasser-Vulcan erscheint. Dies ist der berühmte

30. V o l c a n d e A g u a. Er führt diesen Namen besonders deshalb, weil er nach *Galindo's* Zeugniss. aus seinem Krater niemals Feuer ausgespieen, wohl aber ungeheure Wasserströme und Steine ausgeworfen hat. Er liegt 20 Seemeilen östlich von der grossen Laguna de Atitlan zwischen Antigua (Vieja-) - Guatemala und den volkreichen Dörfern Mixco Amatitan und San Christobal. Der Pater *Remesal (Hist. de la provincia de San Vincente.* Lib. IV. Cap. 5.) erzählt, dass der Berg im J. 1615 noch 3 Leguas hoch gewesen sey, obgleich er bei dem grossartigen Wasserausbruch am 11. Septbr. 1541, als Almolonga oder Ciudad viejo zerstört wurde, seinen Gipfel (coronilla), der auch eine Meile hoch war, verloren habe. Leider ist über den Felsbau dieses merkwürdigen Berges nichts Näheres bekannt; *Juarros* giebt an, dass weder gebrannte Steine noch anderweitige vulcanische Gebilde am Berge zu bemerken seyen, allein *A. von Humboldt* (a. a. O. S. 144) meint, es könne Asche und Lava durch die Vegetation bedeckt seyn, auch wären vielleicht unterirdische Höhlen Jahrhunderte lang mit einsickerndem Regenwasser, auch wohl ein Krater-See auf dem Gipfel selbst vorhanden gewesen. — Der Berg hat die Gestalt eines abgestumpften Kegels; seine Abhänge sowohl, als die des ganzen Gebirgsstockes, der einen Umfang von 18 Leguas haben soll, in dieser Hinsicht also grosse Aehnlichkeit mit dem Aetna besitzt, ist bis auf ⅔ der Höhe, gleich einem Garten, auf das schönste angebaut. Weiter aufwärts prangen die herrlichsten Waldungen, und oben auf dem Gipfel findet sich jetzt eine elliptische Vertiefung, zweifelsohne der ehemalige Krater (caldera), dessen grosser Durchmesser von Nord nach Süd gerichtet ist und eine Länge von 400 Par.

Fuss besitzt. Ganz eben so schildert auch *Juarros* diesen Berg, obgleich er alle Feuerwirkung desselben läugnet.

Die Höhe des Berges ergiebt sich daraus, dass er bisweilen Monate lang mit Reif, Eis und vielleicht selbst mit Schnee bedeckt wird, wonach er also — berücksichtigt man seine südliche Breite — nicht unter 1750 und nicht über 2400 Toisen hoch seyn dürfte. *Basil Hall* schätzt die Höhe dieser beiden Vulcane approximativ auf 2293 und 2330 Toisen. *Galindo* meint, der Wasser-Vulcan sey 12,620 engl. Fuss oder 1973 Toisen hoch.

31. Volcan de Fuego de Guatemala. Er liegt in 14° 33' n. Br. und 93° 24' w. L., fünf Meilen westlich vom Wasser-Vulcan und zwei Meilen südwestlich von Alt-Guatemala entfernt. Seine Form ist die eines hoch aufstrebenden Kegels, allein die Regelmässigkeit seiner Gestalt wird durch mehrere ansehnliche Schlackenhügel, die bei Seiten-Eruptionen entstanden seyn mögen, beeinträchtigt. Noch jetzt ist er thätig und stösst bisweilen Rauch und Flammen aus. Man kennt von ihm sehr grosse Eruptionen aus den Jahren 1581, 1586, 1623, 1705, 1710, 1717, 1732, 1737. Mehrere derselben waren von furchtbaren Erdbeben begleitet und die Ursache, dass man, theils freiwillig, theils durch königlichen Befehl gezwungen, Alt-Guatemala verliess und in einer Entfernung von 9 Leguas nordwestlich la Nueva-Guatemala de la Asuncion de Nuestra Senora erbaute. Zerstörende Wasserströme, die sich am 11. September 1541 vom Volcan de Agua herabstürzten, Bäume und Felsen mit sich fortrissen und grosse Verwüstungen anrichteten, trugen das Ihrige zur Verlegung der Hauptstadt bei.

Man findet nun noch auf neuern Karten einen dritten, nahe bei den eben erwähnten Bergen gelegenen Vulcan verzeichnet, allein über denselben fehlen die nähern Angaben.

32. Volcan de Acatenango.

33. Volcan de Toliman. Beide liegen in nordwestlicher Richtung vom vorigen und sind nur sehr unvollständig gekannt. Man weiss nicht einmal, ob sie je Ausbrüche gehabt haben, oder ob sie blos wegen ihrer kegelförmigen Gestalt für Vulcane angesehen werden.

34. Volcan de Atitlan. *Galindo* nennt ihn Atitan, er liegt in südlicher Richtung vom See Atitan, 8 Leguás vom

Volcan de Fuego entfernt, ist einer der höchsten und be-
deutendsten Feuerberge in ganz Guatemala, soll beständig
rauchen und unter 18° 8' n. Br. (?) und 91° 28' w. L.
liegen.

35. Volcan de Tajamulco. Liegt zwischen den Städten S. Maria de Texutla und Quesaltenango. Nach letzterer
wird er auch bisweilen V. de Quesaltenango genannt. V. de
Tajamulco heisst er nach einem nahe gelegenen Weiler. Er
ist wahrscheinlich indentisch mit dem Sunil und dem Suchite-
pec oder Socatepec. Er soll ebenfalls ein sehr thätiger Feuerberg seyn.

36. Volcan de Sapotitlan. Unter 15° 10' n. Br. und
92° 2' w. L. gelegen, sechs Leguas vom vorigen entfernt.
Zur Zeit der Conquista hatte er die heftigsten Ausbrüche.

37 und 38. Volcanos de las Amilpas. Zwei sehr
ausgezeichnete Pic's, sieben Leguas vom vorigen entfernt, unter
15° 20' n. Br. und 92° 2' w. L. Der nördlichere soll eine
Höhe von 2058, der südliche eine solche von 2041 Toisen besitzen. Sie rauchen indessen nur selten und Eruptionen scheinen von ihnen nicht bekannt zu seyn.

39. Volcan de Soconusco. Unter 15° 54' n. Br. und
96° 7' w. L. von Paris, der letzte und nördlichste dieser Kette,
welcher die Reihe vulcanischer Ausbrüche am westlichen Rande
des aus Granit und Gneis bestehenden Gebirges von Oaxaca
begrenzt. Er dampft bisweilen und ragt in Gestalt eines Zuckerhutes weit über die benachbarten Höhen empor, ist 2—3
Leguas vom Meere und 12 Leguas von den Amilpas-Vulcanen
entfernt. Bis auf eine Strecke von 220 Seemeilen finden sich
an den Gestaden des stillen Meeres nun keine Feuerberge
mehr; erst auf mexicanischem Gebiete treten sie wieder auf,
woselbst der Volcan de Colima als der westlichste erscheint,
nehmen aber hier hinsichtlich ihres Streichens eine von den
vorigen abweichende Richtung an.

Vulcanen-Reihe von Mexico.

§. 46.

Die mexicanischen Vulcane — deren Zahl sieben beträgt
— unterscheiden sich von den bisher betrachteten südamericanischen dadurch, dass sie nicht wie diese in einer von S.

nach N., sondern in einer von W. nach O. (oder vielmehr von O. g. S. nach W. g. N.) gerichteten Linie auftreten, am südlichen Abhange des mexicanischen Hochlandes. Die Ursache dieser Erscheinung dürfte schwer zu enträthseln seyn. Obgleich die Spalte, durch welche die mexicanischen Feuerberge sich eine Bahn gebrochen, fast an den Gestaden der Südsee ihren Anfang nimmt und sich bis zu denen des atlantischen Oceans erstreckt, so möchte sie doch wohl nur als eine Nebenspalte zu betrachten seyn.

Der westlichste dieser Berge ist

1. Volcan de Colima. Seine Entfernung vom Meere beträgt etwa 12 geogr. Meilen; seine Lage ist nach *Beechey* 19° 25′ n. Br. und 105° 54′ w. L. Er soll 1877 Toisen über die Meeresfläche emporragen und noch jetzt sehr thätig seyn. Besonders in den Jahren 1770 und 1795 soll er heftige Ausbrüche gehabt und im letztgenannten Jahre auch Lavaströme ausgespieen haben.

2. Volcan de Jorullo. Bietet wegen seines in der Mitte des vorigen Jahrhunderts erfolgten, fast plötzlichen Auftretens eine der interessantesten und denkwürdigsten Erscheinungen, welche die Lehre vom Erdvulcanismus überhaupt aufzuweisen hat. Die vulcanischen Kräfte, welche dabei wirkten, traten in einer solchen Intensität und Ausdehnung auf, dass sie ein glänzendes Licht verbreiten über die Art und Weise, wie während früherer Bildungsperioden des Erdballs vulcanische Processe auf die Gestaltung und Veränderung der Oberfläche unseres Planeten eingewirkt haben mögen.

Die Gegend, in welcher diese grossartige und lehrreiche Erscheinung erfolgte, bildete damals eine von Basaltbergen umgebene, wohlcultivirte Ebene, auf welcher mit dem besten Erfolge Zuckerrohr, Indigo-Pflanzen und Baumwollenstauden gezogen wurden; auch die benachbarten Hügel und Berge waren mit den schönsten und üppigsten Waldungen bedeckt. Allein die behagliche Ruhe und das Wohlbefinden der Bewohner dieser Gegend sollte bald auf das schrecklichste unterbrochen und gestört werden. Ein Augenzeuge der Katastrophe, dessen Brief von *J. Burkart* (s. dessen Reisen in Mexico etc. Bd. 1. S. 230) mitgetheilt wird, erzählt, dass man schon lange vor dem am 29. Septbr. 1759 erfolgten Ausbruche des Vul-

cans und zwar am 29. Juni desselben Jahres des Morgens um
3 Uhr durch heftige Erderschütterungen im Schlafe aufgeschreckt
wurde. Gegen 2 Uhr Nachmittags. war die nahe gelegene
Meierei San Pedro de Jorullo, einer der reichsten Pachthöfe
rund umher, schon fast ganz zerstört und die vom Berge aus-
gestossenen ungeheuren Quantitäten von Sand, Asche und Wasser vernichteten sämmtliche Pflanzungen und stürzten die
Häuser um. Auch in dem Bergwerksorte Juguaran wurde
das Erdbeben verspürt; die Zahl der Stösse belief sich an
einem Tage auf 47; dabei waren sie so heftig und mit einem
so furchtbaren unterirdischen Getöse verbunden, dass man
glaubte, es flösse irgend ein reissender Strom unter der Erde.
Am Jorullo selbst verspürte man dies noch weit stärker. In
dem Dorfe Guacana, welches nahe am Berge in nordwestlicher Richtung gelegen ist, vernahm man dieselben Erscheinungen; ein Bach, welcher dasselbe durchfliesst, schwoll so mächtig an — vielleicht durch hineingeschleuderte Auswurfsmassen
oder durch den damals gerade herabströmenden Regen —, dass
er das Dorf wegzuschwemmen drohte. Sein Wasser war so
schmutzig und übelriechend, dass das Vieh, welches daraus ge-
trunken, alsbald starb. Auch kam es theilweise durch Hunger
um, da die in übergrosser Menge herabfallende Asche die
Fluren unter ihrer Decke begrub. Die dadurch entstehende
Finsterniss verbreitete sich über die ganze Gegend und wurde
nur durch fernhin leuchtende Blitze und das vulcanische Feuer
unterbrochen. Die Erdstösse, zwar weniger stark als im Anfange, sollen fast zwei Monate hindurch angehalten haben.

Nach diesen Vorgängen wurde durch die unterirdischen
Mächte ein Landstrich von 3—4 ☐Meilen, dessen Unterlage
grösstentheils aus dioritischem Gestein bestand, welchen man
das mal pays nannte, gleich einer aufsteigenden Blase, deren
Höhe in ihrer Mitte zuletzt 160 Meter betrug, über die ehemalige Ebene, welche den Namen las playas de Jorullo führte,
emporgehoben. Auf einer Strecke von mehr als einer halben
Quadratmeile brachen Flammen aus dem Erdreich auf und glühende Steine wurden bis zu ungeheurer Höhe aufwärts geschleudert. Tausende von kleinen Hügeln in vereinzelter Lage,
deren Höhe nur 2—3 Meter betrug, und welche die Einge-
bornen „Hornitos" (Oefen) nennen, stiegen aus dem blasen-

förmig aufgetriebenen Gewölbe des mal pays empor. Im J. 1802, als *A.* von *Humboldt* diese Gegend besuchte, stiessen die Hornitos noch dicken Rauch aus, der noch in 50 Fuss Höhe sichtbar war; bei vielen derselben hörte man ein unterirdisches Geräusch und sie besassen damals noch eine so hohe Temperatur, dass ein in ihre Spalten gesenktes Thermometer auf 95° C. stieg.

Fast in der Mitte dieser Oefen und auf einer Kluft, welche sich von NNW. nach SSO. hinzog, thürmte sich denn zuletzt der Jorullo auf. Er stand unaufhörlich in Flammen und warf auf seiner Nordseite eine ungeheure Masse basaltischer Lava aus. Seine Ausbrüche dauerten bis in den Februar des nächsten Jahres und wurden erst in den darauf folgenden Jahren seltner. Rings um seine Ausbruchs-Stelle hatte er mit seiner Asche eine Gegend bedeckt, deren Halbmesser 48 Meilen betrug.

Der unterirdische Process, welchem der Jorullo seine Entstehung verdankt, scheint jedoch im Laufe der Zeit an seiner Intensität zu verlieren, vielleicht zuletzt gänzlich zu erlöschen; denn als *Burkart* (a. a. O. S. 227) 24 Jahre nach *A. von Humboldt* den Jorullo besuchte, hatte sich eine grosse Anzahl jener Hornitos fast schon gänzlich verloren und ein anderer Theil die Gestalt sehr verändert. Nur wenige dieser Kegel zeigen noch eine höhere Temperatur, als die sie umgebende Luft, und fast gar keine mehr stossen Rauch oder Dämpfe aus. Die kleinern derselben bestehen meist nur aus porösen, wenig dichten basaltischen Laven mit vielem Olivin und wenigem Augit. Mehr in der Nähe des Hauptvulcans sieht man sie zusammengesetzt aus einem braunrothen Conglomerat von abgerundeten oder eckigen Fragmenten basaltischer Lava, die nur locker zusammenhängen und von einer thonartigen Hülle umgeben sind. Dieses Conglomerat bildet die Kegel in concentrisch-schaaligen Schichten. Durch die in jenen Gegenden so energisch wirkenden meteorischen Einflüsse, namentlich durch die heftigen Regengüsse, ist die Kegelform der aus Conglomerat bestehenden Hügel schon fast gänzlich verschwunden, während sie sich bei den mit einem basaltischen Kern versehenen erhalten hat. Nur die sonderbaren Zeichnungen auf dem Boden von concentrischen, langgezogenen, 8—10 Zoll von einander abstehenden Ringen lassen noch auf das frühere Vorhandenseyn der erstern schliessen. Wahrscheinlich wird aber

cans und zwar am 29. Juni desselben Jahres des Morgens um
3 Uhr durch heftige Erderschütterungen im Schlafe aufgeschreckt
wurde. Gegen 2 Uhr Nachmittags. war die nahe gelegene
Meierei San Pedro de Jorullo, einer der reichsten Pachthöfe
rund umher, schon fast ganz zerstört und die vom Berge aus-
gestossenen ungeheuren Quantitäten von Sand, Asche und Wasser vernichteten sämmtliche Pflanzungen und stürzten die
Häuser um. Auch in dem Bergwerksorte Juguaran wurde
das Erdbeben verspürt; die Zahl der Stösse belief sich an
einem Tage auf 47; dabei waren sie so heftig und mit einem
so furchtbaren unterirdischen Getöse verbunden, dass man
glaubte, es flösse irgend ein reissender Strom unter der Erde.
Am Jorullo selbst verspürte man dies noch weit stärker. In
dem Dorfe Guacana, welches nahe am Berge in nordwestlicher Richtung gelegen ist, vernahm man dieselben Erscheinungen; ein Bach, welcher dasselbe durchfliesst, schwoll so mächtig an — vielleicht durch hineingeschleuderte Auswurfsmassen
oder durch den damals gerade herabströmenden Regen —, dass
er das Dorf wegzuschwemmen drohte. Sein Wasser war so
schmutzig und übelriechend, dass das Vieh, welches daraus ge-
trunken, alsbald starb. Auch kam es theilweise durch Hunger
um, da die in übergrosser Menge herabfallende Asche die
Fluren unter ihrer Decke begrub. Die dadurch entstehende
Finsterniss verbreitete sich über die ganze Gegend und wurde
nur durch fernhin leuchtende Blitze und das vulcanische Feuer
unterbrochen. Die Erdstösse, zwar weniger stark als im Anfange, sollen fast zwei Monate hindurch angehalten haben.

Nach diesen Vorgängen wurde durch die unterirdischen
Mächte ein Landstrich von 3—4 ☐Meilen, dessen Unterlage
grösstentheils aus dioritischem Gestein bestand, welchen man
das mal pays nannte, gleich einer aufsteigenden Blase, deren
Höhe in ihrer Mitte zuletzt 160 Meter betrug, über die ehemalige Ebene, welche den Namen las playas de Jorullo führte,
emporgehoben. Auf einer Strecke von mehr als einer halben
Quadratmeile brachen Flammen aus dem Erdreich auf und glühende Steine wurden bis zu ungeheurer Höhe aufwärts geschleudert. Tausende von kleinen Hügeln in vereinzelter Lage,
deren Höhe nur 2—3 Meter betrug, und welche die Einge-
bornen „Hornitos" (Oefen) nennen, stiegen aus dem blasen-

bei der Katastrophe senkrecht in die Höhe gehoben worden,
wodurch sich um den Vulcan eine 30—35 Fuss hohe Einfassung gebildet hat, die nur an wenigen Stellen erstiegen werden kann. Das sie bildende Gestein ist nach *Burkart* (a. a.
O. S. 227) ein dichter, olivinreicher Basalt. Von dem äussern
Rande dieser mauerartigen · Einfassung nach dem Jorullo steigt
der Boden, aus theils wagerechten, theils wellenförmig gebogenen Thonlagen bestehend, dumpf und hohl unter dem Huf-
tritte der Maulthiere ertönend, nur allmählig an, und aus dem
Quecksilberstande des Barometers stellt sich für dieses Terrain
eine Höhe von 2806 Fuss über der Meeresfläche heraus. Begiebt
man sich von hier auf den Krater des Jorullo, so steigt man
im Anfange nicht sehr steil, zuletzt aber fast unter einem
Winkel von 40—45 ° über lockere Lavamassen empor. Der
Kraterrand ist an manchen Stellen nur 3—4 Fuss breit; seine
höchsten Puncte finden sich in Nordwest 4029 Fuss und
in Nordost 4004 Fuss über dem Meere, oder 1223 und
1198 Fuss über dem Fusse des Vulcans. Man unterscheidet
einen grössern Hauptkrater, el Volcan grande de Jorullo, und
mehrere kleinere, welche ihm zur Seite liegen. Der erstere
besteht aus einer langgezogenen, spaltenförmigen Vertiefung,
deren Längenrichtung in hor. 11 fällt; südlich von demselben
liegen drei, in Nordost einer, und zwei kleinere Kratere im
Norden des Hauptkraters. Die drei erstern, so wie die beiden
letztern ragen, und zwar ein jeder derselben auf einer besondern Kuppe, empor, welche sie wahrscheinlich durch ihre eignen
Auswürflinge gebildet haben. Der zweite liegt mit dem Hauptkrater auf einer und derselben Kuppe. Sämmtliche Kratere
erblickt man, mit Ausnahme des nordöstlichen, in einer geraden Linie, welche mit ihrer Längenausdehnung in hor. 11 zu-
sammenfällt; nur der nordöstlich gelegene Krater bildet mit
dieser Richtuug einen Winkel, da seine Längenausdehnung in
NO. hor. 9 fällt. Schon ein flüchtiger Blick über diese Berggruppe ergiebt, dass die Ausbrüche in senkrechter Richtung
erfolgten, nicht aber nach den Seiten hin gerichtet waren,
und aus einer Gangspalte statt fanden, deren Streichen hor.
11 ist, also fast einen rechten Winkel mit derjenigen Linie
macht, auf welcher fast sämmtliche mexicanische Vulcane sich
erheben. Die Spalte des am höchsten gelegenen Hauptkraters

ist nicht nur die tiefste, sondern auch, bei der grössten Längenausdehnung, die engste. Wahrscheinlich haben auch die Eruptionen aus ihr am längsten gedauert; dennoch hat sie schon sehr an Tiefe verloren, in Folge des nach und nach herabfallenden Gesteins. In diesem Schlunde, dem ehemaligen Sitze der gewaltigsten vulcanischen Kräfte, herrscht jetzt die grösste Ruhe, so wie die tiefste Stille, nur selten unterbrochen durch das Herabfallen der zerklüfteten und nur lose zusammenhängenden Lavamassen. Tief unten in der Spalte stellen die übereinandergehäuften, jedem Fusstritte weichenden Lavabrocken weitern Untersuchungen unübersteigliche Hindernisse entgegen. Die Temperatur dieser schauerlichen Stätte fand *Burkart* durch das Zurückwerfen der Sonnenstrahlen von den nackten Felswänden nur um Weniges erhöht. Weiter aufwärts jedoch schossen aus 1—3 Fuss weiten und 20—100 Fuss langen Spalten Wasserdämpfe, mit schwefeliger Säure vermischt, hervor, die, bei 24° Lufttemperatur, am Thermometer 45—54° C. zeigten, während das Gestein in ihrer unmittelbaren Nähe noch häufig bis zum Verbrennen der Fussbekleidung erhitzt war. Die Wände dieser Spalten sind mit den schönsten Schwefel-Krystallisationen in den verschiedensten Farben geziert.

Im J. 1827, als *Burkhart* den Jorullo besuchte, hatte das mal pays schon wieder viel von seinem verbrannten und öden Ansehen verloren; das Erdreich hatte seine frühere Fruchtbarkeit theilweise wieder erlangt, und Zuckerrohr, Indigo-Pflanzen, Mais und andere landwirthschaftliche Gewächse, so wie Sträucher und Fruchtbäume wurden bereits mit vielem Erfolge darauf cultivirt.

Die von dem Vulcan im J. 1759 ausgeschleuderten Laven treten in mehreren Spielarten auf. Eine derselben ist von lichtgrauer Farbe, dichtem Gefüge, überhaupt von basaltischer Beschaffenheit und umschliesst viel Olivin. Eine andere bildet einen Uebergang in Diorit, ist von mehr körnigem Gefüge, doch lassen sich ihre Bestandtheile nur schwierig erkennen. Die dritte Varietät ist porös, von schwarzer oder rothbrauner Farbe, und enthält viel Olivin und Augit.

Schon im J. 1802 fanden *Bonpland* und *A. v. Humboldt* (s. dessen Versuch über die Lagerung der Gebirgsarten in beiden Erdhälften, S. 341) in der letztgenannten Lava eckige Bruchstücke eines weissen oder grünlichweissen Syenits, bestehend aus wenig Hornblende und viel blättrigem Feldspathe. Da, wo diese Massen durch Einwirkung des vulcanischen Feuers gefrittet und geborsten sind, hat der Feldspath ein faseriges Gefüge erhalten, so dass stellenweise die Ränder der Spalten durch die verlängerten Fasern der Masse verbunden sind.

Aehnliche Beobachtungen machte auch *Burkhart*. Er fand sogar grosse Syenitblöcke von dieser Lava umschlossen, doch war der Feldspath derselben meist nur durchgeglüht und nur selten auf der Oberfläche verglast. Die Hornblende dagegen war in eine glanzlose, zahnige, an der Oberfläche rauhe Masse umgewandelt und also merkwürdigerweise mehr metamorphosirt, als der alkalireiche Feldspath.

Aus diesen Beobachtungen ergiebt sich wohl, dass der Heerd des Jorullo sich unterhalb des Syenites befand, als das vulcanische Feuer jene Gegend so schrecklich verwüstete.

Uebrigens wird Syenit einige Leguas weiter in südlicher Richtung auch anstehend gefunden und kommt am linken Ufer des las Balsas-Flusses in grosser Ausbreitung vor.

Von andern vulcanischen Gebirgsarten, z. B. trachytischen, bimsstein- oder obsidianartigen, fand *Burkart* keine Spur.

Weitere Ausbrüche scheint der Jorullo nicht gehabt zu haben. Doch giebt *Ch. Lyell (Principles of geology.* I, 379) an, dass ein solcher im J. 1819 erfolgt sey, nach einer Mittheilung vom Capitain *Vetsch,* zufolge welcher die bei dieser Eruption emporgeschleuderte Asche bis nach Guanaxuato, welches 140 engl. Meilen vom Jorullo entfernt ist, gelangt sey und daselbst den Erdboden sechs Zoll hoch bedeckt habe. Allein *Burkart* hat an Ort und Stelle weder etwas von diesem Ausbruche bemerkt, noch trotz näherer Erkundigung bei den Landesbewohnern etwas Näheres darüber erfahren. Die Angabe mag also wohl auf einem Irrthum beruhen.

Die Lage des Jorullo ist unter 19° 9′ n. Br. und 105° 51′ 48″ w. L. von Paris.

3. Popocatepetl, d. h. rauchender Berg. Er heisst auch Volcan grande de Mejico oder von Puebla, liegt unter 18° 59′ 47″ n. Br. und 100° 53′ 15″ w. L. von Paris, ist der höchste unter allen Bergen in Mexico und ragt nach *A. von*

Humboldt (Essay politique sur la Nouvelle Espagne, T. I. p. 198)
2771 Toisen über die Fläche des Meeres empor. Seine Entfernung von der Stadt Mexico beträgt etwa 20 Stunden und
sein Gipfel wird von diesem Standpuncte aus deutlich erkannt.
Während der Fuss und die Abhänge des regelrecht konisch
gestalteten Berges aus dunkeln Fichtenwäldern emporsteigen,
ragt seine fast stets schneebedeckte, blendend weisse Spitze
weit über die Wolken hinaus.

Die Spanier lernten diesen Berg schon auf ihrem Erobe-
rungszuge von Veracruz nach der Hauptstadt kennen, und der
Popocatepetl ist wahrscheinlich derselbe Vulcan, zu welchem
Cortez einige seiner Getreuen absendete, um von demselben
Schwefel zur Pulverfabrication zu holen, indem es um jene
Zeit dem Conquistador an diesem Material zu fehlen begann.

In neuerer Zeit sind wiederholte Versuche gemacht worden, den Popocatepetl zu ersteigen, unter denen jedoch nur
die von *F. Glennie, W. Glennie, J. Tayleur, Sam. Birck-
beck, Gros* und *F. v. Gerolt* zu den gelungenen gezählt zu
werden verdienen. Der Berg scheint am leichtesten von der
Südseite aus erstiegen werden zu können, und man gelangt
von da aus nach zweistündigem Steigen schon zu der Grenze
der Vegetation; weiter hinauf breitet sich eine unübersehbare
Wüste von schwarzem, vulcanischen Sand aus, der überall
mit Bimsstein-Fragmenten wie übersäet ist. Der Sand besteht
meist aus fein zertheilter basaltischer Lava. Einzelne aus
dieser Sandfläche hervorragende Felsen, unter denen der Pico
del fraile am meisten bekannt ist und 150 Fuss hoch über
seine Umgebung sich erhebt, bestehen theils aus Thon-Porphyr, theils aus Trachyt. Von hier aus erstreckt sich eine
Reihe schroffer Felsen nach dem Gipfel des Berges hin. Ostwärts aufsteigend, gelangt man in eine Schlucht, etwa 1000
Fuss unterhalb der Spitze des Vulcans gelegen und nach Süden hin sich hinabziehend. In ihr sammelt sich das Wasser,
welches durch das Schmelzen des Schnees sich bildet, und
giebt mehreren Bächen und kleinen Flüssen, welche sich zum
Amilpas-Thale herabsenken, das Daseyn. Auch diese Schlucht
ist grösstentheils mit tiefem vulcanischen Sande erfüllt; ihr
östlicher Rand wird durch einen Felsenkamm gebildet, der
fast bis zur Spitze des Berges hinaufreicht. Auf letzterer

gewahrt man endlich den Krater. Er hat eine etwas irregu-
läre kreisrunde Gestalt; sein grösster Durchmesser mag 5000,
der kleinste 4000 Fuss betragen. Nach Innen zu senken sich
die Wände 900 — 1000 Par. Fuss herab; auf dem Boden bemerkt man eine kleine Ebene, fast von derselben Gestalt, wie
die obere Oeffnung. Der Kraterrand ist ostwärts etwa 150
Fuss niedriger, als in anderer Richtung, fällt nach Innen zu
fast jählings ab und besteht aus drei horizontalen Schichten
mit schwarzen Zwischenstreifen. Nach Unten zu gestaltet er
sich jedoch trichterförmig und ist daselbst mit zahllosen Blöcken gediegenen Schwefels bedeckt. Aus der Spitze des Trichters, so wie aus einigen an seinen Wänden befindlichen Oeffnungen und aus mehreren Spalten zwischen den Schichten an
seinem Rande brechen beständig weisse, mit schwefeliger Säure
inprägnirte Wasserdämpfe unter heftigem Geräusche hervor,
wovon die erstern aber schon in der Mitte der Kraterhöhe,
die letztern 15 — 20 Fuss oberhalb der Spalten verschwinden.
Jene Oeffnungen sind rund, etwa 3 Zoll weit und mit einer
breiten Zone reinen Schwefels umgeben. An denjenigen Stellen des Kraters, wohin das Sonnenlicht nicht gelangen kann,
bemerkt man in der Regel viele Eiszapfen, die in stalaktitischer
Gestalt an den vorragenden Felstheilen herabhängen. Das
den Krater bildende Gestein scheint vorzugsweise aus Lava,
rothen und schwarzen Schlacken, besonders aber aus einem
festen, lavaartigen, rothen Porphyr zu bestehen, der zahlreiche
Krystalle von glasigem Feldspath enthält. Da, wo die vorhin
erwähnten Fumarolen hervorbrechen, ist das vulcanische Gestein gänzlich in eine weiche, gelblich - weisse, kaolinartige
Masse umgewandelt, während an den äussern Abhängen des
Kraters die Felsen ihre ursprüngliche Festigkeit behalten haben und in schwarzer, rother oder violetter Farbe erscheinen.

Lavaströme, die etwa während der historischen Zeit dem
Popocatepetl entquollen wären, kennt man nicht; vielmehr
scheint sich seit Jahrhunderten seine Thätigkeit darauf zu beschränken, dass seinem Krater nur Rauch und Asche entsteigen.

Auf seinem Gipfel herrscht fast stets eine so niedrige
Temperatur, dass sie den Gefrierpunct des Wassers erreicht;
die Luft ist daselbst in dem Grade verdünnt, dass man beim
Blasen auf einem Waldhorne nur mit grösster Anstrengung

dem Instrumente einige Töne zu entlocken vermochte. Die Aussicht vom Gipfel ist unermesslich, sie reicht fast vom atlantischen bis zum stillen Ocean. Nach Osten hin erblickt man die Höhen des Pic's von Orizaba und des Coffre de Perote; nach Westen hin thürmen sich auf die Berge von Ajusco, die Hochebene von Toluca mit ihrem stolzen, durch *Burkart* näher bekannt gewordenen Nevado de Toluca (mit Unrecht von manchen Gebirgsforschern für einen noch jetzt thätigen Vulcan gehalten); nach Nord und Nordost hin breitet sich das pittoreske Thal von Mexico aus mit der prachtvollen Hauptstadt und den malerischen, sie umgebenden Seen, und in eben dieser Richtung sieht man, gleichsam zu seinen Füssen liegend, den Nachbar, das Weibchen *(la hembra)* des Popocatepetl, den Istaccihuatl, während der letztere im Munde des Volkes das Männchen *(el macho)* genannt wird.

4. **Istaccihuatl**, d. h. weisse Frau. Er liegt unter 19^0 $10'$ n. Br. und 19^0 $11\frac{1}{2}'$ w. L. von Paris, 10 Stunden vom Popocatepetl entfernt. Hinsichtlich seiner Form unterscheidet er sich von diesem letztern; denn statt in Kegelform erscheint er vielmehr als ein etwa eine halbe Stunde langer, ausgezackter Bergkamm, dessen höchster Punct sich 14,730 Fuss über die Meeresfläche erhebt. In seinen äussern Umrissen soll er viel Aehnlichkeit mit dem Pichincha besitzen. Seit langer Zeit scheint er zu ruhen und man besitzt keine Nachricht darüber, dass er etwa vor oder nach der Ankunft der Spanier Eruptionen gehabt hätte.

Auf ihn folgt in östlicher Richtung

5. **Citlaltepetl**, d. h. Sternberg. Mehr unter dem Namen „Pic von Orizaba" bekannt, zwischen den Städten Orizaba und Jalapa, unter 19^0 $2\frac{1}{4}'$ n. Br. und 99^0 $35\frac{1}{4}'$ w. L. von Paris gelegen, 2717 Toisen über dem Meere, nächst dem Popocatepetl der höchste Berg in Mexico. Er erscheint als ein höchst imposanter, mächtiger Kegel, dessen schneebedeckter Gipfel nach SO. hin etwas ausgeschnitten ist und nicht nur von Jalapa, sondern sogar vom Meere aus bei günstiger Witterung klar und deutlich erkannt werden kann. Nach *A. von Humboldt* (Neuspanien u. s. w. Bd. 1. S. 176) soll dieser Vulcan von dem J. 1545 an bis 1566 äusserst heftige Ausbrüche gehabt haben.

6. Nauhcamtepetl. Auch Coffre de Perote genannt, unter 19° 29' n. Br. gelegen, nahe an 2098 Toisen über das Meer aufsteigend. Das Hauptgestein an diesem Berge scheint Trachyt zu seyn; eine ansehnliche Schicht von Bimsstein bedeckt seine Abhänge und seinen Fuss. Doch kommen auch ansehnliche Lavaströme an ihm vor, namentlich zwischen den kleinen Dörfern las Vigas und Hoyo, die wohl als seitliche Ausbrüche zu betrachten seyn dürften. Von einem Krater hat man an diesem Berge bisher noch nichts bemerkt. Er hat die Gestalt eines Koffers, daher sein Name.

7. Volcan de Tustla. Südöstlich von Veracruz, unter 18° 30' n. Br. und 97° 10' w. L. von Paris gelegen. Seine Entfernung von der Küste des mexicanischen Meerbusens beträgt nur 4 und die von Jalapa 16 geogr. Meilen. Er ist dadurch sehr merkwürdig, dass er unter allen Vulcanen auf dem Festlande von Amerika der einzige ist, der an der Küste des atlantischen Oceans liegt. Er lehnt sich an die Sierra de San Martin an. Seinen Namen hat er von dem Indianer-Dorfe Santiago de Tustla, in dessen Nähe er liegt. Der Umfang und die Höhe dieses Vulcans ist nicht bedeutend; in neuerer Zeit ist er durch zwei Ausbrüche bekannter geworden, über die man durch zufällig aufgefundene alte Actenstücke Nachricht erhielt.

Ueber den ersten Ausbruch des Tustla (Tuxtla), welcher am 15. Januar des J. 1664 erfolgte, hat *José Aurelio Garcia*, im J. 1824 erster Alcalde von S. Andres Tustla, die nähern Angaben gefunden, als er das Archiv dieser Stadt genauer durchsuchte. Darin fand sich die Bemerkung aufgezeichnet, dass an dem genannten Tage des Morgens sich die Sonne plötzlich verfinsterte, ohne dass weitere Vorboten eines vulcanischen Ausbruches bemerkt wurden. Hierauf folgte ein Regen von Asche und Sand, von heftigem Krachen des Berges begleitet, welches sich, den Salven schwerer Geschützes ähnlich, in kurzen Unterbrechungen wiederholte. Hierauf blieb der Vulcan 129 Jahre ruhig, bis am 22. März 1793 eine neue, weit heftigere Eruption erfolgte. Sie hielt auch länger an, denn noch gegen Ende Juni's verfinsterte sich die Sonne in Folge eines Aschenregens dermassen, dass man in S. Andres Tustla gegen Mittag genöthigt war, Lichter anzuzünden. Des

Nachmittags wurde es zwar wieder heller, doch blieb der Himmel bedeckt, wie bei Nordstürmen und Schneegestöber. Erst am folgenden Tage ward es wieder hell, wie gewöhnlich. Der Vulcan fuhr jedoch fort, Asche auszuwerfen, und die letztere flog bis nach Oaxaca, Veracruz und Perote. Der letztgenannte Ort ist vom Vulcan 57 Leguas entfernt; das unterirdische Getöse, welches sich auch dahin verbreitete, glich nahem Kanonenfeuer. Der Aschenregen hielt fast noch zwei Jahre an, später aber beobachtete man nur noch Flammenausbrüche im Krater, besonders nach stürmischem Wetter. Durch die ausgeworfene Asche wurden die meisten Bäche und Flüsse in ihrem Laufe gehemmt, ihr Bett zum Theil ganz ausgefüllt, aber der Ackerboden erhielt durch erstere einen so hohen Grad von Fruchtbarkeit, dass man in den beiden folgenden Jahren die besten Ernten machte, deren man sich je erinnern konnte.

Als *Garcia* im J. 1829 den Berg besuchte, hatte die Vegetation an vielen Stellen schon wieder grosse Fortschritte gemacht und sich bis auf eine Entfernung von etwa 800 Fuss dem Krater genähert. Letzterer indess rauchte noch; seine Wände ziehen sich nach unten zu trichterförmig zusammen, dennoch ist der Boden ziemlich geräumig. Sowohl aus den Wänden als aus dem Boden stiess der Vulcan beständig Rauch aus. Der Umfang des Kraters mag 300, die Höhe seiner Wände 10—12 Varas betragen (eine Vara zu 2707 rheinl. Fuss gerechnet). Acht Zoll unter der Erdoberfläche fand man schon eine unerträglich grosse Hitze. Ursprünglich scheint der Krater tiefer gewesen zu seyn, als jetzt, und durch den vom Regen herabgeschwemmten vulcanischen Sand von seiner frühern Tiefe etwas verloren zu haben (s. *Burkart* in *Leonhard's* Jahrb. für Min. Jahrg. 1835. S. 40 etc.)

Vulcane in Nordwest-America.

§. 47.

Nehmen wir von dem mexicanischen Gebiete aus den Weg nach Norden, indem wir der Richtung der Küsten-Cordillere folgen, so treffen wir erst in Californien wieder auf Spuren vulcanischer Thätigkeit, und zwar auf der lang ausgedehnten Halbinsel, welche von S. Diego an bis zum Cap. S. Lucas sich erstreckt. Bekanntlich wird sie ihrer Länge nach von einem ununterbrochenen Gebirgszuge durchsetzt, und fast in ihrer Mitte, jedoch auf dem östlichen Abhange, befindet sich

1. Volcan de las Virgines. Er liegt unter 27° 9' n. Br. und soll, den Cerro de la Giganta ausgenommen, welcher für den nöchsten Berg in Californien gehalten wird, in Betreff seiner Höhe einer der ausgezeichnetsten Pic's in diesen noch so ungenügend gekannten Gegenden seyn. Man sagt, er habe im J. 1746 eine Eruption gehabt. Aufwärts und zwar im 34° 6' n. Br. findet man nach *Erman* (Archiv für wissensch. Kunde von Russland. VII, 113) bei dem unfern Santa Barbara gelegenen Rancho de las Pozas, etwa 4 Meilen vom Meere, einen Schwefel aushauchenden Krater und Asphaltquellen, von einem Kalke umgeben, der zahlreiche Muschelreste enthält und tertiär ist. Im nördl. Californien, unter 37° 70' n. Br., sollen nach *Duflot de Mofras* die kleinen, fast nur klippenartigen Farallones, fünf Meilen vom Eingang in die Bucht von S. Francesco, aus Lava- und Schlacken-Blöcken bestehen.

In weiter, unermesslicher Ferne stossen wir erst nun wieder im Oregon-Gebiete auf sieben vereinzelte Vulcane, und zwar auf den Kämmen des Cascade-Gebirges, welches als eine Fortsetzung der Sierra nevada de California zu betrachten ist. Diese Feuerberge liegen ober- und unterhalb der Mündung des Oregon in's stille Meer, in beträchtlicher Entfernung von der Küste. Sie führen die Namen:

2. Shasty-Peak. Er liegt über dem Sagramento-Thale.

3. Mount Mac Louglin.

4. Mount Jefferson.

5. Mount Hood. Er soll 18,361 engl. Fuss hoch seyn, und ist am 8. Aug. 1853 von *Lake, Olney, Travaillot* und *Heller* erstiegen. Seine vulcanische Natur ist constatirt.

6. St. Helens. Im Norden des Columbia-Flusses. Nach *Wilkes* beträgt seine Höhe 9550, nach *Simpson* 12700 Fuss. Am 28. Septbr. im J. 1842 hatte er einen Ausbruch, wobei er seine Asche 50 engl. Meilen weit umherstreute.

7. Mount Reignier oder Rainier. Ist 12,330 Fuss hoch, hatte im J. 1841, so wie am 23. Novbr. 1843 einen heftigen Ausbruch.

32

8. **Mount Baker.** Am Ende der Strasse von Juan de
Fouca.

In den an der östlichen Seite des Oregon-Gebietes gelegenen Rocky-Mountains (Felsgebirge) hat man zwar bis
jetzt noch keine thätige Vulcane entdeckt, wohl aber fand
Fremont daselbst vulcanische Producte, z. B. Basalt, Trachyt,
ja sogar Obsidian, und ein alter ausgebrannter Krater wurde
östlich vom Fort Hall unter 43⁰ 2′ n. Br. und 114⁰ 30′ w.
L. wahrgenommen. Dagegen giebt es nach *Nicollet* am obern
Missouri, mehr am östlichen Abhange der Rocky-Mountains, sogenannte „rauchende Hügel", smoking-hills, côtes brulées, wie
sie die Ansiedler nennen, welche pseudo-vulcanische Producte,
z. B. Porcellanjaspis und andere, durch vulcanisches Feuer veränderte Mineralien und Felsarten, liefern, hinsichtlich ihrer sonstigen Beschaffenheit aber nur höchst mangelhaft gekannt sind.

Kehren wir nun wieder zu der Küsten-Cordillere zurück,
so bemerken wir, nicht auf dem Festlande, sondern im Meere,
auf der westlichen Seite der Sitka-Insel einen neuen Vulcan, den

9. **Edgecombe.** Wir verdanken *E. Hofmann* (in *Karstens*
Archiv für Min. etc. T. 1. S. 243 etc.), so wie *Lisiansky* und
Postels einige dürftige Angaben über diesen Feuerberg. Diesen
zufolge besitzt er eine kegelförmige Gestalt, ist auf seiner Oberfläche mit Schlacken bedeckt, welche Nester von Pechstein
enthalten. Auf der Spitze finden sich die Spuren des Kraters,
dessen Wände nach Innen senkrecht abfallen. Seine Höhe
wird von *Hofmann* zu 2852 Fuss, von *Lisiansky* zu 438,' von
Postels zu 466 Toisen angegeben. Im J. 1796 sollen dem
Berge Rauch und Flammen entstiegen seyn; von dieser Zeit
an ist er in Ruhe versunken. Er liegt unter 57⁰ 1′
n. Br. und 138⁰ 10′ w. L. von Paris. Dem Vulcane gegenüber, an den westlichen Gestaden der Sitka-Insel, brechen
aus einem syenitartigen Granit heisse Quellen hervor, deren
Temperatur 66⁰ C. beträgt

Der Berg führt auch wohl den Namen St. Lazarus von
der kleinen Insel, auf welcher er liegt, indess wird letztere
fast gänzlich von dem Vulcane eingenommen.

Nordwärts, in ansehnlicher Ferne, liegt auf der Küsten-
Cordillere, welche am Cross-Sund ausläuft, ein anderer Vulcan,
nämlich der

10. Cerro de Buen Tiempo (Mount-Fairweather). Unter 58° 45′ n. Br. und 137° 15′ w. L. von Greenw. Durch seine Höhe sehr augezeichnet, welche nach *A. von Humboldt (Nouveau Mexique,* T. 2. pag. 487) 13,819 und nach dem *Bureau des longitudes. Année* 1824, sogar 14,003 Par. Fuss beträgt.

Der St. Eliasberg, der gleich einem gewaltigen Andes-Coloss, auf derselben Cordillere, aber mehr nordwärts sich aufthürmt, unter 60° 17′ 30″ n. Br. und 140° 51′ w. L. von Greenw., wurde in frühern Zeiten ebenfalls für einen activen Vulcan gehalten, indess hat sich diese Ansicht späterhin nicht bestätigt. Seine Höhe beträgt nach dem Annuaire 16,971 Par. Fuss.

11. Vulcan am Cooks-Inlet (Kenai-Sund). An der Nordwestseite dieser Einfahrt gelegen, unter 60° n. Br. und 154° 50′ w. L. von Paris, und auf hohem Gebirge thronend. Er kommt auch unter dem Namen Ilämän oder Llämen vor. Er is mit einem grossen Krater versehen und soll 2011 Toisen über die Meeresfläche emporragen; s. *Cook's* dritte Reise, Th. 2. S. 208. Auch *Vancouver* hat ihn für einen Vulcan gehalten, was späterhin von *Wrangell* bestätigt wurde. Dieser Seefahrer schreibt ihm eine Höhe von 11,320 Par. Fuss zu.

Printed in the United States
By Bookmasters